Android 开发完全讲义

（第三版）

李宁 著

中国水利水电出版社
www.waterpub.com.cn

内 容 提 要

Android 经典专著升级版，全面介绍 Android 的应用开发技术。主要内容包括 Android 入门，第一个 Android 程序，Android 应用程序架构，建立用户接口，控件详解，View 事件分发机制，移动存储解决方案，App 之间的通信，服务（Service），网络技术，多媒体技术，Fragment，ActionBar，Android 5.x 新特性：质感主题，Android 5.x 新特性：阴影和视图裁剪，Android 5.x 新特性：列表和卡片控件，Android 5.x 新特性：Drawable 资源，其他 Android 5.X 新特性，2D 动画，OpenGL ES 编程，媒体特效 API，资源、国际化与自适应，访问 Android 手机的硬件，NDK 技术，蓝牙技术，有趣的 Android 技术，Android App 性能调优，内存泄露检测，项目实战：超级手电筒，项目实战：基于 XMPP 的 IM 客户端。

本书适合：有一定的 Java 基础，想通过 Android 进入移动开发领域的读者；已经有一定的 Android 开发经验，想进一步提高 Android 开发能力的读者；想将本书作为 Android 的参考手册，随时随地查阅的读者；对 Android 报有浓厚兴趣的其他手机平台的开发人员；正在学习 Android 的在校大学生以及培训学校的学员等使用。

图书在版编目（CIP）数据

Android开发完全讲义 / 李宁著. -- 3版. -- 北京：中国水利水电出版社，2015.10
 ISBN 978-7-5170-3663-0

Ⅰ. ①A… Ⅱ. ①李… Ⅲ. ①移动终端－应用程序－程序设计 Ⅳ. ①TN929.53

中国版本图书馆CIP数据核字(2015)第223382号

策划编辑：周春元　　责任编辑：张玉玲　　加工编辑：孙 丹　　封面设计：李 佳

书　　名	Android 开发完全讲义（第三版）
作　　者	李宁 著
出版发行	中国水利水电出版社 （北京市海淀区玉渊潭南路 1 号 D 座　100038） 网址：www.waterpub.com.cn E-mail: mchannel@263.net（万水） 　　　　sales@waterpub.com.cn 电话：（010）68367658（发行部）、82562819（万水）
经　　售	北京科水图书销售中心（零售） 电话：（010）88383994、63202643、68545874 全国各地新华书店和相关出版物销售网点
排　　版	北京万水电子信息有限公司
印　　刷	北京泽宇印刷有限公司
规　　格	184mm×240mm　16 开本　38 印张　975 千字
版　　次	2010 年 6 月第 1 版　2010 年 6 月第 1 次印刷 2015 年 10 月第 3 版　2015 年 10 月第 1 次印刷
印　　数	0001—4000 册
定　　价	88.00 元

凡购买我社图书，如有缺页、倒页、脱页的，本社发行部负责调换

版权所有·侵权必究

第三版前言

从 2007 年的第一版 Android 系统，到现在为止（2015 年），已经整整 8 年时光了，正进入稳步发展的时期。Android 的版本也从 1.x、2.x、3.x、4.x 升级到现在的 5.x。在最新版的 Android 系统中，变化还是大大地。除了底层从 Dalivk 变到了 ART，SDK 层也发生了翻天覆地的变化。除了增加了数千 API，还引入了质感设计等新的 UI 风格。

由于现在关于 Android 5.x 的书仍然比较匮乏，所以在第二版的基础上，增加了 Android 5.x 的新特性部分。尤其是质感设计部分，读者可以通过这一部分内容，充分了解 Android 5.x 的主要变化。由于 Android 5.x 引入了 ART 技术，所以 App 的启动和运行效率明显提高，因此，未来的 Android 将会彻底摆脱 App 体验没有 iOS App 好的帽子。

本书是一本全面介绍 Android 各种常用开发技术的专著。全面介绍了 Android 5.x 的各种开发技术。

1．内容丰富，知识面广

本书全面介绍了 Android 的各种应用开发技术，主要包括四大应用程序组件、UI 控件、Fragment、ActionBar、数据存储、网络、蓝牙、多媒体、NDK、GPS 等。读者通过本书可以深入了解 Android 应用开发技术的细节。

2．深入讲解了 Android 5.x 带来的新技术

本书利用多章篇幅，详细介绍了 Android 5.x 给我们带来的新特性。例如，质感主题、新的控件、矢量动画等技术。通过这些内容，读者一定会喜欢上 Android 5.x 的。因为它不仅给我们带来了新的 API，还带来了惊喜。

3．内容详实，深入浅出

本书绝大多数章节都配有大量的习题，采用了先理论后实战的方式进行讲解。让读者在理论和代码编写上都游刃有余。

4．精彩综合实战案例

为了让读者可以综合运用本书知识，最后两章提供了两个综合案例：超级手电筒和基于 XMPP 的 IM 客户端。通过这两个综合案例，可以进一步消化本书的知识和技巧。

源代码下载：

本书源代码可以通过微信公众号（geekculture）下载，二维码如右图；或从中国水利水电出版社网站或万水书苑上免费下载，网址为：http://www.waterpub.com.cn/softdown/和 http://www.wsbookshow.com。

目 录

第三版前言

第 1 章 Android 入门 ……………… 1
1.1 Android 的基本概念 …………… 1
1.1.1 Android 简介 ………………… 2
1.1.2 Android 的系统构架 ………… 3
1.2 Android 开发环境的搭建 ……… 4
1.2.1 开发 Android 程序需要些什么 … 4
1.2.2 安装 Android SDK ………… 5
1.2.3 安装 Eclipse 插件 ADT …… 7
1.2.4 创建 AVD ………………… 8
1.2.5 启动 Android 模拟器 …… 10
1.2.6 让 Android 模拟器飞（X86 加速）… 11
1.2.7 测试 Android 开发环境是否安装成功 ………………… 12
1.3 Android SDK 中的常用命令行工具 … 14
1.3.1 启动和关闭 ADB 服务（adb start-server 和 adb kill-server）… 14
1.3.2 查询当前模拟器/设备的实例（adb devices）…………… 14
1.3.3 安装、卸载和运行程序（adb install、adb uninstall 和 am）… 14
1.3.4 PC 与模拟器或真机交换文件（adb pull 和 adb push）…… 15
1.3.5 Shell 命令 ………………… 15
1.3.6 创建、删除和浏览 AVD 设备（android）………………… 16
1.3.7 获取 Android 版本对应的 ID … 17
1.3.8 创建 SD 卡 ……………… 17
1.4 Android 的学习资源 …………… 17
1.5 Google Play …………………… 18
1.6 小结 …………………………… 18

第 2 章 第一个 Android 程序 …… 19
2.1 编写用于显示当前日期和时间的程序 … 19
2.1.1 新建一个 Android 工程 …… 19
2.1.2 界面控件的布局 …………… 20
2.1.3 编写实际代码 ……………… 20
2.2 调试程序 ……………………… 22
2.3 签名和发布应用程序 …………… 23
2.3.1 使用命令行方式进行签名 … 23
2.3.2 使用 ADT 插件方式进行签名 … 24
2.4 DDMS 透视图 ………………… 25
2.5 小结 …………………………… 26

第 3 章 Android 应用程序架构 … 27
3.1 Android 应用程序中的资源 …… 27
3.1.1 资源存放在哪里 …………… 27
3.1.2 资源的种类 ………………… 28
3.1.3 资源的基本使用方法 ……… 28
3.2 Android 的应用程序组件 ……… 29
3.2.1 活动（Activity）组件 ……… 29
3.2.2 服务（Service）组件 ……… 30
3.2.3 广播接收者（Broadcast receivers）组件 … 30
3.2.4 内容提供者（Content providers）组件 … 31
3.3 AndroidManifest.xml 文件的结构 … 31
3.4 小结 …………………………… 32

第 4 章 建立用户接口 …………… 33
4.1 建立、配置和使用 Activity …… 33
4.1.1 建立和配置 Activity ……… 33

4.1.2　Activity 的生命周期 ················· 35
　　4.1.3　Activity 生命周期的演示 ··········· 37
4.2　视图（View）···································· 40
　　4.2.1　视图简介 ································· 40
　　4.2.2　使用 XML 布局文件控制视图 ······· 40
　　4.2.3　在代码中控制视图 ···················· 42
　　4.2.4　混合使用 XML 布局文件和代码
　　　　　来控制视图 ···························· 43
　　4.2.5　定制控件（Widget）的三种方式 ···· 45
　　4.2.6　定制控件——带图像的 TextView ···· 46
　　4.2.7　定制控件——带文本标签的
　　　　　EditText ································· 49
　　4.2.8　定制控件——可更换表盘的
　　　　　指针时钟 ······························· 52
4.3　使用 AlertDialog 类创建对话框 ············ 57
　　4.3.1　AlertDialog 类简介 ···················· 57
　　4.3.2　"确认/取消"对话框 ··················· 58
　　4.3.3　创建询问是否删除文件的
　　　　　"确认/取消"对话框 ·················· 58
　　4.3.4　带 3 个按钮的对话框 ················ 60
　　4.3.5　创建"覆盖/忽略/取消"对话框 ····· 60
　　4.3.6　简单列表对话框 ······················· 61
　　4.3.7　单选列表对话框 ······················· 61
　　4.3.8　多选列表对话框 ······················· 62
　　4.3.9　创建 3 种选择省份的列表对话框 ···· 62
　　4.3.10　水平进度对话框和圆形进度
　　　　　 对话框 ································· 67
　　4.3.11　水平进度对话框和圆形进度
　　　　　 对话框演示 ·························· 68
　　4.3.12　自定义对话框 ························ 71
　　4.3.13　创建登录对话框 ····················· 71
　　4.3.14　用 Activity 托管对话框 ············ 73
　　4.3.15　创建悬浮对话框和触摸任何位置
　　　　　 都可以关闭的对话框 ·············· 74
4.4　Toast 和 Notification ·························· 77

　　4.4.1　用 Toast 显示提示信息框 ············ 77
　　4.4.2　Notification 与状态栏信息 ··········· 78
4.5　布局 ·· 81
　　4.5.1　框架布局（FrameLayout）··········· 81
　　4.5.2　霓虹灯效果的 TextView ·············· 81
　　4.5.3　线性布局（LinearLayout）··········· 83
　　4.5.4　利用 LinearLayout 将按钮放在屏幕
　　　　　的四角和中心位置 ···················· 85
　　4.5.5　相对布局（RelativeLayout）········· 86
　　4.5.6　利用 RelativeLayout 实现梅花效果
　　　　　的布局 ································· 86
　　4.5.7　表格布局（TableLayout）············ 87
　　4.5.8　计算器按钮的布局 ···················· 88
　　4.5.9　绝对布局（AbsoluteLayout）········ 88
　　4.5.10　查看 apk 文件中的布局 ············ 89
4.6　小结 ·· 89

第 5 章　控件详解 ································· 90

5.1　显示和编辑文本的控件 ······················ 91
　　5.1.1　显示文本的控件：TextView ········· 91
　　5.1.2　在 TextView 中显示 URL 及不同字体
　　　　　大小、不同颜色的文本 ············· 93
　　5.1.3　带边框的 TextView ···················· 94
　　5.1.4　设置 TextView 控件的行间距 ······· 97
　　5.1.5　输入文本的控件：EditText ·········· 98
　　5.1.6　在 EditText 中输入特定的字符 ····· 99
　　5.1.7　按 Enter 键显示 EditText ············ 100
　　5.1.8　自动完成输入内容的控件：
　　　　　AutoCompleteTextView ············· 101
5.2　按钮与复选框控件 ···························· 102
　　5.2.1　普通按钮控件：Button ·············· 103
　　5.2.2　异形（圆形、五角星、螺旋形和
　　　　　箭头）按钮 ··························· 103
　　5.2.3　图像按钮控件：ImageButton ······· 105
　　5.2.4　同时显示图像和文字的按钮 ········ 105
　　5.2.5　选项按钮控件：RadioButton ······· 106

5.2.6 开关状态按钮控件：ToggleButton ·· 107
5.2.7 复选框控件：CheckBox ············ 108
5.2.8 利用 XML 布局文件动态创建
　　　CheckBox ························· 108
5.3 日期与时间控件·······················110
　5.3.1 输入日期的控件：DatePicker ·······110
　5.3.2 输入时间的控件：TimePicker ·······110
　5.3.3 DatePicker、TimePicker 与 TextView
　　　同步显示日期和时间 ··············111
　5.3.4 显示时钟的控件：AnalogClock
　　　和 DigitalClock····················112
5.4 进度条控件···························112
　5.4.1 进度条控件：ProgressBar ··········113
　5.4.2 拖动条控件：SeekBar ··············114
　5.4.3 改变 ProgressBar 和 SeekBar
　　　的颜色·····························115
　5.4.4 评分控件：RatingBar ···············116
5.5 其他重要控件·························118
　5.5.1 显示图像的控件：ImageView ······118
　5.5.2 可显示图像指定区域的 ImageView
　　　控件·······························119
　5.5.3 动态缩放和旋转图像 ··············119
　5.5.4 列表控件：ListView ···············121
　5.5.5 可以单选和多选的 ListView ·······123
　5.5.6 动态添加、删除 ListView 列表项···125
　5.5.7 改变 ListView 列表项选中状态
　　　的背景颜色························128
　5.5.8 封装 ListView 的 Activity：
　　　ListActivity························129
　5.5.9 使用 SimpleAdapter 建立复杂的
　　　列表项·····························130
　5.5.10 给应用程序评分················131
　5.5.11 可展开的列表控件：
　　　ExpandableListView ··············133
　5.5.12 下拉列表控件：Spinner ··········136

5.5.13 垂直滚动视图控件：ScrollView·····137
5.5.14 水平滚动视图控件：
　　　HorizontalScrollView··············138
5.5.15 可垂直和水平滚动的视图 ·········138
5.5.16 网格视图控件：GridView·········139
5.5.17 可循环显示和切换图像的控件：
　　　Gallery 和 ImageSwitcher ·········140
5.6 小结································142

第 6 章 View 事件分发机制············143
6.1 事件分发的始作俑者 ···············143
6.2 View 类中的事件分发引擎 ········144
6.3 ViewGroup 类的事件分发引擎·····146
6.4 通过代码验证 View 事件分发机制····148
　6.4.1 实现一个派生自 Button 的类 ·····148
　6.4.2 实现布局 ························149
　6.4.3 实现主窗口类 ···················149
6.5 单击事件（onClick）是如何被触发的···152
6.6 Activity 中的 dispatchTouchEvent 方法···154
6.7 小结································157

第 7 章 移动存储解决方案············158
7.1 最简单的数据存储方式：
　　SharedPreferences ··················158
　7.1.1 使用 SharedPreferences 存取数据···158
　7.1.2 数据的存储位置和格式···········160
　7.1.3 存取复杂类型的数据·············161
　7.1.4 设置数据文件的访问权限········163
　7.1.5 可以保存设置的 Activity：
　　　PreferenceActivity················165
7.2 文件的存储························168
　7.2.1 openFileOutput 和 openFileInput
　　　方法······························168
　7.2.2 SD 卡文件浏览器 ················169
　7.2.3 存取 SD 卡中的图像·············173
　7.2.4 SAX 引擎读取 XML 文件的原理····175
　7.2.5 将 XML 数据转换成 Java 对象·····175

7.3 SQLite 数据库 178
  7.3.1 SQLite 数据库管理工具 178
  7.3.2 创建数据库和表 179
  7.3.3 模糊查询 181
  7.3.4 分页显示记录 181
  7.3.5 事务 181
7.4 在 Android 中使用 SQLite 数据库 182
  7.4.1 SQLiteOpenHelper 类与自动升级数据库 182
  7.4.2 SimpleCursorAdapter 类与数据绑定 183
  7.4.3 带照片的联系人管理系统 185
  7.4.4 将数据库与应用程序一起发布 188
  7.4.5 英文词典 189
7.5 持久化数据库引擎（db4o） 192
  7.5.1 什么是 db4o 192
  7.5.2 下载和安装 db4o 193
  7.5.3 创建和打开数据库 193
  7.5.4 向数据库中插入 Java 对象 194
  7.5.5 从数据库中查询 Java 对象 195
  7.5.6 高级数据查询 195
  7.5.7 更新数据库中的 Java 对象 196
  7.5.8 删除数据库中的 Java 对象 196
7.6 小结 196

第 8 章 App 之间的通信 197
8.1 Intent 与 Activity 197
  8.1.1 用 Intent 启动 Activity，并在 Activity 之间传递数据 197
  8.1.2 调用其他应用程序中的 Activity（拨打电话、浏览网页、发 E-mail 等） 200
  8.1.3 定制自己的 Activity Action 204
  8.1.4 将电子词典的查询功能共享成一个 Activity Action 205
8.2 接收和发送广播 207
  8.2.1 接收系统广播 208
  8.2.2 开机可自动运行的程序 208
  8.2.3 收到短信了，该做点什么 209
  8.2.4 显示手机电池的当前电量 211
  8.2.5 在自己的应用程序中发送广播 212
  8.2.6 接收联系人系统中发送的添加联系人广播 213
8.3 小结 214

第 9 章 服务（Service） 215
9.1 Service 起步 215
  9.1.1 Service 的生命周期 215
  9.1.2 绑定 Activity 和 Service 218
9.2 系统服务 220
  9.2.1 获得系统服务 220
  9.2.2 监听手机来电 221
  9.2.3 来电黑名单 222
  9.2.4 在模拟器上模拟重力感应 223
  9.2.5 手机翻转静音 225
9.3 时间服务 227
  9.3.1 计时器：Chronometer 227
  9.3.2 预约时间 Handler 229
  9.3.3 定时器 Timer 230
  9.3.4 在线程中更新 GUI 组件 232
  9.3.5 全局定时器 AlarmManager 234
  9.3.6 定时更换壁纸 234
  9.3.7 多次定时提醒 237
9.4 跨进程访问（AIDL 服务） 239
  9.4.1 什么是 AIDL 服务 240
  9.4.2 建立 AIDL 服务的步骤 240
  9.4.3 建立 AIDL 服务 240
  9.4.4 传递复杂数据的 AIDL 服务 243
9.5 小结 248

第 10 章 网络技术 249
10.1 可装载网络数据的控件 249
  10.1.1 装载网络数据的原理 250
  10.1.2 将网络图像装载到 ListView

　　　　控件中 ················· 250
　　10.1.3　Google 图像画廊（Gallery）······· 253
10.2　WebView 控件 ················ 257
　　10.2.1　用 WebView 控件浏览网页 ······· 257
　　10.2.2　手机浏览器 ············· 258
　　10.2.3　用 WebView 控件装载 HTML 代码 259
　　10.2.4　将英文词典整合到 Web 页中
　　　　　（JavaScript 调用 Java 方法）······ 260
10.3　访问 HTTP 资源 ············· 262
　　10.3.1　提交 HTTP GET 和 HTTP POST
　　　　　请求 ················· 262
　　10.3.2　HttpURLConnection 类 ········ 265
　　10.3.3　上传文件 ·············· 265
　　10.3.4　远程 Apk 安装器 ········· 268
　　10.3.5　调用 WebService ········· 270
　　10.3.6　通过 WebService 查询产品信息···· 271
10.4　Internet 地址 ················ 275
　　10.4.1　Internet 地址概述 ········· 275
　　10.4.2　创建 InetAddress 对象 ······· 276
　　10.4.3　判断 IP 地址类型 ········· 278
10.5　客户端 Socket ··············· 279
　　10.5.1　Socket 类基础 ··········· 280
　　10.5.2　多种连接服务端的方式 ······· 282
　　10.5.3　客户端 Socket 的超时 ······· 283
　　10.5.4　Socket 类的 getter 和 setter 方法 ··· 283
　　10.5.5　Socket 的异常 ··········· 289
10.6　服务端 Socket ··············· 290
　　10.6.1　创建 ServerSocket 对象 ······· 290
　　10.6.2　设置请求队列的长度 ········ 291
　　10.6.3　绑定 IP 地址 ············ 292
　　10.6.4　默认构造方法的使用 ········ 292
　　10.6.5　读取和发送数据 ·········· 293
　　10.6.6　关闭连接 ·············· 294
10.7　小结 ···················· 294

第 11 章　多媒体技术 ············· **295**

11.1　图形 ···················· 295
　　11.1.1　图形绘制基础 ············ 296
　　11.1.2　绘制基本的图形和文本 ······· 298
　　11.1.3　绘制位图 ·············· 301
　　11.1.4　用两种方式绘制位图 ········ 302
　　11.1.5　设置颜色的透明度 ········· 303
　　11.1.6　可任意改变透明度的位图 ····· 303
　　11.1.7　旋转图像 ·············· 304
　　11.1.8　旋转动画 ·············· 305
　　11.1.9　扭曲图像 ·············· 306
　　11.1.10　按圆形轨迹扭曲图像 ······· 307
　　11.1.11　拉伸图像 ············· 310
　　11.1.12　拉伸图像演示 ··········· 310
　　11.1.13　路径 ··············· 312
　　11.1.14　沿着路径绘制文本 ········ 316
　　11.1.15　可在图像上绘制图形的画板 ···· 318
11.2　音频和视频 ················ 323
　　11.2.1　使用 MediaPlayer 播放 MP3 文件 ·· 323
　　11.2.2　使用 MediaRecorder 录音 ····· 324
　　11.2.3　使用 VideoView 播放视频 ····· 325
　　11.2.4　使用 SurfaceView 播放视频 ···· 326
11.3　小结 ···················· 327

第 12 章　Fragment ············· **328**

12.1　什么是 Fragment ············· 328
12.2　Fragment 的设计原则 ·········· 330
12.3　Fragment 初步 ·············· 331
　　12.3.1　Fragment 的使用方法 ······· 331
　　12.3.2　实例：一个简单的 Fragment App ·· 331
12.4　Fragment 的生命周期 ·········· 335
　　12.4.1　生命周期详解 ············ 335
　　12.4.2　实例：Fragment 生命周期演示 ··· 340
12.5　动态创建 Fragment ··········· 343
12.6　Fragment 与 Activity 之间的交互 ··· 346
12.7　回退栈 ··················· 348
12.8　小结 ···················· 350

第 13 章 ActionBar ············· 351
13.1 ActionBar 简介 ············· 351
13.2 ActionBar 基础 ············· 352
13.2.1 隐藏/显示 ActionBar ····· 352
13.2.2 Action 按钮 ············· 354
13.3 应用程序图标导航 ············· 357
13.4 收缩和展开 Action View ····· 358
13.5 导航标签 ············· 361
13.6 下拉导航列表 ············· 366
13.7 小结 ············· 368

第 14 章 Android 5.x 新特性：质感主题 ··· 369
14.1 使用不同的质感主题 ············· 369
14.2 修改质感主题的默认属性值 ····· 371
14.3 小结 ············· 372

第 15 章 Android 5.x 新特性：阴影和视图裁剪 ············· 373
15.1 阴影 ············· 373
15.1.1 高度和 Z 轴的位置 ····· 373
15.1.2 带有阴影的拖动效果 ····· 376
15.2 视图裁剪 ············· 377
15.3 小结 ············· 379

第 16 章 Android 5.x 新特性：列表和卡片控件 ············· 380
16.1 RecyclerView 控件简介 ····· 380
16.2 用 RecyclerView 控件实现垂直列表效果 ············· 381
16.2.1 建立 Model ············· 381
16.2.2 定制列表项的分隔条 ····· 382
16.2.3 实现 Adapter 类 ············· 383
16.2.4 如何使用 RecyclerView 控件 ····· 385
16.2.5 用 RecyclerView 控件实现增加和删除列表项的效果 ····· 386
16.3 用 RecyclerView 控件实现画廊的效果 · 389
16.3.1 为画廊提供数据 ············· 390
16.3.2 自定义 RecyclerView 控件 ····· 391
16.3.3 让 RecyclerView 控件横屏显示 ····· 392
16.4 CardView 控件 ············· 393
16.4.1 出现 R$styleable 没找到错误的原因 ············· 393
16.4.2 在布局文件中使用 CardView ····· 395
16.4.3 用 Java 代码来控制 CardView 控件 ············· 396
16.5 小结 ············· 398

第 17 章 Android 5.x 新特性：Drawable 资源 ············· 399
17.1 着色 ············· 399
17.2 矢量 Drawable 资源 ············· 400
17.3 矢量动画 ············· 402
17.3.1 指针会动的时钟 ············· 402
17.3.2 笑脸表情 ············· 404
17.4 Ripple Drawable 资源 ············· 406
17.5 小结 ············· 409

第 18 章 其他 Android 5.x 新特性 ····· 410
18.1 以 Immersive 模式隐藏及显示状态栏和导航条 ············· 410
18.1.1 什么是 Immersive 模式 ····· 410
18.1.2 实现界面的布局 ············· 411
18.1.3 隐藏和显示 ············· 411
18.1.4 监听隐藏和显示状态 ····· 412
18.2 新的通知中心 ············· 412
18.3 续航与安全性 ············· 413
18.4 更多的新功能 ············· 414
18.5 小结 ············· 414

第 19 章 2D 动画 ············· 415
19.1 帧（Frame）动画 ············· 415
19.1.1 AnimationDrawable 与帧动画 ····· 416
19.1.2 通过帧动画方式播放 GIF 动画 ····· 417
19.1.3 播放帧动画的子集 ············· 420
19.2 补间（Tween）动画 ············· 422
19.2.1 移动补间动画 ············· 422

19.2.2	循环向右移动的 EditText 与上下弹跳的球	424
19.2.3	缩放补间动画	426
19.2.4	跳动的心	427
19.2.5	旋转补间动画	428
19.2.6	旋转的星系	429
19.2.7	透明度补间动画	430
19.2.8	投掷炸弹	431
19.2.9	振动效果	434
19.2.10	自定义动画渲染器（Interceptor）	434
19.2.11	以动画方式切换 View 的控件 ViewFlipper	436
19.3	小结	437

第 20 章 OpenGL ES 编程 438

20.1	OpenGL ES 简介	438
20.2	在 3D 空间中绘图	440
20.2.1	绘制 3D 图形的第一步	440
20.2.2	定义顶点	442
20.2.3	绘制三角形	443
20.2.4	三角形合并法绘制矩形	445
20.2.5	顶点法绘制矩形	447
20.2.6	顶点的选取顺序	448
20.2.7	索引法绘制矩形	449
20.2.8	基于 OpenGL ES 的动画原理	450
20.2.9	旋转的矩形	450
20.3	视图	452
20.3.1	有趣的比喻：照相机拍照	453
20.3.2	模型变换：立方体旋转	454
20.3.3	用 gluLookAt 方法变换视图	457
20.4	颜色	458
20.5	小结	460

第 21 章 媒体特效 API 461

21.1	实现主界面布局	461
21.2	初始化主界面	463
21.3	媒体特效 API 演示	464
21.3.1	Brightness 特效	464
21.3.2	反差特效（Contrast）	464
21.3.3	Crossprocess 特效	465
21.3.4	纪录片（Documentary）特效	465
21.3.5	双色调（Duotone）特效	465
21.3.6	鱼眼（Fish Eye）特效	465
21.3.7	垂直翻转特效	466
21.3.8	灰度特效	467
21.3.9	Lomoish 特效	467
21.3.10	底片特效	467
21.3.11	色调特效	467
21.4	让特效生效	468
21.5	小结	468

第 22 章 资源、国际化与自适应 469

22.1	Android 中的资源	470
22.1.1	Android 怎么存储资源	470
22.1.2	资源的种类	470
22.1.3	资源文件的命名	471
22.2	定义和使用资源	471
22.2.1	使用系统资源	471
22.2.2	字符串（String）资源	473
22.2.3	数组（Array）资源	474
22.2.4	颜色（Color）资源	476
22.2.5	尺寸（Dimension）资源	477
22.2.6	类型（Style）资源	479
22.2.7	主题（Theme）资源	480
22.2.8	绘画（Drawable）资源	482
22.2.9	动画（Animation）资源	483
22.2.10	菜单（Menu）资源	483
22.2.11	布局（Layout）资源	486
22.2.12	属性（Attribute）资源	486
22.2.13	改进可显示图标的 IconTextView 控件	488
22.2.14	XML 资源	490
22.2.15	RAW 资源	491

22.2.16	ASSETS 资源	492
22.3	国际化和资源自适应	492
22.3.1	对资源进行国际化	492
22.3.2	Locale 与国际化	494
22.3.3	常用的资源配置	494
22.4	小结	495

第 23 章 访问 Android 手机的硬件 496

23.1	在手机上测试硬件	496
23.1.1	安装 Android USB 驱动	497
23.1.2	在手机上测试程序	498
23.1.3	在手机上调试程序	499
23.2	录音	500
23.3	控制手机摄像头（拍照）	500
23.3.1	调用系统的拍照功能	501
23.3.2	实现自己的拍照 Activity	503
23.4	传感器在手机中的应用	507
23.4.1	在应用程序中使用传感器	507
23.4.2	电子罗盘	509
23.4.3	计步器	510
23.5	GPS 与地图定位	511
23.5.1	Google 地图	511
23.5.2	用 GPS 定位到当前位置	515
23.6	WIFI	516
23.7	小结	519

第 24 章 NDK 技术 520

24.1	Android NDK 简介	520
24.2	安装、配置和测试 NDK 开发环境	521
24.2.1	系统和软件要求	521
24.2.2	下载和安装 Android NDK	522
24.2.3	下载和安装 Cygwin	522
24.2.4	配置 Android NDK 的开发环境	525
24.2.5	编译和运行 NDK 自带的例子	526
24.3	Android NDK 开发	528
24.3.1	JNI 接口设计	528
24.3.2	编写 Android NDK 程序的步骤	529
24.3.3	将文件中的小写字母转换成大写字母（NDK 版本）	529
24.3.4	配置 Android.mk 文件	532
24.3.5	Android NDK 定义的变量	533
24.3.6	Android NDK 定义的函数	533
24.3.7	描述模块的变量	534
24.3.8	配置 Application.mk 文件	535
24.4	小结	536

第 25 章 蓝牙技术 537

25.1	蓝牙简介	537
25.2	打开和关闭蓝牙设备	538
25.3	搜索蓝牙设备	539
25.4	蓝牙数据传输	541
25.5	蓝牙通信一定需要 UUID 吗	544
25.6	小结	545

第 26 章 有趣的 Android 技术 546

26.1	手势（Gesture）	546
26.1.1	创建手势文件	546
26.1.2	通过手势输入字符串	547
26.1.3	通过手势调用程序	549
26.1.4	编写自己的手势创建器	550
26.2	让手机说话（TTS）	551
26.3	动态壁纸	552
26.4	小结	559

第 27 章 Android App 性能调优 560

27.1	刷新频率与丢帧	560
27.2	开发者选项与查看 GPU 负载	561
27.3	GPU 渲染时间与性能调优	564
27.4	Overdraw 与区域绘制	565
27.5	内存抖动与性能	566
27.6	小结	568

第 28 章 内存泄露检测 569

28.1	造成内存泄露的原因	569
28.1.1	非静态内嵌类	569
28.1.2	Handler 要用静态变量或弱引用	570

28.1.3	线程引发的内存泄露 ········· 571	29.6	其他功能的实现 ············ 585
28.1.4	其他可能会造成内存泄露的情况·· 572	29.7	小结 ····················· 585
28.1.5	弱引用（WeakReference）和软引用（SoftReference）············· 572	第 30 章	项目实战：基于 XMPP 的 IM 客户端 ·················· 586
28.2	内存泄露检测工具：Eclipse MAT ····· 573	30.1	XMPP 简介 ················ 586
28.3	小结 ··························· 576	30.2	Openfire 安装与配置·········· 587
第 29 章	项目实战：超级手电筒 ········· 577	30.3	Spark 的安装和使用 ·········· 590
29.1	手电筒 APP 简介 ················· 577	30.4	用户登录 ·················· 591
29.2	手电筒的架构 ···················· 578	30.5	获取好友信息 ·············· 591
29.3	手电筒照明 ····················· 579	30.6	添加好友 ·················· 594
29.3.1	手电筒的布局 ··············· 579	30.7	发送聊天信息 ·············· 594
29.3.2	通过代码调整控制区域位置····· 580	30.8	接收聊天信息 ·············· 595
29.3.3	打开和关闭闪光灯 ··········· 580	30.9	其他功能 ·················· 596
29.4	警告灯 ························· 581	30.10	小结 ····················· 596
29.5	发送莫尔斯密码 ················· 583		

1 Android 入门

Google 于 2005 年并购了成立仅 22 个月的高科技企业 Android，展开了短信、手机检索、定位等业务，同时基于 Linux 的 Android 平台也进入了开发阶段。Google 在 2007 年 11 月 5 日发布了 Android 的第一个版本。在刚发布之初，Android 并没有引起业界太多的关注。但随着 Google 组建的开放手机联盟不断有新生力量加入，Android 这个初出茅庐的小子已成为与 iPhone 分庭抗礼的生力军。

在作者编写本书时，至少有数十家不同规模的手机厂商宣布加入 Android 阵营。基于 Android 的手机也是琳琅满目。现在让我们进入时空隧道，回到 2008 年 9 月 23 日（北京时间 2008 年 9 月 23 日 22:30）的美国纽约，Google 和运营商 T-Mobile 共同发布了世界上第一款安装 Android 系统的手机 T-Mobile G1。由于这款手机的出色表现，使 Android 真正成为了万众瞩目的焦点。正是因为 Android 及其他几项创新，在 17 个月后的 2010 年 2 月 25 日，美国著名商业杂志《Fast Company》评选的 2010 年全球最具创新力公司 50 强中，Google 位列移动领域十大最具创新力公司榜首。2011 年 Android 的全球市场占有率首次超过了 iPhone（iOS），成为了全球使用率最高、最受欢迎的手机操作系统。

本章内容

- Android 的系统构架
- 搭建 Android 开发环境
- Android SDK 中的常用命令行工具（包括 adb、android 和 mkcdsard）

1.1 Android 的基本概念

Android 的中文意思是"机器人"。但在移动领域，大家一定会将 Android 与 Google 联系起来。Android 本身就是一个操作系统，只是这个操作系统是基于 Linux 内核的。也就是说，从理论上，基于 Linux 的软件移植到 Android 上是最容易的。Android 是由几十家科技公司和手机公司组成的"开放手机联盟"共同研发的，而且完全免费开源，这将大大降低新型手机设备的研发成本，甚至已成为"山寨"机的首选。

1.1.1 Android 简介

Android 作为 Google 最具创新的产品之一，正受到越来越多的手机厂商、软件厂商、运营商及个人开发者的追捧。目前 Android 阵营主要包括 HTC（宏达电）、T-Mobile、高通、三星、LG、摩托罗拉、ARM、软银移动、中国移动、小米、华为等。虽然这些机构有着不同的性质，但它们都在 Android 平台的基础上不断创新，让用户体验到最优质的服务。下面欣赏几款具有代表性的 Android 手机。第一款毫无疑问，就是世界上第一部 Android 手机 T-Mobile G1，如图 1-1 所示。这款手机带有一个物理键盘（硬键盘），可以通过侧滑拉出。第二款是创下了销售奇迹的 HTC Hero，也称为 G3，如图 1-2 所示。这款手机的显著特征是下方有一个突起的小"下巴"。除此之外，HTC Hero 绚丽的 Sense 界面也成为 Android 手机中一道亮丽的风景。最后一款则是带有 Google 字样的 Nexus S（由三星代工），俗称 Google 的二儿子，如图 1-3 所示。Nexus S 是 Google 用来测试最新版 Android 的，因此，Nexus S 总会比其他厂商的手机更早升级到 Android 的新版本。

图 1-1 T-Mobile G1

图 1-2 HTC Hero

图 1-3 Nexus S

欣赏完这么多"超酷"的手机，现在来看一下 Android 到底有什么魔力，可以让众多的粉丝为之疯狂。据粗略统计，Android 至少有如下 8 件制胜法宝：

- 开放性。Android 平台是免费、开源的。而且 Google 通过与运营商、设备制造商、开发商等机构形成的战略联盟，希望通过共同制定标准使 Android 成为一个开放式的生态系统。
- 应用程序的权限由开发人员决定。编写过 Symbian、Java ME 程序的读者应该能体会到这些程序在发布时有多麻烦。如果访问到某些限制级的 API，不是出现各种各样的提示，就是根本无法运行。要想取消这些限制，就得向第三方的认证机构购买签名，而且价格不菲。而 Android 平台的应用程序就幸福得多。要使用限制级的 API，只需要在自己的应用程序中配置一下即可，完全是 DIY。这也在某种程度上降低了 Android 程序的开发成本。
- 我的平台我作主。Android 上的所有应用程序都是可替换和扩展的，即使是拨号、Home 这样的核心组件也是一样。只要我们有足够的想象力，就可以缔造出一个独一无二、完全属于自己的 Android 世界。
- 应用程序之间的无障碍沟通。应用程序之间的通信一直令人头痛，而在 Android 平台上无疑是一种享受。在 Android 平台上，应用程序之间至少有 4 种沟通方式。很难说哪一种方式更好，但它们的确托起了整个 Android 的应用程序框架。
- 拥抱 Web 的时代。如果想在 Android 应用程序中嵌入 HTML、JavaScript，那真是再容易不过了。基于 Webkit 内核的 WebView 组件会完成一切。更值得一提的是，JavaScript 还可以和 Java 无缝地整合在一起。
- 物理键盘和虚拟键盘双管齐下。从 Android 1.5 开始，Android 同时支持物理键盘和虚拟键盘，从而可大大丰富用户的输入选择。尤其是虚拟键盘，已成为 Android 手机中主要的输入方式。
- 个性的充分体现。21 世纪是崇尚个性的时代。Android 也紧随时代潮流，提供了众多体现个性的功能。例如，Widget、Shortcut、Live WallPapers，无一不尽显手机的华丽与时尚。
- 舒适的开发环境。Android 的主流开发环境是 Eclipse + ADT+ Android SDK。它们可以非常容易地集成到一起，而且在开发环境中运行程序要比 Symbian 这样的传统手机操作系统更快，调试更方便。

虽然 Android 的特点还有很多，但这已经不重要。重要的是，现在 Android 已经成为万众瞩目的国际巨星，其未来将令人充满期望。

1.1.2 Android 的系统构架

通过上一节的介绍，我们对 Android 的特点已经有了一个初步的了解。本节将介绍 Android 的系统构架。先来看看 Android 的体系结构，如图 1-4 所示。

从图 1-4 可以看出，Android 分为 4 层，从高到低分别是应用层、应用框架层、系统运行库层和 Linux 内核层。

下面将对这 4 层进行简单介绍：

- 应用层。该层由运行在 Dalvik 虚拟机（为 Android 专门设计的基于寄存器的 Java 虚拟机，运行 Java 程序的速度更快）上的应用程序（主要由 Java 语言编写）组成。例如，日历、地图、浏览器、联系人管理，都属于应用层上的程序。

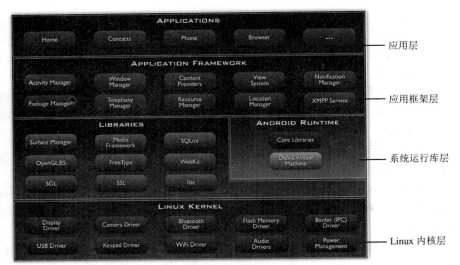

图 1-4　Android 的体系结构

- 应用框架层。该层主要由 View、通知管理器（Notification Manager）、活动管理器（Activity Manager）等由开发人员直接调用的组件组成。
- 系统运行库层。Java 本身是不能直接访问硬件的。要想让 Java 访问硬件，必须使用 NDK 才可以。NDK 是一些由 C/C++语言编写的库，这些程序也是该层的主要组成部分。该层主要包括 C 语言标准库、多媒体库、OpenGL ES、SQLite、Webkit、Dalvik 虚拟机等。也就是说，该层是对应用框架层提供支持的层。
- Linux 内核层。该层主要包括驱动、内存管理、进程管理、网络协议栈等组件。目前 Android 的版本基于 Linux 3.4 内核。

1.2　Android 开发环境的搭建

工欲善其事，必先利其器。开发 Android 应用程序总不能直接用记事本开发吧（那些超级大牛除外）。找到合适的开发工具是学习 Android 开发的第一步。而更多地了解 Android 的开发环境将会对进一步学习 Android 保驾护航。

1.2.1　开发 Android 程序需要些什么

开发 Android 程序至少需要如下工具和开发包：

- JDK（建议安装 JDK1.6 及其以上版本）
- Eclipse
- Android SDK
- ADT（Android Development Tools，开发 Android 程序的 Eclipse 插件）

其中 JDK 的安装非常简单，读者可以在官方网站下载 JDK 的最新版，并按着提示进行安装。Eclipse

下载后直接解压即可运行。在 1.2.2 节和 1.2.3 节将介绍 Android SDK 和 ADT 的安装。

1.2.2　安装 Android SDK

读者可以从下面的地址下载 Android SDK 的最新版本：

http://developer.android.com/sdk/index.html#Other

Android SDK 目前的安装程序支持 Windows、Mac OS X 和 Linux 三个平台，读者可以下载与自己使用的平台对应的 Android SDK 版本。下载 Windows 版本，直接解压或执行 exe 安装即可（不要下载那个不包含 SDK tools 的安装程序，应该下载第一个或第三个（需要解压）。下载 Mac OS X 版本，直接运行 dmg 文件即可。不管使用哪个版本，Android SDK 都没有安装完整，只安装了必要的程序，模拟器镜像和相关文件都没有安装。所以要在后期安装。

现在找到 Android SDK 的安装目录，进到 tools 子目录，会找到一个 Android 可执行程序（Windows 版的程序是 android.exe）。然后执行这个程序，会弹出如图 1-5 所示的 Android SDK Manager 窗口（Windows 版类似，只是标题栏不同而已）。

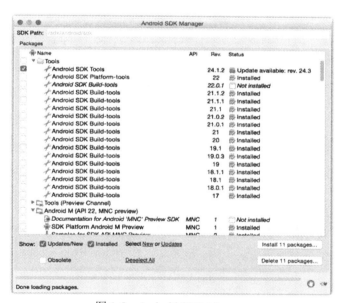

图 1-5　Android SDK Manager

在 Android SDK Manager 窗口中列出了所有可用的组件，这样可以测试各种 Android 版本。如果读者网速足够快（需要连接 VPN 才可以下载），而且硬盘足够大（完全安装需要至少 20G 的硬盘空间）的话，建议全部选中，然后单击右下角的 Install xx packages 按钮进行安装，其中 xx 是选中的 package 数量。不过要注意，这个安装时间相当漫长，要耐心等待。如果读者只想使用最新的版本，可以只安装 Android 5.1.1 或 Android M。最前面的 Tools 建议安装最新的版本（目前是 24.1.2）。如果某一个组件已经安装成功，组件后面的 Not installed 会变成 Installed。

单击 Install xx packages 按钮后，会弹出如图 1-6 所示的窗口。

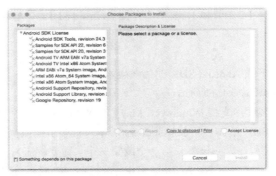

图 1-6　Choose Packages to Install 窗口

该窗口左侧列出了所有选中的安装项，默认都是不可安装的（每一项前面都有个红叉），如果要选中所有的安装项，可以选中根节点（对于本例是 Android SDK License），然后单击右下角的 Accept License 选项按钮即可。全部授权安装的效果如图 1-7 所示。

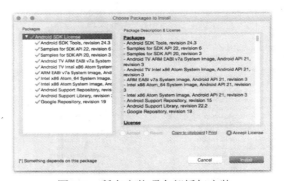

图 1-7　所有安装项全部授权安装

现在如果 VPN 已经连接，单击 Install 按钮安装即可。这时会在图 1-8 所示的 Android SDK Manager 窗口下方显示当前的下载进度。

图 1-8　正在下载 Android SDK 的相关文件

安装完后，读者可以进到<Android SDK 根目录>/platforms 目录看到所有已经安装的 Android 版本。例如，图 1-9 所示的目录就是在我自己的机器上安装的所有 Android 版本。

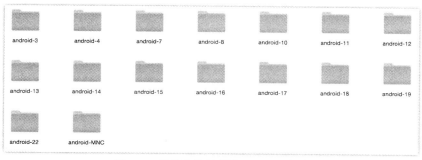

图 1-9　已经安装的所有 Android 版本

如果读者想了解 Android SDK 根目录的结构，也可以退到 Android SDK 根目录，看到如图 1-10 所示的目录结构，这些目录在后面的相关章节会详细介绍。

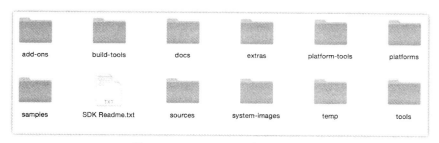

图 1-10　Android SDK 根目录结构

1.2.3　安装 Eclipse 插件 ADT

在写作本书时，ADT 的最新版本是 23，读者可以在 Eclipse 中直接单击 Help>Install New Software... 菜单项，弹出如图 1-11 所示的窗口。

单击右上角的 Add 按钮，会弹出一个窗口。在 Name 文本框中输入一个名字，如 ADT。在 Location 文本框中输入 https://dl-ssl.google.com/android/eclipse。然后单击 OK 按钮关闭对话框。这时会在图 1-11 所示的列表中显示 ADT 所包含的组件（需要连接 VPN 才能显示），然后单击 Next 按钮继续到下一步安装即可。

安装完 ADT 后，还需要进行设置，通常会设置 Android SDK 的路径。如果在 Windows 平台，需要单击 Window > Preferences 菜单项显示 Preferences 窗口。如果在 Mac OS X 下，需要单击 Eclipse→"偏好设置"菜单项，弹出 Preferences 窗口。选中左侧的 Android 节点，会看到右侧显示如图 1-12 所示的页面。在该页面上方的 SDK Location 文本框中输入 Android SDK 的根目录，然后单击右下角的 Apply 按钮，会列出当前安装的所有 Android 版本。设置完后，单击 OK 按钮即可。

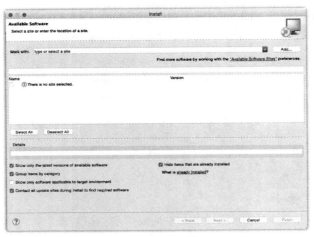

图 1-11　Install 窗口

图 1-12　Preferences 窗口

1.2.4　创建 AVD

在安装完 ADT 和 Android SDK 后,如果想在 Android 模拟器中运行 Android App,需要至少建立一个 AVD(Android Virtual Devices)。AVD 就是通过软件模拟的 Android 运行环境,可以模拟内存、Android

版本、SD 卡、CPU 等 **App** 运行必须的要素。

要想建立 **AVD**，需要打开 **AVD Manager** 窗口。在 Eclipse 工具栏左侧的位置会看到如图 1-13 所示的两个图标。左侧的图标用于打开图 1-5 所示的 **Android SDK Manager**，右侧的图标用于打开 **AVD Manager**。

图 1-13　与 **ADT** 有关的两个图标

如果 Eclipse 工具栏中没有这两个图标，可以在 **Eclipse** 中单击 Window→Customize Perspective 菜单项，打开如图 1-14 所示的窗口。切换到 **Command Groups Availability** 选项卡，在左侧列表中选择 Android SDK and AVD Manager 列表项，单击 **OK** 按钮关闭对话框即可。

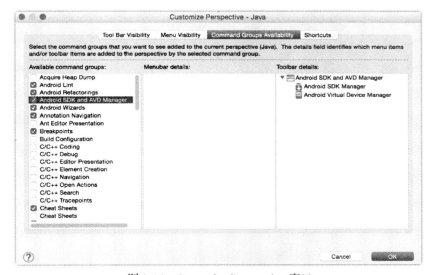

图 1-14　Customize Perspective 窗口

现在打开 **AVD Manager** 窗口，会看到如图 1-15 所示的窗口。列表中是已经创建好的 3 个 AVD。

如果要创建新的 **AVD**，需要单击 **Create** 按钮，弹出 **AVD** 创建窗口，读者可以按照图 1-16 所示的内容输入相关的信息。其中 **AVD Name** 可以是任意字符串，表示 AVD 的名字（不要和已经存在的 AVD 名字冲突）。**Device** 主要确定了 **Android** 模拟器的屏幕分辨率和屏幕密度。**Target** 用于确定 Android 的版本（本例选择了 **Android5.1.1**）。**CPU/ABI** 选择了 **ARM**（armeabi-v7a）。这是用软件模拟的 **ARM** 处理器。**Skin** 可以不选，或选择其中一个皮肤。不同的皮肤决定 Android 模拟器的样式，例如是否带控制键。后面都保持默认值即可。不过本例中指定了 **SD** 卡的存储空间为 200MB。

图 1-15　AVD Manager

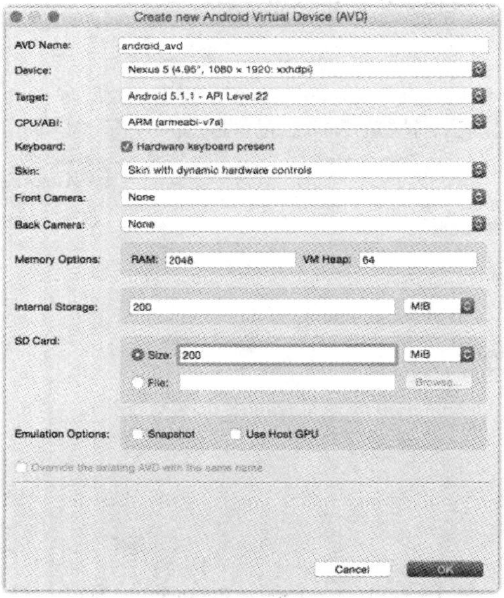

图 1-16　Create new Android Virtual Device（AVD）窗口

设置完后，单击 OK 按钮，就会在图 1-15 所示窗口的列表中显示刚创建的 AVD。

1.2.5　启动 Android 模拟器

在编译和运行 Android 工程之前，最好先运行一个 Android 模拟器，否则系统会根据最接近的 Android 版本选择一个 Android 模拟器启动。

要想启动 Android 模拟器，需要在图 1-15 所示的列表中选择一个 AVD，然后单击右侧的 Start 按钮，如果没有设置皮肤，会弹出如图 1-17 所示的 Launch Options 对话框。不可设置 Scale display to real size。

如果设置了皮肤，则弹出如图 1-18 所示的 Launch Options 对话框，允许设置 Scale display to real size。不过大多数情况下，保存默认值即可。最后单击 Launch 按钮即可启动 AVD 对应的 Android 模拟器。

图 1-17　Launch Options 窗口（未设置皮肤）

图 1-18　Launch Options 窗口（已经设置了皮肤）

成功启动 Android 模拟器后（可能启动时间比较长，请耐心等待），会显示如图 1-19 所示的 Android 模拟器。这是锁屏状态，要想解锁，单击屏幕下方的小锁头图标向上滑动，即可进入如图 1-20 所示的 Android Home 窗口。

图 1-19　Android 模拟器启动后的默认状态

图 1-20　进入 Android 后的 Home 窗口

1.2.6　让 Android 模拟器飞（X86 加速）

可能很多读者按着前面的方法启动 Android 模拟器，不管自己的机器配置有多高，Android 模拟器都慢得和牛一样。这是因为 ARM 处理器是通过软件模拟的，所以非常慢。为了提高 Android 模拟器的运行速度，可以通过 X86 加速器来加速 Android 模拟器的运行。

x86 加速器已经随 Android SDK 一同发布了。现在进入<Android SDK 根目录>/extras/intel/Hardware_Accelerated_Execution_Manager 目录（Windows、Mac OS X 和 Linux 的目录结构相同），会发现该目录中有很多文件。对于 Windows 来说，里面只有一个 exe 文件（文件名通常以 IntelHAXM 开头），直接执行即可。Mac OS X 版本中可能会有两个 dmg 文件：IntelHAXM_1.1.1_for_10_9_and_above.dmg 和 IntelHAXM_1.1.1_for_below_10_9.dmg。其中前者用于 Mac OS X10.9 或以上版本，后者用于低于 10.9 的 Mac OS X 系统。读者可以根据自己用的 Mac OS X 版本选择安装某个 dmg 程序。

> 不管使用哪个 OS 平台，CPU 必须支持虚拟化，尤其是 Windows 平台，CPU 的版本众多，需要进一步确定。通常 Apple 的机器都会支持 CPU 虚拟化，这一点不用担心。如果 CPU 不支持虚拟化，或用的非 Intel 的 CPU（如 AMD CPU，是无法使用 x86 加速的）。

成功安装 x86 加速器后，再重新创建一个 AVD，这回在 CPU/ABI 列表中选择 Intel Atom（x86），其他设置项不变。再按前面介绍的方法启动 Android 模拟器，会发现变得非常快了。这是因为 x86 加速器使用的是硬件 CPU，而不是用软件模拟的 CPU，所以运行速度大大提升，甚至发现比很多真机还快。

1.2.7 测试 Android 开发环境是否安装成功

本节将新建一个 Android 工程来测试一下 ADT 是否安装成功。单击 New→Android Project 菜单项，在弹出的对话框中按照图 1-21 所示输入相应的内容，然后一路点击 Next 按钮，最后单击 Finish 按钮，就可以创建一个 Android 工程。

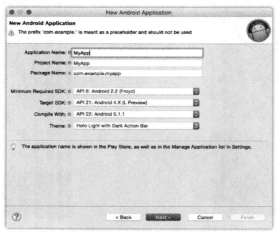

图 1-21　创建 Android 工程

如果没有 Android Project 菜单项，可以单击 New→Other 菜单项，在弹出对话框的树中寻找 Android 节点，然后单击 Android Application Project 即可。

创建完 Android 工程后，会在左侧的工程树中显示刚才创建的工程（本例工程名为 MyApp），如图 1-22 所示。

Android 工程的结构后面再说，这里只运行 Android 工程。现在选中 Android 工程，然后在右键菜单中单击 Run As → Android Application 菜单项，会弹出如图 1-23 所示的 Android Device Manager 窗口。在窗口上方的列表中列出了所有已经启动的模拟器和已经连接 PC 的 Android 设备（本例启动了一个 Android 模拟器和连接了一部 Android 设备），读者可以从中选中一个设备，然后单击右下角的 OK 按钮运行即可。如果想在未启动的 Android 模拟器上运行，可以从窗口下方的列表中选择，然后单击 OK 按钮。这样会首先启动选中的 Android 模拟器，然后再运行 Android App。

图 1-22　显示创建的工程

图 1-23　Android Device Chooser 窗口

MyApp 成功运行的效果如图 1-24 所示，说明 Android 开发环境已经安装成功。

图 1-24　MyApp 的运行效果

1.3　Android SDK 中的常用命令行工具

在<Android SDK 安装目录>/tools 目录中有很多命令行工具。虽然一般的开发人员并不需要完全掌握这些工具的使用方法，但了解这些工具的一些基本使用方法还是会对以后的开发工作起到一定的辅助作用。本节将介绍几种常用命令行工具的使用方法，这些工具主要包括 adb、android 和 mksdcard。在使用这些命令行工具之前，建议读者将<Android SDK 安装目录>/tools 目录加到 PATH 环境变量中，这样在任何目录中都可以使用这些工具了。

1.3.1　启动和关闭 ADB 服务（adb start-server 和 adb kill-server）

经过测试，模拟器在运行一段时间后，adb 服务有可能（在 Windows 进程中可以找到这个服务，该服务用来为模拟器或通过 USB 数据线连接的真机服务）出现异常。这时需要重新对 adb 服务关闭和重启。当然，重启 Eclipse 可能会解决问题，但那比较麻烦。如果想手工关闭 adb 服务，可以使用如下命令：

```
adb kill-server
```

在关闭 adb 服务后，要使用如下命令启动 adb 服务：

```
adb start-server
```

1.3.2　查询当前模拟器/设备的实例（adb devices）

有时需要启动多个模拟器实例，或在启动模拟器的同时通过 USB 数据线连接真机。在这种情况下就需要使用如下命令查询当前有多少模拟器或真机在线：

```
adb devices
```

执行上面的命令后，会输出如图 1-25 所示的信息。

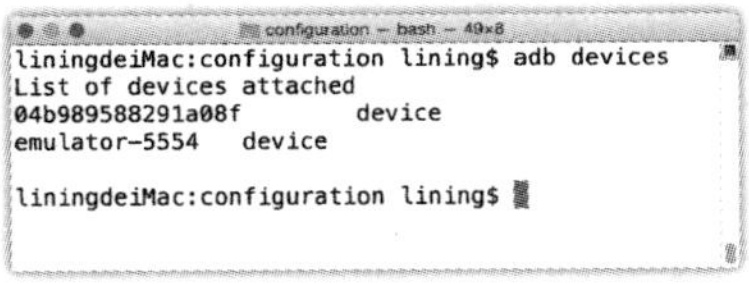

其中第 1 列的信息，04b989588291a08f 表示通过 USB 数据线连接的真机，emulator-5554 表示 Android 模拟器。

第 2 列信息都是 device，表示当前设备都在线。如果该列的值是 offline，表示该实例没有连接到 adb 上或实例没有响应，也就是离线。

图 1-25　查询模拟器/设备的实例

1.3.3　安装、卸载和运行程序（adb install、adb uninstall 和 am）

在 Eclipse 中运行 Android 程序必须得有 Android 源码工程。如果只有 apk 文件（Android 应用程序的发行包，相当于 Windows 中的 exe 文件），该如何安装和运行呢？答案就是使用 adb 命令。假设要安装一个 ebook.apk 文件，可以使用如下命令：

```
adb install ebook.apk
```

假设 ebook.apk 中的 package 是 net.blogjava.mobile.ebook，可以使用如下命令卸载这个应用程序：

```
adb uninstall net.blogjava.mobile.ebook
```

关于 package 的概念在以后的学习中会逐渐体会到，现在只要知道 package 是 Android 应用程序的唯一标识即可。如果在安装程序之前，该程序已经在模拟器或真机上存在了，需要先使用上面的命令卸载这个应用程序，然后再安装。或使用下面的命令重新安装：

```
adb install -r ebook.apk
```

在卸载应用程序时可以加上-k 命令行参数保留数据和缓冲目录，只卸载应用程序。命令如下所示：
adb uninstall -k net.blogjava.mobile.ebook

如果机器上有多个模拟器或真机实例，需要使用-s 命令行参数指定具体的模拟器或真机。例如，下面的命令分别在模拟器和真机上安装、重新安装和卸载应用程序。

在 emulator-5554 模拟器上安装 ebook.apk：
adb -s emulator-5554 install ebook.apk

在真机上安装 ebook.apk：
adb -s 04b989588291a08f install ebook.apk

在 emulator-5554 模拟器上重新安装 ebook.apk：
adb -s emulator-5554 install -r ebook.apk

在真机上重新安装 ebook.apk：
adb -s 04b989588291a08finstall -r ebook.apk

在 emulator-5554 模拟器上卸载 ebook.apk（不保留数据和缓冲目录）：
adb -s emulator-5554 uninstall net.blogjava.mobile.ebook

在真机上卸载 ebook.apk（保留数据和缓冲目录）：
adb -s 04b989588291a08funinstall -k net.blogjava.mobile.ebook

如果想在模拟器或真机上运行已安装的应用程序，除了直接在模拟器或真机上操作外，还可以使用如下命令直接运行程序。

在 emulator-5554 模拟器上运行 ebook.apk：
adb -s emulator-5554 shell am start -n net.blogjava.mobile.ebook/net.blogjava.mobile.ebook.Main

在真机上运行 ebook.apk：
adb -s 04b989588291a08fshell am start -n net.blogjava.mobile.ebook/net.blogjava.mobile.ebook.Main

其中 Main 是 ebook.apk 的主 Activity，相当于 Windows 应用程序的主窗体或 Web 应用程序的主页面。am 是 shell 命令。关于 shell 命令将在 1.3.5 节详细介绍。

1.3.4　PC 与模拟器或真机交换文件（adb pull 和 adb push）

在开发阶段或其他原因，经常需要将 PC 上的文件复制到模拟器或真机上，或将模拟机和真机上的文件复制到 PC 上。使用 adb pull 和 adb push 命令可以很容易地完成这个工作。例如，下面的命令将真机的 SD 卡根目录下的 camera.jpg 文件复制到 PC 的当前目录，取名为 picture.jpg。又把 picture.jpg 文件复制到真机的 SD 卡的根目录，取名为 abc.jpg。

从真机上复制文件到 PC：
adb -s 04b989588291a08fpull /sdcard/camera.jpg picture.jpg

从 PC 复制文件到真机：
adb -s 04b989588291a08fpush picture.jpg /sdcard/abc.jpg

如果读者安装了 ADT，可以通过 DDMS 透视图的"File Explorer"视图右上方的几个按钮，方便地从模拟器或真机上导入、导出和删除文件。

1.3.5　Shell 命令

Android 是基于 Linux 内核的操作系统，因此，在 Android 上可以执行 Shell 命令。虽然在手机上提供了可以输入命令的 Shell 程序，但在手机上输入程序实在不方便。为了更方便地在模拟器或手机上执行 Shell 命令，可以使用如下命令在 PC 上进入 Shell 控制台：
adb -s 04b989588291a08fshell

如果 Shell 控制台的提示符是一个美元符号（$），表示当前登录 Shell 的只是普通用户。如果提示符是一个井号(#)，表示使用 root 用户登录 Shell，也就是拥有了 root 权限。进入 Shell 后，输入 cd system/bin 命令，再输入 ls 命令，可以看到当前 Android 系统支持的命令文件，如图 1-26 所示。读者可以根据实际情况使用相应的命令。

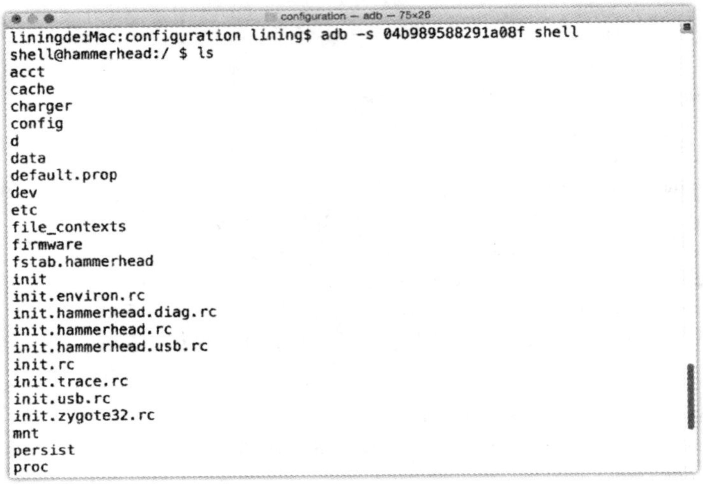

图 1-26　Android Shell 控制台

1.3.6　创建、删除和浏览 AVD 设备（android）

在 1.2.4 节介绍了如何在 Eclipse 中建立一个 AVD 设备。本节将介绍如何直接使用 android 命令建立和删除 AVD 设备。建立 AVD 设备的命令如下：

```
android create avd -n myandroid1.6 -t 2
```

其中 myandroid1.6 表示 AVD 设备的名称，该名称可以任意设置，但不能和其他 AVD 设备冲突。-t 2 中的 2 指建立 Android 1.6 的 AVD 设备，1 表示 Android 1.5 的 AVD 设备，在执行完上面的命令后，会输出如下信息来询问是否继续定制 AVD 设备：

```
Auto-selecting single ABI armeabi
Android 1.6 is a basic Android platform.
Do you wish to create a custom hardware profile [no]
```

如果读者不想继续定制 AVD 设备，直接按 Enter 键即可。如果想定制 AVD 设备，输入 y，然后按 Enter 键。系统会按步提示该如何设置。中括号内是默认值，如果某个设置项需要保留默认值，直接按 Enter 键即可。如果读者使用的是 Windows XP，默认情况下 AVD 设备文件放在如下目录中：

```
C:\Documents and Settings\Administrator\.android\avd
```

如果想改变 AVD 设备文件的默认存储路径，可以使用-p 命令行参数，命令如下：

```
android create avd -n myandroid1.6 -t 2 -p d:\my\avd
```

删除 AVD 设备可以使用如下命令：

```
android delete avd -n myandroid1.6
```

通过下面的命令可以列出所有的 AVD 设备：

```
android list avds
```

1.3.7 获取 Android 版本对应的 ID

上一节使用了 android create avd 命令创建了 AVD 设备，其中-t 命令行参数需要指定一个与 Android 版本对应的 ID。可以使用下面的命令获取 Android SDK 中已安装的所有 Android 版本对应的 ID：

```
android list targets
```

执行上面的命令行，会输出如图 1-27 所示的信息。前面提到的-t 命令行参数可以指定 ID 或相应的字符串（如 android-2、android-4 等）。

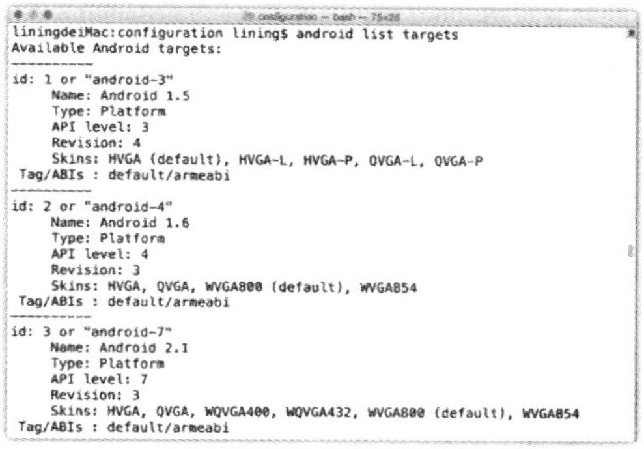

图 1-27　显示与 Android 对应的 ID

1.3.8 创建 SD 卡

在模拟器上测试程序经常需要使用 SD 卡。在 PC 上需要使用 mksdcard 命令创建一个虚拟的 SD 卡文件，创建一个 10MB 大小的 SD 卡文件的命令如下：

```
mksdcard -l sdcard 10MB sd.img
```

其中 sdcard 表示 SD 卡的卷标，10M 表示 SD 卡的大小，单位还可以是 KB。但要注意，SD 卡的大小不能小于 8MB，否则无法创建 SD 卡文件。sd.img 是 SD 卡的文件名。如果要在 Eclipse 中启动模拟器，或直接启动模拟器（使用 emulator 命令），需要使用-sdcard 命令行参数指定 SD 卡文件的绝对路径。

1.4　Android 的学习资源

获得第一手的资源是学习 Android 的关键。通过如下地址可以访问 Android 的官方页面，在该页面有最新的开发指南、API、SDK 和其他资源。

```
http://developer.android.com
```

除此之外，通过 Google 搜索也可以找到大量关于 Android 的学习资源，下面推荐几个国内比较受关注的 Android 学习网站。

- EOE Android 开发论坛，http://www.eoeandroid.com。
- 安卓网，http://www.hiapk.com。
- 机锋网，http://www.androidin.net。
- 中国移动的开发者社区，http://dev.chinamobile.com。

- 源代码托管网站，http://github.com。在该网站上有大量基于 Android 的应用程序源代码。直接通过源代码学习将会获得更佳的效果。

1.5　Google Play

写程序不是目的，写完程序我们能从中得到什么才是最终目的。当然，最直接得到的就是经验。可除此之外呢？相信大多数开发人员都希望从自己的程序中获利。当然，最好是名利双收。如果正在阅读本书的读者是这么想的，本节介绍的 Google Play 也许正好适合这些读者的口味。

Google Play 是用于发布 Android App 的在线商店。该在线商店由 Google 创办，地址如下：

https://play.google.com/store

在 Android 手机上可以通过 Android Market 客户端浏览和下载商店中的应用程序（在 Android Market 中有免费和收费两类程序）。客户端的主界面如图 1-28 所示，浏览和下载游戏程序的界面如图 1-29 所示。

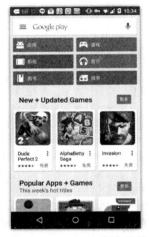
图 1-28　Android Market 客户端的主界面

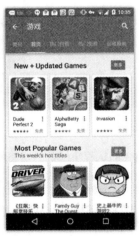
图 1-29　浏览和下载休闲游戏程序的界面

1.6　小结

本章主要介绍 Android 开发环境的搭建。开发 Android 程序至少需要安装 JDK、Eclipse、Android SDK 和 ADT。在<Android SDK 安装目录>/tools 目录中有一些命令行工具，可以通过这些工具完全脱离 ADT 和 Eclipse 来完成开发工作。虽然作者并不建议这样做，但学习一些常用命令的使用方法会对开发工作起到一定的辅助作用。做完程序后，需要将其发布到访问量较大的网站（如 Google Play）供用户免费或付费下载。

2 第一个 Android 程序

本章将编写第一个 Android 程序。在编写程序的过程中将学到如何在 Eclipse 中建立一个 Android 工程，编写和调试程序以及对 apk 包进行签名等知识。

本章内容

- 建立 Android 工程
- 界面控件布局及事件的使用方法
- 运行和调试 Android 应用程序
- 签名和发布应用程序

2.1 编写用于显示当前日期和时间的程序

工程目录：src/ch02/ch02_showdatetime

本节要实现的 Android 程序会在屏幕左上方显示两个按钮，通过单击这两个按钮，可以分别显示当前的日期和时间。本节将详细介绍这个例子的实现过程。

2.1.1 新建一个 Android 工程

开发 Android 程序的第 1 步就是使用 Eclipse 建立一个 Android 工程。在 Eclipse 中单击 File>New>Android Project 菜单项，打开 New Android Project 对话框，在对话框的文本框内中输入相应的内容。要输入的内容如表 2-1 所示。

输入完相应的内容后，一路单击 Next 按钮即可，直到最后 Finish 按钮可用时，单击该按钮即可创建 Android 工程。

表 2-1 需要输入的内容

文本框	输入的内容
Project name	ch02_showdatetime
Application name	显示当前的日期和时间
Package name	net.blogjava.mobile
Create Activity	Main

2.1.2 界面控件的布局

本例中只需要修改两个文件的内容：Main.java 和 main.xml。关于工程中其他的文件和目录将在后面详细介绍。本章只需要知道 Main.java 文件是 Android 应用程序的主程序文件，相当于 Web 程序的主页面或 C/S 程序的主窗体。main.xml 文件是一个 XML 布局文件，在该文件中指定了程序中显示的控件及控件的位置等信息。

本节要添加的两个按钮需要在 main.xml 文件中进行配置。在新建 Android 工程后，系统会自动向 main.xml 文件中添加一个 TextView 控件（<TextView>标签）。首先需要删除<TextView>标签，然后在<LinearLayout>标签中添加相应的配置代码。main.xml 文件最终的配置代码如下所示：

```xml
<?xml version="1.0" encoding="utf-8"?>
<LinearLayoutxmlns:android="http://schemas.android.com/apk/res/android"
android:orientation="vertical" android:layout_width="fill_parent"
android:layout_height="fill_parent">
<!--下面的代码是由开发人员自己添加的  -->
<Button android:id="@+id/btnShowDate" android:layout_width="wrap_content"
android:layout_height="wrap_content" android:text="显示当前日期" />
<Button android:id="@+id/btnShowTime" android:layout_width="wrap_content"
android:layout_height="wrap_content" android:text="显示当前时间" />
</LinearLayout>
```

在配置完 main.xml 文件后，单击工程右键菜单中的 Run As>Android Application 菜单项，启动 Android 模拟器。稍等片刻，会出现如图 2-1 所示的运行效果。

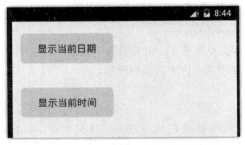

图 2-1 ch02_showdatetime 的运行界面

2.1.3 编写实际代码

在上一节设计了应用程序的界面，但这个界面除了显示两个按钮外，做不了任何事件。本节要做的是单击两个按钮可以分别以对话框的形式显示当前的日期和时间。实现步骤如下：

（1）编写事件处理方法。
（2）获得两个按钮的对象实例。
（3）为两个按钮添加单击事件。
（4）编写一个显示对话框的方法。

下面的代码按如上 4 步实现了这个程序，其中涉及很多本章未讲到的知识，不过读者不用担心，这些知识将在后面的章节详细介绍。本节读者只需要对 Android 程序有个初步的认识即可。

```
package net.blogjava.mobile;

import java.text.SimpleDateFormat;
import java.util.Date;
import android.app.Activity;
import android.app.AlertDialog;
import android.os.Bundle;
import android.view.View;
import android.view.View.OnClickListener;
import android.widget.Button;

//  处理单击事件必须实现 OnClickListener 接口
public class Main extends Activity implements OnClickListener
{
//   显示对话框的方法
private void showDialog(String title, String msg)
{
AlertDialog.Builder builder = new AlertDialog.Builder(this);
//   设置对话框的图标
builder.setIcon(android.R.drawable.ic_dialog_info);
//   设置对话框的标题
builder.setTitle(title);
//   设置对话框显示的信息
builder.setMessage(msg);
//   设置对话框的按钮
builder.setPositiveButton("确定", null);
//   显示对话框
builder.create().show();
}
//   单击事件方法
@Override
public void onClick(View v)
{
switch (v.getId())
{
case R.id.btnShowDate:
{
SimpleDateFormat sdf = new SimpleDateFormat("yyyy-MM-dd");
//   显示当前日期
showDialog("当前日期", sdf.format(new Date()));
break;
}
case R.id.btnShowTime:
{
SimpleDateFormat sdf = new SimpleDateFormat("HH:mm:ss");
//   显示当前时间
showDialog("当前时间", sdf.format(new Date()));
break;
}
}
}
@Override
public void onCreate(Bundle savedInstanceState)
```

```
{
    super.onCreate(savedInstanceState);
    setContentView(R.layout.main);
    // 获得两个按钮的对象实例
    Button btnShowDate = (Button) findViewById(R.id.btnShowDate);
    Button btnShowTime = (Button) findViewById(R.id.btnShowTime);
    // 为两个按钮添加单击事件
    btnShowDate.setOnClickListener(this);
    btnShowTime.setOnClickListener(this);
}
```

再次运行程序,并单击"显示当前日期"和"显示当前时间"按钮,显示的对话框如图2-2和图2-3所示。

图 2-2　显示当前日期对话框

图 2-3　显示当前时间对话框

2.2　调试程序

Android 应用程序也可以像其他的 Java 程序一样进行调试,调试的第 1 步就是设置断点。选择要设置断点的代码行,单击代码编辑器左侧的竖条,在单击的位置会显示一个蓝色的小圆点,如图 2-4 所示。

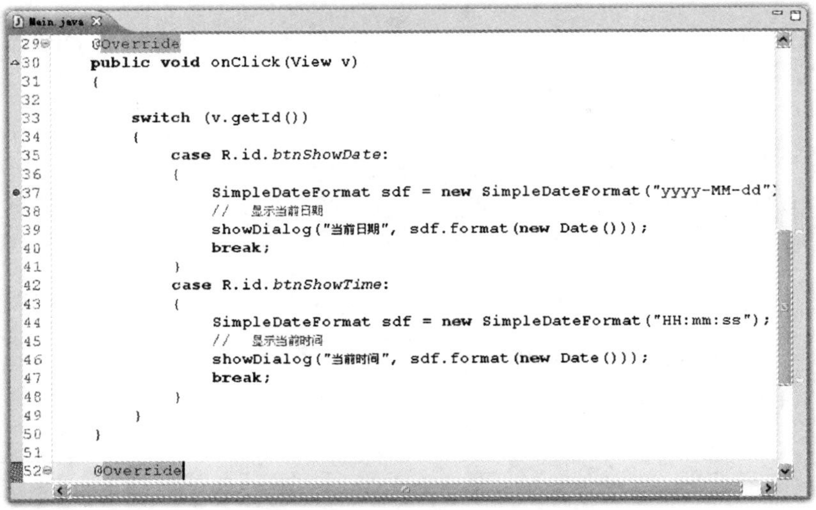

图 2-4　设置断点

要想用 Eclipse 调试程序，必须以调试模式运行程序（并不需要关闭 Android 模拟器）。以调试模式运行程序的方法是单击工程右键菜单中的 Debug As>Android Application 菜单项。当程序运行后，单击"显示当前日期"按钮，Eclipse 就会进入如图 2-5 所示的调试透视图。

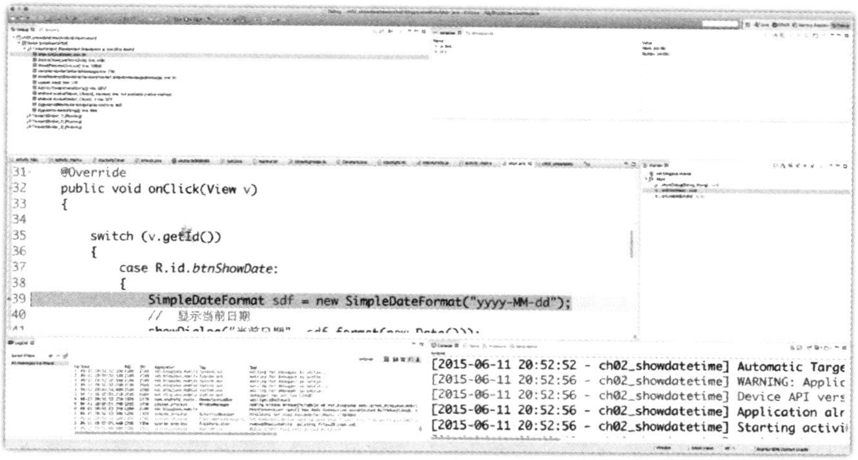

图 2-5 调试透视图

在进入调试透视图后，可以通过按 F5 或 F6 键逐行调试程序。按 F5 键可以跟踪到方法内部，按 F6 键只在当前层进行跟踪，并不会跟踪到所执行的方法内部。

2.3 签名和发布应用程序

要想使 Android 应用程序在真机上运行，需要对 apk（Android 应用程序的执行文件，相当于 Symbian 程序的 sis/sisx 或 Java ME 程序的 jar 文件）文件进行签名。可以通过命令行或 ADT 插件方式对 apk 文件进行签名。本节将详细介绍签名过程。

2.3.1 使用命令行方式进行签名

使用命令行方式进行签名需要 JDK 中的两个命令行工具：keytool.exe 和 jarsigner.exe。可按如下两步对 apk 文件进行签名：

（1）使用 keytool 生成专用密钥（Private Key）文件。
（2）使用 jarsigner 根据 keytool 生成的专用密钥对 apk 文件进行签名。
生成专用密钥的命令如下：

keytool -genkey -v -keystoreandroidguy-release.keystore -alias androidguy -keyalg RSA -validity 30000

其中 androidguy-release.keystore 表示要生成的密钥文件名，可以是任意合法的文件名。androidguy 表示密钥的别名，后面对 apk 文件签名时需要用到。RSA 表示密钥算法。30000 表示签名的有效天数。

在执行上面的命令后，需要输入一系列的信息。这些信息可以任意输入，但一般需要输入一些有意义的信息。下面是作者输入的信息：

```
输入 keystore 密码：
再次输入新密码：
您的名字与姓氏是什么？
  [Unknown]:  lining
您的组织单位名称是什么？
  [Unknown]:  nokiaguy.blogjava.net
您的组织名称是什么？
  [Unknown]:  nokiaguy
您所在的城市或区域名称是什么？
  [Unknown]:  shenyang
您所在的州或省份名称是什么？
  [Unknown]:  liaoning
该单位的两字母国家代码是什么？
  [Unknown]:  CN
CN=lining, OU=nokiaguy.blogjava.net, O=nokiaguy, L=shenyang, ST=liaoning, C=CN 正确吗？
  [否]:  Y
正在为以下对象生成 1,024 位 RSA 密钥对和自签名证书 (SHA1withRSA) (有效期为 30,000 天)：
         CN=lining, OU=nokiaguy.blogjava.net, O=nokiaguy, L=shenyang, ST=liaoning, C=CN
输入<androidguy>的主密码
  (如果和 keystore 密码相同，按回车)：
[正在存储 androidguy-release.keystore]
```

输入完上面的信息后，在当前目录下会生成一个 androidguy-release.keystore 文件。这个文件就是专用密钥文件。

下面使用 jarsigner 命令对 apk 文件进行签名。首先找到本章实现的例子生成的 apk 文件。该文件在 ch02_showdatetime/bin 目录中，在 Windows 控制台进入该目录，并将刚才生成的 androidguy-release.keystore 文件复制到该目录中，最后执行如下命令：

```
jarsigner -verbose -keystoreandroidguy-release.keystore ch02_showdatetime.apk androidguy
```

其中 androidguy 表示使用 keytool 命令指定的专用密钥文件的别名，且必须指定。在执行上面的命令后，需要输入使用 keytool 命令设置的 keystore 密码和<androidguy>的主密码。如果这两个密码相同，在输入第 2 个密码时只需按回车键即可（要注意的是，输入的密码是不回显的）。如果密码输入正确，jarsigner 命令会成功对 apk 文件进行签名。签完名后，我们会发现 ch02_showdatetime.apk 文件的尺寸比未签名时大了一些。

2.3.2 使用 ADT 插件方式进行签名

如果读者想在 Eclipse 中直接对 apk 文件进行签名，可以使用 ADT 插件附带的功能。在工程右键菜单中单击 Android Tools→Export Signed Application Package...菜单项，打开 Export Android Application 对话框，并在第一页输入要导出的工程名，如图 2-6 所示。

进入下一个设置页后，输入密钥文件的路径（Location 文本框）和密码，如图 2-7 所示。在接下来的两个设置界面中分别输入签名信息和要生成的 apk 文件名，如图 2-8 和图 2-9 所示。

在进行完上面的设置后，单击 Finish 按钮生成被签名的 apk 文件。查看生成的文件后会发现，除了生成 showdatetime.apk 文件外，还生成了一个 private_keys 文件。该文件就是密钥文件。下次再签名时可以直接选择该文件。

在对 apk 文件签完名后，可以直接将 apk 文件复制给要使用软件的用户或发布到 Android Market 以及中国移动的 Mobile Market 上。要注意的是，Android Market 不允许上传未签名或 Debug 前面（调试时用的签名）的 apk 文件，因此，必须对 apk 文件进行签名才能上传到 Android Market 上。

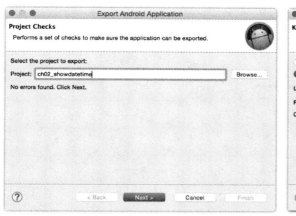

图 2-6　指定要导出的工程

图 2-7　指定密钥文件的路径和密码

图 2-8　输入签名信息

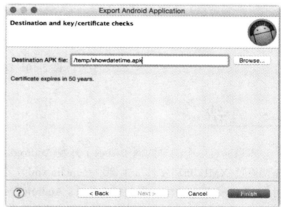

图 2-9　输入要生成的 apk 文件名

2.4　DDMS 透视图

在 ADT 插件中还提供了一个 DDMS（Dalvik Debug Monitor Service）透视图。在 DDMS 透视图中，可以完成查看 Dalvik 操作系统的进程、查看和修改 Android 模拟器及 SD 卡中的文件和目录内容等操作。单击 Window>Show Perspective→DDMS 菜单项可以显示如图 2-10 所示的 DDMS 透视图。

在 DDMS 透视图的 Devices 视图中可以找到 net.blogjava.mobile，这一项就是本章实现的程序的 package，在该项的后面显示了进程 ID 等信息。

DDMS 透视图在编写 Android 应用程序时会经常用到，关于 DDMS 透视图的具体使用方法将在后面的部分详细介绍。

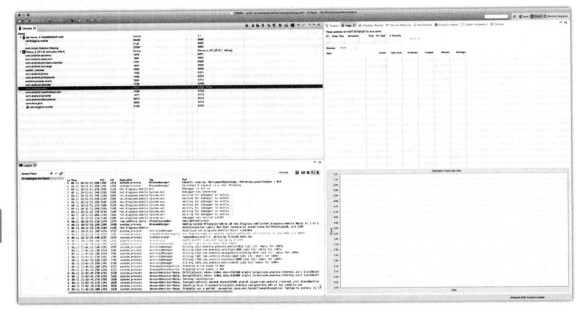

图 2-10　DDMS 透视图

2.5　小结

本章通过一个简单的例子演示了开发 Android 应用程序的基本步骤。开发一个 Android 应用程序首先要设置 XML 布局文件（本例中是 main.xml），然后在程序中编写相应的代码，在代码中有可能会使用到 XML 布局文件中设置的控件信息。Android 应用程序也可以和其他的 Java 程序一样在 Eclipse 中进行调试、逐行跟踪代码。在发布程序时，需要对生成的 apk 文件进行签名。读者可以选择使用命令行或 ADT 插件的方式对 apk 文件进行签名。其中 ADT 插件方式要比命令行方式更容易使用，因此，建议使用 ADT 插件方式对 apk 文件进行签名。

3

Android 应用程序架构

在第 2 章已经实现了一个简单的 Android 应用程序。可以看到,这个程序的目录和文件比较多。而这些目录和文件在 Android 应用程序中都有着特定的功能。本章将揭示这些目录和文件背后的秘密。

本章内容

- Android 应用程序中的资源
- Android 的 4 种应用程序组件
- AndroidManifest.xml 文件的结构

3.1 Android 应用程序中的资源

任何类型的程序都需要使用资源,Android 应用程序也不例外。Android 应用程序使用的资源有很多都被封装在 apk 文件中,并随 apk 文件一起发布。本节将介绍这些资源如何封装在 apk 文件中,以及使用这些资源的基本方法。

3.1.1 资源存放在哪里

既然要将资源封装在 apk 文件中,那么这些资源一定是放在 Eclipse 工程的某处。在第 2 章实现的应用程序中可以看到,在 Eclipse 工程中有一个 res 目录。在该目录下有 3 个子目录:drawable、layout、values。这 3 个子目录中分别包含 icons.png、main.xml 和 strings.xml。从 drawable 目录中包含 icons.png 文件这一点可以初步断定,这个目录是用来保存图像文件的。而 layout 目录从名字可以看出,该目录是用来保存布局文件的。通过打开 values 目录中的 strings.xml 文件可以看出,在 strings.xml 文件中都是基于 XML 格式的 key-value 对,因此,也可以断定 values 目录是用来保存字符串资源的。实际上,在 Android 应用程序中还可以包含除这 3 种资源外的更多资源。下一节将介绍 Android 应用程序中可以包含的资源。

3.1.2 资源的种类

Android 支持 3 种类型的资源：XML 文件、图像以及任意类型的资源（例如，音频、视频文件）。这些资源文件分别放在 res 目录的不同子目录中。在编译 Android 应用程序的同时，系统会使用一个资源文件编译程序（aapt）对这些资源文件进行编译。表 3-1 是 Android 支持的资源列表。

表 3-1 Android 支持的资源列表

目录	资源类型	描述
res\anim	XML	该目录用于存放帧（frame）动画或补间（tweened）动画文件
res\drawable	图像	该目录中的文件可以是多种格式的图像文件，例如，bmp、png、gif、jpg 等。该目录中的图像不需要分辨率非常高，aapt 工具会优化这个目录中的图像文件。如果想按字流读取该目录下的图像文件，需要将图像文件放在 res\raw 目录中
res\layout	XML	该目录用于存放 XML 布局文件
res\values	XML	该目录中的 XML 文件与其他目录的 XML 文件不同。系统使用该目录中 XML 文件的内容作为资源，而不是 XML 文件本身。在这些 XML 文件中定义了各种类型的 key-value 对。在该目录中可以建立任意多个 XML 文件，文件可以任意命名。在该目录的 XML 文件中还可以根据不同的标签定义不同类型的 key-value 对。例如，通过<string>标签定义字符串 key-value 对，通过<color>标签定义表示颜色值的 key-value 对，通过<dimen>标签定义距离、位置、大小等数值的 key-value 对
res\xml	XML	该目录中的文件可以是任意类型的 XML 文件，这些 XML 文件可以在运行时被读取
res\raw	任意类型	在该目录中的文件虽然也会被封装在 apk 文件中，但不会被编译。在该目录中可以放置任意类型的文件，例如，各种类型的文档、音频、视频文件等

在表 3-1 所示的目录中放入资源文件后，ADT 会在 gen 目录中建立一个 R.java 文件，该文件中有一个 R 类，该类为每一个资源定义了唯一的 ID，通过这个 ID 可以引用这些资源。

3.1.3 资源的基本使用方法

Android 会为每一种资源在 R 类中生成一个唯一的 ID，这个 ID 是 int 类型的值。在一般情况下，开发人员并不需要管这个类，更不需要修改这个类，只需要直接使用 R 类中的 ID 即可。为了更好地理解使用资源的过程，先看一下在第 2 章的例子中生成的 R 类的源代码。

```
package net.blogjava.mobile;
public final class R {
    public static final class attr {
    }
    public static final class drawable {
        public static final int icon=0x7f020000;
    }
    public static final class id {
        public static final int btnShowDate=0x7f050000;
        public static final int btnShowTime=0x7f050001;
    }
```

```
    public static final class layout {
        public static final int main=0x7f030000;
    }
    public static final class string {
        public static final int app_name=0x7f040001;
        public static final int hello=0x7f040000;
    }
}
```

从 R 类中很容易看出，ADT 为 res 目录中每一个子目录或标签（例如，<string>标签）都生成了一个静态的子类，不仅如此，还为 XML 布局文件中的每一个指定 id 属性的组件生成了唯一的 ID，并封装在 id 子类中。这就意味着在 Android 应用程序中可以通过 ID 使用这些组件。

 R 类虽然也属于 net.blogjava.mobile 包，但在 Eclipse 工程中为了将 R 类与其他的 Java 类区分开，将 R 类放在 gen 目录中。

既可以在程序中引用资源，也可以在 XML 文件中引用资源。例如，在应用程序中获得 btnShowDate 按钮对象的代码如下：

```
Button btnShowDate = (Button) findViewById(R.id.btnShowDate);
```

可以看到，在使用资源时直接引用了 R.id.btnShowDate 这个 ID 值，当然，直接使用 0x7f050000 也可以，不过为了使程序更容易维护，一般会直接使用在 R 的内嵌类中定义的变量名。

Android SDK 中的很多方法都支持直接使用 ID 值来引用资源。例如，android.app.Activity 类的 setTitle 方法除了支持以字符串方式设置 Activity 的标题外，还支持以字符串资源 ID 的方式设置 Activity 的标签。例如，下面的代码使用字符串资源重新设置了 Activity 的标题：

```
setTitle(R.string.hello);
```

除了可以使用 Java 代码来访问资源外，在 XML 文件中也可以使用这些资源。例如，引用图像资源可以使用如下格式：

```
@drawable/icon
```

其中 icon 就是 res/drawable 目录中的一个图像文件的文件名。这个图像文件可以是任何 Android 支持的图像类型，例如，gif、jpg 等。因此，在 drawable 目录中不能存在同名的图像文件，例如，icon.gif 和 icon.jpg 不能同时放在 drawable 目录中，这是因为在生成资源 ID 时并没有考虑文件的扩展名，所以会在同一个类中生成两个同名的变量，从而造成 Java 编译器无法成功编译 R.java 文件。

关于使用 Android 资源的更深入的内容将在后面的部分详细介绍。

3.2 Android 的应用程序组件

Android 应用程序中最令人振奋的特性是可以利用其他 Android 应用程序中的资源（当然，需要这些应用程序进行授权）。例如，如果应用程序恰好需要一个显示图像列表的功能，而另一个应用程序正好有这个功能，只需要调用这个应用程序中的图像列表功能即可。在 Android 程序中没有入口点（Main 函数），取而代之的是一系列的组件，这些组件都可以单独实例化。本节将介绍 Android 支持的 4 种组件的基本概念。应用程序向外共享功能一般也是通过这 4 种应用程序组件实现的。

3.2.1 活动（Activity）组件

Activity 是 Android 的核心类，该类的全名是 android.app.Activity。Activity 相当于 C/S 程序中的窗

体（Form）或 Web 程序的页面。每一个 Activity 提供了一个可视化的区域。在这个区域可以放置各种 Android 组件，例如，按钮、图像、文本框等。

在 Activity 类中有一个 onCreate 事件方法，一般在该方法中对 Activity 进行初始化。通过 setContentView 方法可以设置在 Activity 上显示的视图组件，setContentView 方法的参数一般为 XML 布局文件的资源 ID。

一个带界面的 Android 应用程序可以由一个或多个 Activity 组成。至于这些 Activity 如何工作，或者它们之间有什么依赖关系，则完全取决于应用程序的业务逻辑。例如，一种典型的设计方案是使用一个 Activity 作为主 Activity（相当于主窗体，程序启动时会首先启动这个 Activity）。在这个 Activity 中通过菜单、按钮等方式启动其他的 Activity。在 Android 自带的程序中有很多都是这种类型的。

每一个 Activity 都会有一个窗口，在默认情况下，这个窗口是充满整个屏幕的，也可以将窗口变得比手机屏幕小，或者悬浮在其他的窗口上面。详细的实现方法将在第 4 章的实例 12 中介绍。

Activity 窗口中的可视化组件由 View 及其子类组成，这些组件按着 XML 布局文件中指定的位置在窗口上进行摆放。

3.2.2 服务（Service）组件

服务没有可视化接口，但可以在后台运行。例如，当用户进行其他操作时，可以利用服务在后台播放音乐，或者当来电时，可以利用服务同时进行其他操作，甚至阻止接听指定的电话。每一个服务是一个 android.app.Service 的子类。

现在举一个非常简单的使用服务的例子。在手机中会经常使用播放音乐的软件，在这类软件中往往会有循环播放或随机播放的功能。虽然在软件中可能会有相应的功能（通过按钮或菜单进行控制），但用户可能会一边放音乐，一边在手机上做其他的事，例如，与朋友聊天、看小说等。在这种情况下，用户不可能当一首音乐放完后再回到软件界面去进行重放的操作。因此，可以在播放音乐的软件中启动一个服务，由这个服务来控制音乐的循环播放，而且服务对用户是完全透明的，这样用户完全感觉不到后台服务的运行。甚至可以在音乐播放软件关闭的情况下，仍然播放后台背景音乐。

除此之外，其他的程序还可以与服务进行通信。当与服务连接成功后，就可以利用服务中共享出来的接口与服务进行通信了。例如，控制音乐播放的服务允许用户暂停、重放、停止音乐的播放。

3.2.3 广播接收者（Broadcast receivers）组件

广播接收者组件的唯一功能就是接收广播消息，以及对广播消息做出响应。有很多时候，广播消息是由系统发出的，例如，时区的变化、电池的电量不足、收到短信等。除此之外，应用程序还可以发送广播消息，例如，通知其他的程序数据已经下载完毕，并且这些数据已经可以使用了。

一个应用程序可以有多个广播接收者，所有的广播接收者类都需要继承 android.content. Broadcast-Receiver 类。

广播接收者与服务一样，都没有用户接口，但在广播接收者中可以启动一个 Activity 来响应广播消息，例如，通过显示一个 Activity 对用户进行提醒。当然，也可以采用其他的方法或几种方法的组合来提醒用户，例如，闪屏、震动、响铃、播放音乐等。

3.2.4 内容提供者（Content providers）组件

内容提供者可以为其他应用程序提供数据。这些数据可以保存在文件系统中，例如，SQLite 数据库或任何其他格式的文件。每一个内容提供者是一个类，这些类都需要从 android.content.ContentProvider 类继承。

在 ContentProvider 类中定义了一系列的方法，通过这些方法可以使其他的应用程序获得和存储内容提供者所支持的数据。但在应用程序中不能直接调用这些方法，而需要通过 android.content.ContentResolver 类的方法来调用内容提供者类中提供的方法。

3.3 AndroidManifest.xml 文件的结构

每一个 Android 应用程序必须有一个 AndroidManifest.xml 文件（不能改成其他的文件名），而且该文件必须在应用程序的根目录中。在这个文件中定义了应用程序的基本信息，在运行 Android 应用程序之前必须设置这些信息。下面是 AndroidManifest.xml 文件在 Android 应用程序中所起的作用：

- 定义应用程序的 Java 包。这个包名将作为应用程序的唯一标识。在 DDMS 透视图的 File Explorer 视图中可以看到 data\data 目录中的每一个目录名都代表着一个应用程序，而目录名本身就是在 AndroidManifest.xml 文件中定义的包名。
- 上一节讲的 4 个应用程序组件在使用之前，必须在 AndroidManifest.xml 文件中定义。定义的信息主要是与组件对应的类名以及这些组件所具有的能力。通过 AndroidManifest.xml 文件中的配置信息可以让 Android 系统知道如何处理这些应用程序组件。
- 确定哪一个 Activity 将作为第一个运行的 Activity。
- 在默认情况下，Android 系统会限制使用某些 API，因此，需要在 AndroidManifest.xml 文件中为这些 API 授权后才可以使用它们。
- 可以让授权应用程序与其他的应用程序进行交互。
- 可以在 AndroidManifest.xml 文件中配置一些特殊的类，这些类可以在应用程序运行时提供调试及其他的信息。但这些类只在开发和测试时使用，当应用程序发布时这些配置将被删除。
- 定义了 Android 应用程序所需要的最小 API 级别，Android 1.1 对应的 API 级别是 2，Android 1.5 对应的 API 级别是 3，依此类推，最新的 Android 5.1 对应的 API 级别是 22。
- 指定应用程序中引用的程序库。

下面是 AndroidManifest.xml 文件的标准格式，这个格式中的各种标签将在后面的内容中逐渐讲到。

```xml
<?xml version="1.0" encoding="utf-8"?>
<manifest>
    <uses-permission />
    <permission />
    <permission-tree />
    <permission-group />
    <instrumentation />
    <uses-sdk />
    <application>
        <activity>
            <intent-filter>
                <action />
                <category />
                <data />
```

```xml
        </intent-filter>
        <meta-data />
    </activity>
    <activity-alias>
        <intent-filter> ... </intent-filter>
        <meta-data />
    </activity-alias>
    <service>
        <intent-filter> ... </intent-filter>
        <meta-data />
    </service>
    <receiver>
        <intent-filter> ... </intent-filter>
        <meta-data />
    </receiver>
    <provider>
        <grant-uri-permission />
        <meta-data />
    </provider>
    <uses-library />
    <uses-configuration />
</application>
</manifest>
```

3.4 小结

本章主要介绍了 Android 应用程序的架构。在 Android 应用程序中，资源一般都放在 res 目录的子目录中，特定的子目录代表不同的资源类型，例如，drawable 目录表示图像资源，layout 目录表示布局资源等。由于一个 Android 应用程序需要调用其他的 Android 应用程序的部分资源，这就需要 Android 应用程序中任何组件都可以被实例化，因此，在 Android 应用程序中没有 Main 函数，所有可以被实例化的组件都需要在 AndroidManifest.xml 文件中定义，Android 目前支持 4 种应用程序组件：Activity、Service、Broadcast receivers 和 Content providers。AndroidManifest.xml 文件除了可以定义这 4 种应用程序组件外，还可以定义其他信息，例如，为限制级 API 授权、定义 Java 包等。

4

建立用户接口

在 Android SDK 中包含很多的用户接口,有前几章已经接触过的 Activity、View,还有很多没有接触过,例如,对话框、菜单等。通过在 Android 应用程序中添加这些接口,可以使应用变得更加容易使用。本章将详细介绍 Android 系统的主要用户接口。

本章内容

- Activity 的生命周期
- 使用 XML 和代码两种方式创建视图
- 用 AlertDialog 类创建对话框
- 悬浮对话框
- Toast 和 Notification
- 各种类型的菜单
- 布局

4.1 建立、配置和使用 Activity

第 2 章的例子中已经使用过 Activity。大多数 Android 应用程序都会包含至少一个 Activity。因此,Activity 在 Android 应用程序中起到了举足轻重的作用。然而,Activity 对象在创建到销毁的过程中会经历很多步骤,中间涉及很多事件。要想灵活使用 Activity,就需要对 Activity 对象的创建和销毁过程有一定的了解。本节将向读者揭示这一过程。

4.1.1 建立和配置 Activity

在第 2 章的例子中建立 Android 工程时已经自动生成了一个默认的 Activity,同时也生成了很多与 Activity 相关的文件,例如,res 目录中的 XML 及图像文件、AndroidManifest.xml 文件。虽然系统会为这个默认的 Activity 自动生成所有必需的资源,但当加入新的 Activity 时,有很多内容需要开发人员手工进行配置。因此，掌握如何手工来配置 Activity 就显得非常必要。

在这些自动生成的文件中，AndroidManifest.xml 文件是最重要的，它也是整个系统的核心和灵魂。也就是说，任何类型的 Android 应用程序（不管有没有 Activity）都必须要有 AndroidManifest.xml 文件。

> 所有新建立的 Activity 在使用之前，必须在 AndroidManifest.xml 文件中配置这个 Activity。这一点非常重要，往往有很多初学者在使用 Activity 之前忘记了对其进行配置，结果在使用 Activity 时抛出了异常。

每一个 Activity 都会对应 AndroidManifest.xml 文件中的一个<activity>标签。在<activity>标签中有一个必选的属性：android:name，该属性需要指定一个 Activity 类的子类，例如，在第 2 章自动生成的 net.blogjava.mobile.Main 类。指定 android:name 属性值有如下 3 种方式：

- 指定完全的类名（packagename+classname），例如 net.blogjava.mobile.Main。
- 只指定类名，例如.Main，其中 Main 前面的"."是可选的。该类所在的包名需要在<manifest>标签的 package 属性中指定。本书的所有例子都使用这种方式来指定 Activity 的类名。
- 指定相对类名，这种方式类似于第 2 种方式，只是在<activity>标签的 android:name 属性中不仅指定类名，还有部分包名。例如，如果 Main 类在 net.blogjava.mobile.abcd 包中，就可以在<manifest>标签的 package 属性中指定 net.blogjava.mobile，然后在<activity>标签的 android:name 属性中指定.abcd.Main。

<activity>标签除了有 android:name 属性外，还有很多可选的属性，比较常用的有 android:label 和 android:icon。android:label 属性可以指定一个字符串或资源 ID，应用程序中有很多地方都会使用 android:label 属性值，例如，在 Android 手机的应用程序列表中程序图标下方的文字；如果未使用 setTitle 方法设置 Activity 的标题，系统会将 android:label 属性值作为 Activity 的默认标题，如图 4-1 和图 4-2 所示。

图 4-1　图标下方的文字

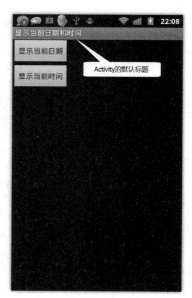

图 4-2　Activity 的默认标题

如果<activity>标签未指定 android:label 属性，系统会使用<application>标签的 android:label 属性值，也就是说，<application>标签的 android:label 属性值是<activity>标签的 android:label 属性的默认值。

<activity>标签的 android:icon 属性必须指定一个图像资源 ID，这个资源 ID 所指定的图像将作为应用程序列表（如图 4-1 所示）中的程序图标。如果未指定<activity>标签的 android:icon 属性，系统会使用<application>标签的 android:icon 属性值来代替。

如果<application>和<activity>标签都未指定 android:label 属性，系统会使用第一个启动的 Activity 类的全名来代替 android:label 属性的值，例如，第 2 章例子中的 net.blogjava.mobile.Main。android:icon 属性与 android:label 属性类似，如果<activity>标签未指定 android:icon 属性，则使用<application>标签的属性值来代替，如果<application>标签也未指定 android:icon 属性，系统会使用默认的图像。

在<activity>标签中还需要一个<intent-filter>子标签来配置 Activity 的特性。在<intent-filter>标签中比较常用的有两个子标签是<action>和<category>，这两个标签都只有一个 android:name 属性。其中<action>标签的 android:name 属性用于指定 Activity 所接收的动作。例如，ACTION_MAIN 常量的值是 android.intent.action.MAIN，<action>标签的 android:name 属性值就可以指定为 android.intent.action. MAIN。如果指定该值，表示当前的 Activity 是 Android 应用程序的入口，也就是第一个启动的 Activity（虽然 Android 应用程序没有 Main 函数，但仍然需要指定一个入口才可以运行）。

<category>标签的 android:name 属性用于设置 Activity 的种类。如果<category>标签的 android:name 属性值是 android.intent.category.LAUNCHER，表示当前的 Activity 将被显示在 Android 系统的最顶层。

<intent-filter>和<category>标签还可以设置很多其他的值，关于更详细的信息，读者可以参阅官方文档中的相关内容。

在 Activity 类中有很多方法可以获得、设置某些信息，或进行某些操作，例如，getTitle 和 setTitle 方法分别用来获得和设置 Activity 的标题，finish 方法用来关闭 Activity。

4.1.2　Activity 的生命周期

在 Activity 从建立到销毁的过程中，需要在不同的阶段调用 7 个生命周期方法。这 7 个生命周期方法的定义如下：

```
protected void onCreate(Bundle savedInstanceState)
protected void onStart()
protected void onResume()
protected void onPause()
protected void onStop()
protected void onRestart()
protected void onDestroy()
```

上面 7 个生命周期方法分别在 4 个阶段按一定的顺序进行调用，这 4 个阶段如下：

- 开始 Activity：在这个阶段依次执行 3 个生命周期方法——onCreate、onStart 和 onResume。
- Activity 失去焦点：如果在 Activity 获得焦点的情况下进入其他的 Activity 或应用程序，当前的 Activity 会失去焦点。在这一阶段会依次执行 onPause 和 onStop 方法。
- Activity 重新获得焦点：如果 Activity 重新获得焦点，会依次执行 3 个生命周期方法——onRestart、onStart 和 onResume。

● 关闭Activity：当Activity被关闭时系统会依次执行3个生命周期方法——onPause、onStop 和 onDestroy。

如果在这4个阶段执行生命周期方法的过程中不发生状态的改变，系统会按上面的描述依次执行这4个阶段中的生命周期方法，但如果在执行过程中改变了状态，系统会按更复杂的方式调用生命周期方法。

在执行的过程中，可以改变系统的执行轨迹的生命周期方法是 onPause 和 onStop。如果在执行 onPause 方法的过程中 Activity 重新获得了焦点，然后又失去了焦点。系统将不会再执行 onStop 方法，而是按如下顺序执行相应的生命周期方法：

onPause -> onResume-> onPause

如果在执行 onStop 方法的过程中 Activity 重新获得了焦点，然后又失去了焦点，系统将不会执行 onDestroy 方法，而是按如下顺序执行相应的生命周期方法：

onStop→onRestart→onStart→onResume→onPause→onStop

图 4-3 详细描述了这一过程。

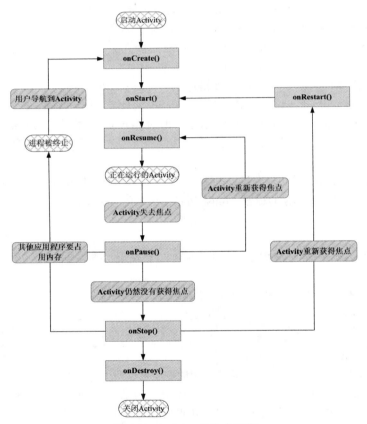

图 4-3　Activity 的生命周期

从图 4-3 所示的 Activity 生命周期不难看出，在这个图中包含两层循环，第一层循环是 onPause→onResume→onPause，第二层循环是 onStop→onRestart→onStart→onResume→onPause→onStop。我们可

以将这两层循环看成是整个 Activity 生命周期中的子生命周期。第一层循环称为焦点生命周期，第二层循环称为可视生命周期。也就是说，第一层循环在 Activity 焦点的获得与失去的过程中循环，在这一过程中，Activity 始终是可见的。第二层循环是在 Activity 可见与不可见的过程中循环，在这个过程中伴随着 Activity 焦点的获得与失去。也就是说，Activity 首先会被显示，然后会获得焦点，接着失去焦点，最后由于弹出其他的 Activity，使当前的 Activity 变成不可见。因此，Activity 有如下 3 种生命周期：

- 整体生命周期：onCreate→......→onDestroy。
- 可视生命周期：onStart→......→onStop。
- 焦点生命周期：onResume→onPause。

> **注意**　在图 4-3 所示的 Activity 生命周期里可以看出，系统在终止应用程序进程时会调用 onPause、onStop 和 onDesktroy 方法。onPause 方法排在最前面，也就是说，Activity 在失去焦点时就可能被终止进程，而 onStop 和 onDestroy 方法可能没有机会执行。因此，应该在 onPause 方法中保存当前 Activity 状态，这样才能保证在任何时候终止进程时都可以执行保存 Activity 状态的代码。

4.1.3　Activity 生命周期的演示

工程目录：src/ch04/ch04_activitycycle

在本例中覆盖了 Activity 类中的 7 个生命周期方法，并在每一个方法中向日志视图输出了相应的信息。实例代码如下：

```java
package net.blogjava.mobile;

import android.app.Activity;
import android.os.Bundle;
import android.util.Log;

public class Main extends Activity
{
    @Override
    public void onCreate(Bundle savedInstanceState)
    {
        super.onCreate(savedInstanceState);
        Log.d("onCreate", "onCreate Method is executed.");
    }
    @Override
    protected void onDestroy()
    {
        super.onDestroy();
        Log.d("onDestroy", "onDestroy Method is executed.");
    }
    @Override
    protected void onPause()
    {
        super.onPause();
        Log.d("onPause", "onPause Method is executed.");
    }
    @Override
    protected void onRestart()
    {
        super.onRestart();
        Log.d("onRestart", "onRestart Method is executed.");
    }
    @Override
```

```
    protected void onResume()
    {
        super.onResume();
        Log.d("onResume", "onResume Method is executed.");
    }
    @Override
    protected void onStart()
    {
        super.onStart();
        Log.d("onStart", "onStart Method is executed.");
    }
    @Override
    protected void onStop()
    {
        super.onStop();
        Log.d("onStop", "onStop Method is executed.");
    }
}
```

在编写上面代码时，应注意如下两点：

- 在 Android 应用程序中不能使用 System.out.println(...)来输出信息，而要使用 Log 类中的静态方法输出调试信息。在本例中使用了 Log.d 方法输出调试信息，在 DDMS 透视图的 LogCat 视图中可以查看 Log.d 方法输出的信息。
- 在 Activity 的子类中覆盖这 7 个生命周期方法时应该在这些方法的一开始调用 Activity 类中的生命周期方法，否则系统会抛出异常。

读者可按如下步骤来操作应用程序：

（1）启动应用程序。
（2）按模拟器上的接听按钮（如图 4-4 所示）进入"通话记录"界面，然后退出这个界面。
（3）关闭应用程序。

图 4-4　接听按钮

完成上面 3 个步骤后，在 DDMS 透视图的 LogCat 视图中可以看到如图 4-5 所示的输出信息。

图 4-5 所示的输出信息是在 Activity 生命周期的 4 个阶段输出的调试信息，除此之外，还有一些系统输出的信息。读者可以在 Filter 文本框中输入 executed 过滤掉其他信息，过滤效果如图 4-6 所示。

从图 4-5 所示的 4 组输出信息也可以看出 Activity 的 3 个生命周期，为了看起来更方便，使用黑框将这 3 个生命周期要调用的方法括起来，如图 4-7 所示。

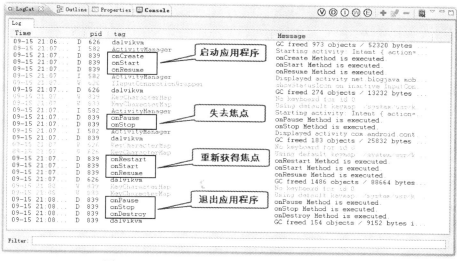

图 4-5　Activity 生命周期的 4 个阶段输出的信息

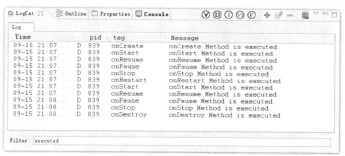

图 4-6　只显示在生命周期方法中输出的调试信息

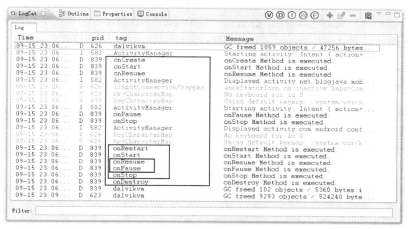

图 4-7　Activity 的 3 个生命周期

4.2 视图（View）

在 Android 系统中，任何可视化控件都需要从 android.view.View 类继承。开发人员可以使用两种方式创建 View 对象，一种方式是使用 XML 来配置 View 的相关属性，然后使用相应的方法来装载这些 View；另外一种方式是完全使用 Java 代码的方式来建立 View。本节将详细介绍如何使用这两种方式来创建 View 对象。为了使系统更容易复用，本节的最后还介绍了如何利用现有的资源来定制满足特殊需求的控件（Widget）。

4.2.1 视图简介

Android 中的视图类可分为 3 种：布局（Layout）类、视图容器（例如，LinearLayout、FrameLayout 等）类和普通视图（例如，TextView、Button、EditText）。这 3 种类都是 android.view.View 的子类。

android.view.ViewGroup 是一个容器类，该类也是 View 的子类，所有的布局类和视图容器类都是 ViewGroup 的子类，而视图类直接继承自 View 类。图 4-8 描述了 View、ViewGroup 及普通视图的继承关系。

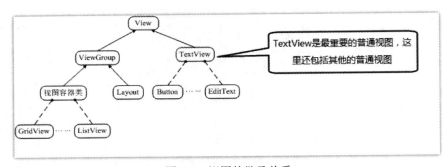

图 4-8　视图的继承关系

从图 4-8 所示的继承关系可以看出，Button、TextView、EditText 都是视图类，TextView 是 Button 和 EditText 的父类。在 Android SDK 中还有很多这样的视图类。读者在学习后面的内容时会逐渐接触到这些控件。虽然 GridView 和 ListView 是 ViewGroup 的子类，但并不是直接子类，在 GridView、ListView 和 ViewGroup 之间还有几个视图容器类，从而形成了视图容器类的层次结构。

 虽然布局视图也属于容器视图，但由于布局视图具有排版功能，所以将这类视图单独作为一类。在后面的部分如果不单独说明，容器视图也包括布局视图。

4.2.2 使用 XML 布局文件控制视图

XML 布局文件是 Android 系统中定义视图的常用方法。所有的 XML 布局文件必须保存在 res/layout 目录中。在第 2 章的例子中已经演示了在程序中装载 XML 布局文件的基本方法。

XML 布局文件的命名及定义需要注意如下 6 点：

- XML 布局文件的扩展名必须是 xml。
- 由于 ADT 会根据每一个 XML 布局文件名在 R 类中生成一个变量，这个变量名就是 XML 布局文件名，因此，XML 布局文件名（不包含扩展名）必须符合 Java 变量名的命名规则，例如，XML 布局文件名不能以数字开头。
- 每一个 XML 布局文件的根节点可以是任意的控件（widget）。
- XML 布局文件的根节点必须包含 android 命名空间，而且命名空间的值必须是 http://schemas.android.com/apk/res/android。
- 为 XML 布局文件中的标签指定 ID 时需要使用这样的格式：@+id/somestringvalue，其中@+语法表示如果 ID 值在 R.id 类中不存在，则新产生一个与 ID 同名的变量，如果在 R.id 类中存在该变量，则直接使用这个变量。somestringvalue 表示 ID 值，例如@+id/textview1。
- 由于每一个视图 ID 都会在 R.id 类中生成与之相对应的变量，因此，视图 ID 的值也要符合 Java 变量的命名规则，这一点与 XML 布局文件名的命名规则相同。

下面是一个标准的 XML 布局文件的内容：

```xml
<!--  main.xml  -->
<?xml version="1.0" encoding="utf-8"?>
<LinearLayout xmlns:android="http://schemas.android.com/apk/res/android"
    android:orientation="vertical" android:layout_width="fill_parent"
    android:layout_height="fill_parent" >
    <TextView android:id="@+id/textview1" android:layout_width="fill_parent"
        android:layout_height="wrap_content" android:text="textview1"  />
    <Button android:id="@+id/button1" android:layout_width="wrap_content"
        android:layout_height="wrap_content" android:text="第一个按钮" />
</LinearLayout>
```

如果要使用上面的 XML 布局文件（main.xml），通常需要在 onCreate 方法中使用 setContentView 方法指定 XML 布局文件的资源 ID，代码如下：

```java
public void onCreate(Bundle savedInstanceState)
{
    super.onCreate(savedInstanceState);
    setContentView(R.layout.main);
}
```

如果想获得在 main.xml 文件中定义的某个 View，可以使用如下代码：

```java
TextView textView1 = (TextView) findViewById(R.id.textview1);
Button button1 = (Button) findViewById(R.id.button1);
```

在获得 XML 布局文件中的视图对象时，需要注意如下 3 点：

- 在使用 findViewById 方法之前必须先使用 setContentView 方法装载 XML 布局文件，否则系统会抛出异常。也就是说，findViewById 方法要在 setContentView 方法后面使用。
- 虽然所有的 XML 布局文件中的视图 ID 都在 R.id 类中生成了相应的变量，但使用 findViewById 方法只能获得已经装载的 XML 布局文件中的视图对象。例如，有两个 XML 布局文件 test1.xml 和 test2.xml。在 test1.xml 文件中定义了一个<TextView>标签，android:id 属性值为@+id/textview1，在 test2.xml 文件中也定义了一个<TextView>标签，android:id 属性值为@+id/textview2。这时在 R.id 类中会生成两个变量：textview1 和 textview2。但通过 setContentView 方法装载 R.layout.test1 后，只能使用 findViewById 方法获得与 R.id.textview1 对应的视图对象。如果执行了 findViewById(R.id.textview2)，系统将抛出异常。

在不同的 XML 布局文件中可以有相同 ID 值的视图，但在同一个 XML 布局文件中，虽然也可以有相同 ID 值的视图，但通过 ID 值获得视图对象时，只能获得按定义顺序的第一个视图对象，其他相同 ID 值的视图对象将无法获得。因此，在同一个 XML 布局文件中应尽量使视图的 ID 值唯一。

4.2.3 在代码中控制视图

虽然使用 XML 布局文件可以非常方便地对控件进行布局，但若想控制这些控件的行为，仍然需要编写 Java 代码。

在 4.2.2 节曾介绍了使用 findViewById 方法获得指定的视图对象，当获得视图对象后，就可以使用 Java 代码来控制这些视图对象了。例如，下面的代码获得了一个 TextView 对象，并修改了 TextView 的文本。

```
TextView textView = (TextView) findViewById(R.id.textview1);
textView.setText("一个新的文本");
```

setText 方法不仅可以直接使用字符串来修改 TextView 的文本，还可以使用字符串资源对 TextView 的文本进行修改，代码如下：

```
textView.setText(R.string.hello);
```

其中 R.string.hello 是字符串资源 ID，系统会使用这个 ID 对应的字符串设置 TextView 的文本。

当 setText 方法的参数值是 int 类型时，会被认为这个参数值是一个字符串资源 ID，因此，如果要将 TextView 的文本设为一个整数，需要将这个整数转换成 String 类型，例如，可以使用 textView.setText(String.valueOf(200)) 将 TextView 的文本设置为 200。

任何应用程序都离不开事件。在 Android 应用程序中一般使用以 setOn 开头的方法来设置事件类的对象实例。例如，下面的代码为一个 Button 对象设置了单击事件。关于为控件添加事件的完整过程，将在 4.2.4 节详细介绍。

```
Button button = (Button) findViewById(R.id.button1);
button.setOnClickListener(this);
```

在更高级的 Android 应用中，往往需要动态添加视图。要实现这个功能，最重要的是获得被添加的视图所在的容器对象，这个容器对象所对应的类需要继承 ViewGroup 类。通常这些容器视图被定义成 XML 布局文件的根节点，例如，<LinearLayout>、<RelativeLayout>等。

将其他的视图添加到当前的容器视图中需要如下几步：

（1）获得当前的容器视图对象。

（2）获得或创建待添加的视图对象。

（3）将相应的视图对象添加到容器视图中。

假设有两个 XML 布局文件：test1.xml 和 test2.xml。这两个 XML 布局文件的根节点都是 <LinearLayout>，下面的代码获得了 test2.xml 文件中的 LinearLayout 对象，并将该对象作为 test1.xml 文件中<LinearLayout>标签的子节点添加到 test1.xml 的 LinearLayout 对象中。

```
// 获得 test1.xml 中的 LinearLayout 对象
LinearLayout textLinearLayout1 = (LinearLayout) getLayoutInflater().inflate(R.layout.test1, null);
// 将 test1.xml 中的 LinearLayout 对象设为当前容器视图
setContentView(testLinearLayout1);
// 获得 test2.xml 中的 LinearLayout 对象，并将该对象添加到 test1.xml 的 LinearLayout 对象中
LinearLayout testLinearLayout2 = (LinearLayout) getLayoutInflater().inflate(R.layout.test2, testLinearLayout1);
```

其中 inflate 方法的第 1 个参数表示 XML 布局资源文件的 ID；第 2 个参数表示获得容器视图对象后，要将该对象添加到哪个容器视图对象中。在这里是 testLinearLayout1 对象。如果不想将获得的容器视图

对象添加到任何其他的容器中，inflate 方法的第 2 个参数需要设为 null。

除了上面的添加方式外，也可以使用 addView 方法向容器视图中添加视图对象，但要将 inflate 方法的第 2 个参数值设为 null，代码如下：

```
// 获得test1.xml 中的 LinearLayout 对象
LinearLayout textLinearLayout1 = (LinearLayout) getLayoutInflater().inflate(R.layout.test1, null);
// 将 test1.xml 中的 LinearLayout 对象设为当前容器视图
setContentView(testLinearLayout1);
// 获得test2.xml 中的 LinearLayout 对象，并将该对象添加到 test1.xml 的 LinearLayout 对象中
LinearLayout testLinearLayout2 = (LinearLayout) getLayoutInflater().inflate(R.layout.test2, null);
testLinearLayout1.addView(testLinearLayout2);
```

除此之外，还可以完全使用 Java 代码创建一个视图对象，并将该对象添加到布局视图中，代码如下：

```
EditText editText = new EditText(this);
testLinearLayout1.addView(editText);
```

向布局视图添加视图对象时，需要注意如下两点：

- 如果使用 setContentView 方法将容器视图设为当前视图后，还想向容器视图中添加新的视图或进行其他的操作，setContentView 方法的参数值应直接使用容器视图对象，因为这样可以向容器视图对象中添加新的视图。
- 一个视图只能有一个父视图，也就是说，一个视图只能被包含在一个容器视图中。因此，在向容器视图添加其他视图时，不能将 XML 布局文件中非根节点的视图对象添加到其他的容器视图中。例如，在前面的例子中不能将使用 testLinearLayout2.findViewById(R.id.textView2)获得的 TextView 对象添加到 testLinearLayout1 对象中，这是因为这个 TextView 对象已经属于 test2.xml 中的<LinearLayout>标签了，不能再属于 test1.xml 中的<LinearLayout>标签了。

4.2.4 混合使用 XML 布局文件和代码来控制视图

工程目录：src/ch04/ch04_viewobject

在本实例中包含两个布局文件：main.xml 和 test.xml，它们的代码如下：

main.xml 文件

```xml
<?xml version="1.0" encoding="utf-8"?>
<LinearLayout xmlns:android="http://schemas.android.com/apk/res/android"
    android:orientation="vertical" android:layout_width="fill_parent"
    android:layout_height="fill_parent">
    <TextView android:id="@+id/textview1" android:layout_width="fill_parent"
        android:layout_height="wrap_content" android:text="textview1" />
    <Button android:id="@+id/button1" android:layout_width="wrap_content"
        android:layout_height="wrap_content" android:text="第一个按钮" />
</LinearLayout>
```

test.xml 文件

```xml
<?xml version="1.0" encoding="utf-8"?>
<LinearLayout xmlns:android="http://schemas.android.com/apk/res/android"
    android:orientation="vertical" android:layout_width="wrap_content"
    android:layout_height="wrap_content">
    <TextView android:id="@+id/textview1" android:layout_width="fill_parent"
        android:layout_height="wrap_content" android:text="第二个 TextView" />
</LinearLayout>
```

在本实例中获得了 test.xml 的 LinearLayout 对象，并将该对象添加到 main.xml 的 LinearLayout 对象中。除此之外，还使用代码建立了一个 EditText 对象，该对象也被添加到 main.xml 的 LinearLayout 对象

中，代码如下：

```java
package net.blogjava.mobile;

import android.app.Activity;
import android.os.Bundle;
import android.view.Gravity;
import android.view.View;
import android.view.ViewGroup;
import android.view.View.OnClickListener;
import android.widget.Button;
import android.widget.EditText;
import android.widget.LinearLayout;
import android.widget.TextView;

public class Main extends Activity implements OnClickListener
{
    private TextView textView1;
    private Button button1;
    @Override
    // 按钮的单击事件方法
    public void onClick(View v)
    {
        // 在单击事件中，不断调整 testView1 中文本的对齐方式
        int value = textView1.getGravity() & 0x07;
        if (value == Gravity.LEFT)
            textView1.setGravity(Gravity.CENTER_HORIZONTAL);
        else if (value == Gravity.CENTER_HORIZONTAL)
            textView1.setGravity(Gravity.RIGHT);
        else if (value == Gravity.RIGHT)
            textView1.setGravity(Gravity.LEFT);
    }
    @Override
    public void onCreate(Bundle savedInstanceState)
    {
        super.onCreate(savedInstanceState);
        // 获得 main.xml 中的 LinearLayout 对象
        LinearLayout mainLinearLayout = (LinearLayout) getLayoutInflater().inflate(R.layout.main, null);
        // 设置当前的容器视图
        setContentView(mainLinearLayout);
        textView1 = (TextView) findViewById(R.id.textview1);
        button1 = (Button) findViewById(R.id.button1);
        textView1.setText("第一个 TextView");
        // 设置按钮的单击事件类的对象实例
        button1.setOnClickListener(this);
        // 获取 test.xml 中的 LinearLayout 对象
        LinearLayout testLinearLayout = (LinearLayout) getLayoutInflater()
                .inflate(R.layout.test, mainLinearLayout);
        // 如果使用如下代码，需要将 inflate 方法的第 2 个参数值设为 null
        mainLinearLayout.addView(testLinearLayout);
        // 创建新的视图对象
        EditText editText = new EditText(this);
        // 将 EditText 对象设置成可输入多行文本
        editText.setSingleLine(false);
        // 设置 EditText 控件文本的默认对齐方式为左对齐
        editText.setGravity(Gravity.LEFT);
        // 将 EditText 对象添加到 mainLinearLayout 对象中，并通过 LayoutParams 对象指定 EditText 的高度
        // 和宽度
        mainLinearLayout.addView(editText, new ViewGroup.LayoutParams(
                ViewGroup.LayoutParams.FILL_PARENT,
                ViewGroup.LayoutParams.FILL_PARENT));
    }
}
```

在编写上面代码时,需要注意如下两点:
- 虽然使用 setGravity 方法设置了左、中、右对齐的三个常量:Gravity.LEFT、Gravity.CENTER_HORIZONTAL 和 Gravity.RIGHT,通过查看官方文档或源代码可知,这 3 个常量的值分别为 0x03、0x01 和 0x05。这些值对应的二进制数为 00000011、00000001 和 00000101。从这 3 个二进制数可以看出,这 3 个常量的值都集中在后 3 位,因此,需要将使用 getGravity 方法获得的值和 0x07(也就是 00000111)按位与,保留后 3 位二进制数,然后才可以与这 3 个常量值进行比较。之所以不将 getGravity 方法返回值直接与这 3 个常量进行比较,是因为该方法返回值的二进制的其他位上可能不为 0,因此,需要将 getGravity 方法的返回值与 0x07 按位与,以保证前 5 位都为 0。
- 一个事件类需要至少实现一个事件接口,例如,按钮的单击事件需要实现 OnClickListener 接口。在本例中 Main 类实现了该接口,因此,只需要将 this 作为 setOnClickListener 方法的参数值即可。

运行本实例后,在 Android 模拟器中显示的效果如图 4-9 所示。

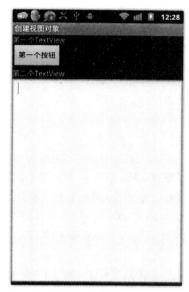

图 4-9 混合使用 XML 布局文件和代码来控制视图

当单击图 4-9 所示的按钮时,按钮上方的文本就会循环以左、中、右对齐的方式移动。

4.2.5 定制控件(Widget)的三种方式

虽然 Android 系统提供了大量的控件,但这些控件只能满足一般性的需求。当然,也可以通过定制控件的方式来实现更复杂、更特殊的功能。定制控件也为代码重用打开了方便之门。在 Android 系统中可以使用如下 3 种方式来定制控件。

- 继承原有的控件:这是最简单的控件定制方式,通过继承原有的控件类(如 TextView、EditText 等),并在子类中扩展父类的功能。4.2.5 节中实现的带图像的 TextView 控件就是采用了这种方式的定制控件。

- 组合原有的控件：更为复杂的控件定制方式是将多个原有控件组合在定制控件中。例如，可以将 TextView 和 EditText 组合在定制控件中，以便建立一个带标签的文本输入框。将在 4.2.6 节中详细介绍带标签的 EditText 控件的实现过程。
- 完全重写控件：如果继承和组合都无法满足我们的特殊需求，需要采用这种方式来定制控件。通过这种方式定制的控件类需要从 android.view.View 继承，并通过组合、画布等方式对 View 进行扩展。4.2.7 节中实现的可更换表盘的指针时钟就是采用了这种方式的定制控件。

4.2.6 定制控件——带图像的 TextView

工程目录：src/ch04/ch04_icontextview

本例要实现一个可以在文本前方添加一个图像（可以是任何 Android 系统支持的图像格式）的 TextView 控件。在编写代码之前，先看一下 Android 控件的配置代码：

```
<TextView android:id="@+id/textview1" android:layout_width="fill_parent"
    android:layout_height="wrap_content" android:text="textview1" />
```

上面的代码配置了一个标准的 TextView 控件。这段代码主要由两部分组成：控件标签（<TextView>）和标签属性（android:id、android:layout_width 等）。需要注意的是，在所有的标签属性前面都需要加上一个命名空间（android）。实际上，android 命名空间的值是在 Android 系统中预定义的，所有 Android 系统原有的控件在配置时都需要在标签属性前加 android。

对于定制控件，可以有如下 3 种选择：

- 仍然沿用 android 命名空间。
- 改用其他的命名空间。
- 不使用命名空间。

虽然上面 3 种选择从技术上说都没有问题，但作者建议使用第 2 种方式（尤其是对外发布的控件），这是因为在使用定制控件时，可能需要指定相同名称的属性，在这种情况下，可以通过命名空间来区分这些属性，例如，有两个命名空间 android 和 mobile，这时可以在各自的命名空间下有相同名称的属性，如 android:src 和 mobile:src。在本例中定义了一个 mobile 命名空间，因此，在配置本例实现的控件时需要在属性前加 mobile。

实现定制控件的一个重要环节就是读取配置文件中相应标签的属性值，由于本例要实现的控件类需要从 TextView 类继承，因此，只需要覆盖 TextView 类中带 AttributeSet 类型参数的构造方法即可，该构造方法的定义如下：

```
public TextView(Context context, AttributeSet attrs)
```

在构造方法中可以通过 AttributeSet 接口的相应 getter 方法来读取指定的属性值，如果在配置属性时指定了命名空间，需要在使用 getter 方法获得属性值时指定这个命名空间，如果未指定命名空间，则将命名空间设为 null 即可。

IconTextView 是本例要编写的控件类，该类从 TextView 继承，在 onDraw 方法中将 TextView 中的文本后移，并在文本的前方添加了一个图像，该图像的资源 ID 通过 mobile:iconSrc 属性来指定。

IconTextView 类的代码如下：

```
package net.blogjava.mobile.widget;

import android.content.Context;
import android.graphics.Bitmap;
```

```java
import android.graphics.BitmapFactory;
import android.graphics.Canvas;
import android.graphics.Rect;
import android.util.AttributeSet;
import android.widget.TextView;

public class IconTextView extends TextView
{
    //  命名空间的值
    private final String namespace = "http://net.blogjava.mobile";
    //  保存图像资源 ID 的变量
    private int resourceId = 0;
    private Bitmap bitmap;
    public IconTextView(Context context, AttributeSet attrs)
    {
        super(context, attrs);
        //  getAttributeResourceValue 方法用来获得控件属性的值，在本例中需要通过该方法的第 1 个参数指
        //  定命名空间的值。该方法的第 2 个参数表示控件属性名（不包括命名空间名称），第 3 个参数表示默
        //  认值，也就是如果该属性不存在，则返回第 3 个参数指定的值
        resourceId = attrs.getAttributeResourceValue(namespace, "iconSrc", 0);
        if (resourceId > 0)
            //  如果成功获得图像资源的 ID，装载这个图像资源，并创建 Bitmap 对象
            bitmap = BitmapFactory.decodeResource(getResources(), resourceId);
    }
    @Override
    protected void onDraw(Canvas canvas)
    {
        if (bitmap != null)
        {
            //  从原图上截取图像的区域，本例中为整个图像
            Rect src = new Rect();
            //  将截取的图像复制到 bitmap 上的目标区域，本例中与复制区域相同
            Rect target = new Rect();
            src.left = 0;
            src.top = 0;
            src.right = bitmap.getWidth();
            src.bottom = bitmap.getHeight();
            int textHeight = (int) getTextSize();
            target.left = 0;
            //  计算图像复制到目标区域的纵坐标。由于 TextView 控件的文本内容并不是
            //  从最顶端开始绘制的，因此，需要重新计算绘制图像的纵坐标
            target.top = (int) ((getMeasuredHeight() - getTextSize()) / 2) + 1;
            target.bottom = target.top + textHeight;
            //  为了保证图像不变形，需要根据图像高度重新计算图像的宽度
            target.right = (int) (textHeight * (bitmap.getWidth() / (float) bitmap.getHeight()));
            //  开始绘制图像
            canvas.drawBitmap(bitmap, src, target, getPaint());
            //  将 TextView 中的文本向右移动一定的距离（在本例中移动了图像宽度加 2 个像素点的位置）
            canvas.translate(target.right + 2, 0);
        }
        super.onDraw(canvas);
    }
}
```

在编写上面代码时，需要注意如下 3 点：

- 需要指定命名空间的值。该值将在<LinearLayout>标签的 xmlns:mobile 属性中定义。
- 如果在配置控件的属性时指定了命名空间，需要在 AttributeSet 接口的相应 getter 方法中的第 1 个参数指定命名空间的值，第 2 个参数只需指定不带命名空间的属性名即可。
- TextView 类中的 onDraw 方法一定要在 translate 方法后面执行，否则系统不会移动 TextView 中的文本。

下面在 main.xml 文件中配置了 7 个 IconTextView 控件，分别设置了不同的字体大小，同时，文本前面的图像也会随着字体大小的变化而放大或缩小，配置代码如下：

```xml
<?xml version="1.0" encoding="utf-8"?>
<!-- 在下面的标签中通过 xmlns:mobile 属性定义了一个命名空间 -->
<LinearLayout xmlns:android="http://schemas.android.com/apk/res/android"
    xmlns:mobile="http://net.blogjava.mobile" android:orientation="vertical"
    android:layout_width="fill_parent" android:layout_height="fill_parent">
    <!-- mobile:iconSrc 是可选属性，如果未设置该属性，则 IconTextView 与 TextView 的效果相同 -->
    <!-- 由于 IconTextView 和 Main 类不在同一个包中，因此，需要显式指定 package -->
    <net.blogjava.mobile.widget.IconTextView
        android:layout_width="fill_parent" android:layout_height="wrap_content"
        android:text="第一个笑脸" mobile:iconSrc="@drawable/small" />
    <net.blogjava.mobile.widget.IconTextView
        android:layout_width="fill_parent" android:layout_height="wrap_content"
        android:text="第二个笑脸" android:textSize="24dp" mobile:iconSrc="@drawable/small" />
    <net.blogjava.mobile.widget.IconTextView
        android:layout_width="fill_parent" android:layout_height="wrap_content"
        android:text="第三个笑脸" android:textSize="36dp" mobile:iconSrc="@drawable/small" />
    <net.blogjava.mobile.widget.IconTextView
        android:layout_width="fill_parent" android:layout_height="wrap_content"
        android:text="第四个笑脸" android:textSize="48dp" mobile:iconSrc="@drawable/small" />
    <net.blogjava.mobile.widget.IconTextView
        android:layout_width="fill_parent" android:layout_height="wrap_content"
        android:text="第五个笑脸" android:textSize="36dp" mobile:iconSrc="@drawable/small" />
    <net.blogjava.mobile.widget.IconTextView
        android:layout_width="fill_parent" android:layout_height="wrap_content"
        android:text="第六个笑脸" android:textSize="24dp" mobile:iconSrc="@drawable/small" />
    <net.blogjava.mobile.widget.IconTextView
        android:layout_width="fill_parent" android:layout_height="wrap_content"
        android:text="第七个笑脸" mobile:iconSrc="@drawable/small" />
</LinearLayout>
```

运行本实例后，将显示如图 4-10 所示的效果。

图 4-10　带图像的 TextView

建立用户接口 第 4 章

4.2.2 节曾讲过在配置 Android 系统的内置控件时，控件的属性必须以 android 命名空间开头，该命名空间的值必须是 http://schemas.android.com/apk/res/android。实际上，只是命名空间的值必须是 http://schemas.android.com/apk/res/android 而已，命名空间的名称可以是任何值，如下面的代码所示：

```
<?xml version="1.0" encoding="utf-8"?>
<!-- 将 android 换成 abcd -->
<LinearLayout xmlns:abcd="http://schemas.android.com/apk/res/android"
    abcd:orientation="vertical" abcd:layout_width="fill_parent"
    abcd:layout_height="fill_parent">
    … …
</LinearLayout>
```

4.2.7 定制控件——带文本标签的 EditText

工程目录：src/ch04/ch04_labeledittext

本例通过组合 TextView 与 EditText 两个控件的方式建立一个新的控件：LabelEditText。该控件将在文本输入框的左侧或上侧放置一个显示文本的 TextView 控件。LabelEditText 控件有如下 3 个属性：

- labelText：必选属性。表示 TextView 中的文本。
- labelFontSize：可选属性。表示 TextView 的字体大小。默认值是 14。
- labelPosition：可选属性。表示 TextView 相对于 EditText 的位置。可取的值是 left 和 top。默认值是 left。

LabelEditText 控件的实现相对简单一些。只是简单地读取属性的值，并根据 labelPosition 属性的值装载不同的布局文件来设置 TextView 与 EditText 的相对位置。但有一点需要注意，上面 3 个属性中的 labelText 和 labelPosition 属性为字符串类型，labelFontSize 属性为整数类型。这 3 个属性都可以通过两种不同的方式设置属性值，一种是在布局文件中直接设置属性值，另一种是通过资源 ID 指定属性值。为了同时适应这两种情况，需要先使用 getAttributeResourceValue 方法获得资源 ID，如果获得的资源 ID 为 0（也就是 getAttributeResourceValue 方法的第 3 个参数值，在本例中将其设为 0），可能有如下两种情况：

- 未设置该属性。
- 在布局文件中直接将该属性值设为 0。

为了进一步确认是哪种情况，需要使用 getAttributeValue 或 getAttributeIntValue 方法来读取属性值，如果未获得任何值，则根据具体的情况抛出异常或将属性设置成默认值。

LabelEditText 类是本例要编写的控件类，该类从 LinearLayout 继承。在 LabelEditText 类的构造方法中完成了所有的工作，代码如下：

```java
package net.blogjava.mobile.widget;

import net.blogjava.mobile.R;
import android.content.Context;
import android.util.AttributeSet;
import android.view.LayoutInflater;
import android.widget.LinearLayout;
import android.widget.TextView;

public class LabelEditText extends LinearLayout
{
    private TextView textView;
    private String labelText;
```

49

```java
    private int labelFontSize;
    private String labelPosition;

    public LabelEditText(Context context, AttributeSet attrs)
    {
        super(context, attrs);
        // 读取 labelText 属性值（认为该属性值为资源 ID）
        // 由于在本例中未使用命名空间，因此，在获得属性值时，命名空间应设为 null
        int resourceId = attrs.getAttributeResourceValue(null, "labelText", 0);
        // resourceId 为 0 表示 labelText 属性值可能是字符串，现在继续读取属性值
        if (resourceId == 0)
            labelText = attrs.getAttributeValue(null, "labelText");
        else
            // 根据资源 ID 获得 labelText 属性的值
            labelText = getResources().getString(resourceId);
        // 如果按两种方式都未获得 labelText 属性的值，表示未设置该属性，抛出异常
        if (labelText == null)
        {
            throw new RuntimeException("必须设置 labelText 属性.");
        }
        // 获得 labelFontSize 属性的资源 ID
        resourceId = attrs.getAttributeResourceValue(null, "labelFontSize", 0);
        // 继续读取 labelFontSize 属性的值，如果未设置该属性，将属性值设为 14
        if (resourceId == 0)
            labelFontSize = attrs.getAttributeIntValue(null, "labelFontSize",14);
        else
            // 根据资源 ID 获得 labelFontSize 属性的值
            labelFontSize = getResources().getInteger(resourceId);
        // 获得 labelPosition 属性的资源 ID
        resourceId = attrs.getAttributeResourceValue(null, "labelPosition", 0);
        // 继续读取 labelPosition 属性的值
        if (resourceId == 0)
            labelPosition = attrs.getAttributeValue(null, "labelPosition");
        else
            // 根据资源 ID 获得 labelPosition 属性的值
            labelPosition = getResources().getString(resourceId);
        // 如果未设置 labelPosition 属性值，将该属性值设为 left（默认值）
        if (labelPosition == null)
            labelPosition = "left";
        String infService = Context.LAYOUT_INFLATER_SERVICE;
        LayoutInflater li;
        // 获得 LAYOUT_INFLATER_SERVICE 服务
        li = (LayoutInflater) context.getSystemService(infService);
        // 根据 labelPosition 属性值装载不同的布局文件
        if("left".equals(labelPosition))
            li.inflate(R.layout.labeledittext_horizontal, this);
        else if("top".equals(labelPosition))
            li.inflate(R.layout.labeledittext_vertical, this);
        else
            throw new RuntimeException("labelPosition 属性的值只能是 left 或 top.");
        // 下面的代码从相应的布局文件中获得了 TextView 对象，并根据 LabelTextView 的属性值设置 TextView 的属性
        textView = (TextView) findViewById(R.id.textview);
        textView.setTextSize((float)labelFontSize);
        textView.setText(labelText);
    }
}
```

在上面的代码中使用 getSystemService 方法获得了 LAYOUT_INFLATER_SERVICE 服务对象，并将该对象转换成 LayoutInflater 对象，然后通过 inflate 方法根据 labelPosition 属性值装载不同的 XML 布局文件。在装载 XML 布局文件的同时，会将 XML 布局文件中定义的 LinearLayout 对象作为 LabelEditText 控件的子对象添加到 LabelEditText 控件中（因为 inflate 方法的第 2 个参数值为 this）。

在本例实现的定制控件中涉及到两个 XML 布局文件：labeledittext_horizontal.xml 和 labeledittext_vertical.xml，分别对应于 labelPosition 属性值为 left 和 top 的情况，这两个布局文件的内容如下：

labeledittext_horizontal.xml

```xml
<?xml version="1.0" encoding="utf-8"?>
<LinearLayout xmlns:android="http://schemas.android.com/apk/res/android"
    android:orientation="horizontal" android:layout_width="fill_parent" android:layout_height="fill_parent">
    <TextView android:id="@+id/textview" android:layout_width="wrap_content"
        android:layout_height="wrap_content" />
    <EditText android:id="@+id/edittext" android:layout_width="fill_parent"
        android:layout_height="wrap_content" />
</LinearLayout>
```

labeledittext_vertical.xml

```xml
<?xml version="1.0" encoding="utf-8"?>
<LinearLayout xmlns:android="http://schemas.android.com/apk/res/android"
    android:orientation="vertical" android:layout_width="fill_parent" android:layout_height="fill_parent">
    <TextView android:id="@+id/textview" android:layout_width="wrap_content"
        android:layout_height="wrap_content" />
    <EditText android:id="@+id/edittext" android:layout_width="fill_parent"
        android:layout_height="wrap_content" />
</LinearLayout>
```

在 main.xml 文件中配置了两个 LabelTextView 控件，并设置了不同的 TextView 文本字体大小。main.xml 文件的内容如下：

```xml
<?xml version="1.0" encoding="utf-8"?>
<LinearLayout xmlns:android="http://schemas.android.com/apk/res/android"
    android:orientation="vertical" android:layout_width="fill_parent" android:layout_height="fill_parent">
    <net.blogjava.mobile.widget.LabelEditText
        android:layout_width="fill_parent" android:layout_height="wrap_content"
        labelText="姓名： " labelFontSize="16" labelPosition="left" />
    <net.blogjava.mobile.widget.LabelEditText
        android:layout_width="fill_parent" android:layout_height="wrap_content"
        labelText="兴趣爱好" labelFontSize="26" labelPosition="top" android:layout_marginTop="20dp" />
</LinearLayout>
```

运行本实例后，显示效果如图 4-11 所示。

图 4-11　带文本标签的 EditText

4.2.8 定制控件——可更换表盘的指针时钟

工程目录：src/ch04/ch04_handclock

本例将实现一个可以任意更换表盘的指针时钟控件。该控件类直接从 View 类继承，在 onDraw 方法中装载表盘图像，并绘制时针和分针。在实现这个控件之前，首先应该了解如下 3 个知识点：

- 时针和分针角度的计算。
- 如何确定表盘中心点的位置和时针、分针的长度。
- 软定时器的实现。

1. 时针和分针角度的计算

先计算分针的角度。

众所周知，一个小时有 60 分，整个圆周是 360 度。而每 1 分钟所占的角度是 6 度。当分针处在向右水平位置时，正好是 15 分。也就是说，分针指在 15 分的位置时角度正好为 0。而且表盘中所有的指针都是顺时针旋转的，因此，随着指针的不断旋转，指针的角度是不断减小的。从 360 度一直减小到 0 度。例如，当分针指向 30 分位置时，分针的角度是 270 度；指向 45 分的位置时，角度是 180 度；指向 0 分时，角度是 90 度；指向 15 分时，分针正好旋转一周，这时分针的角度是 0。因此，从这些描述可以推出分针角度的计算公式如下：

(360 - ((minute * 6) - 90)) mod 360

其中 minute 表示当前的分，mod 表示取余，使用余数是为了保证分针的角度总在 360 度之内。可以任取一个值来测试这个公式，例如，当分针指向 5 分位置时，将得到如下表达式：

(360 - ((5 * 6) - 90) mod 360

上面表达式的计算结果是 60 度。在计算完分针的角度后，还需要计算分针端点的坐标，假设分针的长度为 h，角度为 a，则分针的横纵坐标的计算公式分别为 x = cos(a) * h 和 y=sin(a) * h，如图 4-12 所示。

图 4-12 计算分针的角度和端点坐标

计算时针角度的方式与计算分针角度的方式类似。整个表盘有 12 个小时，每小时占 30 度，按计算分针角度的方式很容易得到如下计算时针角度的公式：

(360 - ((hour * 30) - 90)) mod 360 - (30 * minute/ 60)

其中 hour 和 minute 分别表示当前的小时和分钟。由于当前分钟的变化，时针的位置实际上是介于两个相邻小时之间的，而相邻两个小时之间的角度是 30 度，一小时是 60 分钟。因此，需要使用 30 * minute

/ 60 将时针定位在两个相邻小时之间的某个位置上。

2. 确定表盘中心点和指针的长度

既然可以任意指定表盘图像，这就意味着表盘的中心点未必是图像的中心点。因此，本例中采用相对位置的方式来确定表盘中心点的位置。

表盘中心点的横纵坐标可以通过如下公式计算：

横坐标 = 原始图像的宽度 * 在原始图像的中心点的横坐标相对于原始图像的宽度的比例 * 图像的缩放比例
纵坐标 = 原始图像的高度 * 在原始图像的中心点的纵坐标相对于原始图像的高度的比例 * 图像的缩放比例

从上面的公式可以看出，需要先在原始图像（也就是按 100%显示的图像）中测出表盘中心点的横纵坐标相对于宽度和高度的比例，然后再乘以图像的缩放比例。

计算指针长度的方法也类似。首先要测出在原始图像中时针和分针的长度，然后乘以图像的缩放比例。

3. 软定时器的实现

Android 系统中的定时器可分为软定时器和硬定时器。这两种定时器只在作用域上有所区别。硬定时器的作用域很广。无论是程序正在运行其间还是程序已经关闭，甚至是在手机关机的情况下，硬定时器仍然可以运行。例如，闹钟程序的报时功能就采用了硬定时器来实现，而软定时器只能在程序运行时才起作用。

本例中将使用软定时器来完成旋转时针和分针的功能。通过 android.os.Handler 类的 postDelayed 方法可以设置定时器下次执行的时间。该方法的定义如下：

```
public final boolean postDelayed(Runnable r, long delayMillis)
```

第 1 个参数表示实现 Runnable 接口的类的对象实例。定时器会在指定的时间执行 Runnable 接口中的 run 方法。第 2 个参数表示定时器下一次执行的时间间隔，单位是毫秒。该定时器只执行一次，如果想按一定的时间间隔循环执行，需要在 run 方法中再次使用 postDelayed 方法设置定时器。

本例实现的控件有如下 6 个属性：

- clockImageSrc：表盘图像的资源 ID。
- scale：表盘图像的缩放比例，该属性为浮点类型。
- handCenterWidthScale：表盘中心点横坐标相对于图像宽度的比例，该属性为浮点类型，取值范围在 0~1 之间。
- handCenterHeightScale：表盘中心点纵坐标相对于图像高度的比例，该属性为浮点类型，取值范围在 0~1 之间。
- minuteHandSize：在原始表盘图像中分针的长度。该属性为整型。
- hourHandSize：在原始表盘图像中时针的长度。该属性为整型。

HandClock 是本例要编写的控件类，代码如下：

```java
package net.blogjava.mobile.widget;

import java.util.Calendar;
import android.content.Context;
import android.graphics.Bitmap;
import android.graphics.BitmapFactory;
import android.graphics.Canvas;
import android.graphics.Paint;
import android.graphics.Rect;
import android.os.Handler;
import android.util.AttributeSet;
import android.view.View;
```

```java
public class HandClock extends View implements Runnable
{
    private int clockImageResourceId;              //  表盘图像的资源 ID
    private Bitmap bitmap;
    private float scale;                           //  表盘图像的缩放比例
    private float handCenterWidthScale;            //  表盘中心点横坐标相对于图像宽度的比例
    private float handCenterHeightScale;           //  表盘中心点纵坐标相对于图像高度的比例
    private int minuteHandSize;                    //  在原始表盘图像中分针的长度
    private int hourHandSize;                      //  在原始表盘图像中时针的长度
    private Handler handler = new Handler();
    @Override
    public void run()
    {
        //  重新绘制 View
        invalidate();
        //  重新设置定时器, 在 60 秒后调用 run 方法
        handler.postDelayed(this, 60 * 1000);
    }
    @Override
    protected void onMeasure(int widthMeasureSpec, int heightMeasureSpec)
    {
        super.onMeasure(widthMeasureSpec, heightMeasureSpec);
        //  根据图像的实际大小等比例设置 View 的大小
        setMeasuredDimension((int) (bitmap.getWidth() * scale), (int) (bitmap.getHeight() * scale));
    }
    @Override
    protected void onDraw(Canvas canvas)
    {
        super.onDraw(canvas);
        Paint paint = new Paint();
        Rect src = new Rect();
        Rect target = new Rect();
        src.left = 0;
        src.top = 0;
        src.right = bitmap.getWidth();
        src.bottom = bitmap.getHeight();
        target.left = 0;
        target.top = 0;
        target.bottom = (int) (src.bottom * scale);
        target.right = (int) (src.right * scale);
        //  画表盘图像
        canvas.drawBitmap(bitmap, src, target, paint);
        //  计算表盘中心点的横坐标
        float centerX = bitmap.getWidth() * scale * handCenterWidthScale;
        //  计算表盘中心点的纵坐标
        float centerY = bitmap.getHeight() * scale * handCenterHeightScale;
        //  在表盘中心点画一个半径为 5 的实心圆圈, 时针和分针将该圆的中心作为起始点
        canvas.drawCircle(centerX, centerY, 5, paint);
        //  设置分针为 3 个像素粗
        paint.setStrokeWidth(3);
        Calendar calendar = Calendar.getInstance();
        int currentMinute = calendar.get(Calendar.MINUTE);
        int currentHour = calendar.get(Calendar.HOUR);
        //  计算分针和时针的角度
        double minuteRadian = Math.toRadians((360 - ((currentMinute * 6) - 90)) % 360);
        double hourRadian = Math.toRadians((360 - ((currentHour * 30) - 90))
                % 360 - (30 * currentMinute / 60));
        //  在表盘上画分针
        canvas.drawLine(centerX, centerY, (int) (centerX + minuteHandSize
                * Math.cos(minuteRadian)), (int) (centerY - minuteHandSize
                * Math.sin(minuteRadian)), paint);
        //  设置时针为 4 个像素粗
```

```
        paint.setStrokeWidth(4);
        // 在表盘上画时针
        canvas.drawLine(centerX, centerY, (int) (centerX + hourHandSize
                * Math.cos(hourRadian)), (int) (centerY - hourHandSize
                * Math.sin(hourRadian)), paint);
    }
    public HandClock(Context context, AttributeSet attrs)
    {
        super(context, attrs);
        // 读取相应的属性值
        // 由于在本例中未使用命名空间,因此,在获得属性值时,命名空间应设为 null
        clockImageResourceId = attrs.getAttributeResourceValue(null,"clockImageSrc", 0);
        if (clockImageResourceId > 0)
             bitmap = BitmapFactory.decodeResource(getResources(), clockImageResourceId);
        scale = attrs.getAttributeFloatValue(null, "scale", 1);
        handCenterWidthScale = attrs.getAttributeFloatValue(null,
                "handCenterWidthScale", bitmap.getWidth() / 2);
        handCenterHeightScale = attrs.getAttributeFloatValue(null,
                "handCenterHeightScale", bitmap.getHeight() / 2);
        // 在读取分针和时针长度后,将其值按图像的缩放比例进行缩放
        minuteHandSize = (int) (attrs.getAttributeIntValue(null, "minuteHandSize", 0) * scale);
        hourHandSize = (int) (attrs.getAttributeIntValue(null, "hourHandSize",0) * scale);
        int currentSecond = Calendar.getInstance().get(Calendar.SECOND);
        // 当秒针在 12 点方向时(秒值为 0)执行 run 方法
        handler.postDelayed(this, (60 - currentSecond) * 1000);
    }
    @Override
    protected void onDetachedFromWindow()
    {
        super.onDetachedFromWindow();
        // 删除回调对象
        handler.removeCallbacks(this);
    }
}
```

由于 HandClock 控件只显示了时针和分针,因此,只需要每分钟重绘一次时针和分针即可。在 HandClock 类的构造方法的最后,首先计算当前还差多少秒到下一分钟,然后第一次将定时器设为 0 秒时执行 run 方法,最后在 run 方法中只需要让定时器在下一个 60 秒继续调用 run 方法即可。这样就可以实现定时器在每一个 0 秒时调用 run 方法的功能。

在本例中准备了 3 个表盘图像文件,并使用两个 XML 布局文件来配置 3 个 HandClock 控件,代码如下:

handclock1.xml

```
<?xml version="1.0" encoding="utf-8"?>
<LinearLayout xmlns:android="http://schemas.android.com/apk/res/android"
    android:orientation="vertical" android:layout_width="fill_parent"
    android:layout_height="fill_parent" android:background="#FFF"
    android:gravity="center">
    <net.blogjava.mobile.widget.HandClock
        android:layout_width="wrap_content" android:layout_height="wrap_content"
        clockImageSrc="@drawable/clock1" scale="0.75" handCenterWidthScale="0.477"
        handCenterHeightScale="0.512" minuteHandSize="54" hourHandSize="40"/>
</LinearLayout>
```

handclock2.xml

```
<?xml version="1.0" encoding="utf-8"?>
<LinearLayout xmlns:android="http://schemas.android.com/apk/res/android"
    android:orientation="vertical" android:layout_width="fill_parent"
    android:layout_height="fill_parent" android:background="#FFF"
    android:gravity="center_horizontal">
    <net.blogjava.mobile.widget.HandClock
        android:layout_width="wrap_content" android:layout_height="wrap_content"
        android:layout_marginTop="10dp" clockImageSrc="@drawable/clock2"
```

```
              scale="0.3" handCenterWidthScale="0.5" handCenterHeightScale="0.5"
              minuteHandSize="154" hourHandSize="100" />
        <net.blogjava.mobile.widget.HandClock
              android:layout_width="wrap_content" android:layout_height="wrap_content"
              android:layout_marginTop="10dp" clockImageSrc="@drawable/clock3"
              scale="0.3" handCenterWidthScale="0.5" handCenterHeightScale="0.5"
              minuteHandSize="154" hourHandSize="100" />
</LinearLayout>
```

 由于在 onMeasure 方法中根据图像的实际大小重新设置了 View 的大小，因此，HandClock 控件中的 android:layout_height 和 android:layout_width 可以设为 fill_parent 或 wrap_content，但这两个属性必须指定。

运行本实例后，将显示两个按钮，如图 4-13 所示。

图 4-13　测试 HandClock 控件的主界面

单击这两个按钮后，分别显示如图 4-14 和图 4-15 所示的指针时钟。

图 4-14　第 1 个指针时钟

图 4-15　第 2 个和第 3 个指针时钟

4.3 使用 AlertDialog 类创建对话框

对话框是一个古老而又不能回避的话题。自从 GUI（图形用户接口）问世以来，对话框就几乎在所有的程序中安了家。无论是桌面程序还是 Web 程序，都少不了各式各样的对话框。在 Android 系统中，对话框已经成为最常见的用户接口之一。在 Android 系统中创建对话框的方法非常多，使用 AlertDialog 类来创建对话框也是最常用的方法。

4.3.1 AlertDialog 类简介

由于 AlertDialog 类的构造方法被声明成 protected 方法，因此，不能直接使用 new 关键字来创建 AlertDialog 类的对象实例。为了创建 AlertDialog 对象，需要使用 Builder 类，该类是在 AlertDialog 类中定义的一个内嵌类。首先必须创建 AlertDialog.Builder 类的对象实例，然后通过 AlertDialog.Builder 类的 show 方法显示对话框，或通过 Builder 类的 create 方法返回 AlertDialog 对象，再通过 AlertDialog 类的 show 方法显示对话框。

如果只是简单地显示一个对话框，这个对话框并不会起任何作用。在对话框上既没有文字，也没有按钮，而且负责显示对话框的 Activity 会失去焦点，除非按手机上的取消键，否则无法关闭这个对话框。为了给对话框加上文字和按钮，可以在调用 show 方法之前，调用 AlertDialog.Builder 类中的其他方法为对话框设置更多的信息，例如，使用 setTitle 方法设置对话框标题；使用 setIcon 方法设置对话框左上角显示的图标。这些设置对话框信息的方法都会返回一个 AlertDialog.Builder 对象。

在 AlertDialog.Builder 类中有两个很重要的方法：create 和 show。先看一下这两个方法的定义：

```
public AlertDialog create()
public AlertDialog show()
```

从上面的方法定义可以看出，create 和 show 方法都返回了 AlertDialog 对象。它们的区别是 create 方法虽然返回了 AlertDialog 对象，但并不显示对话框。而 show 方法在返回 AlertDialog 对象之前会立即显示对话框。也就是说，如果只想获得 AlertDialog 对象后再做进一步处理，而不想立即显示对话框，可以使用 create 方法，然后可以调用 AlertDialog 类的 show 方法显示对话框，如下面代码所示：

```
// 设置对话框的标题，并调用 create 方法返回 AlertDialog 对象
AlertDialog ad = new AlertDialog.Builder(this).setTitle("title").create();
// 设置对话框的正文信息
ad.setMessage("信息");
// 显示对话框
ad.show();
```

如果只想一次性设置完信息后立即显示对话框，可以使用 show 方法，代码如下：

```
AlertDialog ad = new AlertDialog.Builder(this).setTitle("title").setMessage("信息").show();
```

上面的两段代码都会显示如图 4-16 所示的对话框。

本节主要介绍如何创建各种类型的对话框，因此，本节中的所有例子程序都采用第 2 种方式创建对话框，如果读者需要在显示对话框之前处理其他的工作，可以采用第 1 种方式显示对话框，也就是先调用 Builder 类的 create 方法获得 AlertDialog 对象，然后再调用 AlertDialog 类的 show 方法显示对话框。

图 4-16　无按钮的对话框

4.3.2 "确认/取消"对话框

AlertDialog.Builder 类有两个方法可以分别设置对话框的确定和取消按钮,这两个方法的定义如下:

```
// 设置"确认"按钮的方法有两个重载形式
public Builder setPositiveButton(CharSequence text, final OnClickListener listener)
public Builder setPositiveButton(int textId, final OnClickListener listener)
// 设置"取消"按钮的方法有两个重载形式
public Builder setNegativeButton(int textId, final OnClickListener listener)
public Builder setNegativeButton(CharSequence text, final OnClickListener listener)
```

从上面的方法定义可以看出,setPositiveButton 和 setNegativeButton 方法各有两个重载形式,这两个重载形式的区别在于第 1 个参数。该参数表示按钮文本,可以使用字符串资源 ID 或字符串值及字符串变量来设置这个参数。实际上,AlertDialog.Builder 类的所有 setter 方法涉及到字符串、图像等资源时都可以使用资源 ID 和相应类型的变量或值来指定参数值。为了直观,在 4.3 节及 4.4 节的例子中都直接使用相应数据类型的值来指定 setter 方法的参数值。在实际的应用中,作者建议应尽量使用资源 ID 的方式来指定参数值,这样做既有利于国际化,又使系统更容易维护。

setPositiveButton 和 setNegativeButton 方法的第 2 个参数表示单击按钮触发的事件,该参数的类型是 DialogInterface.OnClickListener,需要传入一个实现 DialogInterface.OnClickListener 接口的对象实例。

由于 setPositiveButton 和 setNegativeButton 方法都返回了 AlertDialog.Builder 对象,因此,可以使用下面的形式来为对话框添加"确认"和"取消"按钮:

```
new AlertDialog.Builder(this). setTitle("title").setPositiveButton(... ...).setNegativeButton(... ...).show();
```

4.3.3 创建询问是否删除文件的"确认/取消"对话框

工程目录:src\ch04\ch04_dfdialog

在本例中将演示如何使用 AlertDialog.Builder 类创建一个带图标的"确认/取消"对话框,当单击"确认"和"取消"按钮后,都会显示一个没有按钮的对话框,以便告诉用户自己单击了哪个按钮。本例的完整代码如下:

```
package net.blogjava.mobile;

import android.app.Activity;
import android.app.AlertDialog;
import android.content.DialogInterface;
import android.os.Bundle;
import android.view.View;
import android.view.View.OnClickListener;
import android.widget.Button;

public class Main extends Activity implements OnClickListener
{
    @Override
    public void onClick(View v)
    {
        //  R.drawable.question 为图像资源的 ID
        new AlertDialog.Builder(this).setIcon(R.drawable.question).
            setTitle("是否删除文件").setPositiveButton("确定",
            // 创建 DialogInterface.OnClickListener 对象实例,当单击按钮时调用 onClick 方法
            new DialogInterface.OnClickListener()
            {
                public void onClick(DialogInterface dialog, int whichButton)
                {
                    //  单击"确定"按钮后,显示一个无按钮的对话框
```

```
                    new AlertDialog.Builder(Main.this).setMessage(
                        "文件已经被删除.").create().show();
                }
            }).setNegativeButton("取消",
            new DialogInterface.OnClickListener()
            {
                public void onClick(DialogInterface dialog, int whichButton)
                {
                    //  单击取消按钮后，显示一个无按钮的对话框
                    new AlertDialog.Builder(Main.this).setMessage(
                        "您已经选择了取消按钮,该文件未被删除.").create().show();
                }
            }).show();
    }
    @Override
    public void onCreate(Bundle savedInstanceState)
    {
        super.onCreate(savedInstanceState);
        setContentView(R.layout.main);
        Button button = (Button) findViewById(R.id.button);
        button.setOnClickListener(this);
    }
}
```

在使用 AlertDialog.Builder 类来创建对话框时应注意如下两点：
- setPositiveButton 和 setNegativeButton 方法的第 2 个参数的数据类型是 android.content.DialogInterface.OnClickListener，而不是 android.view.View.OnClickListener。View 中的 OnClickListener 接口是用在视图上的，这一点在使用时要注意。
- 使用 show 方法显示对话框是异步的。也就是说，当调用 AlertDialog.Builder.show 或 AlertDialog.show 方法显示对话框后，show 方法会立即返回，并且继续执行后面的代码。

运行本例后，将显示一个"显示确认/取消对话框"按钮，单击该按钮后，会显示如图 4-17 所示的对话框。单击"取消"按钮后，会显示如图 4-18 所示的无按钮对话框。

图 4-17 "确认/取消"对话框

图 4-18 无按钮的对话框

4.3.4 带 3 个按钮的对话框

使用 AlertDialog 类创建的对话框最多可以带 3 个按钮。添加第 3 个按钮需要使用 AlertDialog.Builder 类的 setNeutralButton 方法进行设置。该方法的定义如下：

```
public Builder setNeutralButton(CharSequence text, final OnClickListener listener)
public Builder setNeutralButton(int textId, final OnClickListener listener)
```

从上面的方法定义可以看出，setNeutralButton 方法与 setPositiveButton 及 setNegativeButton 方法在参数和返回值上完全相同。因此，可以使用下面的形式为对话框添加 3 个按钮：

```
new AlertDialog.Builder(this). setTitle("title")
    .setPositiveButton(... ...)
    .setNeutralButton(... ...)
    .setNegativeButton(... ...).show();
```

4.3.5 创建 "覆盖/忽略/取消" 对话框

工程目录：src/ch04/ch04_threebtndialog

在本例中将使用 setPositiveButton、setNeutralButton 和 setNegativeButton 方法为对话框添加 3 个按钮。本例中的代码除了创建对话框的部分外，其他的代码与 4.3.3 节中的相应代码类似，为了节省篇幅，本节及 4.3 节后面的例子中只给出核心代码。关于完整的实现代码，可以参阅网站提供的源代码。本例的实现代码如下：

```java
package net.blogjava.mobile;
... ...
public class Main extends Activity implements OnClickListener
{
    @Override
    public void onClick(View v)
    {
        new AlertDialog.Builder(this).setIcon(R.drawable.question).setTitle(
            "是否覆盖文件？").setPositiveButton("覆盖",
            new DialogInterface.OnClickListener()
            {
                public void onClick(DialogInterface dialog, int whichButton)
                {
                    new AlertDialog.Builder(Main.this)
                        .setMessage("文件已经覆盖.").create().show();
                }
            }).setNeutralButton("忽略", new DialogInterface.OnClickListener()
            {
                public void onClick(DialogInterface dialog, int whichButton)
                {
                    new AlertDialog.Builder(Main.this).setMessage("忽略了覆盖文件的操作.")
                        .create().show();
                }
            }).setNegativeButton("取消", new DialogInterface.OnClickListener()
            {
                public void onClick(DialogInterface dialog, int whichButton)
                {
                    new AlertDialog.Builder(Main.this).setMessage("您已经取消了所有的操作.").
                        create().show();
                }
            }).show();
    }
    ... ...
}
```

在编写上面代码时，应注意如下 3 点：

- setPositiveButton、setNeutralButton 和 setNegativeButton 的调用顺序可以是任意的，但无论调用顺序是什么，使用 setPositiveButton 方法设置的按钮总会排在左起第 1 位，使用 setNeutralButton 方法设置的按钮总会排在左起第 2 位，使用 setNegativeButton 方法设置的按钮总会排在左起第 3 位。
- 使用 AlertDialog 类创建的对话框最多只能有 3 个按钮，因此，就算多次调用这 3 个设置对话框按钮的方法，最多也只能显示 3 个按钮。
- 这 3 个设置对话框按钮的方法虽然都可以调用多次，但系统只以每一个方法最后一次调用为准。例如，new AlertDialog.Builder(this). **setPositiveButton**("确定 1",...).**setPositiveButton**("确定 2",...) 虽然调用了两次 setPositiveButton 方法，但系统只以最后一次调用为准，也就是说，系统只会为对话框添加一个"确认 2"按钮，而不会将"确认 1"和"确认 2"按钮都加到对话框上。

运行本例后，将显示一个"显示带 3 个按钮的对话框"按钮，单击该按钮后，将显示如图 4-19 所示的对话框。

4.3.6 简单列表对话框

通过 AlertDialog.Builder 类的 setItems 方法可以创建简单的列表对话框。实际上，这种对话框相当于将 ListView 控件放在对话框上，然后在 ListView 中添加若干简单的文本。setItems 方法的定义如下：

```
// itemsId 表示字符串数组的资源 ID，该资源指定的数组会显示在列表中
public Builder setItems(int itemsId, final OnClickListener listener)
// items 表示用于显示在列表中的字符串数组
public Builder setItems(CharSequence[] items, final OnClickListener listener)
```

图 4-19 带 3 个按钮的对话框

setItems 方法可以通过传递一个字符串数组资源 ID 或字符串数组变量或值的方式为对话框中的列表提供数据。第 2 个参数的数据类型在前面的例子已经涉及到了，只是没有使用 OnClickListener 接口中 onClick 方法中的参数。先看一下 onClick 方法的定义：

```
public void onClick(DialogInterface dialog, int which)
```

onClick 方法的第 1 个参数的数据类型是 DialogInterface，实际上，该参数值是 AlertDialog 类的对象实例（因为 AlertDialog 类实现了 DialogInterface 接口）。在 DialogInterface 接口中有两个用于关闭对话框的方法：dismiss 和 cancel。这两个方法的功能完全相同，都是关闭对话框。所不同的是，cancel 方法除了关闭对话框外，还会调用 DialogInterface.onCancelListener 接口中的 onCancel 方法。DialogInterface.onCancelListener 对象实例需要使用 AlertDialog.Builder 类中的 setOnCancelListener 方法进行设置。dismiss 与 cancal 方法类似，调用 dismiss 方法不仅会关闭对话框，还会调用 DialogInterface.onDismissListener 接口中的 onDismiss 方法。除了 dismiss 和 cancel 方法外，还有几个常量，这些常量分别用于表示对话框的 3 个按钮的 ID。在 4.3.9 节中将会看到 dismiss 和 cancel 方法及这些常量的具体应用。

4.3.7 单选列表对话框

通过 AlertDialog.Builder 类的 setSingleChoiceItems 方法可以创建带单选按钮的列表对话框。

setSingleChoiceItems 方法有如下 4 种重载形式：

```
// 从资源文件中装载数据
public Builder setSingleChoiceItems(int itemsId, int checkedItem, final OnClickListener listener)
// 从数据集中装载数据
public Builder setSingleChoiceItems(Cursor cursor, int checkedItem, String labelColumn,
            final OnClickListener listener)
// 从字符串数组中装载数据
public Builder setSingleChoiceItems(CharSequence[] items, int checkedItem, final OnClickListener listener)
// 从 ListAdapter 对象中装载数据
public Builder setSingleChoiceItems(ListAdapter adapter, int checkedItem, final OnClickListener listener)
```

上面 4 种重载形式除了第 1 个参数外，其他的参数完全一样。这些参数的含义如下：

- 第 1 个参数：表示单选列表对话框的数据源。目前支持 4 种数据源：数组资源（itemsId）、数据集（cursor）、字符串数组（items）和 ListAdapter 对象（adapter）。
- checkedItem：表示默认选中的列表项。
- listener：表示单击某个列表项时被触发的事件对象。
- labelColumn：如果数据源是数据集，数据集中的某一列会作为列表对话框的数据加载到列表框中。该参数表示该列的名称（字段名）。

4.3.8 多选列表对话框

通过 AlertDialog.Builder 类的 setMultiChoiceItems 方法可以创建带复选框的列表对话框。setMultiChoiceItems 方法有如下 3 种重载形式：

```
// 从资源文件中装载数据
public Builder setMultiChoiceItems(int itemsId, boolean[] checkedItems, final OnMultiChoiceClickListener listener)
// 从数据集中装载数据
public Builder setMultiChoiceItems(Cursor cursor, String isCheckedColumn, String labelColumn,
            final OnMultiChoiceClickListener listener)
// 从字符串数组中装载数据
public Builder setMultiChoiceItems(CharSequence[] items, boolean[] checkedItems,
            final OnMultiChoiceClickListener listener)
```

上面 3 种重载形式除了第 1 个参数外，其他参数完全一样。这些参数的含义如下：

- 第 1 个参数：表示多选列表对话框的数据源。目前支持 3 种数据源：数组资源、数据集和字符串数组。
- checkedItems：该参数的数据类型是 boolean[]，这个参数值的数组长度要和列表框中的列表项个数相等，该参数用于设置每一个列表项的默认值，如果为 true，表示当前的列表项是选中状态，否则表示未选中状态。
- listener：表示选中某一个列表项时被触发的事件对象。
- isCheckedColumn：确定列表项是否被选中。"1"表示选中，"0"表示未选中。

4.3.9 创建 3 种选择省份的列表对话框

工程目录：src/ch04/ch04_listdialog

本例中使用前面介绍的技术实现 3 种可以选择省份的列表对话框。可选择的省份有 6 个，这 6 个列表项已经超过了列表框的高度，因此，在列表对话框中会出现垂直滚动条。

运行本例后，将在屏幕上显示 3 个按钮，如图 4-20 所示。单击这 3 个按钮后，将分别显示简单列表对话框、单选列表对话框和多选列表对话框。这些对话框的效果分别如图 4-21、图 4-22 和图 4-23 所示。

图 4-20　列表对话框主界面

图 4-21　简单列表对话框

图 4-22　单选列表对话框

当选中某个列表项并关闭这些对话框后，会显示相应的提示对话框。例如，按图 4-23 所示选中多选列表对话框中的列表项后，单击"确定"按钮关闭对话框后，会显示如图 4-24 所示的提示对话框。

图 4-23　多选列表对话框

图 4-24　关闭多选列表对话框后显示的提示对话框

下面来看一下实现这个例子的框架代码：

```java
package net.blogjava.mobile;

import android.app.Activity;
import android.app.AlertDialog;
import android.content.DialogInterface;
import android.os.Bundle;
import android.view.View;
import android.view.View.OnClickListener;
import android.widget.Button;
import android.widget.ListView;

public class Main extends Activity implements OnClickListener
{
    // 列表对话框的字符串数组数据源
    private String[] provinces = new String[]
    { "辽宁省", "山东省", "河北省", "福建省", "广东省", "黑龙江省" };
    // 单击事件类的对象实例
    private ButtonOnClick buttonOnClick = new ButtonOnClick(1);
    // 用于保存多选列表对话框中的 ListView 对象
    private ListView lv = null;
    // 显示简单列表对话框
    private void showListDialog()
    {
        ... ...
    }
    // 显示单选列表对话框
    private void showSingleChoiceDialog()
    {
        ... ...
    }
    // 显示多选列表对话框
    private void showMultiChoiceDialog()
    {
        ... ...
    }
    // 按钮的单击事件方法，3 个按钮调用同一个事件方法，根据视图资源 ID 区分不同的按钮
    @Override
    public void onClick(View view)
    {
        switch (view.getId())
        {
            case R.id.btnListDialog:
            {
                showListDialog();
                break;
            }
            case R.id.btnSingleChoiceDialog:
            {
                showSingleChoiceDialog();
                break;
            }
            case R.id.btnMultiChoiceDialog:
            {
                showMultiChoiceDialog();
                break;
            }
        }
    }
    @Override
    public void onCreate(Bundle savedInstanceState)
    {
        super.onCreate(savedInstanceState);
```

```
        setContentView(R.layout.main);
        Button btnListDialog = (Button) findViewById(R.id.btnListDialog);
        Button btnSingleChoiceDialog = (Button) findViewById(R.id.btnSingleChoiceDialog);
        Button btnMultiChoiceDialog = (Button) findViewById(R.id.btnMultiChoiceDialog);
        btnListDialog.setOnClickListener(this);
        btnSingleChoiceDialog.setOnClickListener(this);
        btnMultiChoiceDialog.setOnClickListener(this);
    }
}
```

从上面的代码可以看出，showListDialog、showSingleChoiceDialog 和 showMultiChoiceDialog 三个方法分别用来显示列表对话框、单选列表对话框和多选列表对话框，下面就分别编写这3个方法的代码。

1. 显示简单列表对话框

通过 AlertDialog.Builder 类的 setItems 方法可以创建简单的列表对话框（只包含文字信息）。在本例中单击列表对话框中某一项后，系统会关闭列表对话框，并显示一个无按钮的对话框，用来显示用户选中了哪个列表项。如果这时用户不进行任何动作，这个无按钮的对话框是不会自动关闭的，因此，在本例中还要实现一个在 5 秒后自动关闭对话框的功能。

这个功能要通过一个定时器来完成。在实例 5 中已经介绍了通过 android.os.Handler 类来实现定时器的功能。在本例中仍然会使用这个类来实现一定时间后自动关闭对话框的功能。下面是 showListDialog 方法的完整代码：

```
private void showListDialog()
{
    new AlertDialog.Builder(this).setTitle("选择省份").setItems(provinces,
            new DialogInterface.OnClickListener()
            {
                public void onClick(DialogInterface dialog, int which)
                {
                    final AlertDialog ad = new AlertDialog.Builder(Main.this).setMessage(
                            "您已经选择了: " + which + ":" + provinces[which]).show();
                    android.os.Handler hander = new android.os.Handler();
                    //  设置定时器，5 秒后调用 run 方法
                    hander.postDelayed(new Runnable()
                    {
                        @Override
                        public void run()
                        {
                            //  调用 AlertDialog 类的 dismiss 方法关闭对话框，也可以调用 cancel 方法
                            ad.dismiss();
                        }
                    }, 5 * 1000);
                }
            }).show();
}
```

在编写上面代码时要注意，ad 变量要用 final 关键字定义，因为在隐式实现的 Runnable 接口的 run 方法中需要访问 final 变量。

2. 显示单选列表对话框

在单击单选列表对话框中的某个列表项时，在默认情况下，系统是不会关闭对话框的。要想关闭对话框，需要单击对话框下方的按钮。在本例中为单选列表对话框添加了"确定"和"取消"按钮。下面是用于显示单选列表对话框的 showSingleChoiceDialog 方法的代码：

```
private void showSingleChoiceDialog()
{
    //  buttonOnClick 变量的数据类型是 ButtonOnClick，一个单击事件类
    new AlertDialog.Builder(this).setTitle("选择省份").setSingleChoiceItems(
```

```
                     provinces, 1, buttonOnClick).setPositiveButton("确定",
                 buttonOnClick).setNegativeButton("取消", buttonOnClick).show();
```

如果在单选列表对话框中添加了按钮，在处理单击事件时需要同时考虑列表项和"确定""取消"按钮。由于它们的单击事件接口都是 DialogInterface.OnClickListener，因此，可以为这些单击事件编写一个内嵌的 Java 类（ButtonOnClick 类），然后将该类的对象实例传入 setSingleChoiceItems、setPositiveButton 和 setNegativeButton 方法。ButtonOnClick 类的代码如下：

```
private class ButtonOnClick implements DialogInterface.OnClickListener
{
    private int index;                        // 表示 provinces 数组的索引
    public ButtonOnClick(int index)
    {
        this.index = index;
    }
    @Override
    public void onClick(DialogInterface dialog, int whichButton)
    {
        // whichButton 表示单击的按钮索引，所有列表项的索引都是大于等于 0 的，而按钮的索引都是小于 0 的
        if (whichButton >= 0)
        {
            index = whichButton;            // 如果单击的是列表项，将当前列表项的索引保存在 index 中
            // 如果想单击列表项后关闭对话框，可在此处调用 dialog.cancel()或 dialog.dismiss()方法
        }
        else
        {
            // 用户单击的是"确定"按钮
            if (whichButton == DialogInterface.BUTTON_POSITIVE)
            {
                // 显示用户选择的是第几个列表项
                new AlertDialog.Builder(Main.this).setMessage(
                        "您已经选择了： " + index + ":" + provinces[index]).show();
            }
            // 用户单击的是"取消"按钮
            else if (whichButton == DialogInterface.BUTTON_NEGATIVE)
            {
                new AlertDialog.Builder(Main.this).setMessage("您什么都未选择.").show();
            }
        }
    }
}
```

3. 显示多选列表对话框

在单选列表对话框中，采用"单击列表项后保存列表项索引"的方式来确定用户选中的列表项。在多选列表对话框中则采用了另外一种方法来获得用户选择的列表项。实际上，可以通过 AlertDialog 类的 getListView 方法获得多选列表对话框中的 ListView 对象，并通过扫描所有列表项的方式来判断用户选择了哪些列表项。用于显示多选列表对话框的 showMultiChoiceDialog 方法的代码如下：

```
private void showMultiChoiceDialog()
{
    AlertDialog ad = new AlertDialog.Builder(this).setIcon(R.drawable.image).setTitle("选择省份")
            .setMultiChoiceItems(provinces, new boolean[]{ false, true, false, true, false, false },
                    // 第 3 个参数必须指定单击事件对象，不能设为 null
                    new DialogInterface.OnMultiChoiceClickListener()
                    {
                        public void onClick(DialogInterface dialog,
                                int whichButton, boolean isChecked){}
                    }).setPositiveButton("确定",
            new DialogInterface.OnClickListener()
            {
```

```
          public void onClick(DialogInterface dialog, int whichButton)
          {
              int count = lv.getCount();
              String s = "您选择了:";
//        扫描所有的列表项，如果当前列表项被选中，将列表项的文本追加到 s 变量中
              for (int i = 0; i < provinces.length; i++)
              {
                  if (lv.getCheckedItemPositions().get(i))
                      s += i + ":" + lv.getAdapter().getItem(i) + "   ";
              }
//        用户至少选择了一个列表项
              if (lv.getCheckedItemPositions().size() > 0)
              {
                  new AlertDialog.Builder(Main.this).setMessage(s).show();
              }
//        用户未选择任何列表项
              else
              {
                  new AlertDialog.Builder(Main.this)
                          .setMessage("您未选择任何省份").show();
              }
          }
      }).setNegativeButton("取消", null).create();
lv = ad.getListView();
ad.show();
```

在编写上面代码时，应注意如下两点：

- 必须指定 setMultiChoiceItems 方法的单击事件对象，也就是该方法的第 3 个参数，该参数不能为 null，否则默认被选中的列表项无法置成未选中状态。对于默认未被选中的列表项没有任何影响。
- 由于在"确定"按钮的单击事件中需要引用 AlertDialog 变量，因此，需要先使用 create 方法返回 AlertDialog 对象，然后才能在单击事件中使用该变量。

4.3.10 水平进度对话框和圆形进度对话框

进度对话框通过 android.app.ProgressDialog 类实现，该类是 AlertDialog 的子类，但并不需要使用 AlertDialog.Builder 类的 create 方法来返回对象实例，只需要使用 new 关键字创建 ProgressDialog 对象即可。

进度对话框除了可以设置普通对话框需要的信息外，还需要设置两个必要的信息：进度的最大值和当前的进度。这两个值分别由如下两个方法来设置：

```
//  设置进度的最大值
public void setMax(int max)
//  设置当前的进度
public void setProgress(int value)
```

初始的进度必须使用 setProgress 方法设置，而逐渐递增的进度除了可以使用 setProgress 方法设置外，还可以使用如下方法设置：

```
//  设置进度的递增量
public void incrementProgressBy(int diff)
```

setProgress 和 incrementProgress 方法的区别是，setProgress 方法设置的是进度的绝对值，而 incrementProgress 方法设置的是进度的增量。

与普通对话框一样，进度对话框也可以最多添加 3 个按钮，而且可以设置进度对话框的风格。进度对话框中进度条的默认风格是圆形的，可以使用如下代码将进度对话框设置成水平进度条风格：

```java
// 创建 ProgressDialog 类的对象实例
ProgressDialog progressDialog = new ProgressDialog(this);
// 设置进度对话框为进度条风格
progressDialog.setProgressStyle(ProgressDialog.STYLE_HORIZONTAL);
```

4.3.11 水平进度对话框和圆形进度对话框演示

工程目录：src/ch04/ch04_progressdialog

在本例中将演示上一节介绍的水平和圆形进度对话框的实现方法。本例中的进度对话框包含两个按钮："暂停"和"取消"。单击"暂停"按钮后，进度对话框关闭，再次显示进度对话框时，进度条的起始位置从上一次关闭对话框的位置开始（仅限于水平进度条）。单击"取消"按钮后，进度对话框也会关闭，只是再次显示进度对话框时，进度的起始位置仍然从 0 开始。

要实现进度随着时间的变化而不断递增，需要使用多线程及定时器来完成这个工作。本例中使用 Handler 类来不断更新进度对话框的进度值。实现的方法是编写一个 Handler 类的子类，并覆盖 Handler 类的 handleMessage 方法。在该方法中设置新的进度和系统下一次调用 handleMessage 方法的时间间隔（单位是毫秒）。本例的实现代码如下：

```java
package net.blogjava.mobile;

import java.util.Random;
import android.app.Activity;
import android.app.ProgressDialog;
import android.content.DialogInterface;
import android.os.Bundle;
import android.os.Handler;
import android.os.Message;
import android.view.View;
import android.view.View.OnClickListener;
import android.widget.Button;

public class Main extends Activity implements OnClickListener
{
    private static final int MAX_PROGRESS = 100;
    private ProgressDialog progressDialog;
    private Handler progressHandler;
    private int progress;
    // 显示进度对话框，style 表示进度对话框的风格
    private void showProgressDialog(int style)
    {
        // 创建 ProgressDialog 类的对象实例
        progressDialog = new ProgressDialog(this);
        progressDialog.setIcon(R.drawable.wait);
        progressDialog.setTitle("正在处理数据...");
        progressDialog.setMessage("请稍后...");
        // 设置进度对话框的风格
        progressDialog.setProgressStyle(style);
        // 设置进度对话框的进度最大值
        progressDialog.setMax(MAX_PROGRESS);
        // 设置进度对话框的"暂停"按钮
        progressDialog.setButton("暂停", new DialogInterface.OnClickListener()
        {
            public void onClick(DialogInterface dialog, int whichButton)
            {
                // 删除消息队列中的消息来停止定时器
                progressHandler.removeMessages(1);
            }
        });
```

```java
        // 设置进度对话框的"取消"按钮
        progressDialog.setButton2("取消", new DialogInterface.OnClickListener()
        {
            public void onClick(DialogInterface dialog, int whichButton)
            {
                //  删除消息队列中的消息来停止定时器
                progressHandler.removeMessages(1);
                //  恢复进度初始值
                progress = 0;
                progressDialog.setProgress(0);
            }
        });
        progressDialog.show();
        progressHandler = new Handler()
        {
            @Override
            public void handleMessage(Message msg)
            {
                super.handleMessage(msg);
                if (progress >= MAX_PROGRESS)
                {
                    //  进度达到最大值，关闭对话框
                    progress = 0;
                    progressDialog.dismiss();
                }
                else
                {
                    progress++;
                    //  将进度递增 1
                    progressDialog.incrementProgressBy(1);
                    //  随机设置下一次递增进度（调用 handleMessage 方法）的时间间隔
                    //  第 1 个参数表示消息代码，第 2 个参数表示下一次调用 handleMessage 要等待的毫
                    //  秒数
                    progressHandler.sendEmptyMessageDelayed(1, 50 +
                            new Random().nextInt(500));
                }
            }
        };
        //  设置进度初始值
        progress = (progress > 0) ? progress : 0;
        progressDialog.setProgress(progress);
        //  立即设置进度对话框中的进度值，第 1 个参数表示消息代码
        progressHandler.sendEmptyMessage(1);
    }
    @Override
    public void onClick(View view)
    {
        switch (view.getId())
        {
            case R.id.button1:
                //  显示水平进度对话框
                showProgressDialog(ProgressDialog.STYLE_HORIZONTAL);
                break;
            case R.id.button2:
                //  显示圆形进度对话框
                showProgressDialog(ProgressDialog.STYLE_SPINNER);
                break;
        }
    }
    ... ...
}
```

在编写上面代码时,有如下 6 点需要注意:
- 进度对话框在默认情况下是圆形进度条,如果要显示水平进度条,需要使用 setProgressStyle 方法进行设置。
- 使用 sendEmptyMessage 方法只能使 handleMessage 方法执行一次,要想实现以一定时间间隔循环执行 handleMessage 方法,需要在 handleMessage 方法中调用 sendEmptyMessageDelayed 方法设置 handleMessage 方法下一次被调用时等待的时间。这样就可以形成一个循环调用的效果。
- sendEmptyMessage 和 sendEmptyMessageDelayed 方法的第 1 个参数表示消息代码,这个消息代码用来标识消息队列中的消息。例如,使用 sendEmptyMessageDelayed 方法设置消息代码为 2 的消息在 500 毫秒后调用 handleMessage 方法。可以利用这个消息代码删除该消息(需要在 500 毫秒之内),这样系统就不会在 500 毫秒之后调用 handleMessage 方法了。在本例的"暂停"和"取消"按钮单击事件中都使用 removeMessages 方法删除了消息代码为 1 的消息。
- 消息代码可以是任何 int 类型的值,包括负整数、0 和正整数。
- 虽然 ProgressDialog 类的 getProgress 方法可以获得当前进度,但只是在水平进度条风格的对话框中该方法才有效。如果是圆形进度条,该方法永远返回 0。这就是在本例中为什么单独使用了一个 progress 变量来表示当前进度,而不使用 getProgress 方法来获得当前进度的原因。如果使用 getProgress 方法代替 progress 变量,当进度条风格是圆形时,就意味着对话框将永远不会被关闭。
- 圆形进度对话框中的进度圆圈只是一个动画图像,并没有任何表示进度的功能。这种对话框一般在很难估计准确时间和进度时使用。

运行本例后,在屏幕上将显示两个按钮,单击这两个按钮后,会分别显示水平和圆形进度对话框,效果如图 4-25 和图 4-26 所示。

图 4-25 水平进度对话框

图 4-26 圆形进度对话框

4.3.12 自定义对话框

虽然 AlertDialog 类提供了很多预定义的对话框,但这些对话框仍然不能完全满足系统的需求。为了创建更丰富的对话框,也可以采用与创建 Activity 同样的方法,也就是说,直接使用 XML 布局文件或代码创建视图对象,并将这些视图对象添加到对话框中。

AlertDialog.Builder 类的 setView 方法可以将视图对象添加到当前的对话框中,例如如下代码:

```
new AlertDialog.Builder(this)
    .setIcon(R.drawable.alert_dialog_icon).setTitle("自定义对话框")
    .setView(... ...)
    .show();
```

4.3.13 创建登录对话框

工程目录:src\ch04\ch04_logindialog

在本例中,将通过自定义对话框实现一个登录对话框。创建视图对象可以使用 XML 布局文件和 Java 代码两种方式。为了便于对视图进行布局,在本例中使用 XML 布局文件的方式创建登录对话框中的视图对象。

用于对登录对话框中的视图进行布局的文件是 login.xml,该文件的代码如下:

```xml
<?xml version="1.0" encoding="utf-8"?>
<LinearLayout xmlns:android="http://schemas.android.com/apk/res/android"
    android:orientation="vertical" android:layout_width="fill_parent"
    android:layout_height="fill_parent">
    <!-- 布局用户名文本输入框 -->
    <LinearLayout xmlns:android="http://schemas.android.com/apk/res/android"
        android:orientation="horizontal" android:layout_width="fill_parent"
        android:layout_height="fill_parent" android:layout_marginLeft="20dp"
        android:layout_marginRight="20dp">
        <TextView android:layout_width="wrap_content" android:text="用户名:"
            android:textSize="20dp" android:layout_height="wrap_content" />
        <EditText android:layout_width="fill_parent"
            android:layout_height="wrap_content" />
    </LinearLayout>
    <!-- 布局密码文本输入框 -->
    <LinearLayout xmlns:android="http://schemas.android.com/apk/res/android"
        android:orientation="horizontal" android:layout_width="fill_parent"
        android:layout_height="fill_parent" android:layout_marginLeft="20dp"
        android:layout_marginRight="20dp">
        <TextView android:layout_width="wrap_content"
            android:layout_height="wrap_content" android:text="密    码:"
            android:textSize="20dp" />
        <EditText android:layout_width="fill_parent"
            android:layout_height="wrap_content" android:password="true" />
    </LinearLayout>
</LinearLayout>
```

本例的实现代码如下:

```java
package net.blogjava.mobile;

import android.app.Activity;
import android.app.AlertDialog;
import android.content.DialogInterface;
import android.os.Bundle;
import android.view.View;
import android.view.View.OnClickListener;
import android.widget.Button;
import android.widget.LinearLayout;
```

```java
public class Main extends Activity implements OnClickListener
{
    @Override
    public void onClick(View v)
    {
        //  从 login.xml 文件中装载 LinearLayout 对象
        LinearLayout loginLayout = (LinearLayout) getLayoutInflater().inflate(R.layout.login, null);
        new AlertDialog.Builder(this).setIcon(R.drawable.login)
                .setTitle("用户登录").setView(loginLayout).setPositiveButton("登录",
                new DialogInterface.OnClickListener()
                {
                    public void onClick(DialogInterface dialog,
                            int whichButton)
                    {
                        //  编写处理用户登录的代码
                    }
                }).setNegativeButton("取消",
                new DialogInterface.OnClickListener()
                {
                    public void onClick(DialogInterface dialog,
                            int whichButton)
                    {
                        //  取消用户登录，退出程序
                    }
                }).show();
    }
    … …
}
```

运行本例后，在屏幕上会显示一个按钮，单击该按钮，将显示如图 4-27 所示的对话框。

图 4-27　登录对话框

4.3.14 用 Activity 托管对话框

工程目录：src/ch04/ch04_activitydialog

Activity 类也提供了创建对话框的快捷方式。在 Activity 类中提供了一个 onCreateDialog 事件方法，该方法的定义如下：

```
protected Dialog onCreateDialog(int id)
```

当调用 Activity 类的 showDialog 方法时，系统会调用 onCreateDialog 方法来返回一个 Dialog 对象（AlertDialog 是 Dialog 类的子类）。showDialog 方法和 onCreateDialog 方法一样，也有一个 int 类型的 id 参数，该参数值将传入 onCreateDialog 方法。可以利用不同的 id 建立多个对话框。

> 对于表示某一个对话框的 ID，系统只在第 1 次调用 showDialog 方法时调用 onCreateDialog 方法。在第 1 次创建 Dialog 对象时，系统会将该对象保存在 Activity 的缓存中，相当于一个 Map 对象，对话框的 ID 作为 Map 的 key，而 Dialog 对象作为 Map 的 value。当再次调用 showDialog 方法时，系统会根据 ID 从这个 Map 中获得第 1 次创建的 Dialog 对象，而不会再次调用 onCreateDialog 方法创建新的 Dialog 对象。除非调用 Activity 类的 removeDialog(int id)方法删除了指定 ID 的 Dialog 对象。

在本例中，将实例 6 和实例 7 实现的 4 个对话框都加到一个 Activity 中，并在屏幕上通过 4 个按钮分别显示这 4 个对话框。本节只给出了程序的核心代码，关于详细的实现过程，请读者参阅网站中的源代码。框架代码如下：

```java
package net.blogjava.mobile;

import android.app.Activity;
import android.app.AlertDialog;
import android.app.Dialog;
import android.content.DialogInterface;
import android.os.Bundle;
import android.util.Log;
import android.view.View;
import android.view.View.OnClickListener;
import android.widget.Button;
import android.widget.ListView;

public class Main extends Activity implements OnClickListener
{
    private final int DIALOG_DELETE_FILE = 1;
    private final int DIALOG_SIMPLE_LIST = 2;
    private final int DIALOG_SINGLE_CHOICE_LIST = 3;
    private final int DIALOG_MULTI_CHOICE_LIST = 4;
    ... ...
    @Override
    public void onClick(View view)
    {
        switch (view.getId())
        {
            case R.id.btnDeleteFile:
                showDialog(DIALOG_DELETE_FILE);           // 显示删除文件确认对话框
                break;
            case R.id.btnSimpleList:
                showDialog(DIALOG_SIMPLE_LIST);           // 显示简单列表对话框
                break;
            case R.id.btnSingleChoiceList:
                showDialog(DIALOG_SINGLE_CHOICE_LIST);    // 显示单选列表对话框
```

```
                    break;
                case R.id.btnMultiChoiceList:
                    showDialog(DIALOG_MULTI_CHOICE_LIST);    //  显示多选列表对话框
                    break;
                case R.id.btnRemoveDialog:
                    //  将所有的对话框从 Activity 的托管中删除
                    removeDialog(DIALOG_DELETE_FILE);
                    removeDialog(DIALOG_SIMPLE_LIST);
                    removeDialog(DIALOG_SINGLE_CHOICE_LIST);
                    removeDialog(DIALOG_MULTI_CHOICE_LIST);
                    break;
            }
        }
        @Override
        protected Dialog onCreateDialog(int id)
        {
            //  根据不同的 id 创建相应的 Dialog 对象
            switch (id)
            {
                case DIALOG_DELETE_FILE:
                    return new AlertDialog.Builder(this)... ...create();
                case DIALOG_SIMPLE_LIST:
                    return new AlertDialog.Builder(this)... ...create();
                case DIALOG_SINGLE_CHOICE_LIST:
                    return new AlertDialog.Builder(this)... ...create();
                case DIALOG_MULTI_CHOICE_LIST:
                    return new AlertDialog.Builder(this)... ...create();
            }
            return null;
        }
        ... ...
    }
```

运行本例后,在屏幕上将显示 5 个按钮,前 4 个按钮分别显示 4 个对话框,最后一个按钮将所有的对话框从 Activity 的托管中删除。

除了创建和显示对话框外,还可以使用 Activity 类的 dismissDialog 方法关闭指定 ID 的对话框。如果想在对话框显示之前进行一些初始化,可以使用 onPrepareDialog 事件方法。该方法的定义如下:

```
protected void onPrepareDialog(int id, Dialog dialog)
```

该方法在调用 showDialog 方法之后,显示对话框之前被调用。在该方法中可以根据 id 判断要显示的是哪一个对话框,并根据 dialog 参数获得要显示的 Dialog 对象。

4.3.15　创建悬浮对话框和触摸任何位置都可以关闭的对话框

工程目录: src/ch04/ch04_mydialog

悬浮对话框也就是将 Activity 以对话框的方式显示。实现这个功能非常简单,只需要在 AndroidManifest.xml 文件中定义 Activity 的<activity>标签中添加一个 android:theme 属性,并指定对话框主题即可,代码如下:

```
<activity android:name=".Main"
          android:label="@string/app_name" android:theme="@android:style/Theme.Dialog">
    ... ...
</activity>
```

对于悬浮对话框来说,触摸屏幕上的任何区域都会触发 Activity 的 onTouchEvent 事件,因此,很容易实现触摸屏幕的任何位置都可以关闭悬浮对话框的功能。

要实现触摸任何位置都可以关闭的对话框稍微复杂一些。在前面的例子中使用了 AlertDialog 类来创建对话框。由于 AlertDialog 类没有相应的方法来设置触摸事件的对象实例,因此,要想使用对话框的 onTouchEvent 事件。需要继承 AlertDialog 类，代码如下：

```
package net.blogjava.mobile;

import android.app.AlertDialog;
import android.content.Context;
import android.view.MotionEvent;

public class DateDialog extends AlertDialog
{
    public DateDialog(Context context)
    {
        super(context);
    }
    //  触摸屏幕的任何位置时，触发该事件
    @Override
    public boolean onTouchEvent(MotionEvent event)
    {
        dismiss();
        return super.onTouchEvent(event);             //  关闭对话框
    }
}
```

在悬浮窗口下方显示两个按钮："显示日期"和"关闭"，其中"显示日期"按钮用来显示日期对话框，"关闭"按钮用来关闭悬浮窗口。当显示日期对话框后，在屏幕的任何位置进行触摸都会关闭日期对话框。当日期对话框关闭后，再触摸屏幕的任何位置（除了"显示日期"按钮外），悬浮窗口将关闭。本例的实现代码如下：

```
package net.blogjava.mobile;

import java.text.SimpleDateFormat;
import java.util.Date;
import android.app.Activity;
import android.app.AlertDialog;
import android.content.DialogInterface;
import android.content.DialogInterface.OnClickListener;
import android.content.DialogInterface.OnDismissListener;
import android.os.Bundle;
import android.view.MotionEvent;
import android.view.View;
import android.widget.Button;

public class Main extends Activity implements android.view.View.OnClickListener
{
    private DateDialog dateDialog;
    @Override
    public void onClick(View view)
    {
        switch (view.getId())
        {
            //  初始化并显示日期对话框
            case R.id.btnCurrentDate:
                SimpleDateFormat simpleDateFormat = new SimpleDateFormat("yyyy-MM-dd");
                dateDialog.setIcon(R.drawable.date);
                dateDialog.setTitle("当前日期： " + simpleDateFormat.format(new Date()));
                dateDialog.setButton("确定", new OnClickListener()
                {
                    @Override
                    public void onClick(DialogInterface dialog, int which){}
                });
                dateDialog.setOnDismissListener(new OnDismissListener()
                {
                    @Override
```

```
                public void onDismiss(DialogInterface dialog)
                {
                    new DateDialog.Builder(Main.this).setMessage(
                            "您已经关闭的当前对话框。").create().show();
                }
            });
            dateDialog.show();
            break;
        case R.id.btnFinish:
            finish();                    //  关闭悬浮对话框
            break;
    }
}
//  触摸屏幕的任何位置时，触发该事件
@Override
public boolean onTouchEvent(MotionEvent event)
{
    finish();                            //  关闭悬浮对话框
    return true;
}
@Override
public void onCreate(Bundle savedInstanceState)
{
    super.onCreate(savedInstanceState);
    setContentView(R.layout.main);
    Button btnCurrentDate = (Button)findViewById(R.id.btnCurrentDate);
    Button btnFinish = (Button)findViewById(R.id.btnFinish);
    btnCurrentDate.setOnClickListener(this);
    btnFinish.setOnClickListener(this);
    dateDialog = new DateDialog(this);   //  创建 DateDialog 类的对象实例
}
```

在 Main 和 DateDialog 类中各有一个 onTouchEvent 方法。当悬浮对话框处于焦点时，在屏幕的任何位置触摸后，系统会调用 Main 类中的 onTouchEvent 方法。当显示日期对话框后，该对话框成为屏幕的焦点，因此，这时触摸屏幕的任何位置时会调用 DateDialog 类中的 onTouchEvent 方法。

运行本例后，将显示如图 4-28 所示的悬浮对话框，这时触摸屏幕的任何位置（除了"显示日期"按钮），这个悬浮对话框都会关闭。单击"显示日期"按钮后，会显示如图 4-29 所示的日期对话框。这时触摸屏幕的任何位置，这个日期对话框都会关闭。

图 4-28　悬浮对话框

图 4-29　日期对话框

4.4 Toast 和 Notification

虽然对话框可以通过显示各种信息来提示用户应用程序到达某个状态或完成了某个任务，但对话框是以独占方式显示的，也就是说，如果不关闭对话框，就无法做其他事情。不过读者不用担心，Android这么优秀的系统自然会为我们提供其他的替代方案来解决这个问题，这就是 Toast 和 Notification。如果使用 Toast 和 Notification 显示提示信息，就算提示信息不关闭，用户也可以做其他的事情。这两种技术在显示效果和技术实现上都有一定的差异。

4.4.1 用 Toast 显示提示信息框

工程目录：src/ch04/ch04_toast

显示 Toast 提示信息需要使用 android.widget.Toast 类。如果只想在 Toast 上显示文本信息，可以使用如下代码：

```
Toast textToast = Toast.makeText(this, "今天的天气真好！\n哈，哈，哈！", Toast.LENGTH_LONG);
textToast.show();
```

在上面的代码中使用 Toast 类的静态方法创建了一个 Toast 对象。该方法的第 2 个参数表示要显示的文本信息。第 3 个参数表示 Toast 提示信息显示的时间。由于 Toast 信息提示框没有按钮，也无法通过手机按键关闭 Toast 信息提示框。因此，只能通过显示时间的长短控制 Toast 信息提示框的关闭。如果将第 3 个参数的值设为 Toast.LENGTH_LONG，Toast 信息提示框会显示较长的时间后再关闭。该参数值还可以设为 Toast.LENGTH_SHORT，表示 Toast 信息提示框会在较短的时间内关闭。

创建 Toast 对象时要注意，在创建只显示文本的 Toast 对象时建议使用 makeText 方法，而不要直接使用 new 关键字创建 Toast 对象。虽然 Toast 类有 setText 方法，但不能在使用 new 关键字创建 Toast 对象后，再使用 setText 方法设置 Toast 信息提示框的文本信息。也就是说，下面的代码会抛出异常。

```
Toast toast = new Toast(this);
toast.setText("今天的天气真好！\n哈，哈，哈！");        // 执行此行代码会抛出异常
toast.show();
```

如果想在 Toast 信息提示框上显示其他内容，可以使用 Toast 类的 setView 方法设置一个 View 对象，代码如下：

```
View view = getLayoutInflater().inflate(R.layout.toast, null);
TextView textView = (TextView) view.findViewById(R.id.textview);
textView.setText("今天的天气真好！\n哈，哈，哈！");
Toast toast = new Toast(this);
toast.setDuration(Toast.LENGTH_LONG);
toast.setView(view);
toast.show();
```

也许看到这里，读者会有这样的疑问：为什么使用 new 创建 Toast 对象后，能使用 setView 方法将一个 View 对象放在 Toast 信息提示框上，而不能使用 setText 方法来设置文本信息呢？其中的原因也很简单。大家看一下 makeText 方法的源代码就会猜得差不多。makeText 方法的代码也和上面的代码类似，同样是使用 setView 方法设置了一个 View 对象。因此，Toast 方法实际上就是通过一个 View 对象来显示信息的。如果在创建 Toast 对象时未使用 makeText 方法，而使用了 new，那么在调用 setText 方法时 View 对象还没有创建（Toast 类的 setText 方法并不会创建 View 对象），系统自然就会抛出异常了。

运行本节的例子后，单击界面的两个按钮，会分别显示纯文本的 Toast 信息提示框和带图像的 Toast

信息提示框，如图 4-30 和图 4-31 所示。

图 4-30　显示文本的 Toast 信息提示框　　　　图 4-31　带图像的 Toast 信息提示框

如果同时显示多个 Toast 信息提示框，系统会将这些 Toast 信息提示框放到队列中。等前一个 Toast 信息提示框关闭后才会显示下一个 Toast 信息提示框。也就是说，Toast 信息提示框是顺序显示的。

4.4.2　Notification 与状态栏信息

工程目录：src/ch04/ch04_notification

Notification 与 Toast 都可以起到通知、提醒的作用，但它们的实现原理和表现形式完全不一样。Toast 其实相当于一个控件（Widget），有些类似于没有按钮的对话框。而 Notification 是显示在屏幕上方状态栏中的信息。还有就是 Notification 需要用 NotificationManager 来管理，而 Toast 只需要简单地创建 Toast 对象即可。

下面来看一下创建并显示一个 Notification 的步骤。创建和显示一个 Notification 需要如下 5 步：

（1）通过 getSystemService 方法获得一个 NotificationManager 对象。

（2）创建一个 Notification 对象。每个 Notification 对应一个 Notification 对象。这一步需要设置显示在屏幕上方状态栏的通知消息、通知消息前方的图像资源 ID 和发出通知的时间，一般为当前时间。

（3）由于 Notification 可以与应用程序脱离。也就是说，即使应用程序被关闭，Notification 仍然会显示在状态栏中。当应用程序再次启动后，又可以重新控制这些 Notification，如清除或替换它们。因此，需要创建一个 PendingIntent 对象。该对象由 Android 系统负责维护，因此，在应用程序关闭后，该对象仍然不会被释放。

（4）使用 Notification 类的 setLatestEventInfo 方法设置 Notification 的详细信息。

（5）使用 NotificationManager 类的 notify 方法显示 Notification 消息。在这一步需要指定标识 Notification 的唯一 ID。这个 ID 必须相对于同一个 NotificationManager 对象是唯一的，否则就会覆盖相同 ID 的 Notificaiton。

心动不如行动，下面演练一下如何在状态栏显示一个 Notification，代码如下：

```
// 第1步
NotificationManager notificationManager = (NotificationManager) getSystemService(NOTIFICATION_SERVICE);
// 第2步
Notification notification = new Notification(R.drawable.icon, "您有新消息了", System.currentTimeMillis());
// 第3步
PendingIntent contentIntent = PendingIntent.getActivity(this, 0, getIntent(), 0);
// 第4步
notification.setLatestEventInfo(this, "天气预报", "晴转多云", contentIntent);
// 第5步
notificationManager.notify(R.drawable.icon, notification);
```

上面的 5 行代码正好对应创建和显示 Notification 的 5 步。在这里要解释一下的是 notify 方法的第 1 个参数。这个参数实际上表示 Notification 的 ID，是一个 int 类型的值。为了使这个值唯一，可以使用 res 目录中的某些资源 ID。例如，在上面的代码中使用了当前 Notification 显示的图像对应的资源 ID（R.drawable.icon）作为 Notification 的 ID。当然，读者也可以使用其他的值作为 Notification 的 ID 值。

由于创建和显示多个 Notification 的代码类似，因此，本节的例子中编写了一个 showNotification 方法来显示 Notification，代码如下：

```
private void showNotification(String tickerText, String contentTitle, String contentText, int id, int resId)
{
    Notification notification = new Notification(resId, tickerText, System.currentTimeMillis());
    PendingIntent contentIntent = PendingIntent.getActivity(this, 0, getIntent(), 0);
    notification.setLatestEventInfo(this, contentTitle, contentText, contentIntent);
    //  notificationManager 是在类中定义的 NotificationManager 变量。在 onCreate 方法中已经创建
    notificationManager.notify(id, notification);
}
```

下面的代码使用 showNotification 方法显示了 3 个 Notification 消息：

```
showNotification("今天非常高兴", "今天考试得了全年级第一",
        "数学 100 分、语文 99 分、英语 100 分，yeah！", R.drawable.smile, R.drawable.smile);
showNotification("这是为什么呢？", "这道题为什么会出错呢？", "谁有正确答案啊.",
        R.drawable.why, R.drawable.why);
showNotification("今天心情不好", "也不知道为什么，这几天一直很郁闷.", "也许应该去公园散心了",
        R.drawable.why, R.drawable.wrath);
```

其中第 2 个和第 3 个 Notification 使用的是同一个 ID（R.drawabgle.why），因此，第 3 个 Notification 会覆盖第 2 个 Notification。

在显示 Notification 时还可以设置显示通知时的默认发声、震动和 Light 效果。要实现这个功能，需要设置 Notification 类的 defaults 属性，代码如下：

```
notification.defaults = Notification.DEFAULT_SOUND;      // 使用默认的声音
notification.defaults = Notification.DEFAULT_VIBRATE;    // 使用默认的震动
notification.defaults = Notification.DEFAULT_LIGHTS;     // 使用默认的 Light
notification.defaults = Notification.DEFAULT_ALL;        // 所有的都使用默认值
```

设置默认发声、震动和 Light 的方法是 setDefaults（具体实现详见网站中的源代码）。该方法与 showNotification 方法的实现代码基本相同，只是在调用 notify 方法之前需要设置 defaults 属性（defaults 属性必须在调用 notify 方法之前调用，否则不起作用）。在设置默认震动效果时，还需要在 AndroidManifest.xml 文件中通过<uses-permission>标签设置 android.permission.VIBRATE 权限。

如果要清除某个消息，可以使用 NotificationManager 类的 cancel 方法，该方法只有一个参数，表示要清除的 Notification 的 ID。使用 cancelAll 可以清除当前 NotificationManager 对象中的所有 Notification。

运行本节的例子，单击屏幕上显示 Notification 的按钮，会显示如图 4-32 所示的消息。每一个消息会显示一段时间，然后就只显示整个 Android 系统（也包括其他应用程序）的 Notification（只显示图像部分），如图 4-33 所示。如果将状态栏拖下来，可以看到 Notification 的详细信息和发出通知的时间（也就是 Notification 类的构造方法的第 3 个参数值），如图 4-34 所示。单击"清除通知"按钮，会清除本应用程序显示的所有 Notification，清除后的效果如图 4-35 所示。

图 4-32　显示 Notification

图 4-33　只显示 Notification 的图像

图 4-34　显示 Notification 的详细信息

图 4-35　清除 Notification 后的效果

4.5 布局

为了适应各式各样的界面风格，Android 系统提供了 5 种布局。这 5 种布局是 FrameLayout（框架布局）、LinearLayout（线性布局）、RelativeLayout（相对布局）、TableLayout（表格布局）和 AbsoluteLayout（绝对布局）。利用这 5 种布局，可以将屏幕上的视图随心所欲地摆放，而且视图的大小和位置会随着手机屏幕大小的变化做出调整。

4.5.1 框架布局（FrameLayout）

框架布局是最简单的布局形式，所有添加到这个布局中的视图都以层叠的方式显示，最后一个添加到框架布局中的视图显示在最顶层，上一层的视图会覆盖下一层的视图，第一个添加的视图被放在最底层。这种显示方式有点像堆栈。栈顶的视图显示在最顶层，而栈底的视图显示在最底层。因此，也可以将 FrameLayout 称为堆栈布局。

框架布局在 XML 布局文件中应使用<FrameLayout>标签进行配置，如果使用 Java 代码，需要创建 android.widget.FrameLayout 类的对象实例。下面是一个典型的框架布局配置代码：

```xml
<FrameLayout xmlns:android="http://schemas.android.com/apk/res/android"
    android:layout_width="fill_parent" android:layout_height="fill_parent">
    <TextView android:id="@+id/textview" android:layout_width="wrap_content"
        android:layout_height="wrap_content" />
    <Button android:id="@+id/button" android:layout_width="wrap_content"
        android:layout_height="wrap_content" />
</FrameLayout>
```

4.5.2 霓虹灯效果的 TextView

工程目录：src/ch04/ch04_neonlight

本例中向框架布局添加了 5 个 TextView，并设置成不同的背景颜色。这 5 个 TextView 中，最上层的尺寸最小，最底层的尺寸最大。为了实现霓虹灯的效果，通过定时器按一定时间间隔改变这 5 个 TextView 的背景颜色。在改变背景颜色时采用了逐级递增的方式。也就是说，当前 TextView 的背景颜色是上一次改变背景颜色时比当前 TextView 尺寸小的相邻的 TextView 的背景颜色。这样看起来像是某一种颜色从中心向外扩散的效果。

本例的 XML 布局文件的代码如下：

```xml
<?xml version="1.0" encoding="utf-8"?>
<FrameLayout xmlns:android="http://schemas.android.com/apk/res/android"
    android:layout_width="fill_parent" android:layout_height="fill_parent">
    <TextView android:id="@+id/textview1" android:layout_width="300dp"
        android:layout_height="300dp" android:layout_gravity="center" />
    <TextView android:id="@+id/textview2" android:layout_width="240dp"
        android:layout_height="240dp" android:layout_gravity="center" />
    <TextView android:id="@+id/textview3" android:layout_width="180dp"
        android:layout_height="180dp" android:layout_gravity="center" />
    <TextView android:id="@+id/textview4" android:layout_width="120dp"
        android:layout_height="120dp" android:layout_gravity="center" />
    <TextView android:id="@+id/textview5" android:layout_width="60dp"
        android:layout_height="60dp" android:layout_gravity="center" />
</FrameLayout>
```

为了使这 5 个 TextView 在屏幕正中心，这里将<TextView>标签的 android:layout_gravity 属性的值设

为 center，表示当前视图在水平方向和垂直方向的中心。

下面是本例的实现代码：

```java
package net.blogjava.mobile;

import android.app.Activity;
import android.os.Bundle;
import android.os.Handler;
import android.view.View;

public class Main extends Activity implements Runnable
{
    // 5 个 TextView 的颜色值
    private int[] colors = new int[]{ 0xFFFF0000, 0xFF00FF00, 0xFF0000FF, 0xFFFF00FF, 0xFF00FFFF };
    // 每个颜色的下一个颜色的索引，最后一个颜色的下一个颜色是第一个颜色，相当于循环链表
    private int[] nextColorPointers = new int[]{ 1, 2, 3, 4, 0 };
    private View[] views;                              // 保存 5 个 TextView
    private int currentColorPointer = 0;               // 当前颜色索引（指针）
    private Handler handler;
    @Override
    public void run()
    {
        int nextColorPointer = currentColorPointer;
        // 设置 5 个 TextView 的背景颜色
        // 由于最后一个 TextView 在最顶端，因此，从最后一个 TextView 开始改变背景颜色
        for (int i = views.length - 1; i >= 0; i--)
        {
            // 设置当前 TextView 的背景颜色
            views[i].setBackgroundColor(colors[nextColorPointers[nextColorPointer]]);
            // 获得下一个 TextView 的背景颜色值的索引（指针）
            nextColorPointer = nextColorPointers[nextColorPointer];
        }
        currentColorPointer++;
        if (currentColorPointer == 5)
            currentColorPointer = 0;
        handler.postDelayed(this, 300);                // 第 300 毫秒循环一次
    }
    @Override
    public void onCreate(Bundle savedInstanceState)
    {
        super.onCreate(savedInstanceState);
        setContentView(R.layout.main);
        // 初始化 views 数组
        views = new View[]
        { findViewById(R.id.textview5), findViewById(R.id.textview4),
                findViewById(R.id.textview3), findViewById(R.id.textview2),
                findViewById(R.id.textview1) };
        handler = new Handler();
        handler.postDelayed(this, 300);                // 第 300 毫秒循环一次
    }
}
```

本例中为了使 5 个 TextView 的背景颜色不断地变化，利用了循环链表的概念。上面代码中的核心变量是 nextColorPointers 和 currentColorPointer，其中 currentColorPointer 从 0 开始。run 方法每运行一次该变量增 1。这个变量实际上是 nextColorPointers 数组的索引。nextColorPointers 数组保存了每一个颜色后面应该设置的颜色的索引。每次改变背景颜色时，都从 nextColorPointers 数组中 currentColorPointer 所指的元素开始。当 currentColorPointer 不断增大后，又重新变成 0，这样就会产生所有的颜色都是从最内层向外层扩散的效果。

运行本例后，将显示如图 4-36 所示的效果。

图 4-36　霓虹灯效果的 TextView

4.5.3　线性布局（LinearLayout）

线性布局是最常用的布局方式。线性布局在 XML 布局文件中应使用<LinearLayout>标签进行配置，如果使用 Java 代码，需要创建 android.widget.LinearLayout 类的对象实例。

线性布局可分为水平线性布局和垂直线性布局。通过 orientation 属性可以设置线性布局的方向。该属性的可取值是 horizontal 和 vertical，默认值是 horizontal。当线性布局的方向是水平时，所有在<LinearLayout>标签中定义的视图都沿着水平方向线性排列；当线性布局的方向是垂直时，所有在<LinearLayout>标签中定义的视图都沿着垂直方向线性排列。

<LinearLayout>标签有一个非常重要的 gravity 属性，该属性用于控制布局中视图的位置，可取的主要值如表 4-1 所示。如果设置多个属性值，需要使用"|"进行分隔。在属性值和"|"之间不能有其他符号（例如，空格、Tab 等）。

表 4-1　gravity 属性的取值

属性值	描述
top	将视图放到屏幕顶端
bottom	将视图放到屏幕底端
left	将视图放到屏幕左侧
right	将视图放到屏幕右侧
center_vertical	将视图按垂直方向居中显示
center_horizontal	将视图按水平方向居中显示
center	将视图按垂直和水平方向居中显示

下面的代码在屏幕上添加了 3 个按钮且右对齐：

```xml
<?xml version="1.0" encoding="utf-8"?>
<LinearLayout xmlns:android="http://schemas.android.com/apk/res/android"
android:orientation="vertical" android:layout_width="fill_parent"
android:layout_height="fill_parent" android:gravity="right">
    <Button android:layout_width="wrap_content"
        android:layout_height="wrap_content" android:text="按钮 1" />
    <Button android:layout_width="wrap_content"
        android:layout_height="wrap_content" android:text="按钮 2" />
    <Button android:layout_width="wrap_content"
        android:layout_height="wrap_content" android:text="按钮 3" />
</LinearLayout>
```

使用上面的 XML 布局文件后，将得到如图 4-37 所示的效果。如果将 gravity 属性值改成 center，将得到如图 4-38 所示的效果。

图 4-37　按钮右对齐

图 4-38　按钮中心对齐

<LinearLayout>标签中的视图标签还可以使用 layout_gravity 和 layout_weight 属性来设置每一个视图的位置。

layout_gravity 属性的可取值与 gravity 属性的可取值相同，表示当前视图在布局中的位置。layout_weight 属性是一个非负整数值。如果该属性值大于 0，线性布局会根据水平或垂直方向以及不同视图的 layout_weight 属性值占所有视图的 layout_weight 属性值之和的比例，为这些视图分配自己所占用的区域，视图将按相应比例拉伸。例如，在<LinearLayout>标签中有两个<Button>标签，这两个标签的 layout_weight 属性值都是 1，并且<LinearLayout>标签的 orientation 属性值是 horizontal。这两个按钮都会被拉伸到屏幕宽度的一半，并显示在屏幕的正上方。如果 layout_weight 属性值为 0，视图会按原大小显示（不会被拉伸）。对于其余 layout_weight 属性值大于 0 的视图，系统将会减去 layout_weight 属性值为 0 的视图的宽度或高度，再用剩余的宽度和高度按相应的比例来分配每一个视图的显示宽度和高度。关于这两个属性的用法，将在 4.6.4 节中详细介绍。

4.5.4 利用 LinearLayout 将按钮放在屏幕的四角和中心位置

工程目录：src/ch04/ch04_linearlayout

在本例中将利用 LinearLayout 把 5 个按钮分别放在屏幕的四角和中心位置，如图 4-39 所示。

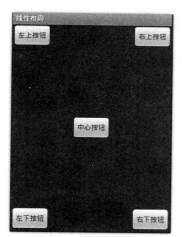

图 4-39　LinearLayout 布局

图 4-40　布局划分

要想实现如图 4-39 所示的布局，首先应该对屏幕上按钮的位置粗略地分一下。其中一种划分方法是按垂直方向 3 等分（可以使用 3 个<LinearLayout>标签，并将 layout_weight 属性值都设为 1）。然后将第 1 部分和第 3 部分按水平方法 2 等分（可以使用 2 个<LinearLayout>标签，并将 layout_weight 属性值都设为 1）。这个划分过程如图 4-40 所示。现在屏幕上出现 5 个<LinearLayout>标签。在每一个<LinearLayout>标签中有一个按钮，将这 5 个按钮分别放置在自己的<LinearLayout>标签中相应的位置（可以使用<LinearLayout>标签的 gravity 属性，也可以使用<Button>标签的 layout_gravity 属性）。下面是 XML 布局文件的完整代码：

```xml
<?xml version="1.0" encoding="utf-8"?>
<LinearLayout xmlns:android="http://schemas.android.com/apk/res/android"
    android:orientation="vertical" android:layout_width="fill_parent" android:layout_height="fill_parent">
    <!-- 设置最上面两个按钮 -->
    <LinearLayout android:orientation="horizontal"
        android:layout_width="fill_parent" android:layout_height="fill_parent" android:layout_weight="1">
        <!-- 包含左上角按钮的 LinearLayout 标签 -->
        <LinearLayout android:orientation="vertical" android:layout_width="fill_parent"
            android:layout_height="fill_parent" android:layout_weight="1">
            <Button android:layout_width="wrap_content"
                android:layout_height="wrap_content" android:text="左上按钮"
                android:layout_gravity="left" />
        </LinearLayout>
        <!-- 包含右上角按钮的 LinearLayout 标签 -->
        <LinearLayout android:orientation="vertical"
            android:layout_width="fill_parent" android:layout_height="fill_parent"
            android:layout_weight="1">
            <Button android:layout_width="wrap_content"
                android:layout_height="wrap_content" android:text="右上按钮"
                android:layout_gravity="right" />
        </LinearLayout>
```

```xml
</LinearLayout>
<!-- 包含中心按钮的 LinearLayout 标签 -->
<LinearLayout android:orientation="vertical"
    android:layout_width="fill_parent" android:layout_height="fill_parent"
    android:layout_weight="1" android:gravity="center">
    <Button android:layout_width="wrap_content"
        android:layout_height="wrap_content" android:text="中心按钮" />
</LinearLayout>
<!-- 设置最下面两个按钮 -->
<LinearLayout android:orientation="horizontal"
    android:layout_width="fill_parent" android:layout_height="fill_parent"
    android:layout_weight="1">
    <!-- 包含左下角按钮的 LinearLayout 标签 -->
    <LinearLayout android:orientation="vertical"
        android:layout_width="fill_parent" android:layout_height="fill_parent"
        android:layout_weight="1" android:gravity="left|bottom">
        <Button android:layout_width="wrap_content"
            android:layout_height="wrap_content" android:text="左下按钮" />
    </LinearLayout>
    <!-- 包含右下角按钮的 LinearLayout 标签 -->
    <LinearLayout android:orientation="vertical"
        android:layout_width="fill_parent" android:layout_height="fill_parent"
        android:layout_weight="1" android:gravity="right|bottom">
        <Button android:layout_width="wrap_content"
            android:layout_height="wrap_content" android:text="右下按钮"/>
    </LinearLayout>
</LinearLayout>
</LinearLayout>
```

4.5.5 相对布局（RelativeLayout）

相对布局可以设置某一个视图相对于其他视图的位置，包括上、下、左、右。设置这些位置的属性是 android:layout_above、android:layout_below、android:layout_toLeftOf、android:layout_toRightOf。除此之外，还可以通过 android:layout_alignBaseline 属性设置视图的底端对齐。

这 5 个属性的值必须是存在的资源 ID，也就是另一个视图的 android:id 属性值。下面的代码是一个典型的使用 RelativeLayout 的例子：

```xml
<?xml version="1.0" encoding="utf-8"?>
<RelativeLayout xmlns:android="http://schemas.android.com/apk/res/android"
    android:layout_width="fill_parent" android:layout_height="fill_parent" >
    <TextView android:id="@+id/textview1" android:layout_width="wrap_content"
        android:layout_height="wrap_content" android:textSize="20dp"
        android:text="文本 1"/>
    <!-- 将这个 TextView 放在 textview1 的右侧 -->
    <TextView android:layout_width="wrap_content"
        android:layout_height="wrap_content" android:textSize="20dp"
        android:text="文件 2" android:layout_toRightOf="@id/textview1"/>
</RelativeLayout>
```

4.5.6 利用 RelativeLayout 实现梅花效果的布局

工程目录：src/ch04/ch04_relativelayout

本例中将对一个较复杂的界面进行布局（梅花效果），布局的效果如图 4-41 所示。

图 4-41 使用 RelativeLayout 进行布局

上图界面的基本思想是先将"按钮 1"放在左上角,然后将"按钮 2"放在"按钮 1"的右下侧,最后以"按钮 2"为轴心,放置"按钮 3""按钮 4"和"按钮 5"。布局的完整代码如下:

```xml
<?xml version="1.0" encoding="utf-8"?>
<RelativeLayout xmlns:android="http://schemas.android.com/apk/res/android"
    android:layout_width="fill_parent" android:layout_height="fill_parent" >
    <Button android:id="@+id/button1" android:layout_width="wrap_content"
        android:layout_height="wrap_content" android:textSize="20dp"
        android:text="按钮 1"/>
    <Button android:id="@+id/button2" android:layout_width="wrap_content"
        android:layout_height="wrap_content" android:textSize="20dp"
        android:text="按钮 2" android:layout_toRightOf="@id/button1"
        android:layout_below="@id/button1" />
    <Button android:id="@+id/button3" android:layout_width="wrap_content"
        android:layout_height="wrap_content" android:textSize="20dp"
        android:text="按钮 3" android:layout_toLeftOf="@id/button2"
        android:layout_below="@id/button2" />
    <Button android:id="@+id/button4" android:layout_width="wrap_content"
        android:layout_height="wrap_content" android:textSize="20dp"
        android:text="按钮 4" android:layout_toRightOf="@id/button2"
        android:layout_above="@id/button2" />
    <Button android:id="@+id/button5" android:layout_width="wrap_content"
        android:layout_height="wrap_content" android:textSize="20dp"
        android:text="按钮 5" android:layout_toRightOf="@id/button2"
        android:layout_below="@id/button2" />
</RelativeLayout>
```

4.5.7 表格布局(TableLayout)

表格布局可将视图按行、列进行排列。一个表格布局由一个<TableLayout>标签和若干<TableRow>标签组成。下面的代码是一个典型的表格布局:

```xml
<?xml version="1.0" encoding="utf-8"?>
<TableLayout xmlns:android="http://schemas.android.com/apk/res/android"
    android:layout_width="fill_parent" android:layout_height="fill_parent">
    <TableRow>
        <Button android:layout_width="wrap_content" android:layout_height="wrap_content"
            android:text="按钮 1" />
        <Button android:layout_width="wrap_content"
            android:layout_height="wrap_content" android:text="按钮 2"/>
    </TableRow>
    <TableRow>
        <Button android:layout_width="wrap_content"
            android:layout_height="wrap_content" android:text="按钮 3"/>
        <Button android:layout_width="wrap_content"
            android:layout_height="wrap_content" android:text="按钮 4"/>
```

```
        </TableRow>
</TableLayout>
```

如果想让每一列等宽拉伸至最大宽度,可将<TableLayout>标签的 android:stretchColumns 属性值设为"*",将<Button>的 android:layout_gravity 属性值设成 center_horizontal,这个<Button>将在各自的单元格中水平居中显示。

4.5.8 计算器按钮的布局

工程目录:src/ch04/ch04_calculator

表格布局一般常用在按行、列进行排列的多个视图上,例如,比较常见的计算器按钮。本例中将使用 TableLayout 对一组简单的计算器按钮进行排列,代码如下:

```
<?xml version="1.0" encoding="utf-8"?>
<TableLayout xmlns:android="http://schemas.android.com/apk/res/android"
    android:layout_width="fill_parent" android:layout_height="fill_parent">
    <TableRow>
        <Button android:layout_width="wrap_content" android:layout_height="wrap_content"
            android:text="  7  " />
        <Button android:layout_width="wrap_content"
            android:layout_height="wrap_content" android:text="  8  "/>
        <Button android:layout_width="wrap_content"
            android:layout_height="wrap_content" android:text="  9  "/>
        <Button android:layout_width="wrap_content"
            android:layout_height="wrap_content" android:text="  /  "/>
    </TableRow>
    <!-- 此处省略了其他的 TableRow 标签 -->
    ……
</TableLayout>
```

运行本例后,显示的效果如图 4-42 所示。

图 4-42 使用 TableLayout 布局的计算器按钮

4.5.9 绝对布局(AbsoluteLayout)

通过绝对布局,可以任意设置视图的位置。通过 android:layout_x 和 android:layout_y 属性可以设置视图的横坐标和纵坐标,代码如下:

```
<?xml version="1.0" encoding="utf-8"?>
<AbsoluteLayout xmlns:android="http://schemas.android.com/apk/res/android"
    android:layout_width="fill_parent" android:layout_height="fill_parent">
    <Button android:layout_width="wrap_content"
```

```
            android:layout_height="wrap_content" android:layout_x="40dp" android:layout_y="80dp"
            android:text="按钮" />
</AbsoluteLayout>
```

4.5.10 查看 apk 文件中的布局

可能很多初学者对 Android 中的布局还不太习惯，这就需要通过大量的练习来逐渐适应。学习编程最好的方法无疑是看大量高质量的源代码，学习使用布局也是一样。现在网上有非常多的 Android 程序，它们的界面也非常漂亮。如果能得到这些软件的布局文件那真是再好不过了，可以通过模仿来更好地掌握 Android 的布局。但遗憾的是，这些软件大多不开源，因此，无法直接获得这些软件的 XML 布局文件源代码。

虽然 apk 文件是 zip 格式的压缩文件，使用像 WinZip 一类的解压软件很容易将 apk 文件解开。但里面的 XML 布局文件仍然是被编译的，全部都是二进制格式的内容。为了将其还原，我们可以借助一个叫做 AXMLPrinter2 的工具。这个工具实际上就是一个 jar 包，因此，在使用它时需要 Java 的运行环境。假设该工具（AXMLPrinter2.jar）被放在 D:\lib 目录，在该目录下建立一个 axml.cmd 文件（只限于 Windows XP 及以上系统），打开该文件并输入如下内容：

```
java -jar    D:\lib\AXMLPrinter2.jar %1 > %2
```

为了使用更方便，可以在 PATH 环境变量中加入 D:\lib。在控制台中进入任何一个包含 apk 文件的目录并将其解压，找到一个 XML 布局文件，例如 main.xml，在控制台中输入如下命令，可将 main.xml 文件还原成 output.xml 文件，打开 output.xml 文件可直接查看其中的内容。

```
axml.cmd main.xml output.xml
```

4.6 小结

本章主要介绍了 Android 系统的用户接口，主要用户接口包括 Activity、View、对话框、Toast、Notification、菜单和布局。其中 View 是用户接口的核心，所有包含可视化界面的 Android 程序都离不开 View。在 Android SDK 中内嵌了一些常用的对话框，例如，列表对话框、进度对话框等。当然，开发人员也可以定制自己的对话框。Toast 和 Notification 是两种显示提示信息的方式。Toast 类似于对话框，但在一定时间后会自动关闭；而 Notification 会在手机屏幕上方的状态栏中显示相应的信息，显示信息的过程并不影响其他操作。Android 系统支持 5 种布局：FrameLayout、LinearLayout、RelativeLayout、TableLayout 和 AbsoluteLayout。灵活运用这些布局能够设计出任意复杂的、适应能力极强的界面。

5
控件详解

如果将 Android 系统比作是一个企业的话，那么控件（Widget）无疑是这个企业最大的资产。控件分为可视控件和非可视控件。大多数与控件相关的接口和类都在 android.widget 包中。几乎所有的 Android 程序都会或多或少地涉及到控件技术。为了使读者尽可能地了解控件的使用方法，本章将全面阐述 Android SDK 中各个方面的控件，并穿插给出大量的精彩实例，以使读者更深入地了解不同的控件在应用程序中所起的作用。

 本章内容

- 显示和编辑文本的控件
- 带边框的 TextView
- 按钮与复选框控件
- 带图像的按钮
- 异形按钮
- 显示日期和时间的控件
- 显示时钟的控件
- 进度条控件
- SeekBar 控件
- 列表控件
- ImageView 控件
- Spinner 控件
- GridView 控件
- Gallery 控件
- ImageSwitcher 控件
- Tab 控件

5.1 显示和编辑文本的控件

在应用程序中经常需要显示和编辑文本。在 Android SDK 中提供了 TextView 和 EditText 控件，分别用来显示和编辑文本。除此之外，还提供了功能更丰富的 MultiAutoCompleteTextView 控件来自动完成需要输入的文本内容。本节将详细介绍这些控件的使用方法，并解决一些常见的问题，例如，将 TextView 文本中的字符设置成不同的颜色；EditText 控件如何限制输入的内容。

5.1.1 显示文本的控件：TextView

工程目录：src/ch05/ch05_textview

如果要问最先接触到的控件是哪一个？或第一个学会的控件是哪一个？估计大多数的 Android 开发人员的答案是 TextView。这是因为用 ADT 建立的 Eclipse Android 工程会自动创建一个默认的 Activity，并且会为这个 Activity 添加一个默认的 TextView 控件。从这一点可以看出，TextView 在 Android SDK 的整个控件体系中有着举足轻重的作用。

在前面的章节中已经不止一次使用了 TextView 控件，也许很多读者对这个控件熟悉得不能再熟悉了。但前面的部分涉及到的只是 TextView 控件非常初级的用法，其功能远不止是显示文本这么简单。接下来的部分将逐一揭示 TextView 控件最为诱人的功能。

TextView 控件的基本用法在前面已经多次接触到了，下面再来回顾一下。TextView 控件使用 <TextView> 标签定义，下面的代码是最基本的 TextView 控件的用法：

```xml
<TextView android:id="@+id/textview1" android:layout_width="fill_parent"
    android:layout_height="wrap_content"  android:text="可以在这里设置 TextView 控件的文本" />
```

上面的代码表示 TextView 的宽度应尽可能充满 TextView 控件所在的容器。将高度设为 wrap_content，表示 TextView 控件的高度需要根据控件中文本的行数、字体大小等因素决定。

当然，还可以对 TextView 控件进行更复杂的设置，例如，设置 TextView 控件的文字字体大小、文字颜色、背景颜色、文本距 TextView 控件边缘的距离、TextView 控件距其他控件的距离等。下面的代码包含 3 个 <TextView> 标签，这 3 个标签设置上述 TextView 控件的相应属性。

```xml
<?xml version="1.0" encoding="utf-8"?>
<LinearLayout xmlns:android="http://schemas.android.com/apk/res/android"
    android:orientation="vertical" android:layout_width="fill_parent"
    android:layout_height="fill_parent">
    <TextView android:id="@+id/textview1" android:layout_width="fill_parent"
        android:layout_height="wrap_content" android:textColor="#0000FF"
        android:background="#FFFFFF" android:text="可以在这里设置 TextView 控件的文本" />
    <TextView android:id="@+id/textview2" android:layout_width="fill_parent"
        android:layout_height="wrap_content" android:text="更复杂的设置"
        android:textSize="20dp" android:textColor="#FF00FF" android:background="#FFFFFF"
        android:padding="30dp" android:layout_margin="30dp"  />
    <TextView android:id="@+id/textview3" android:layout_width="fill_parent"
        android:layout_height="wrap_content" android:textColor="#FF0000"
        android:background="#FFFFFF" android:text="可以在这里设置 TextView 控件的文本" />
</LinearLayout>
```

上面代码中大多数属性的含义根据字面就可以猜出来，但要注意两个属性：android:padding 和 android:layout_margin，其中 android:padding 属性用于设置文字距 TextView 控件边缘的距离，android:layout_margin 属性用于设置 TextView 控件距离相邻的其他控件的距离。这两个属性设置的都是四个方向的距离，也就是上、下、左、右的距离。如果要单独设置这四个方向的距离，可以使用其他属性，这些属性的规则是在这两个属性后面添加 Left、Right、Top 和 Bottom，例如，设置 TextView 控件距离左侧控件的距离，可以使用 android:layout_marginLeft 属性。

运行上面的代码后，将显示如图 5-1 所示的效果。

图 5-1　TextView 控件

要注意的是，第 2 个<TextView>标签的 android:layout_width 属性值是 fill_parent，因此，文字距 TextView 控件右侧的距离并不是 android:padding 属性的值。系统会优先使用 android:layout_margin 属性的值来设置 TextView 控件到右侧控件（这里是屏幕的右边缘）的距离。

除了可以在 XML 布局文件中设置 TextView 控件的属性外，还可以在代码中设置 TextView 控件的属性（实际上，所有的控件都可以采用这两种方式设置它们的属性）。例如，下面的代码设置了文本的颜色：

```
TextView textView = (TextView) findViewById(R.id.textview4);
textView.setTextColor(android.graphics.Color.RED);        //  使用实际的颜色值设置字体颜色
```

设置 TextView 控件背景色的方法有以下 3 个：

- setBackgroundResource：通过颜色资源 ID 设置背景色。
- setBackgroundColor：通过颜色值设置背景色。
- setBackgroundDrawable：通过 Drawable 对象设置背景色。

下面的代码分别演示了如何用这 3 个方法来设置 TextView 控件的背景色。

使用 setBackgroundResource 方法设置背景色：

```
textView.setBackgroundResource(R.color.background);
```

使用 setBackgroundColor 方法设置背景色：

```
textView.setBackgroundColor(android.graphics.Color.RED);
```

使用 setBackgroundDrawable 方法设置背景色：

```
Resources resources=getBaseContext().getResources();
```

```
Drawable drawable=resources.getDrawable(R.color.background);
textView.setBackgroundDrawable(drawable);
```

如何让 TextView 中的文字居中显示？
前面关于 TextView 控件的例子中的文字都是从左上角开始显示的，如果将<TextView>标签的 android:gravity 属性值设为 center，则文字会在水平和垂直两个方向居中；如果设为 center_horizontal，文字会水平居中；如果设为 center_vertical，文字会垂直居中。

在 TextView 及其他一些控件类中都有一个 setText 方法，该方法的一个重载形式可以接收一个 int 类型的参数值，这个值实际上是一个资源 ID，并不是实际值。如果想使用 setText 方法设置 int 类型的值（不是资源 ID），需要使用 String.valueOf 方法将 int 类型的值转换成字符串，否则系统会将 int 类型的值认为是资源 ID，如果这个资源 ID 并不存在，系统将会抛出异常。在很多控件类中还有一些方法，例如 setTextColor 只能接收实际的 int 类型的值（该值并不是资源 ID），也可以传递一个 int 类型的值，但这个 int 类型的值是实际的颜色值，而不是颜色资源 ID，这一点在使用类似方法时要格外注意（一定要搞清楚 int 类型的值是资源 ID 还是实际值）。为了可以同时使用资源 ID 和实际值进行设置，往往提供了不同的方法，就如同前面介绍的 3 个设置背景颜色的方法一样。

5.1.2　在 TextView 中显示 URL 及不同字体大小、不同颜色的文本

工程目录：src/ch05/ch05_htmltextview

TextView 不仅可以显示普通的文本，而且可以识别文本中的链接，并将这些链接转换成可单击的链接。系统会根据不同类型的链接调用相应的软件进行处理，例如，当这个链接是 Web 网址时，单击该链接时，系统会启动 Android 内置的浏览器，并导航到该网址所指向的网页。TextView 控件识别链接的方式有自动识别和 HTML 解析两种。

自动识别是指 TextView 会将文本中的链接自动识别出来，这些链接并不需要做任何标记。实现自动识别链接的功能需要设置<TextView>标签的 android:autoLink 属性，该属性可设置的值如表 5-1 所示。

表 5-1　android:autoLink 属性可设置的值

autoLink 属性的值	功能描述
none	不匹配任何链接（默认值）
web	匹配 Web 网址
email	匹配 E-mail 地址
phone	匹配电话号码
map	匹配映射地址
all	匹配所有的链接

如果不设置<TextView>标签的 android:autoLink 属性，就需要使用 HTML 的<a>标签来显示可单击的链接。如果通过 XML 布局文件来设置 TextView 中的值，可以直接在文本中用<a>标签指定链接及

链接文本。如果使用 Java 代码来设置，需要使用 android.text.Html 类的 fromHtml 方法进行转换，代码如下：

```
TextView textView = (TextView) findViewById(R.id.textview);
textView.setText(Html.fromHtml("<a href='http://nokiaguy.blogjava.net'>http://nokiaguy.blogjava.net</a>"));
```

fromHtml 方法还支持部分 HTML 标签，例如，可以使用<font>标签显示不同颜色的文本。

本例中有 5 个 TextView 控件，前 3 个使用了自动识别链接的方式来识别不同的链接。第 4 个 TextView 控件在 XML 布局文件中指定了显示的文本，其中包含<a>标签。最后一个 TextView 控件在代码中使用 Html.fromHtml 方法将带<a>、<font>等标签的文本转换成 Spanned 对象（setText 方法可以接收 Spanned 对象，而 fromHtml 方法可以将 HTML 文本转换成 Spanned 对象）。本例的实现代码如下：

```
package net.blogjava.mobile;

import android.app.Activity;
import android.os.Bundle;
import android.text.Html;
import android.widget.TextView;

public class Main extends Activity
{
    @Override
    public void onCreate(Bundle savedInstanceState)
    {
        super.onCreate(savedInstanceState);
        setContentView(R.layout.main);
        //  自动识别链接
        TextView tvWebURL = (TextView) findViewById(R.id.tvWebURL);
        tvWebURL.setText("作者博客：http://nokiaguy.blogjava.net");
        TextView tvEmail = (TextView) findViewById(R.id.tvEmail);
        tvEmail.setText("电子邮件:techcast@126.com");
        TextView tvPhone = (TextView) findViewById(R.id.tvPhone);
        tvPhone.setText("联系电话:024-12345678");
        //  在代码中设置带 HTML 标签的文本
        TextView textView2 = (TextView) findViewById(R.id.textview2);
        textView2.setText(Html.fromHtml("作者博客：<a href='http://nokiaguy.blogjava.net'>http://nokiaguy.blogjava.net</a><h1><i><font color='#0000FF'>h1 号字、斜体、蓝色</font></i></h5></h1><h3>h3 号字</h3><h5><font color='#CC0000'>李宁</font></h5>"));
    }
}
```

其中前 3 个<TextView>标签分别将 autoLink 属性值设为 web、email 和 phone。

由于 XML 布局文件中不能直接指定<a>标签，因此，需要在字符串资源文件中指定相应的文本，并在 XML 布局文件中引用字符串资源 ID。第 4 个<TextView>标签引用的字符串资源如下：

```
<string name="link_text_manual">
    作者博客：<a href='http://nokiaguy.blogjava.net'>http://nokiaguy.blogjava.net</a>
</string>
```

运行本例后，显示的效果如图 5-2 所示。

5.1.3 带边框的 TextView

工程目录：src/ch05/ch05_bordertextview

Android 系统本身提供的 TextView 控件并不支持边框，但可以对 TextView 进行扩展来添加边框。可以使用如下两种方法为 TextView 控件添加边框：

- 编写一个继承 TextView 类的自定义控件，并在 onDraw 事件方法中画边框。
- 使用 9-patch 格式的图像作为 TextView 的背景图来设置边框（这个背景图需要带一个边框）。

图 5-2　显示 URL、不同字体大小和颜色的文本的 TextView

在 onDraw 事件方法中画边框非常容易，只需要画 TextView 控件的上、下、左、右四个边即可。这个自定义控件的代码如下：

```java
package net.blogjava.mobile;

import android.content.Context;
import android.graphics.Canvas;
import android.graphics.Paint;
import android.util.AttributeSet;
import android.widget.TextView;

public class BorderTextView extends TextView
{
    @Override
    protected void onDraw(Canvas canvas)
    {
        super.onDraw(canvas);
        Paint paint = new Paint();
        //  将边框设为黑色
        paint.setColor(android.graphics.Color.BLACK);
        //  画 TextView 的 4 个边
        canvas.drawLine(0, 0, this.getWidth() - 1, 0, paint);
        canvas.drawLine(0, 0, 0, this.getHeight() - 1, paint);
        canvas.drawLine(this.getWidth() - 1, 0, this.getWidth() - 1, this.getHeight() - 1, paint);
        canvas.drawLine(0, this.getHeight() - 1, this.getWidth() - 1, this.getHeight() - 1, paint);
    }
    public BorderTextView(Context context, AttributeSet attrs)
    {
        super(context, attrs);
    }
}
```

上面的代码中将边框设成了黑色，读者也可以根据需要将边框设置成任何其他颜色，或从 XML 布局文件中读取相应的颜色值。

虽然可以直接使用带边框的图像作为 TextView 控件的背景来设置边框，但当 TextView 的大小变化时，背景图像上的边框也随之变粗或变细，这样看起来并不太舒服。为了解决这个问题，可以采用 9-patch 格式的图像来作为 TextView 控件的背景图。可以使用<Android SDK 安装目录>/tools/draw9patch.bat 命令来启动 Draw 9-patch 工具。制作 9-patch 格式的图像也很简单，将事先做好的带边框的 png 图像（必须是 png 格式的图像）用这个工具打开，并在外边框的上方和左侧画一个像素点，然后保存即可，如图 5-3 所示。9-patch 格式的图像必须以 9.png 结尾，例如 abc.9.png。在生成完 9-patch 格式的图像后，使用 <TextView>标签的 android:background 属性指定相应的图像资源即可。

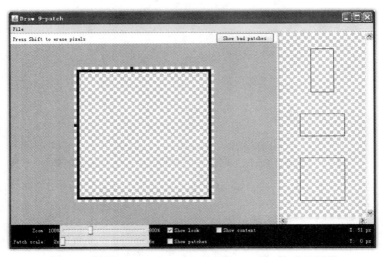

图 5-3　使用 Draw 9-patch 工具制作 9-patch 格式的图像

运行本例后，显示的效果如图 5-4 所示。

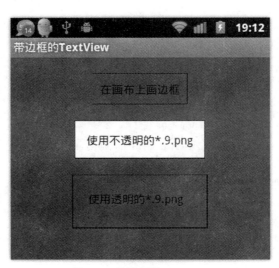

图 5-4　带边框的 TextView

> 如果想让 TextView 透明，也就是将 TextView 的父视图的背景色作为 TextView 控件的背景色，如图 5-4 所示的第 3 个 TextView 控件，需要制作带边框的透明 png 图像（除了边框，图像的其他部分都是透明的），然后再生成 9-patch 格式的图像。

5.1.4 设置 TextView 控件的行间距

工程目录：src/ch05/ch05_linespace

如果 TextView 控件中显示了多行文本，会有一个默认的行间距。但由于某些特殊的要求，需要改变默认的行间距，这就需要使用下面 3 种方法中来实现：

- 在布局文件中使用 android:lineSpacingExtra 或 android:lineSpacingMultiplier 属性设置行间距离。其中 android:lineSpacingExtra 设置精确的行间距，例如 android:lineSpacingExtra="20dp"。android:lineSpacingMultiplier 属性设置默认行间距的倍数。如果同时设置这两个属性，以较大行间距为准。
- 使用 Style 资源设置行间距，实际上这种方法与第一种方法类似，只是如果有多个控件需要设置行间距离，使用 Style 会非常方便，也容易维护。
- 使用 setLineSpacing 方法设置行间距。

下面我们看一个完整的例子，这个例子演示了如何使用上面三种方法来分别设置 4 个 TextView 控件中文本的行间距。首先在布局文件中放 4 个 <TextView> 标签，代码如下：

```
<?xml version="1.0" encoding="utf-8"?>
<LinearLayout xmlns:android="http://schemas.android.com/apk/res/android"
    android:orientation="vertical" android:layout_width="fill_parent"
    android:layout_height="fill_parent">
    <!--  使用 android:lineSpacingExtra 属性设置行间距  -->
    <TextView android:layout_width="fill_parent"
        android:layout_height="wrap_content" android:background="#FFF"
        android:textColor="#000" android:text="第一行的文本\n 第二行的文本（行间距为 20dp）"
        android:lineSpacingExtra="20dp" android:layout_margin="10dp" />
    <!--  使用 android:lineSpacingMultiplier 属性设置行间距  -->
    <TextView android:layout_width="fill_parent"
        android:layout_height="wrap_content" android:background="#FFF"
        android:textColor="#000" android:text="第一行的文本\n 第二行的文本（行间距是默认行间距的 1.8 倍）"
        android:lineSpacingMultiplier="1.8" android:layout_margin="10dp" />
    <!--  使用 Style 设置行间距  -->
    <TextView android:layout_width="fill_parent"
        android:layout_height="wrap_content" android:background="#FFF"
        android:textColor="#000" android:text="第一行的文本\n 第二行的文本（行间距是标准行间距的 1.5 倍）"
        style="@style/line_space" android:layout_margin="10dp" />
    <!--  使用 setLineSpacing 方法设置行间距  -->
    <TextView android:id="@+id/textview" android:layout_width="fill_parent"
        android:layout_height="wrap_content" android:background="#FFF"
        android:textColor="#000" android:text="第一行的文本\n 第二行的文本（用代码设置行间距）"
        android:layout_margin="10dp" />
</LinearLayout>
```

在使用 Style 资源方式设置行间距时，<TextView> 标签使用了一个 style 属性（没有 android 命名空间），该属性值指定了一个 Style 资源 ID。该资源必须在 res/values 目录中的文件中定义（可以是任何 XML 文件，在本例中直接在 strings.xml 文件定义了这个 Style），代码如下：

```
<style name="line_space">
    <item name="android:lineSpacingMultiplier">1.5</item>
</style>
```

从上面的代码可以看出，在 Style 中也是通过 android:lineSpacingMultiplier 属性设置的行间距，只是将设置的代码封装在了 Style 中。这样如果有多个控件需要设置行间距，可以直接使用 style 属性引用这个 Style，当要修改行间距时，直接修改这个 Style 即可。这相当于将某段常用的代码封装在一个方法中，在其他代码中多次调用该方法。因此当需要设置行间距的控件很多时，建议使用 Style 进行设置。

下面来看看如何使用 Java 代码来设置行间距，代码如下：

```
textView.setLineSpacing(50,1.2f);
```

setLineSpacing 方法有两个参数，都是 float 类型。第一个参数相当于 android:lineSpacingExtra 属性，第二个参数相当于 android:lineSpacingMultiplier 属性。至于系统会采用哪个参数值作为最终的行间距，要看哪个参数值所表示的行间距大了。

本例的显示效果如图 5-5 所示。

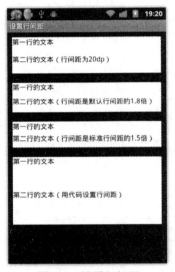

图 5-5　设置行间距

5.1.5　输入文本的控件：EditText

EditText 是 TextView 类的子类，因此，EditText 控件具有 TextView 控件的一切 XML 属性及方法。EditText 与 TextView 的区别是 EditText 控件可以输入文本，而 TextView 只能显示文本。

 虽然 TextView 通过设置某些属性也可以输入文本，但 TextView 控件的文本输入功能并不完善，需要对其进行扩展（例如，EditText 就是 TextView 的扩展控件）才可以正常输入文本。

在前面的章节已经多次使用到了 EditText 控件，读者也已经了解了 EditText 控件的基本使用方法，现在再回顾一下其在 XML 布局文本中的使用方法，代码如下：

```
<EditText android:layout_width="wrap_content"
```

```
        android:layout_height="wrap_content" android:text="输入文本的控件"
        android:textColor="#000000" android:background="#FFFFFF"
        android:padding="20dp" android:layout_margin="10dp"/>
```

从上面的代码可以看出，EditText 和 TextView 控件的使用方法完全一样，只需要将<TextView>标签换成<EditText>标签即可，几乎不需要做任何修改。当然，EditText 的功能还远远不止输入文本这么简单，例如，在下一节将介绍如何在 EditText 控件中输入特定的字符（数字、字母等）。

5.1.6 在 EditText 中输入特定的字符

工程目录：src/ch05/ch05_edittext

EditText 可以通过多种方式指定允许输入的字符，例如，如果只想输入数字（0~9），可以使用如下 3 种方法：

- 将<EditText>标签的 android:digits 属性值设为 0123456789。
- 将<EditText>标签的 android:numeric 属性值设为 integer。
- 将<EditText>标签的 android:inputType 属性值设为 number。

本例将分别使用上面所述的 3 个属性来限制 EditText 的输入字符，XML 布局文件的代码如下：

```xml
<?xml version="1.0" encoding="utf-8"?>
<LinearLayout xmlns:android="http://schemas.android.com/apk/res/android"
    android:orientation="vertical" android:layout_width="fill_parent"
    android:layout_height="fill_parent" android:gravity="center_horizontal">
    <TextView android:layout_width="wrap_content"
        android:layout_height="wrap_content" android:text="使用 android:digits 属性（输入数字）" />
    <EditText android:layout_width="200dp" android:layout_height="wrap_content"
        android:textColor="#000000" android:background="#FFFFFF"
        android:layout_margin="10dp" android:digits="0123456789" />
    <TextView android:layout_width="wrap_content"
        android:layout_height="wrap_content" android:text="使用 android:digits 属性（输入 26 个小写字母）" />
    <EditText android:layout_width="200dp" android:layout_height="wrap_content"
        android:textColor="#000000" android:background="#FFFFFF"
        android:layout_margin="10dp" android:digits="abcdefghijklmnopqrstuvwxyz" />
    <TextView android:layout_width="wrap_content"
        android:layout_height="wrap_content" android:text="使用 android:inputType 属性（输入数字）" />
    <EditText android:layout_width="200dp" android:layout_height="wrap_content"
        android:textColor="#000000" android:background="#FFFFFF"
        android:layout_margin="10dp" android:inputType="number" />
    <TextView android:layout_width="wrap_content"
        android:layout_height="wrap_content" android:text="使用 android:inputType 属性（输入 Email）" />
    <EditText android:layout_width="200dp" android:layout_height="wrap_content"
        android:textColor="#000000" android:background="#FFFFFF"
        android:layout_margin="10dp" android:inputType="textEmailAddress" />
    <TextView android:layout_width="wrap_content"
        android:layout_height="wrap_content" android:text="使用 android:numeric 属性（输入有符号的浮点数）" />
    <EditText   android:layout_width="200dp" android:layout_height="wrap_content"
        android:textColor="#000000" android:background="#FFFFFF"
        android:layout_margin="10dp" android:numeric="decimal|signed" />
</LinearLayout>
```

如果使用 android:inputType 属性设置允许输入的字符，当焦点落在该 EditText 控件上时，显示的虚拟键盘会随着 inputType 属性值的不同而不同，例如，图 5-6 是用于输入数字的虚拟键盘，图 5-7 是用于输入 E-mail 的虚拟键盘。要注意的是，用于输入 Email 的 EditText 控件并不会限制输入非 E-mail 的字符，只是在虚拟键盘上多了一个"@"键而已。关于 android:inputType 和 android:numeric 属性的其他可选值，读者可以参阅官方的文档。

图 5-6　输入数字的虚拟键盘

图 5-7　输入 E-mail 的虚拟键盘

5.1.7　按 Enter 键显示 EditText

工程目录：src/ch05/ch05_hideedittext

在本例的代码中将给出 3 个 EditText，当在某一个 EditText 中输入文本后按回车键，系统就会将该 EditText 隐藏，并在原来 EditText 的位置显示一个按钮，按钮的文本就是在 EditText 中输入的文本。实际上完成这个功能非常简单，只需要按要求在 XML 布局文件中放 3 个<EditText>标签和 3 个<Button>标签，并将 Button 控件隐藏（将 android:visibility 属性值设为 gone），然后在代码中捕捉 EditText 的键盘事件（OnKey 事件），如果按 Enter 键，就将 EditText 隐藏，并显示相应位置的 Button。XML 布局文件的内容如下：

```xml
<?xml version="1.0" encoding="utf-8"?>
<LinearLayout xmlns:android="http://schemas.android.com/apk/res/android"
    android:orientation="vertical" android:layout_width="fill_parent"
    android:layout_height="fill_parent" android:background="#FFFFFF">
    <EditText android:id="@+id/edittext1" android:layout_width="200dp"
        android:layout_height="wrap_content" />
    <Button android:id="@+id/button1" android:layout_width="200dp"
        android:layout_height="wrap_content" android:visibility="gone" />
    <LinearLayout xmlns:android="http://schemas.android.com/apk/res/android"
        android:orientation="horizontal" android:layout_width="fill_parent"
        android:layout_height="wrap_content" android:background="#FFFFFF">
        <EditText android:id="@+id/edittext2" android:layout_width="100dp"
            android:layout_height="wrap_content" />
        <Button android:id="@+id/button2" android:layout_width="100dp"
            android:layout_height="wrap_content" android:visibility="gone" />
        <EditText android:id="@+id/edittext3" android:layout_width="100dp"
            android:layout_height="wrap_content" />
        <Button android:id="@+id/button3" android:layout_width="100dp"
            android:layout_height="wrap_content" android:visibility="gone" />
    </LinearLayout>
</LinearLayout>
```

不能将 android:visibility 属性值设为 invisible，如果设为 invisible，虽然系统不会显示 Button，但仍会预留出 Button 的位置；而将该属性值设为 gone，就彻底隐藏了 Button。

在代码中需要设置每一个 EditText 的 OnKey 事件，onKey 事件方法的代码如下：

```
public boolean onKey(View view, int keyCode, KeyEvent event)
{
    if (keyCode == KeyEvent.KEYCODE_ENTER && count == 0)
    {
        editTexts[index].setVisibility(View.GONE);
        buttons[index].setVisibility(View.VISIBLE);
        buttons[index].setText(editTexts[index].getText());
        index++;
        count++;
    }
    else
    {
        count = 0;
    }
    return true;
}
```

其中 editTexts 和 buttons 是两个数组变量，分别用来保存 3 个 EditText 和 3 个 Button 对象。index 表示当前的索引（0~2）。由于在 EditText 中按 Enter 键会产生两次值为 KEYCODE_ENTER 的键码，因此，使用 count 计数器来保证只处理第 1 次按 Enter 键引发的 OnKey 事件。

执行本例后，在第 1 个 EditText 中输入"按钮 1"，按 Enter 键，再在第 2 个 EditText 中输入"按钮 2"，按 Enter 键，最后在第 3 个 EditText 中输入"按钮 3"，显示的效果如图 5-8 所示。

图 5-8 按 Enter 键后 EditText 变成 Button

5.1.8 自动完成输入内容的控件：AutoCompleteTextView

工程目录：src/ch05/ch05_autotext

AutoCompleteTextView 和 EditText 控件类似，都可以输入文本。但 AutoCompleteTextView 控件可以和一个字符串数组或 List 对象绑定，当用户输入两个及以上字符时，系统将在 AutoCompleteTextView 控件下方列出字符串数组中所有以输入字符开头的字符串，这一点和 www.Google.com 的搜索框非常相似，当输入某一个要查找的字符串时，Google 搜索框就会列出以这个字符串开头的最热门的搜索字符串列表。

AutoCompleteTextView 控件在 XML 布局文件中使用<AutoCompleteTextView>标签来表示，该标签的使用方法与<EditText>标签相同。如果要让 AutoCompleteTextView 控件显示辅助输入列表，需要使用 AutoCompleteTextView 类的 setAdapter 方法指定一个 Adapter 对象，代码如下：

```
String[] autoString = new String[]{ "a", "ab", "abc", "bb", "bcd", "bcdf", "手机", "手机操作系统", "手机软件" };
ArrayAdapter<String> adapter = new ArrayAdapter<String>(this,
       android.R.layout.simple_dropdown_item_1line, autoString);
AutoCompleteTextView autoCompleteTextView =
       (AutoCompleteTextView) findViewById(R.id.autoCompleteTextView);
autoCompleteTextView.setAdapter(adapter);
```

运行上面代码后，在文本框中输入"手机"，会显示如图 5-9 所示的效果。

除了 AutoCompleteTextView 控件外，还可以使用 MultiAutoCompleteTextView 控件来完成连续输入的功能。也就是说，当输入完一个字符串后，在该字符串后面输入一个逗号（,），在逗号前后可以有任意多个空格，然后再输入一个字符串（例如"手机"），仍然会显示辅助输入的列表，但要使用 MultiAutoCompleteTextView 类的 setTokenizer 方法指定 MultiAutoCompleteTextView.CommaTokenizer 类的对象实例（该对象表示输入多个字符串时的分隔符为逗号），代码如下：

```
MultiAutoCompleteTextView multiAutoCompleteTextView =
       (MultiAutoCompleteTextView) findViewById(R.id.multiAutoCompleteTextView);
multiAutoCompleteTextView.setAdapter(adapter);
multiAutoCompleteTextView.setTokenizer(new MultiAutoCompleteTextView.CommaTokenizer());
```

运行上面的代码后，在屏幕的第 2 个文本框中输入"ab，"后，再输入"手机"，会显示如图 5-10 所示的效果。

图 5-9　输入"手机"后显示的提示列表

图 5-10　输入"ab, 手机"后显示的提示列表

5.2　按钮与复选框控件

本节将介绍 Android SDK 中的按钮和复选框控件。按钮可分为多种，例如，普通按钮（Button）、

带图像的按钮（ImageButton）、选项按钮（RadioButton）。除此之外，复选框（CheckBox）也是 Android SDK 中非常重要的控件，通常用于多选的应用中。

5.2.1 普通按钮控件：Button

工程目录：src/ch05/ch05_button

Button 控件在前面的章节已经多次使用到了。Button 控件的基本使用方法与 TextView 和 EditText 并无太大的差异，例如，下面的代码在 XML 布局文件中配置了一个按钮：

```xml
<Button android:id="@+id/button1" android:layout_width="wrap_content"
        android:layout_height="wrap_content" android:text="我的按钮 1" />
```

最常用的按钮事件是单击事件，可以通过 Button 类的 setOnClickListener 方法设置处理单击事件的对象实例，如果当前的类实现了 android.view.View.OnClickListener 接口，可以直接将 this 传入 setOnClickListener 方法，代码如下：

```java
Button button1 = (Button) findViewById(R.id.button1);
button1.setOnClickListener(this);
```

在本节的例子中包含两个按钮，并在单击事件中通过 value 变量控制按钮放大或缩小（value=1 为放大，value=-1 为缩小），代码如下：

```java
private int value = 1;
@Override
public void onClick(View view)
{
    Button button = (Button) view;
    // 如果按钮宽度等于屏幕宽度，按钮开始缩小
    if(value == 1 && button.getWidth() == getWindowManager().getDefaultDisplay().getWidth())
        value = -1;
    // 如果按钮宽度小于 100，按钮开始放大
    else if(value == -1 && button.getWidth() < 100)
        value = 1;
    // 以按钮宽度和高度的 10%放大或缩小按钮
    button.setWidth(button.getWidth() + (int) (button.getWidth() * 0.1)* value);
    button.setHeight(button.getHeight() + (int) (button.getHeight() * 0.1)* value);
}
```

运行上面的代码后，将显示两个按钮，单击任何一个按钮后，该按钮都会放大。当按钮宽度等于屏幕宽度时，再次单击按钮时，按钮开始缩小。

5.2.2 异形（圆形、五角星、螺旋形和箭头）按钮

工程目录：src/ch05/ch05_abnormitybutton

上一节介绍的只是普通风格的按钮，而 Button 控件的功能还不止这些。通过设置 Button 的背景图像，可以将 Button 变成任意形状的按钮，这些按钮也可以称为"异形按钮"。异形按钮需要处理 3 个事件，这 3 个事件及各自的处理逻辑如下：

- 触摸事件（onTouch）：当触摸按钮时，应该显示按钮被触摸后的状态，因此，需要为每一个按钮准备两张图（例如 image1.png 和 image2.png），当触摸时显示 image2.png，当松开时显示 image1.png。
- 焦点变化事件（onFocusChange）：当焦点从一个按钮切换到另一个按钮时，应该显示按钮被触摸时的状态（image2.png），并且将上一个焦点按钮设为未被触摸时的状态。
- 键盘事件（onKey）：当某一个按钮获得焦点后，按下手机或模拟器上的"确认"按钮后，当前

按钮应该被置成按键被按下的状态，也就是这个按钮的第 3 张图。因此，需要为每一个按钮准备 3 张图：正常状态、触摸状态、按键被按下的状态。

如果读者还无法体会异形按钮的事件处理方式，可以启动 Android 系统自带的拨号程序做进一步的理解。

在本例中有 4 个异形按钮，分别是圆形按钮、五角星按钮、螺旋形按钮和箭头按钮，这 4 个按钮分别对应 3 个图像文件：buttonN_1.png、buttonN_2.png 和 buttonN_3.png，其中 N 的取值范围是 1～4。由于这 4 个异形按钮共用按钮处理事件，因此，使用一个 Map 对象 drawableIds 来保存每一个按钮对应的图像资源 ID，Map 对象的 key 就是按钮的资源 ID，value 是一个 int 数组，保存每一个按钮对应的 3 个图像文件的资源 ID。可以在 onCreate 事件方法中对 drawableIds 变量进行初始化，例如，下面的代码初始化了 button1 和 button2：

```
drawableIds.put(R.id.button1, new int[]{ R.drawable.button1_1, R.drawable.button1_2, R.drawable.button1_3 });
drawableIds.put(R.id.button2, new int[]{ R.drawable.button2_1, R.drawable.button2_2, R.drawable.button2_3 });
```

现在先来实现触摸事件（onTouch）中的代码：

```
public boolean onTouch(View view, MotionEvent event)
{
    // 将焦点按钮的背景图换成正常的图像
    lastFocusview.setBackgroundResource(drawableIds.get(lastFocusview.getId())[0]);
    // 触摸松开状态
    if (event.getAction() == MotionEvent.ACTION_UP)
        view.setBackgroundResource(drawableIds.get(view.getId())[0]);
    // 触摸按下状态
    else if (event.getAction() == MotionEvent.ACTION_DOWN)
        view.setBackgroundResource(drawableIds.get(view.getId())[1]);
    return false;
}
```

在上面的代码中根据 getAction 方法获得了触摸的状态，并使用 setBackgroundResource 方法为按钮设置了不同的背景图像。在 onTouch 方法中涉及到一个 lastFocusview 变量，该变量表示最后一个获得焦点的按钮，在 onCreate 方法中将该变量初始化成 button1。

当按钮焦点变化时（按上、下、左、右键），需要将上一个获得焦点的按钮的背景图设为普通状态，并且将当前按钮的背景图设为被触摸状态。

```
public void onFocusChange(View view, boolean hasFocus)
{
    // 将焦点按钮的背景图换成正常的图像
    lastFocusview.setBackgroundResource(drawableIds.get(lastFocusview.getId())[0]);
    // 将当前按钮的背景图设为被触摸状态
    view.setBackgroundResource(drawableIds.get(view.getId())[1]);
    lastFocusview = view;          // 使 lastFocusview 指向当前按钮
}
```

当按手机或模拟器上的"确认"键时，需要将当前获得焦点的按钮设为按键被按下的状态；当松开"确认"键时，又恢复到获得焦点的状态。

```
public boolean onKey(View view, int keyCode, KeyEvent event)
{
    if (KeyEvent.ACTION_DOWN == event.getAction())
        view.setBackgroundResource(drawableIds.get(view.getId())[2]);
    else if (KeyEvent.ACTION_UP == event.getAction())
        view.setBackgroundResource(drawableIds.get(view.getId())[1]);
    return false;
}
```

运行本例的代码，将显示如图 5-11 所示的效果。

5.2.3 图像按钮控件：ImageButton

工程目录：src/ch05/ch05_imagebutton

ImageButton 可以替代实例 22 中的 Button 控件来实现异形按钮。除此之外，可以使用 ImageButton 控件的 android:src 属性实现带背景的按钮。例如，下面的代码配置了两个带背景的图形按钮：

```
<ImageButton android:layout_width="wrap_content"
    android:layout_height="wrap_content" android:src="@drawable/button1_1" />
<ImageButton android:layout_width="wrap_content"
    android:layout_height="wrap_content" android:src="@drawable/button2_1" />
```

如果想在代码中修改 ImageButton 的图像，可以使用 ImageButton 类的 setImageResource 或其他同类的方法。运行本节的例子，将显示如图 5-12 所示的效果。

图 5-11　异形按钮（button2 获得了焦点）

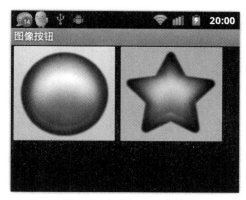

图 5-12　带背景的图像按钮

> ImageButton 并不是 TextView 的子类，而是 ImageView 的子类。因此，android:text 属性并不起作用。如果要在 ImageButton 上输出文字，可以自定义一个控件，并在 onDraw 事件方法中将文字画在 ImageButton 上。

5.2.4 同时显示图像和文字的按钮

工程目录：src/ch05/ch05_imagetextbutton

在 5.2.1 节和 5.2.3 节中分别介绍了带文字和带图像的按钮，但在很多时候，需要同时在按钮上显示图像和文字。实现这种按钮的方法很多，最简单的方法是使用<Button>标签的 android:drawableX 属性，其中 X 的可取值是 Top、Bottom、Left 和 Right，分别表示在文字的上方、下方、左侧和右侧显示图像。该属性需要指定一个图像资源 ID。除此之外，还可以使用 android:drawablePadding 属性设置文字到图像的距离。下面的代码设置了 4 个 Button，并分别在文字的上方、下方、左侧和右侧显示图像。

```xml
<?xml version="1.0" encoding="utf-8"?>
<LinearLayout xmlns:android="http://schemas.android.com/apk/res/android"
    android:orientation="horizontal" android:layout_width="fill_parent"
    android:layout_height="fill_parent">
    <Button android:layout_width="wrap_content"
        android:layout_height="wrap_content" android:drawableTop="@drawable/star"
        android:text="按钮 1" />
```

```xml
<Button android:layout_width="wrap_content"
    android:layout_height="wrap_content" android:drawableBottom="@drawable/star"
    android:text="按钮 2" android:drawablePadding="30dp" />
<Button android:layout_width="wrap_content"
    android:layout_height="wrap_content" android:drawableLeft="@drawable/star"
    android:text="按钮 3" />
<Button android:layout_width="wrap_content"
    android:layout_height="wrap_content" android:drawableRight="@drawable/star"
    android:text="按钮 4" android:drawablePadding="20dp" />
</LinearLayout>
```

运行本例,将显示如图 5-13 所示的效果。

图 5-13 同时显示图像和文字的按钮

android:drawableX 属性可以在同一个<Button>标签中使用多个,例如,可以在<Button>标签中同时使用 android:drawableBottom 和 android:drawableLeft 属性,这时在该按钮文字的下方和左侧都会显示图像。

5.2.5 选项按钮控件:RadioButton

工程目录:src/ch05/ch05_radiobutton

选项按钮可用于多选一的应用中。如果想在选中某一个选项按钮后,其他的选项按钮都被设为未选中状态,需要将<RadioButton>标签放在<RadioGroup>标签中。由于 RadioButton 是 Button 的子类(实际上,RadioButton 是 ComponentButton 的直接子类,而 ComponentButton 又是 Button 的直接子类),因此,在<RadioButton>标签中同样可以使用 android:drawableX 及 android:drawablePadding 属性。例如,下面的代码在屏幕上放置了 3 个选项按钮,其中第 3 个选项按钮周围显示了 4 个图像。

```xml
<RadioGroup android:layout_width="wrap_content" android:layout_height="wrap_content">
    <RadioButton android:layout_width="wrap_content"
        android:layout_height="wrap_content" android:text="选项 1" />
    <RadioButton android:layout_width="wrap_content"
        android:layout_height="wrap_content" android:text="选项 2" />
    <RadioButton android:layout_width="wrap_content"
        android:layout_height="wrap_content" android:text="选项 3"
        android:drawableLeft="@drawable/star" android:drawableTop="@drawable/circle"
        android:drawableRight="@drawable/star" android:drawableBottom="@drawable/circle" a
        ndroid:drawablePadding="20dp" />
</RadioGroup>
```

运行本节的例子,将显示如图 5-14 所示的效果。

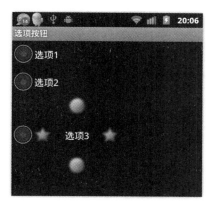

图 5-14　选项按钮

5.2.6　开关状态按钮控件：ToggleButton

工程目录：src/ch05/ch05_togglebutton

ToggleButton 控件与 Button 控件的功能基本相同，但 ToggleButton 控件还提供了可以表示"开/关"状态的功能，这种功能非常类似于复选框（将在 5.2.7 节介绍）。ToggleButton 控件通过在按钮文字的下方显示一个绿色的指示条来表示"开/关"状态。至于绿色的指示条是表示"开"还是"关"，完全由用户自己决定。当指示条在绿色状态时，再次单击按钮，指示条就会变成白色。ToggleButton 控件的基本使用方法与 Button 控件相同，代码如下：

```
<ToggleButton android:layout_width="wrap_content" android:layout_height="wrap_content" />
```

虽然 ToggleButton 是 Button 的子类，但 android:text 属性并不起作用。在默认情况下，根据 ToggleButton 控件的不同状态，会在按钮上显示"关闭"或"开启"。如果要更改默认的按钮文本，可以使用 android:textOff 和 android:textOn 属性，代码如下：

```
<ToggleButton android:id="@+id/toggleButton" android:layout_width="wrap_content"
    android:layout_height="wrap_content" android:layout_marginLeft="30dp"
    android:textOff="打开电灯" android:textOn="关闭电灯"    />
```

默认情况下，按钮上的指示条是白色，如果要在 XML 布局文件中修改默认状态，可以使用 android:checked 属性，在代码中使用 ToggleButton 类的 setChecked 方法。将 checked 属性值或 setChecked 方法的参数值为 true 时，指示条显示为绿色。

运行本节的例子，将显示如图 5-15 所示的效果。

图 5-15　ToggleButton 控件

5.2.7 复选框控件：CheckBox

复选框通常用于多选的应用。基本的使用方法如下：

```
<CheckBox android:id="@+id/checkbox" android:layout_width="fill_parent"
    android:layout_height="wrap_content" />
```

CheckBox 默认情况下是未选中状态。如果想修改这个默认值，可以将<CheckBox>标签的 android:checked 属性值设为 true，或使用 CheckBox 类的 setChecked 方法设置 CheckBox 的状态。在代码中可以使用 CheckBox 类的 isChecked 方法判断 CheckBox 是否被选中。如果 isChecked 方法返回 true，则表示 CheckBox 处于选中状态。

5.2.8 利用 XML 布局文件动态创建 CheckBox

工程目录：src/ch05/ch05_dynamiccheckbox

如果要动态创建 CheckBox，也许很多读者会首先想到在代码中创建 CheckBox 对象。这样做虽然从技术上说没有任何问题，也属于比较常用的动态创建控件的方法，但在实际应用中，往往会为 CheckBox 设置很多属性。如果在代码中直接创建 CheckBox 对象，就需要手工设置 CheckBox 对象的属性，这样做是很麻烦的。

如果单纯考虑设置控件的属性，XML 布局文件无疑是最简单的方法。我们自然会想到是否可以在 XML 布局文件中先配置一个或若干 CheckBox，然后以这些配置为模板来动态创建 CheckBox 对象呢？如果能想到这些，将会大大减少动态创建 CheckBox 对象的代码。

由于同一个控件不能拥有两个及以上的父控件，因此，不能直接在 Activity 中使用 findViewById 方法来获得 CheckBox 的对象实例。那么如何解决这个问题呢？

既然 CheckBox 已经有了一个父控件（在本例中是 LinearLayout），何不将 LinearLayout 与 CheckBox 一起打包呢？因此，就有了 checkbox.xml 布局文件，在该文件中定义了一个<LinearLayout>标签和一个<CheckBox>标签。

checkbox.xml

```
<?xml version="1.0" encoding="utf-8"?>
<LinearLayout xmlns:android="http://schemas.android.com/apk/res/android"
    android:orientation="vertical" android:layout_width="fill_parent"
    android:layout_height="fill_parent">
    <CheckBox android:id="@+id/checkbox" android:layout_width="fill_parent"
        android:layout_height="wrap_content"  />
</LinearLayout>
```

为了单击"确认"按钮后显示被选中的复选框的文本，需要在所有的复选框下方显示一个"确认"按钮。因此，在本例中还需要一个 main.xml 布局文件，用于定义"确认"按钮。

main.xml

```
<?xml version="1.0" encoding="utf-8"?>
<LinearLayout xmlns:android="http://schemas.android.com/apk/res/android"
    android:orientation="vertical" android:layout_width="fill_parent"
    android:layout_height="fill_parent">
    <Button android:id="@+id/button" android:layout_width="wrap_content"
        android:layout_height="wrap_content" android:text="确定" />
</LinearLayout>
```

main.xml 布局文件也是主布局文件，在 Main 类中需要使用 setContentView 方法来设置这个布局文件。动态创建 CheckBox 对象的方法是定义一个 String 类型的数组，数组元素表示 CheckBox 的文本，然后根据 String 数组的元素个数来动态创建 CheckBox 对象。动态创建 CheckBox 对象的步骤如下：

（1）使用 getLayoutInflater().inflate(...)方法来装载 main.xml 布局文件，并返回一个 LinearLayout 对象（linearLayout）。

（2）使用 getLayoutInflater().inflate(...)方法来装载 checkbox.xml 布局文件，并返回一个 LinearLayout 对象（checkboxLinearLayout）。

（3）利用第 2 步获得的 LinearLayout 对象的 findViewById 方法来获得 CheckBox 对象，并根据 String 数组中的值设置 CheckBox 的文本。

（4）调用 linearLayout.addView 方法将 checkboxLinearLayout 添加到 LinearLayout 中。

（5）根据 String 数组的元素重复执行第（2）步～第（4）步，直到处理完 String 数组中的最后一个元素为止。

在 onCreate 方法中动态创建 CheckBox 对象的代码如下：

```java
public void onCreate(Bundle savedInstanceState)
{
    String[] checkboxText = new String[]
    { "是学生吗？", "是否从事过 Android 方面的工作？", "会开车吗？", "打算创业吗？" };
    super.onCreate(savedInstanceState);
    //  装载 main.xml 文件
    LinearLayout linearLayout = (LinearLayout) getLayoutInflater().inflate(R.layout.main, null);
    for (int i = 0; i < checkboxText.length;i++)
    {
        //  装载 checkbox.xml 文件
        LinearLayout checkboxLinearLayout = (LinearLayout) getLayoutInflater()
                .inflate(R.layout.checkbox, null);
        //  获得 checkbox.xml 文件中的 CheckBox 对象
        checkboxs.add((CheckBox) checkboxLinearLayout.findViewById(R.id.checkbox));
        checkboxs.get(i).setText(checkboxText[i]);            //  设置 CheckBox 的文本
        //  将包含 CheckBox 的 LinearLayout 对象添加到由主布局文件生成的 LinearLayout 对象中
        linearLayout.addView(checkboxLinearLayout, i);
    }
    setContentView(linearLayout);
    … …
}
```

其中 checkboxs 是在 Main 类中定义的一个 List<CheckBox>类型的变量，用来保存动态创建的 CheckBox 对象。该变量需要在"确认"按钮的单击事件方法中使用，代码如下：

```java
public void onClick(View view)
{
    String s = "";
    //  扫描所有的 CheckBox，以便获得被选中的复选框的文本
    for (CheckBox checkbox : checkboxs)
    {
        if (checkbox.isChecked())
            s += checkbox.getText() + "\n";
    }
    if ("".equals(s))
        s = "您还没选呢！";
    new AlertDialog.Builder(this).setMessage(s).setPositiveButton("关闭", null).show();
}
```

运行本例并选中相应的复选框，然后单击"确认"按钮，显示如图 5-16 所示的效果。

每次使用 getLayoutInflater().inflate(...)方法装载同一个 XML 布局文件，都会获得不同的对象实例，因此，从这个对象获得的控件对象（通过 findViewById 方法获得对象）也是不同的对象实例。

图 5-16　动态创建复选框

5.3　日期与时间控件

在很多 Android 应用中都需要设置日期和时间。当然，最简单的设置日期和时间的方法是提供一个 EditText 控件，但这种方式显得不太友好。Android SDK 提供了两个控件：DatePicker 和 TimePicker，分别以可视化的方式输入日期和时间。除此之外，Android SDK 还提供了显示时间的两个控件：DigitalClock 和 AnalogClock，分别以数字方式和表盘方式显示时间。

5.3.1　输入日期的控件：DatePicker

DatePicker 控件可用于输入日期。日期的输入范围是 1900-1-1～2100-12-31。DatePicker 控件的基本使用方法如下：

```
<DatePicker android:id="@+id/datepicker"
    android:layout_width="fill_parent" android:layout_height="wrap_content" />
```

通过 DatePicker 类的 getYear、getMonth 和 getDayOfMonth 方法可以分别获得 DatePicker 控件当前显示的年、月、日。通过 DatePicker 类的 init 方法对 DatePicker 控件进行初始化。init 方法的定义如下：

```
public void init(int year, int monthOfYear, int dayOfMonth, OnDateChangedListener onDateChangedListener)
```

其中 year、monthOfYear 和 dayOfMonth 参数分别用来设置 DatePicker 控件的年、月、日。onDateChangedListener 参数用来设置 DatePicker 控件的日期变化事件对象，该对象必须是实现 android.widget.DatePicker.OnDateChangedListener 接口的类的对象实例。

5.3.2　输入时间的控件：TimePicker

TimePicker 控件用来输入时间（只能输入小时和分钟）。该控件的基本用法如下：

```
<TimePicker android:id="@+id/timepicker"
    android:layout_width="fill_parent" android:layout_height="wrap_content" />
```

TimePicker 在默认情况下是 12 小时制，如图 5-17 所示。如果想以 24 小时制显示时间，可以使用 TimePicker 类的 setIs24HourView 方法设置。以 24 小时制显示时间的 TimePicker 控件如图 5-18 所示。

图 5-17　12 小时制的 TimePicker

图 5-18　24 小时制的 TimePicker

当 TimePicker 的时间变化时，会触发 OnTimeChanged 事件，但与 DatePicker 控件不同的是，TimePicker 通过 setOnTimeChangedListener 方法设置时间变化的事件对象，而 DatePicker 通过 init 方法设置日期变化的事件对象。

5.3.3　DatePicker、TimePicker 与 TextView 同步显示日期和时间

工程目录：src/ch05/ch05_datetimepicker

在本节的例子中包含 DatePicker、TimePicker 和 TextView 控件。当 DatePicker 和 TimePicker 中的日期、时间变化时，TextView 中会显示变化后的日期和时间。

```
package net.blogjava.mobile;

import java.text.SimpleDateFormat;
import java.util.Calendar;
import android.app.Activity;
import android.os.Bundle;
import android.widget.DatePicker;
import android.widget.TextView;
import android.widget.TimePicker;
import android.widget.DatePicker.OnDateChangedListener;
import android.widget.TimePicker.OnTimeChangedListener;

public class Main extends Activity implements OnDateChangedListener, OnTimeChangedListener
{
    private TextView textView;
    private DatePicker datePicker;
    private TimePicker timePicker;
    @Override
    public void onTimeChanged(TimePicker view, int hourOfDay, int minute)
    {
        //  调用 onDateChanged 事件方法，在 TextView 中显示当前的日期和时间
        onDateChanged(null, 0, 0, 0);
    }
    @Override
    public void onDateChanged(DatePicker view, int year, int monthOfYear,
            int dayOfMonth)
    {
        Calendar calendar = Calendar.getInstance();
        calendar.set(datePicker.getYear(), datePicker.getMonth(), datePicker
                .getDayOfMonth(), timePicker.getCurrentHour(), timePicker.getCurrentMinute());
        SimpleDateFormat sdf = new SimpleDateFormat("yyyy 年 MM 月 dd 日    HH:mm");
        //  在 TextView 中显示当前的日期和时间
        textView.setText(sdf.format(calendar.getTime()));
    }
    @Override
```

```
public void onCreate(Bundle savedInstanceState)
{
    super.onCreate(savedInstanceState);
    setContentView(R.layout.main);
    datePicker = (DatePicker) findViewById(R.id.datepicker);
    timePicker = (TimePicker) findViewById(R.id.timepicker);
    datePicker.init(2001, 1, 25, this);
    timePicker.setIs24HourView(true);
    timePicker.setOnTimeChangedListener(this);
    textView = (TextView) findViewById(R.id.textview);
    // 在 TextView 上显示 DatePicker 及 TimePicker 上的日期和时间
    onDateChanged(null, 0, 0, 0);
}
```

运行本例后，将显示如图 5-19 所示的效果。

5.3.4 显示时钟的控件：AnalogClock 和 DigitalClock

工程目录：src\ch05\ch05_clock

AnalogClock 控件用于以表盘方式显示当前时间。该控件只有两个指针（时针和分针）。使用方法如下：

```
<AnalogClock android:layout_width="fill_parent" android:layout_height="wrap_content" />
```

DigitalClock 控件用于以数字方式显示当前时间。该控件可以显示时、分、秒。使用方法如下：

```
<DigitalClock android:layout_width="wrap_content"
    android:layout_height="wrap_content" android:textSize="18dp" />
```

运行本节的例子后，将显示如图 5-20 所示的效果。

图 5-19　与 TextView 同步日期和时间　　　　图 5-20　显示时间的控件

5.4　进度条控件

任务或工作完成率是软件中经常要展现给用户的信息，这些信息的载体总是离不开进度条。在 Android SDK 中提供了一个 ProgressBar 控件，该控件拥有一个完整的进度条具备的所有功能。除此之外，SeekBar 和 RatingBar 控件从根源上讲也应属于进度条，只不过这两个控件对进度条的功能做了进一步改进，也可以将它们看作进度条的变种。本节将详细介绍这 3 个控件的用法。

5.4.1 进度条控件：ProgressBar

工程目录：src/ch05/ch05_progressbar

ProgressBar 控件在默认情况下是圆形的进度条，可通过 style 属性将圆形进度条设为大、中、小 3 种形式，代码如下：

```
<!-- 圆形进度条（小） -->
<ProgressBar android:layout_width="wrap_content"
    android:layout_height="wrap_content" style="?android:attr/progressBarStyleSmallTitle" />
<!-- 圆形进度条（中） -->
<ProgressBar android:layout_width="wrap_content" android:layout_height="wrap_content" />
<!-- 圆形进度条（大） -->
<ProgressBar android:layout_width="wrap_content"
    android:layout_height="wrap_content" style="?android:attr/progressBarStyleLarge" />
```

ProgressBar 控件在默认情况下显示的是中型的圆形进度条，因此，要想显示中型的圆形进度条，并不需要设置 style 属性。

除了圆形进度条外，ProgressBar 控件还支持水平进度条，代码如下：

```
<ProgressBar android:id="@+id/progressBarHorizontal"
    android:layout_width="fill_parent" android:layout_height="wrap_content"
    style="?android:attr/progressBarStyleHorizontal" android:max="100"
    android:progress="30" android:secondaryProgress="60" android:layout_marginTop="20dp" />
```

ProgressBar 控件的水平进度条支持两级进度，分别使用 android:progress 和 android:secondaryProgress 属性设置。进度条的总刻度使用 android:max 属性设置。本例中 android:max 属性的值为 100，android:progress 和 android:secondaryProgress 属性的值分别是 30 和 60。也就是说，第一级进度和第二级进度分别显示在进度条总长度 30%和 60%的位置上。

注意 android:max 的属性值不一定是 100，该值可以是任意一个合法的正整数，例如 12345，一般来说，android:progress 和 android:secondaryProgress 属性的值要小于或等于 android:max 属性的值。当然，如果这两个属性的值大于 android:max 属性的值，则会显示 100%的状态。如果这两个属性的值小于 0，则会显示 0%的状态。如果只想使用一级进度，可以只设置 android:progress 或 android:secondaryProgress 属性。

在代码中设置水平进度条的两级进度需要使用 ProgressBar 类的 setProgress 和 setSecondaryProgress 方法，代码如下：

```
ProgressBar progressBarHorizontal = (ProgressBar) findViewById(R.id.progressBarHorizontal);
progressBarHorizontal.setProgress((int) (progressBarHorizontal.getProgress() * 1.1));
progressBarHorizontal.setSecondaryProgress((int) (progressBarHorizontal
        .getSecondaryProgress() * 1.1));
```

Android 系统还支持将水平和圆形进度条放在 Activity 的标题栏上。例如，要将圆形进度条放在标题栏上，可以在 onCreate 方法中使用如下代码：

```
requestWindowFeature(Window.FEATURE_INDETERMINATE_PROGRESS);
setContentView(R.layout.main);
setProgressBarIndeterminateVisibility(true);    // 显示圆形进度条
```

如果要将水平进度条放在标题栏上，可以在 onCreate 方法中使用如下代码：

```
requestWindowFeature(Window.FEATURE_PROGRESS);
setContentView(R.layout.main);
setProgressBarVisibility(true);                  // 显示水平进度条
setProgress(1200);                               // 设置水平进度条的当前进度
```

将进度条放在标题栏上时，应注意如下 3 点：

- requestWindowFeature 方法应在调用 setContentView 方法之前调用，否则系统会抛出异常。
- setProgressBarIndeterminateVisibility、setProgressBarVisibility 和 setProgress 方法要在调用 setContentView 方法之后调用，否则这些方法无效。
- 放在标题栏上的水平进度条不能设置进度条的最大刻度。这是因为系统已经将最大刻度值设为 10000。也就是说，用 setProgress 方法设置的进度应在 0～10000 之间。例如，本例中设为 1200，进度会显示在进度条总长的 12%的位置上。

运行本节的例子后，将显示如图 5-21 所示的效果。单击"增加进度"和"减小进度"按钮后，最后一个进度条会以当前进度 10%的速度递增和递减。

图 5-21　水平和圆形进度条

5.4.2　拖动条控件：SeekBar

工程目录：src/ch05/ch05_seekbar

SeekBar 控件有些类似于 ScrollBar，也就是通过移动滑杆改变当前位置。SeekBar 控件的使用方法与 ProgressBar 控件类似，代码如下：

```
<SeekBar android:id="@+id/seekbar" android:layout_width="fill_parent"
    android:layout_height="wrap_content" android:max="100" android:progress="30" />
<SeekBar android:id="@+id/seekbar2" android:layout_width="fill_parent"
    android:layout_height="wrap_content" android:max="100"
    android:progress="30" android:secondaryProgress="60"/>
```

 虽然 SeekBar 是 ProgressBar 的子类，但一般 SeekBar 控件并不需要设置第二级进度（设置 android:secondaryProgress 属性）。如果设置了 android:secondaryProgress 属性，系统仍然会显示第二级的进度，不过并不会随着滑杆移动而递增或递减。

与 SeekBar 控件滑动相关的事件接口是 OnSeekBarChangeListener。该接口定义了如下 3 个事件方法：
public void onProgressChanged(SeekBar seekBar, int progress, boolean fromUser)

```
public void onStartTrackingTouch(SeekBar seekBar)
public void onStopTrackingTouch(SeekBar seekBar)
```

当按住滑杆后，系统会触发 onStartTrackingTouch 事件；在拉动滑杆进行滑动时，会触发 onProgressChanged 事件；松开滑杆后，会触发 onStopTracking 事件。

本节的例子中有两个 SeekBar 控件，第 1 个 SeekBar 控件未设置第二级进度，第 2 个 SeekBar 控件同时设置了第一级和第二级进度。这两个 SeekBar 控件共用一个实现 OnSeekBarChangeListener 接口的类（Main 类）的对象实例。因此，需要在相应的事件方法中进行判断。例如，onProgressChanged 事件方法中的代码如下：

```
public void onProgressChanged(SeekBar seekBar, int progress, boolean fromUser)
{
    if(seekBar.getId() == R.id.seekbar1)
        textView2.setText("seekbar1 的当前位置：" + progress);
    else
        textView2.setText("seekbar2 的当前位置：" + progress);
}
```

运行本节的例子后，滑动两个 SeekBar 控件中的滑杆，将显示如图 5-22 所示的效果。

图 5-22　SeekBar 控件效果

5.4.3　改变 ProgressBar 和 SeekBar 的颜色

工程目录：src/ch05/ch05_colorbar

5.4.1 节和 5.4.2 节介绍的 ProgressBar 和 SeekBar 控件的进度条都是黄色，但在很多应用中需要改变进度条的颜色。而 ProgressBar 和 SeekBar 类均未提供直接修改进度条颜色的方法或属性。这个问题可以通过 drawable 资源和 android:progressDrawable 属性来解决。

一个完整的 ProgressBar 或 SeekBar 控件由如下 3 部分组成：

- 第一级进度条。
- 第二级进度条。
- 背景，也就是进度条未经过的地方。

因此，这两个控件的颜色也应该有 3 部分控件：第一级进度条颜色、第二级进度条颜色和背景颜色。设置这 3 部分颜色的步骤如下：

（1）确定这 3 部分的颜色后，使用绘图工具建立 3 个图像文件，并分别用 3 种不同的颜色填充这 3 个图像。图像的大小可任意。在本例中，progress.png 文件表示第一级进度条颜色；secondary.png 表示第二级进度条颜色；bg.png 表示背景颜色。

（2）在 res\drawable 目录下建立一个 barcolor.xml 文件，并输入如下代码：

```
<?xml version="1.0" encoding="UTF-8"?>
```

```
<layer-list xmlns:android="http://schemas.android.com/apk/res/android">
    <!--  设置背景色图像资源  -->
    <item android:id="@android:id/background" android:drawable="@drawable/bg" />
    <!--  设置第二级进度条颜色图像资源  -->
    <item android:id="@android:id/secondaryProgress" android:drawable="@drawable/secondary" />
    <!--  设置第一级进度条颜色图像资源  -->
    <item android:id="@android:id/progress" android:drawable="@drawable/progress" />
</layer-list>
```

（3）在<ProgressBar>和<SeekBar>标签中使用 android:progressDrawable 属性指定 barcolor.xml 文件的资源 ID，代码如下：

```
<ProgressBar android:id="@+id/progressBarHorizontal"
    android:layout_width="fill_parent" android:layout_height="wrap_content"
    android:layout_marginTop="20dp" style="?android:attr/progressBarStyleHorizontal"
    android:max="100" android:progress="30" android:secondaryProgress="60"
    android:progressDrawable="@drawable/barcolor" />
<SeekBar android:layout_width="fill_parent"
    android:layout_height="wrap_content" android:max="100"
    android:layout_marginTop="20dp" android:progress="30"
    android:progressDrawable="@drawable/barcolor" />
```

 除了可以设置进度条和背景颜色外，还可以使用各种图像文件来显示丰富多彩的进度条和拖动条，例如，可以将进度条和背景颜色图像分别换成 face1.gif 和 face2.gif。

运行本例后，将显示如图 5-23 所示的效果。

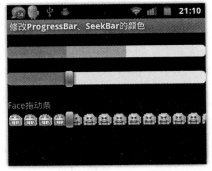

图 5-23　改变 ProgressBar 和 SeekBar 的颜色

5.4.4　评分控件：RatingBar

工程目录：src/ch05/ch05_ratingbar

在很多电子相册、网上书店、博客中，都会有对照片、图书和文章进行评分的功能（很多评分系统都是满分为 5 分，分 10 个级，0～5，步长为 0.5）。在 Android SDK 中也提供了 RatingBar 控件，用来完成类似的工作。

RatingBar 控件使用<RatingBar>标签进行配置。该标签有如下几个与评分相关的属性：

- android:numStars：指定用于评分的五角星数，默认情况下是根据布局的设置尽量横向填充。
- android:rating：指定当前的分数。
- android:stepSize：指定分数的增量单位（步长），默认是 0.5。

下面的代码分别设置了不同的五角星数和步长：

```
<RatingBar android:id="@+id/ratingbar1" android:layout_width="wrap_content"
    android:layout_height="wrap_content" android:numStars="3" android:rating="2" />
<RatingBar android:id="@+id/ratingbar2" android:layout_width="wrap_content"
    android:layout_height="wrap_content" android:numStars="5" android:stepSize="0.1" />
```

除此之外，还可以为 RatingBar 控件设置不同的风格，代码如下：

```
<!-- 设置小五角星风格 -->
<RatingBar android:id="@+id/smallRatingbar" style="?android:attr/ratingBarStyleSmall"
    android:layout_marginLeft="5dip" android:layout_width="wrap_content"
    android:layout_height="wrap_content" />
<!-- 设置指示五角星风格 -->
<RatingBar android:id="@+id/indicatorRatingbar" style="?android:attr/ratingBarStyleIndicator"
    android:layout_marginLeft="5dip" android:layout_width="wrap_content"
    android:layout_height="wrap_content" android:stepSize="0.1" />
```

通过实现 android.widget.RatingBar.OnRatingBarChangeListener 接口可以监听 RatingBar 控件的动作。当 RatingBar 控件的分数变化后，系统会调用 OnRatingBarChangeListener 接口的 onRatingChanged 方法。可以在该方法中编写处理分数变化的代码，例如，更新小五角星风格和指示五角星风格的 RatingBar 控件的当前分数。

```
public void onRatingChanged(RatingBar ratingBar, float rating, boolean fromUser)
{
    smallRatingBar.setRating(rating);        // 更新小五角星风格的 RatingBar 控件的当前分数
    indicatorRatingBar.setRating(rating);    // 更新指示五角星风格的 RatingBar 控件的当前分数
    if (ratingBar.getId() == R.id.ratingbar1)
        textView.setText("ratingbar1 的分数：" + rating);
    else
        textView.setText("ratingbar2 的分数：" + rating);
}
```

运行本节的例子，为前两个 RatingBar 控件评分后，后两个 RatingBar 控件也会更新成相应的分数。显示效果如图 5-24 所示。

图 5-24　RatingBar 控件效果

5.5 其他重要控件

本节将介绍 Android SDK 中其他比较重要的控件，包括 ImageView（显示图像的控件）、ListView（列表控件）、ListActivity、ExpandableListView、Spinner（下拉列表控件）、ScrollView、HorizontalScrollView、GridView、Gallery 和 ImageSwitcher。

5.5.1 显示图像的控件：ImageView

工程目录：src/ch05/ch05_imageview

ImageView 控件可用于显示 Android 系统支持的图像（例如，gif、jpg、png、bmp 等）。在 XML 布局文件中使用<ImageView>标签来定义一个 ImageView 控件，代码如下：

```
<ImageView android:id="@+id/imageview" android:layout_width="wrap_content"
    android:background="#F00" android:layout_height="wrap_content"
    android:src="@drawable/icon" android:scaleType="center" />
```

在上面的代码中，通过 android:src 属性指定了一个 drawable 资源的 ID，并使用 android:scaleType 属性指定 ImageView 控件显示图像的方式。例如，center 表示将图像以不缩放的方式显示在 ImageView 控件的中心。如果将 android:scaleType 属性设为 fitCenter，表示将图像按比例缩放至合适的位置，并显示在 ImageView 控件的中心。通常在设计相框时将 android:scaleType 属性设为 fitCenter，这样可以使照片按比例显示在相框的中心。

```
<ImageView android:layout_width="200dp" android:layout_height="100dp"
    android:background="#F00" android:src="@drawable/background"
    android:scaleType="fitCenter" android:padding="10dp" />
```

上面的代码直接设置了 ImageView 控件的宽度和高度，也可以在代码中设置和获得 ImageView 控件的宽度和高度。

```
ImageView imageView = (ImageView) findViewById(R.id.imageview);
//  设置 ImageView 控件的宽度和高度
imageView.setLayoutParams(new LinearLayout.LayoutParams(200, 100));
//  获得 ImageView 控件的宽度和高度，并将获得的值显示在 Activity 的标题栏上
setTitle("height:" + imageView.getLayoutParams().width + "  height:" + imageView.getLayoutParams().height);
```

运行本节的例子后，将显示如图 5-25 所示的效果。

图 5-25　ImageView 控件

5.5.2 可显示图像指定区域的 ImageView 控件

工程目录：src/ch05/ch05_rectimageview

虽然 ImageView 控件可以用不同的缩放类型（通过 scaleType 属性设置）显示图像，但遗憾的是 ImageView 控件只能显示整个图像。如果只想显示图像的某一部分，单纯使用 ImageView 就无能为力了。

尽管 ImageView 控件无法实现这个功能，但可以采用"曲线救国"的方法来达到只显示图像某一部分的目的。该方法的基本原理是首先获得原图像的 Bitmap 对象，然后使用 Bitmap.createBitmap 方法将要显示的图像区域生成新的 Bitmap 对象，最后将这个新的 Bitmap 对象显示在 ImageView 控件上。

本例包含一个分辨率为 1024×768 的图像文件（background.jpg）。当触摸该图像的某一点时，将以该点为左上顶点的一个正方形区域复制到另一个 100×100 的 ImageView 控件中。下面的代码定义了两个 ImageView 控件，分别用于显示原图像和原图像的指定区域。

```xml
<!-- 显示原图像 -->
<ImageView android:id="@+id/imageview1" android:layout_width="fill_parent"
    android:background="#F00" android:layout_height="300dp" android:src="@drawable/background" />
<!-- 显示原图像的指定区域 -->
<ImageView android:id="@+id/imageview2" android:layout_width="100dp"
    android:background="#F00" android:layout_height="100dp"
    android:layout_marginTop="10dp" android:scaleType="fitCenter" />
```

本例的核心代码在 ImageView 类的 onTouch 事件方法中，要捕捉 onTouch 事件，必须实现 OnTouchListener 接口。onTouch 方法的代码如下：

```java
public boolean onTouch(View view, MotionEvent event)
{
    float scale = 1024 / 320;                    // 计算转换比例，320 为 ImageView 的宽度
    // 下面 4 行代码分别将触摸点坐标、截取区域的 width、height（在本例中是 100）转换成实际图像的值
    int x = (int) (event.getX() * scale);
    int y = (int) (event.getY() * scale);
    int width = (int) (100 * scale);
    int height = (int) (100 * scale);
    BitmapDrawable bitmapDrawable = (BitmapDrawable) imageView1.getDrawable();
    // 从原图像上截取指定区域的图像，并将生成的 Bitmap 对象显示在第 2 个 ImageView 控件中
    imageView2.setImageBitmap(Bitmap.createBitmap(bitmapDrawable.getBitmap(), x, y, width, height));
    return false;
}
```

由于 background.jpg 在 ImageView 控件中是按比例缩小显示的，因此，在复制图像区域时，需要将触摸点及图像区域的 width 和 height 转换成实际图像的值。在上面的代码中，首先计算了一个转换比例（scale 变量）。其中，1024 为原图像的宽度，320 是 ImageView 控件中的宽度（ImageView 的宽度和模拟器的宽度相同）。

运行本例后，单击第 1 个 ImageView 控件中的某一点，将显示如图 5-26 所示的效果。

5.5.3 动态缩放和旋转图像

工程目录：src/ch05/ch05_changeimage

缩放图像的方法很多，最简单的方法无疑是改变 ImageView 控件的大小。但应将 <ImageView> 标签的 android:scaleType 属性值设为 fitCenter。旋转图像可以用 android.graphics.Matrix 类的 setRotate 方法来实现，通过该方法可以指定旋转的任意度数。

在本例中提供了两个拖动条（SeekBar 控件），第 1 个 SeekBar 用于缩放图像（android:max 属性值

为 240），第 2 个 SeekBar 用于旋转图像（android:max 属性值为 360，即通过该 SeekBar 可以使图像最多旋转 360 度）。

图 5-26　显示指定区域的 ImageView 控件

为了自适应屏幕的宽度（图像放大到与屏幕宽度相等时为止），本例中没有直接将第 1 个 SeekBar 的 android:max 属性值设为 240，而是使用如下代码来获得屏幕的宽度，并将屏幕宽度与图像的最小宽度（在本例中是 minWidth 变量，值为 80）的差作为 android:max 属性的值。

```
DisplayMetrics dm = new DisplayMetrics();
getWindowManager().getDefaultDisplay().getMetrics(dm);
seekBar1.setMax(dm.widthPixels - minWidth);
```

在 SeekBar 类的 onProgressChanged 事件方法中需要控制图像的缩放和旋转，代码如下：

```
public void onProgressChanged(SeekBar seekBar, int progress, boolean fromUser)
{
    // 处理图像缩放
    if (seekBar.getId() == R.id.seekBar1)
    {
        int newWidth = progress + minWidth;          // 计算缩放后图像的新宽度
        int newHeight = (int) (newWidth * 3 / 4);    // 计算缩放后图像的新高度
        // 设置 ImageView 的大小
        imageView.setLayoutParams(new LinearLayout.LayoutParams(newWidth,newHeight));
        textView1.setText("图像宽度：" + newWidth + "  图像高度：" + newHeight);
    }
    // 处理图像旋转
    else if (seekBar.getId() == R.id.seekBar2)
    {
        // 装载 dreamyworld_small.jpg 文件，并返回该文件的 Bitmap 对象
        Bitmap bitmap = ((BitmapDrawable) getResources().getDrawable(R.drawable.dreamyworld_small))
                .getBitmap();
        // 设置图像的旋转角度
        matrix.setRotate(progress);
        // 旋转图像，并生成新的 Bitmap 对象
        bitmap = Bitmap.createBitmap(bitmap, 0, 0, bitmap.getWidth(), bitmap.getHeight(), matrix, true);
        // 重新在 ImageView 控件中显示旋转后的图像
        imageView.setImageBitmap(bitmap);
```

```
            textView2.setText(progress + "度");
        }
}
```

在编写上面代码时,需要注意以下 3 点:

- 由于在本例中,允许图像的最小宽度是 80,因此,缩放后的新宽度应为 seekBar1 的当前进度与最小宽度(minWidth)之和。新高度可以根据新宽度计算出来。
- 由于图像的宽度和高度之比是 4:3,因此,显示图像的 ImageView 控件 android:layout_width 和 android:layout_height 属性的值的比例也应该是 4:3,例如,在本例中这两个属性值分别是 200dp 和 150dp。并且为了保证图像和 ImageView 控件的大小相同,android:scaleType 属性值应设为 fitCenter。
- 由于显示在 ImageView 控件中的图像文件(dreamyworld.jpg)过大,经常旋转时系统会抛出异常。因此,在本例中使用了一个比 dreamyworld.jpg 文件小的 dreamyworld_small.jpg 文件进行缩放。

运行本例后,拖动第 1 个和第 2 个 SeekBar 对图像进行缩放和旋转,将显示如图 5-27 所示的效果。

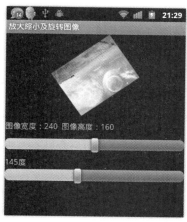

图 5-27 缩放和旋转图像

5.5.4 列表控件:ListView

工程目录:src/ch05/ch05_listview

ListView 控件用于以列表的形式显示数据,采用 MVC 模式将前端显示与后端数据进行分离。也就是说,ListView 控件在装载数据时并不是直接使用 ListView 类的 add 或类似的方法添加数据,而是需要指定一个 Adapter 对象。该对象相当于 MVC 模式中的 C(Controller,控制器)。ListView 相当于 MVC 模式中的 V(View,视图),用于显示数据。为 ListView 提供数据的 List 或数组相当于 MVC 模式中的 M(Model,模型)。

在 ListView 控件中通过控制器(Adapter 对象)获得需要显示的数据。在创建 Adapter 对象时需要指定要显示的数据(List 或数组对象),因此,要显示的数据与 ListView 之间通过 Adapter 对象进行连接,同时又互相独立。也就是说,ListView 只知道显示的数据来自 Adapter,并不知道这些数据是来自 List 还是数组。对于数据来说,只知道将这些数据添加到 Adapter 对象中,并不知道这些数据会被用于 ListView 控件或其他控件。

在操作 ListView 控件之前,先来定义一个 ListView 控件,代码如下:

```
<ListView android:id="@+id/lvCommonListView"
    android:layout_width="fill_parent" android:layout_height="wrap_content" />
```

从前面的描述可知,向 ListView 控件装载数据之前需要创建一个 Adapter 对象,代码如下:

```
ArrayAdapter<String> aaData = new ArrayAdapter<String>(this,android.R.layout.simple_list_item_1, data);
```

在上面的代码中创建了一个 android.widget.ArrayAdapter 对象。ArrayAdapter 类的构造方法需要一个 android.content.Context 对象,因此,在本例中使用当前 Activity 的对象实例(this)作为 ArrayAdapter 类的构造方法的第 1 个参数值。除此之外,ArrayAdapter 还需要完成如下两件事:

- 指定列表项的模板，也就是一个 XML 布局文件的资源 ID。
- 指定在列表项中显示的数据。

其中，XML 布局文件的资源 ID 通过 ArrayAdapter 类的构造方法的第 2 个参数传递，列表项中显示的数据（List 对象或数组）通过第 3 个参数传递。在本例中使用了 Android SDK 提供的 XML 布局文件（simple_list_item_1.xml），对应的资源 ID 是 android.R.layout.simple_list_item_1。该布局文件可以在 <Android SDK 安装目录>\platforms\android-1.5\data\res\layout 目录中找到（实际上，所有系统提供的 XML 布局文件都在该目录下），代码如下：

```xml
<?xml version="1.0" encoding="utf-8"?>
<TextView xmlns:android="http://schemas.android.com/apk/res/android"
    android:id="@android:id/text1"
    android:layout_width="fill_parent"
    android:layout_height="wrap_content"
    android:textAppearance="?android:attr/textAppearanceLarge"
    android:gravity="center_vertical"
    android:paddingLeft="6dip"
    android:minHeight="?android:attr/listPreferredItemHeight"
/>
```

从上面的代码可以看出，在 simple_list_item_1.xml 文件中只定义了一个 <TextView> 标签，因此，使用这个布局文件相当于在 ListView 中只显示简单的文本列表项。

ArrayAdapter 类的构造方法的第 3 个参数值（data）是一个 String[]对象，代码如下：
```
private static String[] data = new String[]
{ "机器化身", "变形金刚（真人版）2", "第九区", "火星任务", "人工智能", "钢铁侠", "铁臂阿童木", "未来战士",
"星际传奇","侏罗纪公园 2:失落的世界    简介：本片原名《失落的世界》，由史蒂文. 斯皮尔伯格率领《侏罗纪公园》的高个子数学专家杰夫高布伦，重回培养过恐龙的桑纳岛。" };
```

 除去可以使用 String[]对象作为 Adapter 的数据源外，还可以使用 List 对象达到同样的效果，因此，可以使用 List 对象代替上面代码中的 data 变量。具体代码请读者参阅网站提供的源代码。

在创建完 ArrayAdapter 对象后，需要使用 ListView 类的 setAdapter 方法将 ArrayAdapter 对象与 ListView 控件绑定，代码如下：

```
ListView lvCommonListView = (ListView) findViewById(R.id.lvCommonListView);
lvCommonListView.setAdapter(aaData);
```

调用 setAdapter 方法后，ListView 控件的每一个列表项都会使用 simple_list_item_1.xml 文件定义的模板来显示，并将 data 数组中的每一个元素赋值给每一个列表项（一个列表项就是在 simple_list_item_1.xml 中定义的 TextView 控件）。

在默认情况下，ListView 控件选中的是第 1 项。如果想一开始就选中指定的列表项，需要使用 ListView 类的 setSelection 方法进行设置，代码如下：

```
lvCommonListView.setSelection(6);        // 选中第 7 个列表项
```

与列表项相关的有如下两个事件：
- ItemSelected（列表项被选中时发生）
- ItemClick（单击列表项时发生）

为了截获这两个事件，需要分别实现 OnItemSelectedListener 和 OnItemClickListener 接口。在本例中，分别在这两个接口的事件方法中输出相应的日志信息，读者可以在 DDMS 透视图的 LogCat 视图中查看这些事件的调用顺序。

运行本例后，将显示如图 5-28 所示的效果。

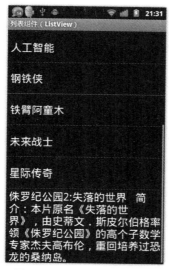

图 5-28　ListView 控件效果

 如果列表项要显示的文本太多，ListView 控件并不会出现水平滚动条，而是将文本折行显示。

5.5.5　可以单选和多选的 ListView

工程目录：src/ch05/ch05_choicelistview

只显示简单文本的列表项不能进行多选。如果想选择多个列表项，就需要在每个列表项上添加 RadioButton、CheckBox 等控件。当然，向列表项添加控件的方法很多，但 ListView 提供了一种非常简单的方式向列表项添加多选按钮（RadioButton）。这种方式与上一节使用的方法类似，只是需要使用 simple_list_item_multiple_choice.xml 布局文件，该布局文件对应的资源 ID 如下：

android.R.layout.simple_list_item_multiple_choice

除此之外，可以向列表项添加 CheckBox 和 CheckedTextView（用对号作为被选择的标志）控件。添加这两个控件分别需要使用 simple_list_item_single_choice.xml 和 simple_list_item_checked.xml 布局文件，这两个布局文件分别对应如下资源 ID：

android.R.layout.simple_list_item_single_choice
android.R.layout.simple_list_item_checked

虽然从表面上看，使用上述 3 个布局文件添加的是 RadioButton、CheckBox 和 CheckedTextView 控件，但实际上，在这 3 个布局文件中只使用了 CheckedTextView 控件。之所以会显示不同的风格，是因为设置了 <CheckedTextView> 标签的 android:checkMark 属性，例如，simple_list_item_multiple_choice.xml 文件的代码如下：

```xml
<?xml version="1.0" encoding="utf-8"?>
<CheckedTextView xmlns:android="http://schemas.android.com/apk/res/android"
    android:id="@android:id/text1"
    android:layout_width="fill_parent"
    android:layout_height="?android:attr/listPreferredItemHeight"
    android:textAppearance="?android:attr/textAppearanceLarge"
```

```
    android:gravity="center_vertical"
    android:checkMark="?android:attr/listChoiceIndicatorSingle"
    android:paddingLeft="6dip"
    android:paddingRight="6dip"
/>
```

本例在垂直方向显示了 3 个 ListView 控件，分别用来演示上述 3 个布局文件的效果。设置这 3 个 ListView 的代码如下：

```
String[] data = new String[]{ "机器化身", "变形金刚（真人版）2" };
//    CheckedTextView
ArrayAdapter<String> aaCheckedTextViewAdapter =
    new ArrayAdapter<String>(this, android.R.layout.simple_list_item_checked, data);
lvCheckedTextView.setAdapter(aaCheckedTextViewAdapter);
//    设置成单选模式
lvCheckedTextView.setChoiceMode(ListView.CHOICE_MODE_SINGLE);
//    RadioButton
ArrayAdapter<String> aaRadioButtonAdapter =
    new ArrayAdapter<String>(this, android.R.layout.simple_list_item_single_choice, data);
lvRadioButton.setAdapter(aaRadioButtonAdapter);
//    设置成单选模式
lvRadioButton.setChoiceMode(ListView.CHOICE_MODE_SINGLE);
//    CheckBox
ArrayAdapter<String> aaCheckBoxAdapter =
    new ArrayAdapter<String>(this, android.R.layout.simple_list_item_multiple_choice, data);
lvCheckBox.setAdapter(aaCheckBoxAdapter);
//    设置成多选模式
lvCheckBox.setChoiceMode(ListView.CHOICE_MODE_MULTIPLE);
```

如果只设置列表项的模板（3 个布局文件的资源 ID），在单击列表项时，相应的选项控件并不会被选中。因此，在设置列表项的模板后，还需要使用 ListView 类的 setChoiceMode 方法设置选择的模式（单选或多选）。

运行本例，单击相应的列表项后，将显示如图 5-29 所示的效果。

图 5-29 可单选和多选的 ListView 效果

ListView 控件并不以添加了哪个选择控件作为单选和多选的标准。也就是说,添加了 RadioButton 并不代表当前的 ListView 只能进行单选,如果将添加了 RadioButton 的 ListView 的选择模式设为 ListView.CHOICE_MODE_MULTIPLE,那么 ListView 仍然可以进行多选。因此,本节介绍的 3 个选择控件(RadioButton、CheckBox 和 CheckedTextView)都可以进行单选和多选。

5.5.6 动态添加、删除 ListView 列表项

工程目录:src/ch05/ch05_dynamiclistview

对 ListView 控件的动态操作(添加、删除列表项)往往是一个系统中必不可少的功能。本例中通过一个自定义的 Adapter,实现了动态向 ListView 中添加文本和图像列表项、删除某个被选中的列表项,以及清空所有的列表项。

编写一个自定义的 Adapter 类一般需要从 android.widget.BaseAdapter 类继承。在 BaseAdapter 类中有两个非常重要的方法:getView 和 getCount。其中 ListView 在显示某一个列表项时,会调用 getView 方法来返回要显示的列表项的 View 对象。getCount 方法返回当前 ListView 控件中列表项的总数。在添加或删除列表项后,getCount 方法返回的值要进行调整,否则 ListView 可能会出现异常情况。

在本例中要向 ListView 添加两类列表项:文本列表项和图像列表项。因此,getView 方法要根据当前列表项返回 TextView 或 ImageView 对象。在添加文本列表项时直接使用 String 类型的值,添加图像列表项时使用图像资源 ID。因此,需要在自定义 Adapter 类(ViewAdapter)中添加两个方法来添加文本和图像列表项,这两个方法的代码如下:

```java
public void addText(String text)
{
    textIdList.add(text);
    notifyDataSetChanged();
}
public void addImage(int resId)
{
    textIdList.add(resId);
    notifyDataSetChanged();
}
```

在上面的代码中,将文本列表项的字符串和图像列表项的资源 ID 都添加到 textIdList 变量中,该变量是一个 List 对象,代码如下:

```java
private List textIdList = new ArrayList();
```

在添加完相应的数据后,需要使用 BaseAdapter 类的 notifyDataSetChanged 方法来通知 Adapter 对象数据已经变化,并由系统调用 getView 方法来返回相应的 View 对象。getView 方法的代码如下:

```java
public View getView(int position, View convertView, ViewGroup parent)
{
    String inflater = Context.LAYOUT_INFLATER_SERVICE;
    LayoutInflater layoutInflater = (LayoutInflater) context.getSystemService(inflater);
    LinearLayout linearLayout = null;
    // 处理文本列表项
    if (textIdList.get(position) instanceof String)
    {
        // 装载 text.xml 布局文件
        linearLayout = (LinearLayout) layoutInflater.inflate(R.layout.text, null);
        TextView textView = ((TextView) linearLayout.findViewById(R.id.textview));
        textView.setText(String.valueOf(textIdList.get(position)));
    }
```

```java
        // 处理图像列表项
        else if (textIdList.get(position) instanceof Integer)
        {
            //  装载 image.xml 布局文件
            linearLayout = (LinearLayout) layoutInflater.inflate(R.layout.image, null);
            ImageView imageView = (ImageView) linearLayout.findViewById(R.id.imageview);
            imageView.setImageResource(Integer.parseInt(String.valueOf(textIdList.get(position))));
        }
        return linearLayout;
    }
```

在编写上面代码时，应注意如下 4 点：

- 由于 BaseAdapter 类并不像 Activity 类有 getLayoutInflater()方法可以获得 LayoutInflater 对象，因此，需要使用 Context 类的 getSystemService 方法来获得 LayoutInflater 对象。
- 在本例中使用了两个 XML 布局文件（text.xml 和 image.xml），分别作为文本列表项和图像列表项的模板。这两个布局文件分别包含一个<TextView>和<ImageView>标签。
- 特别要注意的是 getView 方法的调用。ListView 会根据当前可视的列表项决定什么时候调用 getView 方法，调用几次 getView 方法。例如，ListView 中有 10000 个列表项，但 getView 方法并不会立刻调用 10000 次，而是根据当前屏幕上可见或即将显示的列表项调用，并通过 position 参数将当前列表项的位置（从 0 开始）传入 getView 方法。当然，开发人员一般不需要关心 ListView 是在什么时候调用 getView 方法的，而只要关注于当前要返回的列表项（View 对象）即可。
- 由于文本列表项和图像列表项的数据是从 List 对象（textIdList 变量）中获得的，因此要注意边界问题。也就是说，getCount 方法要返回正确的列表项个数，也就是 List 对象的元素个数。也可以认为 getView 方法的 position 参数值就是 List 对象中某个元素的索引。如果这时 getCount 方法返回了不正确的列表项个数（返回值比 List 对象中的元素个数还大），position 的值可能会超过 List 对象的边界，系统就会抛出异常。

列表项的 View 对象一定要在 getView 方法中创建（或在 getView 方法中调用创建 View 对象的其他方法）。不能事先创建好 View 对象，然后在 getView 方法中返回这些 View 对象。例如，在 addText 方法中创建了一个 View 对象，并将其保存在 List 对象中（与保存文本列表项中的文本信息一样），然后在 getView 方法中返回这个事先建立的 View 对象。

在 ViewAdapter 类中除了添加列表项的方法外，还需要添加两个用于删除列表项的方法：remove 和 removeAll，代码如下：

```java
//  删除指定的列表项
public void remove(int index)
{
    if (index < 0) return;
    textIdList.remove(index);
    notifyDataSetChanged();
}
//  删除所有的列表项
public void removeAll()
{
    textIdList.clear();
    notifyDataSetChanged();
}
```

ViewAdapter 类还有一些其他的方法，这些方法的实现代码并不是最重要的，在这里并不详细解释这些代码，读者可以参阅本书提供的源代码。最后看一下 ViewAdapter 类的框架代码：

```java
// ViewAdapter 为 Main 类的内嵌类
private class ViewAdapter extends BaseAdapter
{
    private Context context;
    private List textIdList = new ArrayList();
    @Override
    public View getView(int position, View convertView, ViewGroup parent){ ... ...}
    public ViewAdapter(Context context) {    this.context = context;    }
    @Override
    public long getItemId(int position){    return position;    }
    @Override
    public int getCount(){    return textIdList.size();    }
    @Override
    public Object getItem(int position){    return textIdList.get(position);    }
    public void addText(String text){ ... ... }
    public void addImage(int resId){ ... ... }
    public void remove(int index) { ... ... }
    public void removeAll() { ... ... }
}
```

在创建完 ViewAdapter 类后，需要将该类的对象绑定到 ListView 上，代码如下：

```java
lvDynamic = (ListView) findViewById(R.id.lvDynamic);
ViewAdapter viewAdapter = new ViewAdapter(this);
lvDynamic.setAdapter(viewAdapter);
```

本例在屏幕的正上方添加 4 个按钮，分别用来添加文本和图像列表项、删除当前列表项和删除所有的列表项。这 4 个按钮共用一个单击事件方法，代码如下：

```java
public void onClick(View view)
{
    switch (view.getId())
    {
        //  添加文本列表项
        case R.id.btnAddText:
            int randomNum = new Random().nextInt(data.length);
            viewAdapter.addText(data[randomNum]);
            break;
        //  添加图像列表项
        case R.id.btnAddImage:
            viewAdapter.addImage(getImageResourceId());
            break;
        //  删除当前列表项
        case R.id.btnRemove:
            viewAdapter.remove(selectedIndex);
            selectedIndex = -1;
            break;
        //  删除所有的列表项
        case R.id.btnRemoveAll:
            viewAdapter.removeAll();
            break;
    }
}
```

其中 data 变量为一个 String[]对象，定义了在列表项中显示的文本集合。getImageResourceId 方法从 5 个图像资源中，随机选择一个图像资源 ID 作为当前添加的图像列表项的图像资源 ID，代码如下：

```java
private int getImageResourceId()
{
    int[] resourceIds = new int[]
    { R.drawable.item1, R.drawable.item2, R.drawable.item3,sR.drawable.item4, R.drawable.item5 };
```

```
        return resourceIds[new Random().nextInt(resourceIds.length)];
}
```
运行本例后,添加一些文本和图像列表项,将显示如图 5-30 所示的效果。

图 5-30 动态添加、删除列表项效果

5.5.7 改变 ListView 列表项选中状态的背景颜色

工程目录: src/ch05/ch05_colorlistview

前面的章节中使用的 ListView 列表项在选中状态的背景都是黄色的。实际上,可以将选中状态的背景改成任意颜色,甚至是绚丽的图像。

改变列表项选中状态的背景色可以使用<ListView>标签的 android:listSelector 属性,也可以使用 ListView 类的 setSelector 方法。例如,将背景设为绿色的方法是先将一个绿色的 png 图(green.png)复制到 res\drawable 目录中,然后在<ListView>标签中设置 android:listSelector="@drawable/green",或使用如下代码:

```
ListView listView = (ListView) findViewById(R.id.listview);
listView.setSelector(R.drawable.green);
```

在本例中有 3 个 RadioButton 控件,分别将列表项选中状态的背景颜色设置成默认颜色、绿色和光谱颜色。这 3 个 RadioButton 控件共享一个单击事件方法,代码如下:

```
public void onClick(View view)
{
    switch (view.getId())
    {
        case R.id.rbdefault:
            //  设置成默认背景颜色
            listView.setSelector(defaultSelector);
            break;
        case R.id.rbGreen:
```

```
            //  设置绿色背景
            listView.setSelector(R.drawable.green);
            break;
        case R.id.rbSpectrum:
            //  设置光谱背景
            listView.setSelector(R.drawable.spectrum);
            break;
    }
}
```

在上面代码中的 defaultSelector 是 Drawable 类型变量，该变量表示列表项被选中状态默认的背景颜色，通过 ListView 类的 getSelector 方法可获得该值。

运行本例后，分别单击"绿色"和"光谱"RadioButton 控件，将显示如图 5-31 和图 5-32 所示的效果。

图 5-31　设置绿色背景效果

图 5-32　设置光谱背景效果

5.5.8　封装 ListView 的 Activity：ListActivity

ListActivity 实际上是 ListView 和 Activity 的结合体。也就是说，一个 ListActivity 就是只包含一个 ListView 控件的 Activity。在 ListActivity 类的内部通过代码来创建 ListView 对象，因此，使用 ListActivity 并不需要使用 XML 布局文件来定义 ListView 控件。

如果在某些 Activity 中只包含一个 ListView，使用 ListActivity 是非常方便的。可以通过 ListActivity 类的 setListAdapter 方法来设置 Adapter 对象。该方法相当于调用了 ListView 类的 setAdapter 方法。

也可以通过 ListActivity 类的 getListView 方法获得当前 ListActivity 的 ListView 对象，并像操作普通的 ListView 对象一样操作 ListActivity 中的 ListView 对象。在实例 32 和实例 33 中将使用 ListActivity 来创建 ListView 对象。

5.5.9 使用 SimpleAdapter 建立复杂的列表项

工程目录：src/ch05/ch05_simpleadapter

在 5.5.6 节的例子中使用自定义 Adapter 类的方法动态添加了图像列表项，除此之外，Android SDK 还提供了更简单的方法来完成这个工作，这就是 SimpleAdapter 类。SimpleAdapter 类只有一个构造方法，其定义如下：

```
public SimpleAdapter(Context context, List<? extends Map<String, ?>> data, int resource, String[] from, int[] to)
```

其中第 1 个参数 context 不必多说了，这个参数在前面已经多次提到过了，一般在 Activity 的子类中使用 this 作为该参数的值。现在需要着重说的是后 4 个参数。

data 是一个 List 类型的参数，而 List 对象的元素类型是一个 Map<String, ?>类型。先看一个本例所使用的布局文件（main.xml）的内容，然后再说明 data 参数的含义。main.xml 文件的内容如下：

```xml
<?xml version="1.0" encoding="utf-8"?>
<LinearLayout xmlns:android="http://schemas.android.com/apk/res/android"
    android:orientation="horizontal" android:layout_width="fill_parent"
    android:layout_height="wrap_content">
    <ImageView android:id="@+id/ivLogo" android:layout_width="60dp"
        android:layout_height="60dp" android:src="@drawable/icon"
        android:paddingLeft="10dp"   />
    <TextView android:id="@+id/tvApplicationName"
        android:layout_width="wrap_content" android:layout_height="fill_parent"
        android:textSize="16dp"  android:gravity="center_vertical" android:paddingLeft="10dp"/>
</LinearLayout>
```

上面代码中定义了两个控件：ImageView 和 TextView。这个布局文件将作为列表项的模板来显示每一个列表项。因此，每一个列表项都要根据不同的情况设置 ImageView 的图像和 TextView 的文本。假设要添加两个列表项，就意味着需要设置 4 个值（每个列表项 2 个值）。每个列表项的值可以用一个 Map 对象来表示。key 表示相应控件的 id 值（在本例中是 ivLogo 和 tvApplicationName），value 表示具体的值。在本例中，需要使用如下代码来设置这两个列表项的值：

```java
Map<String, Object> item1 = new HashMap<String, Object>();
// 设置第 1 个列表项的数据
item1.put("ivLogo", R.drawable.calendar);
item1.put("ivApplicationName", "多功能日历");
Map<String, Object> item2 = new HashMap<String, Object>();
// 设置第 2 个列表项的数据
item2.put("ivLogo", R.drawable.eoemarket);
item2.put("ivApplicationName", "eoemarket 客户端");
List<Map<String, Object>> data = new ArrayList<Map<String, Object>>();
// 将两个 Map 对象添加到 List 对象中，该对象就是 SimpleAdapter 构造方法的第 2 个参数值
data.add(item1);
data.add(item2);
```

从上面的代码可以很容易地知道 data 参数表示所有列表项的数据，List 对象的元素（Map 对象）表示列表项的数据。

SimpleAdapter 类的构造方法的第 3 个参数 resource 表示列表项模板的资源 ID，在本例中是 R.layout.main。from 和 to 参数分别表示 XML 布局文件（main.xml）中控件标签的 android:id 属性值及该控件对应的资源 ID。在本例中使用如下代码设置这两个参数的值：

```java
String[] from = new String[]{ "ivLogo", "tvApplicationName" };
int[] to = new int[]{ R.id.ivLogo, R.id.tvApplicationName };
```

from 和 to 数组设置的控件的顺序要一致，也就是说，from 的第 n 个元素要对应于 to 的第 n 个元素。但 from 和 to 数组的顺序可以和 data 参数中设置列表项的顺序不一致。

本例在 onCreate 方法中使用上述方式创建了 SimpleAdapter 对象，并将该对象与 ListActivity 对象进行绑定，完整的代码如下：

```java
public void onCreate(Bundle savedInstanceState)
{
    super.onCreate(savedInstanceState);
    List<Map<String, Object>> appItems = new ArrayList<Map<String, Object>>();
    // 设置 data 参数的值，其中 resIds 和 applicationNames 保存列表项中相应控件的值
    for (int i = 0; i < applicationNames.length; i++)
    {
        Map<String, Object> appItem = new HashMap<String, Object>();
        appItem.put("ivLogo", resIds[i]);
        appItem.put("tvApplicationName", applicationNames[i]);
        appItems.add(appItem);
    }
    SimpleAdapter simpleAdapter = new SimpleAdapter(this, appItems,
            R.layout.main, new String[]{ "tvApplicationName", "ivLogo" },
            new int[]{ R.id.tvApplicationName,   R.id.ivLogo});
    setListAdapter(simpleAdapter);
}
```

运行本例后，将显示如图 5-33 所示的效果。

图 5-33　带文本和图像的列表项效果

5.5.10　给应用程序评分

工程目录：src/ch05/ch05_ratinglistview

虽然使用 SimpleAdapter 可以向 ListView 添加复杂的列表项，但 SimpleAdapter 类支持的控件仍然有限。目前 SimpleAdapter 类只支持如下 3 种控件：

- 实现 Checkable 接口的控件类。
- TextView 类及其子类。
- ImageView 类及其子类。

如果在列表项中出现了其他的控件，除非这些控件使用的是静态值，否则无法使用 SimpleAdapter 动态地为这些控件设置相应的值。

在本例中除了使用 SimpleAdapter 支持的 TextView 和 ImageView 控件外，还使用了一个评分控件（RatingBar）来显示应用程序的分数。因此，无法使用 SimpleAdapter 来为每一个列表项中的控件赋值。所以在本例中仍然使用自定义 Adapter 类来处理每一个列表项中的控件。

在实现本例之前，先看一下效果。运行本例后，将显示如图 5-34 所示的界面。单击第 3 个列表项，将显示如图 5-35 所示的评分对话框。

图 5-34　应用软件评分列表

图 5-35　给应用软件评分

现在开始实现本例，先来看一下列表项的模板文件（main.xml）的内容：

```xml
<?xml version="1.0" encoding="utf-8"?>
<LinearLayout xmlns:android="http://schemas.android.com/apk/res/android"
    android:orientation="horizontal" android:layout_width="fill_parent"
    android:layout_height="wrap_content" android:gravity="center_vertical">
    <ImageView android:id="@+id/ivLogo" android:layout_width="60dp"
        android:layout_height="60dp" android:src="@drawable/icon" android:paddingLeft="5dp" />
    <RelativeLayout xmlns:android="http://schemas.android.com/apk/res/android"
        android:orientation="vertical" android:layout_width="wrap_content"
        android:layout_height="wrap_content" android:gravity="right" android:padding="10dp">
        <TextView android:id="@+id/tvApplicationName"
            android:layout_width="wrap_content" android:layout_height="wrap_content"
            android:textSize="16dp" />
        <TextView android:id="@+id/tvAuthor" android:layout_width="wrap_content"
            android:layout_height="wrap_content" android:layout_below="@id/tvApplicationName"
            android:textSize="14dp" />
    </RelativeLayout>
    <RelativeLayout xmlns:android="http://schemas.android.com/apk/res/android"
        android:orientation="vertical" android:layout_width="fill_parent"
        android:layout_height="wrap_content" android:gravity="right" android:padding="10dp">
        <TextView android:id="@+id/tvRating" android:layout_width="wrap_content"
            android:layout_height="wrap_content" android:text="5.0" />
        <RatingBar android:id="@+id/ratingbar" android:layout_width="wrap_content"
            android:layout_height="wrap_content" android:numStars="5"
```

```
        style="?android:attr/ratingBarStyleSmall" android:layout_below="@id/tvRating" />
    </RelativeLayout>
</LinearLayout>
```

现在建立一个自定义的 Adapter 类（RatingAdapter）来为上面定义的 5 个控件赋值。RatingAdapter 类的 getView 方法的代码如下：

```
public View getView(int position, View convertView, ViewGroup parent)
{
    LinearLayout linearLayout = (LinearLayout) layoutInflater.inflate(R.layout.main, null);
    ImageView ivLogo = (ImageView) linearLayout.findViewById(R.id.ivLogo);
    TextView tvApplicationName = ((TextView) linearLayout.findViewById(R.id.tvApplicationName));
    TextView tvAuthor = (TextView) linearLayout.findViewById(R.id.tvAuthor);
    TextView tvRating = (TextView) linearLayout.findViewById(R.id.tvRating);
    RatingBar ratingBar = (RatingBar) linearLayout.findViewById(R.id.ratingbar);
    ivLogo.setImageResource(resIds[position]);
    tvApplicationName.setText(applicationNames[position]);
    tvAuthor.setText(authors[position]);
    tvRating.setText(String.valueOf(applicationRating[position]));
    ratingBar.setRating(applicationRating[position]);
    return linearLayout;
}
```

其中 layoutInflater 是在 RatingAdapter 类的构造方法中创建的 LayoutInflater 类型的变量。在上面代码中使用了 5 个数组变量，这 5 个数组变量分别保存在 main.xml 文件中定义的 5 个控件在每一个列表项中的值。

在单击每一个列表项时，会弹出一个设置当前列表项中应用程序分数的对话框，因此，需要在 RatingAdapter 类中添加一个 setRating 方法来设置修改后的分数，代码如下：

```
public void setRating(int position, float rating)
{
    applicationRating[position] = rating;
    notifyDataSetChanged();
}
```

列表项的单击事件方法的代码如下：

```
protected void onListItemClick(ListView l, View view, final int position, long id)
{
    View myView = getLayoutInflater().inflate(R.layout.rating, null);
    final RatingBar ratingBar = (RatingBar) myView.findViewById(R.id.ratingbar);
    // 设置评分控件的当前分数
    ratingBar.setRating(applicationRating[position]);
    // 弹出评分对话框
    new AlertDialog.Builder(this).setTitle(applicationNames[position])
        .setMessage("给应用程序打分").setIcon(resIds[position])
        .setView(myView).setPositiveButton("确定", new OnClickListener()
        {
            @Override
            public void onClick(DialogInterface dialog, int which)
            {
                // 将评分控件设置的分数赋给列表项中的评分控件
                raAdapter.setRating(position, ratingBar.getRating());
            }
        }).setNegativeButton("取消", null).show();
}
```

5.5.11　可展开的列表控件：ExpandableListView

工程目录：src/ch05/ch05_expandableListview

Android SDK 提供了一个可以展开的 ListView 控件 ExpandableListView。与菜单和子菜单类似，ExpandableListView 的列表项分为列表项和子列表项，单击组列表项后，会显示当前列表项下的子列表项。

ExpandableListView 是 ListView 的直接子类，因此，ExpandableListView 拥有 ListView 的一切特性。当然，与 ListView 一样，ExpandableListView 类也有一个与之对应的 ExpandableListActivity 类，该类包含一个 ExpandableListView 控件，如果 Activity 上只有一个 ExpandableListView 控件，建议直接使用 ExpandableListActivity 类来代替 Activity 类。

本节将使用 ExpandableListActivity 类来创建 ExpandableListView 对象，并添加几个列表项和相应的子列表项。ExpandableListView 的用法与 ExpandableListActivity 非常相似，读者可参考本例提供的代码来使用 ExpandableListView 控件。

与 ListActivity 一样，ExpandableListActivity 类也需要一个 Adapter 类。在本例中使用了一个定制的 Adapter 类（MyExpandableListAdapter），该类从 BaseExpandableListAdapter 继承。在 MyExpandableList-Adapter 类中有两个核心方法：getGroupView 和 getChildView。这两个方法分别用来返回列表项和子列表项的 View 对象，代码如下：

```java
public View getGroupView(int groupPosition, boolean isExpanded, View convertView, ViewGroup parent)
{
    TextView textView = getGenericView();
    // 获得并设置列表项的文本，getGroup 方法从一个一维数组中获得相应的字符串
    textView.setText(getGroup(groupPosition).toString());
    return textView;
}
public View getChildView(int groupPosition, int childPosition,
    boolean isLastChild, View convertView, ViewGroup parent)
{
    TextView textView = getGenericView();
    // 获得并设置子列表项的文本，getChild 方法从一个二维数组中获得相应的字符串
    textView.setText(getChild(groupPosition, childPosition).toString());
    return textView;
}
```

在上面代码中使用了一个 getGenericView 方法，在该方法中创建了一个 TextView 对象，并设置了相应的属性，代码如下：

```java
public TextView getGenericView()
{
    AbsListView.LayoutParams lp = new AbsListView.LayoutParams(
            ViewGroup.LayoutParams.FILL_PARENT, 64);
    TextView textView = new TextView(Main.this);
    textView.setLayoutParams(lp);
    textView.setGravity(Gravity.CENTER_VERTICAL | Gravity.LEFT);
    textView.setPadding(36, 0, 0, 0);
    textView.setTextSize(20);
    return textView;
}
```

ExpandableListActivity 类也需要使用 setListAdapter 方法指定 Adapter 对象，代码如下：

```java
ExpandableListAdapter adapter = new MyExpandableListAdapter();
setListAdapter(adapter);
```

当单击子列表项时会弹出一个菜单，因此，需要在 onCreate 方法中使用下面的代码将上下文菜单注册到 ExpandableListView 上：

```java
registerForContextMenu(getExpandableListView());
```

在本例中，与上下文菜单相关的事件方法是 onCreateContextMenu 和 onContextItemSelected。当单击子列表项时，系统会调用 onCreateContextMenu 方法创建弹出菜单。单击菜单项时系统会调用 onContextItemSelected 方法。这两个方法的实现代码如下：

```java
// 创建上下文菜单
@Override
```

```
public void onCreateContextMenu(ContextMenu menu, View view,
        ContextMenuInfo menuInfo)
{
    ExpandableListContextMenuInfo info = (ExpandableListContextMenuInfo) menuInfo;
    //  获得当前列表项的类型
    int type = ExpandableListView.getPackedPositionType(info.packedPosition);
    //  获得当前列表项的文本
    String title = ((TextView) info.targetView).getText().toString();
    //  单击子菜单项时，弹出上下文菜单
    if (type == ExpandableListView.PACKED_POSITION_TYPE_CHILD)
    {
        menu.setHeaderTitle("弹出菜单");
        menu.add(0, 0, 0, title);
    }
}
//  响应菜单项单击事件
@Override
public boolean onContextItemSelected(MenuItem item)
{
    ExpandableListContextMenuInfo info = (ExpandableListContextMenuInfo) item
            .getMenuInfo();
    String title = ((TextView) info.targetView).getText().toString();
    Toast.makeText(this, title, Toast.LENGTH_SHORT).show();
    return true;
}
```

运行本节的例子后，单击第 1 个列表项"辽宁"的第 1 个子列表项"沈阳"，将显示如图 5-36 所示的效果。

图 5-36　可展开的 ListView 效果

5.5.12 下拉列表控件：Spinner

工程目录：src/ch05/ch05_spinner

Spinner 控件用于显示一个下拉列表。该控件的用法与 ListView 控件类似，在装载数据时也需要创建一个 Adapter 对象，并在创建 Adapter 对象的过程中指定要装载的数据（数组或 List 对象）。例如，下面的代码分别使用 ArrayAdapter 和 SimpleAdapter 对象向两个 Spinner 控件添加数据：

```java
public void onCreate(Bundle savedInstanceState)
{
    super.onCreate(savedInstanceState);
    setContentView(R.layout.main);
    //  处理第 1 个 Spinner 控件
    Spinner spinner1 = (Spinner) findViewById(R.id.spinner1);
    String[] applicationNames = new String[]
    { "多功能日历", "eoeMarket 客户端", "耐玩的重力消砖块", "白社会", "程序终结者" };
    ArrayAdapter<String> aaAdapter = new ArrayAdapter<String>(this,
            android.R.layout.simple_spinner_item, applicationNames);
    //  将 ArrayAdapter 对象与第 1 个 Spinner 控件绑定
    spinner1.setAdapter(aaAdapter);
    //  处理第 2 个 Spinner 控件
    Spinner spinner2 = (Spinner) findViewById(R.id.spinner2);
    final List<Map<String, Object>> items = new ArrayList<Map<String, Object>>();
    Map<String, Object> item1 = new HashMap<String, Object>();
    item1.put("ivLogo", R.drawable.calendar);
    item1.put("tvApplicationName", "多功能日历");
    Map<String, Object> item2 = new HashMap<String, Object>();
    item2.put("ivLogo", R.drawable.eoemarket);
    item2.put("tvApplicationName", "eoeMarket 客户端");
    items.add(item1);
    items.add(item2);
    SimpleAdapter simpleAdapter = new SimpleAdapter(this, items,
            R.layout.item, new String[]
            { "ivLogo", "tvApplicationName" }, new int[]
            { R.id.ivLogo, R.id.tvApplicationName });
    //  将 SimpleAdapter 对象与第 2 个 Spinner 控件绑定
    spinner2.setAdapter(simpleAdapter);
    //  为第 2 个 Spinner 控件设置 ItemSelected 事件
    spinner2.setOnItemSelectedListener(new OnItemSelectedListener()
    {
        @Override
        public void onItemSelected(AdapterView<?> parent, View view,
                int position, long id)
        {
            //  当选中某一个列表项时，弹出一个对话框，并显示相应的 Logo 图像和应用程序名
            new AlertDialog.Builder(view.getContext()).setTitle(
                    items.get(position).get("tvApplicationName").toString()).setIcon(
                    Integer.parseInt(items.get(position).get("ivLogo").toString())).show();
        }
        @Override
        public void onNothingSelected(AdapterView<?> parent)
        {
        }
    });
}
```

运行本节的例子后，单击第 1 个和第 2 个 Spinner 控件右侧的下拉按钮，将显示如图 5-37 和图 5-38 所示的效果。

图 5-37　只显示文本的下拉列表框　　　　图 5-38　带文本和图像的下拉列表框

5.5.13　垂直滚动视图控件：ScrollView

工程目录：src/ch05/ch05_scrollview

ScrollView 控件只支持垂直滚动，而且在 ScrollView 中只能包含一个控件。通常在<ScrollView>标签中定义一个<LinearLayout>标签，并且将<LinearLayout>标签的 android:orientation 属性值设为 vertical，然后在<LinearLayout>标签中放置多个控件。如果<LinearLayout>标签中的控件所占用的总高度超过屏幕的高度，就会在屏幕右侧出现一个滚动条。通过单击手机的上、下按钮或上下拖动屏幕，可以滚动视图来查看未显示的部分。

在本例的 XML 布局文件中配置了一些 TextView 和 ImageView 控件，由于控件的高度超过了屏幕的高度，因此，会在屏幕的右侧出现一个滚动条。布局文件的代码如下：

```xml
<?xml version="1.0" encoding="utf-8"?>
<ScrollView xmlns:android="http://schemas.android.com/apk/res/android"
    android:layout_width="fill_parent" android:layout_height="wrap_content">
    <LinearLayout android:orientation="vertical"
        android:layout_width="fill_parent" android:layout_height="fill_parent">
        <TextView android:layout_width="wrap_content"
            android:layout_height="wrap_content" android:text="滚动视图"
            android:textSize="30dp" />
        <ImageView android:layout_width="wrap_content"
            android:layout_height="wrap_content" android:src="@drawable/item1" />
        <TextView android:layout_width="wrap_content"
            android:layout_height="wrap_content" android:text="只支持垂直滚动"
            android:textSize="30dp" />
        <ImageView android:layout_width="wrap_content"
            android:layout_height="wrap_content" android:src="@drawable/item2" />
        <ImageView android:layout_width="wrap_content"
            android:layout_height="wrap_content" android:src="@drawable/item3" />
    </LinearLayout>
</ScrollView>
```

运行本例后，将显示如图 5-39 所示的效果。

图 5-39　垂直滚动视图效果

5.5.14　水平滚动视图控件：HorizontalScrollView

工程目录：src/ch05/ch05_horizontalscrollview

HorizontalScrollView 控件支持水平滚动，用法与 ScrollView 控件非常类似。在本例中仍然使用 5.5.6 节例子中使用的 5 个控件，只是将<ScrollView>改成<HorizontalScrollView>，将<LinearLayout>的 android:orientation 属性值改成 horizontal，代码如下：

```xml
<?xml version="1.0" encoding="utf-8"?>
<HorizontalScrollView xmlns:android="http://schemas.android.com/apk/res/android"
    android:layout_width="fill_parent" android:layout_height="wrap_content">
    <LinearLayout android:orientation="horizontal"
        android:layout_width="fill_parent" android:layout_height="fill_parent">
        <!-- 省略了控件的定义 -->
        ... ...
    </LinearLayout>
</HorizontalScrollView>
```

运行本例后，将显示如图 5-40 所示的效果。

5.5.15　可垂直和水平滚动的视图

工程目录：src/ch05/ch05_bothscrollview

如果将 ScrollView 和 HorizontalScrollView 控件结合使用，就可以实现垂直和水平滚动的效果。所谓结合，就是指在<ScrollView>标签中使用<HorizontalScrollView>标签，或在<HorizontalScrollView>标签中使用<ScrollView>标签，代码如下：

```xml
<?xml version="1.0" encoding="utf-8"?>
<ScrollView xmlns:android="http://schemas.android.com/apk/res/android"
    android:layout_width="fill_parent" android:layout_height="wrap_content">
    <HorizontalScrollView android:layout_width="fill_parent" android:layout_height="wrap_content">
        <RelativeLayout android:orientation="horizontal"
            android:layout_width="fill_parent" android:layout_height="fill_parent">
```

```
              <!-- 此处省略控件的配置 -->
              ……
           </RelativeLayout>
       </HorizontalScrollView>
   </ScrollView>
```

运行本例后，将显示如图 5-41 所示的效果。

图 5-40 水平滚动视图效果

图 5-41 可垂直和水平滚动的视图效果

> 虽然<ScrollView>和<HorizontalScrollView>标签无论谁包含谁都可以垂直和水平滚动，但也有一定的区别。如果<ScrollView>包含<HorizontalScrollView>（本例采用了这种方式），只有垂直滚动条拉到底才能看到水平滚动条。如果<HorizontalScrollView>包含<ScrollView>，只有水平滚动条拉到最右侧才能看到垂直滚动条。至于使用哪种方式，可根据具体的情况而定。

5.5.16 网格视图控件：GridView

工程目录：src/ch05/ch05_gridview

从名字很容易看出，GridView 控件用于显示一个表格。实际上，GridView 与前面讲的 ListView、Spinner 等控件的使用方法类似，只是 GridView 在显示方式上有所不同。GridView 控件采用了二维表的方式来显示列表项（也可称为单元格），每个单元格是一个 View 对象，在单元格上可以放置任何 Android 系统支持的控件。

既然 GridView 采用了二维表的方式显示单元格，就需要设置二维表的行和列。设置 GridView 的列可以使用<GridView>标签的 columnWidth 属性，也可以使用 GridView 类的 setColumnWidth 方法设置列数。GridView 中的单元格会根据列数自动折行显示，因此，并不需要设置 GridView 的行数。

在本例中使用了 SimpleAdapter 对象来指定 GridView 中每个单元格的数据（图像的资源 ID），在 GridView 的下方显示一个 ImageView 控件，当选中或单击某个单元格后，该单元格中的图像将被放大显示在这个 ImageView 控件中。下面是本例中的核心代码，在这些代码中创建了 SimpleAdapter 对象，并使用 GridView 类的 setAdapter 方法指定这个 SimpleAdapter 对象。

```
GridView gridView = (GridView) findViewById(R.id.gridview);
List<Map<String, Object>> cells = new ArrayList<Map<String, Object>>();
// resIds 是一个 int[]类型变量，保存了显示在 GridView 中的图像资源 ID
// 每一个单元格都是一个 ImageView 控件，android:id 属性值是 imageview
for (int i = 0; i < resIds.length; i++)
{
    Map<String, Object> cell = new HashMap<String, Object>();
    cell.put("imageview", resIds[i]);
    cells.add(cell);
}
SimpleAdapter simpleAdapter = new SimpleAdapter(this, cells,R.layout.cell, new String[]
        { "imageview" }, new int[]{ R.id.imageview });
gridView.setAdapter(simpleAdapter);
```

当单击或选中 GridView 中的单元格后，将分别调用相应的事件方法，并在这些方法中执行如下代码来切换 ImageView 控件中的图像：

```
imageView.setImageResource(resIds[position]);
```

运行本例后，选中或单击屏幕上方单元格中的图像，将在屏幕下方的 ImageView 控件中放大显示单元格中的图像，效果如图 5-42 所示。

图 5-42　网格视图控件 GridView

5.5.17　可循环显示和切换图像的控件：Gallery 和 ImageSwitcher

工程目录：src/ch05/ch05_galleryimageswitcher

Gallery 控件一般用于显示图像列表，因此，也可称为相册控件。Gallery 和 GridView 的区别是 Gallery 只能水平显示一行，而且支持水平滑动效果。也就是说，单击、选中或拖动 Gallery 中的图像，Gallery 中的图像列表会根据不同的情况向左或向右移动，直到显示最后一个图像为止。

Gallery 本身并不支持循环显示图像，也就是说，当显示最后一个图像时，图像列表就不再向左移动了。这里要达到的循环显示的效果是当显示到最后一个图像时,下一个图像是图像列表中的第 1 个图像。达到这个效果也并不困难,只需要"欺骗"一下 ImageView 对象和 Adapter 对象即可。

从前面章节的内容可以知道,BaseAdapter 类中的 getView 方法的调用与 getCount 方法的返回值有关。如果 getCount 方法返回 n,那么 getView 方法中的 position 参数值是绝不会大于 n-1 的。因此,可以使 getCount 方法返回一个很大的数,例如 Integer.MAX_VALUE。这样系统就会认为 ImageAdapter 对象中有非常多(Integer.MAX_VALUE 的值超过 20 亿,可以认为是接近无穷大)的 View 对象。

这样做还会带来另外一个问题:如果 getCount 方法返回了一个很大的数,那么 position 参数的值也会很大,在这种情况下,如何根据这个 position 参数值获得相应的图像 ID 资源呢?不会有人去创建 Integer.MAX_VALUE 大小的数组吧?当然,解决方法也很简单。假设有一个 resIds 数组(长度为 15)保存了 15 个图像资源 ID,现在要使 Gallery 循环显示这 15 个图像。如果 position 的值超过了 14,可以使用取余的方法来循环取这个数组的值,代码如下:

```
int imageResId = resIds[position % resIds.length];
```

下面还有一件重要事情要做,就是设置 Gallery 中每个图像的显示风格。首先需要获得图像背景的资源 ID。在 ImageAdapter 类的构造方法中编写如下代码:

```
TypedArray typedArray = obtainStyledAttributes(R.styleable.Gallery);
mGalleryItemBackground = typedArray.getResourceId(
    R.styleable.Gallery_android_galleryItemBackgrounds, 0);
```

其中 R.styleable.Gallery 是 res\values\attrs.xml 文件中一个属性的资源 ID,代码如下:

```
<declare-styleable name="Gallery">
    <attr name="android:galleryItemBackground" />
</declare-styleable>
```

在 getView 方法中需要设置 ImageView 控件的显示风格和图像资源,代码如下:

```
public View getView(int position, View convertView, ViewGroup parent)
{
    ImageView imageView = new ImageView(mContext);
    //  通过取余的方式获得图像的资源 ID
    imageView.setImageResource(resIds[position % resIds.length]);
    imageView.setScaleType(ImageView.ScaleType.FIT_XY);
    imageView.setLayoutParams(new Gallery.LayoutParams(136, 88));
    imageView.setBackgroundResource(mGalleryItemBackground);
    return imageView;
}
```

ImageSwitcher 控件可以用来以动画的方式切换图像。在本例中选中 Gallery 控件中的图像,会在 ImageSwitcher 控件中以淡入淡出的方式显示图像。

使用 ImageSwitcher 的关键是需要一个工厂(factory)类来创建 ImageSwitcher 上显示的 View 对象(在本例中是 ImageView 对象)。这个工厂类需要实现 android.widget.ViewSwitcher.ViewFactory 接口,并在该接口的 makeView 方法中创建 View 对象,代码如下:

```
public View makeView()
{
    ImageView imageView = new ImageView(this);
    imageView.setBackgroundColor(0xFF000000);
    imageView.setScaleType(ImageView.ScaleType.FIT_CENTER);
    imageView.setLayoutParams(new ImageSwitcher.LayoutParams(
        LayoutParams.FILL_PARENT, LayoutParams.FILL_PARENT));
    return imageView;
}
```

下面的代码设置了工厂类的对象和淡入淡出效果:

```
//  imageSwitch 是在 Main 类中定义的 ImageSwitcher 类型的变量
imageSwitcher = (ImageSwitcher) findViewById(R.id.imageswitcher);
```

```
imageSwitcher.setFactory(this);
// 下面两条语句设置了淡入淡出效果
imageSwitcher.setInAnimation(AnimationUtils.loadAnimation(this,android.R.anim.fade_in));
imageSwitcher.setOutAnimation(AnimationUtils.loadAnimation(this,android.R.anim.fade_out));
```

运行本例后，选中 Gallery 中的图像后，会在屏幕下方的 ImageSwitcher 控件中以淡入淡出效果显示放大的图像，效果如图 5-43 所示。

图 5-43　循环显示和切换图像的 Gallery 和 ImageSwitcher 控件

5.6　小结

本章详细介绍了 Android SDK 中提供的控件（Widget），主要包括按钮、复选框、时间、日期、进度条、图像、列表（包括 ListView、Spinner、GridView 等）、相册（Gallery）、图像切换（ImageSwitcher）等。本章除了给出这些控件的基本用法外，还结合开发人员经常会遇到的问题在实例部分给出了解答，并配有完整的源代码以供读者参考。

6

View 事件分发机制

本章所讲的 "View 事件分发机制" 实际上更准确地说应该是 "View 触摸事件分发机制"。因为，也只有 View 触摸事件最复杂，最能体现事件分发的层次，所以本章将用敲骨沥髓的方式透彻分析 View 触摸事件分发机制，以便让读者更深入地了解触摸事件是如何一层一层传到特定控件的。为了方便起见，本章仍然叫 "View 事件分发机制"。

本章内容

- View 事件触发分析
- ViewGroup 事件触发分析
- 用代码验证事件分发机制
- onClick 是如何触发的
- Activity 中的 dispatchTouchEvent 方法

6.1 事件分发的始作俑者

任何事物都有一个起点，事件触发也是一样。读者可以想象一下，如果我们用手指触摸手机屏幕会发生什么呢？如果从技术角度看，对于带触摸屏的手机，手指一开始触摸到屏幕，肯定是由 Linux 内核调用触摸屏驱动[①]，然后触摸屏驱动会通知 Android 的 HAL 层[②]的相关 Library，最后，相关的 Library 会通知位于应用层的程序（通常是用 Java 编写的）。由于 Linux 内核和 HAL 并不属于本书的内容，所以本

---

① 这里只讨论基于 Linux 内核的 Android OS，其他移动操作系统与 Android 类似，也会有触摸屏驱动，只是可能不是 Linux 驱动而已。还有就是这里的调用并不是像调用方法那么简单，而是通过 CPU 的某些寄存器和其他机制进行处理，由于这些过于底层，有的已经接近硬件层，并不属于本书的内容，所以本节并不会详细讨论这些内容。

② 介于应用层和 Linux 内核层的中间层。如果从 Linux 角度来看，HAL 层也属于应用层，通常由 C++编写，二进制格式一般是.so 文件。在 Android 中应用层并不直接和 Linux 内核交互，而是通过 HAL 层与 Linux 内核进行交互。如果读者要了解关于 HAL 的详细信息，可以参考《Android 深度探索（卷 1）：HAL 与驱动开发》的相关章节。

章不再详细讨论，而重点讨论应用层的程序接收到了由 HAL 发过来的触摸消息后，如何处理这些消息。这也是 Android 应用程序员学习事件分发机制的关键。

实际上，Android UI 有两个类用于所有可视化控件的根：View 和 ViewGroup。尽管 ViewGroup 是 View 的子类，但从 HAL 向上分发事件的角度看，View 和 ViewGroup 是平级的（具体原因后面会说）。

如果从宏观角度解释 Android 事件的分发机制，就是 HAL 的某些 Library 会调用 View 或 ViewGroup 中的与事件相关的方法，然后这些方法再调用 View 或 ViewGroup 的子类的相关方法，或 ViewGroup 中子视图的相关方法。这就形成了一个事件分发链。

现在读者可以使用 Eclipse 或 Android Studio 跟踪到 View 和 ViewGroup 类的源代码。在 View 类中会找到如下 2 个方法：

```
public boolean dispatchTouchEvent(MotionEvent event)
public boolean onTouchEvent(MotionEvent event)
```

在 ViewGroup 类中会找到如下 3 个方法：

```
public boolean dispatchTouchEvent(MotionEvent event)
public boolean onTouchEvent(MotionEvent event)
public boolean onInterceptTouchEvent(MotionEvent ev)
```

这些方法都是与事件分发有关的。很明显，View 和 ViewGroup 类中，前两个方法都是相同的，而 ViewGroup 类多了一个 onInterceptTouchEvent 方法。至于这个方法有什么功能，本章后面的内容会详细解释。

6.2 View 类中的事件分发引擎

现在我们已经从宏观上了解了 Android 事件分发的机制，还有 View 和 ViewGroup 类中与事件分发相关的方法。那么这些方法中（本节只考虑 View 类中的方法），哪个最重要呢？也就是说，哪个是 HAL 直接调用的呢？

这一点从 View 的源代码就可以推断出来。我们可以分别定位到 dispatchTouchEvent 和 onTouchEvent 方法，看看这两个方法是否互相调用了。

在 dispatchTouchEvent 方法中很容易就找到如下的代码片段，很明显，在这段代码中调用了 onTouchEvent 方法。

```
if (!result && onTouchEvent(event)) {
    result = true;
}
```

不过在 onTouchEvent 方法中并未找到调用 dispatchTouchEvent 方法的代码。所以可以断定，HAL 调用了 View.dispatchTouchEvent 方法，然后在 dispatchTouchEvent 方法中通过调用一系列子类的方法和 onTouchEvent 方法，将事件分发了出去。所以对于 View 类来说，dispatchTouchEvent 是事件分发的引擎。

既然我们已经确定，dispatchTouchEvent 就是我们要关注的第一个与事件分发有关的方法，那么就来看一下 dispatchTouchEvent 的代码。阅读源代码时，尤其是比较复杂的源代码，并不需要从头看到尾，而是要找到重点代码。那么什么是重点代码呢？就是与我们要研究的内容相关的代码。由于本章关注的是事件分发，所以需要找到在 dispatchTouchEvent 方法中是否调用了我们熟悉的事件方法，只有这样，才能将事件分发出去。

我们很容易从 dispatchTouchEvent 方法中找到下面的代码片段：

```
if (onFilterTouchEventForSecurity(event)) {
    //noinspection SimplifiableIfStatement
    ListenerInfo li = mListenerInfo;
    if (li != null && li.mOnTouchListener != null
            && (mViewFlags & ENABLED_MASK) == ENABLED
            && li.mOnTouchListener.onTouch(this, event)) {
        result = true;
    }
    if (!result && onTouchEvent(event)) {
        result = true;
    }
}
```

这段代码可能有很多我们不了解的地方，调用了一些不熟悉的方法，使用了一些不了解的变量。不过这些已经不重要了，重要的是我们发现了两个熟悉的单词：onTouch 和 onTouchEvent。onTouch 不用我多说了，用过 Android 触摸事件的读者应该非常了解这个方法，用于响应屏幕的触摸事件。而 onTouchEvent 方法在前面提到过，也是 View 类的一个方法。

现在先来看 onTouch 方法。该方法在 View 类中肯定没有实现。而调用 onTouch 方法时前面加了一个"mOnTouchListener."，这就意味着 onTouch 方法属于 mOnTouchListener。我们也不用看该变量是什么类型的，猜也猜出来了，mOnTouchListener 用于触摸事件监听。而且父类调用通过子类指定的某些方法通常有如下两种做法。

方法 1：
在父类中定义一个 protected 变量，然后子类为这个 protected 变量赋值。

方法 2：
在父类定义一个 private 变量，并且编写一个 public 或 protected 方法。子类通过该方法为父类的 private 变量赋值。

经过验证，View 类使用了第二种方法。

现在可能很多读者已经想起来了，在设置控件的触摸监听对象时，需要调用控件的 setOnTouchListener 方法，实际上，这个方法内部就设置了 mOnTouchListener 变量的值。而在 dispatchTouchEvent 方法中，通过调用 mOnTouchListener.onTouch 方法来调用子类传进来的触摸事件方法，这样就直接将事件分发到了子类。

熟悉 onTouch 方法的读者应该很清楚，该方法返回 boolean 类型的值。如果返回 true，表明 onTouch 方法已经处理了触摸事件，不需要其他方法处理了，所以事件分发链中断。这一点从上面的那段代码就可以看出来。如果 onTouch 方法返回 true，并且前面的条件表达式的值都为 true，dispatchTouchEvent 方法就会直接返回 true。后面的 onTouchEvent 方法将不会被调用。当然，如果 onTouch 方法返回 false，将继续执行后面的 onTouchEvent 方法。如果 onTouchEvent 方法返回 true，则 dispatchTouchEvent 方法同样返回 true。因此，从这段代码中可以得到如下结论：

- onTouch 是在 onTouchEvent 方法之前执行的。
- 如果 onTouch 方法返回 true，onTouchEvent 方法将不会执行。
- onTouch 和 onTouchEvent 方法的返回值都有可能影响 dispatchTouchEvent 方法的返回值。

至于 View 类的 onTouchEvent 方法里面做了什么，一般并不需要管它。不过要记住，如果要在 View 的子类中重写 onTouchEvent 方法，别忘了调用父类的 onTouchEvent 方法，否则很多功能将失去。例如，在 View.onTouchEvent 方法中会检测长按事件（onLongClick），如果不调用父类的 onTouchEvent 方法，长按事件将不会发生。当然，如果 onTouch 方法返回 true，onTouchEvent 根本就不会调用，长按事件自然也不会发生。

6.3　ViewGroup 类的事件分发引擎

现在轮到分析 ViewGroup 类中与事件分发有关的代码了。按着逻辑，既然 dispatchTouchEvent 方法是 View 类中的事件分发引擎，那么该方法也应该是 ViewGroup 类的事件分发引擎。现在定位到 ViewGroup.dispatchTouchEvent 方法，然后查找我们熟悉的内容。

经过查找，我们找到了 onInterceptTouchEvent 方法，该方法是在前面提到过的，是 ViewGroup 类中 3 个与事件分发有关的方法之一。与该方法相关的上下文代码段如下：

```
final boolean intercepted;
if (actionMasked == MotionEvent.ACTION_DOWN
        || mFirstTouchTarget != null) {
    final boolean disallowIntercept = (mGroupFlags & FLAG_DISALLOW_INTERCEPT) != 0;
    if (!disallowIntercept) {
        intercepted = onInterceptTouchEvent(ev);
        ev.setAction(action); // restore action in case it was changed
    } else {
        intercepted = false;
    }
} else {
    // There are no touch targets and this action is not an initial down
    // so this view group continues to intercept touches.
    intercepted = true;
}
```

在这段代码中使用了很多变量，不过这些变量并不需要关注。我们只需要关注 onInterceptTouchEvent 方法和 intercepted 变量即可。onInterceptTouchEvent 方法将返回的值赋给 intercepted 变量。那么 intercepted 变量到底有什么作用呢？这还需要往下看。

在下面的代码中，我们可以找到如下的代码片段：

```
if (!canceled && !intercepted) {
    if (actionMasked == MotionEvent.ACTION_DOWN
            || (split && actionMasked == MotionEvent.ACTION_POINTER_DOWN)
            || actionMasked == MotionEvent.ACTION_HOVER_MOVE) {
        ……
        final int childrenCount = mChildrenCount;
        if (newTouchTarget == null && childrenCount != 0) {
            ……
            for (int i = childrenCount - 1; i >= 0; i--) {
                ……
            }
            ……
        }
        ……
    }
    ……
}
```

这段代码很长，所以这里省略了不必要的部分。我们从这段代码可以找到 intercepted 变量和后面的 for 循环语句。

其中 intercepted 变量决定了如果该变量的值为 true，这个条件语句根本不会执行，所以 for 循环也不会执行。那么 for 循环里面做了什么我们先不必管它。根据 for 循环使用的 childrenCount 变量，以及当前的类是 ViewGroup 可以推断，这个 for 循环的作用是枚举了 ViewGroup 中所有的子视图，并做进一步的处理。因此，根据蛛丝马迹，可以很容易推断，就是在这个 for 循环中，ViewGroup 将事件分发给了所有的子视图。在 for 循环里并没有找到直接调用 onTouch、onTouchEvent 或 dispatchTouchEvent 的代码，不过我们可以猜测是通过间接方式调用的。

那么现在应该如何分析呢？好像线索已经断了。现在我们可以大概浏览下 ViewGroup 类的代码，会发现有很多 "child."。可以初步推断，child 表示 ViewGroup 中的某一个子视图。因此，可以尝试全局搜索 child.onTouch 和 child.dispatch。搜索前者，我们什么也没找到，而搜索后者，找到了很多。不过最能引起我们注意的是 child.dispatchTouchEvent 方法的两行语句。

```
private boolean dispatchTransformedTouchEvent(MotionEvent event, boolean cancel,
        View child, int desiredPointerIdBits) {
    final boolean handled;
    final int oldAction = event.getAction();
    if (cancel || oldAction == MotionEvent.ACTION_CANCEL) {
        event.setAction(MotionEvent.ACTION_CANCEL);
        if (child == null) {
            handled = super.dispatchTouchEvent(event);
        } else {
            //    通过调用子视图的 dispatchTouchEvent 方法将事件分发到子视图
            handled = child.dispatchTouchEvent(event);
        }
        event.setAction(oldAction);
        return handled;
    }
    … …
}
```

在这段代码中，通过 if 语句判断 child 是否为 null。如果不为 null，直接调用了 child（子视图）的 dispatchTouchEvent 方法将事件分发到所有的子视图；如果为 null，则直接调用父类（super）的 dispatchTouchEvent 方法。ViewGroup 的父类当然是 View 了。所以 child 为 null 时，会直接调用 View.dispatchTouchEvent 方法，并且事件是分发不出去的。所以这里只关注 child 不为 null 的情况。这里 child 对应的类有如下两种情况：

- 非容器类（直接或间接从 View 类派生）
- 容器类（直接或间接从 ViewGroup 类派生）

如果是第一种情况，child.dispatchTouchEvent 就会再次调用 View.dispatchTouchEvent 或被覆盖的 dispatchTouchEvent 方法，于是又进入了上一节分析的 View 类中。如果是第二种情况，会再次调用 ViewGroup.dispatchTouchEvent 或被覆盖的 dispatchTouchEvent 方法。所以不管 child 是什么，都将进入递归调用。当然，终止条件就是遇到非容器类，而且条件终止于该类的 onTouch 或 onTouchEvent 方法。

前面分析了 dispatchTransformedTouchEvent 方法的代码，还有一个问题没说清楚，dispatchTransformedTouchEvent 方法是什么东西。接下来在 ViewGroup 类中全局搜索 dispatchTransformedTouchEvent，很容易就会重新定位到前面给出的 dispatchTouchEvent 方法的 for 循环中，相关代码如下：

```
for (int i = childrenCount - 1; i >= 0; i--) {
    … …
    if (dispatchTransformedTouchEvent(ev, false, child, idBitsToAssign)) {
        … …
    }
    … …
}
```

很明显，在 if 语句的条件表达式中调用了 dispatchTransformedTouchEvent 方法。所以现在所有的证据就都对上了。dispatchTouchEvent 方法首先调用 onInterceptTouchEvent 方法试图拦截触摸事件，如果该方法返回 false，则拦截失败，继续下面的代码。接下来通过 for 循环和 dispatchTransformedTouchEvent 方法将触摸事件分发给 ViewGroup 的所有子视图。分发的方式是通过调用子视图的 dispatchTouchEvent 方法实现的。然后就在一个递归循环中不断将触摸事件进行分发，直到遇到所有的子视图都是非容器类视图，或容器类视图中没有子视图的情况，递归循环才终止。

看到这，可能很多读者会有疑问，ViewGroup 中的 onTouchEvent 方法呢？其实 ViewGroup 中并没有覆盖 View 中的 onTouchEvent 方法，所以 ViewGroup.onTouchEvent 就是 View.onTouchEvent。

6.4 通过代码验证 View 事件分发机制

本节将通过一个 Demo 来验证 Android 的事件分发机制。在这个 Demo 中，读者会看到各个对象中与事件分发相关的方法的调用顺序。

6.4.1 实现一个派生自 Button 的类

这个类（CustomButton）是 Button 的子类。在该类中重写了 dispatchTouchEvent 和 onTouchEvent 方法。CustomButton 类的完整代码如下：

```java
package mobile.android.dispatchtouchevent_demo;
import android.content.Context;
import android.util.AttributeSet;
import android.view.MotionEvent;
import android.view.View;
import android.view.View.OnTouchListener;
import android.widget.Button;
public class CustomButton extends Button
{
    public CustomButton(Context context, AttributeSet attrs) {
        super(context, attrs);
    }

    @Override
    public boolean dispatchTouchEvent(MotionEvent event) {
        switch (event.getAction()) {
        case MotionEvent.ACTION_DOWN:
            System.out.println("CustomButton---dispatchTouchEvent---DOWN");
            break;
        case MotionEvent.ACTION_MOVE:
            System.out.println("CustomButton---dispatchTouchEvent---MOVE");
            break;
        case MotionEvent.ACTION_UP:
            System.out.println("CustomButton---dispatchTouchEvent---UP");
            break;
        default:
            break;
        }
        return super.dispatchTouchEvent(event);
    }
    @Override
    public boolean onTouchEvent(MotionEvent event) {
        switch (event.getAction()) {
        case MotionEvent.ACTION_DOWN:
```

```
                System.out.println("CustomButton---onTouchEvent---DOWN");
                break;
            case MotionEvent.ACTION_MOVE:
                System.out.println("CustomButton---onTouchEvent---MOVE");
                break;
            case MotionEvent.ACTION_UP:
                System.out.println("CustomButton---onTouchEvent---UP");
                break;
            default:
                break;
        }
        return super.onTouchEvent(event);
    }
}
```

我们可以看到，在 CustomButton 类的 dispatchTouchEvent 和 onTouchEvent 方法中分别验证按下、移动和抬起的动作，并在相应动作下输出一行日志。

6.4.2 实现布局

在本例的布局中，会纵向放置一个 TextView 控件和上一节实现的 CustomButton 控件，布局代码如下：

```xml
<LinearLayout xmlns:android="http://schemas.android.com/apk/res/android"
    xmlns:tools="http://schemas.android.com/tools"
    android:layout_width="match_parent"
    android:layout_height="match_parent"
    android:orientation="vertical" >
    <TextView android:id="@+id/textview"
        android:layout_width="wrap_content"
        android:layout_height="wrap_content"
        android:text="点我啊" />
    <mobile.android.dispatchtouchevent_demo.CustomButton
        android:id="@+id/custom_button"
        android:layout_width="match_parent"
        android:layout_height="wrap_content"
        android:text="定制控件"/>
</LinearLayout>
```

6.4.3 实现主窗口类

在主窗口类中实现了 dispatchTouchEvent 和 onTouchEvent 方法，并为 TextView 控件添加了 onLongClick 和 onTouch 事件处理。这是为了演示当 onTouch 方法返回 true 时，onTouchEvent 方法将不再执行，而在 onTouchEvent 方法中需要完成很多工作，例如要检测视图的长按动作。因此，如果 onTouch 方法返回 true，onLongClick 事件不再被触发。

主窗口类（MainActivity）的源代码如下：

```java
package mobile.android.dispatchtouchevent_demo;
import java.lang.reflect.Field;
import android.app.Activity;
import android.os.Bundle;
import android.view.Menu;
import android.view.MenuItem;
import android.view.MotionEvent;
import android.view.View;
import android.view.View.OnClickListener;
import android.view.View.OnLongClickListener;
import android.view.View.OnTouchListener;
import android.view.Window;
```

```java
import android.widget.TextView;
import android.widget.Toast;
public class MainActivity extends Activity implements OnTouchListener,
        OnLongClickListener
{
    private CustomButton mCustomButton;
    @Override
    protected void onCreate(Bundle savedInstanceState)
    {
        super.onCreate(savedInstanceState);
        setContentView(R.layout.activity_main);
        TextView textView = (TextView) findViewById(R.id.textview);
        // 设置长按事件监听器
        textView.setOnLongClickListener(this);
        // 设置触摸事件监听器
        textView.setOnTouchListener(this);

        mCustomButton = (CustomButton) findViewById(R.id.custom_button);
        // 为定制按钮添加触摸事件监听器
        mCustomButton.setOnTouchListener(new OnTouchListener()
        {
            @Override
            public boolean onTouch(View v, MotionEvent event)
            {
                switch (event.getAction())
                {
                    case MotionEvent.ACTION_DOWN:

                        System.out.println("CustomButton---onTouch---DOWN");
                        break;
                    case MotionEvent.ACTION_MOVE:
                        System.out.println("CustomButton---onTouch---MOVE");
                        break;
                    case MotionEvent.ACTION_UP:
                        System.out.println("CustomButton---onTouch---UP");
                        break;
                    default:
                        break;
                }
                return false;
            }
        });
        // 为定制按钮添加单击事件监听器
        mCustomButton.setOnClickListener(new OnClickListener()
        {
            @Override
            public void onClick(View v)
            {
                System.out.println("CustomButton clicked!");
            }
        });
        // 为定制按钮添加长按事件监听器
        mCustomButton.setOnLongClickListener(this);
    }
    // 用于 TextView 控件的长按事件方法
    @Override
    public boolean onLongClick(View v)
    {
        Toast.makeText(this, "长按", Toast.LENGTH_LONG).show();
        return true;
    }
    // 用于 TextView 控件的触摸事件方法
    @Override
    public boolean onTouch(View v, MotionEvent event)
```

```
            return false;
    }
    // 作用于当前窗口的 dispatchTouchEvent 方法
        @Override
        public boolean dispatchTouchEvent(MotionEvent event)
        {
            switch (event.getAction())
            {
            case MotionEvent.ACTION_DOWN:
                System.out.println("MainActivity---dispatchTouchEvent---DOWN");
                break;
            case MotionEvent.ACTION_MOVE:
                System.out.println("MainActivity---dispatchTouchEvent---MOVE");
                break;
            case MotionEvent.ACTION_UP:
                System.out.println("MainActivity---dispatchTouchEvent---UP");
                break;
            default:
                break;
            }
            return super.dispatchTouchEvent(event);
        }
    // 作用于当前窗口的 onTouchEvent 方法
    public boolean onTouchEvent(MotionEvent event) {
        switch (event.getAction()) {
        case MotionEvent.ACTION_DOWN:
            System.out.println("CustomButton---onTouchEvent---DOWN");
            break;
        case MotionEvent.ACTION_MOVE:
            System.out.println("CustomButton---onTouchEvent---MOVE");
            break;
        case MotionEvent.ACTION_UP:
            System.out.println("CustomButton---onTouchEvent---UP");
            break;
        default:
            break;
        }
        return super.onTouchEvent(event);
    }
}
```

现在我们可以运行程序，效果如图 6-1 所示。

图 6-1　测试 Android 事件分发机制主界面

现在长按最上方的 TextView 控件，会显示 Toast 信息框。不过将 onTouch 方法的返回值改为 true 并长按后，将不会显示 Toast 信息框。因为 onTouchEvent 没有执行。

接下来单击"定制控件"按钮，在 LogCat 视图中会显示如图 6-2 所示的信息。

从输出的日志信息可以验证前面分析的事件方法调用顺序。现在不管 MainActivity，先来看 CustomButton。当单击 CustomButton 按钮时，按照我们前面的分析，自然会调用 View.dispatchTouchEvent

方法。不过在 CustomButton 类中重写了该方法，所以会调用 CustomButton.dispatchTouchEvent 方法。然后在 dispatchTouchEvent 方法中会调用 onTouch 方法（如果不指定触摸事件监听器，onTouch 方法将不会被调用），这时 onTouch 方法返回 false，所以会继续调用 onTouchEvent 方法。这是按下按钮（Down）的事件触发过程。抬起按钮（Up）的事件触发过程与按下按钮的事件触发过程相同。不过看到这，可能读者会有如下两个疑问：

- onClick 事件是如何被触发的呢？
- MainActivity 中的 dispatchTouchEvent 和 onTouchEvent 方法是怎么回事呢？与 Activity.dispatchTouchEvent 和 View.dispatchTouchEvent 方法有什么关系呢？

这两个疑问将在后面给出详细的答案。

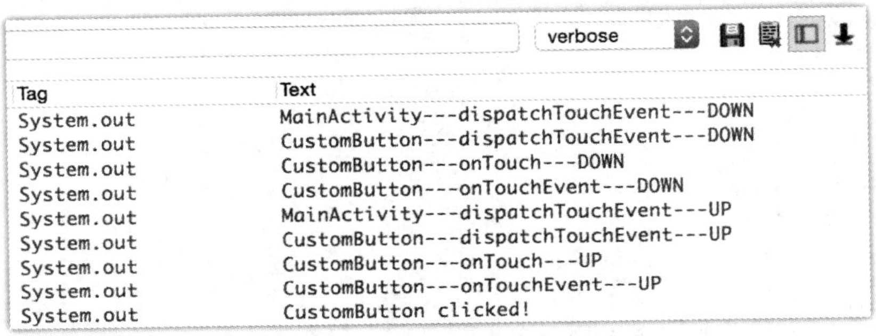

图 6-2　事件方法调用顺序

6.5　单击事件（onClick）是如何被触发的

前面分析了按下和抬起事件的触发过程，而单击事件实际上并不是从底层驱动传到上层的，它是一个软事件，也就是通过软件来处理的事件。通常的做法是按下和抬起的组合被称为一次单击事件。因此，要找到单击事件是在哪里被触发的，应该先找到抬起事件在哪里被触发。

单击事件应由系统自动触发，并且根据前面的分析结果。基本可以断定，触发的代码在 View.dispatchTouchEvent 方法中。

现在可以再来回顾一下 dispatchTouchEvent 方法的代码。从该方法代码本身并没有找到触发单击事件的代码。不过这也无所谓，只要断定触发单击事件的代码在 View 类中即可。但 View 类的代码有数万行，从头到尾人肉搜索是很愚蠢的做法。因此，可以采用更简单的方式找到我们所需要的代码片段。

首先要了解父类触发子类中事件方法的过程。现以 onClick 方法为例，通常的做法是在子类中通过 setXxxListener 方法将 onClick 事件监听器（一个对象）传入父类，然后将该对象保存到一个变量中（名字通常是 mXxxListener），最后在父类的某个地方通过这个变量调用 onClick 方法。如果再了解一下 Android 关于事件监听器变量的命名规则，就很容易找到 onClick 方法的调用位置了。在 Android 中，通常是 m 和 Listener 之间的 Xxx 就是事件方法的名称，如 onClick。所以封装 onClick 事件方法的监听器对象变量的名字很可能是 mOnClickListener。

接下来在 View 类中搜索 mOnClickListener 成员变量（也可称为字段），很幸运，一下就找到该变量了。如果要调用 onClick 方法，那么一定是使用 mOnClickListener.onClick(...)形式调用的，所以现在搜索 mOnClickListener.onClick。在 View 类中找到了两个调用 onClick 的方法：performClick 和 callOnClick。这两个方法的代码如下：

performClick 方法

```
public boolean performClick() {
    final boolean result;
    final ListenerInfo li = mListenerInfo;
    if (li != null && li.mOnClickListener != null) {
        playSoundEffect(SoundEffectConstants.CLICK);
        li.mOnClickListener.onClick(this);
        result = true;
    } else {
        result = false;
    }
    sendAccessibilityEvent(AccessibilityEvent.TYPE_VIEW_CLICKED);
    return result;
}
```

callOnClick 方法

```
public boolean callOnClick() {
    ListenerInfo li = mListenerInfo;
    if (li != null && li.mOnClickListener != null) {
        li.mOnClickListener.onClick(this);
        return true;
    }
    return false;
}
```

这两个方法的代码并不复杂，很容易就能找到调用 onClick 方法的地方。而在 View 类的某处，一定通过这两个方法中的一个或两个间接调用了 onClick 方法。现在逐个搜索，其中 callOnClick 方法并没有找到任何调用该方法的地方。而 performClick 方法在 View 类中有多处调用。还是使用老方法，找我们熟悉的。经过多方查找，找到了一处调用，代码片段如下：

```
if (!focusTaken) {
    if (mPerformClick == null) {
        mPerformClick = new PerformClick();
    }
    if (!post(mPerformClick)) {
        performClick();
    }
}
```

这段代码看上去很简单，不过包含这段代码的方法恰巧是 onTouchEvent，这是 dispatchTouchEvent 方法调用的第 2 个我们熟悉的方法（第 1 个是 onTouch 方法）。所以现在又回到了我们最初的证据链条。因此，dispatchTouchEvent 方法才是目前已知的始作俑者。所有的硬事件（直接由驱动触发的）和软事件（由软件通过一定规则触发的）都是由 dispatchTouchEvent 方法调用的。

其实我们还可以用更简单的定位规则来找到 onClick 方法的正确调用位置。首先根据 LogCat 视图中输出的信息和常识判断，onClick 方法是在抬起（Up）事件后被触发的，以及按下和抬起后才算一次单击事件。所以可以猜测这可能和 View.dispatchTouchEvent 方法有关，所以先定位到该方法，又因为 onClick 是在 Up 事件后被除非的，而且 dispatchTouchEvent 调用的方法中，onTouch 是从子类中传上来的，不可能有处理 onClick 事件的代码。所以调用 onClick 方法的代码很可能在 onTouchEvent 方法中。当定位到该方法后，只需浏览一下该方法的代码，就会注意到 performClick 方法。如果还有疑虑，跟踪 performClick 方法就会找到调用 onClick 方法的代码。

6.6　Activity 中的 dispatchTouchEvent 方法

在 LogCat 视图中还看到了输出 MainActivity---dispatchTouchEvent---DOWN 等内容，那么这些内容是如何输出的呢？现在先来看看 Activity.dispatchTouchEvent 方法是如何工作的。

在 Activity 类中很容易就找到了 dispatchTouchEvent 方法，该方法的代码如下：

```
public boolean dispatchTouchEvent(MotionEvent ev) {
    if (ev.getAction() == MotionEvent.ACTION_DOWN) {
        onUserInteraction();
    }
    if (getWindow().superDispatchTouchEvent(ev)) {
        return true;
    }
    return onTouchEvent(ev);
}
```

从 dispatchTouchEvent 方法的代码可以看出，该方法并不复杂。首先，校验了当前的动作是否为按下。因为系统认为只有按下后，才是一次触摸的开始，按下时会调用 onUserInteraction 方法。其实这个方法并不会干预被触发的触摸事件，只相当于一个通知的作用。也就是在触摸事件开始之前，会通知用户触摸事件要开始了。onUserInteraction 方法可以在 Activity 的子类中重写。如果打算在任何触摸事件开始之前执行一些代码，可以使用这个方法。

现在先不管中间的代码，接下来看一下最后一条语句，这条语句调用了 onTouchEvent 方法。也就是说，和 View 类一样，Activity.dispatchTouchEvent 方法将触摸事件分发给了 Activity.onTouchEvent 方法。那么在调用 Activity.onTouchEvent 方法之前做什么了呢？

其实 Activity.dispatchTouchEvent 方法的关键就是调用了 getWindow().superDispatchTouchEvent 方法。那么 superDispatchTouchEvent 方法在哪里实现的呢？现在先看一下 getWindow 方法返回的是什么。经过搜索，找到了如下的 getWindow 方法。很明显，getWindow 方法通过 mWindow 成员变量返回了 Window 对象。

```
public Window getWindow() {
    return mWindow;
}
```

其中 mWindow 是 Activity 类中一个私有的 Windows 类型成员变量。现在我们可以跟踪进 Window 类，看看 superDispatchTouchEvent 方法是如何实现的。不过非常遗憾，Window 是一个抽象类，而 superDispatchTouchEvent 方法是一个抽象方法，代码如下：

```
public abstract boolean superDispatchTouchEvent(MotionEvent event);
```

到这里好像线索就断了，我们现在的任务就是将线索接上。既然 Window 是抽象类，就需要找到是哪个类继承了 Window。那么怎么获得继承 Window 的类呢？

其实有一个非常简单的方法，既然可以通过 getWindow 方法获取 Activity 中的 Window 对象，那么直接通过如下的代码就可以很容易输出 Window 对象对应的是哪个类。因为 Class.toString 只会输出创建对象的类的名称，而不会输出基类的名称。

```
System.out.println(getWindow().getClass().toString());
```

经过测试，这行代码输出了如下的类：

```
com.android.internal.policy.impl.PhoneWindow
```

从该类的包名可以断定，PhoneWindow 是一个内部类（因为包含了 internal）。不过目前这些类都已

154

经包含在 Android SDK 中了。经过查找，在如下的目录找到了 PhoneWindow.java 文件：

  <Android SDK 根目录>/sources/android-21/com/android/internal/policy/impl

  其中 android-21 可能由于 Android SDK 的版本不同而略有差异。例如，可能是 android-20、android-18 等。

  现在我们可以打开 PhoneWindow.java 文件，再证实一下 PhoneWindow 的父类是否为 Window。接下来在该类中搜索 superDispatchTouchEvent 方法，会找到如下的实现：

```
public boolean superDispatchTouchEvent(MotionEvent event) {
    return mDecor.superDispatchTouchEvent(event);
}
```

  我们看到，在 superDispatchTouchEvent 方法中只有一行代码，该行代码调用了 mDecor.superDispatchTouchEvent 方法。那么 mDecor 是什么东西呢？现在搜索 mDecor 变量，会找到如下代码：

```
private DecorView mDecor;
```

  很明显，mDecor 是 DecorView 类型的变量，那么 DecorView 是什么呢？现在我们可以对 DecorView 进行跟踪。在 Android Studio 中会直接跟踪到 DecorView 类，而在 Eclipse 中可能无法跟踪。因为 DecorView 是 PhoneWindow 的一个内嵌类。现在搜索 DecorView 类中的 superDispatchTouchEvent 方法，会找到如下的代码：

```
public boolean superDispatchTouchEvent(MotionEvent event) {
    return super.dispatchTouchEvent(event);
}
```

  在这段代码中，方法内部调用了 super.dispatchTouchEvent 方法，那么这里的 super 指的是什么呢？要注意，现在可不是在 PhoneWindow 类中，而是在 DecorView 类中，所以 super 不是指 Window 类，而是指 DecorView 的父类。那么 DecorView 的父类是什么呢？经过查看发现，DecorView 的父类是 FrameLayout，也就是说，DecorView 实际上是一个容器类。既然是容器类，那么一定是 ViewGroup 的子类。由于在 superDispatchTouchEvent 方法中调用了父类的 dispatchTouchEvent 方法。实际上，就是调用了 ViewGroup 类中的 dispatchTouchEvent 方法。从前面分析的结果可以得知，ViewGroup.dispatchTouchEvent 方法的作用就是将触摸事件分发给 ViewGroup 中的子视图。因此，到现在为止，我们已经基本了解了 Android 关于触摸事件的分发过程。

  最开始，当手指碰到屏幕后，底层的屏幕驱动会通知 HAL，而 HAL 则会通过一系列的调用，最终调用 Activity.dispatchTouchEvent 方法，而 Activity 类中定义了一个 Window 类型的变量 mWindow（实际上，该变量是 PhoneWindow 类的实例）。通过 getWindow 方法获取 mWindow 变量的值。接下来在 Activity.dispatchTouchEvent 方法中调用了 Window.superDispatchTouchEvent 方法和 onTouchEvent 方法，而 Window.superDispatchTouchEvent 实际上是在 PhoneWindow 类中实现的。在 PhoneWindow 类中定义了一个 mDecor 变量，类型是 DecorView。在 PhoneWindow.superDispatchTouchEvent 方法中调用了 DecorView.superDispatchTouchEvent 方法。现在我们已经进入了 DecorView 类，在 DecorView.superDispatchTouchEvent 方法中调用了父类的 dispatchTouchEvent 方法，而 DecorView 是一个容器类，所以祖先类是 ViewGroup。因此，在 DecorView.superDispatchTouchEvent 方法中调用的 super.dispatchTouchEvent 方法实际上就是 ViewGroup.dispatchTouchEvent。所以现在 DecorView 开始将触摸事件分发到自己的子视图中。如果子视图仍然是容器类，则继续调用该容器的 dispatchTouchEvent 方法；如果子视图不是容器，调用 View.dispatchTouchEvent 方法。剩下的步骤就按 ViewGroup 和 View 类中的相应逻辑走了。

  这一事件分发过程可使用图 6-3 描述。

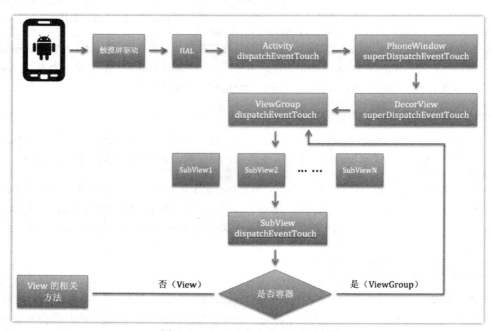

图 6-3 View 事件分发机制的过程

其中在 View 类中的事件分发机制的过程如图 6-4 所示。

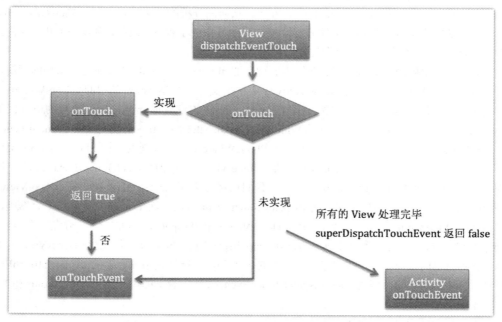

图 6-4 View.dispatchTouchEvent 方法的处理过程

当 DecorView 中所有的视图都处理完后，PhoneWindow.superDispatchTouchEvent 方法将执行完成，如果该方法返回 false（未成功处理事件分发），则继续调用 Activity.onTouchEvent 方法。

从前面的分析可知，Activity.dispatchTouchEvent 是当前窗口触摸事件分发的起点，然后逐层进行派发。如果分发成功，则 Activity.dispatchTouchEvent 方法返回 true。如果分发失败，则调用 Activity.onTouchEvent 方法兜底。也就是说，Activity.onTouchEvent 方法相当于条件语句中的 else，当前面所有条件都不满足时执行。

另外，在进行布局优化时，如果布局文件的根节点是<FrameLayout>，建议用<merge>替代<FrameLayout>。因为如果使用<FrameLayout>，就会造成出现两个 FrameLayout。那么另一个 FrameLayout 是什么呢？实际上，这个 FrameLayout 就是前面提到的 DecorView。因为这个类是整个布局的最顶层节点，而且 DecorView 的父类是 FrameLayout。所以 DecorView 实际上也是个 FrameLayout。如果在布局文件的根节点使用<FrameLayout>，就意味着在 DecorView 中添加了一个 FrameLayout，完全没必要。所以需要使用<merge>代替<FrameLayout>，这时系统会自动忽略<merge>，而将<merge>的所有子视图直接添加到了 DecorView 中。所以可以起到少创建一个 FrameLayout 对象的作用。如果这样的布局非常多，而且同一台设备上有多个这样的 App，那么节省的资源是惊人的。

6.7 小结

View 事件触发机制是 Android 与用户交互的核心。充分理解 View 事件触发机制的原理和分析过程，对灵活使用 Activity、View 等 UI 组件会有非常大的帮助。

7 移动存储解决方案

在 Android 系统中提供了多种存储技术,这些存储技术可以将数据保存在各种存储介质上。例如,SharedPreferences 可以将数据保存在应用软件的私有存储区,这些存储区中的数据只能被写入这些数据的软件读取。除此之外,Android 系统还支持文件存储、SQLite 数据库和内容提供者(Content Provider)。

本章内容

- SharedPreferences
- 文件存储
- SQLite 数据库
- 在 Android 中使用 SQLite 数据库
- 面向对象数据库 db4o

7.1 最简单的数据存储方式:SharedPreferences

如果要问 Android SDK 中哪一种存储技术最容易理解和使用,答案毫无悬念,一定是 SharePreferences。实际上,SharePreferences 处理的就是一个 key-value 对。例如,要保存产品的名称,可以将 key 设为 produceName,value 为实际的产品名。

7.1.1 使用 SharedPreferences 存取数据

> 工程目录:src/ch07/ch07_survey

保存 key-value 对一般要指定一个文件名,然后使用类似 putString 的方法指定 key 和 value。SharedPreferences 也采用了同样的方法。使用 SharedPreferences 保存 key-value 对的步骤如下:

(1)使用 Activity 类的 getSharedPreferences 方法获得 SharedPreferences 对象。其中存储 key-value

的文件的名称由 getSharedPreferences 方法的第一个参数指定。

（2）使用 SharedPreferences 接口的 edit 获得 SharedPreferences.Editor 对象。

（3）通过 SharedPreferences.Editor 接口的 putXxx 方法保存 key-value 对。其中 Xxx 表示 value 的不同数据类型。例如，Boolean 类型的 value 需要用 putBoolean 方法，字符串类型的 value 需要用 putString 方法。

（4）通过 SharedPreferences.Editor 接口的 commit 方法保存 key-value 对。commit 方法相当于**数据库事务中的提交（commit）操作**。只有在事件结束后进行提交，才会将数据真正保存在数据库中。保存 key-value 也是一样，在使用 putXxx 方法指定了 key-value 对后，必须调用 commit 方法才能将 key-value 对真正保存在相应的文件中。

在本例中，将 EditText、CheckBox 和 RadioButton 组件的值以 key-value 对的形式保存在文件中。其中 EditText 的值是 String 类型，使用 putString 方法；CheckBox 的值是 Boolean 类型，使用 putBoolean 方法。有 3 个 RadioButton 放在 RadioGroup 中，需要保存当前选中的 RadioButton 的 ID 值，因此需要使用 putInt 方法。

由于应用程序在退出时会将上述组件中的值保存在文件中，因此需要将保存 key-value 对的代码写在 Activity 类的 onStop 方法中，代码如下：

```java
protected void onStop()
{
    // 获得 SharedPreferences 对象（第 1 步）
    SharedPreferences mySharedPreferences = getSharedPreferences(
            PREFERENCE_NAME, Activity.MODE_PRIVATE);
    // 获得 SharedPreferences.Editor 对象（第 2 步）
    SharedPreferences.Editor editor = mySharedPreferences.edit();
    // 保存组件中的值（第 3 步）
    editor.putString("name", etName.getText().toString());
    editor.putString("habit", etHabit.getText().toString());
    editor.putBoolean("employee", cbEmployee.isChecked());
    editor.putInt("companyTypeId", rgCompanyType.getCheckedRadioButtonId());
    // 提交保存的结果（第 4 步）
    editor.commit();
    super.onStop();
}
```

其中 PREFERENCE_NAME 是一个常量，定义该常量的代码如下：

```java
private final String PREFERENCE_NAME = "survey";
```

SharedPreferences 会将 key-value 对保存在 survey.xml 文件中。保存的具体位置和其他细节将在 7.1.2 节详细介绍。

从 survey.xml 文件中获得 value 的方法与保存 key-value 对的方法类似，代码如下：

```java
SharedPreferences sharedPreferences = getSharedPreferences(
            PREFERENCE_NAME, Activity.MODE_PRIVATE);
// 使用 getXxx 方法获得 value，getXxx 方法的第 2 个参数是 value 的默认值
etName.setText(sharedPreferences.getString("name", ""));
etHabit.setText(sharedPreferences.getString("habit", ""));
cbEmployee.setChecked(sharedPreferences.getBoolean("employee", false));
rgCompanyType.check(sharedPreferences.getInt("companyTypeId", -1));
```

运行本例后，在相应的组件中输入值，然后退出应用程序，再次进入应用程序，系统会将上次输入的数据显示在相应的组件中，如图 7-1 所示。

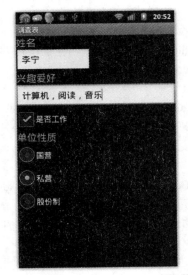

图 7-1　使用 SharedPreferences 存取数据

7.1.2　数据的存储位置和格式

在上一节介绍了用 SharedPreferences 保存和读取数据的方法。但这些数据被保存在哪里呢？仅从代码上是无法获得更多细节的。

实际上，SharedPreferences 将数据文件写在手机内存私有的目录中。在模拟器中测试程序，可以通过 ADT 的 DDMS 透视图来查看数据文件的位置。打开 DDMS 透视图，进入 File Explorer 页面，找到 data\data 目录。在该目录下有若干个子目录，这些子目录名就是模拟器中安装的程序使用的包名（package name）。找到本例使用的包名（即 AndroidManifest.xml 文件中<manifest>标签的 package 属性值），在本例中是 net.blogjava.mobile。在该目录下有一个 shared_prefs 子目录，上一节建立的数据文件（survey.xml）就保存在这个目录中，如图 7-2 所示。从这一点可以看出，用 SharedPreferences 生成的数据文件保存在 /data/data/<package name>/shared_prefs 目录中。

图 7-2　SharedPreferences 生成的数据文件的存储目录

使用图 7-2 所示的文件导出按钮将 survey.xml 文件导出到本地后，查看该文件的内容可知，

SharedPreferences 使用 XML 格式来保存数据。

```xml
<!--  survey.xml  -->
<?xml version='1.0' encoding='utf-8' standalone='yes' ?>
<map>
    <int name="companyTypeId" value="2131034117" />
    <string name="habit">计算机，阅读，音乐</string>
    <string name="name">李宁</string>
    <boolean name="employee" value="true" />
</map>
```

7.1.3 存取复杂类型的数据

工程目录：src/ch07/ch07_base64sharedpreferences

前面介绍的 SharedPreferences 只能保存简单类型的数据，例如，String、int 等。如果想用 SharedPreferences 存取更复杂的数据类型（类、图像等），就需要对这些数据进行编码。通常会将复杂类型的数据转换成 Base64 编码，然后将转换后的数据以字符串的形式保存在 XML 文件中。

Android SDK 1.5 并未提供 Base64 编码和解码库。因此，需要使用第三方的 jar 包。在本例中使用了 Apache Commons 组件集中的 Codec 组件进行 Base64 编码和解码。读者可以从 http://commons.apache.org/codec/download_codec.cgi 下载 Codec 组件的安装包。

在本例工程目录的 lib 子目录中已经包含 Codec 组件的 jar 包（commons-codec-1.4.jar），因此，读者可以在该工程中直接使用 Codec 组件。

本例将一个 Product 类的对象实例和一个图像保存在 XML 文件中，并在程序重新运行后，从 XML 文件装载 Product 对象和图像。下面是 Product 类的代码：

```java
package net.blogjava.mobile;
import java.io.Serializable;
// 需要序列化的类必须实现 Serializable 接口
public class Product implements Serializable
{
    private String id;
    private String name;
    private float price;
    //  此处省略了属性的 getter 和 setter 方法
    ... ...
}
```

在存取数据之前，需要使用下面的代码创建一个 SharedPreferences 对象：

```java
mySharedPreferences = getSharedPreferences("base64",Activity.MODE_PRIVATE);
```

其中 mySharedPreferences 是在类中定义的 SharedPreferences 类型变量。

在保存 Product 对象之前，需要创建 Product 对象，并将相应组件中的值赋给 Product 类的相应属性。

将 Product 对象保存在 XML 文件中的代码如下：

```java
Product product = new Product();
product.setId(etProductID.getText().toString());
product.setName(etProductName.getText().toString());
product.setPrice(Float.parseFloat(etProductPrice.getText().toString()));
ByteArrayOutputStream baos = new ByteArrayOutputStream();
ObjectOutputStream oos = new ObjectOutputStream(baos);
//  将 Product 对象放到 OutputStream 中
oos.writeObject(product);
mySharedPreferences = getSharedPreferences("base64", Activity.MODE_PRIVATE);
//  将 Product 对象转换成 byte 数组，并将其进行 base64 编码
String productBase64 = new String(Base64.encodeBase64(baos.toByteArray()));
```

```
SharedPreferences.Editor editor = mySharedPreferences.edit();
// 将编码后的字符串写到 base64.xml 文件中
editor.putString("product", productBase64);
editor.commit();
```

保存图像的方法与保存 Product 对象的方法类似。由于在保存之前需要选择一个图像，并将该图像显示在 ImageView 组件中，因此，从 ImageView 组件中可以直接获得要保存的图像。将图像保存在 XML 文件中的代码如下：

```
ByteArrayOutputStream baos = new ByteArrayOutputStream();
// 将 ImageView 组件中的图像压缩成 JPEG 格式，并将压缩结果保存在 ByteArrayOutputStream 对象中
((BitmapDrawable) imageView.getDrawable()).getBitmap().compress(CompressFormat.JPEG, 50, baos);
String imageBase64 = new String(Base64.encodeBase64(baos.toByteArray()));
// 保存由图像字节流转换成的 Base64 格式字符串
editor.putString("productImage", imageBase64);
editor.commit();
```

其中 compress 方法的第 2 个参数表示压缩质量，取值范围是 0～100，0 表示最高压缩比，但图像效果最差，100 则恰恰相反。在本例中取了一个中间值 50。

从 XML 文件中，装载 Product 对象和图像是保存的逆过程。也就是从 XML 文件中读取 Base64 格式的字符串，然后将其解码成字节数组，最后将字节数组转换成 Product 和 Drawable 对象。装载 Product 对象的代码如下：

```
String productBase64 = mySharedPreferences.getString("product", "");
// 对 Base64 格式的字符串进行解码
byte[] base64Bytes = Base64.decodeBase64(productBase64.getBytes());
ByteArrayInputStream bais = new ByteArrayInputStream(base64Bytes);
ObjectInputStream ois = new ObjectInputStream(bais);
// 从 ObjectInputStream 中读取 Product 对象
Product product = (Product) ois.readObject();
```

装载图像的代码如下：

```
String imageBase64 = mySharedPreferences.getString("productImage","");
base64Bytes = Base64.decodeBase64(imageBase64.getBytes());
bais = new ByteArrayInputStream(base64Bytes);
// 在 ImageView 组件上显示图像
imageView.setImageDrawable(Drawable.createFromStream(bais,"product_image"));
```

在上面的代码中使用了 Drawable 类的 createFromStream 方法直接从流创建了 Drawable 对象，并使用 setImageDrawable 方法将图像显示在 ImageView 组件上。

在这里需要提一下的是图像选择。在本例中使用了 res/drawable 目录中除了 icon.png 外的其他图像。为了能列出这些图像，本例使用 Java 的反射技术来枚举这些图像的资源 ID。基本原理是枚举 R.drawable 类中所有的 Field，并获得这些 Field 的值。如果采用这个方法，再向 drawable 目录中添加新的图像，或删除以前的图像，并不需要修改代码，程序就可以显示最新的图像列表。枚举图像资源 ID 的代码如下：

```
// 获得 R.drawable 类中所有的 Field
Field[] fields = R.drawable.class.getDeclaredFields();
for (Field field : fields)
{
    if (!"icon".equals(field.getName()))
        imageResIdList.add(field.getInt(R.drawable.class));
}
```

运行本例后，单击"选择产品图像"按钮，会显示一个图像选择对话框，如图 7-3 所示。选中一个图像后，关闭图像选择对话框，并单击"保存"按钮。如果保存成功，将显示如图 7-4 所示的提示对话框。当再次运行程序后，会显示上次成功保存的数据。

图 7-3　选择产品图像

图 7-4　成功保存 Product 对象和产品图像

查看 base64.xml 文件，会看到如下内容：

```
<?xml version='1.0' encoding='utf-8' standalone='yes' ?>
<map>
    <string name="productImage">/9j/4AAQSkZJRgABAQAAAQABAAD/2wBDABDsyj7yK3......</string>
    <string name="product">rO0ABXNyABtuZXQuYmxvZ2phdmEubW9iaWxlLlByb2......</string>
</map>
```

虽然可以采用编码的方式通过 SharedPreferences 保存任何类型的数据，但作者并不建议使用 SharedPreferences 保存尺寸很大的数据。如果读者要存取更多的数据，可以使用后面要介绍的文件存储、SQLite 数据库等技术。

7.1.4　设置数据文件的访问权限

工程目录：src/ch07/ch07_permission

众所周知，Android 系统并不是完全创新的操作系统，而是在 Linux 内核基础上发展而来的一个移动操作系统（虽然 Android 也可运行在 PC 上，但 Android 最初是为以手机为主的移动设备设计的，因此，我们习惯称它为移动操作系统）。既然本质上是 Linux，那么自然就会拥有 Linux 的一些基本特征。

学习 Linux 必须要掌握的就是 Linux 的文件权限。Linux 与 Windows 不同，Windows 文件的很多特性是通过文件扩展名来识别的。例如，exe 是可执行文件，bat 是批处理文件。而在 Linux 中，文件扩展名并不重要。一个文件是否可访问、可执行，完全是由文件属性来决定的。

Linux 文件的属性可分为 4 段。第 1 段的取值如下：

[d]：表示目录。
[-]：表示文件。
[l]：表示链接文件。
[b]：表示可供存储的接口设备文件。

[c]：表示串口设备文件，例如，键盘、鼠标。

从第2段到第4段都由3个字母组成，分别表示不同用户的读、写和执行权限，含义如下：

[r]：表示可读。

[w]：表示可写。

[x]：表示可执行。

如果不具备某个属性，该项将以[-]代替，例如，rw-、--x 等。

第2段表示文件所有者（创建文件的用户）拥有的权限，第3段表示文件所有者所在的用户组中其他用户的权限，第4段表示其他用户（非所有者所在的用户组中的用户）的权限。例如，-rw-rw----表示文件所有者及文件所有者所在的用户组中的用户可以对该文件进行读和写操作，其他的用户无权访问该文件。

现在回到Android系统中。在前面曾多次使用getSharedPreferences方法获得SharedPreferences对象，getSharedPreferences 方法的第 2 个参数值使用了 Activity.MODE_PRIVATE 常量。除了这个常量外，还可以使用另外3个常量。这4个常量用于指定文件的建立模式，它们有一个重要的功能就是设置文件的属性。下面的代码分别使用这4个建立模式创建了4个文件，读者可以观察文件的属性：

```
int[] modes = new int[]
    { Activity.MODE_PRIVATE, Activity.MODE_WORLD_READABLE,
      Activity.MODE_WORLD_WRITEABLE, Activity.MODE_APPEND };
for(int i = 0; i < modes.length; i++)
{
    SharedPreferences mySharedPreferences = getSharedPreferences(
        "data" + String.valueOf(i + 1), modes[i]);
    SharedPreferences.Editor editor = mySharedPreferences.edit();
    editor.putString("name", "bill");
    editor.commit();
}
```

运行上面的代码后，将在 shared_prefs 目录中创建 4 个文件（data1.xml、data2.xml、data3.xml、data4.xml），这 4 个文件的属性如图 7-5 所示。

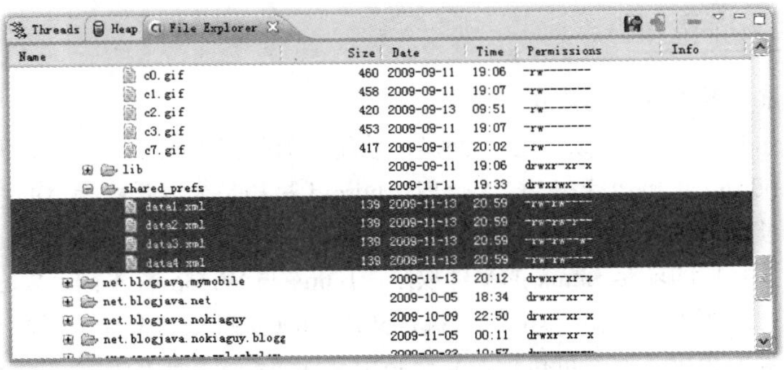

图 7-5 查看文件的属性

从图 7-5 可以看出，MODE_WORLD_READABLE 和 MODE_WORLD_WRITEABLE 分别设置其他用户的读和写权限，而使用 MODE_PRIVATE 和 MODE_APPEND 创建的文件对于其他用户都是不可访问的。

7.1.5 可以保存设置的 Activity：PreferenceActivity

工程目录：src/ch07/ch07_preferences

由于 SharedPreferences 可以很容易地保存 key-value 对，因此，通常用 SharedPreferences 保存配置信息。不过 Android SDK 提供了更容易的方法来设计配置界面，并且可以透明地保存配置信息。这就是 PreferenceActivity。

PreferenceActivity 是 Activity 的子类，该类封装了 SharedPreferences。因此，PreferenceActivity 的所有子类都会拥有保存 key-value 对的能力。

PreferenceActivity 提供了一些常用的设置项，这些设置项可以满足大多数配置界面的要求。与组件一样，这些配置项既可以从 XML 文件创建，也可以从代码创建。比较常用的设置项有如下 3 个：

- CheckBoxPreference：对应<CheckBoxPreference>标签。该设置项会创建一个 CheckBox 组件。
- EditTextPreference：对应<EditTextPreference>标签。单击该设置项会弹出一个带 EditText 组件的对话框。
- ListPreference：对应<ListPreference>标签。单击该设置项会弹出一个带 ListView 组件的对话框。

本节的例子中将使用 XML 文件的方式创建设置界面。在 res 目录下建立一个 xml 目录，并在该目录中建立一个 preference_setting.xml 文件。该文件的内容如下：

```xml
<?xml version="1.0" encoding="utf-8"?>
<PreferenceScreen xmlns:android="http://schemas.android.com/apk/res/android">
    <PreferenceCategory android:title="我的位置源">
        <CheckBoxPreference android:key="wireless_network"
            android:title="使用无线网络"
            android:summary="使用无线网络查看应用程序（例如 Google 地图）中的位置" />
        <CheckBoxPreference android:key="gps_satellite_setting"
            android:title="启用 GPS 卫星设置"
            android:summary="定位时，精确到街道级别（取消选择可节约电量）" />
    </PreferenceCategory>
    <PreferenceCategory android:title="个人信息设置">
        <CheckBoxPreference android:key="yesno_save_individual_info"
            android:title="是否保存个人信息" />
        <EditTextPreference android:key="individual_name"
            android:title="姓名" android:summary="请输入真实姓名" />
        <!-- 有一个子设置页 -->
        <PreferenceScreen android:key="other_individual_msg"
            android:title="其他个人信息" android:summary="是否工作、手机">
            <CheckBoxPreference android:key="is_an_employee"
                android:title="是否工作" />
            <EditTextPreference android:key="mobile"
                android:title="手机" android:summary="请输入真实的手机号" />
        </PreferenceScreen>
    </PreferenceCategory>
</PreferenceScreen>
```

在编写上面代码时，要注意如下 6 点：

- 一个设置界面对应一个<PreferenceScreen>标签。
- <PreferenceCategory>标签表示一个设置分类，title 属性表示分类名称，该名称会显示在设置界面上。
- 设置项标签可以放在<PreferenceCategory>标签中，也可以不使用<PreferenceCategory>标签，而直接放在<PreferenceScreen>标签中，表示该设置项不属于任何设置分类。

- 每一个设置项标签（<CheckBoxPreference>、<EditTextPreference>等）都有一个 android:key 属性，该属性的值就是保存在 XML 文件中 key-value 对中的 key。
- 如果使用嵌套<PreferenceScreen>标签，说明该设置页有一个子设置页，单击该设置页就会进入这个子设置页。
- android:title 和 android:summary 分别表示设置项的标题和摘要，标题用大字体显示在摘要上方，摘要用小字体显示。

在 PreferenceAcitivty 的 onCreate 方法中并不需要设置布局文件，只需要使用如下代码装载 preference_setting.xml 文件即可：

addPreferencesFromResource(R.xml.preference_setting);

现在运行例子程序，会显示如图 7-6 所示的设置页面。当单击"姓名"设置项时，会弹出一个带 EditText 组件的对话框，如图 7-7 所示。

图 7-6　设置界面

图 7-7　弹出带 EditText 组件的对话框

单击最后一个设置项，会进入如图 7-8 所示的子设置界面。

图 7-8　子设置界面

单击某个设置项时会调用 onPreferenceTreeClick 事件方法。在本例中，如果取消选中"是否保存个人信息"复选框，"姓名"设置项会变为不可选状态。实现这个功能正好用到 onPreferenceTreeClick 事件方法，代码如下：

```
public boolean onPreferenceTreeClick(PreferenceScreen preferenceScreen,
        Preference preference)
{
    // 判断选中的是否为"是否保存个人信息"设置项的复选框
    if ("yesno_save_individual_info".equals(preference.getKey()))
    {
        // 设置"姓名"设置项为可选或不可选
        findPreference("individual_name").setEnabled(!findPreference("individual_name").isEnabled());
    }
    return super.onPreferenceTreeClick(preferenceScreen, preference);
}
```

在单击"姓名"设置项弹出的对话框的 EditText 组件中输入姓名后，单击"正常"按钮，会用输入的值作为"姓名"设置项的 Summary，如图 7-6 所示。为了捕获设置项的值改变的事件，需要使用 onPreferenceChange 事件方法，代码如下：

```
public boolean onPreferenceChange(Preference preference, Object newValue)
{
    // 设置"姓名"设置项中 Summary 的值
    preference.setSummary(String.valueOf(newValue));
    // 该方法必须返回 true，否则无法保存设置的值
    return true;
}
```

最后在 onCreate 方法中还需要做如下 4 项工作：

- 改变 PreferenceActivity 保存数据使用的 XML 文件的名称。在默认情况下，保存 key-value 对的 XML 文件是 <package name>_preferences.xml。在本例中就是 net.blogjava.mobile_preferences.xml。
- 设置"姓名"设置项的 Summary。该值需要从保存 key-value 对的 XML 文件中读取。
- 设置"姓名"设置项是否可用。该值根据"是否保存个人信息"设置项的复选框是否被选中来设置。
- 每个设置项是一个 Preference 对象。由于"姓名"设置项使用了 onPreferenceChange 事件方法，因此，需要使用 PreferenceActivity 类的 setOnPreferenceChangeListener 方法设置包含该事件方法的对象实例。在本例中是 this，因此，Main 类需要实现 OnPreferenceChangeListener 接口。

onCreate 方法的完整代码如下：

```
public void onCreate(Bundle savedInstanceState)
{
    super.onCreate(savedInstanceState);
    // 改变 PreferenceActivity 保存数据使用的 XML 文件的名称
    getPreferenceManager().setSharedPreferencesName("setting");
    addPreferencesFromResource(R.xml.preference_setting);
    // 获得"姓名"设置项对应的 Preference 对象
    Preference individualNamePreference = findPreference("individual_name");
    // 获得指向 setting.xml 文件的 SharedPreferences 对象
    SharedPreferences sharedPreferences= individualNamePreference.getSharedPreferences();
    // 设置"姓名"设置项的 Summary
    individualNamePreference.setSummary(sharedPreferences.getString("individual_name", ""));
    // 设置"姓名"设置项是否可用
    if (sharedPreferences.getBoolean("yesno_save_individual_info", false))
            individualNamePreference.setEnabled(true);
    else
            individualNamePreference.setEnabled(false);
    // 设置包含 onPreferenceChange 事件方法的对象实例
```

individualNamePreference.setOnPreferenceChangeListener(this);
}

7.2 文件的存储

从 7.1 节知道，SharedPreferences 只能保存 key-value 对，虽然可以采用 Base64 编码的方式保存更复杂的数据，但仍然会受到很多限制。然而，文件存取的核心就是输入流和输出流。SharedPreferences 在底层同样也采用了这些流技术。如果想对文件随心所欲地控制，直接使用流是最好的选择。本节将详细介绍如何使用流、File 等底层的文件存取技术来操作文件，并提供了精彩的实例以供读者参考。

7.2.1 openFileOutput 和 openFileInput 方法

工程目录：src/ch07/ch07_fileoutputinput

如果要找 SharedPreferences 的"近亲"，也许在本节我们就可以如愿以偿。openFileOutput 和 openFileInput 方法与 SharedPreferences 在某些方面非常类似。让我们先回忆一下 SharedPreferences 对象是如何创建的：

```
SharedPreferences mySharedPreferences = getSharedPreferences("file", Activity.MODE_PRIVATE);
```

看看上面的代码，可能很多读者已经回忆起来了。这时使用 SharedPreferences 的第 1 步（见 7.1.1 节的介绍）：创建 SharedPreferences 对象。getSharedPreferences 方法的第 1 个参数指定要保存在手机内存中的文件名（不包括扩展名，扩展名为 xml），第 2 个参数表示 SharedPreferences 对象创建 XML 文件时设置的文件属性（见 7.1.3 节的介绍）。

下面来看看 openFileOutput 方法如何返回一个 OutputStream 对象：

```
OutputStream os = openFileOutput("file.txt", Activity.MODE_PRIVATE);
```

从上面的代码可以看出，openFileOutput 方法的两个参数与 getSharedPreferences 方法类似，只是第 1 个参数指定的文件名多了一个扩展名。从 getSharedPreferences 方法和 openFileOutput 方法可以看出，第 1 个参数只指定了文件名，并未包含保存路径，因此，这两个方法只能将文件保存在手机内存中固定的路径。在前面已经知道，SharedPreferences 将 XML 文件保存在/data/data/<package name>/shared_prefs 目录下，而 openFileOutput 方法将文件保存在/data/data/<package name>/files 目录下。

在使用 openFileInput 方法获得 InputStream 对象来读取文件中的数据时，只需要指定文件名即可。

```
InputStream is = openFileInput("file.txt");
```

下面是使用 openFileOuput 和 openFileInput 方法获得 OutputStream 及 InputStream 对象来读取文件的完整代码：

```
// 向文件写入内容
OutputStream os = openFileOutput("file.txt", Activity.MODE_PRIVATE);
String str1 = "书名：Android 开发完全讲义 ";
os.write(str1.getBytes("utf-8"));
os.close();
// 读取文件的内容
InputStream is = openFileInput("file.txt");
byte[] buffer = new byte[100];
int byteCount = is.read(buffer);
String str2 = new String(buffer, 0, byteCount, "utf-8");
TextView textView = (TextView)findViewById(R.id.textview);
textView.setText(str2);
is.close();
```

运行本例后，将看到如图 7-9 所示的输出信息。

图 7-9　使用 openFileOutput 和 openFileInput 方法存取文件数据

> 虽然 openFileOutput 和 openFileInput 方法可以获得操作文件的 OutputStream 及 InputStream 对象，而且通过流对象可以任意处理文件中的数据，但这两个方法与 SharedPreferences 一样，只能在手机内存卡的指定目录中建立文件，因此，它们在使用上仍然有一定的局限性。在实例 36 和实例 37 中，读者可以看到如何使用更高级的方法存取 SD 卡中的文件内容。

7.2.2　SD 卡文件浏览器

工程目录：src/ch07/ch07_filebrowser

文件浏览在手机中是再常见不过的功能了。实现的基本步骤如下：

（1）显示当前目录中所有的子目录和文件，并将目录和文件名显示在 ListView 中。

（2）当单击某一个列表项时，如果当前列表项是目录，则进入该目录，并重复第 1 步。如果当前列表项是文件，则做进一步处理。

由于在本节及后面的部分会经常使用文件浏览功能，因此，本例将文件浏览做成一个 Widget，并提供两个事件，事件接口的代码如下：

```
package net.blogjava.mobile.widget;
public interface OnFileBrowserListener
{
    //  单击文件列表项时调用该事件方法，filename 表示当前选中的文件名
    public void onFileItemClick(String filename);
    //  单击目录列表项时调用该事件方法，path 表示当前目录的完整路径
    public void onDirItemClick(String path);
}
```

文件浏览 Widget 的类是 FileBrowser，框架代码如下：

```
package net.blogjava.mobile.widget;
… …
public class FileBrowser extends ListView implements android.widget.AdapterView.OnItemClickListener
{
    … …
    public FileBrowser(Context context, AttributeSet attrs){ … … }
    private void addFiles() { … … }
    private String getCurrentPath() { … … }
    private String getExtName(String filename) { … … }
    @Override
    public void onItemClick(AdapterView<?> parent, View view, int position, long id) { … … }
    public void setOnFileBrowserListener(OnFileBrowserListener listener) { … … }
    private class FileListAdapter extends BaseAdapter
    {
        … …
```

        }
    }

在上面的代码中定义了一个内嵌类 FileListAdapter,该类用于提供当前目录中的子目录及文件的名称列表。其他的方法将在后面详细介绍。

在 FileBrowser 类中定义了如下 4 个变量:

- **folderImageResId**:该变量保存<FileBrowser>标签的 folderImage 属性值,表示显示在目录列表项前面的图像资源的 ID。
- **otherFileImageResId**:该变量保存<FileBrowser>标签的 otherFileImage 属性值,表示未设置图像资源(通过文件扩展名设置)的文件列表项前面显示的默认图像资源的 ID。
- **fileImageResIdMap**:实际上,该变量保存的并不是<FileBrowser>标签中某个属性的值,而是 0~n 个属性的值。fileImageResIdMap 是一个 Map<String, Integer>类型的变量,表示所有通过扩展名设置的文件列表项前面显示的图像资源的 ID。key 表示文件扩展名,例如,jpg、txt 等。value 表示该扩展名对应的图像资源 ID。
- **onlyFolder**:该变量保存<FileBrowser>标签的 onlyFolder 属性值。如果将该属性设为 true,FileBrowser 组件将不会显示当前目录中的文件列表。默认值是 false。

要完成 FileBrowser 组件,需要如下 4 步:

(1)在 FileBrowser 组件装载时,会显示 SD 卡根目录中的所有子目录和文件名(如果将 onlyFolder 属性设为 true,则不显示文件名)。这些代码需要在 FileBrowser 类的构造方法中执行,代码如下:

```
dirStack.push(sdcardDirectory);     // 将 SD 卡的根目录压入栈
addFiles();                          // 生成当前目录中子目录及文件的名称列表(实际上是 File 对象)
```

其中 dirStack 是在 FileBrowser 类中定义的一个 Stack<String>类型变量。该变量用于分段保存当前目录。例如,如果当前目录是/sdcard/xyz/abc,则将/sdcard 首先压入栈,然后将 xyz 压入栈,栈顶是 abc。当退回到上一级目录(/sdcard/xyz)时会弹出栈顶元素(abc)。这样从栈底开始扫描,就可以获得当前目录。

addFiles 方法用于扫描当前目录,并将当前目录的 File 对象集合添加到 fileList 变量中,该变量是在 FileBrowser 类中定义的一个 List<File>类型变量,用于保存当前目录中所有的 File 对象(每一个 File 对象表示目录或文件)。addFiles 方法的代码如下:

```
private void addFiles()
{
    fileList.clear();
    String currentPath = getCurrentPath();              // 获得当前路径
    File[] files = new File(currentPath).listFiles();   // 获得当前目录中所有的 File 对象
    //  当前不是根目录,使 fileList 变量的第 1 个元素为 null,如果元素为 null,会显示一个 "..",
    //  单击该列表项,会返回到上一级目录
    if (dirStack.size() > 1) fileList.add(null);
    for (File file : files)
    {
        // 只添加表示目录的 File 对象
        if (onlyFolder)
        {
            if (file.isDirectory()) fileList.add(file);
        }
        else
        {
            fileList.add(file);
        }
    }
}
```

在 addFiles 方法中使用了 getCurrentPath 方法，该文件根据 dirStack 变量获得当前的完整目录，代码如下：

```java
private String getCurrentPath()
{
    String path = "";
    for (String dir : dirStack)
    {
        path += dir + "/";
    }
    path = path.substring(0, path.length() - 1);
    return path;
}
```

getCurrentPath 方法返回一个不以"/"结尾的完整路径，例如/sdcard/abcd/xyz。

（2）在 4.2 节已经介绍过如何读取自定义组件的属性值。但在 FileBrowser 类中有一个属性变量（fileImageResIdMap）比较特殊。该变量对应于两组<FileBrowser>标签中的属性。假设要设置扩展名为 jpg 和 txt 文件列表项前面显示的图像资源的 ID 为@drawable/jpg 和@drawable/txt，则应使用如下代码：

```xml
<net.blogjava.mobile.widget.FileBrowser
    android:id="@+id/filebrowser" android:layout_width="fill_parent"
    android:layout_height="fill_parent" mobile:folderImage="@drawable/folder"
    mobile:extName1="jpg" mobile:fileImage1="@drawable/jpg"
    mobile:extName2="txt" mobile:fileImage2="@drawable/txt"
    mobile:otherFileImage="@drawable/other"  />
```

从上面的代码可以看出，如果设置多个文件扩展名的图像资源 ID，需要设置 mobile:extNameN 和 mobile:fileImageN 属性，其中 N 是从 1 开始的整数，中间不能断档。也就是说，N 必须是连续的。

为了读取这样的动态属性，需要使用如下代码：

```java
int index = 1;
while (true)
{
    String extName = attrs.getAttributeValue(namespace, "extName" + index);
    int fileImageResId = attrs.getAttributeResourceValue(namespace, "fileImage" + index, 0);
    if ("".equals(extName) || extName == null || fileImageResId == 0)
    {
        break;
    }
    fileImageResIdMap.put(extName, fileImageResId);
    index++;
}
```

（3）在 FileBrowser 组件中仍然使用了自定义的 Adapter 对象为 ListView 提供数据。自定义 Adapter 的实现方法在前面已经介绍多次了，在这里不再详细讲解。

在 FileBrowser 类中定义的 Adapter 类是 FileListAdapter，该类与前面实现的 Adapter 类没什么特殊的区别。在 FileListAdapter 类的 getView 方法中返回了一个 LinearLayout 对象。在该对象中有一个 ImageView 和一个 TextView 对象。ImageView 用于显示通过<FileBrowser>标签的属性指定的图像，TextView 用于显示目录或文件名。只是在设置 TextView 的值时要注意，当 fileList 的元素为 null 时（fileList 的第 1 个元素），TextView 中显示的文本是".."。

（4）当单击目录或文件列表项时，会根据具体的情况进行处理，代码如下：

```java
public void onItemClick(AdapterView<?> parent, View view, int position, long id)
{
    //  fileList 元素的值为 null，相当于 ListView 中的列表项的值是".."，返回上一级目录
    if (fileList.get(position) == null)
    {
        dirStack.pop();                        // 将最上一层目录出栈
        addFiles();                            // 重新获得当前目录中的子目录和文件的 File 对象
```

```
                fileListAdapter.notifyDataSetChanged();         //  通知 FileListAdapter 对象数据已经变化, 重新刷新列表
            //  如果设置了 FileBrowser 事件, 则调用 onDirItemClick 方法, 表示当前目录被单击
            if (onFileBrowserListener != null)
            {
                onFileBrowserListener.onDirItemClick(getCurrentPath());
            }
    }
    //  单击的是目录列表项
    else if (fileList.get(position).isDirectory())
    {
            //  将当前单击的目录名压栈
            dirStack.push(fileList.get(position).getName());
            addFiles();
            fileListAdapter.notifyDataSetChanged();
            if (onFileBrowserListener != null)
            {
                    //  调用目录单击事件方法
                    onFileBrowserListener.onDirItemClick(getCurrentPath());
            }
    }
    //  单击的是文件列表项
    else
    {
            if (onFileBrowserListener != null)
            {
                    //  获得当前单击的文件的完整文件名
                    String filename = getCurrentPath() + "/" + fileList.get(position).getName();
                    //  调用文件单击事件方法
                    onFileBrowserListener.onFileItemClick(filename);
            }
    }
}
```

在上面代码中使用了一个 onFileBrowserListener 变量,该变量是在 FileBrowser 类中定义的一个 OnFileBrowserListener 类型的变量,该变量的值需要通过 setOnFileBrowserListener 方法设置。

```
public void setOnFileBrowserListener(OnFileBrowserListener listener)
{
    this.onFileBrowserListener = listener;
}
```

要测试 FileBrowser 组件的事件,Main 类需要实现 OnFileBrowserListener 接口,代码如下:

```
package net.blogjava.mobile;

import net.blogjava.mobile.widget.FileBrowser;
import net.blogjava.mobile.widget.OnFileBrowserListener;
import android.app.Activity;
import android.os.Bundle;

public class Main extends Activity implements OnFileBrowserListener
{
    @Override
    public void onFileItemClick(String filename)
    {
        setTitle(filename);
    }
    @Override
    public void onDirItemClick(String path)
    {
        setTitle(path);
    }
    @Override
    protected void onCreate(Bundle savedInstanceState)
    {
        super.onCreate(savedInstanceState);
```

```
        setContentView(R.layout.main);
        FileBrowser fileBrowser = (FileBrowser)findViewById(R.id.filebrowser);
        fileBrowser.setOnFileBrowserListener(this);
    }
}
```

运行本例后，会显示如图 7-10 所示的效果，单击某个目录会进入该目录，如图 7-11 所示。

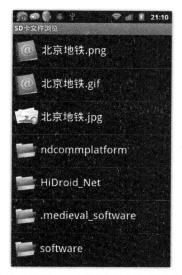

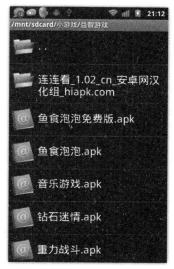

图 7-10　显示 SD 卡根目录中的目录和文件　　　　图 7-11　进入子目录

7.2.3　存取 SD 卡中的图像

工程目录：src/ch07\ch07_savebrowseimage

通过 **FileInputStream** 和 **FileOutputStream** 对象可以很容易地访问手机中任何权限范围内的文件。在本例中，通过这两个对象将程序（apk 包）中 res\drawable 目录中的图像资源保存在 SD 卡的根目录，然后利用实例 36 实现的 FileBrowser 组件浏览这些图像文件，单击某个图像文件后会弹出一个显示该图像的对话框。

本例使用 Gallery 组件来展示 res\drawable 目录中的图像资源，代码如下：

```
Field[] fields = R.drawable.class.getDeclaredFields();
for (Field field : fields)
{
    if (field.getName().startsWith("item"))
        imageResIdList.add(field.getInt(R.drawable.class));
}
gallery = (Gallery) findViewById(R.id.gallery);            // gallery 为 Gallery 类型的变量
ImageAdapter imageAdapter = new ImageAdapter(this);
gallery.setAdapter(imageAdapter);
```

从上面代码可以看出，Gallery 组件只显示 res\drawable 目录中文件名以 item 开头的图像。将 Gallery 组件中的图像保存到 SD 卡根目录中的代码如下：

```
String sdcard = android.os.Environment.getExternalStorageDirectory().toString();
FileOutputStream fos = new FileOutputStream(sdcard + "/item" + gallery.getSelectedItemPosition() + ".jpg");
((BitmapDrawable) getResources().getDrawable(imageResIdList.get(gallery
```

.getSelectedItemPosition()))).getBitmap().compress(CompressFormat.JPEG, 50, fos);
fos.close();

保存在 SD 卡根目录的图像文件名的命名原则是以 item 开头，后面加上 Gallery 组件当前被选中的图像的索引。上面的代码将 Gallery 组件的选中图像压缩成 JPEG 格式，并保存在 SD 卡的根目录中。

ImageBrowser 类使用 FileBrowser 组件来浏览 SD 卡中的目录和文件，当单击 jpg 文件时，会调用 onFileItemClick 事件方法，在该文件中会创建一个显示当前图像的对话框，代码如下：

```
public void onFileItemClick(String filename)
{
    // 单击文件的扩展名必须是 jpg
    if (!filename.toLowerCase().endsWith(".jpg")) return;
    View view = getLayoutInflater().inflate(R.layout.imagebrowser, null);
    ImageView imageView = (ImageView) view.findViewById(R.id.imageview);
    try
    {
        // 创建指向单击 jpg 文件的 FileInputStream 对象
        FileInputStream fis = new FileInputStream(filename);
        // 在 ImageView 组件中显示该图像文件
        imageView.setImageDrawable(Drawable.createFromStream(fis, filename));
        new AlertDialog.Builder(this).setTitle("浏览图像").setView(view).setPositiveButton("关闭", null).show();
        fis.close();
    }
    catch (Exception e)
    {
    }
}
```

运行本例，显示如图 7-12 所示的效果，选中一个图像后，单击"保存图像"按钮，系统会将当前选中的图像保存到 SD 卡的根目录。单击"浏览图像"按钮，会进入文件浏览窗口，单击一个 jpg 文件后，弹出如图 7-13 所示的显示图像的对话框。

图 7-12　保存图像

图 7-13　浏览图像

7.2.4　SAX 引擎读取 XML 文件的原理

使用 SharedPreferences 读取的也是 XML 文件，只是 SharedPreferences 将操作 XML 文件的具体细节隐藏了。本节及实例 38 中将揭开挡在我们面前的面纱，对操作 XML 文件的内幕一探究竟。

虽然可以使用很多第三方的 jar 包来操作 XML，但 Android SDK 本身已经提供了操作 XML 的类库，这就是 SAX。使用 SAX 处理 XML 需要一个 Handler 对象，一般会使用一个 org.xml.sax.helpers.DefaultHandler 的子类作为 Handler 对象。

SAX 技术在处理 XML 文件时并不一次性把 XML 文件装入内存，而是一边读一边解析。因此，这就需要处理如下 5 个分析点，也可称为分析事件。

- 开始分析 XML 文件。该分析点表示 SAX 引擎刚开始处理 XML 文件，还没有读取 XML 文件中的内容。该分析点对应于 DefaultHandler 类中的 startDocument 事件方法。可以在该方法中做一些初始化的工作。
- 开始处理每一个 XML 元素，也就是遇到<product>、<item>这样的起始标记。SAX 引擎每次扫描到新的 XML 元素的起始标记时会触发这个分析事件，对应的事件方法是 startElement。在该方法中可以获得当前元素的名称，元素属性的相关信息。
- 处理完一个 XML 元素，也就是遇到</product>、</item>这样的结束标记。该分析点对应的事件方法是 endElement。在该事件中可以获得当前处理完的元素的全部信息。
- 处理完 XML 文件。如果 SAX 引擎将整个 XML 文件的内容都扫描完了，就到了这个分析点，该分析点对应的事件方法是 endDocument。该事件方法可能不是必需的，如果最后有一些收尾工作，如释放一些资源，可以在该方法中完成。
- 读取字符分析点。这是最重要的分析点。如果没有这个分析点，前 4 个步骤的处理相当于白跑一趟，虽然读取了 XML 文件中的所有内容，但并未保存这些内容。而这个分析点所对应的 characters 事件方法的主要作用就是保存 SAX 引擎读取的 XML 文件中的内容。更准确地说是保存 XML 元素的文本，也就是<product>abc</product>中的 abc。
- 了解了 SAX 引擎读取 XML 文件的原理，使用起来就容易多了，读者在实例 38 中将会看到如何将 XML 文件转换成一个 Java 对象。

7.2.5　将 XML 数据转换成 Java 对象

工程目录：src/ch07/ch07_xml

本例中使用的 XML 文件在 src/ch07/ch07_xml\raw 目录中，读者需要将 raw 目录中的 XML 文件通过 DDMS 透视图导入到模拟器的 SD 卡中（任何目录都可以）。

如果直接读取 XML 文件中的内容，显得这些内容很零散，如果内容过多，也不利于维护。幸好 Java 是面向对象语言，通过对象可以很好而且很形象地管理数据。可不可以在 XML 文件和 Java 对象之间建立一个对应关系呢？也就是在读取 XML 文件的过程中将 XML 文件的内容转换成 Java 对象。答案是肯定的，而且这一点使用 SAX 引擎很容易做到。

在本例中会将一个 XML 文件转换成一个 Product 对象的集合（List<Product>对象），下面是一个 XML 文件的例子。

```xml
<?xml version="1.0" encoding="utf-8"?>
<products>
    <product>
        <id>10</id>
        <name>电脑</name>
        <price>2067-25</price>
    </product>
    <product>
        <id>20</id>
        <name>微波炉</name>
        <price>520</price>
    </product>
</products>
```

本例可以将上面的 XML 文件转换成 2 个 Product 对象。下面看一下 Product 类的代码。

```java
package net.blogjava.mobile;
public class Product
{
    private int id;
    private String name;
    private float price;
    //  此处省略了属性的 getter 和 setter 方法
    … …
}
```

上面 XML 文件<product>标签中的 3 个子标签的值与 Product 类的 3 个属性对应。

XML2Product 是本例的核心类，该类是 DefaultHandler 的子类，负责处理在 7.2.2 节介绍的 5 个分析点事件。该类的代码如下：

```java
package net.blogjava.mobile;

import java.util.ArrayList;
import java.util.List;
import org.xml.sax.Attributes;
import org.xml.sax.SAXException;
import org.xml.sax.helpers.DefaultHandler;

public class XML2Product extends DefaultHandler
{
    private List<Product> products;                    //  该变量用于保存转换后的结果
    private Product product;
    private StringBuffer buffer = new StringBuffer();
    public List<Product> getProducts()
    {
        return products;
    }
    @Override
    public void characters(char[] ch, int start, int length) throws SAXException
    {
        buffer.append(ch, start, length);
        super.characters(ch, start, length);
    }
    @Override
    public void endElement(String uri, String localName, String qName) throws SAXException
    {
        if (localName.equals("product"))
        {
            products.add(product);
        }
        else if (localName.equals("id"))
        {
            product.setId(Integer.parseInt(buffer.toString().trim()));
            buffer.setLength(0);
        }
```

```java
            else if (localName.equals("name"))
            {
                product.setName(buffer.toString().trim());
                buffer.setLength(0);
            }
            else if (localName.equals("price"))
            {
                product.setPrice(Float.parseFloat(buffer.toString().trim()));
                buffer.setLength(0);
            }
        super.endElement(uri, localName, qName);
    }
    @Override
    public void startDocument() throws SAXException
    {
        products = new ArrayList<Product>();
    }
    @Override
    public void startElement(String uri, String localName, String qName,
            Attributes attributes) throws SAXException
    {
        if (localName.equals("product"))
        {
            product = new Product();
        }
        super.startElement(uri, localName, qName, attributes);
    }
}
```

XML2Product 类在这 5 个分析点事件方法中做了以下事情：

- startDocument：第 1 个分析点事件方法。在该方法中创建了用于保存转换结果的 List<Product> 对象。
- startElement：第 2 个分析点事件方法。SAX 引擎分析到每一个<product>元素时，在该方法中都会创建一个 Product 对象。
- endElement：第 3 个分析点事件方法。该方法中的代码最复杂，但如果仔细看一下，其实很简单。当 SAX 引擎每分析完一个 XML 元素后，会将该元素中的文本保存在 Product 对象的相应属性中。
- endDocument：第 4 个分析点事件方法。在该方法中什么都没做，也没覆盖这个方法。
- characters：第 5 个分析点事件方法。虽然该方法中的代码由开发人员编写的只有一行，但十分关键。在该方法中，将 SAX 引擎扫描到的内容保存在 buffer 变量中。而在 endElement 方法中，要使用该变量中的内容来为 Product 对象中的属性赋值。

本例使用 FileBrowser 组件来浏览 SD 卡中的 XML 文件。单击某个 XML 文件（格式要正确）后，会弹出一个显示 XML 文件中内容的对话框，单击事件方法的代码如下：

```java
public void onFileItemClick(String filename)
{
    try
    {
        if (!filename.toLowerCase().endsWith("xml")) return;
        FileInputStream fis = new FileInputStream(filename);
        XML2Product xml2Product = new XML2Product();
        android.util.Xml.parse(fis, Xml.Encoding.UTF_8, xml2Product);
        List<Product> products = xml2Product.getProducts();
        String msg = "共" + products.size() + "个产品\n";
        for (Product product : products)
        {
```

```
                msg += "id:" + product.getId() + "  产品名：" + product.getName()
                    + "  价格：" + product.getPrice() + "\n";
            }
            new AlertDialog.Builder(this).setTitle("产品信息").setMessage(msg)
                    .setPositiveButton("关闭", null).show();
        }
        catch (Exception e)
        {
        }
    }
```

运行本例后，选中一个 XML 文件，单击该文件，会弹出如图 7-14 所示的对话框。

图 7-14　显示 XML 文件中的内容

7.3　SQLite 数据库

现在终于要讲解数据库了。数据库也是 Android 存储方案的核心。在 Android 系统中使用了 SQLite 数据库，SQLite 是非常轻量的数据库。从 SQLite 的标志是一根羽毛可以看出，SQLite 的目标就是无论是过去、现在还是将来，SQLite 都将以轻量级数据库的姿态出现。SQLite 虽然轻量，但在执行某些简单的 SQL 语句时甚至比 MySQL 和 PostgreSQL 还快。很多读者是第一次接触 SQLite 数据库，因此，在介绍如何在 Android 中使用 SQLite 之前，先在本节简单介绍一下如何在 PC 上建立 SQLite 数据库，以及 SQLite 数据库的一些特殊方面（由于本书的目的不是介绍 SQLite 数据库，因此，与其他数据库类似的部分（如 insert、update 等）本书将不再介绍。没有掌握这些知识的读者可以参阅其他数据库方面的书籍。

7.3.1　SQLite 数据库管理工具

在学习一种新技术之前，首先要做的是在自己的计算机上安装可以操作这种技术的工具，俗话说：

"工欲善其事，必先利其器。"虽然使用好的工具并不能使自己更好地掌握这种技术，但却能使我们的工作效率大大提升。

言归正传，现在先看看官方为我们提供了什么工具来操作 SQLite 数据库。进入官方的下载页面，网址如下：

http://www.sqlite.org/download.html

在下载页面中找到 Windows 版的二进制下载包。在作者写作本书时，SQLite 的最新版本是 SQLite 3.7.2。因此，要下载的文件是 Sqlite-3_6_20.zip。将这个 zip 文件解压，发现在解压目录中只有一个文件 sqlite3.exe。这个文件就是操作 SQLite 数据库的工具（是不是很轻量？连工具都只有一个）。它是一个命令行程序，运行这个程序，进入操作界面，如图 7-15 所示。

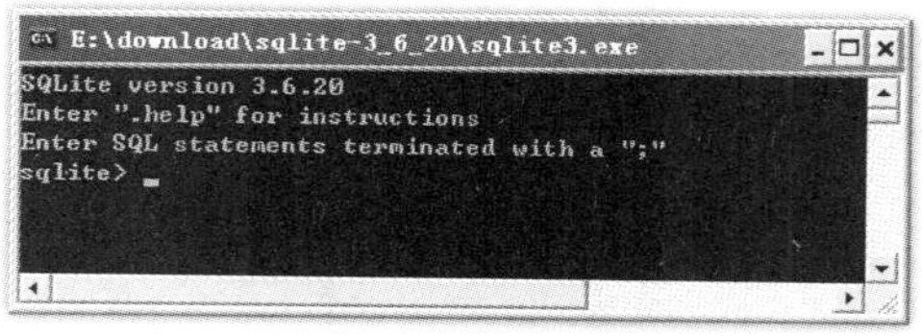

图 7-15　SQLite 的命令行控制台

在控制台中可以输入 SQL 语句或控制台命令。所有的 SQL 语句后面必须以分号（;）结尾。控制台命令必须以实心点（.）开头，例如，.help（显示帮助信息）；.quit（退出控制台）；.tables（显示当前数据库中的所有表名）。

虽然可以在 SQLite 的控制台中输入 SQL 语句来操作数据库，但输入大量的命令会使工作量大大增加。因此，必须要使用所谓的"利器"来取代这个控制台程序。

SQLite 提供了各种类型的程序接口，因此，可以管理 SQLite 数据库的工具非常多，下面是几个比较常用的 SQLite 管理工具。

SQLite Database Browser
http://sourceforge.net/projects/sqlitebrowser

SQLite Expert Professional
http://www.sqliteexpert.com

SQLite Developer
http://www.sqlitedeveloper.com

sqliteSpy
http://www.softpedia.com/progDownload/SQLiteSpy-Download-107387-html

作者在写作本书时使用了 SQLite Expert Professional，这也是作者推荐使用的 SQLite 管理工具。该工具拥有大量的可视化功能，例如，建立数据库、建立表、SQL Builder 等工具。图 7-16 是 SQLite Expert Professional 的主界面。

7.3.2　创建数据库和表

使用 SQLite 控制台工具（sqlite3.exe）建立数据库非常简单，只需要输入如下命令就可以建立或打开数据库：

sqlite3.exe test.db

如果数据库（test.db）存在，则打开该数据库；如果数据库不存在，则预建立 test.db 文件（这时并不生成 test.db 文件），直到在 SQLite 控制台中执行与数据库组件（表、视图、触发器等）相关的命令或 SQL 语句才创建 test.db 文件。

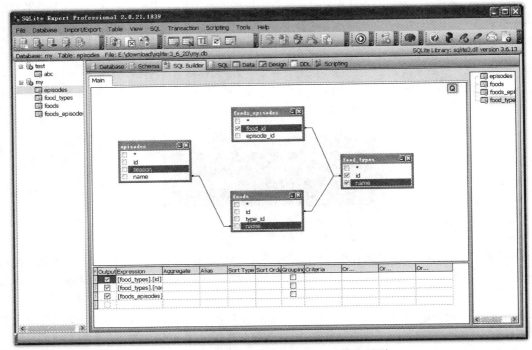

图 7-16　SQLite Expert Professional 的主界面

如果想在使用 sqlite.exe 命令的同时建立数据库和表，可以先建立一个 sql.script 文件（也可以是其他文件名），并在其中输入如下 SQL 语句：

```
create table table1 (
    id integer primary key,
    age int,
    name text
);
create table table2(
    id integer primary key,
    type_id integer,
    name text
);
```

然后执行如下命令，就会在建立 test.db 文件的同时，在该 test.db 文件中建立 table1 和 table2 两个表。

```
sqlite3.exe test.db < sql.script
```

在使用 create table 语句创建表时，还可以为每一个字段指定默认值，如下面的 SQL 语句所示：

```
create table table1 (
    id integer primary key,
    age int default 20,
    name text
);
create table table2(
    id integer primary key,
    type_id integer,
```

```
    name text default 'name1'
);
```

7.3.3 模糊查询

SQLite 的模糊查询与其他数据库类似,都使用了 like 关键字和%通配符。不过 SQLite 在处理中文时会遇到一些麻烦。例如,使用下面的 SQL 语句向 table2 插入了一条记录:

```
insert into table2(id, type_id, name) values(1, 20, '手机操作系统');
```

在 SQLite 控制台中使用如下 SQL 查询是没有问题的:

```
select * from table2 where name =  '手机操作系统';
```

但如果使用下面的模糊查询语句,则无法查询到记录:

```
select * from table2 where name like  '手机%';
```

发生这种事情是因为 SQLite 控制台在保存中文时使用的编码格式是 GB2312,而执行 like 操作时使用的是 UTF-8。读者可以使用如下命令来查看 SQLite 控制台当前的编码格式:

```
PRAGMA encoding;
```

为了可以使用 like 模糊查询中文,作者建议使用 7.4.1 节介绍的 SQLite Expert Professional 执行 insert、update 等 SQL 语句来编辑数据。在这个工具中会直接使用 UTF-8 保存中文。

7.3.4 分页显示记录

分页是在 Web 应用中经常提到的概念。基本原理是从数据库中获得查询结果的部分数据,然后显示在页面中。虽然本书并没有介绍 Web 程序的开发,但获得查询结果的部分数据仍然非常重要。

SQLite 和 MySQL 相同,都使用了 limit 关键字来限制 select 语句返回的记录数。limit 需要两个参数,第 1 个参数表示返回的子记录集在父记录集的开始位置(从 0 开始),第 2 个参数表示返回子记录集的记录数。第 2 个参数为可选值,如果不指定这个参数,会获得从起始位置开始往后的所有记录。例如,下面的 select 语句返回了 table2 表中从第 11 条记录开始的 100 条记录:

```
select * from table2 limit 10,100
```

7.3.5 事务

如果一次执行多条修改记录(insert、update 等)的 SQL 语句,当某一条 SQL 语句执行失败时,就需要取消其他 SQL 语句对记录的修改,否则就会造成数据不一致的情况。事务是解决这个问题的最佳方法。

在 SQLite 中可以使用 BEGIN 来开始一个事件,例如,下面的代码执行了两条 SQL 语句,如果第 2 条语句执行失败,第 1 条 SQL 语句执行的结果就会回滚,相当于没执行这条 SQL 语句。

```
BEGIN;
insert into table1(id, name) values(50,'Android');
insert into table2(id, name) values(1, '测试');
```

如果想显式地回滚记录的修改结果,可以使用 ROLLBACK 语句,代码如下:

```
BEGIN;
delete from table2;
ROLLBACK;
```

如果想显式地提交记录的修改结果,可以使用 COMMIT 语句,代码如下:

```
BEGIN;
delete from table2;
COMMIT;
```

7.4 在 Android 中使用 SQLite 数据库

从 7.3 节已经得知，在 Android 系统中使用的是 SQLite 数据库。虽然在 Android 中操作 SQLite 并不复杂，但在使用过程中仍然会遇到这样或那样的问题。例如，如何将一个 ListView 或 Gallery 组件与 SQLite 数据库中的某个表进行绑定；如果程序发布时需要带一些初始数据，如何将数据库与应用程序一起发布呢，是否可以打开任意路径下的数据库文件。这些都是 Android 和 SQLite 的初学者经常会遇到的问题。本节将给出这些问题的详细答案。

7.4.1 SQLiteOpenHelper 类与自动升级数据库

android.database.sqlite.SQLiteDatabase 是 Android SDK 中操作数据库的核心类之一。使用 SQLite-Database 可以打开数据库，也可以对数据库进行操作。然而，为了数据库升级的需要以及使用更方便，往往使用 SQLiteOpenHelper 的子类来完成创建、打开数据库及各种数据库的操作。

SQLiteOpenHelper 是一个抽象类，在该类中有如下两个抽象方法，SQLiteOpenHelper 的子类必须实现这两个方法。

```
public abstract void onCreate(SQLiteDatabase db);
public abstract void onUpgrade(SQLiteDatabase db, int oldVersion, int newVersion);
```

SQLiteOpenHelper 会自动检测数据库文件是否存在。如果数据库文件存在，会打开这个数据库，在这种情况下，并不会调用 onCreate 方法。如果数据库文件不存在，SQLiteOpenHelper 首先会创建一个数据库文件，然后打开这个数据库，最后会调用 onCreate 方法。因此，onCreate 方法一般用来在新创建的数据库中建立表、视图等数据库组件。也就是说，onCreate 方法在数据库文件第一次被创建时调用。

先看看 SQLiteOpenHelper 类的构造方法再解释 onUpgrade 方法何时会被调用。

```
public SQLiteOpenHelper(Context context, String name, CursorFactory factory, int version);
```

其中 name 参数表示数据库文件名（不包含文件路径），SQLiteOpenHelper 会根据这个文件名创建数据库文件。version 表示数据库的版本号。如果当前传递的数据库版本号比上次创建或升级的数据库版本号高，SQLiteOpenHelper 就会调用 onUpgrade 方法。也就是说，当数据库第 1 次创建时会有一个初始的版本号。当需要对数据库中表、视图等组件升级时可以增大版本号。这时 SQLiteOpenHelper 会调用 onUpgrade 方法。当调用完 onUpgrade 方法后，系统会更新数据库的版本号。这个当前的版本号就是通过 SQLiteOpenHelper 类的最后一个参数 version 传入 SQLiteOpenHelper 对象的。因此，在 onUpgrade 方法中一般会首先删除要升级的表、视图等组件，再重新创建它们。也许很多读者看到这里还是比较模糊，不知如何应用 SQLiteOpenHelper 来操作数据库，不要紧，本章的实例 39 将详细演示 SQLiteOpenHelper 类的使用方法。下面来总结一下 onCreate 和 onUpgrade 方法的调用过程：

- 如果数据库文件不存在，SQLiteOpenHelper 在自动创建数据库后只会调用 onCreate 方法，在该方法中一般需要创建数据库中的表、视图等组件。在创建之前，数据库是空的，因此，不需要先删除数据库中相关的组件。
- 如果数据库文件存在，并且当前的版本号高于上次创建或升级时的版本号，SQLiteOpenHelper 会调用 onUpgrade 方法，调用该方法后，会更新数据库版本号。在 onUpgrade 方法中除了创建表、视图等组件外，还需要首先删除这些相关的组件，因此，在调用 onUpgrade 方法之前，数据库是存在的，里面还有很多数据库组件。

综合上述两点，可以得出一个结论。如果数据库文件不存在，只有 onCreate 方法被调用（该方法只会在创建数据库时被调用 1 次）；如果数据库文件存在，并且当前版本较高，会调用 onUpgrade 方法来升级数据库，并更新版本号。

7.4.2 SimpleCursorAdapter 类与数据绑定

工程目录：src/ch07/ch07_simplecursoradapter

在很多时候需要将数据表中的数据显示在 ListView、Gallery 等组件中。虽然可以直接使用 Adapter 对象进行处理，但工作量比较大。为此，Android SDK 提供了一个专用于数据绑定的 Adapter 类：SimpleCursorAdapter。

SimpleCursorAdapter 与 SimpleAdapter 的使用方法非常接近。只是将数据源从 List 对象换成了 Cursor 对象。而且 SimpleCursorAdapter 类构造方法的第 4 个参数 from 表示 Cursor 对象中的字段，而 SimpleAdapter 类构造方法的第 4 个参数 from 表示 Map 对象中的 key。除此之外，这两个 Adapter 类的使用方法完全相同。

下面是 SimpleCursorAdapter 类构造方法的定义：

```
public SimpleCursorAdapter(Context context, int layout, Cursor c, String[] from, int[] to)
```

本节的例子中，会通过 SimpleCursorAdapter 类将一个数据表绑定在 ListView 上，也就是说，该 ListView 会显示数据表的全部记录。在绑定数据之前，需要先编写一个 SQLiteOpenHelper 类的子类，用于操作数据库，代码如下：

```java
package net.blogjava.mobile.db;

import java.util.Random;
import android.content.Context;
import android.database.Cursor;
import android.database.sqlite.SQLiteDatabase;
import android.database.sqlite.SQLiteOpenHelper;

public class DBService extends SQLiteOpenHelper
{
    private final static int DATABASE_VERSION = 1;
    private final static String DATABASE_NAME = "test.db";
    @Override
    public void onCreate(SQLiteDatabase db)
    {
        String sql = "CREATE TABLE [t_test] (" + "[_id] AUTOINC,"
                + "[name] VARCHAR(20) NOT NULL ON CONFLICT FAIL,"
                + "CONSTRAINT [sqlite_autoindex_t_test_1] PRIMARY KEY ([_id]))";
        db.execSQL(sql);
        //  向 test 数据库中插入 20 条记录
        Random random = new Random();
        for (int i = 0; i < 20; i++)
        {
            String s = "";
            //   随机生成长度为 10 的字符串
            for (int j = 0; j < 10; j++)
            {
                char c = (char) (97 + random.nextInt(26));
                s += c;
            }
            //   执行 insert 语句
```

```java
            db.execSQL("insert into t_test(name) values(?)", new Object[]{ s });
        }
    }
    public DBService(Context context)
    {
        super(context, DATABASE_NAME, null, DATABASE_VERSION);
    }
    // 由于不打算对 test.db 进行升级，因此，在该方法中没有任何代码
    @Override
    public void onUpgrade(SQLiteDatabase db, int oldVersion, int newVersion)
    {
    }
    // 执行 select 语句
    public Cursor query(String sql, String[] args)
    {
        SQLiteDatabase db = this.getReadableDatabase();
        Cursor cursor = db.rawQuery(sql, args);
        return cursor;
    }
}
```

本例不需要对 test.db 进行升级，因此，只有在 DBServie 类的 onCreate 方法中有创建数据表的代码。DBService 类创建了一个 test.db 数据库文件，并在该文件中创建了 t_test 表。在该表中包含两个字段：_id 和 name。其中 _id 是自增字段，并且是主索引。

下面来编写 Main 类，Main 是 ListActivity 的子类。在该类的 onCreate 方法中创建了 DBService 对象，然后通过 DBService 类的 query 方法查询出 t_test 表中的所有记录，并返回 Cursor 对象。Main 类的代码如下：

```java
package net.blogjava.mobile;

import net.blogjava.mobile.db.DBService;
import android.app.ListActivity;
import android.database.Cursor;
import android.os.Bundle;
import android.widget.SimpleCursorAdapter;

public class Main extends ListActivity
{
    @Override
    public void onCreate(Bundle savedInstanceState)
    {
        super.onCreate(savedInstanceState);
        DBService dbService = new DBService(this);
        Cursor cursor = dbService.query("select * from t_test", null);
        SimpleCursorAdapter simpleCursorAdapter = new SimpleCursorAdapter(this,
                android.R.layout.simple_expandable_list_item_1, cursor,
                new String[]{"name" }, new int[]{ android.R.id.text1});
        setListAdapter(simpleCursorAdapter);
    }
}
```

SimpleCursorAdapter 类构造方法的第 4 个参数表示返回的 Cursor 对象中的字段名，第 5 个参数表示要将该字段的值赋给哪个组件。该组件在第 2 个参数指定的布局文件中定义。

运行本例后，将显示如图 7-17 所示的效果。

在绑定数据时，Cursor 对象返回的记录集中必须包含一个叫做 "_id" 的字段，否则将无法完成数据绑定。也就是说，SQL 语句不能是 select name from t_contacts。如果在数据表中没有 "_id" 字段，可以采用其他方法来处理。详细处理方法见本章的实例 39。

图 7-17　使用 SimpleCursorAdapter 绑定数据

数据库文件存到哪了？
仅看到本节的例子建立了 SQLite 数据库文件，那么数据库文件被放到哪个目录了呢？如果使用 SQLiteOpenHelper 类的 getReadableDatabase 或 getWritableDatabase 方法获得 SQLiteDatabase 对象，系统会在手机内存的/data/data/<package name>/databases 目录中创建数据库文件。当然，使用这两个方法也只能打开这个目录中的数据库文件。将在 7.5.3 节和实例 40 中学到如何在任何目录（包括手机内存和 SD 卡）中创建数据库或打开已经存在的数据库。

7.4.3　带照片的联系人管理系统

工程目录：src/ch07/ch07_contacts

在很多应用中，经常会将图像保存在数据库中。实际上，在数据库中保存图像与保存其他简单类型（String、int 等）的值非常相似，也可以使用 insert 和 update 语句进行保存。不同的是，在保存图像之前，需要获得要保存图像的字节数组。SQLlite 数据库一般用 BINARY 类型字段保存图像。

在本例中实现了一个简单的联系人管理系统。下面先来看一下本例使用的数据表（t_contacts）的结构，如图 7-18 所示。

Name	Declared Type	Type	Size	Precision	Not Null
id	AUTOINC	AUTOINC	0	0	☐
name	VARCHAR(20)	VARCHAR	20	0	☑
telephone	VARCHAR(20)	VARCHAR	20	0	☑
email	VARCHAR(20)	VARCHAR	20	0	☐
photo	BINARY	BINARY	0	0	☐

图 7-18　t_contacts 表的结构

t_contacts 表的最后一个字段 photo 是 BINARY 类型，用于保存联系人头像。

与 7.5.2 节的例子相同，首先需要编写一个 SQLiteOpenHelper 的子类用于操作数据库，本例中操作数据库的类名为 DBService。该类中的 onCreate 和 onUpgrade 方法的代码如下：

```java
public void onCreate(SQLiteDatabase db)
{
    String sql = "CREATE TABLE [t_contacts] ("
            + "[id] AUTOINC,"
            + "[name] VARCHAR(20) NOT NULL ON CONFLICT FAIL,"
            + "[telephone] VARCHAR(20) NOT NULL ON CONFLICT FAIL,"
            + "[email] VARCHAR(20),"
            + "[photo] BINARY, "
            + "CONSTRAINT [sqlite_autoindex_t_contacts_1] PRIMARY KEY ([id]))";
    db.execSQL(sql);
}
public void onUpgrade(SQLiteDatabase db, int oldVersion, int newVersion)
{
    String sql = "drop table if exists [t_contacts]";
    db.execSQL(sql);
    // 此处应该是新的 SQL 语句
    sql = "CREATE TABLE [t_contacts] ("
            + "[id] AUTOINC,"
            + "[name] VARCHAR(20) NOT NULL ON CONFLICT FAIL,"
            + "[telephone] VARCHAR(20) NOT NULL ON CONFLICT FAIL,"
            + "[email] VARCHAR(20),"
            + "[photo] BINARY, "
            + "CONSTRAINT [sqlite_autoindex_t_contacts_1] PRIMARY KEY ([id]))";
    db.execSQL(sql);
}
```

从上面的代码可以看出，onUpgrade 和 onCreate 方法中有相同的创建 t_contacts 表的代码。在实际应用中，onUpgrade 方法中创建 t_contacts 表的代码一般与 onCreate 方法中相应的代码有所差异，否则升级数据库就没有多大意义了。如果在 onUpgrade 方法中建立表，必须首先使用 drop table 语句删除要创建的表。

在 DBService 类中还定义了两个操作 t_contacts 表的方法：execSQL 和 query。其中 execSQL 方法用于执行修改数据表的 SQL 语句（如 insert、update 等），query 方法用于执行返回结果集的 SQL 语句（如 select）。这两个方法的代码如下：

```java
// 执行 insert、update、delete 等 SQL 语句
public void execSQL(String sql, Object[] args)
{
    SQLiteDatabase db = this.getWritableDatabase();
    db.execSQL(sql, args);
}
// 执行 select 语句
public Cursor query(String sql, String[] args)
{
    SQLiteDatabase db = this.getReadableDatabase();
    Cursor cursor = db.rawQuery(sql, args);
    return cursor;
}
```

AddContact 是一个 Activity 类，负责保存带头像的联系人信息。单击该界面的"保存"菜单项，会保存连同图像在内的联系人信息。菜单项单击事件的代码如下：

```java
public boolean onMenuItemClick(MenuItem item)
{
    String sql = " insert into t_contacts(name, telephone, email, photo) values(?,?,?,?)";
    ByteArrayOutputStream baos = new ByteArrayOutputStream();
    // 将联系人头像转换成字节数组流。ivPhoto 是一个 ImageView 组件，用于显示联系人的头像
    ((BitmapDrawable) ivPhoto.getDrawable()).getBitmap().compress(
            CompressFormat.JPEG, 50, baos);
```

```
        Object[] args = new Object[]
        { etName.getText(), etTelephone.getText(), etEmail.getText(), baos.toByteArray() };
        Main.dbService.execSQL(sql, args);
        Main.contactAdapter.getCursor().requery();
        //  通知主界面的 ListView 组件，t_contacts 表中的数据已变化，需要更新列表
        Main.contactAdapter.notifyDataSetChanged();
        finish();
        return false;
}
```

在编写上面代码时，应注意如下 3 点：

- 向 BINARY 类型字段插入值时，与向简单类型字段插入值的方法相同。
- BINARY 类型字段对应的数据是字节数组（byte[]），因此，在设置 SQL 参数时要先将要保存在 BINARY 类型字段的值转换成字节数组。BINARY 类型字段不仅可以保存图像，还可以保存任何类型的数组。
- 在更新数据表后，与数据表绑定的 ListView 等组件并不会自动刷新，需要使用 notifyDataSet-Changed 方法来通知 Adapter 对象数据已经改变。这时 ListView 等组件会重新通过与其绑定的 Adapter 对象获得数据，并更新列表项。

在 7.4.2 节的例子中曾使用 SimpleCursorAdapter 类来绑定数组，但遗憾的是，该类不能处理数据表中的图像。当然，其他的二进制数据也不能处理。因此，本例采用了定制 Adapter 类的方法来绑定带图像的数据表。

ContactAdapter 是 CursorAdapter 类的子类，CursorAdapter 是一个抽象类，也是 SimpleCursorAdapter 的父类（不是直接父类，SimpleCursorAdapter 的直接父类是 ResourceCursorAdapter，而 ResourceCursorAdapter 的直接父类是 CursorAdapter）。CursorAdapter 类有如下两个抽象方法：

```
public abstract View newView(Context context, Cursor cursor, ViewGroup parent);
public abstract void bindView(View view, Context context, Cursor cursor);
```

这两个方法必须在 CursorAdapter 的子类中实现。当创建一个新的列表项时调用 newView 方法，而更新已经建立的列表项时调用 bindView 方法。其中 bindView 方法的 view 参数值就是 newView 方法返回的 View 对象。

不管是 newView 还是 bindView 方法，在调用时都会传入一个 Cursor 对象。该对象的当前记录位置由系统负责设置。在这两个方法中，只需要使用 Cursor 的 getXxx 方法（其中 Xxx 表示 String、Int 等字符串）获得相应的字段值即可。一般这两个方法的代码非常相似，因此，可以将相同的代码提出来单独放在一个方法中，代码如下：

```
// view 表示显示列表项的视图，在本例中是 LinearyLayout 对象
private void setChildView(View view, Cursor cursor)
{
    //  从布局文件中获得列表项中的相应组件
    TextView tvName = (TextView) view.findViewById(R.id.tvName);
    TextView tvTelephone = (TextView) view.findViewById(R.id.tvTelephone);
    ImageView ivPhone = (ImageView) view.findViewById(R.id.ivPhoto);
    //  根据 Cursor 对象的值设置相应组件的值
    tvName.setText(cursor.getString(cursor.getColumnIndex("name")));
    tvTelephone.setText(cursor.getString(cursor.getColumnIndex("telephone")));
    //  下面 3 行代码从数据表中获得图像数据（字节数组），并将图像显示在 ImageView 组件中
    byte[] photo = cursor.getBlob(cursor.getColumnIndex("photo"));
    ByteArrayInputStream bais = new ByteArrayInputStream(photo);
    ivPhone.setImageDrawable(Drawable.createFromStream(bais, "photo"));
}
```

下面来看一下 newView 和 bindView 方法中的代码。

```
@Override
public void bindView(View view, Context context, Cursor cursor)
{
    setChildView(view, cursor);
}
@Override
public View newView(Context context, Cursor cursor, ViewGroup parent)
{
    // 从 XML 布局文件中获得 LinearLayout 对象（并不需要转换成 LinearLayout 对象，直接使用 View 对象即可）
    View view = layoutInflater.inflate(R.layout.contact_item, null);
    setChildView(view, cursor);
    return view;
}
```

下面的代码非常关键，这些代码使用前面编写的 DBService 和 ContactAdapter 类查询数据表，并将数据表绑定到 ListView 中。

```
DBService dbService = new DBService(this);
String sql = "select id as _id, name,telephone, photo from t_contacts order by name";
Cursor cursor = dbService.query(sql, null);
contactAdapter = new ContactAdapter(this, cursor, true);
setListAdapter(contactAdapter);
```

也许细心的读者会发现，上面代码中的 SQL 语句为 id 字段起了个叫 "_id" 的别名。如果读者在阅读本例之前仔细阅读了 7.4.2 节的内容就会知道。在数据绑定时，Cursor 返回的记录集必须有 "_id" 字段，否则系统会抛出异常。如果记录集本身并没有 "_id" 字段，可以为主键起一个叫 "_id" 的别名。在本例中为主键 id 起了一个叫 "_id" 的别名。

运行本例，在主界面中单击 "添加联系人" 选项菜单，会进入添加联系人界面，在相应的组件中输入完数据后，如图 7-19 所示。最后保存该联系人的信息，按同样的方法添加若干个联系人后，在主界面会将这些联系人的姓名、电话和头像显示在列表中，如图 7-20 所示。在本例中并未实现联系人的编辑和删除功能，有兴趣的读者可以自行完成这两个功能。

图 7-19 添加联系人

图 7-20 显示联系人列表

7.4.4 将数据库与应用程序一起发布

前两节都是在程序第一次启动时创建了数据库。也就是说，数据库文件是由应用程序负责创建的。

一般初始状态的数据表中没有记录。就算有记录，也是由应用程序在创建数据库时添加的。在应用程序发布时既无数据库，也无记录。但在很多情况下，应用程序需要连同数据库一起发布，而且数据表中要带一些记录。例如，在 7.4.5 节中实现的英文词典在发布时就会带一个英文单词的词库。既然提出了需求，就需要有满足需求的方法。

要满足上述需求，一般要解决如下两个技术问题：

- 如何将数据库文件连同应用程序一起发布。
- 如何打开与应用程序一起发布的数据库。

第 1 个问题比较好解决。可以事先利用在 7.3.1 节介绍的数据库管理工具在 PC 上建立一个数据库文件，并向数据表中添加相应的记录。然后将该数据库文件放到<Eclipse Android 工程目录>\res\raw 目录中。所有放到 raw 目录中的资源都不会被编译，而只以原始数据保存在 apk 包中。

现在来解决第 2 个问题。如果数据库比较大，或出于其他的原因，可能会将数据库文件放在 SD 卡的某个目录中。在这种情况下，就需要使用 SQLiteDatabase 类的 openOrCreateDatabase 方法来打开这个数据库文件。如果数据库文件不存在，调用该方法会创建一个新的数据库文件。openOrCreateDatabase 方法的定义如下：

public static SQLiteDatabase openOrCreateDatabase(String path, CursorFactory factory);

其中 path 参数表示数据库文件的完整路径，例如/sdcard/dictionary/dictionary.db。在直接调用 openOrCreateDatabase 方法时，factory 参数值可以是 null。

这里还有一个问题，在发布 apk 文件时，数据库文件被打包在 apk 文件中，那么如何打开这个 apk 文件呢？事实上，并不能直接打开 apk 包中的数据库。因为如果数据库文件的尺寸有变化，就意味着 apk 文件的尺寸会变化。apk 相当于 Windows 中的 exe 文件。大家试想，exe 文件在启动时，文件大小怎么可能会发生变化呢？因此，在第 1 次运行程序时，需要将数据库文件复制到内存或 SD 卡的相应目录。复制的方法也很简单，使用 openRawResource 方法可以获得 res\raw 目录中关联资源文件的 InputStream 对象。有了 InputStream 对象，复制文件就简单了。在实例 40 中将看到具体的实现过程。

也可以将数据库文件与 apk 作为两个单独的文件发布，这样就省略了复制文件这一步。但这样会造成发布时需要处理多个文件，会带来一些麻烦。至于使用哪种方式来发布应用程序，读者可根据实际情况来决定。

7.4.5 英文词典

工程目录：src/ch07/ch07_dictionary

本例将实现一个英文词典。通过用户输入的单词，可以在数据库中查找匹配的英文单词。如果找到该单词，会显示该单词的中文解释。如果该单词在数据库中不存在，则显示"未找到该单词"信息。

在英文词典应用中，核心的部分就是打开数据库和查询单词。用 openDatabase 方法来完成打开数据库的功能。如果该方法成功打开数据库，会返回一个 SQLiteDatabase 对象，否则返回 null。openDatabase 方法除了打开 SQLite 数据库，还负责从 res\raw 目录复制数据库文件到/sdcard/dictionary 目录。该方法的代码如下：

```
private SQLiteDatabase openDatabase()
{
    try
```

```java
        {
            String databaseFilename = DATABASE_PATH + "/" + DATABASE_FILENAME;
            // 当/sdcard/dictionary 目录中没有 dictionary.db 文件时，将 res\raw 目录中的数据库文件复制到该目录
            if (!(new File(databaseFilename).exists()))
            {
                InputStream is = getResources().openRawResource(R.raw.dictionary);
                FileOutputStream fos = new FileOutputStream(databaseFilename);
                byte[] buffer = new byte[8192];
                int count = 0;
                while ((count = is.read(buffer)) > 0)
                {
                    fos.write(buffer, 0, count);
                }
                fos.close();
                is.close();
            }
            // 打开数据库
            SQLiteDatabase database = SQLiteDatabase.openOrCreateDatabase(databaseFilename, null);
            return database;
        }
        catch (Exception e)
        {
        }
        return null;
    }
```

可以使用如下代码打开数据库：

```java
SQLiteDatabase database = openDatabase();
```

在获得 SQLiteDatabase 对象后，就可以通过 SQLiteDatabase 类的相应方法进行各种数据库操作。

查询英文单词的最后一步是在查询按钮的单击事件中添加如下代码：

```java
public void onClick(View view)
{
    String sql = "select chinese from t_words where english=?";
    // actvWord 是 AutoCompleteTextView 类型的变量
    Cursor cursor = database.rawQuery(sql, new String[]{ actvWord.getText().toString() });
    String result = "未找到该单词.";
    if (cursor.getCount() > 0)
    {
        cursor.moveToFirst();
        result = cursor.getString(cursor.getColumnIndex("chinese"));
    }
    new AlertDialog.Builder(this).setTitle("查询结果").setMessage(result).setPositiveButton("关闭", null).show();
}
```

要注意的是，在返回 Cursor 对象后，需要使用 moveToFirst 方法将记录指针移动到第 1 条记录的位置。在默认情况下，新返回的 Cursor 对象的记录指针在第 1 条记录的前面。这时调用 getXxx 方法，系统会抛出异常。

为了使查询更方便，在本例中通过 AutoCompleteTextView 组件来输入要查询的单词。当输入两个及以上字符时，AutoCompleteTextView 组件会列出以输入字符串开头的所有单词。要完成这个功能，需要自定义一个 Adapter 类（DictionaryAdapter 类），该类是 CursorAdapter 的子类。在本例中只是简单地显示英文单词，因此，每一个列表项只需要一个 TextView 组件即可。本例中 DictionaryAdapter 类的 newView 和 bindView 方法中的代码非常简单，只是将从数据库中获得的英文单词显示在 TextView 组件中。显示英文单词的代码如下：

```java
private void setView(View view, Cursor cursor)
{
    TextView tvWordItem = (TextView) view;
    tvWordItem.setText(cursor.getString(cursor.getColumnIndex("_id")));
}
```

在 newView 和 bindView 方法中都会调用 setView 方法，代码如下：

```
@Override
public void bindView(View view, Context context, Cursor cursor)
{
    setView(view, cursor);
}
@Override
public View newView(Context context, Cursor cursor, ViewGroup parent)
{
    View view = layoutInflater.inflate(R.layout.word_list_item, null);
    setView(view, cursor);
    return view;
}
```

下面最关键的一步就是将 DictionaryAdapter 对象与 AutoCompleteTextView 组件关联。要注意的是，不能查出数据库中所有的单词后直接交由 AutoCompleteTextView 组件去过滤，否则 AutoCompleteTextView 组件会显示出所有的单词。因此，要监视 AutoCompleteTextView 组件输入字符的变化。每输入一个字符时，就查询以 AutoCompleteTextView 组件中当前输入的字符串开头的英文单词。为了监视 AutoCompleteTextView 组件，需要实现 android.text.TextWatcher 接口，并在该接口的 afterTextChanged 方法中编写如下代码：

```
public void afterTextChanged(Editable s)
{
    Cursor cursor = database.rawQuery(
        "select english as _id from t_words where english like ?",new String[]{ s.toString() + "%" });
    DictionaryAdapter dictionaryAdapter = new DictionaryAdapter(this,cursor, true);
    actvWord.setAdapter(dictionaryAdapter);
}
```

由于数据绑定需要一个 "_id" 字段，因此，上面的代码为 english 字段起一个叫 "_id" 的别名。在前面给出的 setVew 方法中也可以看到，获得英文单词的字段名是 "_id"，而不是 english。

到现在为止，可能会有很多读者认为万事大吉了。现在运行程序，既可以查询英文单词，也可以在 AutoCompleteTextView 组件中显示英文单词列表。但选中列表中某个单词后，会发现显示在 AutoCompleteTextView 中的并不是刚才选中的单词，而是 Cursor 对象的地址。看到这里，很多读者可能有些头晕，怎么会发生这种事情。当然，如果使用在 7.5.2 节介绍的 SimpleCursorAdapter 类也会发生同样的事件。

既然选中列表后，在 AutoCompleteTextView 组件中显示的是 Cursor 对象的地址，那就看看在 CursorAdapter 类中，哪些语句显示了 Cursor 对象的地址。显示 Cursor 对象地址通常会用 cursor.toString()。通过查找，在 CursorAdapter 类中找到了 convertToString 方法，代码如下：

```
public CharSequence convertToString(Cursor cursor)
{
    return cursor == null ? "" : cursor.toString();
}
```

从上面的代码很容易看出，如果 cursor 参数值不为空，该方法会返回 cursor.toString()，也就是 Cursor 对象的地址。

为了在 AutoCompleteTextView 中可以正常显示选中的英文单词，在 DictionaryAdapter 类中需要覆盖 convertToString 方法，代码如下：

```
public CharSequence convertToString(Cursor cursor)
{
    return cursor == null ? "" : cursor.getString(cursor.getColumnIndex("_id"));
}
```

在上面的代码中，将 cursor.toStrng() 改成了 cursor.getString(cursor.getColumnIndex("_id"))，也就是返回选中的英文单词。再次选中列表项中的单词后，在 AutoCompleteTextView 组件中终于可以正常显示被选中的英文单词了。

运行本例后，在 AutoCompleteTextView 组件中输入一个英文单词，单击"查单词"按钮，如果在数据库中有该单词，会显示如图 7-21 所示的查询结果。当在 AutoCompleteTextView 组件中输入"dict"后，会显示如图 7-22 所示的单词列表（以"dict"开头）。

图 7-21　单词查询结果

图 7-22　以"dict"开头的单词列表

7.5　持久化数据库引擎（db4o）

工程目录：src/ch07/ch07_db4o

不仅可以在 Android 中使用 SQLite 数据库，也可以使用其他第三方的数据库。例如，本节要介绍的 db4o 就是一种很常用的面向对象数据库。运行本节的例子，会看到如图 7-23 所示的界面。读者可以单击相应的按钮，测试 db4o 数据库的相关功能。本节后面的内容将介绍如何实现这些功能。

7.5.1　什么是 db4o

db4o（database for objects）是一个嵌入式的开源面向对象数据库，可以使用在 Java 和.Net 平台上。不同于其他对象持久化框架（如 Hibernate、NHibernate、JDO 等），db4o 是基于对象的数据库，操作的数据本身就是对象。而对象持久化框架需要一个映射文件将关系型数据库与对象进行关联，不仅使用起来麻烦，而且也无法处理更复杂的问题。db4o 具备以下特点：

- 对象以其本身方式来存储，没有错误匹配问题。
- 自动管理数据模式。

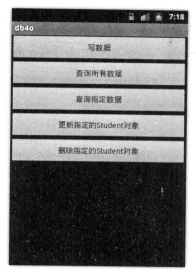

图 7-23 测试 db4o 的相关功能

- 存储时没有改变类特征，以使得易于存储。
- 与 Java 和 .NET 无缝绑定。
- 自动数据绑定
- 使用简单，只需要一个 jar（Java）或 .dll（.Net）文件即可。
- 一个数据库文件。这一点与 SQLite 相同。
- 查询对象实例

7.5.2 下载和安装 db4o

db4o 最近的版本已支持 Android。读者可以直接从 http://developer.db4o.com/Downloads.aspx 下载 Java 版的 db4o，并将其应用在 Android 上。

最新版的 db4o 下载文件（zip）大概 40MB。不过不用担心，我们只需要其中的一个 jar 文件就可以在 Android 中使用 db4o。

下载 zip 文件后，将其解压。在 lib 目录中找到一个 db4o-8.0.184.15484-core-java5.jar 文件，该文件是 db4o 的核心库。然后在 Android 工程中建立一个 lib 目录，将该文件复制到 lib 目录中。最后在 Android 工程的 Java Build Path 路径中引用这个 jar 文件，如图 7-24 所示。

7.5.3 创建和打开数据库

db4o 创建和打开数据库与 SQLite 类似。使用如下的代码可以在数据库不存在时先创建一个 db4o 数据库，然后再打开该数据库。如果数据库存在，则直接打开数据库。

```
//  在 SD 卡的根目录创建一个名为 db4o.data 的数据库文件，并打开该数据库文件
ObjectContainer   db = Db4oEmbedded.openFile(Db4oEmbedded.newConfiguration(),
                "/sdcard/db4o.data");
```

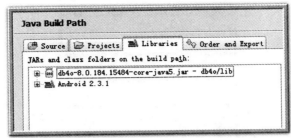

图 7-24　引用 db4o-8.0.184.15484-core-java5.jar 文件

在 SD 卡中创建数据库文件时，要在 AndroidManifest.xml 文件中使用下面的代码打开写权限：
<uses-permission android:name="android.permission.WRITE_EXTERNAL_STORAGE" />

7.5.4　向数据库中插入 Java 对象

db4o 可以将普通的 Java 对象直接插入到数据库中。下面先编写一个 Student 类。

```
package mobile.android.jx.db4o;

public class Student
{
    private int id;
    private String name;
    private float grade;
    public Student()
    {
    }
    public Student(int id, String name, float grade)
    {
        this.id = id;
        this.name = name;
        this.grade = grade;
    }
    public int getId()
    {
        return id;
    }
    public void setId(int id)
    {
        this.id = id;
    }
    public String getName()
    {
        return name;
    }
    public void setName(String name)
    {
        this.name = name;
    }
    public float getGrade()
    {
        return grade;
    }
    public void setGrade(float grade)
    {
        this.grade = grade;
    }
}
```

下面的代码向 db4o.data 文件中添加了 3 个 Student 对象：

```
Student student = new Student(1, "John", 89);
// 添加第 1 个 Student 对象
db.store(student);
student = new Student(2, "Mary", 98);
// 添加第 2 个 Student 对象
db.store(student);
student = new Student(3, "王军", 67);
// 添加第 3 个 Student 对象
db.store(student);
// 提交要保存的数据，否则，Student 对象不会真正保存在 db4o.data 文件中
db.commit();
```

7.5.5 从数据库中查询 Java 对象

查询 Java 对象也需要指定一个同类型的 Java 对象。如果想枚举保存在数据库中同一个类所有的对象，可以使对象中的变量都保持默认值。例如，下面的代码枚举了 db4o.data 文件中保存的所有 Student 对象。

```
// 查询数据库中保存的所有 Student 对象
// queryByExample 方法的参数值是一个保持默认变量值的 Student 对象
ObjectSet<Student> result = db
    .queryByExample(new Student());
String s = "";
while (result.hasNext())
{
    // 从查询结果中获得当前枚举的 Student 对象
    Student student = result.next();
    // 获取 Student.name 和 Student.grade 变量值
    s += student.getName() + ":" + student.getGrade() + "\n";
}
// 显示查询结果
Toast.makeText(this, s, Toast.LENGTH_SHORT).show();
```

如果想查询某一个 Student 对象，可以指定其中的任何一个或多个变量值，例如，使用下面的代码可以查询到 id 为 3 的 Student 对象和 name 为"Mary"的 Student 对象：

```
// 查询 id 为 3 的 Student 对象
ObjectSet<Student> result = db.queryByExample(new Student(3, null, 0));
// 查询 name 为"Mary"的 Student 对象
ObjectSet<Student> result = db.queryByExample(new Student(0, "Mary", 0));
```

7.5.6 高级数据查询

使用 7.5.5 节的方法查询数据不允许字段值为类变量的默认值。例如，不能查询 int 类型字段的值为 0 的记录（因为系统依靠类变量的默认值判断变量值是否被设置）。因此，要想查询任意记录，需要使用本节要介绍的查询方法。

db4o 除了使用 queryByExample 方法返回记录集合外，还允许使用 Query.constrain 方法设置要操作的对象（相当于关系型数据库的表），使用 Query.descend 方法指定对哪个字段使用插叙条件。例如，下面的代码查询了满足一定条件的 Product 对象：

```
Query query = db.Query();
query.constrain(typeof(Product));
// 查询 name 字段值为 Michael Schumacher 的 Product 对象
query.descend("name").constrain("Michael Schumacher");
ObjectSet result = query.execute();

Query query = db.Query();
```

```
query.constrain(typeof(Product));
// 按 name 字段值升序排列记录
query.descend("name").orderAscending();
ObjectSet result = query.execute();
```

7.5.7　更新数据库中的 Java 对象

更新数据与插入数据类似，也需要调用 ObjectContainer.store 方法。但首先要获得等更新的对象。例如，下面的代码将 id 为 3 的 Student 对象的 name 变量值更新为"小强"：

```
// 获得 id 为 3 的 Student 对象
ObjectSet<Student> result = db.queryByExample(new Student(3, null, 0));
// 成功获得了要更新的 Student 对象
if (result.hasNext())
{
    Student student = result.next();
    // 更新 name 变量值
    student.setName("小强");
    // 重新保存 Student 对象
    db.store(student);
    // 提交对数据库的修改
    db.commit();
    Toast.makeText(this, "更新成功.", Toast.LENGTH_SHORT).show();
}
```

7.5.8　删除数据库中的 Java 对象

从数据库中删除对象也同样需要先获得要删除的对象，然后调用 ObjectContainer.delete 方法删除该对象。例如，下面的代码删除了 id 为 3 的 Student 对象：

```
// 查找 id 为 3 的 Student 对象
ObjectSet<Student> result = db.queryByExample(new Student(3, null, 0));
// 找到了 id 为 3 的 Student 对象
if (result.hasNext())
{
    Student student = result.next();
    // 删除 Student 对象
    db.delete(student);
    // 提交对数据库的修改
    db.commit();
    Toast.makeText(this, "删除成功.", Toast.LENGTH_SHORT).show();
}
```

7.6　小结

本章的主题是介绍如何在 Android 系统中保存和获得数据。Android SDK 主要支持 4 种存取数据的方法：SharedPreferences、文件存储（InputStream 和 OutputStream）、SQLite 数据库及 ContentProvider。其中 SharedPreferences 一般用于保存应用程序的配置信息，文件存储一般用于直接操作二进制文件。如果存取的数据量比较大，作者建议使用 SQLite 数据库。如果在不同的应用程序之间共享数据，使用 ContentProvider 无疑是最好的方法。

8

App 之间的通信

前面的很多章节曾多次使用过 Intent 对象来显示 Activity。实际上，Intent 的功能还不止这些。Intent 除了可以显示 Activity 外，还可以发送广播和启动服务。因此，也可以认为 Intent 是一种对操作的抽象，这些操作包括显示 Activity、发送广播和启动服务。本章将详细介绍用 Intent 来控制 Activity 和发送广播，关于服务的内容将在后面的章节详细介绍。

本章内容

- 使用 Intent 启动 Activity，并向 Activity 传递数据
- 从 Activity 获得返回的数据
- 调用其他应用程序中的 Activity
- 自定义 Activity Action
- 接收系统广播
- 发送广播

8.1 Intent 与 Activity

在同一个应用程序中往往会使用 Intent 对象来指定一个 Activity，并通过 startActivity 或 startActivityForResult 方法启动这个 Activity。除此之外，通过 Intent 还可以调用其他应用程序中的 Activity。在 Android SDK 中甚至还允许开发人员自定义 Activity Action。本节将详细讲解这些技术的实现过程，并配有大量的实例以供读者更进一步掌握这些知识。

8.1.1 用 Intent 启动 Activity，并在 Activity 之间传递数据

工程目录：src\ch08\ch08_intent

到现在我们已经知道，通过 startActivity 方法可以启动一个 Activity，代码如下：

```
Intent browserIntent = new Intent(this, Test.class);
startActivity(browserIntent);
```

上面的代码只是简单启动了一个 Activity，如果要向新启动的 Activity 传递数据该如何做呢？实际上，在 Intent 类中有一个 putExtra 方法，该方法有多种重载形式。例如，下面是该方法的几种常用的重载形式：

```
public Intent putExtra(String name, String value);
public Intent putExtra(String name, boolean value);
public Intent putExtra(String name, int value);
public Intent putExtra(String name, Serializable value);
```

从上面的代码可以看出，putExtra 方法可以保存各种类型的值（String、boolean、int、Serializable 等）。当用 startActivity 方法启动 Activity 时，这些值也会一同随 Intent 对象传递到新启动的 Activity。然后在新的 Activity 中可以通过 getIntent().getExtras()获得一个 Bundle 对象，并通过该对象的 getXxx 方法（Xxx 表示 String、Int 等字符串）来获得通过 putExtra 方法保存的值。

在本例中有一个 Browser 类，在该类中获得了从 Main 类传过来的数据，并显示在 TextView 组件中。现在先看一下 Main 类是如何启动 Browser，并向 Browser 对象传值的。

在 Main 类中需要向 Browser 中传递 3 种类型的值：String、int 和 Serializable。其中 Serializable 是一个接口，如果要使用 putExtra 方法保存复杂类型的值（例如，类的对象实例），这些复杂类型的值必须是可序列化的，也就是复杂类型的值对应的类必须实现 java.io.Serializable 接口。在本例中要传递的是一个 Data 类，在该类中定义了一个 String 类型的值和一个 int 类型的数组，代码如下：

```
class Data implements Serializable
{
    public String name = "赵明";
    public int[] values = new int[]{ 1, 3, 5, 6, 9 };
}
```

下面的代码负责启动 Browser，并向 Browser 传递相应的值。

```
//  创建 Data 类的对象实例
Data data = new Data();
Intent browserIntent = new Intent(this, Browser.class);
//  向 Browser 中传值
browserIntent.putExtra("name", "bill");
browserIntent.putExtra("age", 26);
browserIntent.putExtra("data", data);
//  启动 Browser
startActivity(browserIntent);
```

 使用 putExtra 方法传递一个实现 java.io.Serializable 接口的类的对象实例时，这个类中的所有成员也必须是可序列化的，否则系统会抛出异常。

最后来看一下 Browser 类的完整代码，在该类的 onCreate 方法中，通过 Bundle 对象获得了从 Main 类传递过来的数据，并显示在 TextView 组件中。

```
package net.blogjava.mobile;

import android.app.Activity;
import android.os.Bundle;
import android.widget.TextView;

public class Browser extends Activity
{
    @Override
    protected void onCreate(Bundle savedInstanceState)
    {
```

```
        super.onCreate(savedInstanceState);
        setContentView(R.layout.browser);
        TextView textView = (TextView)findViewById(R.id.textview);
        // 获得 Bundle 对象
        Bundle bundle =   getIntent().getExtras();
        String s = "";
        // 通过 getXxx 方法获得从 Main 类传递过来的值
        s += "name:" +   bundle.getString("name") + "\n";
        s += "age:" + bundle.getInt("age") + "\n";
        Data data =(Data) bundle.getSerializable("data");
        s += "Data.name:" + data.name + "\n";
        String values = "";
        for(int i = 0; i < data.values.length; i++)
        {
            values += data.values[i] + "   ";
        }
we      s += "Data.values:" + values;
        textView.setText(s);
    }
}
```

运行本节的例子，单击"开始另一个 Activity"按钮会显示 Browser，输出的信息如图 8-1 所示。

既然可以向新启动的 Activity 传递数据，当然也可以从 Activity 中获得返回数据。要想从 Activity 中获得返回数据，在启动 Activity 时必须使用 startActivityForResult 方法。例如下面的代码使用 startActivityForResult 方法启动了一个 Process 类：

```
Intent processIntent = new Intent(this, Process.class);
startActivityForResult(processIntent, R.layout.process);       //  R.layout.process 为请求代码
```

运行上面的代码会显示 Process，效果如图 8-2 所示。

 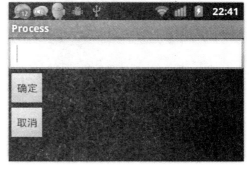

图 8-1　在 Browser 中显示接收到的数据　　　　　图 8-2　Process 的界面效果

单击"确定"按钮后，系统会关闭当前 Activity，并使用如下代码将屏幕上方文本框的值保存在 Intent 对象中：

```
getIntent().putExtra("text", editText.getText().toString());
setResult(20, getIntent());             // 保存结果代码和在 Process 中设置的 Intent 对象
```

单击"取消"按钮，则使用如下代码保存结果代码：

```
setResult(21);                          // 保存结果代码
```

从上面的代码可以看出，无论是单击"确定"按钮还是"取消"按钮，都需要使用 setResult 方法设置结果代码。实际上，这是由 startActivityForResult 方法返回数据的机制决定的。关闭 Process 后，系统会调用 Activity 类中的 onActivityResult 事件方法来获得 Process 的返回值。因此，必须在 Main 类中覆盖 onActivityResult 方法来获得 Process 的返回值，代码如下：

```java
@Override
protected void onActivityResult(int requestCode, int resultCode, Intent data)
{
    switch (requestCode)
    {
        //  首先应判断返回的请求代码，也就是 startActivityForResult 方法的第 2 个参数值，
        //  在本例中直接使用了与 Process 类对应的 XML 布局文件的资源 ID 作为请求代码
        case R.layout.process:
            //  单击"确定"按钮时，返回的结果代码是 20
            if (resultCode == 20)
            {
                //  在这里 data 参数值就是 setResult 方法的第 2 个参数设置的 Intent 对象
                Toast toast = Toast.makeText(this, data.getStringExtra("text"), Toast.LENGTH_LONG);
                toast.show();
            }
            //  单击"取消"按钮时，返回的结果代码是 21
            else if (resultCode == 21)
            {
                Toast toast = Toast.makeText(this, "您取消了操作",Toast.LENGTH_LONG);
                toast.show();
            }
            break;
        default:
            break;
    }
    super.onActivityResult(requestCode, resultCode, data);
}
```

在 Process 界面的文本框中输入如图 8-3 所示的字符串，单击"确定"按钮，会显示如图 8-4 的 Toast 提示信息框。

图 8-3　在文本框中输入字符串　　　　图 8-4　在主界面中显示 Toast 提示框

8.1.2　调用其他应用程序中的 Activity（拨打电话、浏览网页、发 E-mail 等）

工程目录：src\ch08\ch08_invokeotherapp

任何一个 Activity 都可以提供一个 Action 以供其他程序调用。本节在启动 Activity 之前，通常会使

用如下构造方法创建 Intent 对象：

```
public Intent(Context packageContext, Class<?> cls)
```

在上面的构造方法中，第 1 个参数的类型是 Context，一般传入的参数是 this 或 context；第 2 个参数的类型是 Activity 类的 Class 对象，例如，Process.class。

实际上，Intent 除了这种构造方法外，还有很多其他的重载形式，例如，下面是两个比较常用的 Intent 构造方法的重载形式：

```
public Intent(String action);
public Intent(String action, Uri uri);
```

在上面的两个构造方法中，参数类型并不是 Context 和 Class，而是 String 和 Uri。使用这种参数类型的 Intent 对象称为隐式 Intent 对象（直接指定 Context 和 Class 的称为显式 Intent 对象），也就是说，通过 Intent 类的构造方法并未明确指定 Intent 的目标是哪一个 Activity，这些目标要靠 AndroidManifest.xml 文件中的配置信息才能确定。也就是说，action 所指的目标可能不止一个，或者说在 AndroidManifest.xml 文件中可以配置多个接收同一个 action 的 Activity Action。在 AndroidManifest.xml 文件中配置 Activity Action 的方法将在 8.1.3 节详细介绍。本节主要介绍 Android SDK 内置的几个常用应用提供的 Activity Action，例如，拨打电话、调用拨号按钮、发送 E-mail、调用音频程序、浏览网页等。

在介绍调用系统提供的 Activity Action 之前，先看一下本节例子的主界面，如图 8-5 所示。

当单击"直接拨号"和"将电话号传入拨号程序"按钮时，需要在屏幕最上方的文本框中输入电话号。

1. 直接拨号

直接拨号的目的是直接拨打在文本框中输入的电话号，相当于直接使用 Android 手机拨打电话。拨号功能对应的 Action 是 Intent.ACTION_CALL。使用这个 Action 必须要指定一个 Uri，代码如下：

```
Intent callIntent = new Intent(Intent.ACTION_CALL, Uri.parse("tel:" + etPhone.getText().toString()));
startActivity(callIntent);
```

在执行上面的代码后，系统将会拨打文本框中输入的电话号，效果如图 8-6 所示。

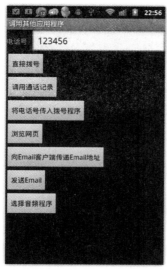

图 8-5 程序主界面

图 8-6 拨打电话

2. 调用通话记录

调用通话记录的 Action 是 Intent.ACTION_CALL_BUTTON，该 Action 没有输入，也没有输出，因此，直接使用下面的代码即可：

```
Intent callButtonIntent = new Intent(Intent.ACTION_CALL_BUTTON);
startActivity(callButtonIntent);
```

在执行上面的代码后，会显示如图 8-7 所示的界面。

3. 将电话号传入拨号程序

如果不想直接拨打输入的电话号，而只想将电话号自动传入 Android 内置的拨号程序，然后再做进一步的处理，需要使用 Intent.ACTION_DIAL，该 Action 也需要一个"tel:电话号"格式的 Uri，代码如下：

```
Intent dialIntent = new Intent(Intent.ACTION_DIAL, Uri.parse("tel:" + etPhone.getText().toString()));
startActivity(dialIntent);
```

假设在文本框中输入的仍然是"12345678"，运行上面的代码后，将会显示如图 8-8 所示的界面。

图 8-7　通话记录　　　　　　　　　　图 8-8　将电话号传入拨号程序

4. 浏览网页

Android SDK 内置的 Web 浏览器也对外提供了 Action，可以通过调用这个 Action 传递一个 Web 网址，并通过 Web 浏览器来打开这个 Web 网址，代码如下：

```
Intent webIntent = new Intent(Intent.ACTION_VIEW, Uri.parse("http://nokiaguy.blogjava.net"));
startActivity(webIntent);
```

执行上面的代码后，将会显示如图 8-9 所示的网页浏览界面。

5. 向 E-mail 客户端传递 E-mail 地址

E-mail 客户端提供了一个 Action，可以通过这个 Action 将一个 E-mail 地址发送到 E-mail 客户端输入 E-mail 的文本框，代码如下：

```
Uri uri = Uri.parse("mailto:xxx@abc.com");         // 指定一个 Email 地址，前面必须加 emailto
Intent intent = new Intent(Intent.ACTION_SENDTO, uri);
startActivity(intent);
```

运行上面的代码后，将显示如图 8-10 所示的效果。

图 8-9　网页浏览界面

图 8-10　发 E-mail 地址传入 E-mail 客户端

6. 发送 E-mail

在很多情况下需要传递的不仅是 E-mail 地址，还包括 E-mail 标题、E-mail 内容等实质性的信息。这些信息可以通过 Intent.ACTION_SEND 传递，代码如下：

```
Intent sendEmailIntent = new Intent(Intent.ACTION_SEND);
// 要发送的信息需要通过 putExtra 方法指定
// 指定要发送的目标 Email
sendEmailIntent.putExtra(Intent.EXTRA_EMAIL, new String[]{ "techcast@126.com" });
// 指定两个抄送的 Email 地址
sendEmailIntent.putExtra(Intent.EXTRA_CC, new String[]{ "abc@126.com", "test@126.com" });
// 指定 E-mail 标题
sendEmailIntent.putExtra(Intent.EXTRA_SUBJECT,"关于 Android 的两个技术问题");
// 指定 E-mail 内容
sendEmailIntent.putExtra(Intent.EXTRA_TEXT,
        "1. 如何调用其他应用程序中的 Activity?\n2. 在应用程序中如果接收系统广播？");
// 指定 E-mail 的内容是纯文本
sendEmailIntent.setType("text/plain");
// 建立一个自定义选择器，并由用户选择使用哪一个客户端发送消息
startActivity(Intent.createChooser(sendEmailIntent,"选择发送消息的客户端"));
```

特别要提一下的是 Intent.createChooser 方法，该方法可以创建一个自定义的选择器。在 Android 系统中支持 Intent.ACTION_SEND 动作的不止有 E-mail 客户端，还有一个发送短信的客户端（可能还有更多支持 Intent.ACTION_SEND 的客户端）。因此，在单击"发送 E-mail"按钮后不会直接进入发送 E-mail 的界面，而是会弹出一个如图 8-11 所示选择发送消息客户端的菜单。单击"电子邮件"菜单项时，就会进入发送 E-mail 的客户端，如图 8-12 所示。直接单击"发送"按钮即可发送 E-mail。

7. 选择相同类型的应用

还可以通过 Intent.ACTION_GET_CONTENT 动作来选择拥有相同类型的应用，代码如下：

```
Intent audioIntent = new Intent(Intent.ACTION_GET_CONTENT);
audioIntent.setType("audio/*");
startActivity(Intent.createChooser(audioIntent, "选择音频程序"));
```

在上面的代码中，通过 setType 方法设置了应用程序的类型 audio/*，该类型表示选择系统中所有支

持音频功能的应用。在默认的 Android 系统中，如果执行上面代码，将会显示如图 8-13 所示的菜单。单击相应菜单项后，即可进入指定的应用程序。

图 8-11　选择发送消息客户端　　　　图 8-12　E-mail 客户端　　　　图 8-13　音频程序选择菜单

8.1.3　定制自己的 Activity Action

在 8.1.2 节中介绍的 Action 都对应于一个 Action 字符串，例如，下面是部分在 Intent 类中定义的 Action 常量。

```
public static final String ACTION_CALL = "android.intent.action.CALL";
public static final String ACTION_CALL_BUTTON = "android.intent.action.CALL_BUTTON";
public static final String ACTION_DIAL = "android.intent.action.DIAL";
public static final String ACTION_SEND = "android.intent.action.SEND";
```

前面例子中经常会涉及到一个程序的主 Activity 类（Main 类），该类在 AndroidManifest.xml 文件中的定义形式如下：

```
<activity android:name=".Main" android:label="@string/app_name">
    <intent-filter>
        <action android:name="android.intent.action.MAIN" />
        <category android:name="android.intent.category.LAUNCHER" />
    </intent-filter>
</activity>
```

其中<action>标签指定一个系统定义的 Activity Action（android:name 属性的值）。该 Action 表示在应用程序启动时第一个启动的 Activity 需要接收这个 Action。也就是说，这个动作实际上是 Android 应用程序启动主窗口的动作。

既然可以使用系统定义的 Action，当然也可以使用自己定义的 Action，例如，下面的代码就是一个自定义的 Activity Action：

```
<activity android:name=".TranslateWord">
    <intent-filter>
        <action android:name="net.blogjava.mobile.DICTIONARY" />
        <category android:name="android.intent.category.DEFAULT" />
    </intent-filter>
</activity>
```

在上面的代码中定义了一个 Action（net.blogjava.mobile.DICTIONARY），当使用下面的代码指定这个 Action 时，系统就会调用这个 Action 对应的 TranslateWord（这是一个 Activity 类）。

```
Intent intent = new Intent("net.blogjava.mobile.DICTIONARY");
startActivity(intent);
```

只是简单地调用 Activity 并没有什么意义，在 8.1.2 节给出的大多数例子都向被调用的 Activity 传递数据。这些数据有直接通过 Uri 传递的，也有通过 Intent 类的 putExtra 方法传递的。通过 putExtra 方法设置的数据很好理解，在前面也已经多次使用到了 putExtra。如果想取出使用 putExtra 方法设置的数据，需要使用 Bundle 类的 getXxx 方法，详细的使用方法请读者参阅 8.1.1 节的内容。

下面来看一下如何通过 Uri 方式传递数据。例如，直接拨号的代码如下：

```
Intent callIntent = new Intent(Intent.ACTION_CALL, Uri.parse("tel:12345678"));
startActivity(callIntent);
```

从上面的代码中可以看出，指定的 Uri 是"tel:12345678"。如果使用这个 Uri，可以通过如下代码获得"tel:12345678"：

```
Uri uri = Uri.parse("tel:12345678");
Log.d("uri: ", uri.toString());        // 输出内容：uri:tel:12345678
```

虽然可以通过分析"tel:12345678"来获得其中的电话号 12345678，但仍然比较麻烦。因此，可以采用另一个 Uri 格式来传递数据，这种 Uri 格式的核心就是需要指定一个 scheme，这个 scheme 实际上就是 Uri 的协议部分，例如，http://nokiaguy.blogjava.net 中的"http"和 file:///sdcard/dictionary 中的"file"就是 scheme。这个 scheme 也可以自己定义，例如，如果要传递一个电话号，可以定义如下 Uri：

```
tel://12345678
```

其中"tel"就是一个 scheme。通过如下代码可以直接获得电话号"12345678"：

```
Uri uri = Uri.parse("tel://12345678");
Log.d("telephone: ", uri.getHost());        // 输出内容为"telephone：12345678"
```

虽然可以直接使用 Uri.parse 来分析任意 Uri 格式，但要想在 Activity Action 中使用 scheme，就需要在 AndroidManifest.xml 文件中定义这个 scheme，这样系统才会找到指定 scheme 的 Activity Action，定义的基本格式如下：

```
<activity android:name=".TranslateWord">
    <intent-filter>
        <action android:name="net.blogjava.mobile.DICTIONARY" />
        <data android:scheme="dict" />
        <category android:name="android.intent.category.DEFAULT" />
    </intent-filter>
</activity>
```

上面代码中的<data>标签定义了一个 scheme（android:scheme 属性值），因此，可以使用如下 Uri 来启动 TranslateWord：

```
dict://test
```

其中 dict 会被认为是 scheme，而 test 被认为是 host。

在下一节将给出一个完整的例子，来演示如何通过自定义 Activity Action 将电子词典的查找单词功能共享给其他程序。

8.1.4 将电子词典的查询功能共享成一个 Activity Action

工程目录 1：src\ch08\ch08_invoke_dictionary
工程目录 2：src\ch08\ch08_dictionary_intent

在本例中会实现一个提供 Activity Action 的电子词典程序，这样其他的应用程序就可以直接通过共享的 Action 来调用电子词典的查询功能。这也相当于将电子词典集成在自己的应用程序中。在编写代码之前，先看一下本例的运行效果，如图 8-14 所示。

图 8-14　查询单词的效果

看了图 8-14 中显示的单词查询效果，可千万不要以为屏幕上显示的单词信息框是应用程序本身提供的 Dialog，这实际上是电子词典中的一个 Activity，只是使用了"@android:style/Theme.Dialog"主题将 Activity 变成对话框的形式。

下面先来改造电子词典程序，为这个程序添加一个自定义的 Activity Action 和一个为这个 Action 服务的 TranslateWord 类。TranslateWord 类的代码如下：

```java
package net.blogjava.mobile.dictionary.intent;

import android.database.Cursor;
import android.os.Bundle;
import android.widget.TextView;

public class TranslateWord extends ParentActivity
{
    @Override
    protected void onCreate(Bundle savedInstanceState)
    {
        super.onCreate(savedInstanceState);
        TextView textview = (TextView) getLayoutInflater().inflate(R.layout.word_list_item, null);
        textview.setTextColor(android.graphics.Color.WHITE);
        //    判断调用该功能的程序是否通过 Uri 传递了数据
        if (getIntent().getData() != null)
        {
            //    取出 Uri 中的 Host 部分，也就是要查找的单词
            String word = getIntent().getData().getHost();
            String sql = "select chinese from t_words where english=?";
            //    打开数据库。openDatabase 方法在 ParentActivity 类中定义
            database = openDatabase();
            Cursor cursor = database.rawQuery(sql, new String[]{ word });
            String result = "未找到该单词.";
            if (cursor.getCount() > 0)
            {
                cursor.moveToFirst();
                result = cursor.getString(cursor.getColumnIndex("chinese"));
            }
            textview.setText(result);
        }
        setContentView(textview);
    }
}
```

在编写 TranslateWord 类时,需要注意如下两点:
- 在电子词典中还有一个 Main 类用于显示主界面,在 Main 类中也使用了 openDatabase 方法和一些常量,为了避免代码重复,在本例中将 openDatabase 方法及一些相关的常量放在 ParentActivity 类中,Main 和 TranslateWord 都需要继承 ParentActivity 类,而 ParentActivity 是 Activity 的子类。
- 通过 getIntent().getData()方法可以获得传递的 Uri 对象。要查询的英文单词需要通过 host 指定,例如,要查询 wonderful,需要使用的 Uri 是 "dict://wonderful",因此,在 TranslateWord 类中需要使用 getHost 方法获得要查询的英文单词。

不管应用程序中的 Activity 是用于什么目的,要想使用这个 Activity,就必须在 AndroidManifest.xml 文件中定义这个 Activity。由于 TranslateWord 并不是在电子词典中访问的 Activity,而是其他应用程序通过 Action 访问的,因此,定义 TranslateWord 时,需要在<intent-filter>标签中指定自定义的 Action 及 scheme,代码如下:

```xml
<activity android:name=".TranslateWord" android:theme="@android:style/Theme.Dialog">
    <intent-filter>
        <action android:name="net.blogjava.mobile.DICTIONARY" />
        <data android:scheme="dict" />
        <category android:name="android.intent.category.DEFAULT" />
    </intent-filter>
</activity>
```

在配置 TranslateWord 时,要注意如下两点:
- 一个<activity>标签可以包含多个<intent-filter>标签,表示一个 Activity 可以接收多个 Action。
- 由于在访问电子词典的 Action 时不需要指定种类(category),因此,在定义 TranslateWord 时使用了默认的种类(android.intent.category.DEFAULT)。

在修改完电子词典后,运行这个程序(也就是安装这个程序),然后就可以退出程序了。

下面来看看在 ch08_invoke_dictionary 工程的 Main 类中如何调用电子词典的查词功能。打开 Main 类,就会看到"查单词"按钮的单击事件方法,代码如下:

```java
public void onClick(View view)
{
    Intent intent = new Intent("net.blogjava.mobile.DICTIONARY", Uri
            .parse("dict://" + etWord.getText().toString()));
    startActivity(intent);
}
```

在上面的代码中,Intent 类的构造方法的第 1 个参数指定了电子词典的自定义 Action,也就是<action>标签的 android:name 属性值,而 Uri 的 scheme 使用了 dict,也就是<data>标签的 android:scheme 属性值。最后使用 startActivity 方法来调用与这个 Action 相关的 Activity,也就是 TranslateWord。如果在屏幕上方的文本框中输入了 wonderful,单击"查单词"按钮,就会显示如图 8-14 所示的效果。

8.2 接收和发送广播

Intent 对象不仅可以启动应用程序内部或其他应用程序的 Activity,还可以发送广播动作(Broadcast Action)。当然,Broadcast Action 和 Activity Action 一样,既可以由系统负责广播,也可以由自己的应用程序负责广播。可以实现某些特殊功能,例如,在开机时自动启动某一个应用程序;当接收到短信时自动提示或保存短信记录等。实际上,在手机中发生这样的事件时,Android 都会向整个系统发送相应的

Broadcast Action。如果应用程序接收到这些 Broadcast Action，就可以完成相应的功能。本节将详细介绍如何在应用程序中接收系统的 Broadcast Action，以及如何在应用程序中向外发送广播。

8.2.1 接收系统广播

接收系统广播一般需要如下两步：

（1）编写一个继承 android.content.BroadcastReceiver 的类，并实现 BroadcastReceiver 类中的 onReceive 方法。如果应用程序接收到系统发送的广播，就会调用 onReceive 方法。

（2）在 AndroidManifest.xml 文件中，使用<receiver>标签来指定在第 1 步中编写的接收系统广播的类可以接收哪一个 Broadcast Action。

在完成上面两步后，运行程序，这时程序已经安装在手机或模拟器上了，然后可以退出程序。这时只要 Android 系统向外广播应用程序可以接收到的 Broadcast Action，并且程序未被卸载，系统就会自动调用 onReceive 方法来处理这个 Broadcast Action。也许有很多读者看到这里还是不知道如何来接收系统广播，在 8.2.2 节－8.2.4 节中，读者将会完全弄清楚这里面的悬机。

8.2.2 开机可自动运行的程序

工程目录：src\ch08\ch08_startup

本例要实现一个可以开机启动的程序。只要将这个程序安装在手机或模拟器上，当手机或模拟器启动后，马上就会运行本例实现的程序。

要实现开机启动的功能，需要接收如下系统广播：

android.intent.action.BOOT_COMPLETED

下面按 8.2.1 节介绍的接收系统广播的步骤来完成本实例。

（1）编写一个 StartupReceiver 类，该类是 BroadcastReceiver 的子类，用于接收系统广播，代码如下：

```java
package net.blogjava.mobile.startup;

import android.content.BroadcastReceiver;
import android.content.Context;
import android.content.Intent;

public class StartupReceiver extends BroadcastReceiver
{
    @Override
    public void onReceive(Context context, Intent intent)
    {
        Intent mainIntent = new Intent(context, Main.class);
        mainIntent.setFlags(Intent.FLAG_ACTIVITY_NEW_TASK);
        context.startActivity(mainIntent);
    }
}
```

在 onReceive 方法中启动本实例中的 Main，以表明应用程序已启动。

（2）在 AndroidManifest.xml 文件中配置 StartupReceiver 类，代码如下：

```xml
<receiver android:name="StartupReceiver">
    <intent-filter>
        <!-- 指定要接收的 Broadcast Action -->
        <action android:name="android.intent.action.BOOT_COMPLETED" />
        <!-- 指定 Action 的种类。该种类表示 Android 系统启动后第一个运行的应用程序 -->
        <category android:name="android.intent.category.HOME" />
    </intent-filter>
</receiver>
```

```
</receiver>
```

现在运行这个应用程序，运行完毕后，即可关闭这个程序。然后重启模拟器，会发现模拟器在启动后总是会先运行本例的程序，运行效果如图 8-15 所示。

图 8-15　开机启动的第一个应用程序

8.2.3　收到短信了，该做点什么

工程目录：src\ch08\ch08_sms

短信是手机中经常使用到的一种服务。然而，当手机接收到短信时，也会向系统发送广播。如果我们的应用程序要在手机接收到短信后做点什么，就需要接收这个系统广播。

接收系统广播的步骤我们已经熟悉了，下面就按部就班地来完成这两个步骤。

（1）编写一个 SMSReceiver 类来接收系统广播。

```java
package net.blogjava.mobile.sms;

import android.content.BroadcastReceiver;
import android.content.Context;
import android.content.Intent;
import android.os.Bundle;
import android.telephony.gsm.SmsMessage;
import android.widget.Toast;

public class SMSReceiver extends BroadcastReceiver
{
    @Override
    public void onReceive(Context context, Intent intent)
    {
        // 判断接收到的广播是否为收到短信的 Broadcast Action
        if ("android.provider.Telephony.SMS_RECEIVED".equals(intent.getAction()))
        {
            StringBuilder sb = new StringBuilder();
            // 接收由 SMS 传过来的数据
            Bundle bundle = intent.getExtras();
            // 判断是否有数据
            if (bundle != null)
            {
                // 通过 pdus 可以获得接收到的所有短信息
                Object[] objArray = (Object[]) bundle.get("pdus");
                // 构建短信对象 array，并依据收到的对象长度来创建 array 的大小
                SmsMessage[] messages = new SmsMessage[objArray.length];
                for (int i = 0; i < objArray.length; i++)
                {
                    messages[i] = SmsMessage.createFromPdu((byte[]) objArray[i]);
                }
                // 将送来的短信合并自定义信息于 StringBuilder 中
                for (SmsMessage currentMessage : messages)
                {
                    sb.append("短信来源:");
                    // 获得接收短信的电话号码
                    sb.append(currentMessage.getDisplayOriginatingAddress());
```

```
                    sb.append("\n------短信内容------\n");
                    // 获得短信的内容
                    sb.append(currentMessage.getDisplayMessageBody());
                }
            }
            Intent mainIntent = new Intent(context, Main.class);
            mainIntent.setFlags(Intent.FLAG_ACTIVITY_NEW_TASK);
            context.startActivity(mainIntent);
            //   使用 Toast 信息提示框显示接收到的短信内容
            Toast.makeText(context, sb.toString(), Toast.LENGTH_LONG).show();
        }
    }
}
```

在编写 SMSReceiver 类时，需要注意如下 4 点：

- 接收短信的 Broadcast Action 是 android.provider.Telephony.SMS_RECEIVED，因此，要在 onReceiver 方法的开始部分判断接收到的是否是接收短信的 Broadcast Action。
- 需要通过 Bundle.get("pdus")来获得接收到的短信息。这个方法返回了一个表示短信内容的数组，每一个数组元素表示一条短信。这就意味着通过 Bundle.get("pdus")可以返回多条系统接收到的短信内容。
- 通过 Bundle.get("pdus")返回的数组一般不能直接使用，需要使用 SmsMessage.createFromPdu 方法将这些数组元素转换成 SmsMessage 对象才可以使用。每一个 SmsMessage 对象表示一条短信。
- 通过 SmsMessage 类的 getDisplayOriginatingAddress 方法可以获得发送短信的电话号码。通过 getDisplayMessageBody 方法可以获得短信的内容。

（2）在 AndroidManifest.xml 文件中配置 SMSReceiver 类，代码如下：

```
<receiver android:name="SMSReceiver">
    <intent-filter>
        <!-- 指定 SMSReceiver 可以接收的 Broadcast Action   -->
        <action android:name="android.provider.Telephony.SMS_RECEIVED" />
    </intent-filter>
</receiver>
```

为了使应用程序可以成功地接收 SMS_RECEIVED 广播，还需要使用<uses-permission>标签为应用程序打开接收短信的权限，代码如下：

```
<uses-permission android:name="android.permission.RECEIVE_SMS"></uses-permission>
```

现在启动应用程序，界面上会显示"等待接收短信..."的信息。这里还有一个问题，如何在模拟器上测试这个程序呢？

解决这个问题并不难，Android 模拟器不仅可以模拟程序的运行，还可以模拟手机的很多动作，例如，发短信就是其中之一。要模拟手机的动作，仍然要求助于 DDMS 透视图。在 DDMS 透视图中有一个 Emulator Control 视图（如果 DDMS 中没有这个视图，请读者通过 Eclipse 的 Window→Show View 菜单项来显示这个视图）。在 Telephone Actions 分组框中选中 SMS 选项框，并在 Incoming number 文本框中输入一个电话号，然后在 Message 文本框中输入要发送的短信内容，最后单击 Send 按钮来模拟发送短信。输入相应信息后的 Emulator Control 视图如图 8-16 所示。单击 Send 按钮后，手机模拟器就会接收到短信，不管接收短信的应用程序是否启动，都会显示如图 8-17 所示的显示短信内容的 Toast 信息提示框。

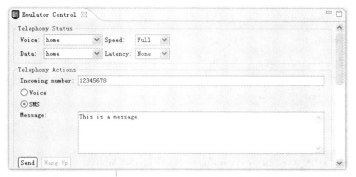

图 8-16　在 Emulator Control 视图中模拟发送短信

图 8-17　应用程序显示接收到的短信内容

8.2.4　显示手机电池的当前电量

工程目录：src\ch08\ch08_battery

如果在手机上进行某些耗电的工作，提前查一下手机电池当前的电量是一个好主意，如发现手机电池的电量不足，可以提前充电。这样可以避免手机在使用过程中没电的尴尬。

实际上，查看电池的电量也需要接收一个系统广播，只是本例中实现的接收器不是在 AndroidManifest.xml 文件中使用<receiver>标签定义的，而是在程序中通过 registerReceiver 方法进行注册的。本例中创建了一个 BroadcastReceiver 类型的 batteryChangedReceiver 变量，用于接收手机电量变化的 Broadcast Action。本实例的完整代码如下：

```
package net.blogjava.mobile;

import android.app.Activity;
import android.content.BroadcastReceiver;
import android.content.Context;
```

```java
import android.content.Intent;
import android.content.IntentFilter;
import android.os.Bundle;
import android.widget.TextView;

public class Main extends Activity
{
    private TextView tvBatteryChanged;
    private BroadcastReceiver batteryChangedReceiver = new BroadcastReceiver()
    {
        @Override
        public void onReceive(Context context, Intent intent)
        {
            //  判断接收到的是否为电量变化的 Broadcast Action
            if (Intent.ACTION_BATTERY_CHANGED.equals(intent.getAction()))
            {
                //  level 表示当前电量的值
                int level = intent.getIntExtra("level", 0);
                //  scale 表示电量的总刻度
                int scale = intent.getIntExtra("scale", 100);
                //  将当前电量换算成百分比的形式
                tvBatteryChanged.setText("电池用量：" + (level * 100 / scale) + "%");
            }
        }
    };
    @Override
    public void onCreate(Bundle savedInstanceState)
    {
        super.onCreate(savedInstanceState);
        setContentView(R.layout.main);
        tvBatteryChanged = (TextView) findViewById(R.id.tvBatteryChanged);
        //  注册 Receiver
        registerReceiver(batteryChangedReceiver, new IntentFilter(
                Intent.ACTION_BATTERY_CHANGED));
    }
}
```

运行本例后，显示效果如图 8-18 所示。

图 8-18　显示电池的剩余电量

8.2.5　在自己的应用程序中发送广播

如果在自己的应用程序中发生某些动作时，想通知其他的应用程序或向其他应用程序传递数据，就可以考虑通过 sendBroadcast 方法发送广播。

使用 sendBroadcast 方法发送的数据实际上也是 Intent 对象，只是通过 Intent 对象指定的是 Broadcast Action，而不是 Activity Action。例如，下面的代码向系统发送了一条广播：

```java
Intent broadcastIntent = new Intent("net.blogjava.mobile.MYBROADCAST");
broadcastIntent.putExtra("name", "broadcast");
sendBroadcast(broadcastIntent);
```

在接收这条广播时就非常简单了，与接收 Activity Action 类似，通过 getExtras 方法获得 Bundle 对象，然后通过 Bundle 类的 getXxx 方法获得相应的广播数据。为了使读者更好地理解如何发送并接收广播，在

8.2.6 接收联系人系统中发送的添加联系人广播

工程目录 1：src\ch08\ch08_addcontact_receiver
工程目录 2：src\ch08\ch08_contacts_broadcast

本例为联系人管理系统增加了发送广播的功能，也就是在成功添加联系人后向系统发送一条广播，广播中包含联系人的详细信息。

下面先来修改一个联系人管理系统中的 AddContact 类。在该类中 onMenuItemClick 方法的最后添加如下代码来发送成功添加联系人的广播：

```java
Intent addContactIntent = new Intent(ACTION_ADD_CONTACT);
// 设置广播要传输的联系人信息
addContactIntent.putExtra("name", etName.getText().toString());
addContactIntent.putExtra("telephone", etTelephone.getText().toString());
addContactIntent.putExtra("email", etEmail.getText().toString());
addContactIntent.putExtra("photoFilename", photoFilename);
// 发送成功添加联系人的广播
sendBroadcast(addContactIntent);
```

其中 ACTION_ADD_CONTACT 是一个常量，表示添加联系人的 Broadcast Action，该常量的定义如下：

```java
private final String ACTION_ADD_CONTACT = "net.blogjava.mobile.ADDCONTACT";
```

在 ch08_addcontact_receiver 工程中添加一个 AddContactReceiver 类用于接收添加联系人的广播，代码如下：

```java
package net.blogjava.mobile.addcontact.receiver;

import android.content.BroadcastReceiver;
import android.content.Context;
import android.content.Intent;
import android.os.Bundle;
import android.widget.Toast;

public class AddContactReceiver extends BroadcastReceiver
{
    @Override
    public void onReceive(Context context, Intent intent)
    {
        // 判断系统接收到的是否为添加联系人的 Broadcast Action
        if ("net.blogjava.mobile.ADDCONTACT".equals(intent.getAction()))
        {
            String message = "";
            Bundle bundle = intent.getExtras();
            if (bundle != null)
            {
                // 获得广播中的联系人信息
                message = "姓名:" + bundle.getString("name") + "\n";
                message += "电话: " + bundle.getString("telephone") + "\n";
                message += "电子邮件: " + bundle.getString("email") + "\n";
                message += "头像文件路径: " + bundle.getString("photoFilename") + "\n";
                // 使用 Toast 信息提示框显示广播中的联系人信息
                Toast.makeText(context, message, Toast.LENGTH_LONG).show();
            }
        }
    }
}
```

最后在 AndroidManifest.xml 文件中配置 AddContactReceiver 类，代码如下：

```xml
<receiver android:name="AddContactReceiver">
    <intent-filter>
        <action android:name="net.blogjava.mobile.ADDCONTACT" />
    </intent-filter>
</receiver>
```

要测试本实例，需要先运行 ch08_addcontact_receiver，然后运行 ch08_contacts_broadcast，并在 ch08_contacts_broadcast 中添加一个联系人，如图 8-19 所示。成功保存联系人后，会显示如图 8-20 所示的联系人信息。

图 8-19　添加一个联系人　　　　　　图 8-20　显示添加联系人广播中的信息

8.3　小结

本章主要介绍了 Intent 对象在 Activity 和广播中的应用。大多数读者接触到的第一个关于 Intent 的应用就是利用 Intent 对象来启动 Activity。如果只想简单地启动 Activity，可以直接使用 startActivity 方法，如果想在新启动的 Activity 关闭后，从这个 Activity 中获得返回值，需要使用 startActivityForResult 方法来启动 Activity。除此之外，还可以使用 sendBroadcast 方法发送广播。这些广播实际上也是 Intent 对象，只是这些 Intent 对象指定的是 Broadcast Action，而不是 Activity Action。如果想接收系统广播或自己发送的广播，就需要一个继承 android.content.BroadcastReceiver 的类。在该类的 onReceive 方法中可以获得接收到的广播中的数据，并做进一步处理。

第9章 服务（Service）

服务（Service）是 Android 系统中 4 个应用程序组件之一。服务主要用于两个目的：后台运行和跨进程访问。通过启动一个服务，可以在不显示界面的前提下在后台运行指定的任务，这样可以不影响用户做其他事情。通过 AIDL 服务可以实现不同进程之间的通信，这也是服务的重要用途之一。

本章内容

- Service 的生命周期
- 绑定 Activity 和 Service
- 在 BroadcastReceiver 中启动 Service
- 系统服务
- 时间服务
- 在线程中更新 GUI 组件
- AIDL 服务
- 在 AIDL 服务中传递复杂的数据

9.1 Service 起步

Service 并没有实际界面，而是一直在 Android 系统的后台运行。一般使用 Service 为应用程序提供一些服务，或不需要界面的功能，例如，从 Internet 下载文件、控制 Video 播放器等。本节主要介绍 Service 的启动和结束过程（Service 的生命周期），以及启动 Service 的各种方法。

9.1.1 Service 的生命周期

> 工程目录：src\ch09\ch09_servicelifecycle

Service 与 Activity 一样，也有一个从启动到销毁的过程，但 Service 的这个过程比 Activity 简单得多。Service 启动到销毁的过程只会经历如下 3 个阶段：

- 创建服务
- 开始服务
- 销毁服务

一个服务实际上是一个继承 android.app.Service 的类，当服务经历上面 3 个阶段后，会分别调用 Service 类中的 3 个事件方法进行交互，这 3 个事件方法如下：

```java
public void onCreate();                              //  创建服务
public void onStart(Intent intent, int startId);     //  开始服务
public void onDestroy();                             //  销毁服务
```

一个服务只会创建一次，销毁一次，但可以开始多次，因此，onCreate 和 onDestroy 方法只会被调用一次，而 onStart 方法会被调用多次。

下面编写一个服务类，具体看一下服务的生命周期由开始到销毁的过程：

```java
package net.blogjava.mobile.service;

import android.app.Service;
import android.content.Intent;
import android.os.IBinder;
import android.util.Log;

//  MyService 是一个服务类，该类必须从 android.app.Service 类继承
public class MyService extends Service
{
    @Override
    public IBinder onBind(Intent intent)
    {
        return null;
    }
    //  当服务第 1 次创建时调用该方法
    @Override
    public void onCreate()
    {
        Log.d("MyService", "onCreate");
        super.onCreate();
    }
    //  当服务销毁时调用该方法
    @Override
    public void onDestroy()
    {
        Log.d("MyService", "onDestroy");
        super.onDestroy();
    }
    //  当开始服务时调用该方法
    @Override
    public void onStart(Intent intent, int startId)
    {
        Log.d("MyService", "onStart");
        super.onStart(intent, startId);
    }
}
```

在 MyService 中覆盖了 Service 类中的 3 个生命周期方法，并在这些方法中输出了相应的日志信息，以便更容易地观察事件方法的调用情况。

读者在编写 Android 的应用组件时要注意，不管是编写什么组件（例如，Activity、Service 等），都需要在 AndroidManifest.xml 文件中进行配置，MyService 类也不例外。配置这个服务类很简单，只需要在 AndroidManifest.xml 文件的<application>标签中添加如下代码即可：

```xml
<service android:enabled="true" android:name=".MyService" />
```

其中 android:enabled 属性的值为 true，表示 MyService 服务处于激活状态。虽然目前 MyService 是激活的，但系统仍然不会启动 MyService，要想启动这个服务。必须显式地调用 startService 方法。如果想停止服务，需要显式地调用 stopService 方法，代码如下：

```java
public void onClick(View view)
{
    switch (view.getId())
    {
        case R.id.btnStartService:
            startService(serviceIntent);       //  单击 "Start Service" 按钮启动服务
            break;
        case R.id.btnStopService:
            stopService(serviceIntent);        //  单击 "Stop Service" 按钮停止服务
            break;
    }
}
```

其中 serviceIntent 是一个 Intent 对象，用于指定 MyService 服务，创建该对象的代码如下：

```java
serviceIntent = new Intent(this, MyService.class);
```

运行本节的例子后，会显示如图 9-1 所示的界面。

图 9-1　开始和停止服务

第 1 次单击 "Start Service" 按钮后，在 DDMS 透视图的 LogCat 视图的 Message 列会输出如下两行信息：

```
onCreate
onStart
```

然后单击 "Stop Service" 按钮，会在 Message 列中输出如下信息：

```
onDestroy
```

下面按如下的单击按钮顺序重新测试一下本例：

"Start Service" → "Stop Service" → "Start Service" → "Start Service" → "Start Service" → "Stop Service"

测试完程序，就会看到如图 9-2 所示的输出信息。可以看出，只在第 1 次单击 "Start Service" 按钮后会调用 onCreate 方法，如果在未单击 "Stop Service" 按钮时多次单击 "Start Service" 按钮，系统只在第 1 次单击 "Start Service" 按钮时调用 onCreate 和 onStart 方法，再单击该按钮时，系统只会调用 onStart 方法，而不会再次调用 onCreate 方法。

在讨论完服务的生命周期后，再来总结一下创建和开始服务的步骤。创建和开始一个服务需要如下 3 步：

（1）编写一个服务类，该类必须从 android.app.Service 继承。Service 类涉及到 3 个生命周期方法，但这 3 个方法并不一定在子类中覆盖，读者可根据不同需求来决定使用哪些生命周期方法。在 Service 类中有一个 onBind 方法，该方法是一个抽象方法，在 Service 的子类中必须覆盖。这个方法在 Activity 与 Service 绑定时被调用（将在 9.1.3 节详细介绍）。

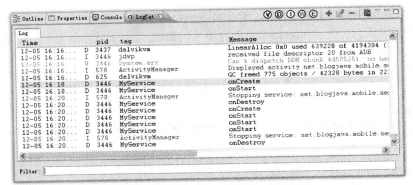

图 9-2　服务的生命周期方法的调用情况

（2）在 AndroidManifest.xml 文件中使用<service>标签来配置服务，一般需要将<service>标签的 android:enabled 属性值设为 true，并使用 android:name 属性指定在第（1）步建立的服务类名。

（3）开始一个服务要使用 startService 方法，停止一个服务要使用 stopService 方法。

9.1.2　绑定 Activity 和 Service

工程目录：src\ch09\ch09_serviceactivity

如果使用 9.1.1 节介绍的方法启动服务，并且未调用 stopService 来停止服务，这个服务就会随着 Android 系统的启动而启动，随着 Android 系统的关闭而关闭。也就是服务会在 Android 系统启动后一直在后台运行，直到 Android 系统关闭后服务才停止。但有时我们希望在启动服务的 Activity 关闭后，服务自动关闭，这就需要将 Activity 和 Service 绑定。

通过 bindService 方法可以将 Activity 和 Service 绑定。bindService 方法的定义如下：

public boolean bindService(Intent service, ServiceConnection conn, int flags)

该方法的第 1 个参数表示与服务类相关联的 Intent 对象，第 2 个参数是一个 ServiceConnection 类型的变量，负责连接 Intent 对象指定的服务。通过 ServiceConnection 对象可以获得连接成功或失败的状态，并可以获得连接后的服务对象。第 3 个参数是一个标志位，一般设为 Context.BIND_AUTO_CREATE。

下面重新编写 9.1.1 节的 MyService 类，在该类中增加了几个与绑定相关的事件方法。

```
package net.blogjava.mobile.service;

import android.app.Service;
import android.content.Intent;
import android.os.Binder;
import android.os.IBinder;
import android.util.Log;

public class MyService extends Service
{
    private MyBinder myBinder = new MyBinder();
    //  成功绑定后调用该方法
    @Override
    public IBinder onBind(Intent intent)
    {
        Log.d("MyService", "onBind");
        return myBinder;
    }
    //  重新绑定时调用该方法
```

```java
    @Override
    public void onRebind(Intent intent)
    {
        Log.d("MyService", "onRebind");
        super.onRebind(intent);
    }
    // 解除绑定时调用该方法
    @Override
    public boolean onUnbind(Intent intent)
    {
        Log.d("MyService", "onUnbind");
        return super.onUnbind(intent);
    }
    @Override
    public void onCreate()
    {
        Log.d("MyService", "onCreate");
        super.onCreate();
    }
    @Override
    public void onDestroy()
    {
        Log.d("MyService", "onDestroy");
        super.onDestroy();
    }
    @Override
    public void onStart(Intent intent, int startId)
    {
        Log.d("MyService", "onStart");
        super.onStart(intent, startId);
    }
    public class MyBinder extends Binder
    {
        MyService getService()
        {
            return MyService.this;
        }
    }
}
```

现在定义一个 MyService 变量和一个 ServiceConnection 变量，代码如下：

```java
private MyService myService;
private ServiceConnection serviceConnection = new ServiceConnection()
{
    // 连接服务失败后，该方法被调用
    @Override
    public void onServiceDisconnected(ComponentName name)
    {
        myService = null;
        Toast.makeText(Main.this, "Service Failed.", Toast.LENGTH_LONG).show();
    }
    // 成功连接服务后，该方法被调用。在该方法中可以获得 MyService 对象
    @Override
    public void onServiceConnected(ComponentName name, IBinder service)
    {
        // 获得 MyService 对象
        myService = ((MyService.MyBinder) service).getService();
        Toast.makeText(Main.this, "Service Connected.", Toast.LENGTH_LONG).show();
    }
};
```

最后使用 bindService 方法来绑定 Activity 和 Service，代码如下：

```java
bindService(serviceIntent, serviceConnection, Context.BIND_AUTO_CREATE);
```

如果想解除绑定，可以使用下面的代码：

unbindService(serviceConnection);

在 MyService 类中定义了一个 MyBinder 类，该类实际上是为了获得 MyService 对象实例。ServiceConnection 接口的 onServiceConnected 方法中的第 2 个参数是一个 IBinder 类型的变量，将该参数转换成 MyService.MyBinder 对象，并使用 MyBinder 类中的 getService 方法获得 MyService 对象。在获得 MyService 对象后，就可以在 Activity 中随意操作 MyService 了。

运行本节的例子后，单击"Bind Service"按钮，如果绑定成功，会显示如图 9-3 所示的信息提示框。关闭应用程序后，会看到在 LogCat 视图中输出了 onUnbind 和 onDestroy 信息，表明在关闭 Activity 后，服务先被解除绑定，最后被销毁。如果先启动（调用 startService 方法）一个服务，然后再绑定（调用 bindService 方法）服务，会怎么样呢？在这种情况下，虽然服务仍然会成功绑定到 Activity 上，但在 Activity 关闭后，服务虽然会被解除绑定，但并不会被销毁，也就是说，MyService 类的 onDestroy 方法不会被调用。

图 9-3　绑定服务

9.2　系统服务

在 Android 系统中有很多内置的软件，例如，当手机接到来电时，会显示对方的电话号。也可以根据周围的环境将手机设置成振动或静音。如果想把这些功能加到自己的软件中应该怎么办呢？答案就是"系统服务"。在 Android 系统中提供了很多这种服务，通过这些服务，就可以像 Android 系统的内置软件一样随心所欲地控制 Android 系统了。本节将介绍几种常用的系统服务来帮助读者理解和使用这些技术。

9.2.1　获得系统服务

系统服务实际上可以看作是一个对象，通过 Activity 类的 getSystemService 方法可以获得指定的对象（系统服务）。getSystemService 方法只有一个 String 类型的参数，表示系统服务的 ID，这个 ID 在整个 Android 系统中是唯一的。例如，audio 表示音频服务，window 表示窗口服务，notification 表示通知服务。

为了便于记忆和管理，Android SDK 在 android.content.Context 类中定义了这些 ID，例如，下面的代码是一些 ID 的定义：

```
public static final String AUDIO_SERVICE = "audio";              // 定义音频服务的 ID
public static final String WINDOW_SERVICE = "window";            // 定义窗口服务的 ID
public static final String NOTIFICATION_SERVICE = "notification"; // 定义通知服务的 ID
```

下面的代码获得了剪贴板服务（android.text.ClipboardManager 对象）：

```
// 获得 ClipboardManager 对象
android.text.ClipboardManager clipboardManager=
            (android.text.ClipboardManager)getSystemService(Context.CLIPBOARD_SERVICE);
clipboardManager.setText("设置剪贴版中的内容");
```

在调用 ClipboardManager.setText 方法设置文本后，Android 系统中的所有文本输入框都可以从这个剪贴板对象中获得这段文本，读者不妨自己试一试！

窗口服务（WindowManager 对象）是最常用的系统服务之一，通过这个服务可以获得很多与窗口相关的信息，例如，窗口的长度和宽度，如下面的代码所示：

```
// 获得 WindowManager 对象
android.view.WindowManager windowManager = (android.view.WindowManager)
                       getSystemService(Context.WINDOW_SERVICE);
// 在窗口的标题栏输出当前窗口的宽度和高度，例如，320*480
setTitle(String.valueOf(windowManager.getDefaultDisplay().getWidth()) + "*"
       + String.valueOf(windowManager.getDefaultDisplay().getHeight()));
```

本节简单介绍了如何获得系统服务以及两个常用的系统服务的使用方法，在接下来的 9.2.2 节和 9.2.3 节，将给出两个完整的关于获得和使用系统服务的例子以供读者参考。

9.2.2 监听手机来电

工程目录：src\ch09\ch09_phonestate

当来电话时，手机会显示对方的电话号，当接听电话时，会显示当前的通话状态。在这期间存在两个状态：来电状态和接听状态。如果在应用程序中要监听这两个状态，并进行一些其他处理，就需要使用电话服务（TelephonyManager 对象）。

本例通过 TelephonyManager 对象监听来电状态和接听状态，并在相应的状态显示一个 Toast 提示信息框。如果是来电状态，会显示对方的电话号；如果是通话状态，会显示"正在通话..."信息。下面先来看看来电和接听时的效果，如图 9-4 和图 9-5 所示。

图 9-4　来电状态

图 9-5　接听状态

要想获得 TelephonyManager 对象，需要使用 Context.TELEPHONY_SERVICE 常量，代码如下：

```
TelephonyManager tm = (TelephonyManager) getSystemService(Context.TELEPHONY_SERVICE);
MyPhoneCallListener myPhoneCallListener = new MyPhoneCallListener();
// 设置电话状态监听器
tm.listen(myPhoneCallListener, PhoneStateListener.LISTEN_CALL_STATE);
```

其中 MyPhoneCallListener 类是一个电话状态监听器，该类是 PhoneStateListener 的子类，代码如下：

```java
public class MyPhoneCallListener extends PhoneStateListener
{
    @Override
    public void onCallStateChanged(int state, String incomingNumber)
    {
        switch (state)
        {
            // 通话状态
            case TelephonyManager.CALL_STATE_OFFHOOK:
                Toast.makeText(Main.this, "正在通话...", Toast.LENGTH_SHORT).show();
                break;
            // 来电状态
            case TelephonyManager.CALL_STATE_RINGING:
                Toast.makeText(Main.this, incomingNumber,Toast.LENGTH_SHORT).show();
                break;
        }
        super.onCallStateChanged(state, incomingNumber);
    }
}
```

如果读者是在模拟器上测试本例，可以使用 DDMS 透视图的"Emulator Control"视图模拟打入电话。进入"Emulator Control"视图，会看到如图 9-6 所示的界面。在"Incoming number"文本框中输入一个电话号，选中"Voice"选项，单击"Call"按钮，这时模拟器就会接到来电。如果已经运行本例，在来电和接听状态就会显示如图 9-4 和图 9-5 所示的 Toast 提示信息。

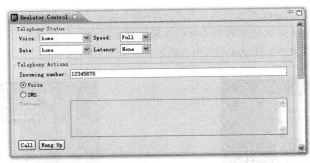

图 9-6 用"Emulator Control"视图模拟拨打电话

9.2.3 来电黑名单

工程目录：src\ch09\ch09_phoneblacklist

虽然手机为我们带来了方便，但有时实在不想接听某人的电话,但又不好直接挂断电话,怎么办呢？很简单，如果发现是某人来的电话，直接将手机设成静音，这样就可以不予理睬了。

本例与上一节的例子类似，也就是说，仍然需要获得 TelephonyManager 对象，并监听手机的来电状态。为了可以将手机静音，还需要获得一个音频服务（AudioManager 对象）。本例需要修改上一节例子中的手机接听状态方法 onCallStateChanged 中的代码，修改后的结果如下：

```java
public class MyPhoneCallListener extends PhoneStateListener
{
    @Override
    public void onCallStateChanged(int state, String incomingNumber)
    {
        // 获得音频服务（AudioManager 对象）
```

```
AudioManager audioManager = (AudioManager) getSystemService(Context.AUDIO_SERVICE);
switch (state)
{
    case TelephonyManager.CALL_STATE_IDLE:
        //  在手机空闲状态时，将手机音频设为正常状态
        audioManager.setRingerMode(AudioManager.RINGER_MODE_NORMAL);
        break;
    case TelephonyManager.CALL_STATE_RINGING:
        //  在来电状态时，判断打进来的是否为要静音的电话号，如果是，则静音
        if ("12345678".equals(incomingNumber))
        {
            //  将电话静音
            audioManager.setRingerMode(AudioManager.RINGER_MODE_SILENT);
        }
        break;
}
super.onCallStateChanged(state, incomingNumber);
```

在上面的代码中，只设置了"12345678"为静音电话号，读者可以采用上一节的方法使用"12345678"打入电话，再使用其他的电话号码打入，看看模拟器是否会响铃。

9.2.4 在模拟器上模拟重力感应

众所周知，Android 系统支持重力感应，通过这种技术，可以利用手机的移动、翻转来实现更为有趣的程序。但遗憾的是，在 Android 模拟器上是无法进行重力感应测试的。既然 Android 系统支持重力感应，但又在模拟器上无法测试，该怎么办呢？别着急，天无绝人之路，有一些第三方的工具可以帮助我们完成这个工作，本节将介绍一种在模拟器上模拟重力感应的工具——sensorsimulator。这个工具分为服务端和客户端两部分。服务端是一个在 PC 上运行的 Java Swing GUI 程序，客户端是一个手机程序（apk 文件），在运行时需要通过客户端程序连接到服务端程序上，才可以在模拟器上模拟重力感应。

读者可以从 http://code.google.com/p/openintents/downloads/list 下载这个工具。

进入下载页面后，下载如图 9-7 所示的黑框中的 zip 文件。

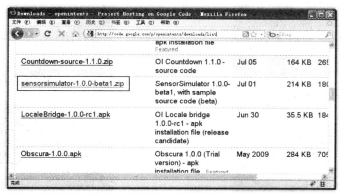

图 9-7 sensorsimulator 下载页面

将 zip 文件解压后，运行 bin 目录中的 sensorsimulator.jar 文件，会显示如图 9-8 所示的界面。界面的左上角是一个模拟手机位置的三维图形，右上角可以通过滑杆来模拟手机的翻转、移动等操作。

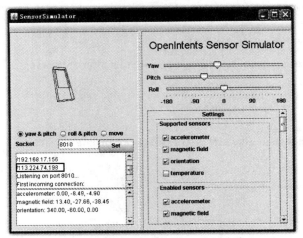

图 9-8　sensorsimulator 主界面

下面来安装客户端程序，先启动 Android 模拟器，然后使用下面的命令安装 bin 目录中的 SensorSimulatorSettings.apk 文件：

    adb install SensorSimulatorSettings.apk

如果安装成功，会在模拟器中看到如图 9-9 所示黑框中的图标。运行这个程序，会进入如图 9-10 所示的界面。在 IP 地址中输入如图 9-8 所示黑框中的 IP（注意，每次启动服务端程序时这个 IP 可能不一样，应以每次启动服务端程序时的 IP 为准）。最后进入"Testing"页，单击"Connect"按钮，如果连接成功，会显示如图 9-11 所示的效果。

图 9-9　安装客户端设置软件

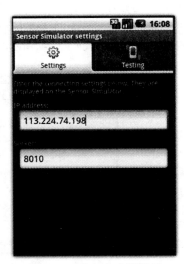

图 9-10　进行客户端设置

下面来测试一下 SensorSimulator 自带的一个 demo，在这个 demo 中输出了通过模拟重力感应获得的数据。

这个 demo 就在 samples 目录中，该目录有一个 SensorDemo 子目录，是一个 Eclipse 工程目录。读者可以直接使用 Eclipse 导入这个目录并运行程序，如果显示的结果如图 9-12 所示，说明成功使用 SensorSimulator 在 Android 模拟器上模拟了重力感应。

图 9-11　测试连接状态

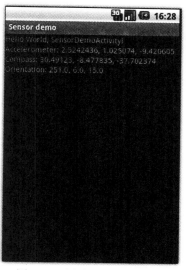
图 9-12　测试重力感应 demo

在 9.2.5 节中将给出一个完整的例子，来演示如何利用重力感应的功能实现手机翻转静音的效果。

9.2.5　手机翻转静音

工程目录：src\ch09\ch09_phonereversal

与手机来电一样，手机翻转状态（重力感应）也由系统服务提供。重力感应服务（android.hardware. SensorManager 对象）可以通过如下代码获得：

```
SensorManager sensorManager = (SensorManager)getSystemService(Context.SENSOR_SERVICE);
```

本例需要在模拟器上模拟重力感应，因此，在本例中使用 SensorSimulator 中的一个类 SensorManager-Simulator 来获得重力感应服务，这个类封装了 SensorManager 对象，并负责与服务端进行通信。监听重力感应事件也需要一个监听器，该监听器需要实现 SensorListener 接口，并通过该接口的 onSensorChanged 事件方法获得重力感应数据。本例完整的代码如下：

```
package net.blogjava.mobile;

import org.openintents.sensorsimulator.hardware.SensorManagerSimulator;
import android.app.Activity;
import android.content.Context;
import android.hardware.SensorListener;
import android.hardware.SensorManager;
import android.media.AudioManager;
import android.os.Bundle;
import android.widget.TextView;

public class Main extends Activity implements SensorListener
{
```

```
private TextView tvSensorState;
private SensorManagerSimulator sensorManager;
@Override
public void onAccuracyChanged(int sensor, int accuracy)
{
}
@Override
public void onSensorChanged(int sensor, float[] values)
{
    switch (sensor)
    {
        case SensorManager.SENSOR_ORIENTATION:
            //  获得声音服务
            AudioManager audioManager = (AudioManager)
                            getSystemService(Context.AUDIO_SERVICE);
            //  在这里规定翻转角度小于-120度时静音，values[2]表示翻转角度，也可以设置其他角度
            if (values[2] < -120)
            {
                audioManager.setRingerMode(AudioManager.RINGER_MODE_SILENT);
            }
            else
            {
                audioManager.setRingerMode(AudioManager.RINGER_MODE_NORMAL);
            }
            tvSensorState.setText("角度： " + String.valueOf(values[2]));
            break;
    }
}
@Override
protected void onResume()
{
    //  注册重力感应监听事件
    sensorManager.registerListener(this, SensorManager.SENSOR_ORIENTATION);
    super.onResume();
}
@Override
protected void onStop()
{
    //  取消对重力感应的监听
    sensorManager.unregisterListener(this);
    super.onStop();
}
@Override
public void onCreate(Bundle savedInstanceState)
{
    super.onCreate(savedInstanceState);
    setContentView(R.layout.main);
    //  通过SensorManagerSimulator对象获得重力感应服务
    sensorManager = (SensorManagerSimulator) SensorManagerSimulator
            .getSystemService(this, Context.SENSOR_SERVICE);
    //  连接到服务端程序（必须执行下面的代码）
    sensorManager.connectSimulator();
}
```

在上面的代码中使用了一个 SensorManagerSimulator 类，该类在 SensorSimulator 工具包带的 sensorsimulator-lib.jar 文件中，可以在 lib 目录中找到这个 jar 文件。在使用 SensorManagerSimulator 类之前，必须在相应的 Eclipse 工程中引用这个 jar 文件。

现在运行本例，并通过服务端主界面右侧的"Rollz"滑动杆移动到指定的角度，例如，-74.0 和-142.0，这时设置的角度会显示在屏幕上，如图 9-13 和图 9-14 所示。

第 9 章　服务（Service）

图 9-13　翻转角度大于 -120 度

图 9-14　翻转角度小于 -120 度

读者可以在如图 9-13 和图 9-14 所示的翻转状态下拨入电话，会发现翻转角度在 -74.0 度时来电仍然会响铃，而翻转角度在 -142.0 度时就不再响铃了。

  由于 SensorSimulator 目前不支持 Android SDK 1.5 及以上版本，因此，只能使用 Android SDK 1.1 中的 SensorListener 接口来监听重力感应事件。Android SDK 1.5 及以上版本并不建议继续使用这个接口，代替它的是 android.hardware.SensorEventListener 接口。

9.3　时间服务

在 Android SDK 中提供了多种时间服务。这些时间服务主要处理在一定时间间隔或未来某一时间发生的任务。Android 系统中的时间服务的作用域既可以是应用程序本身，也可以是整个 Android 系统。本节将详细介绍这些时间服务的使用方法，并给出大量的实例供读者学习。

9.3.1　计时器：Chronometer

工程目录：src\ch09\ch09_chronometer

Chronometer 是 TextView 的子类，也是一个 Android 组件。这个组件可以用 1 秒的时间间隔进行计时，并显示出计时结果。

Chronometer 类有 3 个重要的方法：start、stop 和 setBase，其中 start 方法表示开始计时；stop 方法表示停止计时；setBase 方法表示重新计时。start 和 stop 方法没有任何参数，setBase 方法有一个参数，表示开始计时的基准时间。如果要从当前时刻重新计时，可以将该参数值设为 SystemClock.elapsedRealtime()。

还可以对 Chronometer 组件做进一步设置。在默认情况下，Chronometer 组件只输出 MM:SS 或 H:MM:SS 的时间格式。例如，当计时到 1 分 20 秒时，Chronometer 组件会显示 01:20。如果想改变显示的信息内容，可以使用 Chronometer 类的 setFormat 方法。该方法需要一个 String 变量，并使用"%s"表示计时信息。例如，使用 setFormat("计时信息：%s")设置显示信息，Chronometer 组件会显示如下计时信息：

计时信息：10:20

Chronometer 组件还可以通过 onChronometerTick 事件方法来捕捉计时动作。该方法 1 秒调用一次。要想使用 onChronometerTick 事件方法，必须实现如下接口：

android.widget.Chronometer.OnChronometerTickListener

在本例中有 3 个按钮，分别用来开始、停止和重置计时器，并通过 onChronometerTick 事件方法显示当前时间，代码如下：

```
package net.blogjava.mobile;

import java.text.SimpleDateFormat;
```

227

```java
import java.util.Date;
import android.app.Activity;
import android.os.Bundle;
import android.os.SystemClock;
import android.view.View;
import android.view.View.OnClickListener;
import android.widget.Button;
import android.widget.Chronometer;
import android.widget.TextView;
import android.widget.Chronometer.OnChronometerTickListener;

public class Main extends Activity implements OnClickListener, OnChronometerTickListener
{
    private Chronometer chronometer;
    private TextView tvTime;
    @Override
    public void onClick(View view)
    {
        switch (view.getId())
        {
            case R.id.btnStart:
                //  开始计时器
                chronometer.start();
                break;
            case R.id.btnStop:
                //  停止计时器
                chronometer.stop();
                break;
            case R.id.btnReset:
                //  重置计时器
                chronometer.setBase(SystemClock.elapsedRealtime());
                break;
        }
    }
    @Override
    public void onChronometerTick(Chronometer chronometer)
    {
        SimpleDateFormat sdf = new SimpleDateFormat("HH:mm:ss");
        //  将当前时间显示在 TextView 组件中
        tvTime.setText("当前时间：" + sdf.format(new Date()));
    }
    @Override
    public void onCreate(Bundle savedInstanceState)
    {
        super.onCreate(savedInstanceState);
        setContentView(R.layout.main);
        tvTime = (TextView)findViewById(R.id.tvTime);
        Button btnStart = (Button) findViewById(R.id.btnStart);
        Button btnStop = (Button) findViewById(R.id.btnStop);
        Button btnReset = (Button) findViewById(R.id.btnReset);
        chronometer = (Chronometer) findViewById(R.id.chronometer);
        btnStart.setOnClickListener(this);
        btnStop.setOnClickListener(this);
        btnReset.setOnClickListener(this);
        //  设置计时监听事件
        chronometer.setOnChronometerTickListener(this);
        //  设置计时信息的格式
        chronometer.setFormat("计时器：%s");
    }
}
```

运行本节的例子，并单击"开始"按钮，在按钮下方会显示计时信息，在按钮的上方会显示当前时间，如图 9-15 所示。单击"重置"按钮后，按钮下方的计时信息会从"计时器：00:00"开始显示。

第 9 章 服务（Service）

图 9-15　Chronometer 组件的计时效果

9.3.2　预约时间 Handler

工程目录：src\ch09\ch09_handler

android.os.Handler 是 Android SDK 中处理定时操作的核心类。通过 Handler 类，可以提交和处理一个 Runnable 对象。这个对象的 run 方法可以立刻执行，也可以在指定时间后执行（也可称为预约执行）。

Handler 类主要可以使用如下 3 个方法来设置执行 Runnable 对象的时间：

```
// 立即执行 Runnable 对象
public final boolean post(Runnable r);
// 在指定的时间（uptimeMillis）执行 Runnable 对象
public final boolean postAtTime(Runnable r, long uptimeMillis);
// 在指定的时间间隔（delayMillis）执行 Runnable 对象
public final boolean postDelayed(Runnable r, long delayMillis);
```

从上面 3 个方法可以看出，第 1 个参数的类型都是 Runnable，因此，在调用这 3 个方法之前，需要有一个实现 Runnable 接口的类，Runnable 接口的代码如下：

```
public interface Runnable
{
    public void run();              // 线程要执行的方法
}
```

在 Runnable 接口中只有一个 run 方法，该方法为线程执行方法。在本例中，Main 类实现了 Runnable 接口。可以使用如下代码指定在 5 秒后调用 run 方法：

```
Handler handler = new Handler();
handler.postDelayed(this, 5000);
```

如果想在 5 秒内停止计时，可以使用如下代码：

```
handler.removeCallbacks(this);
```

除此之外，还可以使用 postAtTime 方法指定在未来的某一个精确时间来执行 Runnable 对象，代码如下：

```
Handler handler = new Handler();
handler.postAtTime(new RunToast(this)
}, android.os.SystemClock.uptimeMillis() + 15 * 1000);        // 在 15 秒后执行 Runnable 对象
```

其中 RunToast 是一个实现 Runnable 接口的类，代码如下：

```
class RunToast implements Runnable
{
    private Context context;
    public RunToast(Context context)
    {
```

```
        this.context = context;
    }
    @Override
    public void run()
    {
        Toast.makeText(context, "15 秒后显示 Toast 提示信息", Toast.LENGTH_LONG).show();
    }
}
```

postAtTime 的第 2 个参数表示一个精确时间的毫秒数,如果从当前时间算起,需要使用 android.os.SystemClock.uptimeMillis()获得基准时间。

要注意的是,不管使用哪个方法来执行 Runnable 对象,都只能运行一次。如果想循环执行,必须在执行完后再次调用 post、postAtTime 或 postDelayed 方法。例如,在 Main 类的 run 方法中再次调用了 postDelayed 方法,代码如下:

```
public void run()
{
    tvCount.setText("Count: " + String.valueOf(++count));
    // 再次调用 postDelayed 方法,5 秒后 run 方法仍被调用,然后再一次调用 postDelayed 方法,这样就形成了
    // 循环调用
    handler.postDelayed(this, 5000);
}
```

运行本例后,单击"开始计数"按钮,5 秒后,会在按钮上方显示计数信息。然后单击"15 秒后显示 Toast 信息框"按钮,过 15 秒后,会显示一个 Toast 信息框,如图 9-16 所示。

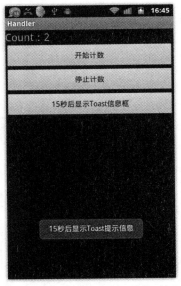

图 9-16 使用 Handler 预约时间

9.3.3 定时器 Timer

工程目录:src\ch09\ch09_timer

java.util.Timer 与 Chronometer 在功能上有些类似,但 Timer 比 Chronometer 更强大。Timer 除了可

以指定循环执行的时间间隔外,还可以设置重复执行和不重复执行。例如,下面的代码设置了在 5 秒后执行:

```
Timer timer = new Timer();
timer.schedule(new TimerTask()
{
    @Override
    public void run()
    {
    }
}, 5000);                          //  最后 1 个参数表示运行的时间间隔
```

下面的代码设置了每 2 秒执行一次:

```
Timer timer = new Timer();
timer.schedule(new TimerTask()
{
    @Override
    public void run()
    {
    }
}, 0, 2000);        // 第 2 个参数表示延迟执行的时间(这里是 0,表示立即执行),
                    // 最后 1 个参数表示重复执行的时间间隔
```

从上面的代码可以看出,Timer 类通过 schedule 方法设置执行方式和时间。schedule 方法的第 1 个参数的类型是 TimerTask,TimerTask 类实现了 Runnable 接口,因此,Timer 实际上是在线程中执行 run 方法。

虽然 Timer 和 Handler 的任务执行代码都放在 run 方法中,但 Timer 是在线程中执行 run 方法的,而 Handler 将执行的动作添加到 Android 系统的消息队列中。因此,使用 Timer 执行 run 方法时,在 run 方法中不能直接更新 GUI 组件,也就是说,下面的代码是错误的:

```
public void run()
{
    textview.setText("字符串");     // 无法成功设置 TextView 中的文本
}
```

要想在 run 方法中更新 GUI 组件,仍然需要依靠 Handler 类,代码如下:

```
private Handler handler = new Handler()
{
    public void handleMessage(Message msg)
    {
        switch (msg.what)
        {
            case 1:
                // 必须在这里更新进度条组件
                int currentProgress = progressBar.getProgress() + 2;
                if (currentProgress > progressBar.getMax())
                    currentProgress = 0;
                progressBar.setProgress(currentProgress);
                break;
        }
        super.handleMessage(msg);
    }
};
private TimerTask timerTask = new TimerTask()
{
    public void run()
    {
        // 在 run 方法中需要使用 sendMessage 方法发送一条消息
        Message message = new Message();
        message.what = 1;
        handler.sendMessage(message);          // 将任务发送到消息队列
    }
};
```

从上面的代码可以看出，在 run 方法中并没有直接更新进度条组件，而是使用 Handler 类的 sendMessage 方法发送一条消息，并在 Handler 类的 handleMessage 方法中更新进度条组件。实际上，这个 Handler 对象目前已经被加到 Android 系统的消息队列中，正等待 Android 系统的调用。使用下面的代码就可以启动 Timer 定时器，并在每 0.5 秒更新一次进度条组件。

```
Timer timer = new Timer();
timer.schedule(timerTask, 0, 500);
```

运行本节的例子后，就会看到屏幕上进度条的进度在不断变化，如图 9-17 所示。

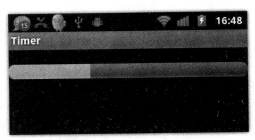

图 9-17　Timer 的定时任务

9.3.4　在线程中更新 GUI 组件

工程目录：src\ch09\ch09_thread

除了前面介绍的时间服务可以执行定时任务外，也可以采用线程的方式在后台执行任务。在 Android 系统中创建和启动线程的方法与传统的 Java 程序相同，首先要创建一个 Thread 对象，然后使用 Thread 类的 start 方法开始一个线程。线程在启动后，就会执行 Runnable 接口的 run 方法。

本例中启动了两个线程，分别用来更新两个进度条组件。在 9.3.3 节曾介绍过，在线程中更新 GUI 组件需要使用 Handler 类，当然，直接利用线程作为后台服务也不例外。下面先来看看本例的完整源代码：

```java
package net.blogjava.mobile;

import android.app.Activity;
import android.os.Bundle;
import android.os.Handler;
import android.widget.ProgressBar;

public class Main extends Activity
{
    private ProgressBar progressBar1;
    private ProgressBar progressBar2;
    private Handler handler = new Handler();
    private int count1 = 0;
    private int count2 = 0;
    private Runnable doUpdateProgressBar1 = new Runnable()
    {
        @Override
        public void run()
        {
            for (count1 = 0; count1 <= progressBar1.getMax(); count1++)
            {
                // 使用 post 方法立即执行 Runnable 接口的 run 方法
                handler.post(new Runnable()
                {
```

```java
                    @Override
                    public void run()
                    {
                        progressBar1.setProgress(count1);
                    }
                });
            }
        }
    };
    private Runnable doUpdateProgressBar2 = new Runnable()
    {
        @Override
        public void run()
        {
            for (count2 = 0; count2 <= progressBar2.getMax(); count2++)
            {
                // 使用 post 方法立即执行 Runnable 接口的 run 方法
                handler.post(new Runnable()
                {
                    @Override
                    public void run()
                    {
                        progressBar2.setProgress(count2);
                    }
                });
            }
        }
    };
    @Override
    public void onCreate(Bundle savedInstanceState)
    {
        super.onCreate(savedInstanceState);
        setContentView(R.layout.main);
        progressBar1 = (ProgressBar) findViewById(R.id.progressbar1);
        progressBar2 = (ProgressBar) findViewById(R.id.progressbar2);
        Thread thread1 = new Thread(doUpdateProgressBar1, "thread1");
        // 启动第 1 个线程
        thread1.start();
        Thread thread2 = new Thread(doUpdateProgressBar2, "thread2");
        // 启动第 2 个线程
        thread2.start();
    }
}
```

在编写上面代码时要注意一点，使用 Handler 类时既可以使用 sendMessage 方法发送消息来调用 handleMessage 方法处理任务（见 9.3.3 节的介绍），也可以直接使用 post、postAtTime 或 postDelayed 方法来处理任务。本例中为了方便，直接调用了 post 方法立即执行 run 方法来更新进度条组件。

运行本例后，会看到屏幕上有两个进度条的进度在不断变化，如图 9-18 所示。

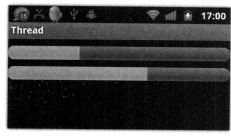

图 9-18　在线程中更新进度条组件

9.3.5 全局定时器 AlarmManager

工程目录：src\ch09\ch09_alarm

前面介绍的时间服务的作用域都是应用程序，也就是说，将当前的应用程序关闭后，时间服务就会停止。但在很多时候，需要时间服务不依赖应用程序而存在。也就是说，虽然是应用程序启动的服务，但即使将应用程序关闭，服务仍然可以正常运行。

为了达到服务与应用程序独立的目的，需要获得 AlarmManager 对象。该对象需要通过如下代码获得：

AlarmManager alarmManager = **(AlarmManager)** getSystemService(**Context.ALARM_SERVICE**);

AlarmManager 类的一个非常重要的方法是 setRepeating，通过该方法，可以设置执行时间间隔和相应的动作。setRepeating 方法的定义如下：

public void setRepeating(int type, long triggerAtTime, long interval, PendingIntent operation);

setRepeating 方法有 4 个参数，这些参数的含义如下：

- type：表示警报类型，一般可以取的值是 AlarmManager.RTC 和 AlarmManager.RTC_WAKEUP。如果将 type 参数值设为 AlarmManager.RTC，表示是一个正常的定时器，如果将 type 参数值设为 AlarmManager.RTC_WAKEUP，除了有定时器的功能外，还会发出警报声（例如，响铃、振动）。
- triggerAtTime：第 1 次运行时要等待的时间，也就是执行延迟时间，单位是毫秒。
- interval：表示执行的时间间隔，单位是毫秒。
- operation：一个 PendingIntent 对象，表示到时间后要执行的操作。PendingIntent 与 Intent 类似，可以封装 Activity、BroadcastReceiver 和 Service。但与 Intent 不同的是，PendingIntent 可以脱离应用程序而存在。

从 setRepeating 方法的 4 个参数可以看出，使用 setRepeating 方法最重要的就是创建 PendingIntent 对象。例如，在下面的代码中，用 PendingIntent 指定了一个 Activity。

Intent intent = new Intent(this, MyActivity.class);
PendingIntent pendingActivityIntent = PendingIntent.getActivity(this, 0,intent, 0);

在创建完 PendingIntent 对象后，就可以使用 setRepeating 方法设置定时器了，代码如下：

AlarmManager alarmManager = (AlarmManager) getSystemService(Context.ALARM_SERVICE);
alarmManager.setRepeating(AlarmManager.RTC, 0, 5000, pendingActivityIntent);

执行上面的代码，即使应用程序关闭后，每隔 5 秒，系统仍然会显示 MyActivity。如果要取消定时器，可以使用如下代码：

alarmManager.cancel(pendingActivityIntent);

运行本节的例子，界面如图 9-19 所示。单击"GetActivity"按钮，然后关闭当前应用程序，会发现系统 5 秒后会显示 MyActivity。关闭 MyActivity 后，在 5 秒后仍然会再次显示 MyActivity。

本节只介绍了如何用 PendingIntent 来指定 Activity，读者在 9.3.6 节和 9.3.7 节中将会看到利用 BroadcastReceiver 和 Service 执行定时任务。

9.3.6 定时更换壁纸

工程目录：src\ch09\ch09_changewallpaper

使用 AlarmManager 可以实现很多有趣的功能。本例中将实现一个可以定时更换手机壁纸的程序。在编写代码之前，先来看一下效果，如图 9-20 所示，单击"定时更换壁纸"按钮后，手机的壁纸会每隔 5 秒变换一次。

服务（Service） 第 9 章

图 9-19　全局定时器（显示 Activity）

图 9-20　定时更换壁纸

本例使用 Service 来完成更换壁纸的工作，下面先编写一个 Service 类，代码如下：

```
package net.blogjava.mobile;

import java.io.InputStream;
import android.app.Service;
import android.content.Intent;
import android.os.IBinder;

public class ChangeWallpaperService extends Service
{
    private static int index = 0;
    //  保存 res\raw 目录中图像资源的 ID
    private int[] resIds = new int[]{ R.raw.wp1, R.raw.wp2, R.raw.wp3, R.raw.wp4, R.raw.wp5};
    @Override
    public void onStart(Intent intent, int startId)
    {
        if(index == 5)
            index = 0;
        //  获得 res\raw 目录中图像资源的 InputStream 对象
        InputStream inputStream = getResources().openRawResource(resIds[index++]);
        try
        {
            //  更换壁纸
            setWallpaper(inputStream);
        }
        catch (Exception e)
        {
        }
        super.onStart(intent, startId);
    }
    @Override
    public void onCreate()
    {
        super.onCreate();
    }
    @Override
    public IBinder onBind(Intent intent)
    {
```

```
        return null;
    }
}
```

在编写 ChangeWallpaperService 类时，应注意如下 3 点：
- 为了通过 InputStream 获得图像资源，需要将图像文件放在 res\raw 目录中，而不是 res\drawable 目录中。
- 本例采用了循环更换壁纸的方法。也就是说，共有 5 个图像文件，系统会从第 1 个图像文件开始更换，更换完第 5 个文件后，又从第 1 个文件开始更换。
- 更换壁纸需要使用 Context.setWallpaper 方法，该方法需要一个描述图像的 InputStream 对象。该对象通过 getResources().openRawResource(...)方法获得。

在 AndroidManifest.xml 文件中配置 ChangeWallpaperService 类，代码如下：

```xml
<service android:name=".ChangeWallpaperService" />
```

最后来看一下本例的主程序（Main 类），代码如下：

```java
package net.blogjava.mobile;

import android.app.Activity;
import android.app.AlarmManager;
import android.app.PendingIntent;
import android.content.Context;
import android.content.Intent;
import android.os.Bundle;
import android.view.View;
import android.view.View.OnClickListener;
import android.widget.Button;

public class Main extends Activity implements OnClickListener
{
    private Button btnStart;
    private Button btnStop;
    @Override
    public void onClick(View view)
    {
        AlarmManager alarmManager = (AlarmManager) getSystemService(Context.ALARM_SERVICE);
        //  指定 ChangeWallpaperService 的 PendingIntent 对象
        PendingIntent pendingIntent = PendingIntent.getService(this, 0,
                new Intent(this, ChangeWallpaperService.class), 0);
        switch (view.getId())
        {
            case R.id.btnStart:
                //  开始每 5 秒更换一次壁纸
                alarmManager.setRepeating(AlarmManager.RTC, 0, 5000, pendingIntent);
                btnStart.setEnabled(false);
                btnStop.setEnabled(true);
                break;
            case R.id.btnStop:
                //  停止更换一次壁纸
                alarmManager.cancel(pendingIntent);
                btnStart.setEnabled(true);
                btnStop.setEnabled(false);
                break;
        }
    }
    @Override
    public void onCreate(Bundle savedInstanceState)
    {
        super.onCreate(savedInstanceState);
        setContentView(R.layout.main);
        btnStart = (Button) findViewById(R.id.btnStart);
```

```
        btnStop = (Button) findViewById(R.id.btnStop);
        btnStop.setEnabled(false);
        btnStart.setOnClickListener(this);
        btnStop.setOnClickListener(this);
    }
}
```

在编写上面代码时应注意如下 3 点：

在创建 PendingIntent 对象时指定了 ChangeWallpaperService.class，说明这个 PendingIntent 对象与 ChangeWallpaperService 绑定。AlarmManager 在执行任务时会执行 ChangeWallpaperService 类中的 onStart 方法。

不要将任务代码写在 onCreate 方法中，因为 onCreate 方法只会执行一次，一旦服务被创建，该方法就不会被执行了，而 onStart 方法在每次访问服务时都会被调用。

获得指定 Service 的 PendingIntent 对象需要使用 getService 方法。在 9.3.5 节介绍过获得指定 Activity 的 PendingIntent 对象应使用 getActivity 方法。在 9.3.7 节中将介绍使用 getBroadcast 方法获得指定 BroadcastReceiver 的 PendingIntent 对象。

9.3.7 多次定时提醒

工程目录：src\ch09\ch09_multialarm

在很多软件中都支持定时提醒功能，也就是说，事先设置未来的某个时间，当到这个时间后，系统会发出声音或进行其他的工作。本例中将实现这个功能。本例不仅可以设置定时提醒功能，而且支持设置多个时间点。运行本例后，单击"添加提醒时间"按钮，会弹出设置时间点的对话框，如图 9-21 所示。当设置完一系列的时间点后（如图 9-22 所示），如果到了某个时间点，系统就会播放一个声音文件以提醒用户。

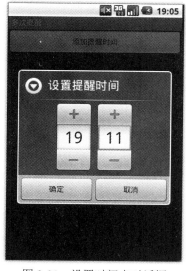

图 9-21　设置时间点对话框

图 9-22　设置一系列的时间点

下面先介绍一下定时提醒的原理。在添加时间点后，需要将所添加的时间点保存在文件或数据库中。本例使用 SharedPreferences 来保存时间点，key 和 value 都是时间点。然后使用 AlarmManager 每隔 1 分钟扫描一次，在扫描过程中，从文件获得当前时间（时:分）的 value。如果成功获得 value，则说明当前时间为时间点，需要播放声音文件，否则继续扫描。

本例使用 BroadcastReceiver 来处理定时提醒任务。BroadcastReceiver 类的代码如下：

```java
package net.blogjava.mobile;

import java.util.Calendar;
import android.app.Activity;
import android.content.BroadcastReceiver;
import android.content.Context;
import android.content.Intent;
import android.content.SharedPreferences;
import android.media.MediaPlayer;

public class AlarmReceiver extends BroadcastReceiver
{
    @Override
    public void onReceive(Context context, Intent intent)
    {
        SharedPreferences sharedPreferences = context.getSharedPreferences(
                "alarm_record", Activity.MODE_PRIVATE);
        String hour = String.valueOf(Calendar.getInstance().get(Calendar.HOUR_OF_DAY));
        String minute = String.valueOf(Calendar.getInstance().get(Calendar.MINUTE));
        //  从 XML 文件中获得描述当前时间点的 value
        String time = sharedPreferences.getString(hour + ":" + minute, null);
        if (time != null)
        {
            //  播放声音
            MediaPlayer mediaPlayer = MediaPlayer.create(context, R.raw.ring);
            mediaPlayer.start();
        }
    }
}
```

配置 AlarmReceiver 类的代码如下：

```xml
<receiver android:name=".AlarmReceiver" android:enabled="true" />
```

在主程序中每添加一个时间点，就会在 XML 文件中保存所添加的时间点，代码如下：

```java
package net.blogjava.mobile;

import android.app.Activity;
import android.app.AlarmManager;
import android.app.AlertDialog;
import android.app.PendingIntent;
import android.content.Context;
import android.content.DialogInterface;
import android.content.Intent;
import android.content.SharedPreferences;
import android.os.Bundle;
import android.view.View;
import android.view.View.OnClickListener;
import android.widget.Button;
import android.widget.TextView;
import android.widget.TimePicker;

public class Main extends Activity implements OnClickListener
{
    private TextView tvAlarmRecord;
    private SharedPreferences sharedPreferences;
    @Override
```

```java
public void onClick(View v)
{
    View view = getLayoutInflater().inflate(R.layout.alarm, null);
    final TimePicker timePicker = (TimePicker) view.findViewById(R.id.timepicker);
    timePicker.setIs24HourView(true);
    // 显示设置时间点的对话框
    new AlertDialog.Builder(this).setTitle("设置提醒时间").setView(view)
        .setPositiveButton("确定", new DialogInterface.OnClickListener()
        {
            @Override
            public void onClick(DialogInterface dialog, int which)
            {
                String timeStr = String.valueOf(timePicker
                    .getCurrentHour()) + ":"
                    + String.valueOf(timePicker.getCurrentMinute());
                // 将时间点添加到 TextView 组件中
                tvAlarmRecord.setText(tvAlarmRecord.getText().toString() + "\n" + timeStr);
                // 保存时间点
                sharedPreferences.edit().putString(timeStr, timeStr).commit();
            }
        }).setNegativeButton("取消", null).show();
}
@Override
public void onCreate(Bundle savedInstanceState)
{
    super.onCreate(savedInstanceState);
    setContentView(R.layout.main);
    Button btnAddAlarm = (Button) findViewById(R.id.btnAddAlarm);
    tvAlarmRecord = (TextView) findViewById(R.id.tvAlarmRecord);
    btnAddAlarm.setOnClickListener(this);
    sharedPreferences = getSharedPreferences("alarm_record",
        Activity.MODE_PRIVATE);
    AlarmManager alarmManager = (AlarmManager) getSystemService(Context.ALARM_SERVICE);
    Intent intent = new Intent(this, AlarmReceiver.class);
    // 创建封装 BroadcastReceiver 的 pendingIntent 对象
    PendingIntent pendingIntent = PendingIntent.getBroadcast(this, 0,intent, 0);
    // 开始定时器，每 1 分钟执行一次
    alarmManager.setRepeating(AlarmManager.RTC, 0, 60 * 1000, pendingIntent);
}
```

在使用本例添加若干个时间点后，会在 alarm_record.xml 文件中看到类似下面的内容：

```xml
<?xml version='1.0' encoding='utf-8' standalone='yes' ?>
<map>
<string name="18:52">18:52</string>
<string name="20:16">20:16</string>
<string name="19:11">19:11</string>
<string name="19:58">19:58</string>
<string name="22:51">22:51</string>
<string name="22:10">22:10</string>
<string name="22:11">22:11</string>
<string name="20:10">20:10</string>
</map>
```

上面每个 <string> 元素都是一个时间点，定时器将每隔 1 分钟查一次 alarm_record.xml 文件。

9.4 跨进程访问（AIDL 服务）

Android 系统中的进程之间不能共享内存，因此，需要提供一些机制在不同进程之间进行数据通信。第 7 章介绍的 Activity 和 Broadcast 都可以跨进程通信，除此之外，还可以使用 Content Provider 进行跨进程通信。现在我们已经了解了 4 个 Android 应用程序组件中的 3 个（Activity、Broadcast 和 Content

Provider）都可以进行跨进程访问，另外一个 Android 应用程序组件 Service 同样可以。这就是本节要介绍的 AIDL 服务。

9.4.1 什么是 AIDL 服务

本章前面的部分介绍了开发人员如何定制自己的服务，但这些服务并不能被其他的应用程序访问。为了使其他的应用程序也可以访问本应用程序提供的服务，Android 系统采用了远程过程调用（Remote Procedure Call，RPC）方式来实现。与很多其他基于 RPC 的解决方案一样，Android 使用一种接口定义语言（Interface Definition Language，IDL）来公开服务的接口。因此，将这种可以跨进程访问的服务称为 AIDL（Android Interface Definition Language）服务。

9.4.2 建立 AIDL 服务的步骤

建立 AIDL 服务要比建立普通的服务复杂一些，具体步骤如下：

（1）在 Eclipse Android 工程的 Java 包目录中建立一个扩展名为 aidl 的文件。该文件的语法类似于 Java 代码，但会稍有不同。详细介绍见 9.4.3 节的内容。

（2）如果 aidl 文件的内容是正确的，ADT 会自动生成一个 Java 接口文件（*.java）。

（3）建立一个服务类（Service 的子类）。

（4）实现由 aidl 文件生成的 Java 接口。

（5）在 AndroidManifest.xml 文件中配置 AIDL 服务，尤其要注意的是，<action>标签中 android:name 的属性值就是客户端要引用该服务的 ID，也就是 Intent 类的参数值。

9.4.3 建立 AIDL 服务

AIDL 服务工程目录：src\ch09\ch09_aidl
客户端程序工程目录：src\ch09\ch09_aidlclient

本例中将建立一个简单的 AIDL 服务。这个 AIDL 服务只有一个 getValue 方法，该方法返回一个 String 类型的值。在安装完服务后，会在客户端调用这个 getValue 方法，并将返回值在 TextView 组件中输出。建立这个 AIDL 服务的步骤如下：

（1）建立一个 aidl 文件。在 Java 包目录中建立一个 IMyService.aidl 文件。IMyService.aidl 文件的位置如图 9.23 所示。

IMyService.aidl 文件的内容如下：

```
package net.blogjava.mobile.aidl;
interface IMyService
{
    String getValue();
}
```

IMyService.aidl 文件的内容与 Java 代码非常相似，但要注意，不能加修饰符（如 public、private），AIDL 服务不支持的数据类型（例如，InputStream、OutputStream）等内容。

（2）如果 IMyService.aidl 文件中的内容输入正确，ADT 会自动生成一个 IMyService.java 文件。读者一般并不需要关心这个文件的具体内容，也不需要维护这个文件。关于该文件的具体内容，读者可以查看本节提供的源代码。

服务（Service） 第 9 章

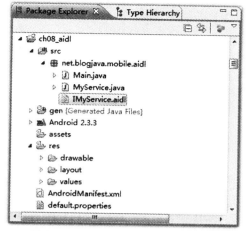

图 9-23　IMyService.aidl 文件的位置

（3）编写一个 MyService 类。MyService 是 Service 的子类，在 MyService 类中定义了一个内嵌类（MyServiceImpl），该类是 IMyService.Stub 的子类。MyService 类的代码如下：

```java
package net.blogjava.mobile.aidl;

import android.app.Service;
import android.content.Intent;
import android.os.IBinder;
import android.os.RemoteException;

public class MyService extends Service
{
    public class MyServiceImpl extends IMyService.Stub
    {
        @Override
        public String getValue() throws RemoteException
        {
            return "Android/OPhone 开发讲义";
        }
    }
    @Override
    public IBinder onBind(Intent intent)
    {
        return new MyServiceImpl();
    }
}
```

在编写上面代码时，要注意如下两点：

- IMyService.Stub 是根据 IMyService.aidl 文件自动生成的，一般并不需要管这个类的内容，只需要编写一个继承于 IMyService.Stub 类的子类（MyServiceImpl 类）即可。
- onBind 方法必须返回 MyServiceImpl 类的对象实例，否则客户端无法获得服务对象。

（4）在 AndroidManifest.xml 文件中配置 MyService 类，代码如下：

```xml
<service android:name=".MyService" >
    <intent-filter>
        <action android:name="net.blogjava.mobile.aidl.IMyService" />
    </intent-filter>
</service>
```

其中"net.blogjava.mobile.aidl.IMyService"是客户端用于访问 AIDL 服务的 ID。

下面来编写客户端的调用代码。首先新建一个 Eclipse Android 工程（ch09_aidlclient），并将自动生成的 IMyService.java 文件连同包目录一起复制到 ch09_aidlclient 工程的 src 目录中，如图 9-24 所示。

图 9-24　IMyService.java 文件在 ch09_aidlclient 工程中的位置

调用 AIDL 服务首先要绑定服务，然后才能获得服务对象，代码如下：

```
package net.blogjava.mobile;

import net.blogjava.mobile.aidl.IMyService;
import android.app.Activity;
import android.content.ComponentName;
import android.content.Context;
import android.content.Intent;
import android.content.ServiceConnection;
import android.os.Bundle;
import android.os.IBinder;
import android.view.View;
import android.view.View.OnClickListener;
import android.widget.Button;
import android.widget.TextView;

public class Main extends Activity implements OnClickListener
{
    private IMyService myService = null;
    private Button btnInvokeAIDLService;
    private Button btnBindAIDLService;
    private TextView textView;
    private ServiceConnection serviceConnection = new ServiceConnection()
    {
        @Override
        public void onServiceConnected(ComponentName name, IBinder service)
        {
            //  获得服务对象
            myService = IMyService.Stub.asInterface(service);
            btnInvokeAIDLService.setEnabled(true);
        }
        @Override
        public void onServiceDisconnected(ComponentName name)
        {
```

```java
        };
    @Override
    public void onClick(View view)
    {
        switch (view.getId())
        {
            case R.id.btnBindAIDLService:
                // 绑定 AIDL 服务
                bindService(new Intent("net.blogjava.mobile.aidl.IMyService"),
                        serviceConnection, Context.BIND_AUTO_CREATE);
                break;
            case R.id.btnInvokeAIDLService:
                try
                {
                    textView.setText(myService.getValue());      //  调用服务端的 getValue 方法
                }
                catch (Exception e)
                {
                }
                break;
        }
    }
    @Override
    public void onCreate(Bundle savedInstanceState)
    {
        super.onCreate(savedInstanceState);
        setContentView(R.layout.main);
        btnInvokeAIDLService = (Button) findViewById(R.id.btnInvokeAIDLService);
        btnBindAIDLService = (Button) findViewById(R.id.btnBindAIDLService);
        btnInvokeAIDLService.setEnabled(false);
        textView = (TextView) findViewById(R.id.textview);
        btnInvokeAIDLService.setOnClickListener(this);
        btnBindAIDLService.setOnClickListener(this);
    }
}
```

在编写上面代码时，应注意如下两点：

- 使用 bindService 方法来绑定 AIDL 服务。其中需要使用 Intent 对象指定 AIDL 服务的 ID，也就是<action>标签中 android:name 属性的值。
- 在绑定时需要一个 ServiceConnection 对象。创建 ServiceConnection 对象的过程中如果绑定成功，系统会调用 onServiceConnected 方法，通过该方法的 service 参数值可获得 AIDL 服务对象。

首先运行 AIDL 服务程序，然后运行客户端程序，单击"绑定 AIDL 服务"按钮，如果绑定成功，"调用 AIDL 服务"按钮会变为可选状态，单击这个按钮，会输出 getValue 方法的返回值，如图 9-25 所示。

9.4.4　传递复杂数据的 AIDL 服务

AIDL 服务工程目录：src\ch09\ch09_complextypeaidl
客户端程序工程目录：src\ch09\ch09_complextypeaidlclient

AIDL 服务只支持有限的数据类型，因此，如果用 AIDL 服务传递一些复杂的数据就需要做进一步处理。AIDL 服务支持的数据类型如下：

- Java 的简单类型（int、char、boolean 等）：不需要导入（import）。

图 9-25　调用 AIDL 服务的客户端程序

- String 和 CharSequence：不需要导入（import）。
- List 和 Map：注意 List 和 Map 对象的元素类型必须是 AIDL 服务支持的数据类型。不需要导入（import）。
- AIDL 自动生成的接口：需要导入（import）。
- 实现 android.os.Parcelable 接口的类：需要导入（import）。

其中后两种数据类型需要使用 import 进行导入，将在本章的后面详细介绍。

传递不需要 import 的数据类型的值的方式相同。传递一个需要 import 的数据类型的值（例如，实现 android.os.Parcelable 接口的类）的步骤略显复杂。除了要建立一个实现 android.os.Parcelable 接口的类外，还需要为这个类单独建立一个 aidl 文件，并使用 parcelable 关键字进行定义。具体的实现步骤如下：

（1）建立一个 IMyService.aidl 文件，并输入如下代码：

```
package net.blogjava.mobile.complex.type.aidl;
import net.blogjava.mobile.complex.type.aidl.Product;
interface IMyService
{
    Map getMap(in String country, in Product product);
    Product getProduct();
}
```

在编写上面代码时，要注意如下两点：

- Product 是一个实现 android.os.Parcelable 接口的类，需要使用 import 导入这个类。
- 如果方法的类型是非简单的类型，如 String、List 或自定义的类，需要使用 in、out 或 inout 修饰。其中 in 表示这个值被客户端设置；out 表示这个值被服务端设置；inout 表示这个值既被客户端设置，又被服务端设置。

（2）编写 Product 类。该类是用于传递的数据类型，代码如下：

```
package net.blogjava.mobile.complex.type.aidl;

import android.os.Parcel;
import android.os.Parcelable;

public class Product implements Parcelable
{
    private int id;
    private String name;
    private float price;
```

```java
public static final Parcelable.Creator<Product> CREATOR = new Parcelable.Creator<Product>()
{
    public Product createFromParcel(Parcel in)
    {
        return new Product(in);
    }
    public Product[] newArray(int size)
    {
        return new Product[size];
    }
};
public Product()
{
}
private Product(Parcel in)
{
    readFromParcel(in);
}
@Override
public int describeContents()
{
    return 0;
}
public void readFromParcel(Parcel in)
{
    id = in.readInt();
    name = in.readString();
    price = in.readFloat();
}
@Override
public void writeToParcel(Parcel dest, int flags)
{
    dest.writeInt(id);
    dest.writeString(name);
    dest.writeFloat(price);
}
//  此处省略了属性的 getter 和 setter 方法
… …
}
```

在编写 Product 类时，应注意如下 3 点：

- Product 类必须实现 android.os.Parcelable 接口。该接口用于序列化对象。在 Android 中之所以使用 Pacelable 接口序列化，而不是 java.io.Serializable 接口，是因为 Google 在开发 Android 时发现 Serializable 序列化的效率并不高，因此，特意提供了一个 Parcelable 接口来序列化对象。
- 在 Product 类中必须有一个静态常量，常量名必须是 CREATOR，而且 CREATOR 常量的数据类型必须是 Parcelable.Creator。
- 在 writeToParcel 方法中，需要将要序列化的值写入 Parcel 对象。

（3）建立一个 Product.aidl 文件，并输入如下内容：

```
parcelable Product;
```

（4）编写一个 MyService 类，代码如下：

```java
package net.blogjava.mobile.complex.type.aidl;

import java.util.HashMap;
import java.util.Map;
import android.app.Service;
import android.content.Intent;
import android.os.IBinder;
import android.os.RemoteException;
```

```java
// AIDL 服务类
public class MyService extends Service
{
    public class MyServiceImpl extends IMyService.Stub
    {
        @Override
        public Product getProduct() throws RemoteException
        {
            Product product = new Product();
            product.setId(1234);
            product.setName("汽车");
            product.setPrice(31000);
            return product;
        }
        @Override
        public Map getMap(String country, Product product) throws RemoteException
        {
            Map map = new HashMap<String, String>();
            map.put("country", country);
            map.put("id", product.getId());
            map.put("name", product.getName());
            map.put("price", product.getPrice());
            map.put("product", product);
            return map;
        }
    }
    @Override
    public IBinder onBind(Intent intent)
    {
        return new MyServiceImpl();
    }
}
```

（5）在 AndroidManifest.xml 文件中配置 MyService 类，代码如下：

```xml
<service android:name=".MyService" >
    <intent-filter>
        <action android:name="net.blogjava.mobile.complex.type.aidl.IMyService" />
    </intent-filter>
</service>
```

在客户端调用 AIDL 服务的方法与上一节介绍的方法相同，首先将 IMyService.java 和 Product.java 文件复制到客户端工程（ch09_complextypeaidlclient），然后绑定 AIDL 服务，并获得 AIDL 服务对象，最后调用 AIDL 服务中的方法。完整的客户端代码如下：

```java
package net.blogjava.mobile;

import net.blogjava.mobile.complex.type.aidl.IMyService;
import android.app.Activity;
import android.content.ComponentName;
import android.content.Context;
import android.content.Intent;
import android.content.ServiceConnection;
import android.os.Bundle;
import android.os.IBinder;
import android.view.View;
import android.view.View.OnClickListener;
import android.widget.Button;
import android.widget.TextView;

public class Main extends Activity implements OnClickListener
{
    private IMyService myService = null;
    private Button btnInvokeAIDLService;
    private Button btnBindAIDLService;
```

```java
    private TextView textView;
    private ServiceConnection serviceConnection = new ServiceConnection()
    {
        @Override
        public void onServiceConnected(ComponentName name, IBinder service)
        {
            //  获得 AIDL 服务对象
            myService = IMyService.Stub.asInterface(service);
            btnInvokeAIDLService.setEnabled(true);
        }
        @Override
        public void onServiceDisconnected(ComponentName name)
        {
        }
    };
    @Override
    public void onClick(View view)
    {
        switch (view.getId())
        {
            case R.id.btnBindAIDLService:
                //  绑定 AIDL 服务
                bindService(new Intent("net.blogjava.mobile.complex.type.aidl.IMyService"),
                        serviceConnection, Context.BIND_AUTO_CREATE);
                break;
            case R.id.btnInvokeAIDLService:
                try
                {
                    String s = "";
                    //  调用 AIDL 服务中的方法
                    s = "Product.id = " + myService.getProduct().getId() + "\n";
                    s += "Product.name = " + myService.getProduct().getName() + "\n";
                    s += "Product.price = " + myService.getProduct().getPrice() + "\n";
                    s += myService.getMap("China", myService.getProduct()).toString();
                    textView.setText(s);
                }
                catch (Exception e)
                {
                }
                break;
        }
    }
    @Override
    public void onCreate(Bundle savedInstanceState)
    {
        super.onCreate(savedInstanceState);
        setContentView(R.layout.main);
        btnInvokeAIDLService = (Button) findViewById(R.id.btnInvokeAIDLService);
        btnBindAIDLService = (Button) findViewById(R.id.btnBindAIDLService);
        btnInvokeAIDLService.setEnabled(false);
        textView = (TextView) findViewById(R.id.textview);
        btnInvokeAIDLService.setOnClickListener(this);
        btnBindAIDLService.setOnClickListener(this);
    }
}
```

首先运行服务端程序，然后运行客户端程序，单击"绑定 AIDL 服务"按钮，待成功绑定后，单击"调用 AIDL 服务"按钮，会输出如图 9-26 所示的内容。

图 9-26　调用传递复杂数据的 AIDL 服务

9.5　小结

　　本章主要介绍了 Android 系统中的服务（Service）技术。Service 是 Android 中的 4 个应用程序组件之一。在 Android 系统内部提供了很多系统服务，通过这些系统服务，可以实现更为复杂的功能，如监听来电、重力感应等。Android 系统还允许开发人员自定义服务。自定义的服务可以用来在后台运行程序，也可以通过 AIDL 服务提供给其他的应用使用。除此之外，在 Android 系统中还有很多专用于时间的服务和组件，如 Chronometer、Timer、Handler、AlarmManager 等。通过这些服务，可以完成关于时间的定时、预约等操作。

10 网络技术

随着移动互联网的蓬勃兴起，在 Android 应用中加入网络功能就变得非常必要。在 Android SDK 中提供了大量访问网络的 API，其中与 HTTP 相关的 API 数量最多。本章将主要介绍与 HTTP 相关的 API，以及一个第三方用于访问 WebService 的开发包 KSOAP2。

本章内容

- 装载网络数据的原理
- 在 ListView 和 Gallery 控件中装载网络数据
- 解决从网络下载数据的乱码问题
- 用 WebView 控件浏览网页
- 用 WebView 控件装载 HTML 代码
- 整合 Java 与 JavaScript
- HttpGet 和 HttpPost
- HttpUrlConnection
- 上传文件
- 远程安装 Apk 文件
- 调用 WebService
- Internet 地址
- 客户端 Socket
- 服务端 Socket

10.1 可装载网络数据的控件

在第 5 章介绍了很多 Android 控件，但这些控件有一个共同的特点：它们装载的都是本地数据。当一个软件拥有网络功能时，往往会在控件中显示一些从网络上获得的数据。在控件中显示网络数据虽然与显示本地数据类似，但仍然有一些差异。本节将详细介绍如何将网络数据装载到 ListView 和 Gallery 控件中。

10.1.1 装载网络数据的原理

很多控件在装载数据时都需要一个 Adapter 对象，例如在使用 Gallery 控件时往往会编写一个 ImageAdapter，该类是 BaseAdapter 的子类。在 ImageAdapter 类中通过 getView 方法返回显示图像的 ImageView 对象。

如果 Adapter 对象的数据需要从网络上获得，就需要改变 Adapter 对象的数据源。对于从本地获得的数据，往往采用数组、List 等对象来保存。网络数据首先应从网络上获得这些数据。如果这些数据采用了 HTTP 协议，可以使用 java.net.URLConnection 获得这些数据，代码如下：

```
// 建立一个 URL 对象，用于指定 url
URL url = new URL("http://www.google.cn/ig/china?hl=zh-CN");
URLConnection conn = url.openConnection();
conn.connect();                                         // 开始连接
InputStream is = conn.getInputStream();                 // 获得网络资源的 InputStream 对象
```

在通过 URLConnection 对象获得网络资源的 InputStream 对象后，剩下的事就容易了，读者可以根据实际的需要，按文本或字节流来处理 InputStream 对象。从网络上获得数据后，可以将这些数据保存在数组或 List 对象中，之后的步骤就和处理本地数据完全一样了。在实例 54 和实例 55 中将向读者展示如何在 ListView 和 Gallery 中显示网络图像，以及利用 Google 搜索来查询图像。

10.1.2 将网络图像装载到 ListView 控件中

工程目录：src\ch10\ch10_netimagelist

在 5.5.10 节给出了一个"给应用程序打分"的程序。在这个程序中，利用 Adapter 对象在 ListView 控件中显示了图像、文本和 RatingBar 控件。但在这个实例中，这些数据都来自本地。在本例中仍然会显示与 5.5.10 节中例子类似的内容，只是这些数据完全来自于网络。

Android 模拟器启动后，如果运行模拟器的计算机可以连接 Internet，那么 Android 模拟器也同样可以连接 Internet，但为了方便，本例采用访问本机的方式来获得网络数据。也就是将网络资源部署在计算机上的 Web 服务器（IIS、Tomcat 等）中，然后使用模拟器来访问计算机上的网络资源。

在编写代码之前，需要先在计算机上准备网络资源。读者可以采用任何一款 Web 服务器，在本例中采用微软的 IIS 作为 Web 服务器，读者也可以使用自己熟悉的 Web 服务器，例如 Apache、Tomcat、JBoss、WebLogic 等。

在 IIS 中建立一个名为 apk 的虚拟目录，并将 res\raw 目录中的所有文件复制到虚拟目录对应的本地目录中。这些文件包括若干个 png 图像文件和一个 list.txt 文件，该文件指定 png 图像的文件名、应用程序名和评价分数，中间用逗号","分隔，内容如下：

```
calendar.png,多功能日历,5
zxyu.png,在线阅读软件,3.5
ydcd.png,有道词典,4
qq.png,aQQ 1.1,4.5
jscb.png,金山词霸,5
cctv.png,NBA CCTV-5 直播时间表,4.5
```

假设 PC 的 IP 是 192.168.17.156，读者可以通过如下 URL 来访问 list.txt 文件。
http://192.168.17.156/apk/list.txt

本例的核心是负责处理数据的 ApkListAdapter 类，该类是 BaseAdapter 的子类。在 ApkListAdapter 类的构造方法中获得了 list.txt 文件的内容，并在分析文件的内容后，将其保存在 List<ImageData>对象中，其中 ImageData 是 ApkListAdapter 的内嵌类，用于保存图像文件名、应用程序名和评价分数。在 ApkListAdapter 类的 getView 方法中，根据 List<ImageData>对象中的图像信息下载相应的图像文件，并返回显示这些图像的 ImageView 对象。ApkListAdapter 类的完整代码如下：

```java
public class ApkListAdapter extends BaseAdapter
{
    private Context context;
    private LayoutInflater layoutInflater;
    private String inflater = Context.LAYOUT_INFLATER_SERsVICE;
    private String rootUrl = "http://192.168.17.156/apk/";
    private String listUrl = rootUrl + "list.txt";
    // 保存图像数据的 List 对象
    private List<ImageData> imageDataList = new ArrayList<ImageData>();
    class ImageData
    {
        public String url;                          // 图像文件的 url
        public String applicationName;              // 应用程序名
        public float rating;                        // 评价分数
    }
    // 根据 url 获得与之相连的 InputStream 对象
    private InputStream getNetInputStream(String urlStr)
    {
        try
        {
            URL url = new URL(urlStr);
            URLConnection conn = url.openConnection();
            conn.connect();
            InputStream is = conn.getInputStream();
            return is;
        }
        catch (Exception e)
        {
        }
        return null;
    }
    public ApkListAdapter(Context context)
    {
        this.context = context;
        layoutInflater = (LayoutInflater) context.getSystemService(inflater);
        try
        {
            // 获得与 list.txt 文件相连的 InputStream 对象
            InputStream is = getNetInputStream(listUrl);
            // 必须使用 GBK 编码
            InputStreamReader isr = new InputStreamReader(is, "GBK");
            BufferedReader br = new BufferedReader(isr);
            String s = null;
            // 开始读取 list.txt 文件中的每一行数据
            while ((s = br.readLine()) != null)
            {
                String[] data = s.split(",");                   // 拆分每一行数据
                // 如果数据格式正确，创建 ImageData 对象，并设置相应的属性值
                if (data.length > 2)
                {
                    ImageData imageData = new ImageData();
                    imageData.url = data[0];                    // 设置图像的 url
```

```java
                    imageData.applicationName = data[1];          // 设置应用程序名
                    imageData.rating = Float.parseFloat(data[2]); // 设置评价分数
                    // 将 ImageData 对象添加到 List 对象中
                    imageDataList.add(imageData);
                }
            }
            is.close();
        }
        catch (Exception e)
        {
        }
    }
    @Override
    public int getCount()
    {
        return imageDataList.size();
    }
    @Override
    public Object getItem(int position)
    {
        return position;
    }
    @Override
    public long getItemId(int position)
    {
        return position;
    }
    @Override
    public View getView(int position, View convertView, ViewGroup parent)
    {
        LinearLayout linearLayout = (LinearLayout) layoutInflater.inflate(R.layout.item, null);
        ImageView ivLogo = (ImageView) linearLayout.findViewById(R.id.ivLogo);
        TextView tvApplicationName = ((TextView) linearLayout.findViewById(R.id.tvApplicationName));
        TextView tvRating = (TextView) linearLayout.findViewById(R.id.tvRating);
        RatingBar ratingBar = (RatingBar) linearLayout.findViewById(R.id.ratingbar);
        tvApplicationName.setText(imageDataList.get(position).applicationName);
        tvRating.setText(String.valueOf(imageDataList.get(position).rating));
        ratingBar.setRating(imageDataList.get(position).rating);
        try
        {
            // 从网络上下载相应的图像文件
            InputStream is = getNetInputStream(rootUrl + imageDataList.get(position).url);
            // 将图像流转换成 Bitmap 对象
            Bitmap bitmap = BitmapFactory.decodeStream(is);
            is.close();
            ivLogo.setImageBitmap(bitmap);
        }
        catch (Exception e)
        {
        }
        return linearLayout;
    }
}
```

由于 list.txt 文件中的字符采用了 GBK 编码，因此，在将 InputStream 对象转换成 InputStreamReader 对象时应使用 GBK 编码。如果不使用 GBK 编码，中文部分会显示如图 10-1 所示的乱码。

在编写完 ApkListAdapter 类后，直接使用下面的代码来设置 Adapter 对象。

```java
ApkListAdapter apkListAdapter = new ApkListAdapter(this);
setListAdapter(apkListAdapter);
```

运行本例，显示的效果如图 10-2 所示。

网络技术 第 10 章

图 10-1 未使用 GBK 显示的乱码

图 10-2 正常显示的应用程序评分列表

10.1.3 Google 图像画廊（Gallery）

工程目录：src\ch10\ch10_googlegallery

Google 除了可以搜索文件信息外，还可以搜索图像。本例将利用 Google 的图像搜索获得图像的 URL，并将这些图像显示在 Gallery 中。本例获得图像的方法与上一节的例子相同，关键问题是如何利用 Google 搜索来获得图像的 URL。在编写代码之前，先看一下本例的显示效果，如图 10-3 所示。

在屏幕上方的文本框中输入要查找的文本，然后单击"搜索"按钮，会在 Gallery 控件中显示查到的图像。单击"上一页"和"下一页"按钮可以上下翻页。

本例的核心是向 Google[①]发出查询请求，获得和分析响应信息。下面先看一下 Google 是如何搜索图像的。Google 搜索图像的 URL 是 http://images.google.com，输入一个关键词，例如"龙"，单击"搜索图片"按钮后，会显示如图 10-4 所示的搜索结果。而且浏览器地址栏中的 URL 变成如下形式（由于浏览器的不同，地址栏中可能仍然会显示中文，而不是编码形式的中文，但复制出来后会显示编码形式的中文）：

http://images.google.com/images?hl=zh-CN&source=hp&q=**%E9%BE%99**&btnG=%E6%90%9C%E7%B4%A2%E5%9B%BE%E7%89%87&gbv=2&aq=f&oq=

在上面的 URL 中，"%E9%BE%99"为"龙"的 UTF-8 编码。其后面的内容意义并不大，因此，上面的 URL 可以到"%E9%BE%99"为止，也就是说，可以采用如下 URL 来搜索图像：

图 10-3 Google 图像画廊

---

① 国内访问 Google 可能需要 VPN。

http://images.google.com/images?hl=zh-CN&source=hp&q=%E9%BE%99

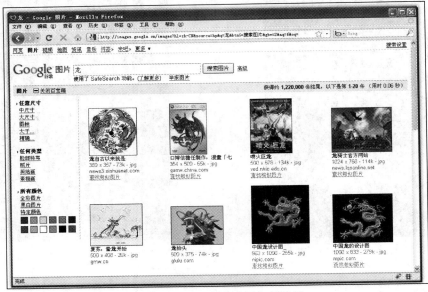

图 10-4 Google 搜索图像的结果

Gallery 控件仍然需要一个自定义的 Adapter 类来处理从网络上获得的图像数据。在本例中用 ImageAdapter 类来处理这个工作，代码如下：

```java
public class ImageAdapter extends BaseAdapter
{
    int galleryItemBackground;
    private Context mContext;
    private List<String> imageUrlList = new ArrayList<String>();
    public ImageAdapter(Context context)
    {
        mContext = context;
        TypedArray typedArray = obtainStyledAttributes(R.styleable.Gallery);
        galleryItemBackground = typedArray.getResourceId(
                R.styleable.Gallery_android_galleryItemBackground, 0);
    }
    private InputStream getNetInputStream(String urlStr)
    {
        try
        {
            URL url = new URL(urlStr);
            URLConnection conn = url.openConnection();
            // 必须设置 User-Agent 请求头，否则 Google 会拒绝请求
            conn.setRequestProperty(
                    "User-Agent",
                    "Mozilla/5.0 (Windows; U; Windows NT 5.1; zh-CN; rv:1.10-0.15) Gecko/2009101601 Firefox/3.0.15 (.NET CLR 3.5.30729)");
            conn.connect();
            InputStream is = conn.getInputStream();
            return is;
        }
        catch (Exception e)
        {
        }
```

```java
        return null;
}
//  根据搜索字符串和页数重新获得图像 URL，并通知 Gallery 控件图像已经变化
public void refreshImageList(String searchStr, int page)
{
    try
    {
        //  搜索图像的 URL
        String url = "http://images.google.com/images?hl=zh-CN&source=hp&q="
                + URLEncoder.encode(searchStr, "utf-8") + "&start=" + page * 20;
        InputStream is = getNetInputStream(url);
        InputStreamReader isr = new InputStreamReader(is);
        BufferedReader br = new BufferedReader(isr);
        String s = null;
        String html = "";
        //  获得响应的内容（HTML 代码）
        while ((s = br.readLine()) != null)
        {
            html += s;
        }
        is.close();
        //  根据下面两个字符串来定位每一个图像的 URL
        String startStr = "/imgres?imgurl\\x3d";
        String endStr = "]";
        int start = 0, end = 0;
        int count = 0;
        imageUrlList.clear();
        //  开始分析搜索结果，从中提取出图像的 URL
        while (true)
        {
            start = html.indexOf(startStr, end);
            if (start < 0)
                break;
            end = html.indexOf(endStr, start + startStr.length());
            String ss = html.substring(start + startStr.length(),end);
            String[] strArray = ss.split("\"");
            //  设置图像的 URL
            imageUrlList.add("http://t1.gstatic.cn/images?q=tbn:" + strArray[4]);
        }
        this.notifyDataSetChanged();

    }
    catch (Exception e)
    {
    }
}
public int getCount()
{
    return imageUrlList.size();
}
public Object getItem(int position)
{
    return imageUrlList.get(position);
}
public long getItemId(int position)
{
    return position;
}
public View getView(int position, View convertView, ViewGroup parent)
```

```
        {
            ImageView imageView = new ImageView(mContext);
            try
            {
                InputStream is = getNetInputStream(imageUrlList.get(position));
                Bitmap bitmap = BitmapFactory.decodeStream(is);
                imageView.setImageBitmap(bitmap);
                is.close();
            }
            catch (Exception e)
            {
            }
            imageView.setScaleType(ScaleType.FIT_CENTER);
            imageView.setLayoutParams(new Gallery.LayoutParams(200, 150));
            imageView.setBackgroundResource(galleryItemBackground);
            return imageView;
        }
```

在编写 ImageAdapter 类时，应注意如下 4 点：

- 由于 Google 在处理请求时需验证 User-Agent 请求头，而且非浏览器请求会拒绝，因此，在 getNetInputStream 方法中将 User-Agent 请求头的值设为 Firefox 的请求头的值，这样可以伪装成 Firefox 来向 Google 发送请求。
- 在 refreshImageList 方法中定义了搜索图像的 URL，这个 URL 使用 URLEncoder.encode 方法，将搜索字符串转换成 UTF-8 编码格式，并使用 start 请求参数指定当前搜索页显示的第 1 个图像的索引，从 0 开始。在本例中，每一页显示的第 1 个图像的索引是 20 的整数倍。也就是说，第 1 页从 0 开始显示，第 2 页从 20 开始显示，第 3 页从 40 开始显示，依此类推。
- 读者从搜索结果的 HTML 代码可以看出，每一个图像信息都包含在 "/imgres?imgurl\\x3d" 和 "]" 之间。因此，可以截取这两个字符串之间的值，然后再做进一步处理。
- 虽然在搜索结果中包含图像的原始 URL，但这个 URL 对应的图像文件太大，Gallery 控件显示这些图像会很耗时，因此，需要获得搜索结果中小图像文件的 URL。这些 URL 的基本格式是 http://t1.gstatic.com/images?q=tbn:06RBLNH-Q40B-M:。其中 "06RBLNH-Q40B-M:" 是每一个图像的标识。根据观察，如果用双引号将每一个图像字符串（夹在 "/imgres?imgurl\\x3d" 和 "]" 之间的字符串）分解成 String 数组，这个图像表示的正好是数组索引为 4 的位置，因此，可以直接取数组索引为 4 的元素作为图像标识与 http://t1.gstatic.com/images?q=tbn:进行组合，形成图像的完整 URL。

无论是搜索还是上下翻页，都可以调用 ImageAdapter 类的 refreshImageList 方法刷新 Gallery 控件，这 3 个按钮的单击事件方法的代码如下：

```
public void onClick(View view)
{
    switch (view.getId())
    {
        case R.id.btnSearch:
            currentPage = 0;
            // 搜索图像，显示第 1 页的图像列表
```

```
        imageAdapter.refreshImageList(etGoogleSearch.getText().toString(), currentPage);
        break;
    case R.id.btnPrev:
        if(currentPage == 0) return;
        //    显示上一页的图像列表
        imageAdapter.refreshImageList(etGoogleSearch.getText().toString(), --currentPage);
        break;
    case R.id.btnNext:
        //    显示下一页的图像列表
        imageAdapter.refreshImageList(etGoogleSearch.getText().toString(), ++currentPage);
        break;
}
setTitle("第" + String.valueOf(currentPage + 1) + "页");          //  将当前页显示在标题栏上
```

最后使用下面的代码来设置 Gallery 的 Adapter 对象。

```
Gallery gallery = (Gallery) findViewById(R.id.gallery);
//  imageAdapter 是在 Main 类中定义的 ImageAdapter 对象
imageAdapter = new ImageAdapter(this);
gallery.setAdapter(imageAdapter);
```

由于 Google 返回的搜索结果可以变化，因此，如果本例无法分析 Google 搜索结果，则需要根据最新返回的搜索页面内容重新分析搜索结果。但基本思路是一样的。

10.2　WebView 控件

如果要在自己的应用程序中显示本地或 Internet 上的网页，使用 WebView 控件是一个非常好的选择。WebView 是一个使用 WebKit 引擎的浏览器控件，因此，可以将 WebView 当成一个完整的浏览器使用。WebView 不仅支持 HTML、CSS 等静态元素，还支持 JavaScript。而且在 JavaScript 中还可以调用 Java 的方法。关于这项技术将在 10.2.4 节中详细介绍。

10.2.1　用 WebView 控件浏览网页

浏览网页是 WebView 控件最基本的功能。通过 WebView 类的 loadUrl 方法可直接装载任何有效的网址，例如，下面的代码将显示 http://nokiaguy.blogjava.net 的内容。

```
WebView webView = (WebView) findViewById(R.id.webview);
webView.loadUrl("http://nokiaguy.blogjava.net");
```

WebView 控件不仅可以浏览 Internet 上的网页，也可以浏览保存在本地的网页文件或任何 WebView 支持的文件，代码如下：

```
webView.loadUrl("file:///sdcard/images.jpg");
webView.loadUrl("file:///sdcard/test.html");
```

除了可以浏览网页外，WebView 控件也和大多数浏览器一样，可以缓存浏览历史页面，并使用如下代码向后和向前浏览访问历史页面：

```
webView.goBack();              //  向后浏览历史页面
webView.goForward();           //  向前浏览历史页面
```

如果想清除缓存内容，可以使用 clearCache 方法，代码如下：

```
webView.clearCache();
```

10.2.2 手机浏览器

工程目录：src\ch10\ch10_browser

本例使用 WebView 控件实现了一个手机浏览器，在该浏览器中可以输入要浏览的网址，然后单击网址输入框右侧的图像按钮，就会在 WebView 浏览器中显示相应的页面，效果如图 10-5 所示。当多次浏览网页后，可以通过如图 10-6 所示的选项菜单向后和向前浏览历史网页。

图 10-5　手机浏览器

图 10-6　手机浏览器的选项菜单

下面来看一下查询按钮的 onClick 方法的代码：

```
public void onClick(View view)
{
    String url = etAddress.getText().toString();
    if (URLUtil.isNetworkUrl(url))
        webView.loadUrl(url);
    else
        Toast.makeText(this, "输入的网址不正确。", Toast.LENGTH_LONG).show();
}
```

在上面的代码中，首先使用 URLUtil.isNetworkUrl 方法来判断用户输入的 URL 是否有效，如果用户输入了无效的 URL，系统会显示一个 Toast 信息框来提醒用户输入正确的 URL。

通过选项菜单的两个菜单项可以向后和向前浏览历史页面，菜单项的 onMenuItemClick 事件方法的代码如下：

```
public boolean onMenuItemClick(MenuItem item)
{
    switch (item.getItemId())
    {
        case 0:
            // 向后（back）
            webView.goBack();
            break;
        case 1:
```

```
            // 向前（Forward）
            webView.goForward();
            break;
    }
    return false;
}
```

10.2.3 用 WebView 控件装载 HTML 代码

工程目录：src\ch10\ch10_loadhtml

WebView 不仅可以通过 URL 装载网页，也可以直接装载 HTML 代码。WebView 类有两个方法可以装载 HTML 代码，这两个方法的定义如下：

```
public void loadData(String data, String mimeType, String encoding);
public void loadDataWithBaseURL(String baseUrl, String data,
            String mimeType, String encoding, String failUrl)
```

其中 loadData 方法的参数含义如下：

- data：HTML 代码。
- mimeType：Mime 类型，一般为 text/html。
- encoding：HTML 代码的编码，例如 GBK、utf-8。

loadDataWidthBaseURL 方法的参数含义如下：

- baseUrl：获得相对路径的根 URL，如果设为 null，默认值是 about:blank。
- failUrl：如果 HTML 代码装载失败或为 null 时，WebView 控件会装载这个参数指定的 URL。
- 其他的参数与 loadData 方法的参数含义相同。

虽然 loadData 和 loadDataWithBaseURL 方法都可以装载 HTML 代码，但经作者测试，loadData 在装载包含中文的 HTML 代码时会出现乱码，而 loadDataWithBaseURL 方法没有任何问题。作者建议使用 loadDataWithBaseURL 方法来装载 HTML 代码。

WebView 默认时不支持 JavaScript，为了使 WebView 控件支持 JavaScript，需要使用 setJavaScriptEnabled 和 setWebChromeClient 方法进行设置。其中 setWebChromeClient 方法用来设置 JavaScript 处理器。本例中使用 loadDataWithBaseURL 方法装载包含一个表格的 HTML 代码，在这些代码中使用了 JavaScript，因此，需要将 WebView 控件的 JavaScript 功能打开，代码如下：

```
WebView webView = (WebView) findViewById(R.id.webview);
String html = "<html>"
        + "<body>"
        + "图书封面<br>"
        + "<table width='200' border='1' >"
        + "<tr>"
        + "<td><a onclick='alert(\"Java Web 开发速学宝典\")' ><img style='margin:10px' src='http://images.china-pub.com/ ebook45001-50000/48015/cover.jpg' width='100'/></a></td>"
        + "<td><a onclick='alert(\"大象--Thinking in UML\")' ><img style='margin:10px' src='http://images.china-pub.com/ ebook125001-130000/129881/zcover.jpg' width='100'/></td>"
        + "</tr>"
        + "<tr>"
        + "<td><img style='margin:10px' src='http://images.china-pub.com/ebook25001-30000/27518/zcover.jpg' width= '100'/></td>"
        + "<td><img    style='margin:10px' src='http://images.china-pub.com/ebook30001-35000/34838/zcover.jpg' width= '100'/></td>"
        + "</tr>" + "</table>" + "</body>" + "</html>";
//  开始装载 HTML 代码
```

```
webView.loadDataWithBaseURL("图书名", html, "text/html", "utf-8", null);
// 打开 JavaScript 功能
webView.getSettings().setJavaScriptEnabled(true);
// 设置处理 JavaScript 的引擎
webView.setWebChromeClient(new WebChromeClient());
```

运行本例后，显示的效果如图 10-7 所示。单击页面上的图像，会执行 JavaScript 代码（显示一个对话框），效果如图 10-8 所示。

图 10-7　装载 HTML 代码的效果

图 10-8　执行 JavaScript 代码（alert 方法）

10.2.4　将英文词典整合到 Web 页中（JavaScript 调用 Java 方法）

工程目录：src\ch10\ch10_webdictionary

Android 的功能是非常强大的，而 WebView 控件如果只能支持 HTML 和 JavaScript，那就太浪费 Android 系统那强大的功能了。为此，WebView 类提供了通过 JavaScript 调用 Java 方法的能力。这就意味着 Web 程序可以通过调用 Java 方法来使用 Android 系统中的所有功能。

本例将使用 WebView 控件的这个特性调用在 7.4.5 节实现的英文词典查询功能。运行本例之前，需要首先运行 ch06_dictionary_ contentprovider 工程。

JavaScript 调用 Java 方法的关键是，使用 WebView 类的 addJavascriptInterface 方法添加一个 JavaScript 可访问的对象。addJavascriptInterface 方法的定义如下：

```
public void addJavascriptInterface(Object obj, String interfaceName);
```

其中 obj 是 JavaScript 要访问的对象，interfaceName 是将这个对象映射到 JavaScript 中的对象名。在 obj 对应的类中可以包含任意方法，系统会根据 Java 反射技术调用 obj 对象中的方法。

本例的基本实现方法是在 onCreate 中装载一个 html 页面，在该页面中会显示一个文本框和一个按钮，通过单击按钮可以查询英文单词（调用 Java 方法）。onCreate 方法的代码如下：

```
public void onCreate(Bundle savedInstanceState)
{
```

```java
super.onCreate(savedInstanceState);
setContentView(R.layout.main);
WebView webView = (WebView) findViewById(R.id.webview);
WebSettings webSettings = webView.getSettings();
webSettings.setJavaScriptEnabled(true);
webView.setWebChromeClient(new WebChromeClient());
webView.addJavascriptInterface(new Object()
{
    // 用于查询英文单词的方法，也是 JavaScript 调用的方法
    public String searchWord(String word)
    {
        // 直接通过 ContentProvider 来查询英文单词
        Uri uri = Uri.parse(DICTIONARY_SINGLE_WORD_URI);
        Cursor cursor = getContentResolver().query(uri, null,
                "english=?", new String[]
                { word }, null);
        String result = "未找到该单词.";
        if (cursor.getCount() > 0)
        {
            cursor.moveToFirst();
            result = cursor.getString(cursor.getColumnIndex("chinese"));
        }
        return result;
    }
}, "dictionary");        //   dictionary 是 Java 对象映射到 JavaScript 中的对象名
// 开始读取 res\raw 目录中的 dictionary.html 文件的内容
InputStream is = getResources().openRawResource(R.raw.dictionary);
byte[] buffer = new byte[1024];
try
{
    int count = is.read(buffer);
    String html = new String(buffer,0 ,count, "utf-8");
    // 装载 dictionary.html 文件中的内容
    webView.loadDataWithBaseURL(null, html, "text/html", "utf-8", null);
}
catch (Exception e)
{
}
}
```

在编写上面代码时，应注意如下 4 点：

- addJavascriptInterface 方法的第 1 个参数值可以是任意的 Java 对象，对象中的方法也可以是任意的，JavaScript 调用的方法名与该对象中的方法名相同。
- 在 searchWord 方法中通过 ContentProvider 来查询英文单词。因此，在运行本例之前，应先运行 ch06_dictionary_contentprovider 工程。
- addJavascriptInterface 方法的第 2 个参数表示将第 1 个参数设置的 Java 对象映射到 JavaScript 中的对象名。例如，在本例中可以通过 window.dictionary.searchWord(...)来调用 searchWord 方法。
- 本例所使用的 dictionary.html 文件在 res\raw 目录中,需要先获得该文件的 InputStream 对象，然后读出该文件的内容，最后使用 loadDataWithBaseURL 方法来装载 dictionary.html 文件的内容。

现在来看一下 dictionary.html 文件的内容：

```
<html>
  <script language="javascript">
    function search()
    {
        //  调用 searchWord 方法
        result.innerHTML = "<font color='red'>" + window.dictionary.searchWord(word.value) + "</font>";
    }
  </script>
  <body>
        英文词典<p/>
        <input type="text" id="word"/> <input type="button" value="查单词" onclick="search()" />
        <p/>
        <div id="result"></div>
  </body>
</html>
```

运行本例，在文本框中输入一个单词，单击"查单词"按钮，会在文本框的下方显示查询结果，如图 10-9 所示。

图 10-9 Web 版英文词典的查询结果

10.3 访问 HTTP 资源

HTTP 是 Internet 中广泛使用的协议。几乎所有的语言和 SDK 都会不同程度地支持 HTTP，而以网络著称的 Google 自然也会使 Android SDK 拥有强大的 HTTP 访问能力。在 Android SDK 中可以采用多种方式使用 HTTP，例如 HttpURLConnection、HttpGet、HttpPost 等。本节将介绍如何利用这些技术来访问 HTTP 资源。

10.3.1 提交 HTTP GET 和 HTTP POST 请求

工程目录：src\ch10\ch10_httpgetpostl
工程目录：Servlet 工程目录是 src\ch10\querybooks

本节将介绍 Android SDK 集成的 Apache HttpClient 模块。要注意的是，这里的 Apache HttpClient 模块是 HttpClient 4.0（org.apache.http.*），而不是 Jakarta Commons HttpClient 3.x（org.apache.commons.httpclient.*）。

在 HttpClient 模块中涉及到两个重要的类：HttpGet 和 HttpPost。这两个类分别用来提交 HTTP GET 和 HTTP POST 请求。为了测试本节的例子，需要先编写一个 Servlet 程序，用来接收 HTTP GET 和 HTTP POST 请求。关于 Servlet 程序的源代码，读者可以查看 querybooks 工程中的源文件。在运行本例之前，需要先在计算机上安装 Tomcat，并将 querybooks 工程直接复制到<Tomcat 安装目录>\webapps 目录即可，然后启动 Tomcat。在浏览器地址栏中输入如下 URL：

http://localhost:8080/querybooks/query.jsp

如果出现如图 10-10 所示的页面，说明 querybooks 已经安装成功。

在 querybooks 工程中有一个 QueryServlet 类，访问这个类的 URL 如下：

http://192.168.17.156:8080/querybooks/QueryServlet?bookname=开发

其中"192.168.17.156"是 PC 的 IP 地址，bookname 是 QueryServlet 的请求参数，表示图书名，通过该参数来查询图书信息。在图 10-10 所示的页面中的文本框内输入"开发"，然后单击"查询"按钮，页面会以 HTTP POST 方式向 QueryServlet 提交请求信息，如果成功提交，将显示如图 10-11 所示的内容。

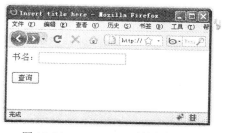
图 10-10　querybooks 的测试页面

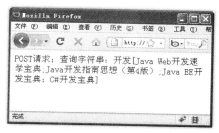
图 10-11　返回的响应信息

现在我们要通过 HttpGet 和 HttpPost 向 QueryServlet 提交请求信息，并将返回的结果显示在 TextView 控件中。无论是使用 HttpGet 还是 HttpPost，都必须通过如下 3 步来访问 HTTP 资源：

（1）创建 HttpGet 或 HttpPost 对象，将要请求的 URL 通过构造方法传入 HttpGet 或 HttpPost 对象。

（2）使用 DefaultHttpClient 类的 execute 方法发送 HTTP GET 或 HTTP POST 请求，并返回 HttpResponse 对象。

（3）通过 HttpResponse 接口的 getEntity 方法返回响应信息，并进行相应的处理。

如果使用 HttpPost 方法提交 HTTP POST 请求，还需要使用 HttpPost 类的 setEntity 方法设置请求参数。

本例使用了两个按钮来分别提交 HTTP GET 和 HTTP POST 请求，并从 EditText 控件中获得请求参数（bookname）值，最后将返回的结果显示在 TextView 控件中。两个按钮共用一个 onClick 事件方法，代码如下：

```java
public void onClick(View view)
{
    //  读者需要将本例中的 IP 换成自己机器的 IP
    String url = "http://192.168.17.156:8080/querybooks/QueryServlet";
    TextView tvQueryResult = (TextView) findViewById(R.id.tvQueryResult);
    EditText etBookName = (EditText) findViewById(R.id.etBookName);
    HttpResponse httpResponse = null;
    try
    {
        switch (view.getId())
        {
            //  提交 HTTP GET 请求
            case R.id.btnGetQuery:
                //  向 url 添加请求参数
                url += "?bookname=" + etBookName.getText().toString();
```

```
                // 第 1 步：创建 HttpGet 对象
                HttpGet httpGet = new HttpGet(url);
                // 第 2 步：使用 execute 方法发送 HTTP GET 请求，并返回 HttpResponse 对象
                httpResponse = new DefaultHttpClient().execute(httpGet);
                // 判断请求响应状态码，状态码为 200 表示服务端成功响应了客户端的请求
                if (httpResponse.getStatusLine().getStatusCode() == 200)
                {
                    // 第 3 步：使用 getEntity 方法获得返回结果
                    String result = EntityUtils.toString(httpResponse.getEntity());
                    // 去掉返回结果中的 "\r" 字符，否则会在结果字符串后面显示一个小方格
                    tvQueryResult.setText(result.replaceAll("\r", ""));
                }
                break;
            // 提交 HTTP POST 请求
            case R.id.btnPostQuery:
                // 第 1 步：创建 HttpPost 对象
                HttpPost httpPost = new HttpPost(url);
                // 设置 HTTP POST 请求参数必须用 NameValuePair 对象
                List<NameValuePair> params = new ArrayList<NameValuePair>();
                params.add(new BasicNameValuePair("bookname", etBookName
                        .getText().toString()));
                // 设置 HTTP POST 请求参数
                httpPost.setEntity(new UrlEncodedFormEntity(params, HTTP.UTF_8));
                // 第 2 步：使用 execute 方法发送 HTTP POST 请求，并返回 HttpResponse 对象
                httpResponse = new DefaultHttpClient().execute(httpPost);
                if (httpResponse.getStatusLine().getStatusCode() == 200)
                {
                    // 第 3 步：使用 getEntity 方法获得返回结果
                    String result = EntityUtils.toString(httpResponse.getEntity());
                    // 去掉返回结果中的 "\r" 字符，否则会在结果字符串后面显示一个小方格
                    tvQueryResult.setText(result.replaceAll("\r", ""));
                }
                break;
        }
    }
    catch (Exception e)
    {
        tvQueryResult.setText(e.getMessage());
    }
}
```

运行本例，在文本框中输入"开发"，并单击"GET 查询"和"POST 查询"按钮，会在屏幕下方显示如图 10-12 和图 10-13 所示的信息。

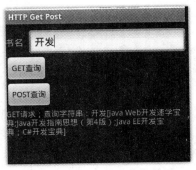

图 10-12 Get 请求查询结果

图 10-13 Post 请求查询结果

10.3.2 HttpURLConnection 类

java.net.HttpURLConnection 类是另外一种访问 HTTP 资源的方式。HttpURLConnection 类具有完全的访问能力，可以取代 HttpGet 和 HttpPost 类。使用 HttpUrlConnection 访问 HTTP 资源可以使用如下几步：

（1）使用 java.net.URL 封装 HTTP 资源的 url，并使用 openConnection 方法获得 HttpUrlConnection 对象，代码如下：

```
URL url = new URL("http://www.blogjava.net/nokiaguy/archive/2009/12/14/305890.html");
HttpURLConnection httpURLConnection = (HttpURLConnection) url.openConnection();
```

（2）设置请求方法，例如 GET、POST 等，代码如下：

```
httpURLConnection.setRequestMethod("POST");
```

要注意的是，setRequestMethod 方法的参数值必须大写，例如 GET、POST 等。

（3）设置输入/输出及其他权限。如果要下载 HTTP 资源或向服务端上传数据，需要使用如下代码进行设置：

```
// 下载 HTTP 资源，需要将 setDoInput 方法的参数值设为 true
httpURLConnection.setDoInput(true);
// 上传数据，需要将 setDoOutput 方法的参数值设为 true
httpURLConnection.setDoOutput(true);
```

HttpURLConnection 类还包含更多的选项，例如，使用下面的代码可以禁止 HttpURLConnection 使用缓存。

```
httpURLConnection.setUseCaches(false);
```

（4）设置 HTTP 请求头。在很多情况下，要根据实际情况设置一些 HTTP 请求头，例如下面的代码设置了 Charset 请求头的值为 UTF-8。

```
httpURLConnection.setRequestProperty("Charset", "UTF-8");
```

（5）输入和输出数据。这一步是对 HTTP 资源的读写操作。也就是通过 InputStream 和 OutputStream 读取和写入数据。下面的代码获得了 InputStream 对象和 OutputStream 对象。

```
InputStream is = httpURLConnection.getInputStream();
OutputStream os = httpURLConnection.getOutputStream();
```

至于是先读取还是先写入数据，需要根据具体情况而定。

（6）关闭输入/输出流。虽然关闭输入/输出流并不是必需的，在应用程序结束后，输入/输出流会自动关闭，但显式关闭输入/输出流是一个好习惯。关闭输入/输出流的代码如下：

```
is.close();
os.close();
```

实例 58 和实例 59 分别使用 HttpURLConnection 和 HttpGet 来完成同一个例子，读者可以对比它们访问 HTTP 资源的方式有什么不同。

10.3.3 上传文件

工程目录： src\ch10\ch10_uploadfile

Servlet 工程目录是 src\ch10\upload

本例使用 HttpUrlConnection 实现了一个上传文件的应用程序。该程序可以将手机上的文件上传到服务端。本例所使用的服务端程序在 src\ch10\upload 目录中，读者可以将 upload 目录直接复制到<Tomcat 安装目录>\webapps 目录中，然后启动 Tomcat，在浏览器地址栏中输入如下 URL：

```
http://localhost:8080/upload/upload.jsp
```

如果在浏览器中显示如图 10-14 所示的页面，说明服务端程序已经安装成功。这个服务端程序负责接收客户端上传的文件，并将成功上传的文件保存在 D:\upload 目录中，如果该目录不存在，系统会自动创建该目录。读者可以使用如图 10-14 所示的页面上传一个文件，观察一下效果。

图 10-14 上传文件的页面

下面来实现 Android 版的文件上传客户端。在这个例子中使用了第 6 章的实例 36 实现的 SD 卡浏览器控件来浏览 SD 卡中的文件。浏览文件的效果如图 10-15 所示，当单击一个文件时，系统会上传该文件，上传成功后的效果如图 10-16 所示。读者可以在 D:\upload 目录看到上传的文件。

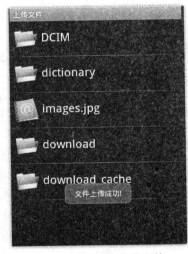

图 10-15　浏览 SD 卡中的文件　　　　　　图 10-16　成功上传文件

实现本例的关键是了解文件上传的原理。为了分析文件上传的原理，作者使用了 HttpAnalyzer 来截获图 10-14 所示的页面上传文件的 HTTP 请求信息。从 stream 标签页可以看到原始的 HTTP 请求信息，如图 10-17 所示。

从图 10-17 可以看出，上传文件的 HTTP 请求信息分为如下 4 部分。

- 分界符。由两部分组成：两个连字符 "--" 和一个任意字符串。使用浏览器上传文件一般为 "----------------数字"。分界符为单独一行。
- 上传文件的相关信息。这些信息包括请求参数名、上传文件名、文件类型，但并不仅限于此。例如 Content-Disposition: form-data; name="file"; filename="abc.jpg"。

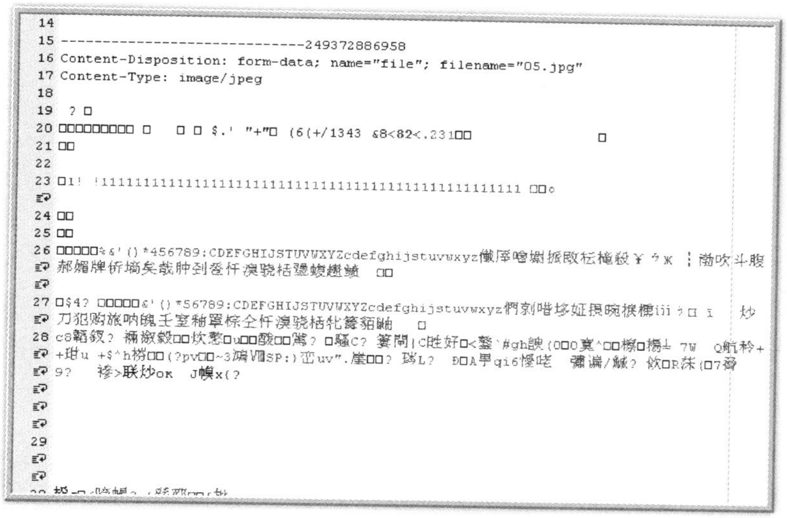

网络技术 第 10 章

图 10-17 上传文件的 HTTP 请求信息

- 上传文件的内容。字节流形式。
- 文件全部上传后的结束符。这个符号在图 10-17 中并没有显示出来。当上传的文件是最后一个时，在 HTTP 请求信息的结尾就会出现这个符号字符串。结束符和分界符类似，只是在分界符后面再加两个连字符，例如，"----------------------------------218813199810322--"就是一个结束符。

当单击图 10-15 所示列表中的某个文件时，会调用 SD 卡浏览控件的 onFileItemClick 事件方法，在该方法中负责上传当前单击的文件，代码如下：

```java
public void onFileItemClick(String filename)
{
    // 192.168.17.156 是 PC 的 IP 地址，读者需要将这个 IP 换成自己机器的 IP
    String uploadUrl = "http://192.168.17.156:8080/upload/UploadServlet";
    String end = "\r\n";
    String twoHyphens = "--";                    // 两个连字符
    String boundary = "******";                  // 分界符的字符串
    try
    {
        URL url = new URL(uploadUrl);
        HttpURLConnection httpURLConnection = (HttpURLConnection) url.openConnection();
        // 要想使用 InputStream 和 OutputStream，必须使用下面两行代码
        httpURLConnection.setDoInput(true);
        httpURLConnection.setDoOutput(true);
        httpURLConnection.setUseCaches(false);
        // 设置 HTTP 请求方法，方法名必须大写，例如，GET、POST
        httpURLConnection.setRequestMethod("POST");
        httpURLConnection.setRequestProperty("Connection", "Keep-Alive");
        httpURLConnection.setRequestProperty("Charset", "UTF-8");
        // 必须在 Content-Type 请求头中指定分界符中的任意字符串
        httpURLConnection.setRequestProperty("Content-Type",
                "multipart/form-data;boundary=" + boundary);
        // 获得 OutputStream 对象，准备上传文件
        DataOutputStream dos = new DataOutputStream(httpURLConnection.getOutputStream());
        // 设置分界符，加 end 表示为单独一行
        dos.writeBytes(twoHyphens + boundary + end);
        // 设置与上传文件相关的信息
        dos.writeBytes("Content-Disposition: form-data; name=\"file\"; filename=\""
```

```
                    + filename.substring(filename.lastIndexOf("/") + 1) + "\"" + end);
        // 在上传文件信息与文件内容之间必须有一个空行
        dos.writeBytes(end);
        // 开始上传文件
        FileInputStream fis = new FileInputStream(filename);
        byte[] buffer = new byte[8192];  // 8k
        int count = 0;
        // 读取文件内容，并写入 OutputStream 对象
        while ((count = fis.read(buffer)) != -1)
        {
            dos.write(buffer, 0, count);
        }
        fis.close();
        // 新起一行
        dos.writeBytes(end);
        // 设置结束符号（在分界符后面加两个连字符）
        dos.writeBytes(twoHyphens + boundary + twoHyphens + end);
        dos.flush();
        // 开始读取从服务端传过来的信息
        InputStream is = httpURLConnection.getInputStream();
        InputStreamReader isr = new InputStreamReader(is, "utf-8");
        BufferedReader br = new BufferedReader(isr);
        String result = br.readLine();
        Toast.makeText(this, result, Toast.LENGTH_LONG).show();
        dos.close();
        is.close();
    }
    catch (Exception e)
    {
    }
}
```

在编写上面代码时，应注意如下 3 点：

- 在本例中，分界符中的任意字符串使用了"******"，而不是浏览器使用的"---------------"。
- 分界符中的任意字符串必须在 Content-Type 请求头中指定，好让服务端可以获得完整的分界符。
- 在上传文件信息与上传文件内容之间必须有一个空行。

10.3.4 远程 Apk 安装器

工程目录：src\ch10\ch10_remoteinstallapk

本例使用 HttpGet 从服务端下载一个 apk 文件，然后自动将 apk 文件安装在手机（模拟器）上。HttpGet 的使用方法在 10.3.1 节已经详细介绍过了，读者可以按着相应的步骤来编写代码。为了测试本例，读者可以在计算机上的 Web 服务器中建立一个虚拟目录，作者使用了 IIS 来建立这个虚拟目录。建立完虚拟目录后，将一个 apk 文件放到虚拟目录中。假设 PC 的 IP 地址是 192.168.17.156，那么访问这个 apk 文件的 URL 如下：

```
http://192.168.17.156/apk/integration.apk
```

运行本例后，单击"下载安装 Apk"按钮，系统会首先下载 integration.apk 文件，代码如下：

```
// 按钮单击事件
public void onClick(View view)
{
    // 下载文件
    String downloadPath = Environment.getExternalStorageDirectory().getPath() + "/download_cache";
    // apk 文件中服务端的 Url
    String url = "http://192.168.17.156/apk/integration.apk";
```

```
        File file = new File(downloadPath);
        if(!file.exists())
        {
            file.mkdir();
        }
        HttpGet httpGet = new HttpGet(url);
        try
        {
            HttpResponse httpResponse = new DefaultHttpClient().execute(httpGet);
            if (httpResponse.getStatusLine().getStatusCode() == 200)
            {
                InputStream is = httpResponse.getEntity().getContent();
                //  开始下载 apk 文件
                FileOutputStream fos = new FileOutputStream(downloadPath+ "/integration.apk");
                byte[] buffer = new byte[8192];
                int count = 0;
                while ((count = is.read(buffer)) != -1)
                {
                    fos.write(buffer, 0, count);
                }
                fos.close();
                is.close();
                //  安装 apk 文件
                installApk(downloadPath+ "/integration.apk");
            }
        }
        catch (Exception e)
        {
        }
    }
```

上面的代码将 apk 文件下载到/sdcard/download_cache 目录中，成功下载后的效果如图 10-18 所示。

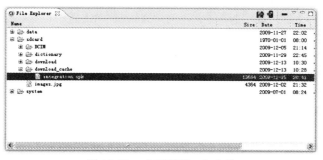

图 10-18 成功下载 apk 文件

在下载完 apk 文件后，调用 installApk 方法来安装 apk 文件，代码如下：

```
private void installApk(String filename)
{
    File file = new File(filename);
    Intent intent = new Intent();
    intent.addFlags(Intent.FLAG_ACTIVITY_NEW_TASK);
    intent.setAction(Intent.ACTION_VIEW);
    String type = "application/vnd.android.package-archive";
    //  设置数据类型
    intent.setDataAndType(Uri.fromFile(file), type);
    startActivity(intent);
}
```

在调用 installApk 方法后，会显示如图 10-19 所示的安装界面。安装成功后的界面如图 10-20 所示。

图 10-19 apk 安装界面

图 10-20 安装成功后的界面

10.3.5 调用 WebService

WebService 是一种基于 SOAP 协议的远程调用标准。通过 WebService，可以将不同操作系统平台、不同语言、不同技术整合到一起。在 Android SDK 中并没有提供调用 WebService 的库，因此，需要使用第三方 SDK 来调用 WebService。

PC 版本的 WebService 客户端库非常丰富，例如 Axis2、CXF 等，但这些开发包对 Android 系统来说过于庞大，也未必很容易移植到 Android 系统上。因此，这些开发包并不在我们考虑的范围内。适合手机的 WebService 客户端的 SDK 也有一些。本例使用了比较常用的 KSOAP2。读者可以从如下地址下载 Android 版的 KSOAP2：

http://code.google.com/p/ksoap2-android/downloads/list

将下载后的 jar 文件复制到 Eclipse 工程的 lib 目录中（如果没有该目录，可以新建一个，也可以放在其他的目录中），并在 Eclipse 工程中引用这个 jar 包，引用后的 Eclipse 工程目录结构如图 10-21 所示。

图 10-21 引用 KSOAP2 开发包

读者可按如下 6 步来调用 WebService 的方法。

（1）指定 WebService 的命名空间和调用的方法名，代码如下：
```
SoapObject request = new SoapObject("http://service", "getName");
```
SoapObject 类的第 1 个参数表示 WebService 的命名空间，可以从 WSDL 文档中找到 WebService 的命名空间。第 2 个参数表示要调用的 WebService 方法名。

（2）设置调用方法的参数值，这一步是可选的，如果方法没有参数，可以省略这一步。设置方法的参数值的代码如下：
```
request.addProperty("param1", "value1");
request.addProperty("param2", "value2");
```
要注意的是，addProperty 方法的第 1 个参数虽然表示调用方法的参数名，但该参数值并不一定与服务端的 WebService 类中的方法参数名一致，只要设置参数的顺序一致即可。

（3）生成调用 WebService 方法的 SOAP 请求信息。该信息由 SoapSerializationEnvelope 对象描述，代码如下：
```
SoapSerializationEnvelope envelope = new SoapSerializationEnvelope(SoapEnvelope.VER11);
envelope.bodyOut = request;
```
创建 SoapSerializationEnvelope 对象时，需要通过 SoapSerializationEnvelope 类的构造方法设置 SOAP 协议的版本号。该版本号需要根据服务端 WebService 的版本号设置。在创建 SoapSerializationEnvelope 对象后，不要忘了设置 SoapSerializationEnvelope 类的 bodyOut 属性，该属性的值就是第（1）步创建的 SoapObject 对象。

（4）创建 HttpTransportSE 对象。通过 HttpTransportSE 类的构造方法可以指定 WebService 的 WSDL 文档的 URL，代码如下：
```
HttpTransportSE ht =
    new HttpTransportSE("http://192.168.17.156:8080/axis2/services/SearchProductService?wsdl");
```
（5）使用 call 方法调用 WebService 方法，代码如下：
```
ht.call(null, envelope);
```
call 方法的第 1 个参数一般为 null，第 2 个参数就是在第 3 步创建的 SoapSerializationEnvelope 对象。

（6）使用 getResponse 方法获得 WebService 方法的返回结果，代码如下：
```
SoapObject soapObject = (SoapObject) envelope.getResponse();
```
在下一节将给出了一个完整的例子来演示如何使用 KSOAP2 调用 WebService。

10.3.6 通过 WebService 查询产品信息

工程目录：src\ch10\ch10_wsclient

WebService 源代码目录：src\ch10\axis2

本例涉及到一个 WebService 服务端程序和一个 Android 客户端程序。读者可直接将服务端程序（axis2 目录）复制到<Tomcat 安装目录>\webapps 目录中，然后启动 Tomcat，并在浏览器地址栏中输入如下 URL：

http://localhost:8080/axis2

如果在浏览器中显示如图 10-22 所示的页面，说明服务端程序已经安装成功。

这个服务端 WebService 程序是 SearchProductService，实际上 SearchProductService 是一个 Java 类，只是利用 Axis2 将其映射成 WebService。在该类中有一个 getProduct 方法，这个方法有一个 String 类型的参数，表示产品名称。该方法返回一个 Product 对象，该对象有 3 个属性：name、price 和 productNumber。读者可以使用如下 URL 来查看 SearchProductService 的 WSDL 文档：

http://localhost:8080/axis2/services/SearchProductService?wsdl

显示 WSDL 文档的页面如图 10-23 所示。

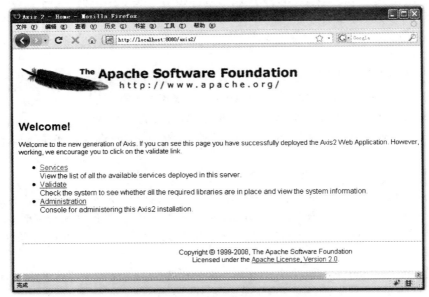

图 10-22　WebService 主页面

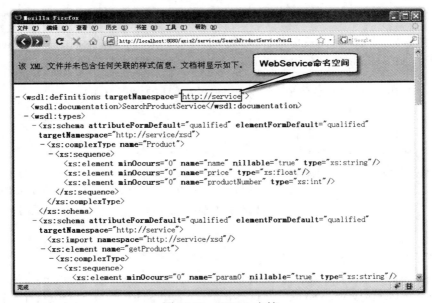

图 10-23　WSDL 文档

图 10-23 中的黑框中就是 WebService 的命名空间,也是 SoapObject 类的构造方法的第 1 个参数值。

这个 WebService 程序可以直接使用如下 URL 进行测试：

http://localhost:8080/axis2/services/SearchProductService/getProduct?param0=iphone

测试的结果如图 10-24 所示。

图 10-24　测试结果

从图 10-24 所示的测试结果可以看出，Axis2 将 getProduct 方法返回的 Product 对象直接转换成了 XML 文档（实际上是 SOAP 格式）返回。

下面根据 10.3.5 节介绍的使用 KSOAP2 的步骤来编写调用 WebService 的 Android 客户端程序，代码如下：

```
package net.blogjava.mobile.wsclient;

import org.ksoap2.SoapEnvelope;
import org.ksoap2.serialization.SoapObject;
import org.ksoap2.serialization.SoapSerializationEnvelope;
import org.ksoap2.transport.HttpTransportSE;
import android.app.Activity;
import android.os.Bundle;
import android.view.View;
import android.view.View.OnClickListener;
import android.widget.Button;
import android.widget.EditText;
import android.widget.TextView;

public class Main extends Activity implements OnClickListener
{
    @Override
    public void onClick(View view)
    {
        EditText etProductName = (EditText)findViewById(R.id.etProductName);
        TextView tvResult = (TextView)findViewById(R.id.tvResult);
        //  WSDL 文档的 URL，192.168.17.156 为 PC 的 ID 地址
        String serviceUrl = "http://192.168.17.156:8080/axis2/services/SearchProductService?wsdl";
        //  定义调用的 WebService 方法名
        String methodName = "getProduct";
        //  第 1 步：创建 SoapObject 对象，并指定 WebService 的命名空间和调用的方法名
        SoapObject request = new SoapObject("http://service", methodName);
        //  第 2 步：设置 WebService 方法的参数
        request.addProperty("productName", etProductName.getText().toString());
        //  第 3 步：创建 SoapSerializationEnvelope 对象，并指定 WebService 的版本
        SoapSerializationEnvelope envelope = new SoapSerializationEnvelope(SoapEnvelope.VER11);
        //  设置 bodyOut 属性
        envelope.bodyOut = request;
        //  第 4 步：创建 HttpTransportSE 对象，并指定 WSDL 文档的 URL
```

```java
HttpTransportSE ht = new HttpTransportSE(serviceUrl);
try
{
    // 第 5 步：调用 WebService
    ht.call(null, envelope);
    if (envelope.getResponse() != null)
    {
        // 第 6 步：使用 getResponse 方法获得 WebService 方法的返回结果
        SoapObject soapObject = (SoapObject) envelope.getResponse();
        // 通过 getProperty 方法获得 Product 对象的属性值
        String result = "产品名称：" + soapObject.getProperty("name") + "\n";
        result += "产品数量：" + soapObject.getProperty("productNumber") + "\n";
        result += "产品价格：" + soapObject.getProperty("price");
        tvResult.setText(result);

    }
    else {
        tvResult.setText("无此产品.");
    }
}
catch (Exception e)
{
}
}
@Override
public void onCreate(Bundle savedInstanceState)
{
    super.onCreate(savedInstanceState);
    setContentView(R.layout.main);
    Button btnSearch = (Button) findViewById(R.id.btnSearch);
    btnSearch.setOnClickListener(this);
}
}
```

在编写上面代码时，应注意如下两点：

- 在第 2 步中，addProperty 方法的第 1 个参数值是 productName，该值虽然是 getProduct 方法的参数名，但 addProperty 方法的第 1 个参数值并不限于 productName，读者可以将这个参数设为其他的任何字符串（但该值必须在 XML 中是合法的，例如，不是设为 "<"">" 等 XML 预留的字符串）。
- 通过 SoapObject 类的 getProperty 方法可以获得 Product 对象的属性值，这些属性名就是图 10-24 所示测试结果中的属性名。

运行本例，在文本框中输入 "htc hero"，单击 "查询" 按钮，会在按钮下方显示如图 10-25 所示的查询结果。

图 10-25　显示查询结果

10.4　Internet 地址

本节主要介绍 Android SDK 中与 Internet 地址相关的 API，主要包括根据域名查找 IP 地址和根据 IP 地址查找域名，以及如何判断 IP 地址类型。这些功能都需要依靠 InetAddress 对象来完成。

10.4.1　Internet 地址概述

所有连入 Internet 的终端设备（包括计算机、PDA、手机、打印机以及其他的电子设备）都有一个唯一的索引，这个索引被称为 IP 地址。现在 Internet 上的 IP 地址大多由四个字节组成，这种 IP 地址叫做 IPv4。除了这种由四个字节组成的 IP，在 Internet 上还存在一种 IP，这种 IP 由 16 个字节组成，叫做 IPv6。IPv4 和 IPv6 后面的数字是 Internet 协议（Internet Protocol，IP）的版本号。

IPv4 地址的一般表现形式为：X.X.X.X。其中 X 为 0 到 255 的整数。这四个整数用"."隔开。从理论上说，IPv4 地址可以表示 2 的 32 次幂，也就是 4,294,967,296 个 IP 地址，但由于要排除一些具有特殊意义的 IP（如 0.0.0.0、127.0.0.1、224.0.0.1、255.255.255.255 等），因此，IPv4 地址可自由分配的 IP 数量要小于它所能表示的 IP 地址数量。

为了便于管理，人为地将 IPv4 划分为 A 类、B 类和 C 类 IP 地址。

- A 类 IP 地址

范围：0.0.0.0～127.255.255.255，标准的子网掩码是 255.0.0.0。

- B 类 IP 地址

范围：128.0.0.0～191.255.255.255，标准的子网掩码是 255.255.0.0。

- C 类 IP 地址

范围：192.0.0.0～223.255.255.255，标准的子网掩码是 255.255.255.0。

从上面的描述可看出，第一个字节在 0 和 127 之间的是 A 类 IP 地址，在 128 和 191 之间的是 B 类 IP 地址，而在 192 和 223 之间的是 C 类 IP 地址。如果两个 IP 地址分别与其子网掩码进行按位与后，得到的值是一样的，就说明这两个 IP 在同一个网段。下面是两个 C 类 IP 地址 IP1、IP2 和它们的子网掩码。

IP1：192.168.18.10　　　子网掩码：　255.255.255.0
IP2：192.168.18.20　　　子网掩码：　255.255.255.0

这两个 IP 和它们的子网掩码按位与后，得到的值都是 192.168.18.0。因此，IP1 和 IP2 在同一个网段。当用户使用 Modem 或 ADSL Modem 上网后，临时分配给本机的 IP 一般都是 C 类地址，也就是说，第一个字节都会在 192 和 223 之间。

上面给出的 IP 地址和子网掩码只是标准的形式。用户也可以根据自己的需要，使用其他 IP 和子网掩码，如 IP 地址设为 10.0.0.1，子网掩码设为 255.255.255.128。但为了便于分类和管理，在局域网中设置 IP 地址时，建议按着标准的分类来设置。

IPv6 地址由 16 个字节组成，共分为 8 段。每一段由 16 个字节组成，并用 4 个十六进制数表示，段与段之间用":"隔开，如 A34E:DD3D:1234:4400:A123:B231:A111:DDAA 是一个标准的 IPv6 地址。IPv6 在两种情况下可以简写：

- 以 0 开头的段可省略 0。如 A34E:003D:0004:4400:A123:B231:A111:DDAA 可简写为 A34E: 3D:

4:4400:A123:B231:A111:DDAA。
- 连续出现 0 的多个段可使用 "::" 来代替多个为 0 的段。如 A34E:0000:0000:0000:A123:B231:0:DDAA 可简写为 A34E::A123:B231:0:DDAA。在使用这种简写方式时，"::" 只能出现一次，如果出现多次，IPv6 地址将会产生歧义。

在 IPv4 和 IPv6 混合的网络中，IPv6 地址的后四个字节可以写成 IPv4 的地址格式。如 A34E::A123:B231:A111:DDAA 可以写成 A34E::A123:B231:161.17.221.170。当访问网络资源的计算机使用的是 IPv4 的地址时，系统会自动使用 IPv6 的后四个字节作为 IPv4 的地址。

无论是 IPv4 地址还是 IPv6 地址，都是很难记忆的。因此，为了使便于记忆这些地址，Internet 的设计师们发明了 DNS（Domain Name System，域名系统）。DNS 将 IP 地址和域名（一个容易记忆的字符串，如 microsoft）联系在一起，当计算机通过域名访问 Internet 资源时，系统首先通过 DNS 得到域名对应的 IP 地址，再通过 IP 地址访问 Internet 资源。在这个过程中，IP 地址对用户是完全透明的。如果一个域名对应了多个 IP 地址，DNS 从这些 IP 地址中随机选取一个返回。

域名可以分为不同的层次，如常见的有顶层域名、顶级域名、二级域名和三级域名。

顶层域名

顶层域名可分为类型顶层域名和地域顶层域名。如 www.microsoft.com、www.w3c.org 中的 com 和 org 就是类型顶层域名，它们分别代表商业（com）和非盈利组织（org）。而 www.dearbook.com.cn 中的 cn 就是地域顶层域名，它表示了中国（cn）。主要的类型顶层域名有 com（商业）、edu（教育）、gov（政府）、int（国际组织）、mil（美国军方）、net（网络部门）、org（非盈利组织）。大多数国家都有自己的地域顶层域名，如中国（cn）、美国（us）、英国（uk）等。

顶级域名

如 www.microsoft.com 中的 microsoft.com 就是一个顶级域名。在 Email 地址的 "@" 后面跟的大多都是顶级域名，如 abc@126.com、mymail@sina.com 等。

二级域名

如 blog.csdn.net 就是顶级域名 csdn.net 的二级域名。有很多人认为 www.csdn.net 是顶级域名，其实这是一种误解。实际上 www.csdn.net 是顶级域名 csdn.net 的二级域名。www.csdn.net 和 blog.csdn.net 在本质上是一样的，只是我们已经习惯了使用 www 表示一个使用 HTTP 或 HTTPS 协议的网址，因此，给人的误解就是 www.csdn.net 是一个顶级域名。

三级域名

如 abc.photo.163.com 就是二级域名 photo.163.com 的三级域名。有很多 blog 或电子相册之类的网站都为每个用户分配一个三级域名。

10.4.2　创建 InetAddress 对象

InetAddress 类是 Java 中用于描述 IP 地址的类，在 java.net 包中。在 Java 中分别用 Inet4Address 和 Inet6Address 类来描述 IPv4 和 IPv6 的地址。这两个类都是 InetAddress 的子类。由于 InetAddress 没有 public 的构造方法，因此，要想创建 InetAddress 对象，必须得依靠它的四个静态方法。InetAddress 可以通过 getLocalHost 方法得到本机的 InetAddress 对象，也可以通过 getByName、getAllByName 和 getByAddress 得到远程主机的 InetAddress 对象。

（1）getLocalHost 方法

使用 getLocalHost 可以得到描述本机 IP 的 InetAddress 对象。该方法的定义如下：

```
public static InetAddress getLocalHost() throws UnknownHostException
```

下面的代码获取了本地的 InetAddress 对象：

```
InetAddress localAddress = InetAddress.getLocalHost();
Log.d("localAddress", localAddress.toString());
```

执行上面的代码会输出如下信息：

localhost/127.0.0.1

（2）getByName 方法

这个方法是 InetAddress 类最常用的方法。它可以通过指定域名从 DNS 中得到相应的 IP 地址。getByName 有一个 String 类型参数，可以通过这个参数指定远程主机的域名，它的定义如下：

```
public static InetAddress getByName(String host) throws UnknownHostException
```

如果 host 所指的域名对应多个 IP，getByName 返回第一个 IP。如果本机名已知，可以使用 getByName 来代替 getLocalHost。当 host 的值是 localhost 时，返回的 IP 一般是 127.0.0.1。如果 host 是不存在的域名，getByName 将抛出 UnknownHostException 异常，如果 host 是 IP 地址，无论这个 IP 地址是否存在，getByName 方法都会返回这个 IP 地址（getByName 方法并不验证 IP 地址的正确性）。下面的代码获取了 www.csdn.net 对应的 IP：

```
InetAddress address = InetAddress.getByName("www.csdn.net");
Log.d("address", address.toString());
```

执行上面的代码会输出如下信息：

www.csdn.net/117.710-93.196

（3）getAllByName 方法

使用 getAllByName 方法可以从 DNS 上得到域名对应的所有 IP。这个方法返回一个 InetAddress 类型的数组。这个方法的定义如下：

```
public static InetAddress[] getAllByName(String host)     throws UnknownHostException
```

与 getByName 方法一样，当 host 不存在时，getAllByName 也会抛出 UnknowHostException 异常，getAllByName 也不会验证 IP 地址是否存在。下面的代码获取了 www.oracle.com 对应的两个 IP 地址

```
InetAddress[] addresses = InetAddress
    .getAllByName("www.oracle.com");
for (InetAddress address : addresses)
    Log.d("address", address.getHostAddress());
```

输出信息如下：

206.160.170.40

206.160.170.16

（4）getByAddress 方法

这个方法必须通过 IP 地址来创建 InetAddress 对象，而且 IP 地址必须是 byte 数组形式。getByAddress 方法有两个重载形式，定义如下：

```
public static InetAddress getByAddress(byte[] addr) throws UnknownHostException
public static InetAddress getByAddress(String host, byte[] addr) throws UnknownHostException
```

第一个重载形式只需要传递 byte 数组形式的 IP 地址，getByAddress 方法并不验证这个 IP 地址是否存在，只是简单地创建一个 InetAddress 对象。addr 数组的长度必须是 4（IPv4）或 16（IPv6），如果是其他长度的 byte 数组，getByAddress 将抛出一个 UnknownHostException 异常。第二个重载形式多了一

个 host，这个 host 和 getByName、getAllByName 方法中的 host 的意义不同，getByAddress 方法并不使用 host 在 DNS 上查找 IP 地址，这个 host 只是一个用于表示 addr 的别名。例程 3-4 演示了 getByAddress 的两个重载形式的用法。下面的代码演示了如何使用 getByAddress 方法返回 InetAddress 对象。

```
byte ip[] = new byte[]
{ (byte) 141, (byte) 146, 8, 66 };
InetAddress address1 = InetAddress.getByAddress(ip);
InetAddress address2 = InetAddress.getByAddress("Oracle 官方网站", ip);
Log.d("address1", address1.toString());
Log.d("address2", address2.getHostName());
```

输出信息如下：

```
/141.146.8.66
bigip-otn-portal.oracle.com
```

10.4.3 判断 IP 地址类型

IP 地址分为普通地址和特殊地址。前面所使用的大多数都是普通的 IP 地址，在这一节中将介绍如何利用 InetAddress 类提供的十个方法来确定一个 IP 地址是否是一个特殊的 IP 地址。

isAnyLocalAddress 方法

当 IP 地址是通配符地址时返回 true，否则返回 false。这个通配符地址对于拥有多个网络接口（如两块网卡）的计算机非常有用。使用通配符地址可以允许在服务器主机接受来自任何网络接口的客户端连接。IPv4 的通配符地址是 0.0.0.0。IPv6 的通配符地址是 0:0:0:0:0:0:0:0，也可以简写成::。

isLoopbackAddress 方法

当 IP 地址是 loopback 地址时返回 true，否则返回 false。loopback 地址就是代表本机的 IP 地址。IPv4 的 loopback 地址的范围是 127.0.0.0～127.255.255.255，也就是说，只要第一个字节是 127，就是 lookback 地址。如 127.1.2.3、127.0.200.200 都是 loopback 地址。IPv6 的 loopback 地址是 0:0:0:0:0:0:0:1，也可以简写成::1。我们可以使用 ping 命令来测试 lookback 地址。如下面的命令行所示：

ping 127.200.200.200

运行结果：

```
Reply from 127.0.0.1: bytes=32 time<1ms TTL=128
Reply from 127.0.0.1: bytes=32 time<1ms TTL=128
Reply from 127.0.0.1: bytes=32 time<1ms TTL=128
Reply from 127.0.0.1: bytes=32 time<1ms TTL=128

Ping statistics for 127.200.200.200:
    Packets: Sent = 4, Received = 4, Lost = 0 (0% loss),
Approximate round trip times in milli-seconds:
    Minimum = 0ms, Maximum = 0ms, Average = 0ms
```

虽然 127.255.255.255 也是 loopback 地址，但 127.255.255.255 在 Windows 下是无法 ping 通的。这是因为 127.255.255.255 是广播地址，在 Windows 下对发给广播地址的请求不做任何响应，而在其他操作系统上根据设置的不同，可能会得到不同的结果。

isLinkLocalAddress 方法

当 IP 地址是本地连接地址（LinkLocalAddress）时返回 true，否则返回 false。IPv4 的本地连接地址的范围是 1610-254.0.0～1610-254.255.255。IPv6 的本地连接地址的前 12 位是 FE8，其他的位可以是任意取值，如 FE88::、FE80::ABCD::都是本地连接地址。

isSiteLocalAddress 方法

当 IP 地址是地区本地地址（SiteLocalAddress）时返回 true，否则返回 false。IPv4 的地区本地地址分为三段：10.0.0.0～10.255.255.255、172.16.0.0～172.31.255.255、192.168.0.0～192.168.255.255。IPv6 的地区本地地址的前 12 位是 FEC，其他的位可以是任意取值，如 FED0::、FEF1::都是地区本地地址。

isMulticastAddress 方法

当 IP 地址是广播地址（MulticastAddress）时返回 true，否则返回 false。通过广播地址可以向网络中的所有计算机发送信息，而不是只向一台特定的计算机发送信息。IPv4 的广播地址的范围是 224.0.0.0～2310-255.255.255。IPv6 的广播地址第一个字节是 FF，其他的字节可以是任意值。

isMCGlobal 方法

当 IP 地址是全球范围的广播地址时返回 true，否则返回 false。全球范围的广播地址可以向 Internet 中的所有计算机发送信息。IPv4 的广播地址除了 224.0.0.0 和第一个字节是 239 的 IP 地址，都是全球范围的广播地址。IPv6 的全球范围的广播地址中第一个字节是 FF，第二个字节的范围是 0E～FE，其他的字节可以是任意值，如 FFBE::、FF0E::都是全球范围的广播地址。

isMCLinkLocal 方法

当 IP 地址是子网广播地址时返回 true，否则返回 false。使用子网的广播地址只能向子网内的计算机发送信息。IPv4 的子网广播地址的范围是 224.0.0.0～224.0.0.255。IPv6 的子网广播地址的第一个字节是 FF，第二个字节的范围是 02～F2，其他的字节可以是任意值，如 FFB2::、FF02:ABCD::都是子网广播地址。

isMCNodeLocal 方法

当 IP 地址是本地接口广播地址时返回 true，否则返回 false。本地接口广播地址不能将广播信息发送到产生广播信息的网络接口，即使是同一台计算机的另一个网络接口也不行。所有的 IPv4 广播地址都不是本地接口广播地址。IPv6 的本地接口广播地址的第一个字节是 FF，第二个节字的范围是 01～F1，其他的字节可以是任意值，如 FFB1::、FF01:A123::都是本地接口广播地址。

isMCOrgLocal 方法

当 IP 地址是组织范围的广播地址时返回 ture，否则返回 false。使用组织范围广播地址可以向公司或企业内部的所有的计算机发送广播信息。IPv4 的组织范围广播地址的第一个字节是 239，第二个字节不小于 192，第三个字节不大于 195，如 2310-193.100.200、2310-192.195.0 都是组织范围广播地址。IPv6 的组织范围广播地址的第一个字节是 FF，第二个字节的范围是 08～F8，其他的字节可以是任意值，如 FF08::、FF48::都是组织范围的广播地址。

isMCSiteLocal 方法

当 IP 地址是站点范围的广播地址时返回 true，否则返回 false。使用站点范围的广播地址，可以向站点范围内的计算机发送广播信息。IPv4 的站点范围广播地址的范围是 2310-255.0.0～2310-255.255.255，如 2310-255.1.1、2310-255.0.0 都是站点范围的广播地址。IPv6 的站点范围广播地址的第一个字节是 FF，第二个字节的范围是 05～F5，其他的字节可以是任意值，如 FF05::、FF45::都是站点范围的广播地址。

10.5 客户端 Socket

Socket 类是 Java 中进行客户端网络编程的核心类。这个类可以使客户端通过 TCP 协议连接到服务器上，并且可以和服务器之间进行数据的交互。Socket 类除了最基本的连接服务器、发送和接收数据以及关闭网络连接操作外，还可以通过一系列的 get 和 set 方法对通信过程进行调节，从而可以更好地满足客户端和服务器之间的通信需求。

网络应用分为客户端和服务端两部分，而 Socket 类是负责处理客户端通信的 Java 类。通过这个类可以连接到指定 IP 或域名的服务器上，并且可以和服务器互相发送和接收数据。在本节中将详细讨论 Socket 类的使用，内容包括 Socket 类基础、各种连接方式、get 和 set 方法、连接过程中的超时以及关闭网络连接等。

10.5.1 Socket 类基础

在这一节中，我们将讨论使用 Socket 类的基本步骤和方法。一般网络客户端程序在连接服务程序时要进行以下三步操作：

（1）连接服务器。
（2）发送和接收数据。
（3）关闭网络连接。

连接服务器

在客户端可以通过两种方式连接服务器，一种是通过 IP 的方式连接服务器，而另一种是通过域名方式来连服务器。

其实这两种方式从本质上来看是一种方式。在底层客户端都是通过 IP 来连接服务器的，但这两种方式有一定的差异，如果通过 IP 方式来连接服务端程序，客户端只简单地根据 IP 进行连接，如果通过域名来连接服务器，客户端必须通过 DNS 将域名解析成 IP，然后再根据这个 IP 来进行连接。

直接使用 Windows Socket API 连接服务器时，必须自己先将域名解析成 IP，然后再通过 IP 进行连接，而在 Java 中已经将域名解析功能包含在了 Socket 类中，因此，我们只需像使用 IP 一样使用域名即可。

通过 Socket 类连接服务器程序最常用的方法就是通过 Socket 类的构造方法，将 IP 或域名以及端口号作为参数传入 Socket 类中。Socket 类的构造方法有很多重载形式，在这一节只讨论其中最常用的一种形式：public Socket(String host, int port)。从这个构造方法的定义来看，只需要将 IP 或域名以及端口号直接传入构造方法即可。下面的代码演示了如何使用客户端 Socket 连接服务端程序：

```
Socket socket = new Socket("www.csdn.net", 80);
```

发送和接收数据

在 Socket 类中，最重要的两个方法就是 getInputStream 和 getOutputStream。这两个方法分别用来获取用于读取和写入数据的 InputStream 和 OutputStream 对象。这里的 InputStream 读取的是服务器向客户端发送过来的数据，而 OutputStream 读取的是客户端要向服务端发送的数据。

在编写实际的网络客户端程序时，是使用 getInputStream 还是使用 getOutputStream，以及先使用谁后使用谁，都由具体的应用决定。如下面的代码通过连接 www.csdn.net 的 80 端口（HTTP 协议所使用的默认端口），并且发送一个字符串，最后读取从 www.csdn.net 返回的信息。

```
Socket socket = new Socket("www.csdn.net", 80);
OutputStream os    = socket.getOutputStream();
OutputStreamWriter osw = new OutputStreamWriter(os);
BufferedWriter bw = new BufferedWriter(opw);
//  向服务端写数据
bw.write("hello world\r\n\r\n");
```

```
bw.flush();

InputStream is = socket.getInputStream();
InputStreamReader isr = new InputStreamReader(is);
BufferedReader br = new BufferedReader(isr);
String s = "";
//    从服务端读数据
while((s = br.readLine()) != null)
    Log.d("line", s);
socket.close();
```

上面的代码通过 getOutputStream 得到用于向服务端发送数据的 OutputStream 对象，并通过 BufferedWriter 对象的 write 方法将字符串 "Hello World\r\n\r\n" 发送给服务端，最后通过 flush 方法刷新写入缓冲区。

在客户端与服务端进行数据交互时，需要注意如下几点：

- 为了提高数据传输的效率，Socket 类并没有在每次调用 write 方法后都进行数据传输，而是将这些要传输的数据写到一个缓冲区里（默认是 8192 个字节），然后通过 flush 方法将这个缓冲区里的数据一起发送出去，因此，调用 BufferedWriter.flush()方法是必须的。
- 在发送字符串时，之所以在 Hello World 后加上 "\r\n\r\n"，是因为 HTTP 协议头是以 "\r\n\r\n" 作为结束标志。因此，通过在发送字符串后加入 "\r\n\r\n"，可以使服务端程序认为 HTTP 头已经结束，可以处理了。如果不加 "\r\n\r\n"，那么服务端程序将一直等待 HTTP 头的结束，也就是 "\r\n\r\n"。如果是这样，服务端就不会向客户端发送响应信息，调用 readLine 方法将由于无法读取服务端发回来的信息而处于阻塞状态。

关闭网络连接

到现在为止，我们对 Socket 类的基本使用方法已经有了初步的了解，但在 Socket 类处理完数据后，最合理的收尾方法是使用 Socket 类的 close 方法关闭网络连接。虽然前面的代码已经使用了 close 方法，但使网络连接关闭不是只有 close 方法，下面就让我们看看 Java 在什么情况下可以使网络连接关闭。

可以引起网络连接关闭的情况有以下 4 种：

（1）直接调用 Socket 类的 close 方法。

（2）只要 Socket 类的 InputStream 和 OutputStream 有一个关闭，网络连接自动关闭（必须通过调用 InputStream.close 和 OutputStream.close 方法关闭流，才能使网络连接自动关闭）。

（3）在程序退出时，网络连接自动关闭。

（4）将 Socket 对象设为 null 或在 Socket 对象未被释放的情况下，被新的 Socket 对象覆盖后，由 Dalivk 虚拟机垃圾回收器回收为 Socket 对象分配的内存空间时，自动关闭网络连接。

虽然这 4 种方法都可以达到同样的目的，但一个健壮的网络程序最好使用第 1 种或第 2 种方法关闭网络连接。这是因为第 3 种和第 4 种方法一般并不会马上关闭网络连接，如果是这样的话，对于某些应用程序将会遗留大量无用的网络连接，这些网络连接会占用大量的系统资源。

在 Socket 对象被关闭后，我们可以通过 isClosed 方法来判断某个 Socket 对象是否处于关闭状态。然而使用 isClosed 方法返回的只是 Socket 对象的当前状态，也就是说，不管 Socket 对象是否曾经连接成功过，只要处于关闭状态，isClosed 就返回 true。如果只是建立一个未连接的 Socket 对象，isClose 也同样返回 true。如下面的代码将输出 false：

```
Socket socket = new Socket();
Log.d("isClosed", socket.isClosed());
```

除了 isClose 方法，Socket 类还有一个 isConnected 方法来判断 Socket 对象是否连接成功。看到这个名字，也许读者会产生误解。其实 isConnected 方法所判断的并不是 Socket 对象的当前连接状态，而是 Socket 对象是否曾经连接成功过，如果成功连接过，即使现在 isClose 返回 true，isConnected 仍然返回 true。因此，要判断当前的 Socket 对象是否处于连接状态，必须同时使用 isClose 和 isConnected 方法，即只有当 isClose 返回 false，isConnected 返回 true 的时候，Socket 对象才处于连接状态。

10.5.2 多种连接服务端的方式

在上一节我们讨论了 Socket 类的基本用法。其中的例子使用了一种最简单的方法连接服务器，也就是通过指定 IP（或域名）和端口号与服务端建立连接。而为了使连接服务器的方式更灵活，Socket 类不仅可以通过自身的构造方法连接服务器，还可以通过 connect 方法来连接数据库。

（1）通过构造方法连接服务器

Socket 类有如下 4 个比较常用的构造方法：

```
public Socket(String host, int port) throws UnknownHostException, IOException
public Socket(InetAddress inetaddress, int port) throws IOException
public Socket(InetAddress dstAddress, int dstPort,
              InetAddress localAddress, int localPort) throws IOException
public Socket(String dstName, int dstPort, InetAddress localAddress, int localPort) throws IOException
```

其中第 1 种重载形式在前面曾多次使用。第 2 种重载形式与第 1 种重载形式类似，只是使用 InetAddress 对象封装了 IP 地址或域名。后两种重载形式除了要指定服务端的 IP 或域名以及端口外，还要指定本机的客户端 Socket 所使用的 IP 以及为其分配的端口号。如果使用前两种重载形式，客户端则使用默认的 IP，端口号随机分配。

（2）通过 connect 方法连接服务器

Socket 类不仅可以通过构造方法直接连接服务器，还可以建立未连接的 Socket 对象，并通过 connect 方法来连接服务器。Socket 类的 connect 方法有两个重载形式：

public void connect(SocketAddress endpoint) throws IOException

Socket 类的 connect 方法和它的构造方法在描述服务器信息（IP 和端口）上有一些差异。在 connect 方法中并未像构造方法中以字符串形式的 host 和整数形式的 port 作为参数，而是直接将 IP 和端口封装在了 SocketAddress 对象（InetSocketAddress 是 SocketAddress 的子类）中。可按如下形式使用这个 connect 方法：

```
Socket socket = new Socket();
socket.connect(new InetSocketAddress(host, port));
```

public void connect(SocketAddress endpoint, int timeout) throws IOException

这个 connect 方法和第一个 connect 类似，只是多了一个 timeout 参数。这个参数表示连接超时的时间，单位是毫秒。将 timeout 设为 0，则使用默认的超时时间。

在使用 Socket 类的构造方法连接服务器时，可以直接通过构造方法绑定本地 IP，而 connect 方法可以通过 Socket 类的 bind 方法来绑定本地 IP。演示代码如下：

```
Socket socket1 = new Socket();
Socket socket2 = new Socket();
Socket socket3 = new Socket();
socket1.connect(new InetSocketAddress("200.200.200.4", 80));
 socket1.close();
 Log.d("state", "socket1 连接成功!");
/*
```

```
            将 socket2 绑定到 192.168.18.252 将产生一个 IOException 错误
            socket2.bind(new InetSocketAddress("192.168.18.252", 0));
    */
    socket2.bind(new InetSocketAddress("200.200.200.200", 0));
    socket2.connect(new InetSocketAddress("200.200.200.4", 80));
    socket2.close();
    Log.d("state", "socket2 连接成功!");

    // 下面的代码会抛出异常
    socket3.bind(new InetSocketAddress("192.168.18.252", 0));
    socket3.connect(new InetSocketAddress("200.200.200.4", 80), 2000);
    socket3.close();
    Log.d("state", "socket3 连接成功!");
```

10.5.3 客户端 Socket 的超时

客户端 Socket 的超时（timeout）就是指在客户端通过 Socket 和服务器进行通信的过程中，由于网络延迟、网络阻塞等原因，造成服务器未及时响应客户端的一种现象。在一段时间后，客户端由于未收到服务端的响应而抛出一个超时错误；其中客户端所等待的时间就是超时时间。

由于抛出超时异常的一端都是被动端；也就是说，这一端是在接收数据，而不是发送数据。对于客户端 Socket 来说，只有两个地方是在接收数据：一个是在连接服务器时；另一个是在连接服务器成功后，接收服务器发过来的数据时。因此，客户端超时也分为两种类型：连接超时和读取数据超时。

（1）连接超时

这种超时在 10.5.2 节中已经提到过。在 Socket 类中只有通过 connect 方法的第二个参数才能指定连接超时的时间。由于使用 connect 方法连接服务器必须要指定 IP 和端口；因此，无效的 IP 或端口将会抛出连接超时异常。

（2）读取数据超时

在连接服务器成功后，Socket 所做的最重要的两件事就是"接收数据"和"发送数据"；而在接收数据时可能因为网络延迟、网络阻塞等原因，客户端一直处于等待状态；而客户端在等待一段时间后，如果服务器还没有发送数据到客户端，那么客户端 Socket 将会抛出一个超时异常。

我们可以通过 Socket 类的 setSoTimeout 方法来设置读取数据超时的时间，时间的单位是毫秒。这个方法必须在读取数据之前调用才会生效。如果将超时时间设为 0，则不使用超时时间；也就是说，客户端什么时候和服务器断开，将完全取决于服务端程序的超时设置。如下面的代码将读取数据超时时间设为 5 秒：

```
Socket socket = new Socket();
socket.setSoTimeout(5000);
socket.connect(... ...);
socket.getInputStream().read();
```

要注意的是，不要将设置连接超时和读取数据超时设置得太小，如果值太小，如 100，可能会造成服务器的数据还没来得及发过来，客户端就抛出超时异常的现象。

10.5.4 Socket 类的 getter 和 setter 方法

由于 Java 中没有定义属性的关键字，因此，get 和 set 方法就相当于 Java 类的属性。这些属性由以 get 和 set 为前缀的方法组成，分别用来获取和设置属性的值，如 getName 和 setName。如果某个属性只有 get 方法，那么这个属性是只读的；如果只有 set 方法，那么这个属性是只写的。在 Socket 类中也有很多这样的属性来获得和 Socket 相关的信息，以及对 Socket 对象的状态进行设置。

用于获取信息的 getter 方法

我们可以从 Socket 对象中获取 3 种信息。

1. 服务器信息

对于客户端来说，服务器的信息只有两个：IP 和端口。Socket 类为我们提供了 3 个方法来获取这两种信息。

public InetAddress getInetAddress()

这个方法返回一个 InetAddress 对象。通过这个对象，可以得到服务器的 IP、域名等信息。

```
Socket socket = new Socket("www.csdn.net", 80);
Log.d("info", socket.getInetAddress().getHostAddress());
Log.d("info", socket.getInetAddress().getHostName());
```

public int getPort()

这个方法可以返回整数形式的服务器端口号。

```
Socket socket = new Socket("www.csdn.net", 80);
Log.d("info", String.valueOf(socket.getInetAddress().getPort()));
```

public SocketAddress getRemoteSocketAddress()

这个方法是将 getInetAddress 和 getPort 中和在了一起，利用这个方法可以同时得到服务器的 IP 和端口号。但这个方法返回了一个 SocketAddress 对象，这个对象只能作为 connect 方法的参数用于连接服务器；而要想获得服务器的 IP 和端口号，必须将 SocketAddress 转换为它的子类 InetSocketAddress。

```
Socket socket = new Socket("www.ptpress.com.cn", 80);
Log.d("info" , ((InetSocketAddress)socket.getRemoteSocketAddress()).getHostName());
Log.d("info" , String.valueof(((InetSocketAddress)socket.getRemoteSocketAddress()).getPort()));
```

> **注意** 以上 3 个方法都可以在调用 Socket 对象关闭后调用，它们所获得的信息在 Socket 对象关闭后仍然有效。如果直接使用 IP 连接服务器，getHostName 和 getHostAddress 的返回值是一样的，都是服务器的 IP。

2. 本机信息

和服务器信息一样，本机信息包括本地 IP 和绑定的本地端口号。这些信息也可以通过 3 个方法来获取。

public InetAddress getLocalAddress()

这个方法返回了本机的 InetAddress 对象。通过这个方法可以得到本机的 IP 和机器名。当本机绑定了多个 IP 时，Socket 对象使用哪一个 IP 连接服务器，就返回哪个 IP。如果本机使用 ADSL 上网，并且通过 Socket 对象连接到 Internet 上的某一个 IP 或域名上（如 www.csdn.net），则 getLocalAddress 将返回"ADSL 连接"所临时绑定的 IP；因此，我们可以通过 getLocalAddress 得到 ADSL 的临时 IP。

```
Socket socket = new Socket();
socket.connect(new InetSocketAddress("www.csdn.net", 80));
Log.d("info", socket.getLocalAddress().getHostAddress());
Log.d("info", socket.getLocalAddress().getHostName());
```

public int getLocalPort()

通过这个方法可以得到 Socket 对象所绑定的本机的一个端口号；如果未绑定端口号，则返回一个 1024 到 65,535 之间的随机数。因此，使用这个方法可能每次得到的端口号不一样。

```
Socket socket = new Socket();
// 如果使用下面的 bind 方法进行端口绑定的话，getLocalPort 方法将返回 100
```

```
// socket.bind(new InetSocketAddress("127.0.0.1", 100));
socket.connect(new InetSocketAddress("www.ptpress.com.cn" 80));
Log.d("info", String.valueof(socket.getLocalPort()));
```

public SocketAddress getLocalSocketAddress()

这个方法和 getRemoteSocketAddress 方法类似，也是同时得到了本地 IP 和 Socket 对象所绑定的端口号。如果要得到本地 IP 和端口号，必须将这个方法的返回值转换为 InetSocketAddress 对象。

```
Socket socket = new Socket("www.ptpress.com.cn", 80);
Log.d("info", ((InetSocketAddress)socket.getLocalSocketAddress()).getHostName());
Log.d("info", ((InetSocketAddress)socket.getLocalSocketAddress()).getPort());
```

3．用于传输数据的输入、输出流

输入、输出流在前面的例子已经被多次用到。在这里让我们来简单回顾一下。

public InputStream getInputStream() throws IOException

用于获得从服务器读取数据的输入流。它所得到的流是最原始的源。为了操作更方便，我们经常使用 InputStreamReader 和 BufferedReader 来读取从服务器传过来的字符串数据。

```
Socket socket = new Socket("www.csdn.net", 80);
InputStream inputStream = socket.getInputStream();
InputStreamReader inputStreamReader = new InputStreamReader(inputStream);
BufferedReader bufferedReader = new BufferedReader(inputStreamReader);
Log.d("info", bufferedReader.readLine());
```

public OutputStream getOutputStream() throws IOException

用于获得向服务器发送数据的输出流。输出流可以通过 OutputStreamWriter 和 BufferedWriter 向服务器写入字符串数据。

```
Socket socket = new Socket("www.csdn.net", 80);
OutputStream outputStream   = socket.getOutputStream();
OutputStreamWriter outputStreamWriter = new OutputStreamWriter(outputStream);
BufferedWriter bufferedWriter = new BufferedWriter(outputStreamWriter);
bufferedWriter.write("你好");
bufferedWriter.flush();
```

4．用于获得和设置 Socket 选项的 getter 和 setter 方法

Socket 选项可以指定 Socket 类发送和接收数据的方式。共有 8 个 Socket 选项可以设置，这 8 个选项都定义在 java.net.SocketOptions 接口中。定义如下：

```
public final static int TCP_NODELAY = 0x0001;
public final static int SO_REUSEADDR = 0x04;
public final static int SO_LINGER = 0x0080;
public final static int SO_TIMEOUT = 0x1006;
public final static int SO_SNDBUF = 0x1001;
public final static int SO_RCVBUF = 0x1002;
public final static int SO_KEEPALIVE = 0x0008;
public final static int SO_OOBINLINE = 0x1003;
```

这 8 个选项除了第一个不以 SO 为前缀外，其他 7 个选项都以 SO 作为前缀。其实这个 SO 就是 Socket Option 的首字母缩写；因此，在 Java 中约定所有以 SO 为前缀的常量都表示 Socket 选项。当然，也有例外，如 TCP_NODELAY。在 Socket 类中为每一个选项提供了一对 get 和 set 方法，分别用来获取和设置这些选项。

TCP_NODELAY 选项

用于获取和设置 TCP_NODELAY 选项的方法。

```
public boolean getTcpNoDelay() throws SocketException
public void setTcpNoDelay(boolean on) throws SocketException
```

在默认情况下，客户端向服务器发送数据时，会根据数据包的大小决定是否立即发送。当数据包中

的数据很少时，如只有 1 个字节，而数据包的头却有几十个字节（IP 头+TCP 头）时，系统会在发送之前先将较小的包合并到较大的包，然后一起将数据发送出去。在发送下一个数据包时，系统会等待服务器对前一个数据包的响应，当收到服务器的响应后，再发送下一个数据包，这就是所谓的 Nagle 算法；在默认情况下，Nagle 算法是开启的。

这种算法虽然可以有效地改善网络传输的效率，但在网络速度比较慢，而且对实时性的要求比较高的情况下（如游戏、Telnet 等），使用这种方式传输数据会使得客户端有明显的停顿现象。因此，最好的解决方案就是需要 Nagle 算法时就使用它，不需要时就关闭它。而使用 setTcpToDelay 正好可以满足这个需求。当使用 setTcpNoDelay(true)将 Nagle 算法关闭后，客户端每发送一次数据，无论数据包多大，都会将这些数据发送出去。

SO_REUSEADDR 选项

用于获取和设置 SO_REUSEADDR 选项的方法。

```
public boolean getReuseAddress() throws SocketException
public void setReuseAddress(boolean on) throws SocketException
```

通过这个选项，可以使多个 Socket 对象绑定在同一个端口上。其实这样做并没有多大意义，但当使用 close 方法关闭 Socket 连接后，Socket 对象所绑定的端口并不一定马上释放；系统有时在 Socket 连接关闭时才会再确认一下是否有因为延迟而未到达的数据包，这完全是在底层处理的，也就是说，对用户是透明的；因此，在使用 Socket 类时完全不会感觉到。

这种处理机制对于随机绑定端口的 Socket 对象没有什么影响，但对于绑定在固定端口的 Socket 对象就可能会抛出"Address already in use: JVM_Bind"异常。因此，使用这个选项可以避免意外的发生。

使用 SO_REUSEADDR 选项时有两点需要注意：

- 必须在调用 bind 方法之前，使用 setReuseAddress 方法来打开 SO_REUSEADDR 选项。
- 必须将绑定同一个端口的所有 Socket 对象的 SO_REUSEADDR 选项都打开才能起作用。

SO_LINGER 选项

用于获取和设置 SO_LINGER 选项的方法。

```
public int getSoLinger() throws SocketException
public void setSoLinger(boolean on, int linger) throws SocketException
```

这个 Socket 选项可以影响 close 方法的行为。在默认情况下，当调用 close 方法后，将立即返回；如果这时仍然有未被送出的数据包，那么这些数据包将被丢弃。如果将 linger 参数设为一个正整数 n（n 的值最大是 65,535），在调用 close 方法后，将最多被阻塞 n 秒。在这 n 秒内，系统尽量将未送出的数据包发送出去；如果超过 n 秒还有未发送的数据包，这些数据包将全部被丢弃；而 close 方法会立即返回。如果将 linger 设为 0，和关闭 SO_LINGER 选项的作用是一样的。

如果底层的 Socket 实现不支持 SO_LINGER 时，会抛出 SocketException 异常。当给 linger 参数传递负数值时，setSoLinger 还会抛出一个 IllegalArgumentException 异常。可以通过 getSoLinger 方法得取延迟关闭的时间，如果返回-1，则表明 SO_LINGER 是关闭的。例如，下面的代码将延迟关闭的时间设为 1 分钟：

```
if(socket.getSoLinger() == -1)
    socket.setSoLinger(true, 60);
```

SO_TIMEOUT 选项

用于获取和设置 SO_TIMEOUT 选项的方法。

```
public int getSoTimeout() throws SocketException
```

```
public void setSoTimeout(int timeout) throws SocketException
```

这个 Socket 选项在前面已经讨论过，可以通过这个选项来设置读取数据超时。当输入流的 read 方法被阻塞时，如果设置 timeout（单位是毫秒），那么系统在等待了 timeout 毫秒后会抛出一个 InterruptedIOException 异常。在抛出异常后，输入流并未关闭，你可以继续通过 read 方法读取数据。

如果将 timeout 设为 0，就意味着 read 将会无限等待下去，直到服务端程序关闭这个 Socket。这也是 timeout 的默认值。如下面的语句将读取数据超时设为 30 秒：

```
socket1.setSoTimeout(30 * 1000);
```

当底层的 Socket 实现不支持 SO_TIMEOUT 选项时，这两个方法将抛出 SocketException 异常。不能将 timeout 设为负数，否则 setSoTimeout 方法将抛出 IllegalArgumentException 异常。

SO_SNDBUF 选项

用于获取和设置 SO_SNDBUF 选项的方法。

```
public int getSendBufferSize() throws SocketException
public void setSendBufferSize(int size) throws SocketException
```

在默认情况下，输出流的发送缓冲区是 8096 个字节（8K）。这个值是 Java 所建议的输出缓冲区的大小。如果这个默认值不能满足要求，可以用 setSendBufferSize 方法来重新设置缓冲区的大小。但最好不要将输出缓冲区设得太小，否则会导致传输数据过于频繁，从而降低网络传输的效率。

如果底层的 Socket 实现不支持 SO_SENDBUF 选项，这两个方法将会抛出 SocketException 异常。必须将 size 设为正整数，否则 setSendBufferedSize 方法将抛出 IllegalArgumentException 异常。

SO_RCVBUF 选项

用于获取和设置 SO_RCVBUF 选项的方法。

```
public int getReceiveBufferSize() throws SocketException
public void setReceiveBufferSize(int size) throws SocketException
```

在默认情况下，输入流的接收缓冲区是 8096 个字节（8K）。这个值是 Java 所建议的输入缓冲区的大小。如果这个默认值不能满足要求，可以用 setReceiveBufferSize 方法来重新设置缓冲区的大小。但最好不要将输入缓冲区设得太小，否则会导致传输数据过于频繁，从而降低网络传输的效率。

如果底层的 Socket 实现不支持 SO_RCVBUF 选项，这两个方法将会抛出 SocketException 异常。必须将 size 设为正整数，否则 setReceiveBufferSize 方法将抛出 IllegalArgumentException 异常。

SO_KEEPALIVE 选项

用于获取和设置 SO_KEEPALIVE 选项的方法。

```
public boolean getKeepAlive() throws SocketException
public void setKeepAlive(boolean on) throws SocketException
```

如果将这个 Socket 选项打开，客户端 Socket 每隔段时间（大约两个小时）就会利用空闲的连接向服务器发送一个数据包。这个数据包并没有其他作用，只是为了检测一下服务器是否仍处于活动状态。如果服务器未响应这个数据包，几分钟后，客户端 Socket 再发送一个数据包，如果几分钟内服务器还没响应，那么客户端 Socket 将关闭。如果将该 Socket 选项关闭，客户端 Socket 在服务器无效的情况下可能会长时间处理连接状态。SO_KEEPALIVE 选项在默认情况下是关闭的，可以使用如下语句将这个 SO_KEEPALIVE 选项打开：

```
socket1.setKeepAlive(true);
```

SO_OOBINLINE 选项

用于获取和设置 SO_OOBINLINE 选项的方法。

```
public boolean getOOBInline() throws SocketException
```

```
public void setOOBInline(boolean on) throws SocketException
```

如果这个 Socket 选项打开，可以通过 Socket 类的 sendUrgentData 方法向服务器发送一个单字节的数据。这个单字节数据并不经过输出缓冲区，而是立即发出。虽然在客户端并不是使用 OutputStream 向服务器发送数据，但在服务端程序中，这个单字节的数据是和其他普通数据混在一起的。因此，在服务端程序中并不知道由客户端发过来的数据是由 OutputStream 还是由 sendUrgentData 发过来的。下面是 sendUrgentData 方法的声明：

```
public void sendUrgentData(int data) throws IOException
```

虽然 sendUrgentData 的参数 data 是 int 类型，但只有这个 int 类型的低字节被发送，其他三个字节被忽略。下面的代码演示了如何使用 SO_OOBINLINE 选项来发送单字节数据。

服务端代码

```
ServerSocket serverSocket = new ServerSocket(1234);
while (true)
{
    Socket socket = serverSocket.accept();
    socket.setOOBInline(true);
    InputStream in = socket.getInputStream();
    InputStreamReader inReader = new InputStreamReader(in);
    BufferedReader bReader = new BufferedReader(inReader);
    Log.d("info", bReader.readLine());
    Log.d("info", bReader.readLine());
    socket.close();
}
```

客户端代码

```
// 192.168.16.100 为服务端 IP 地址
Socket socket = new Socket("192.168.16.100", 1234);
socket.setOOBInline(true);
OutputStream out = socket.getOutputStream();
OutputStreamWriter outWriter = new OutputStreamWriter(out);
outWriter.write(67);                    // 向服务器发送字符 "C"
outWriter.write("hello world\r\n");
socket.sendUrgentData(65);              // 向服务器发送字符 "A"
socket.sendUrgentData(322);             // 向服务器发送字符 "B"
outWriter.flush();
socket.sendUrgentData(214);             // 向服务器发送汉字 "中"
socket.sendUrgentData(208);
socket.sendUrgentData(185);             // 向服务器发送汉字 "国"
socket.sendUrgentData(250);
socket.close();
```

上面代码中的服务端程序需要在 PC 上运行，然后在 Android 手机中执行客户端代码。在服务端控制台上会输出如下信息：

```
服务器已经启动，端口号：1234
ABChello world
中国
```

客户端代码分别使用了 sendUrgentData 方法向服务器发送了字符'A'(65)和'B'(66)，然后发送的是 322。由于 sendUrgentData 只发送整型数的低字节，因此，实际发送的是 66。十进制整型 322 的二进制形式如图 10-27 所示。

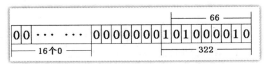

图 10-27　十进制整型 322 的二进制形式

从图 10-27 可以看出，虽然 322 分布在了两个字节上，但它的低字节仍然是 66。

使用 flush 方法将缓冲区中的数据发送到服务器。我们可以从输出结果发现一个问题，在上面代码中先后向服务器发送了'C'、"hello world\r\n"、'A'、'B'。而在服务端程序的控制台上显示的却是 ABChello world。这种现象说明使用 sendUrgentData 方法发送数据后，系统会立即将这些数据发送出去；而使用 write 发送数据，必须要使用 flush 方法才会真正发送数据。

向服务器发送"中国"字符串中的"中"是由 214 和 208 两个字节组成的；而"国"是由 185 和 250 两个字节组成的；因此，可分别发送这四个字节来传送"中国"字符串。

 在使用 setOOBInline 方法打开 SO_OOBINLINE 选项时，要注意必须在客户端和服务端程序同时使用 setOOBInline 方法打开，否则无法命名用 sendUrgentData 来发送数据。

10.5.5　Socket 的异常

在 Socket 类中有很多方法在声明时使用 throws 语句抛出了一些异常，这些异常都是 IOException 的子类。在 Socket 类的方法中抛出最多的就是 SocketException，其余还有 7 个异常可供 Socket 类的方法抛出。这些异常的继承关系如图 10-28 所示。其中灰色背景框所描述的例外就是 Socket 类的方法可能抛出的异常。

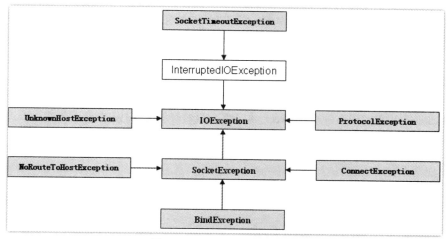

图 10-28　异常类继承关系图

IOException 异常

这个异常是所有在 Socket 类的方法中抛出的异常的父类。因此，在使用 Socket 类时只要捕捉（catch）这个异常就可以了；当然，为了同时捕捉其他异常，也可以直接捕捉 Exception。

SocketException 异常

这个异常在 Socket 类的方法中使用得最频繁，它也代表了所有和网络有关的异常。但如果要想知道具体发生的是哪一类的异常，就需要捕捉更具体的异常了。

ConnectException 异常

ConnectException 异常通常发生在由于服务器忙而未响应或是服务器相应的监听端口未打开的情况下。如下面的语句将抛出一个 ConnectException 异常。

```
Socket socket = new Socket("www.csdn.net", 1234);
```

BindException 异常

这个异常将多个 Socket 或 ServerSocket 对象绑定在同一个端口，而且未打开 SO_REUSEADDR 选项时发生。如下面的四条语句将抛出一个 BindException 例外：

```
Socket socket1 = new Socket();
Socket socket2 = new Socket();
socket1.bind(new InetSocketAddress("127.0.0.1", 1234));
socket2.bind(new InetSocketAddress("127.0.0.1", 1234));
```

NoRouteToHostException 异常

这个异常在遇到防火墙或是路由无法找到主机的情况下抛出。

UnknownHostException 异常

这个异常在域名不正确时被抛出。如下面的语句将抛出一个 UnKnownHostException 异常：

```
Socket socket = new Socket("www.csdn.net", 80);
```

ProtocolException 异常

这个异常并不经常被抛出。由于不明的原因，TCP/IP 的数据包被破坏了，这时将抛出 ProtocolException 异常。

SocketTimeoutException 异常

如果在连接超时和读取数据超时后，服务器仍然未响应，connect 或 read 方法将抛出 SocketTimeoutException 异常。

10.6 服务端 Socket

ServerSocket 类用于实现服务端 Socket。本节将介绍如何使用 ServerSocket 创建用于接收客户端连接的服务端程序。

10.6.1 创建 ServerSocket 对象

ServerSocket 类的构造方法有 4 种重载形式，它们的定义如下：

```
public ServerSocket() throws IOException
public ServerSocket(int port) throws IOException
public ServerSocket(int port, int backlog) throws IOException
public ServerSocket(int port, int backlog, InetAddress bindAddr) throws IOException
```

在上面的构造方法中涉及到了三个参数：port、backlog 和 bindAddr。其中 port 是 ServerSocket 对象要绑定的端口，backlog 是请求队列的长度，bindAddr 是 ServerSocket 对象要绑定的 IP 地址。

通过构造方法绑定端口是创建 ServerSocket 对象最常用的方式。可以通过如下的构造方法来绑定端口：

```
public ServerSocket(int port) throws IOException
```

如果 port 参数所指定的端口已经被绑定，构造方法就会抛出 IOException 异常。但实际上抛出的异常是 BindException。从图 10-28 所示的异常类继承关系图可以看出，所有和网络有关的异常都是 IOException 类的子类。因此，为了 ServerSocket 构造方法还可以抛出其他的异常，就使用了 IOException。

如果 port 的值为 0，系统就会随机选取一个端口号。但随机选取端口的意义不大，因为客户端在连接服务器时需要明确知道服务端程序的端口号。可以通过 ServerSocket 的 toString 方法输出和 ServerSocket 对象相关的信息。下面的代码输入了和 ServerSocket 对象相关的信息：

```
ServerSocket serverSocket = new ServerSocket(1320);
Log.d("serversocket", serverSocket.toString());
```

10.6.2 设置请求队列的长度

在编写服务端程序时，一般会通过多线程来同时处理多个客户端请求。也就是说，使用一个线程来接收客户端请求，当接到一个请求后（得到一个 Socket 对象），会创建一个新线程，将这个客户端请求交给这个新线程处理。而那个接收客户端请求的线程则继续接收客户端请求，这个过程的实现代码如下：

```
ServerSocket serverSocket = new ServerSocket(1234);    // 绑定端口
// 处理其他任务的代码
while(true)
{
    Socket socket = serverSocket.accept();   // 等待接收客户端请求
    // 处理其他任务的代码
    new ThreadClass(socket).start();         // 创建并运行处理客户端请求的线程
}
```

上面代码中的 ThreadClass 类继承自 Thread 类，ThreadClass 类的构造方法有一个 Socket 类型的参数，可以通过构造方法将 Socket 对象传入 ThreadClass 对象，并在 ThreadClass.run 方法中处理客户端请求。这段代码从表面上看好像是天衣无缝，无论有多少客户端请求，只要服务器的配置足够高，就都可以处理。但仔细思考上面的代码，我们可能会发现一些问题。如果在创建 ThreadClass 对象之前有足够复杂的代码，执行时间也比较长，这就意味着服务端程序无法及时响应客户端的请求。

假设在创建 ThreadClass 对象之前执行 Thread.sleep(3000)，这将使程序延迟 3 秒。那么在这 3 秒内，程序不会执行 accept 方法，因此，这段程序只是将端口绑定到了 1234 上，并未开始接收客户端请求。如果这时一个客户端向端口 1234 发来了一个请求，从理论上讲，客户端应该出现拒绝连接错误，但客户端却显示连接成功。究其原因，就是这节要讨论的请求队列在起作用。

在使用 ServerSocket 对象绑定一个端口后，操作系统就会为这个端口分配一个先进先出的队列（这个队列长度的默认值一般是 50），这个队列用于保存未处理的客户端请求，因此叫请求队列。而 ServerSocket 类的 accept 方法负责从这个队列中读取未处理的客户端请求。如果请求队列为空，accept 则处于阻塞状态。每当客户端向服务端发来一个请求，服务端会首先将这个客户端请求保存在请求队列中，然后 accept 再从请求队列中读取这些请求。这也可以很好地解释为什么上面的代码在还未执行到 accept 方法时，仍然可以接收一定数量的客户端请求。如果请求队列中的客户端请求数达到请求队列的最大容量，服务端将无法再接收客户端请求。如果这时客户端再向服务端发请求，客户端将会抛出一个 SocketException 异常。

ServerSocket 类有两个构造方法可以使用 backlog 参数重新设置请求队列的长度。在以下几种情况下，仍然会采用操作系统限定的请求队列的最大长度：

- backlog 的值小于或等于 0。
- backlog 的值大于操作系统限定的请求队列的最大长度。
- 在 ServerSocket 构造方法中未设置 backlog 参数。

通过下面的代码可以在创建 ServerSocket 对象时设置请求队列长度：

```
ServerSocket serverSocket = new ServerSocket(1234, 100);
```

10.6.3 绑定 IP 地址

在有多个网络接口或多个 IP 地址的计算设备上，可以使用如下的构造方法将服务端绑定在某一个 IP 地址上：

```
public ServerSocket(int port, int backlog, InetAddress bindAddr) throws IOException
```

bindAddr 参数就是要绑定的 IP 地址。如果将服务端绑定到某一个 IP 地址上，就只有可以访问这个 IP 地址的客户端才能连接到服务器上。如一台机器上有两块网卡，一块连接内网，另一块连接外网。如果用 Java 实现一个 E-mail 服务器，并且只想让内网的用户使用它，就可以使用这个构造方法将 ServerSocket 对象绑定到连接内网的 IP 地址上。这样外网就无法访问 E-mail 服务器了。可以使用如下代码来绑定 IP 地址：

```
ServerSocket serverSocket = new
ServerSocket(1234, 0, InetAddress.getByName("192.168.18.10"));
```

上面的代码将 IP 地址绑定到了 192.168.18.10 上，因此，服务端程序只能使用绑定了这个 IP 地址的网络接口进行通信。

10.6.4 默认构造方法的使用

除了使用 ServerSocket 类的构造方法绑定端口外，还可以用 ServerSocket.bind 方法来完成构造方法所做的工作。要想使用 bind 方法，必须使用 ServerSocket 类的默认构造方法（没有参数的构造方法）来创建 ServerSocket 对象。bind 方法有两个重载形式，它们的定义如下：

```
public void bind(SocketAddress endpoint) throws IOException
public void bind(SocketAddress endpoint, int backlog) throws IOException
```

bind 方法不仅可以绑定端口，也可以设置请求队列的长度以及绑定 IP 地址。bind 方法的作用是在建立 ServerSocket 对象后设置 ServerSocket 类的一些选项。而这些选项必须在绑定端口之前设置，一但绑定了端口后，再设置这些选项将不再起作用。下面的代码演示了 bind 方法的使用及如何设置 ServerSocket 类的选项：

```
ServerSocket serverSocket1 = new ServerSocket();
// 设置 Socket 选项
serverSocket1.setReuseAddress(true);
serverSocket1.bind(new InetSocketAddress(1234));

ServerSocket serverSocket2 = new ServerSocket();
// 设置 Socket 选项
serverSocket2.setReuseAddress(true);
serverSocket2.bind(new InetSocketAddress("192.168.18.10", 1234));

ServerSocket serverSocket3 = new ServerSocket();
// 设置 Socket 选项
serverSocket3.setReuseAddress(true);
serverSocket3.bind(new InetSocketAddress("192.168.18.10", 1234), 30);
```

在上面的代码中分别为 serverSocket1、serverSocket2 和 serverSocket3 设置了 SO_REUSEADDR 选项。如果使用下面的代码，这个选项将不起作用：

```
// 端口已经绑定，不能再设置 Socket 选项
ServerSocket serverSocket3 = new ServerSocket(1234);
serverSocket3.setReuseAddress(true);
```

10.6.5 读取和发送数据

在建立完 ServerSocket 对象后，通过 accept 方法返回的 Socket 对象，服务端就可以和客户端进行数据交互。

Socket 类和 ServerSocket 类都有两个得到输入/输出流的方法：getInputStream 和 getOutputStream。对于 Socket 类而言，使用 getInputStream 方法得到的 InputStream 是从服务端获取数据，而 getOutputStream 方法得到的 OutputStream 是向服务端发送数据。而 ServerSocket 的 getInputStream 和 getOutputStream 方法也类似。InputStream 从客户端读取数据，OutputStream 向客户端发送数据。下面的代码是一个接收 HTTP 请求，并返回 HTTP 请求头信息的程序，它演示了 ServerSocket 类如何读取和发送来自客户端的数据。

```java
public class HttpEchoServer extends Thread
{
    private Socket socket;
    public void run()
    {
        try
        {
            InputStreamReader isr = new InputStreamReader(socket.getInputStream());
            BufferedReader br = new BufferedReader(isr);
            OutputStreamWriter osw = new OutputStreamWriter(socket.getOutputStream());
            osw.write("HTTP/1.1 200 OK\r\n\r\n");      // 向客户端发送 HTTP 响应头
            String s = "";
            while (!(s = br.readLine()).equals(""))
            {
                osw.write("<html><body>" + s + "<br></body></html>");
            }
            osw.flush();
            socket.close();
        }
        catch (Exception e)
        {
        }
    }
    public HttpEchoServer (Socket socket)
    {
        this.socket = socket;
    }
    public static void main(String[] args) throws Exception
    {
        ServerSocket serverSocket = new ServerSocket(8888);
        System.out.println("服务器已经启动，端口：8888");
        while (true)
        {
            Socket socket = serverSocket.accept();
            new HttpEchoServer (socket).start();
        }
    }
}
```

编译并运行 HttpEchoServer 后，在 IE 的地址栏中输入 URL：http://localhost:8888。输出结果如图 10-29 所示。

上面的代码并未验证 HTTP 请求类型，因此，GET、POST、HEAD 等 HTTP 请求都可以得到回应。在接收客户端请求后，服务端程序只向客户端输出了一行 HTTP 响应头信息（包括响应码和 HTTP 版本号），对于 HTTP 响应头来说，这一行是必须有的，其他的头字段都是可选的。

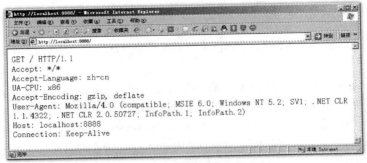

图 10-29　IE 中显示的 HTTP 请求头

10.6.6　关闭连接

在客户端和服务端的数据交互完成后，一般需要关闭网络连接。对于服务端来说，需要分别调用 Socket.close 和 ServerSocket.close 方法关闭客户端和服务端 Socket。

在关闭 Socket 后，客户端并不会马上感知自己的 Socket 已经关闭，也就是说，在服务端的 Socket 关闭后，客户端的 Socket 的 isClosed 和 isConnected 方法仍然会分别得到 false 和 true。但对已关闭的 Socket 的输入/输出流进行操作，会抛出一个 SocketException 异常。

在关闭服务端的 ServerSocket 后，ServerSocket 对象所绑定的端口被释放。这时客户端将无法连接服务端程序。

10.7　小结

本章主要介绍了如何获得 HTTP 资源以及一些与网络有关的控件，包括 ListView、Gallery 和 WebView。获得 HTTP 资源可以通过 HttpUrlConnection 或 HttpGet、HttpPost，这两种方式可以互相取代。如果想在 ListView、Gallery 控件中装载远程 HTTP 资源数据，需要在 Adapter 对象中访问 HTTP 资源，然后将这些资源装载到本地的数组或 List 对象中，剩下的步骤和装载本地数据基本相同。本章还介绍了一个第三方用于访问 WebService 的开发包 KSOAP2。通过这个开发包，可以在 Android 系统中调用远程的 WebService 方法。本章最后还介绍了更底层的网络通信，主要包括客户端 Socket 和服务端 Socket 之间的 TCP 通信。使用这些技术可以完成更灵活的网络通讯工作。

11

多媒体技术

本章主要介绍 Android SDK 中比较有趣的部分：图形、音频和视频。基于这些技术的应用已占据全部应用的很大一部分。在每节介绍相关知识后，会提供一个完整的实例来帮助读者更好地理解和掌握该节的知识。

 本章内容

- 图形绘制基础
- 绘制位图
- 设置颜色和位图的透明度
- 旋转图像和旋转动画
- 扭曲图像
- 拉伸图像
- 路径（Path）
- 沿着路径绘制文本
- 在图像上绘制图形
- 播放 MP3 文件
- 录音
- 播放视频

11.1 图形

图形是学习 Android 多媒体技术最先接触到的内容。通常在 android.view.View 类的 onDraw 方法中画各种图形。在 Android SDK 中支持多种图形效果，例如基本的图形元素（直线、圆形、弧等）、设置位图的透明度（Alpha 值）、画位图、旋转位图等。

11.1.1 图形绘制基础

绘制图形通常在 android.view.View 或其子类的 onDraw 方法中进行。该方法的定义如下：
```
protected void onDraw(Canvas canvas);
```
其中 Canvas 对象提供了大量用于绘图的方法。这些方法主要包括绘制像素点、直线、圆形、弧、文本，都是组成复杂图形的基本元素。如果要画更复杂的图形，可以采用组合这些图形基本元素的方式来完成，例如可以采用画 3 条直线的方式来画三角形。下面来看一下绘制图形基本元素的方法。

1．绘制像素点

```
public native void drawPoint(float x, float y, Paint paint);                          // 画一个像素点
public native void drawPoints(float[] pts, int offset, int count, Paint paint);       // 画多个像素点
public void drawPoints(float[] pts, Paint paint);                                     // 画多个像素点
```

参数的含义如下：

- x：像素点的横坐标。
- y：像素点的纵坐标。
- paint：描述像素点属性的 Paint 对象。可设置像素点的大小、颜色等属性。绘制其他图形元素的 Paint 对象与绘制像素点的 Paint 对象的含义相同。在绘制具体的图形元素时，可根据实际情况设置 Paint 对象。
- pts：drawPoints 方法可一次性画多个像素点。pts 参数表示多个像素点的坐标。该数组元素必须是偶数个，两个一组为一个像素点的坐标。
- offset：drawPoints 方法可以取 pts 数组中的一部分连续元素作为像素点的坐标，因此，需要通过 offset 参数来指定取得数组中连续元素的第 1 个元素的位置，也就是元素偏移量，从 0 开始。例如，要从第 3 个元素开始取数组元素，那么 offset 参数值就是 2。
- count：要获得的数组元素个数。count 必须为偶数（两个数组元素为一个像素点的坐标）。

要注意的是，offset 可以从任意一个元素开始取值，例如 offset 可以为 1，然后 count 为 4。

2．绘制直线

```
public void drawLine(float startX, float startY, float stopX, float stopY,Paint paint);   // 画一条直线
public native void drawLines(float[] pts, int offset, int count, Paint paint);             // 画多条直线
public void drawLines(float[] pts, Paint paint);                                           // 画多条直线
```

参数的含义如下：

- startX：直线开始端点的横坐标。
- startY：直线开始端点的纵坐标。
- stopX：直线结束端点的横坐标。
- stopY：直线结束端点的纵坐标。
- pts：绘制多条直线时的端点坐标集合。4 个数组元素（两个为开始端点的坐标，两个为结束端点的坐标）为 1 组，表示一条直线。例如画两条直线，pts 数组就应该有 8 个元素。前 4 个数组元素为第 1 条直线两个端点的坐标，后 4 个数组元素为第 2 条直线的两个端点的坐标。
- offset：pts 数组中元素的偏移量。
- count：取得 pts 数组中元素的个数。该参数值需为 4 个整数倍。

3．绘制圆形

```
public void drawCircle(float cx, float cy, float radius, Paint paint);
```

参数的含义如下：
- cx：圆心的横坐标。
- cy：圆心的纵坐标。
- radius：圆的半径。

4. 绘制弧

```
public void drawArc(RectF oval, float startAngle, float sweepAngle, boolean useCenter, Paint paint);
```

参数的含义如下：

- oval：弧的外切矩形的坐标。需要设置该矩形的左上角和右下角的坐标，也就是 oval.left、oval.top、oval.right 和 oval.bottom。
- startAngle：弧的起始角度。
- sweepAngle：弧的结束角度。如果 sweepAngle-startAngle 的值大于等于 360，drawArc 画的就是一个圆或椭圆（如果 oval 指定的坐标画出来的是长方形，drawArc 画的就是椭圆）。
- useCenter：如果该参数值为 true，在画弧时，弧的两个端点会连接圆心。如果该参数值为 false，则只会画弧。效果如图 11-1 所示。前两个弧未设置填充状态，后两个弧设置了填充状态。

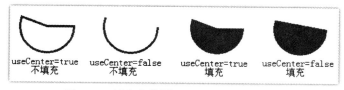

图 11-1　填充和设置 useCenter 参数的效果

5. 绘制文本

```
// 绘制 text 指定的文本
public native void drawText(String text, float x, float y, Paint paint);
// 绘制 text 指定的文本。文本中的每一个字符的起始坐标由 pos 数组中的值决定
public void drawPosText(String text, float[] pos, Paint paint);
// 绘制 text 指定的文本。text 中的每一个字符的起始坐标由 pos 数组中的值决定，并且可以选择 text 中的某一段
// 连续的字符绘制
public void drawPosText(char[] text, int index, int count, float[] pos,Paint paint);
```

参数的含义如下：

- text：drawText 方法中的 text 参数表示要绘制的文本。drawPostText 方法中的 text 虽然也表示要绘制的文本，但每一个字符的坐标需要单独指定。如果未指定某个字符的坐标，系统会抛出异常。
- x：绘制文本的起始点的横坐标。
- y：绘制文本的起始点的纵坐标。
- index：选定的字符集合在 text 数组中的索引。
- count：选定的字符集中的字符个数。

下一节将使用本节介绍的几个绘制图形元素的方法来绘制一些图形，读者可以利用下一节中的代码做更进一步研究。

11.1.2 绘制基本的图形和文本

工程目录：src\ch11\ch11_draw

由于绘制图形需要在 View 类的 onDraw 方法中进行，因此，本例需要编写一个 View 的子类 MyView，并在 MyView 类中覆盖 onDraw 方法。在本例中绘制了像素点、直线、正方形、三角形、圆形、弧、椭圆和文本。

当 View 重绘时会调用 View 类的 onDraw 方法。如何用程序控制 View 的重绘呢？方法很简单，只需要调用 View 类的 invalidate 方法即可。也就是说，调用 invalidate 方法后，系统就会调用 onDraw 方法来重绘 View。

从上一节看到，绘制多条直线的 drawLines 方法需要为每一条直线指定两个点的坐标，共 4 个值。如果要绘制 10 条直线，就需要指定 40 个值。虽然 drawLines 方法很通用，绘制的直线也可以是互不相邻的，也就是说，这些直线的端点都不重合，但如果要绘制三角形、梯形、五角星这样的直线端点重合的图形，就需要很多坐标。这些工作很多都是可以避免的，例如，绘制一个三角形的每一个边的终点就是另一条边的起点。如果用 drawLines 方法，就需要为这个三角形设置 6 个坐标（12 个值）。而其中有两个坐标是重复设置的。使用 drawLines 方法绘制三角形的代码如下：

```
Paint paint = new Paint();
canvas.drawLines(new float[]{ 160, 70, 230, 150, 230, 150, 170, 155, 170, 155, 160, 70 }, paint);
```

从上面的代码可以看出，drawLines 方法的第 1 个参数值包含 12 个值（6 个坐标）。黑色字体部分并不是必需的。这部分值与前面的两个值是相同的，如果绘制的直线首尾相接，则完全可以将这些值省略。为此，我们编写了一个 drawLinesExt 方法来省略这些不必要的坐标，代码如下：

```
private void drawLinesExt(Canvas canvas, float[] pts, Paint paint)
{
    // 假设省略坐标的 float 数组长度为 pts.length，那么生成被省略坐标后的 float 数组的长度是
    // pts.length * 2 - 4
    float[] points = new float[pts.length * 2 - 4];
    for (int i = 0, j = 0; i < pts.length; i = i + 2)
    {
        points[j++] = pts[i];
        points[j++] = pts[i + 1];
        //  除了第一对和最后一对坐标外，其他坐标都复制一份
        if (i > 1 && i < pts.length - 2)
        {
            points[j++] = pts[i];
            points[j++] = pts[i + 1];
        }
    }
    canvas.drawLines(points, paint);                // 画多条直线
}
```

drawLinesExt 方法的基本原理是根据省略相应坐标的 float 数组中的坐标值重新生成这些被省略的坐标，然后再利用 drawLines 方法画出多条直线。也就是说，drawLinesExt 方法负责生成这些被省略的坐标。根据观察得知，原始坐标集合中除了第一对和最后一对坐标外，中间每一对坐标都有一对重复的坐标。如果要生成被省略的坐标，正好是个逆过程。也就是除了第一对和最后一对坐标外，其他的坐标都复制一份。使用 drawLinesExt 方法画三角形的代码如下：

```
// 少了 2 个坐标（4 个值）
drawLinesExt(canvas, new float[]{ 160, 70, 230, 150, 170, 155, 160, 70 }, paint);
```

为了演示如何通过程序来控制 View 的刷新，在本例中利用触摸事件（onTouchEvent）来控制 View

的刷新。当触摸屏幕时，程序会改变 Paint、useCenter 等参数的值，并用 invalidate 方法来刷新 View。在本例中编写的 MyView 类的完整代码如下：

```java
class MyView extends View
{
    private Paint paint1 = new Paint();
    private Paint paint2 = new Paint();
    private Paint paint3 = new Paint();
    private boolean useCenter = true;
    // 用于设置绘制文本的字体大小（5 个文本）
    private float[] textSizeArray = new float[]{ 15, 18, 21, 24, 27 };
    @Override
    public boolean onTouchEvent(MotionEvent event)
    {
        // 根据 useCenter 来判断当前的状态
        if (useCenter)
        {
            useCenter = false;
            // 设置画笔的颜色
            paint1.setColor(Color.RED);
            paint2.setColor(Color.BLACK);
            paint3.setColor(Color.GREEN);
            // 设置画笔的宽度
            paint1.setStrokeWidth(6);
            paint2.setStrokeWidth(4);
            paint3.setStrokeWidth(2);
        }
        else
        {
            useCenter = true;
            // 设置画笔的颜色
            paint1.setColor(Color.BLACK);
            paint2.setColor(Color.RED);
            paint3.setColor(Color.BLUE);
            // 设置画笔的宽度
            paint1.setStrokeWidth(2);
            paint2.setStrokeWidth(4);
            paint3.setStrokeWidth(6);
        }
        // 每次触摸屏幕时将字体大小倒置，也就是将第 1 个和第 n 个元素交换，第 2 个和第 n-1 个元素交换，
        // 依此类推
        for (int i = 0; i < textSizeArray.length / 2; i++)
        {
            float textSize = textSizeArray[i];
            textSizeArray[i] = textSizeArray[textSizeArray.length - i - 1];
            textSizeArray[textSizeArray.length - i - 1] = textSize;
        }
        // 刷新 View
        invalidate();
        return super.onTouchEvent(event);
    }
    public MyView(Context context)
    {
        super(context);
        setBackgroundColor(Color.WHITE);
        paint1.setColor(Color.BLACK);
        paint1.setStrokeWidth(2);
        paint2.setColor(Color.RED);
        paint2.setStrokeWidth(4);
        paint3.setColor(Color.BLUE);
        paint3.setStrokeWidth(6);
    }
}
```

```java
// 扩展画多条直线的方法
private void drawLinesExt(Canvas canvas, float[] pts, Paint paint)
{
    float[] points = new float[pts.length * 2 - 4];
    for (int i = 0, j = 0; i < pts.length; i = i + 2)
    {
        points[j++] = pts[i];
        points[j++] = pts[i + 1];
        if (i > 1 && i < pts.length - 2)
        {
            points[j++] = pts[i];
            points[j++] = pts[i + 1];
        }
    }
    canvas.drawLines(points, paint);
}
@Override
protected void onDraw(Canvas canvas)
{
    // 绘制像素点
    canvas.drawPoint(60, 120, paint3);
    canvas.drawPoint(70, 130, paint3);
    canvas.drawPoints(new float[]{ 70, 140, 75, 145, 75, 160 }, paint2);
    // 绘制直线
    canvas.drawLine(10, 10, 300, 10, paint1);
    canvas.drawLine(10, 30, 300, 30, paint2);
    canvas.drawLine(10, 50, 300, 50, paint3);
    // 绘制正方形
    drawLinesExt(canvas, new float[]{ 10, 70, 120, 70, 120, 170, 10, 170, 10, 70 }, paint2);
    drawLinesExt(canvas, new float[]{ 25, 85, 105, 85, 105, 155, 25, 155, 25, 85 }, paint3);
    // 绘制三角形
    drawLinesExt(canvas, new float[]{ 160, 70, 230, 150, 170, 155, 160, 70 }, paint2);
    // 设置非填充状态
    paint2.setStyle(Style.STROKE);
    // 画空心圆
    canvas.drawCircle(260, 110, 40, paint2);
    // 设置填充状态
    paint2.setStyle(Style.FILL);
    // 画实心圆
    canvas.drawCircle(260, 110, 30, paint2);
    RectF rectF = new RectF();
    rectF.left = 30;
    rectF.top = 190;
    rectF.right = 120;
    rectF.bottom = 280;
    // 画弧
    canvas.drawArc(rectF, 0, 200, useCenter, paint2);
    rectF.left = 140;
    rectF.top = 190;
    rectF.right = 280;
    rectF.bottom = 290;
    paint2.setStyle(Style.STROKE);
    // 画空心椭圆
    canvas.drawArc(rectF, 0, 360, useCenter, paint2);
    rectF.left = 160;
    rectF.top = 190;
    rectF.right = 260;
    rectF.bottom = 290;
    paint3.setStyle(Style.STROKE);
    // 画空心圆
    canvas.drawArc(rectF, 0, 360, useCenter, paint3);
    float y = 0;
    // 绘制文本
    for (int i = 0; i < textSizeArray.length; i++)
```

```
                paint1.setTextSize(textSizeArray[i]);
                paint1.setColor(Color.BLUE);
                // 获得文本的宽度可以用 measureText 方法
                canvas.drawText("Android（宽度：" + paint1.measureText("Android")
                        + "）", 20, 315 + y, paint1);
                y += paint1.getTextSize() + 5;
        }
        paint1.setTextSize(22);
        // 绘制文本，单独设置每一个字符的坐标。第 1 个坐标(180,230)是"圆"的坐标，
        // 第 2 个坐标(210,250)是"形"的坐标
        canvas.drawPosText("圆形", new float[]{180,230, 210,250}, paint1);
    }
}
```

运行本例，会看到如图 11-2 所示的显示效果，触摸屏幕后，会看到如图 11-3 所示的显示效果。

图 11-2　绘制图形的显示效果 1

图 11-3　绘制图形的显示效果 2

11.1.3　绘制位图

Canvas 不仅可以绘制图形，还可以将位图绘制在 View 上。绘制位图可以使用如下两种方式。

1. 绘制 Bitmap 对象

使用这种方式绘制位图需要装载图像资源，并获得图像资源的 InputStream 对象。然后使用 BitmapFactory.decodeStream 方法将 InputStream 解码成 Bitmap 对象。最后使用 Canvas.drawBitmap 方法在 View 上绘制位图。具体的实现代码如下：

```
protected void onDraw(Canvas canvas)
{
    // 装载图像资源，并获得 InputStream 对象
    java.io.InputStream is= context.getResources().openRawResource(R.drawable.panda);
    BitmapFactory.Options opts = new BitmapFactory.Options();
    opts.inSampleSize = 2;                       // 按图像的 50%绘制
    // 将 InputStream 对象解码成 Bitmap 对象
    Bitmap bitmap = BitmapFactory.decodeStream(is, null, opts);
    // 绘制位图
    canvas.drawBitmap(bitmap, 10, 10, null);
}
```

在编写上面代码时应注意如下两点：

- drawBimap 方法并未使用 Paint 对象，因此需要将 drawBitmap 方法的最后一个参数设为 null。
- BitmapFactory.Options 类的 inSampleSize 属性表示原位图与绘制的位图的比例。如果该属性值为 1，表示原位图和绘制的位图的大小比例是 1:1，如果该属性值为 2，表示按原位图 50%（2:1）的大小绘制位图。

2. 使用 Drawable.draw 方法绘制位图

首先应获得图像资源的 Drawable 对象，然后使用 Drawable.draw 方法绘制位图。代码如下：

```
protected void onDraw(Canvas canvas)
{
    //  获得图像资源的 Drawable 对象
    Drawable drawable = context.getResources().getDrawable(R.drawable.button);
    //  设置位图的左上角坐标（前两个参数值）和绘制在 View 上的位图宽度和高度（后两个参数值）
    drawable.setBounds(50, 350, 180, 420);
    //  绘制位图
    drawable.draw(canvas);
}
```

11.1.4　用两种方式绘制位图

工程目录：src\ch11\ch11_drawbitmap

本例中利用了 11.1.3 节介绍的两种绘制位图的方式在 View 上绘制了 5 个位图。由于 Bitmap 和 Drawable 对象只需装载一次即可，因此本例直接在构造方法中获得了 Bitmap 和 Drawable 对象。然后在 onDraw 事件方法中直接使用 Bitmap 和 Drawable 对象。本例中用于显示绘制位图的类是 MyView，代码如下：

```
private static class MyView extends View
{
    private Bitmap bitmap1;
    private Bitmap bitmap2;
    private Bitmap bitmap3;
    private Bitmap bitmap4;
    private Drawable drawable;
    public MyView(Context context)
    {
        super(context);
        setBackgroundColor(Color.WHITE);
        java.io.InputStream is= context.getResources().openRawResource(R.drawable.panda);
        BitmapFactory.Options opts = new BitmapFactory.Options();
        opts.inSampleSize = 2;
        bitmap1 = BitmapFactory.decodeStream(is, null, opts);
        is = context.getResources().openRawResource(R.drawable.tiger);
        bitmap2 = BitmapFactory.decodeStream(is);
        int w = bitmap2.getWidth();
        int h = bitmap2.getHeight();
        int[] pixels = new int[w * h];
        //  复制 bitmap2 的所有像素颜色值（pixels 数组）
        bitmap2.getPixels(pixels, 0, w, 0, 0, w, h);
        //  将 bitmap2 复制两份（bitmap3 和 bitmap3）
        bitmap3 = Bitmap.createBitmap(pixels, 0, w, w, h,Bitmap.Config.ARGB_8888);
        bitmap4 = Bitmap.createBitmap(pixels, 0, w, w, h,Bitmap.Config.ARGB_4444);
        //  获得图像资源的 Drawable 对象
        drawable = context.getResources().getDrawable(R.drawable.button);
        //  设置绘制位图的左上角坐标、宽度和高度
        drawable.setBounds(50, 350, 180, 420);
    }
    @Override
    protected void onDraw(Canvas canvas)
```

```
    {
        // 绘制5个位图
        canvas.drawBitmap(bitmap1, 10, 10, null);
        canvas.drawBitmap(bitmap2, 10, 200, null);
        canvas.drawBitmap(bitmap3, 110, 200, null);
        canvas.drawBitmap(bitmap4, 210, 200, null);
        drawable.draw(canvas);
    }
}
```

运行本例，将显示如图11-4所示的效果。

图11-4　绘制位图

11.1.5　设置颜色的透明度

Android 系统支持的颜色由 4 个值组成。前 3 个值为 RGB，也就是我们常说的三原色（红、绿、蓝），最后一个值是 A，也就是 Alpha。这 4 个值都在 0～255 之间。颜色值越小，表示该颜色越淡；颜色值越大，表示该颜色越深。如果 RGB 都为 0，就是黑色，如果 RGB 都为 255，就是白色。Alpha 也需要在 0～255 之间变化。Alpha 的值越小，颜色就越透明；Alpha 的值越大，颜色就越不透明。当 Alpha 的值为 0 时，颜色完全透明，完全透明的位图或图形将从 View 上消失；当 Alpha 的值为 255 时，颜色不透明。从 Alpha 的特性可知，设置颜色的透明度实际上就是设置 Alpha 值。

设置颜色的透明度可以通过 Paint 类的 setAlpha 方法来完成。下一节将给出一个完整的例子来使位图中颜色的 Alpha 值从 0～255 任意切换，读者可以通过这个例子来观察颜色透明度的变化。

11.1.6　可任意改变透明度的位图

工程目录：src\ch11\ch11_alphabitmap

本例将通过一个滑杆（SeekBar）控件改变位图中颜色的 Alpha 值（透明度）。显示位图的 MyView 类的代码如下：

```
private class MyView extends View
{
    private Bitmap bitmap;
    public MyView(Context context)
    {
        super(context);
        InputStream is = getResources().openRawResource(R.drawable.image);
        bitmap = BitmapFactory.decodeStream(is);
        setBackgroundColor(Color.WHITE);
    }
    @Override
    protected void onDraw(Canvas canvas)
    {
        Paint paint = new Paint();
        //  设置透明度（Alpha 值），alpha 是在 Main 类中定义的一个 int 类型的变量
        paint.setAlpha(alpha);
        //  绘制位图
        canvas.drawBitmap(bitmap, new Rect(0, 0, bitmap.getWidth(), bitmap
                .getHeight()), new Rect(10, 10, 310, 235), paint);
    }
}
```

上面代码中的 drawBitmap 方法的第 2 个参数表示原位图的复制区域，在本例中表示复制整个原位图。第 3 个参数表示绘制的目标区域。

SeekBar 控件的 onProgressChanged 事件方法的代码如下：
```
public void onProgressChanged(SeekBar seekBar, int progress,boolean fromUser)
{
    alpha = progress;
    setTitle("alpha:" + progress);
    //  重绘 View
    myView.invalidate();
}
```

运行本例，将滑杆移动到靠左和靠右的位置，将会看到如图 11-5 和图 11-6 所示的效果。

图 11-5　透明度为 84 的效果

图 11-6　透明度为 227 的效果

11.1.7　旋转图像

旋转图像的基本思想是通过 Matrix 类的 setRotate 方法设置要旋转的角度（正值为顺时针旋转，负值为逆时针旋转），然后使用 Bitmap.createBitmap 方法创建一个已经旋转了的图像（Bitmap 对象）。当生

成 Bitmap 对象后，就可以根据实际情况做更进一步处理，例如在 onDraw 方法中通过 Canvas.drawBitmap 方法将图像绘制在 View 上。旋转图像的实现代码如下：

```
Matrix matrix = new Matrix();
matrix.setRotate(50);              // 顺时针旋转 50 度
// 旋转图像，并生成旋转后的 Bitmap 对象
Bitmap bitmap = Bitmap.createBitmap(bitmap, 0, 0, bitmap.getWidth(), bitmap.getHeight(), matrix, true);
```

除此之外，还可以使用 Canvas.setMatrix 方法设置 Matrix 对象，并直接使用 drawBitmap 来绘制旋转后的图像，代码如下：

```
protected void onDraw(Canvas canvas)
{
    Matrix matrix = new Matrix();
    // 设置要旋转的角度（120 度），160 和 240 是图像旋转的轴心坐标
    matrix.setRotate(120, 160, 240);
    canvas.setMatrix(matrix);
    // 在(88,169)位置绘制图像
    canvas.drawBitmap(bitmap, 88, 169, null);
}
```

setMatrix 方法除了可以通过第 1 个参数设置要旋转的角度外，还可以通过后两个参数设置旋转轴心的坐标（坐标是相对于屏幕的坐标）。如果这个坐标正好位于图像的中心，那么这个图像就会在原地旋转。我们也可以利用这个特性实现可旋转的动画，在下一节中将会看到旋转动画的完整实现过程。

11.1.8 旋转动画

工程目录： src\ch11\ch11_roundanim

在上一节已经介绍了如何旋转图像，那么该如何利用这个特性实现不断旋转的动画呢？答案非常简单，只需要在 onDraw 方法中调用 invalidate 方法即可。每调用一次 invalidate 方法，onDraw 方法就会调用一次；当在 onDraw 方法中调用 invalidate 方法时，就意味着 onDraw 方法会不断地被调用。因此，只要将旋转图像的代码放在 onDraw 方法中就会使图像不断地旋转。

在本例中实现了两个图像的旋转动画。其中一个图像（十字扳手）在原地顺时针旋转，另一个图像（小圆球）以十字扳手图像的中心为旋转轴心，绕着十字扳手逆时针旋转。在编写代码之前，先看一下动画效果，如图 11-7 所示。

图 11-7　旋转动画

MyView 类用于显示旋转动画，代码如下：

```
class MyView extends View
{
    private Bitmap bitmap1;            // 十字扳手图像的 Bitmap 对象
    private Bitmap bitmap2;            // 小圆球图像的 Bitmap 对象
    private int digree1 = 0;           // 十字扳手图像的当前角度
    private int digree2 = 360;         // 小圆球图像的当前角度

    public MyView(Context context)
    {
        super(context);
        setBackgroundColor(Color.WHITE);
        InputStream is = getResources().openRawResource(R.drawable.cross);
        bitmap1 = BitmapFactory.decodeStream(is);
        is = getResources().openRawResource(R.drawable.ball);
```

```
        bitmap2 = BitmapFactory.decodeStream(is);
    }
    @Override
    protected void onDraw(Canvas canvas)
    {
        Matrix matrix = new Matrix();
        //  控制旋转角度在 0～360 之间
        if (digree1 > 360)
            digree1 = 0;
        if(digree2 < 0)
            digree2 = 360;
        //  设置十字扳手图像的旋转角度（度数不断递增）和旋转轴心坐标，该轴心也是图像的正中心
        matrix.setRotate(digree1++, 160, 240);
        canvas.setMatrix(matrix);
        //  绘制十字扳手图像
        canvas.drawBitmap(bitmap1, 88, 169, null);
        //  设置小圆球的旋转角度（度数不断递减）和旋转轴心坐标，该轴心也是图像的正中心
        matrix.setRotate(digree2--,160 , 240);
        canvas.setMatrix(matrix);
        //  绘制小圆球图像
        canvas.drawBitmap(bitmap2, 35, 115, null);
        //  不断重绘 View，不断调用 onDraw 方法
        invalidate();
    }
}
```

11.1.9 扭曲图像

Canvas 类提供了很多非常有意思的方法，通过这些功能可以实现很多特效，例如，本节将介绍一个 drawBitmapMesh 方法，通过这个方法可以将图像的部分区域扭曲。

drawBitmapMesh 方法共有 8 个参数，该方法的定义如下：

```
public void drawBitmapMesh(Bitmap bitmap, int meshWidth, int meshHeight,
        float[] verts, int vertOffset, int[] colors, int colorOffset, Paint paint);
```

其中比较重要的参数是 bitmap、meshWidth、meshHeight 和 verts，其他的 4 个参数值一般为 0（int 类型参数）或 null（Paint 和数组类型参数）即可。drawBitmapMesh 方法参数的含义如下：

- bitmap：要扭曲的原始图象。
- meshWidth：扭曲区域的宽度。
- meshHeight：扭曲区域的高度。
- verts：扭曲区域的像素坐标。该数组至少要有(meshWidth+1)×(meshHeight+1)×2 + meshOffset 个元素。
- vertOffset：verts 数组的偏移量。该参数值一般可设为 0。
- colors：扭曲区域像素的颜色。该参数值可设为 null。
- colorOffset：colors 数组的偏移量。
- paint：表示绘制扭曲图像所使用的 Paint 对象。该参数值一般设为 null 即可。

下一节将提供一个完整的例子来演示如何利用 drawBitmapMesh 方法来扭曲图像的某个区域。

11.1.10 按圆形轨迹扭曲图像

工程目录：src\ch11\ch11_mess

本例使用 11.1.5 节介绍的 drawBitmapMess 方法对图像进行扭曲。为了实现动画效果，本例中使用定时器以 100 毫秒的频率按圆形轨迹扭曲图像。关于定时器的详细介绍，请读者参阅 8.3 节的内容。下面先看看扭曲后的效果，图 11-8 和图 11-9 是不同位置扭曲后的效果。

图 11-8　图像扭曲效果 1　　　　　　　　图 11-9　图像扭曲效果 2

扭曲的关键是生成 verts 数组。本例一开始会先生成 verts 数组的初始值：有一定水平和垂直间距的网点坐标。然后通过 warp 方法，按一定的数学方法变化 verts 数组中的坐标。本例的完整代码如下：

```
package net.blogjava.mobile;

import java.util.Random;
import java.util.Timer;
import java.util.TimerTask;
import android.app.Activity;
import android.content.Context;
import android.graphics.Bitmap;
import android.graphics.BitmapFactory;
import android.graphics.Canvas;
import android.graphics.Color;
import android.graphics.Matrix;
import android.os.Bundle;
import android.os.Handler;
import android.os.Message;
import android.util.FloatMath;
import android.util.Log;
import android.view.View;

public class Main extends Activity
{
    private static Bitmap bitmap;
    private MyView myView;
    private int angle = 0;          //  圆形轨迹当前的角度
    private Handler handler = new Handler()
    {
        public void handleMessage(Message msg)
        {
            switch (msg.what)
            {
                case 1:
                    Random random = new Random();
                    //  计算图形中心点坐标
```

```java
                    int centerX = bitmap.getWidth() / 2;
                    int centerY = bitmap.getHeight() / 2;
                    double radian = Math.toRadians((double) angle);
                    //  通过圆心坐标、半径和当前角度计算当前圆周的某点横坐标
                    int currentX = (int) (centerX + 100 * Math.cos(radian));
                    //  通过圆心坐标、半径和当前角度计算当前圆周的某点纵坐标
                    int currentY = (int) (centerY + 100 * Math.sin(radian));
                    //  重绘View，并在圆周的某一点扭曲图像
                    myView.mess(currentX, currentY);
                    angle += 2;
                    if (angle > 360)
                        angle = 0;
                    break;
            }
            super.handleMessage(msg);
        }
    };
    private TimerTask timerTask = new TimerTask()
    {
        public void run()
        {
            Message message = new Message();
            message.what = 1;
            handler.sendMessage(message);
        }
    };
    @Override
    protected void onCreate(Bundle savedInstanceState)
    {
        super.onCreate(savedInstanceState);
        myView = new MyView(this);
        setContentView(myView);
        Timer timer = new Timer();
        //  开始定时器
        timer.schedule(timerTask, 0, 100);
    }
    //  用于显示扭曲的图像
    private static class MyView extends View
    {
        private static final int WIDTH = 20;
        private static final int HEIGHT = 20;
        private static final int COUNT = (WIDTH + 1) * (HEIGHT + 1);
        private final float[] verts = new float[COUNT * 2];
        private final float[] orig = new float[COUNT * 2];
        private final Matrix matrix = new Matrix();
        private final Matrix m = new Matrix();
        //  设置 verts 数组的值
        private static void setXY(float[] array, int index, float x, float y)
        {
            array[index * 2 + 0] = x;
            array[index * 2 + 1] = y;
        }
        public MyView(Context context)
        {
            super(context);
            setFocusable(true);
            bitmap = BitmapFactory.decodeResource(getResources(), R.drawable.image);
            float w = bitmap.getWidth();
            float h = bitmap.getHeight();
            int index = 0;
            //  生成 verts 和 orig 数组的初始值，这两个数组的值是一样的，只是在扭曲的过程中需要修改 verts
```

```
            //  的值，而修改 verts 的值要将原始的值保留在 orig 数组中
            for (int y = 0; y <= HEIGHT; y++)
            {
                float fy = h * y / HEIGHT;
                for (int x = 0; x <= WIDTH; x++)
                {
                    float fx = w * x / WIDTH;
                    setXY(verts, index, fx, fy);
                    setXY(orig, index, fx, fy);
                    index += 1;
                }
            }
            matrix.setTranslate(10, 10);
            setBackgroundColor(Color.WHITE);
        }
        @Override
        protected void onDraw(Canvas canvas)
        {
            canvas.concat(matrix);
            canvas.drawBitmapMesh(bitmap, WIDTH, HEIGHT, verts, 0, null, 0,null);
        }
        // 用于扭曲图像的方法，在该方法中根据当前扭曲的点（扭曲区域的中心点），也就是 cx 和 cy 参数，
        // 来不断变化 verts 数组中的坐标值
        private void warp(float cx, float cy)
        {
            final float K = 100000;      // 该值越大，扭曲得越严重（扭曲的范围越大）
            float[] src = orig;
            float[] dst = verts;
            // 按一定的数学规则生成 verts 数组中的元素值
            for (int i = 0; i < COUNT * 2; i += 2)
            {
                float x = src[i + 0];
                float y = src[i + 1];
                float dx = cx - x;
                float dy = cy - y;
                float dd = dx * dx + dy * dy;
                float d = FloatMath.sqrt(dd);
                float pull = K / ((float) (dd (dd *d));
                if (pull >= 1)
                {
                    dst[i + 0] = cx;
                    dst[i + 1] = cy;
                }
                else
                {
                    dst[i + 0] = x + dx * pull;
                    dst[i + 1] = y + dy * pull;
                }
            }
        }
        // 用于 MyView 外部控制图像扭曲的方法。该方法在 handleMessage 方法中被调用
        public void mess(int x, int y)
        {
            float[] pt ={ x, y };
            m.mapPoints(pt);
            //  重新生成 verts 数组的值
            warp(pt[0], pt[1]);
            invalidate();
        }
    }
}
```

11.1.11 拉伸图像

拉伸是 Canvas 类提供的另一个很有意思的特性,可以将图像以一些点(一般为 4 个顶点和中心点)为基础进行拉伸。效果有点像一块方形的布固定 4 角,并揪住某一点向外拉一样。通过 Canvas 类的 drawVertices 方法可以拉伸图像。该方法的定义如下:

```
public void drawVertices(VertexMode mode, int vertexCount,
                float[] verts, int vertOffset,
                float[] texs, int texOffset,
                int[] colors, int colorOffset,
                short[] indices, int indexOffset,
                int indexCount, Paint paint) ;
```

drawVertices 方法中参数的含义如下:

- mode:解释 Vertices 数组(第 3 个参数值)的方式。一般可设为 Canvas.VertexMode.TRIANGLE_FAN。
- vertexCount:Vertices 数组的元素个数。由于 Vertices 数组中的元素表示(x,y)点,因此,vertexCount 参数值必须是 2 的倍数。
- verts:Vertices 数组。指用于扭曲图像的坐标数组。
- vertOffset:用于忽略 Vertices 数组中某些坐标的偏移量。
- texs:该参数可以为 null。如果该参数为 null,则图像会隐藏,显示的是顶点的拉伸轨迹。这一点在实例 66 中将会看到实际的效果。
- texOffset:texs 数组的偏移量。
- colors:该参数可以为 null。如果不为 null,表示 verts 数组中每一个像素点的颜色。
- colorOffset:colors 数组的偏移量。
- indices:如果该参数不为 null,则该数组的值就是 texs 和 colors 数组元素的索引。
- indexOffset:indices 数组的偏移量。
- indexCount:indices 数组的元素个数。
- paint:表示被拉伸的图像使用的 Paint 对象。

在下一节将提供一个完整的例子来演示如何通过 drawVertices 方法来拉伸图像,并显示拉伸的顶点和拉伸轨迹。

11.1.12 拉伸图像演示

工程目录:src\ch11\ch11_vertices

本例同时显示了图像拉伸和拉伸轨迹的效果,先看看向不同方向拉伸的效果,如图 11-10 和图 11-11 所示。

图 11-10　向左拉伸的效果

图 11-11　向右拉伸的效果

拉伸图像的关键是生成 verts 和 texs 数组，在本例中将图像的 4 个顶点和中心点作为拉伸的顶点。从图 11-10 和图 11-11 所示的拉伸顶点就可以看出这一点。下面是本例的完整实现代码：

```java
package net.blogjava.mobile;

import android.app.Activity;
import android.content.Context;
import android.graphics.Bitmap;
import android.graphics.BitmapFactory;
import android.graphics.BitmapShader;
import android.graphics.Canvas;
import android.graphics.Color;
import android.graphics.Matrix;
import android.graphics.Paint;
import android.graphics.Shader;
import android.os.Bundle;
import android.view.MotionEvent;
import android.view.View;

public class Main extends Activity
{
    @Override
    protected void onCreate(Bundle savedInstanceState)
    {
        super.onCreate(savedInstanceState);
        setContentView(new MyView(this));
    }
    private static class MyView extends View
    {
        private final Paint paint = new Paint();
        private final float[] verts = new float[10];
        private final float[] texs = new float[10];
        private final int[] colors = new int[10];
        //  初始化 indices 数组，元素值为 colors 和 texs 数组的索引
        private final short[] indices = { 0, 1, 2, 3, 4, 1 };
        private final Matrix matrix = new Matrix();
        private final Matrix inverse = new Matrix();
```

```java
// 设置 texs 和 verts 数组的值
private static void setXY(float[] array, int index, float x, float y)
{
    array[index * 2 + 0] = x;
    array[index * 2 + 1] = y;
}
public MyView(Context context)
{
    super(context);
    Bitmap bm = BitmapFactory.decodeResource(getResources(),R.drawable.image);
    // 设置图像的 Shader
    Shader s = new BitmapShader(bm, Shader.TileMode.CLAMP,Shader.TileMode.CLAMP);
    paint.setShader(s);
    float w = bm.getWidth();
    float h = bm.getHeight();
    // 设置 texs 数组的值
    setXY(texs, 0, w / 2, h / 2);
    setXY(texs, 1, 0, 0);
    setXY(texs, 2, w, 0);
    setXY(texs, 3, w, h);
    setXY(texs, 4, 0, h);
    // 设置 verts 数组的值
    setXY(verts, 0, w / 2, h / 2);
    setXY(verts, 1, 0,0);
    setXY(verts, 2, w, 0);
    setXY(verts, 3, w, h);
    setXY(verts, 4, 0, h);
    matrix.setScale(0.8f, 0.8f);
    matrix.preTranslate(20, 20);
    matrix.invert(inverse);
    setBackgroundColor(Color.WHITE);
}
@Override
protected void onDraw(Canvas canvas)
{
    canvas.save();
    canvas.concat(matrix);
    canvas.translate(10,10);
    // 只绘制拉伸顶点和拉伸轨迹
    canvas.drawVertices(Canvas.VertexMode.TRIANGLE_FAN, 10, verts, 0,
            null, 0, null, 0, indices, 0, 6, paint);
    canvas.translate(10,240);
    // 绘制可拉伸的图像
    canvas.drawVertices(Canvas.VertexMode.TRIANGLE_FAN, 10, verts, 0,
            texs, 0, null, 0, indices, 0, 6, paint);
    canvas.restore();
}
// 用手指可以拉伸图像
@Override
public boolean onTouchEvent(MotionEvent event)
{
    float[] pt ={ event.getX(), event.getY() };
    inverse.mapPoints(pt);
    setXY(verts, 0, pt[0], pt[1]);
    invalidate();
    return true;
}
}
}
```

11.1.13　路径

工程目录：src\ch11\ch11_path

如果读者用过 Photoshop，应该对路径的概念很熟悉。在 Photoshop 中通过路径可以画出一个区域，并可以剪切、复制这个区域的图像。路径可以是封闭的或开放的（由多条线段组成），称为封闭路径和开放路径。

Canvas 类也提供了绘制路径的功能。通过 Canvas 类的 drawPath 方法，可以画出封闭路径和开放路径，并可以在路径上实现一些特殊的效果。下面先看看 drawPath 方法的定义：

public void drawPath(Path path, Paint paint);

drawPath 方法需要两个参数：path 和 paint。其中 path 参数非常重要，用于绘制路径的轨迹，例如对于开放路径，需要绘制组成路径的多条线段，如果是封闭路径，需要绘制封闭路径的形状（如圆形、椭圆等）。paint 参数用于指定特效、颜色等路径属性。

本节将绘制一系列的开放路径。首先创建一个 Path 对象，并绘制组成路径的多条线段，代码如下：

```
private  Path makeFollowPath()
{
    // 创建 Path 对象
    Path p = new Path();
    p.moveTo(0, 0);
    for (int i = 1; i <= 15; i++)
    {
        // 随机生成线段的纵坐标，并绘制当前的路径线段
        p.lineTo(i * 20, (float) Math.random() * 70);
    }
    return p;
}
```

本节绘制的一系列开放路径由不同的特效组成，这些特效如图 11-12 所示。

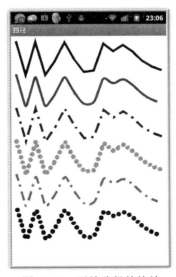

图 11-12　开放路径的特效

实现如图 11-12 所示的特效需要创建 PathEffect 对象。PathEffect 类有很多子类，分别表示不同的特效，下面来创建这些特效对象。

```
private void makeEffects(PathEffect[] e, float phase)
{
    e[0] = null;       // 没有效果
    e[1] = new CornerPathEffect(10);
    e[2] = new DashPathEffect(new float[]{ 20, 10, 5, 10 }, phase);
    e[3] = new PathDashPathEffect(makeCirclePath (), 12, phase, PathDashPathEffect.Style.ROTATE);
    e[4] = new ComposePathEffect(e[2], e[1]);
    e[5] = new ComposePathEffect(e[3], e[1]);
}
```

makeEffects 方法的 e 参数是一个 PathEffect 类型的数组，该数组有 6 个元素，其中第 1 个元素没有任何特效（元素值为 null），其余的数组元素分别对应 5 个特效对象，这 5 个特效也对应图 11-12 所示的后 5 个路径。下面来分别解释这些特效类的用法。

1. CornerPathEffect 类

该类将线段与线段之间的夹角转换成圆角，构造方法的参数表示圆角的半径。

2. DashPathEffect 类

该类用于绘制虚线路径。该类的构造方法有两个参数，第 1 个参数表示虚线线段的长度和虚线之间的间隔。该参数值是一个 float 数组，数组长度必须是偶数，而且必须大于或等于 2。也就是说，指定一条虚线线段的长度后，必须指定该虚线线段与后面的虚线线段的距离。通过第 1 个参数可以指定长度和距离不等的虚线路径，例如绘制如图 11-13 所示的虚线，需要指定 4 个值，new float[]{10, 4, 6, 4}。这 4 个值分别是长线段的长度（10）、长线段与短线段的距离（4）、短线段的长度（6）和短线段与长线段的距离（4）。

图 11-13　不等宽的虚线路径

第 2 个参数表示绘制路径的偏移量。如果该参数值不断增大或减小，会呈现路径向前或向后移动的效果。

3. PathDashPathEffect 类

该类与 DashPathEffect 的功能类似，但该类更强大，可以单独组成虚线路径（实际上，已经不只是虚线线段了，可以是任何图形）的图形。从 PathDashPathEffect 类的名称可以看出，该类名将 Path 和 DashPathEffect 组合，意思是组成虚线路径的每一条虚线可以是一个 Path 对象。下面看一下 PathDashPathEffect 类构造方法的定义就会完全清楚这一点。

```
public PathDashPathEffect(Path shape, float advance, float phase, Style style);
```

构造方法的第 1 个参数的类型是 Path 对象，说明绘制路径时需要指定一个 Path 对象，而这个 Path 对象相当于 DashPathEffect 对象绘制路径时的虚线线段。

这些参数的含义如下：

- shape：用于绘制虚线图形的 Path 对象。
- advance：两个虚线图形之间的距离。
- phase：绘制路径的偏移量。如果该参数值不断地增大或减小，会呈现路径向前或向后移动的效果。
- style：表示如何在路径的不同位置放置 shape 所绘制的图形。

在 PathDashPathEffect 类中使用了一个 makeCirclePath 方法返回 Path 对象，makeCirclePath 方法通过 Path 类的 addCircle 方法绘制了一个圆形路径。该方法的代码如下：

```
private Path makeCirclePath()
{
    Path p = new Path();
    //  组成路径的图形元素是一个实心圆，如图 11-12 所示的第 4 个路径的效果
    p.addCircle(0, 0, 5, Direction.CCW);
    return p;
}
```

4. ComposePathEffect 类

该类可以将两种特效组合在一起。例如，图 11-12 所示的第 5 个路径将路径 2 和路径 3 的特效组合在一起。路径 3 是虚线路径，但这个路径的拐角并不圆滑，因此，使用路径 2 的特效（CornerPathEffect 对象）将路径 3 的拐角变得圆滑。路径 6 也是一样，将路径 2 和路径 4 的特效组合，以使特效 6 的拐角变得圆滑。ComposePathEffect 类的构造方法的第 1 个参数必须是形状特效（DashPathEffect 对象、PathDashPathEffect 对象），第 2 个参数必须是外观特效（CornerPathEffect 对象）。也就是说，这两个参数不能颠倒。例如，不能把路径 5 中 ComposePathEffect(e[2], e[1])的 e[2]和 e[1]颠倒过来，否则无法生成新的特效。

下面来看一下负责显示路径特效的 MyView 类的代码。MyView 类中的部分代码在前面已经给出，关于这一部分代码，读者可参阅前面的内容。

```
private class MyView extends View
{
    private Paint paint;
    private Path path;
    private PathEffect[] effects;
    private int[] colors;
    private float phase;
    //  创建特效对象
    private void makeEffects(PathEffect[] e, float phase){ ... ...}
    public MyView(Context context)
    {
        super(context);
        paint = new Paint();
        paint.setStyle(Paint.Style.STROKE);
        //  设置路径线段的宽度
        paint.setStrokeWidth(5);
        //  创建路径对象（Path 对象）
        path = makeFollowPath();
        effects = new PathEffect[6];
        //  设置 6 条路径的颜色
        colors = new int[]
        { Color.BLACK, Color.RED, Color.BLUE, Color.GREEN, Color.MAGENTA, Color.BLACK };
    }
    @Override
    protected void onDraw(Canvas canvas)
    {
        canvas.drawColor(Color.WHITE);
        RectF bounds = new RectF();
        canvas.translate(10 - bounds.left, 10 - bounds.top);
        //  生成路径特效
        makeEffects(effects, phase);
        //  偏移量不断增大，以产生路径不断向前移动的效果
        phase += 1;
        invalidate();
        //  开始绘制 6 条路径
        for (int i = 0; i < effects.length; i++)
```

```
            {
                // 设置当前路径的特效
                paint.setPathEffect(effects[i]);
                paint.setColor(colors[i]);
                // 绘制路径
                canvas.drawPath(path, paint);
                canvas.translate(0, 70);
            }
        }
        // 创建 Path 对象
        private Path makeFollowPath() { ... ...}
        // 创建绘制路径的 Path 对象（一个实心圆）
        private Path makeCirclePath() { ... ...}
    }
```

11.1.14 沿着路径绘制文本

工程目录：src\ch11\ch11_pathtext

如果只是简单地绘制各种路径，并没有太大的意义。然而更奇妙的是，Canvas 类提供了一个 drawTextOnPath 方法，通过该方法，可以沿着路径来绘制文本。例如，如果路径是曲线，文本会沿着曲线绘制，并随着曲线弯曲。如果路径是圆形，文本会围着圆来绘制。效果如图 11-14 所示。

图 11-14 沿着路径绘制文本

在图 11-14 所示的效果中有 4 行按路径绘制的文本，其中第 2 行和第 3 行并未绘制路径，只是绘制了沿路径方向显示的文本。我们也可以利用这种方法制作特殊显示效果的文本。下面先来看一下 drawTextOnPath 方法的定义：

```
public void drawTextOnPath(String text, Path path, float hOffset, float vOffset, Paint paint);
```

参数的含义如下：

- text：要绘制的文本。
- path：绘制文本时要使用的路径对象。

- hOffset：绘制文本时相对于路径水平方向的偏移量。
- vOffset：绘制文本时相对于路径垂直方向的偏移量。
- paint：绘制文本的属性（颜色、大小等）。

MyView 类负责显示文本特效，在该类中通过 makePath 方法绘制了 3 种路径（曲线路径、圆形路径和椭圆路径），文本会分别沿着这 3 种路径绘制。MyView 类的代码如下：

```java
private static class MyView extends View
{
    private Paint paint;
    private Path[] paths = new Path[3];
    private Paint pathPaint;
    //   绘制各种类型的路径
    private void makePath(Path p, int style)
    {
        p.moveTo(10, 0);
        switch (style)
        {
            case 1:
                //   绘制曲线路径
                p.cubicTo(100, -50, 200, 50, 300, 0);
                break;
            case 2:
                //   绘制圆形路径
                p.addCircle(100,100, 100, Direction.CW);
                break;
            case 3:
                //   绘制椭圆路径
                RectF rectF = new RectF();
                rectF.left = 0;
                rectF.top=0;
                rectF.right = 200;
                rectF.bottom = 100;
                p.addArc(rectF, 0, 360);
                break;
        }
    }
    public MyView(Context context)
    {
        super(context);
        paint = new Paint();
        paint.setAntiAlias(true);
        paint.setTextSize(20);
        paint.setTypeface(Typeface.SERIF);
        paths[0] = new Path();
        paths[1] = new Path();
        paths[2] = new Path();
        makePath(paths[0], 1);
        makePath(paths[1], 2);
        makePath(paths[2], 3);
        pathPaint = new Paint();
        pathPaint.setAntiAlias(true);
        pathPaint.setColor(0x800000FF);
        pathPaint.setStyle(Paint.Style.STROKE);
    }
    @Override
    protected void onDraw(Canvas canvas)
    {
        canvas.drawColor(Color.WHITE);

        canvas.translate(0, 50);
        //   绘制曲线路径
```

```
canvas.drawPath(paths[0], pathPaint);
paint.setTextAlign(Paint.Align.RIGHT);
// 绘制第 1 行的特效文本（使用了曲线路径）
canvas.drawTextOnPath("Android/Ophone 开发讲义", paths[0], 0,0, paint);

canvas.translate(-20, 80);
paint.setTextAlign(Paint.Align.RIGHT);
// 绘制第 2 行的特效文本（使用了曲线路径）
canvas.drawTextOnPath("Android/Ophone 开发讲义", paths[0], 0,0, paint);

canvas.translate(50, 50);
paint.setTextAlign(Paint.Align.RIGHT);
// 绘制第 3 行的特效文本（使用了圆形路径）
canvas.drawTextOnPath("Android/Ophone 开发讲义", paths[1], -30,0, paint);

canvas.translate(0, 100);
paint.setTextAlign(Paint.Align.RIGHT);
// 绘制椭圆路径
canvas.drawPath(paths[2], pathPaint);
// 绘制第 4 行的特效文本（使用了椭圆路径）
canvas.drawTextOnPath("Android/Ophone 开发讲义", paths[2], 0,0, paint);
}
}
```

11.1.15 可在图像上绘制图形的画板

工程目录：src\ch11\ch11_paint

本例将实现一个可以在图像上绘制图形的程序。在本例中，绘制图形使用了 11.1.7 节介绍的路径（Path）。用于绘制图形的图像文件在 res\drawable 目录中，读者也可以在本例的基础上从 SD 卡、手机内存或网络上装载图像。本例只允许绘制普通直线、浮雕效果的直线和喷涂效果的直线，并允许改变直线的颜色。下面先看一下图像绘制的效果，如图 11-15 所示。如果想改变直线的风格，可以在选项菜单中选择相应的菜单项，如图 11-16 所示。

图 11-15 绘制普通直线

图 11-16 设置直线的风格和颜色

单击"设置颜色"菜单项后，会弹出设置颜色对话框，如图 11-17 所示。可设置的颜色在外圆上，单击外圆的某处，中心圆会变成要设置的颜色，单击中心圆，该对话框会关闭，并将直线当前的颜色设置成中心圆的颜色。读者还可以单击"喷涂效果"和"浮雕效果"菜单项设置直线的当前效果。使用两种效果绘制的图形如图 11-18 所示。如果想清除绘制的图形，可以单击"清除图形"菜单项。

MyView 是 View 的子类，负责显示图像和绘制的图形。下面先看看 MyView 类中负责在 View 刷新时绘制图像和图形的核心事件方法 onDraw 的代码：

```
protected void onDraw(Canvas canvas)
{
    //  绘制图像
    canvas.drawBitmap(bitmap1, 0, 0, bitmapPaint);
    //  绘制图形
    canvas.drawPath(path, paint);
}
```

图 11-17　设置直线的颜色

图 11-18　使用各种效果绘制线条

在 onDraw 方法中只有两行代码。其中使用 drawBitmap 方法绘制了 res\drawable 目录中的图像，使用 drawPath 方法绘制了用户画的图形。

要注意的是，drawBitmap 方法的第 1 个参数值 bitmap1 虽然是 Bitmap 对象，但该对象并不能通过直接从 res\drawable 目录中装载图像的方式创建，而必须先使用 createBitmap 方法创建一个 Bitmap 对象（bitmap1），然后再从 res\drawable 目录装载图像，并生成一个 Bitmap 对象（bitmap2），最后将 bitmap2 绘制到 bitmap1 上。drawBitmap 方法的第 1 个参数要使用 bitmap1，而不使用 bitmap2。这是因为从图像文件或资源创建的 Bitmap 对象不支持在图像上绘制图形。要想在图像上绘制图形，必须使用 createBitmap 方法创建 Bitmap 对象。生成 bitmap1 和 bitmap2 的工作由 MyView 类的构造方法来完成，代码如下：

```
// 创建一个可在图像上绘制图形的 Bitmap 对象
public void loadBitmap()
{
```

```java
        try
        {
            InputStream is = getResources().openRawResource(R.drawable.image);
            //  从 res\drawable 目录中装载图像资源,并生成 Bitmap 对象
            bitmap2 = BitmapFactory.decodeStream(is);
            //  使用 createBitmap 方法创建一个可绘制图形的 Bitmap 对象
            bitmap1 = Bitmap.createBitmap(320, 480, Bitmap.Config.ARGB_8888);
            //  使用 bitmap1 创建一个画布
            canvas = new Canvas(bitmap1);
            //  在 bitmap1 的画布上绘制 bitmap2
            canvas.drawBitmap(bitmap2, 0, 0, null);
        }
        catch (Exception e)
        {
        }
    }
    //  MyView 类的构造方法
    public MyView(Context c)
    {
        super(c);
        loadBitmap();          //  创建一个可在图像上绘制图形的 Bitmap 对象
        //  创建一个 Paint 对象,也就是 drawBitmap 方法中的最后一个参数值
        bitmapPaint = new Paint(Paint.DITHER_FLAG);
        //  创建用于绘制图形的 Path 对象
        path = new Path();
    }
```

如果想在手机屏幕上绘制图形,需要涉及到 3 个动作:ACTION_DOWN、ACTION_MOVE 和 ACTION_UP。用手指触摸屏幕时,这 3 个动作对应于手指按下(ACTION_DOWN)、手指移动(ACTION_MOVE)和手指抬起(ACTION_UP)。

捕捉 View 的触摸事件可以使用 onTouchEvent 事件方法,代码如下:

```java
public boolean onTouchEvent(MotionEvent event)
{
    //  获得当前触摸的横坐标和纵坐标
    float x = event.getX();
    float y = event.getY();
    switch (event.getAction())
    {
        case MotionEvent.ACTION_DOWN:
            //  手指按下时的动作
            touch_start(x, y);
            invalidate();
            break;
        case MotionEvent.ACTION_MOVE:
            //  手指移动时的动作
            touch_move(x, y);
            invalidate();
            break;
        case MotionEvent.ACTION_UP:
            //  手指抬起时的动作
            touch_up();
            invalidate();
            break;
    }
    return true;
}
```

在 onTouchEvent 中涉及到 3 个处理动作的方法:touch_start、touch_move 和 touch_up。当手指按下动作发生时,由 touch_start 方法负责处理这个动作。在该方法中,需要将路径的当前位置移动到手指触摸的位置,并记录手指触摸的坐标。当手指移动动作发生时,由 touch_move 方法负责处理这个动作。

在该方法中绘制了从手指触摸点到最新点的曲线，并更新 touch_start 方法中保存的触摸坐标。当手指抬起动作发生时，由 touch_up 方法负责处理这个动作。在该方法中需要绘制路径，并将绘制的图形的图像保存在 SD 卡的根目录（文件名是 image.png）中。这 3 个方法的代码如下：

```java
private float mX, mY;
private void touch_start(float x, float y)
{
    path.moveTo(x, y);
    mX = x;
    mY = y;
}
private void touch_move(float x, float y)
{
    float dx = Math.abs(x - mX);
    float dy = Math.abs(y - mY);
    //  从手指触摸点到最新点的曲线
    path.quadTo(mX, mY, x, y);
    mX = x;
    mY = y;
}
private void touch_up()
{
    //  绘制路径。canvas 是和 bitmap1 相连的画布
    canvas.drawPath(path, paint);
    //  清空 Path 对象中的所有绘制的图形
    path.reset();
    try
    {
        FileOutputStream fos = new FileOutputStream("/sdcard/image.png");
        //  将绘制了图形的图像保存在 SD 卡上
        bitmap1.compress(CompressFormat.PNG, 100, fos);
        fos.close();
    }
    catch (Exception e)
    {
    }
}
```

要注意的是，在 touch_up 中使用了 reset 方法来清除 Path 对象中画的所有图形。由于在调用 reset 方法之前，已经将路径画在 bitmap1 上，Path 对象中画的图形就不再需要了，因此，可以将其清除。当清除绘制的图形时，只需重新装载图像资源或文件即可。清除绘制图形的代码如下：

```java
public void clear()
{
    //  重新装载图像资源
    loadBitmap();
    invalidate();
}
```

如果想设置绘制直线的风格，可以使用 Paint 类的 setMaskFilter 方法。例如，设置浮雕和喷涂效果的代码如下：

```java
private final int COLOR_MENU_ID = Menu.FIRST;
private final int EMBOSS_MENU_ID = Menu.FIRST + 1;
private final int BLUR_MENU_ID = Menu.FIRST + 2;
private final int CLEAR_MENU_ID = Menu.FIRST + 3;
//   选项菜单 selected 事件方法
@Override
public boolean onOptionsItemSelected(MenuItem item)
{
    switch (item.getItemId())
    {
        case COLOR_MENU_ID:
```

```
            //  显示设置颜色的对话框
            new ColorPickerDialog(this, this, paint.getColor()).show();
            return true;
    case EMBOSS_MENU_ID:
            //  设置浮雕效果
            if (paint.getMaskFilter() != emboss)
            {
                    //  如果当前效果不是浮雕,设置成浮雕效果
                    paint.setMaskFilter(emboss);
            }
            else
            {
                    //  如果当前效果是浮雕,关闭浮雕效果
                    paint.setMaskFilter(null);
            }
            return true;
    case BLUR_MENU_ID:
            //  设置喷涂效果
            if (paint.getMaskFilter() != blur)
            {
                    //  如果当前效果不是喷涂,设置成喷涂效果
                    paint.setMaskFilter(blur);
            }
            else
            {
                    //  如果当前效果是喷涂,关闭喷涂效果
                    paint.setMaskFilter(null);
            }
            return true;
    case CLEAR_MENU_ID:
            //  清楚绘制的图形
            myView.clear();
            return true;
    }
    return super.onOptionsItemSelected(item);
}
```

在 onOptionsItemSelected 方法中涉及到一个 ColorPickerDialog 类。该类用于显示一个设置颜色的对话框,这个类是 Android SDK 中提供的一个例子。关于该类的详细代码,可以参考本例或 APIDemos 中的代码。这里只要知道 ColorPickerDialog 类需要一个 colorChanged 事件方法与外界交互。当成功设置颜色后,该方法被调用。为了监听该事件,需要实现 OnColorChangedListener 接口。colorChanged 事件方法的代码如下:

```
public void colorChanged(int color)
{
    //  设置当前画笔的颜色
    paint.setColor(color);
}
```

设置浮雕和喷涂效果时都需要 MaskFilter 对象。其中 emboss 和 blur 就是 MaskFilter 类型的变量。这两个变量在 onCreate 方法中被初始化,代码如下:

```
emboss = new EmbossMaskFilter(new float[]{ 1, 1, 1 }, 0.4f, 6, 3.5f);
blur = new BlurMaskFilter(8, BlurMaskFilter.Blur.NORMAL);
```

EmbossMaskFilter 类构造方法的定义如下:

```
public EmbossMaskFilter(float[] direction, float ambient, float specular, float blurRadius);
```

参数含义如下:

- direction:该数组的元素个数必须是 3,表示来自 3 个方向(x, y, z)的光源。
- ambient:该参数的值在 0~1 之间,表示周围光照的情况。

- specular：表示镜面加亮区的系数。
- blurRadius：在应用光照之前的喷涂数。
- BlurMaskFilter 类构造方法的定义如下：
- public BlurMaskFilter(float radius, Blur style);

参数含义如下：

- radius：喷涂线条宽度的半径。该值越大，喷涂线条就越宽。
- style：喷涂的风格。

11.2 音频和视频

现在乃至将来的智能手机已经不仅限于接听电话、收发短信、浏览网页这样简单的功能了。在手机上听音乐、看电影将逐渐成为手机的主流应用。Android SDK 中提供了大量音频和视频 API 和控件。通过这些 API 和控件，可以实现非常强大的音频和视频功能，甚至可以实现一个移动影院。

11.2.1 使用 MediaPlayer 播放 MP3 文件

工程目录：src\ch11\ch11_mp3

使用 android.media.MediaPlayer 类可以播放 MP3 音频资源。这些资源可以是包含在 apk 文件中的 MP3 资源、保存在 SD 卡或手机内存中的 MP3 文件。

播放包含在 apk 中的 MP3 文件的代码如下：

```
// 通过 MediaPlayer 类的 create 方法指定保存在 res\raw 目录中的 MP3 资源，并创建 MediaPlayer 对象
MediaPlayer mediaPlayer = MediaPlayer.create(this, R.raw.music);
if (mediaPlayer != null)
 mediaPlayer.stop();
// 在播放音频资源之前，必须调用 prepare 方法完成一些准备工作
mediaPlayer.prepare();
// 开始播放 MP3 音频资源
mediaPlayer.start();
```

如果要播放保存在 SD 卡或手机内存中的 MP3 文件，需要使用下面的代码：

```
MediaPlayer mediaPlayer = new MediaPlayer();
// 指定 mp3 文件的路径
mediaPlayer.setDataSource("/sdcard/music.mp3");
mediaPlayer.prepare();
mediaPlayer.start();
```

暂停和停止播放可以使用 MediaPlayer 类的 pause 和 stop 方法，代码如下：

```
mediaPlayer.pause();            // 暂停播放
mediaPlayer.stop();             // 停止播放
```

MediaPlayer 类还支持播放过程中的事件，例如当播放完音频资源时，会触发 onCompletion 事件。可以在该事件方法中释放音频资源，以便其他应用程序可以使用该资源。代码如下：

```
public void onCompletion(MediaPlayer mp)
{
    // 释放音频资源
    mp.release();
    setTitle("资源已经释放");
}
```

使用下面的代码指定 onCompletion 事件监听对象：

```
mediaPlayer.setOnCompletionListener(this);      // 当前类实现 OnCompletionListener 接口
```

运行本节的例子，会显示如图 11-19 所示的界面。单击相应的按钮，可以播放、暂停和停止播放音频。但要注意，在单击"播放 SD 卡中的 MP3 文件"按钮之前，在 SD 卡的根目录中要有一个 music.mp3 文件，否则系统不会正常播放 MP3 文件。

图 11-19　播放 MP3 资源的界面

11.2.2　使用 MediaRecorder 录音

> 工程目录：src\ch11\ch11_recorder

使用 android.media.MediaRecorder 类可以通过手机上的内置麦克风录音，代码如下：

```
File recordAudioFile = File.createTempFile("record",".amr");
MediaRecorder mediaRecorder = new MediaRecorder();
// 指定音频来源（麦克风）
mediaRecorder.setAudioSource(MediaRecorder.AudioSource.MIC);
// 指定音频输出格式（MPGE4）
mediaRecorder.setOutputFormat(MediaRecorder.OutputFormat.MPEG_4);
// 指定音频编码方式
mediaRecorder.setAudioEncoder(MediaRecorder.AudioEncoder.DEFAULT);
// 指定录制的音频信息输出的文件
mediaRecorder.setOutputFile(recordAudioFile.getAbsolutePath());
mediaRecorder.prepare();
// 开始录音
mediaRecorder.start();
```

在编写上面代码时，应注意如下 3 点：

- 录音前要使用 setXxx 方法设置录制的音频属性和保存的文件路径。
- 音频文件使用了临时文件。这是由于临时文件每次生成的文件名不同，可以保证在不删除文件的情况下不会覆盖以前录制的音频文件。
- MediaRecorder 和 MediaPlayer 一样，在调用 start 方法录音之前，也需要使用 prepare 方法完成一些准备工作。

停止录音可以使用下面的代码。在停止录音后，最后需要释放录制的音频文件，以便其他应用程序可以继续使用这个音频文件。

```
// 停止录音
mediaRecorder.stop();
// 释放录制的音频文件
mediaRecorder.release();
```

如果想删除录制的音频文件，需要在停止录制后，执行如下代码：

```
recordAudioFile.delete();
```

运行本节的例子，会看到如图 11-20 所示的界面，单击相应的按钮后，可以录制、停止录制和删除录制的音频文件。播放音频文件可以使用 11.2.1 节介绍的 MediaPlayer 类。

11.2.3　使用 VideoView 播放视频

图 11-20　录制音频文件

工程目录：src\ch11\ch11_playvideo

使用 android.widget.VideoView 控件可以播放 MP4 的 H.264、3GP 和 WMV 格式的视频文件（播放其他格式的视频文件需要移植本地语言的解码程序）。本节的例子将播放一个 3gp 格式的视频文件。在播放视频之前，需要在 XML 布局文件中放置一个 VideoView 控件，代码如下：

```xml
<VideoView android:id="@+id/videoView" android:layout_width="320px"
           android:layout_height="240px" />
```

播放视频的代码如下：

```
// 指定要播放的视频文件
videoView.setVideoURI(Uri.parse("file:///sdcard/video.3gp"));
// 设置视频控制器
videoView.setMediaController(new MediaController(this));
// 开始播放视频
videoView.start();
```

运行本例并单击"播放"按钮，会播放 SD 卡中的 video.3gp 文件，播放的效果如图 11-21 所示。在上面代码中的第 2 行使用 setMediaController 方法设置了一个媒体控制器。当触摸播放界面时，会在屏幕下方显示一个媒体控制器，如图 11-22 所示。通过这个媒体控制器可以快进、快退和暂停视频，也可以调整当前播放的视频的位置，并查看视频时间和当前已播放的时间。

图 11-21　播放视频

图 11-22　媒体控制器

如果想通过代码控制视频的暂停和停止，可以使用下面的代码：

```
videoView.pause();              // 暂停视频的播放
videoView.stopPlayback();       // 停止视频的播放
```

11.2.4 使用 SurfaceView 播放视频

工程目录：src\ch11\ch11_surfaceview

虽然 VideoView 控件可以播放视频，但播放的位置和大小并不受我们的控制。为了对视频有更多的控制权，可以使用 MediaPlayer 配合 SurfaceView 来播放视频。

在使用 SurfaceView 控件之前需要创建 SurfaceHolder 对象，并进行相应的设置，代码如下：

```
SurfaceView surfaceView = (SurfaceView) findViewById(R.id.surfaceView);
SurfaceHolder surfaceHolder = surfaceView.getHolder();
surfaceHolder.setFixedSize(100, 100);
surfaceHolder.setType(SurfaceHolder.SURFACE_TYPE_PUSH_BUFFERS);
```

其中 setFixedSize 方法用来设置播放视频界面的固定大小。但经作者测试，setFixedSize 方法的两个参数设置成多少，视频界面也会尽量充满整个 SurfaceView 控件，如图 11-23 所示。但如果不调用该方法，视频会以实际大小播放，其他的区域会显示成黑色，如图 11-24 所示。

图 11-23　充满整个 SurfaceView 控件播放视频

图 11-24　以实际大小播放视频

播放视频的代码如下：

```
mediaPlayer = new MediaPlayer();
// 设置音频流类型
mediaPlayer.setAudioStreamType(AudioManager.STREAM_MUSIC);
// 设置用于播放视频的 SurfaceView 控件
mediaPlayer.setDisplay(surfaceHolder);
try
{
    // 指定视频文件
    mediaPlayer.setDataSource("sdcard/video.3gp");
    mediaPlayer.prepare();
    mediaPlayer.start();
}
catch (Exception e)
{
```

使用 MediaPlayer 播放视频的关键是指定用于显示视频的 SurfaceView 对象（通过 setDisplay 方法）。至于暂停和停止视频的播放，可以直接使用 MediaPlayer 类的 pause 和 stop 方法。

11.3 小结

本章主要介绍了三方面的知识：图形、音频和视频。通过 View 类的 onDraw 方法可以在 View 上绘制基本的图形元素，这些元素主要包括像素点、直线、圆、椭圆等。除此之外，还可以利用 Canvas 类的很多方法实现特殊的效果，例如扭曲和拉伸图像。Canvas 类提供的一个非常有意思的功能就是路径（Path），通过路径不仅可以绘制各种形状的图形，也可以沿着路径绘制文本。在 Android SDK 中提供了 MediaPlayer、MediaRecorder、VideoView 和 SurfaceView，分别用来播放音频、录音和播放视频。

12
Fragment

Fragment 是 Android 3.0 才加入的新功能，用于同时封装 UI 和代码。也就是说，允许将一个功能的所有东西都封装在一起，这样可以提升可用性。

由于 Fragment 是从 Android 3.0 才加入的，因此，更低版本的 Android 无法使用。所以 Google 特意为 Android SDK 提供了一个兼容包，使 Fragment 以及很多只有 Android 3.0 以上版本才能使用的技术可以在 Android 1.6 及以上版本运行。这样 Fragment 就可以用在所有版本的 Android 系统上（现在 Android 1.5 或更低版本的用户已经非常少了，因此可以忽略不计）。本章将结合最新的 Android SDK，详细介绍 Fragment 的所有主流使用方法。

 本章内容

- Fragment 概述
- Fragment 的设计原则
- Fragment 简单案例
- 动态创建 Fragment
- Fragment 与 Activity 之间的交互
- 回退栈

12.1 什么是 Fragment

通常 Android 3.0 之前的版本中的程序是运行在较小的屏幕上的（手机屏幕）。尽管手机屏幕尺寸、分辨率、屏幕密度等参数有很大差异，但毕竟都是手机，屏幕的差异并没到离谱的地步，所以 UI 的操作习惯也基本相同。例如，对于一个联系人管理程序，通常都会首先用一个窗口显示所有的联系人名称以及少数的联系人信息。然后当单击某个联系人时，会另外显示一个窗口列出该联系人的详细信息，当然，更进一步的操作还可能有修改、删除联系人等。不管与手机屏幕相关的参数如何变化，手机上的联系人管理程序除了界面风格略有差异外（差异并不大），基本的操作流程都和这一操作过程类似。

不过从 Android 3.0 开始，Android 开始支持平板电脑。通常平板电脑的尺寸都比较大，一般是 7 或 10 英寸。这么大的屏幕尺寸，如果只在屏幕上显示联系人列表就显得界面有点傻。目前最流行的做法是在平板电脑屏幕的左侧显示联系人列表，但单击某个联系人时并不是通过另外一个窗口显示联系人的详细信息，而是直接在当前界面的右侧显示联系人的详细信息，反正屏幕足够大。如果必要，还可以将屏幕分成更多的显示区域。所以平板电脑的程序更接近于 PC 的程序，而与手机程序的风格差异很大。所以从设计角度来说，手机程序就是通过不同的窗口显示不同级别的信息，而平板电脑程序会尽可能利用当前界面的空间显示更多的 UI。现在有很多程序同时提供了手机和平板电脑（称为 Pad 版）版本，例如，腾讯视频就是其中比较著名的一款，图 12-1 就是 Pad 版的程序视频的主界面，界面分成了 3 部分，分别用来显示视频的分类、当前选中视频分类的视频列表以及选中视频的详细介绍。

图 12-1　Pad 版腾讯视频主界面

尽管图 12-1 所示的界面使用布局很容易实现，但对于同时适应手机和平板电脑的 apk 程序就比较麻烦。通常是为不同的界面风格提供不同的布局文件，然后利用 Android 的本地化特性在不同的环境使用不同的布局文件。这样做虽然可行，也能达到一定程度的复用。但如果这类界面过多的话，就会造成布局文件过多，而且控制这些布局的代码如果规划不好，可能会弄得到处都是，维护起来会令人很郁闷。为了解决这个问题，就需要一种不仅可以使布局共享，而且可以将相应的控制代码（主要是 Java 代码）都封装起来，这样可以实现高度的复用，而不致于造成混乱，这就是 Fragment 诞生的最初目的。

实际上 Fragment 不仅可以封装逻辑，还和窗口一样，拥有自己的生命周期。不过 Fragment 不能独立使用，必须嵌入到窗口中才可以显示其中的 UI。而且 Fragment 的生命周期会受窗口生命周期的直接影响。例如，当窗口创建时，Fragment 也会随之创建。当窗口销毁时，该窗口上的 Fragment 也会随之销毁。但在窗口运行时可以动态添加和删除 Fragment。

12.2　Fragment 的设计原则

在深入研究 Fragment 的细节之前，我们先来看个例子，通过这个例子可以基本了解 Fragment 的使用方法，也为以后的学习打下基础。

对于平板电脑（7 寸或 10 寸）来说，通常会在左侧显示一个列表，在右侧有一个区域用于显示与列表项相关的细节。左右两个区域会放到相应的 Fragment 中。对于手机程序来说，仍然会用一个窗口显示列表，但选中某个列表项后会弹出另外一个窗口，用于显示与列表项相关的细节。这两个窗口仍然会分别使用在平板电脑同一个窗口中的两个 Fragment。平板电脑和手机程序界面的差异如图 12-2 所示。

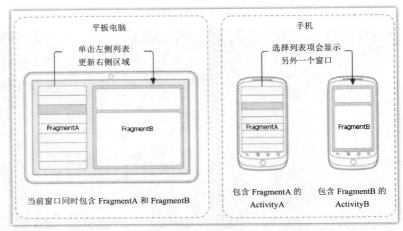

图 12-2　使用 Fragment 的平板电脑和手机应用程序界面的差异

在 12.3 节实现的例子中，界面的风格与图 12-2 类似，图 12-3 是本例在 7 寸平板电脑（10 寸也会有同样的效果）上运行的效果。显示区域分为左右两部分。左侧显示了电影名称列表，右侧显示当前选中的电影的简介。

图 12-3　在 7 寸平板上的界面

图 12-4 和图 12-5 是本例在手机上显示的效果。图 12-4 用一个窗口显示了电影名称列表，当单击某一个电影时，会显示如图 12-5 所示的窗口，用于显示电影简介。

图 12-4　在手机上的主界面

图 12-5　在手机上显示列表项细节

12.3　Fragment 初步

工程目录：src/ch12/FirstFragment

本节将介绍 Fragment 的基本使用方法，并通过完整案例向读者展示这一过程。

12.3.1　Fragment 的使用方法

Fragment 与 Activity 非常类似，每一个 Fragment 对应一个类。该类必须从 android.app.Fragment 或其子类继承。Fragment 和 Activity 一样，也有一个用于初始化 Fragment 的方法。Activity 的初始化方法是 onCreate，而 Fragment 的初始化方法是 onCreateView。通常在该方法中装载 Fragment 使用的视图对象。但与 onCreate 方法不同的是，onCreateView 方法需要将要显示在 Fragment 中的 View 通过该方法返回，而不是像 Activity 一样通过 setContentView 方法设置。

如果要在某一个窗口中嵌入 Fragment，只需在相应的布局文件使用<fragment>标签即可。<fragment>标签有一个非常重要的 class 属性，用于指定 Fragment 类的全名。将<fragment>标签看作普通的控件标签即可。下面的代码就是一个非常典型的引用 Fragment 的案例：

```xml
<!-- MyFragment 是一个继承自 android.app.Fragment 的类 -->
<fragment
    android:id="@+id/titles"
    android:layout_width="match_parent"
    android:layout_height="match_parent"
    class="mobile.android.MyFragment" />
```

我们下面开始实现这个例子，首先看看本例工程（FirstFragment）的结构，如图 12-6 所示。

12.3.2　实例：一个简单的 Fragment App

图 12-6 所示黑框中的文件是与本例密切相关的。现在说一下本例的实现原理。FirstFragment 之所以可以同时适应平板电脑的大尺寸和手机的小尺寸，是因为利用了 Android 系统的本地化功能。也就是说，大屏幕和小屏幕使用的布局文件是不同的。因此在 res 目录中增加了 layout-sw600dp 目录，存放用于大尺寸屏幕的布局文件（activity_first_fragment.xml）。7 英寸及以上尺寸的平板电脑都会采用该目录下的布局文件。由于本例使用了 Nexus 7（7 英寸）平板电脑和 Motorola Xoom（10 英寸）进行测试，

所以在这两款平板电脑上的显示效果会分为左右两个区域,如图 13-3 所示。本例使用了 Nexus S 手机测试在手机上的显示效果,由于 Nexus S 的分辨率是 800×480,没有 layout-sw480dp 目录,所以系统将使用 layout 目录中的 activity_first_fragment.xml 文件。该文件是主窗口的布局文件。

图 12-6　FirstFragment 工程的结构

本例还有两个 Fragment 类:LeftFragment 和 RightFragment。这两个类分别使用 left_fragment.xml 和 right_fragment.xml 布局文件。对于平板电脑有这些内容已经足够了,但对于手机来说,单击列表项会显示另外一个窗口,因此还需要一个 DetailActivity 窗口类,该类使用的布局文件是 activity_detail.xml。但在 DetailActivity 窗口中并没有什么实际的代码,只是在布局文件中使用<fragment>标签引用了 RightFragment。也就是说,平板电脑屏幕右侧的区域和 DetailActivity 窗口使用的是同一个布局和逻辑。

现在我们看一下本例的实现过程。首先实现两个 Fragment。先来看 LeftFragment 类的实现,该类有如下两个主要功能:

- 显示电影名称列表。
- 如果是平板电脑(大尺寸屏幕),单击列表项时会在右侧显示电影简介。如果是手机(小尺寸屏幕),会显示 DetailActivity 窗口。

LeftFragment 通过是否在主界面右侧有 TextView 控件的方式,判断当前是平板电脑还是手机,因为在不同设备主界面使用的布局文件是不同的。如果是手机的小尺寸屏幕,系统会使用 res/layout 目录中的 activity_first_fragment.xml 布局文件。由于该布局文件中只引用了 LeftFragment,而右侧显示电影简介的 TextView 控件在 RightFragment 的布局文件中定义,所以对于小尺寸屏幕自然就没有右侧的 TextView 控件了。

```
public class LeftFragment extends Fragment implements OnItemClickListener
{
    private String[] data = new String[]
    { "灵魂战车 2", "变形金刚 3:月黑之时", "敢死队 2" };
    private ListView listView;
```

```java
    @Override
    public View onCreateView(LayoutInflater inflater, ViewGroup container,
            Bundle savedInstanceState)
    {
        // 装载 Fragment 的布局文件，并返回布局文件根节点对应的 View
        View view = inflater.inflate(R.layout.left_fragment, null);
        listView = (ListView) view.findViewById(R.id.listview_movie_list);
        //  设置列表项单击事件
        listView.setOnItemClickListener(this);
        //  创建用于封装列表数据源的 ArrayAdapter 对象
        //  需要使用 android.R.layout.simple_list_item_activated_1，因为该布局
        //  已经设置了左侧列表的选中模式
        ArrayAdapter<String> arrayAdapter = new ArrayAdapter<String>(
                getActivity(), android.R.layout.simple_list_item_activated_1, data);
        //  将 ArrayAdapter 对象与 ListView 控件绑定
        listView.setAdapter(arrayAdapter);
        //  将 ListView 设置为单选模式，如果不设置选择模式，当选择左侧某一个列表项时不会被选中
         listView.setChoiceMode(ListView.CHOICE_MODE_SINGLE);
        //  返回在 Fragment 显示的 View
        return view;
    }
}
//  该方法处理单击列表项的动作
    @Override
    public void onItemClick(AdapterView<?> parent, View view, int position,
            long id)
    {
        try
        {
            //  获得右侧用于显示电影简介的 TextView 控件
            //  通过 getActivity 方法可以获取当前 Fragment 所在的窗口对象（宿主窗口）
            TextView textView = (TextView) getActivity().findViewById(R.id.textview_detail);
            //  每一部电影的简介都在 assets 目录中，名称是 m0、m1、m2，分别表示第 1 部、第 2 部和第 3 部
            //  的简介。所以要首先将这些简介读出来
            //  下面的代码返回指向 assets 目录中的 m0、m1 或 m2 文件中数据的 InputStream 对象
            InputStream is = getActivity().getResources().getAssets()
                    .open("m" + position);
            byte[] buffer = new byte[1024];
            //  一次性从文件中最多读取 1024 个字节
            int count = is.read(buffer);
            //  将读出来的字节按 utf-8 格式转换成字符串
            String detail = new String(buffer, 0, count, "utf-8");
            //  textView 为 null 表示当前是手机的小尺寸屏幕（当前界面为装载 RightFragment）
            if (textView == null)
            {
                Intent intent = new Intent(getActivity(), DetailActivity.class);
                intent.putExtra("detail", detail);
                //  显示 DetailActivity 窗口，并传入当前选中电影的简介
                startActivity(intent);
            }
            //  当前是平板电脑的大屏幕
            else
            {
        //  在右侧的 TextView 控件中显示电影细节
                textView.setText(detail);
            }
        is.close();
        }
        catch (Exception e)
        {
        }
    }
}
```

LeftFragment 的代码实际上与窗口类中实现的代码很像。使用 Fragment.getActivity 方法可以直接获

取 Fragment 所在的宿主窗口对象。获得了宿主窗口对象,就可以很容易地和窗口中其他 Fragment 的控件交互了。使用 Fragment 还要注意一点,就是窗口中嵌入的所有 Fragment 中的控件实际上就是宿主窗口的控件,可以直接通过 Activity.findViewById 获取该控件。

LeftFragment 使用的 left_fragment.xml 布局文件就是普通的布局文件格式,在该文件中,用<ListView>标签定义了一个 ListView 控件,该控件用于显示电影列表。RightFragment 使用的 right_fragment.xml 布局文件也很简单,只是放了一个 TextView 控件。读者可以在 FirstFragment 工程的相应文件中找到这两个控件的源代码。

RightFragment 类的代码就简单得多。由于该 Fragment 只是接收信息,并没有实际的逻辑代码,在 RightFragment 类中只通过 onCreateView 方法返回了 right_fragment.xml 文件对应的 View,代码如下:

```java
public class RightFragment extends Fragment
{
    @Override
    public View onCreateView(LayoutInflater inflater, ViewGroup container,
            Bundle savedInstanceState)
    {
        View view = inflater.inflate(R.layout.right_fragment, null);
        return view;
    }
}
```

主窗口 FirstFragmentActivity 的代码就很简单了,只是在 onCreate 方法中装载了 activity_first_fragment.xml 布局文件,代码如下:

```java
public class FirstFragmentActivity extends Activity
{
    @Override
    public void onCreate(Bundle savedInstanceState)
    {
        super.onCreate(savedInstanceState);
        setContentView(R.layout.activity_first_fragment);
    }
}
```

关键就是 activity_first_fragment.xml 布局文件,该文件有两个版本,一个版本在 res/layout 目录中,用于小尺寸屏幕(通常小于 7 英寸的设备);另一个版本在 res/layout-sw600dp 中,用于大尺寸屏幕(至少是 7 英寸的设备)。res/layout/activity_first_fragment.xml 文件的代码如下:

```xml
<!-- 用于手机小尺寸屏幕的布局文件 -->
<LinearLayout xmlns:android="http://schemas.android.com/apk/res/android"
    android:layout_width="match_parent"
    android:layout_height="match_parent" >
    <!-- 只使用了 LeftFragment -->
    <fragment
        android:id="@+id/titles"
        android:layout_width="match_parent"
        android:layout_height="match_parent"
        class="mobile.android.first.fragment.LeftFragment" />
</LinearLayout>
```

res/layout-sw600dp/activity_first_fragment.xml 文件的代码如下:

```xml
<!-- 用于平板电脑大尺寸屏幕的布局文件 -->
<LinearLayout xmlns:android="http://schemas.android.com/apk/res/android"
    android:layout_width="match_parent"
    android:layout_height="match_parent" >
    <!-- 同时使用了 LeftFragment 和 RightFragment -->
    <fragment
        android:id="@+id/titles"
        android:layout_width="match_parent"
```

```
            android:layout_height="match_parent"
            android:layout_weight="4"
            class="mobile.android.first.fragment.LeftFragment" />
    <fragment
            android:id="@+id/details"
            android:layout_width="match_parent"
            android:layout_height="match_parent"
            android:layout_weight="1"
            class="mobile.android.first.fragment.RightFragment" />
</LinearLayout>
```

现在还需要实现一个在小尺寸屏幕设备上显示电影简介的 DetailActivity 窗口类，该类在 onCreate 方法中装载了 activity_detail.xml 布局文件，并获取了该布局文件的 TextView 控件。DetailActivity 类的代码如下：

```
public class DetailActivity extends Activity
{
    @Override
    public void onCreate(Bundle savedInstanceState)
    {
        super.onCreate(savedInstanceState);
        setContentView(R.layout.activity_detail);
        TextView detail = (TextView)findViewById(R.id.textview_detail);
        detail.setText(getIntent().getExtras().getString("detail"));
    }
}
```

在 activity_detail.xml 文件引用了 RightFragment，代码如下：

```
<RelativeLayout xmlns:android="http://schemas.android.com/apk/res/android"
        android:layout_width="match_parent"
        android:layout_height="match_parent" >
    <!-- 使用了 RightFragment，与平板电脑右侧的 Fragment 使用同样的逻辑和布局 -->
    <fragment
            android:id="@+id/details"
            android:layout_width="match_parent"
            android:layout_height="match_parent"
            class="mobile.android.first.fragment.RightFragment" />
</RelativeLayout>
```

测试本例需要使用一部 Android 手机和一部 7 英寸或 10 英寸的平板电脑，也可以通过 Android 模拟器测试。如果读者在这些设备上运行本程序，得到的显示效果就会和本节描述的完全一样。

12.4 Fragment 的生命周期

工程目录：src/ch12/FragmentCycle

本节将深入介绍 Fragment 的生命周期，并提供一个 Demo 用来测试 Fragment 的生命周期。

12.4.1 生命周期详解

在深入学习 Fragment 之前，非常有必要了解 Fragment 的生命周期，而且比窗口的生命周期更有必要去学习。这不仅因为 Fragment 在 Android 3.0 及以上版本会大量使用，而且 Fragment 的生命周期要比窗口的生命周期复杂得多。在前面的章节中介绍了 7 个窗口生命周期方法，而 Fragment 的生命周期方法多达 11 个。这 11 个方法与窗口的生命周期方法交替执行。在窗口的创建过程中会先调用窗口的相应生命周期方法，然后再调用与该生命周期方法对应的 Fragment 的生命周期方法。下面先看一下如图 12-7 所示的 Fragment 生命周期的示意图，其中包含这 11 个生命周期方法的调用顺序。在本节的后面会分别介绍这些方法的含义和功能。

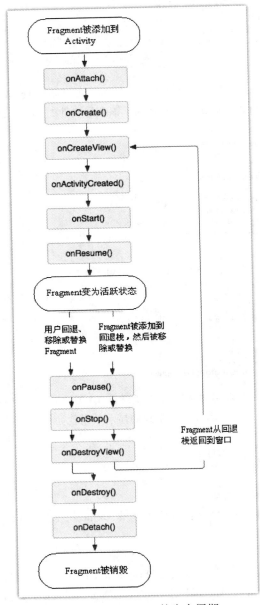

图 12-7　Fragment 的生命周期

在图 12-7 所示的 Fragment 生命周期中涉及到一个回退栈的概念，这些内容会在后面详细介绍。在这里只要知道，onResume 方法是 Fragment 处于活跃和非活跃状态的分水岭。该方法与 Activity.onResume 的含义基本相同。该方法被调用后，Fragment 的初始化工作已经基本完成，处于活跃状态。如果这时按

Back 键或通过其他方式导航，Fragment 就会退出活跃状态，这一点与窗口失去焦点的概念类似。

下面看一下 Fragment 的生命周期方法以及 onInflate 方法的含义和功能（按调用顺序给出）。

1. onInflate 方法

该方法的原型如下：

```
public void onInflate(Activity activity, AttributeSet attrs, Bundle savedInstanceState)
```

如果 Fragment 使用<fragment>标签定义，并且该<fragment>被包含在某一个布局文件中，而一个窗口装载了该布局文件。那么 onInflate 方法会在 onAttach 前面调用，也就是说在 Fragment 装载之前调用。onInflate 方法有 3 个参数，而且这 3 个参数分别完成了 3 种与窗口及 Fragment 相关的工作。这 3 个参数的含义与作用如下：

activity 参数

该参数表示 Fragment 被嵌入的窗口对象，但要注意，由于 onInflate 方法在 Activity.onCreate 方法之前调用，这时窗口上的控件还没有被创建，所以不能通过 activity.findViewById 方法获取在 Fragment 布局文件中定义的控件，如果调用该方法，会返回 null。

通常在 Fragment 的某些生命周期方法中，一些参数除了可以通过 findViewById 获取 View 对象外，还可以使用 Fragment.getActivity 方法获取嵌入 Fragment 的窗口对象。但在 onInflate 中，Fragment.getActivity 方法无效（返回 null）。

虽然使用 activity 参数无法获取 View 对象，但却可以使用窗口的一些资源，例如，可以通过如下代码读取字符串资源：

```
Log.d("stringResource", activity.getResources().getString(R.string.app_name));
```

activity 参数除了可以获取资源外，还可以作为上下文对象，因为有很多方法都需要将 Context 对象作为其中一个参数值，而 Activity 是 Context 子类。所以只要可以获取 Activity 对象，就可以调用这类方法。

attrs 参数

通过该参数可以读取定义 Fragment 时的 XML 属性值，也就是<fragment>标签的属性值。例如，下面的代码读取了<fragment>标签的 class 属性值：

```
Log.d("fragment_class",attrs.getAttributeValue(null, "class"));
```

如果在 Fragment 中需要使用<fragment>标签中的属性值，可以通过 attrs 参数读取相应的属性值，并将其保存在变量值，便于以后使用。

savedInstanceState 参数

如果在 Fragment.onSaveInstanceState 方法中保存了 Fragment 的状态变量，那么可以通过该参数读取这些变量；如果未保存任何变量，该参数值为 null。

2. onAttach 方法

该方法的原型如下：

```
public void onAttach(Activity activity)
```

该方法的 activity 参数与 onInflate 方法的 activity 参数含义相同，onAttach 会在 Fragment 与窗口关联后立刻调用。从该方法开始，就可以通过 Fragment.getActivity 方法获取与 Fragment 关联的窗口对象了。但在该方法中仍然无法操作 Fragment 中的控件。

3. onCreate 方法

该方法的原型如下：

```
public void onCreate(Bundle savedInstanceState)
```

系统会在 onAttach 执行完后立刻调用 onCreate 方法。该方法与 Activity.onCreate 方法类似。

但不同之处是，后者可以获取并访问布局文件中的 View 对象，而前者不能有任何访问布局文件中 View 对象的代码（因为在执行 Fragment.onCreate 方法之前，相关的 View 对象还没创建，无法获得 View 对象）。在 onCreate 方法中传入一个 Bundle 类型的参数，该参数与 onInflate 方法中的相应参数含义相同，也是用来获取 Fragment 保存的状态值，如果未保存状态，该参数值为 null。

通常会在 Fragment.onCreate 方法中读取保存的状态，以及获取或初始化一些数据。如果获取的数据需要访问网络、或执行大量的磁盘写操作，最好开始一个新线程来完成这些工作，否则该方法不执行完，窗口不会显示。

4. onCreateView 方法

该方法的原型如下：

```
public View onCreateView(LayoutInflater inflater, ViewGroup container,
        Bundle savedInstanceState)
```

onCreateView 是 Fragment 生命周期方法中最重要的一个。因为在该方法中会创建在 Fragment 中显示的 View。其中 inflater 参数用来装载布局文件。container 参数表示<fragment>标签的父标签对应的 ViewGroup 对象。savedInstanceState 参数可以获取 Fragment 保存的状态，如果未保存状态，该参数值为 null。

这 3 个参数中 inflater 最为重要，尽管可以使用如下的代码代替 inflater，但直接使用 inflater 参数是非常方便的。

```
LayoutInflater newInflater = getActivity().getLayoutInflater();
```

下面是一段标准的 onCreateView 方法的代码：

```
public View onCreateView(LayoutInflater inflater, ViewGroup container,
        Bundle savedInstanceState)
{
    //  装载布局文件
    View view = inflater.inflate(R.layout.my_fragment, null);
    TextView textview = (TextView)view.findViewById(R.id.textview);
    testview.setText("Fragment Test");
    return view;
}
```

尽管在 onCreateView 方法中仍然不能从 getActivity 方法获得的窗口对象中获取 View 对象，但由于 Fragment 中显示的控件对象都是在该方法中创建的，所以可以很容易获得并操作这些对象。

5. onActivityCreated 方法

该方法的原型如下：

```
public void onActivityCreated(Bundle savedInstanceState)
```

系统在 Activity.onCreate 方法调用后会立刻调用 onActivityCreated 方法，表示窗口已经初始化完成。从 onActivityCreated 方法开始，获取 Fragment 中的 View 对象可以直接使用如下的代码：

```
EditText edittext = (EditText)getActivity().findViewById(R.id.edittext);
```

savedInstanceState 参数与前面方法的同名参数的含义相同。

6. onStart 方法

该方法的原型如下：

```
public void onStart()
```

当系统调用 onStart 方法时，Fragment 已经显示在了窗口上，但无法与用户交互，这是因为 onStart 方法还没有执行完，系统正在尝试执行 onStart 方法。

在传统的解决方案中，倾向于将逻辑放到 Activity.onStart 方法中，现在就可以将逻辑放到 Fragment.onStart 方法中了，这是因为要操作的控件就在当前的 Fragment 中。

7. onResume 方法

该方法的原型如下：

```
public void onResume()
```

onResume 方法是 Fragment 从创建到显示的最后一个回调方法。该方法返回后，Fragment 就可以与用户交互了。例如，有一个拍照程序，就可以将调用手机摄像头的代码放到 onResume 方法中，这样该方法返回后就可以直接拍照了。到现在为止，Fragment 已经被成功嵌入到了窗口的某个位置，当然用户有某些操作（如按 Back 键或 Home 键），或突然弹出了其他窗口，当前活跃的 Fragment 就会开始生命周期的下半个旅程。

8. onPause 方法

该方法的原型如下：

```
public void onPause()
```

Fragment 由活跃变成非活跃（不能与用户交互）要执行的第一个回调方法就是 onPause。该方法与 Activity.onPause 的使用规则类似。通常可以在该方法中完成需要临时暂停的工作。例如，在 Fragment 中用 MediaPlayer 播放音乐，这时如果需要接听电话，就应该在 Fragment.onPause 方法中暂停音乐的播放，挂断电话后在 Fragment.onResume 方法中恢复音乐的播放。

9. onStop 方法

该方法的原型如下：

```
public void onStop()
```

执行 onStop 方法说明 Fragment 已经进入显示和不显示的边缘，当 onStop 方法返回时，Fragment 将从屏幕上消失。当然，如果这时 Fragment 重新被显示，会依次调用 onStart 和 onResume 方法。

10. onDestroyView 方法

该方法的原型如下：

```
public void onDestroyView()
```

如果 Fragment 的状态被保存（调用 Fragment.onSaveInstanceState 方法）或从回退栈弹出，onDestroyView 方法会被调用。调用该方法意味着在 onCreateView 方法中创建的 View 对象会与 Fragment 分离。

11. onDestroy 方法

该方法的原型如下：

```
public void onDestroy()
```

系统在 Fragment 不再使用时会调用 onDestroy 方法。要注意的是，这时 Fragment 仍然与窗口关联，并且可以获得 Fragment，但无法对获得的 Fragment 进行任何操作。

12. onDetach 方法

该方法的原型如下：

```
public void onDetach()
```

onDetach 方法是 Fragment 生命周期的最后一个方法。当该方法返回后，就意味着 Fragment 不再与窗口关联。Fragment 中所有的 View 对象以及资源将被释放。

12.4.2 实例：Fragment 生命周期演示

本节将给出一个演示 Fragment 生命周期方法调用顺序的例子。在该例子中有两个 Fragment（MyFragment1 和 MyFragment2），它们使用的布局文件类似，都包含了一个 EditText 控件，只是 MyFragment1 使用的布局文件中的<EditText>标签加了 android:id 属性，代码如下：

```xml
<RelativeLayout xmlns:android="http://schemas.android.com/apk/res/android"
    android:layout_width="match_parent"
    android:layout_height="match_parent" >
    <EditText
        android:id="@+id/edittext1"
        android:layout_width="match_parent"
        android:layout_height="wrap_content"
        android:text="我在 MyFragment1 中" />
</RelativeLayout>
```

主窗口（FragmentCycleActivity）使用的布局文件的代码如下：

```xml
<LinearLayout xmlns:android="http://schemas.android.com/apk/res/android"
    android:layout_width="match_parent"
    android:layout_height="match_parent"
    android:orientation="vertical" >
    <!-- 下面两个 Fragment 平分垂直方向窗口 -->
    <fragment
        android:id="@+id/fragment1_test"
        android:layout_width="match_parent"
        android:layout_height="match_parent"
        android:layout_weight="1"
        class="mobile.android.fragment.cycle.MyFragment1" />
    <fragment
        android:id="@+id/fragment2_test"
        android:layout_width="match_parent"
        android:layout_height="match_parent"
        android:layout_weight="1"
        class="mobile.android.fragment.cycle.MyFragment2" />
</LinearLayout>
```

MyFragment1 和 MyFragment2 都实现了所有的生命周期方法，代码也类似，只是 MyFragment1 输出了一些附加信息：

```java
public class MyFragment1 extends Fragment
{
    @Override
    public void onInflate(Activity activity, AttributeSet attrs,
            Bundle savedInstanceState)
    {
        Log.d("Fragment1", "onInflate");
        // 输出字符串资源
        Log.d("Fragment1_onInflate_activity_stringResource", activity
                .getResources().getString(R.string.app_name));
        // 输出<fragment>标签的 class 属性值
        Log.d("Fragment1_onInflate_class",
                attrs.getAttributeValue(null, "class"));
        // 无法获取与 Fragment 关联的窗口对象，输出 null
        Log.d("Fragment1_onInflate_getActivity", String.valueOf(getActivity()));
        // 无法获取 EditText 对象，输出 null
        Log.d("Fragment1_onInflate_activity_edittext1",
                String.valueOf(activity.findViewById(R.id.edittext1)));
        // 为保存 Fragment 的状态，输出 null
        Log.d("Fragment1_onInflate_savedInstanceState",
                String.valueOf(savedInstanceState));
        super.onInflate(activity, attrs, savedInstanceState);
```

```java
    }
    @Override
    public void onAttach(Activity activity)
    {
        Log.d("Fragment1", "onAttach");
        // 无法获取 EditText 对象,输出 null
        Log.d("Fragment1_onAttach_activity_edittext1",
                String.valueOf(activity.findViewById(R.id.edittext1)));
        // 无法获取 EditText 对象,输出 null
        Log.d("Fragment1_onAttach_getActivity_edittext1",
                String.valueOf(getActivity().findViewById(R.id.edittext1)));
        super.onAttach(activity);
    }
    @Override
    public void onCreate(Bundle savedInstanceState)
    {
        Log.d("Fragment1", "onCreate");
        // 可以获取与 Fragment 关联的窗口对象
        Log.d("Fragment1_onCreate_getActivity", String.valueOf(getActivity()));
        super.onCreate(savedInstanceState);
    }
    @Override
    public View onCreateView(LayoutInflater inflater, ViewGroup container,
            Bundle savedInstanceState)
    {
        Log.d("Fragment1", "onCreateView");
        // 装载布局文件
        View view = inflater.inflate(R.layout.my_fragment1, null);
        // 无法获取 EditText 对象,输出 null
        Log.d("Fragment1_onCreateView_getActivity_edittext1",
                String.valueOf(getActivity().findViewById(R.id.edittext1)));
        // 通过 View 对象获取 EditText 对象,可以获取该对象
        Log.d("Fragment1_onCreateView_view_edittext1",
                String.valueOf(view.findViewById(R.id.edittext1)));
        return view;
    }
    @Override
    public void onViewCreated(View view, Bundle savedInstanceState)
    {
        Log.d("Fragment1", "onViewCreated");
        // 无法获取 EditText 对象,输出 null
        Log.d("Fragment1_onViewCreated_getActivity_edittext1",
                String.valueOf(getActivity().findViewById(R.id.edittext1)));
        // 通过 View 对象获取 EditText 对象,可以获取该对象
        Log.d("Fragment1_onViewCreated_view_edittext1",
                String.valueOf(view.findViewById(R.id.edittext1)));
        super.onViewCreated(view, savedInstanceState);
    }
    @Override
    public void onActivityCreated(Bundle savedInstanceState)
    {
        Log.d("Fragment1", "onActivityCreated");
        // 获得获取 EditText 对象
        Log.d("Fragment1_onActivityCreated_getActivity_edittext1",
                String.valueOf(getActivity().findViewById(R.id.edittext1)));
        super.onActivityCreated(savedInstanceState);
    }
    @Override
    public void onStart()
    {
        Log.d("Fragment1", "onStart");
```

```java
        super.onStart();
    }
    @Override
    public void onResume()
    {
        Log.d("Fragment1", "onResume");
        super.onResume();
    }
    @Override
    public void onPause()
    {
        Log.d("Fragment1", "onPause");
        super.onPause();
    }
    @Override
    public void onStop()
    {
        Log.d("Fragment1", "onStop");

        super.onStop();
    }
    @Override
    public void onDestroyView()
    {
        Log.d("Fragment1", "onDestroyView");
        super.onDestroyView();
    }
    @Override
    public void onDestroy()
    {
        Log.d("Fragment1", "onDestroy");
        super.onDestroy();
    }
    @Override
    public void onDetach()
    {
        Log.d("Fragment1", "onDetach");
        super.onDetach();
    }
}
```

由于 MyFragment2 类的代码与 MyFragment1 类同样在生命周期方法中输出了日志信息，这里不再给出 MyFragment2 类的代码。在 MyFragment2 类中的每个生命周期方法中只输出了一行日志信息，表示该方法已经被调用。

现在运行本例，然后按 Back 键退出程序，会在 LogCat 视图中输出如图 12-8 所示的信息，读者可以对照 MyFragment1 和 MyFragment2 类的代码来查看输出的日志信息。这些日志信息中的 Tag 栏如果包含 Fragment1，表明是 MyFragment1 类输出的信息；如果包含 Fragment2，表明是 MyFragment2 类输出的信息；如果包含 Activity，说明是主窗口类（FragmentCycleActivity）的生命周期方法输出的信息。

从图 12-8 所示的日志信息可以看出，如果窗口中有多个 Fragment，系统会调用每一个 Fragment 的相应生命周期方法，然后才会执行窗口的相应生命周期方法。

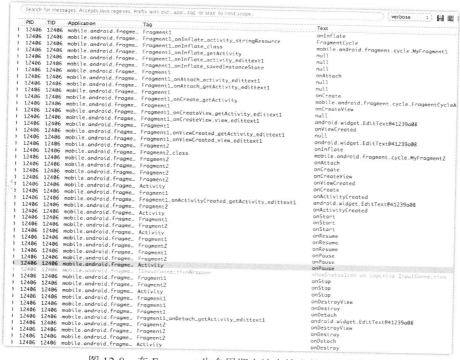

图 12-8　在 Fragment 生命周期方法中输出的日志信息

12.5　动态创建 Fragment

工程目录：src/ch12/RuntimeCreateFragment

在前面已经介绍了如何在 XML 文件中创建 Fragment，本节会介绍如何通过 Java 代码动态创建 Fragment。动态创建 Fragment 的过程中涉及到两个重要的类：FragmentManager 和 FragmentTransaction。其中 FragmentManager 在上一节已经提到过了，这是第 2 次提到这个类，用于管理 Fragment。而 FragmentTransaction 类我们第 1 次遇到。该类主要用于对 Fragment 执行具体的操作，例如，添加 Fragment、删除 Fragment 等。本节会介绍 FragmentTransaction 的一个最基本的功能——动态添加 Fragment。当然，该类还有其他功能，这些内容会留在专门介绍 FragmentTransaction 时讨论。

动态将 Fragment 添加到窗口的代码如下：

```
// 获取 FragmentManager 对象
FragmentManager fragmentManager = getFragmentManager();
// 开始 Fragment 事务
FragmentTransaction fragmentTransaction = fragmentManager.beginTransaction();
// UIFragment 是 Fragment 的子类
UIFragment fragment = new UIFragment();
// 向窗口中的某个视图容器添加 UIFragment
fragmentTransaction.add(R.id.fragment_container, fragment);
// 提交 Fragment 事务
fragmentTransaction.commit();
```

在上面的代码中涉及到 3 个关键的方法：beginTransaction、commit 和 add。其中前两个方法用于处理 Fragment 事务，主要目的是提高动态操作 Fragment 的效率（关于 Fragment 事务的具体细节会在后面的部分详细介绍），add 方法用于向视图容器添加 Fragment。该方法有 3 个重载形式，但本节只涉及到其中的一个重载形式，方法原型如下：

```
public abstract FragmentTransaction add(int containerViewId, Fragment fragment);
```

其中第 2 个参数 fragment 表示 Fragment 对象，而 containerViewId 参数表示将第 2 个参数 fragment 添加到的视图容器的 ID。由于通过 Fragment 对象本身无法设置 Tag，所以还可以使用 add 方法的另一个重载形式为 Fragment 指定一个 Tag。该 Tag 和 <fragment> 标签的 android:tag 指定的 Tag 是完全一样的。这个 add 方法的原型如下：

```
public abstract FragmentTransaction add(int containerViewId, Fragment fragment, String tag);
```

其中前两个参数与第 1 个 add 方法的重载形式的含义相同，第 3 个参数 tag 表示要设置的 Tag。

尽管前面的代码可以将 Fragment 添加到容器视图中，但还有一个问题没解决，就是 Fragment 的尺寸和位置的问题①。由于 Fragment 类并没有设置布局的方法，所以这就需要在 Fragment.onCreateView 方法中创建视图对象的过程中处理。在前面实现的 onCreateView 方法中通常会看到如下的代码。inflate 方法的第 2 个参数为 null。其实这么做从实现上完全没有问题，只是 Fragment 的布局就失去控制了。

```
public View onCreateView(LayoutInflater inflater, ViewGroup container,
        Bundle savedInstanceState)
{
    View view = inflater.inflate(R.layout.ui_fragment, null);
    return view;
}
```

既然 Fragment 自身无法布局，那就要依附于某个视图容器，也就是说，Fragment 会永远在包含该 Fragment 的视图容器中充满整个视图。如果视图容器中只有 Fragment，那么自然而然 Fragment 和视图容器是同样大小的。因此，强烈建议动态加载 Fragment 时，将 Fragment 单独放在某个视图容器中，即该视图容器除了有一个 Fragment 外，不要有任何其他控件（包括其他 Fragment）。这样 Fragment 就和视图容器融为一体，因此只要设置视图容器的布局即可。

那么如何设置视图容器的布局呢？我们还看上面的代码，onCreateView 方法的第 2 个参数 container 表示视图容器对象。因此只要将 onCreateView 方法返回的视图对象与 container 绑定即可。达到这个目的的关键是 LayoutInflater.inflate 方法。该方法有多个重载形式，前面的代码只是使用了其中一个重载形式，但这里我们要使用 inflate 方法的另外一个重载形式，原型如下：

```
public View inflate(int resource, ViewGroup root, boolean attachToRoot)
```

inflate 方法的第 1 个参数 resource 仍然表示 Fragment 中要显示的根视图资源 ID。root 参数就表示与 resource 参数值指定的视图绑定的容器视图对象。因此，只要将 root 参数值设为 container 即可。但还有一个问题，在 Android 系统中规定一个视图只能有一个父视图，如果将某个视图与 root 依附，就意味着该视图将作为 root 的子视图存在，这样该视图就不能再属于其他视图容器。由于 FragmentTransaction.add 方法的第 1 个参数已经为 Fragment 指定了一个视图容器，所以 inflate 方法的第 3 个参数 attachToRoot 的值应设为 false，否则会抛出异常，尽管 root 和 add 方法的第 1 个参数值指向了同一个容器视图对象（FrameLayout）。如果该参数为 true，表示 resource 指定的视图会作为 root 的子视图存在；如果为 false，表示 resource 指定的视图并不属于该视图容器的子视图。因此正确的代码应是如下形式：

---

① 由于 Fragment 只是一个区域，因此并不涉及到除了布局属性外的其他属性，例如，背景色、焦点状态等。

下面看一下本例的完整代码。本例由一个窗口类（RuntimeCreateFragmentActivity）和一个 Fragment 类（UIFragment）组成。UIFragment 类使用的布局文件代码如下：

```xml
<!-- 为了显示效果明显，将 EditText 控件的背景色设为偏红的颜色 -->
<EditText xmlns:android="http://schemas.android.com/apk/res/android"
    android:layout_width="match_parent"
    android:layout_height="match_parent"
    android:text="运行时加载" android:background="#C00" />
```

UIFragment 类的源代码如下：

```java
public class UIFragment extends Fragment
{
    @Override
    public View onCreateView(LayoutInflater inflater, ViewGroup container,
            Bundle savedInstanceState)
    {
        // 重新设置了容器视图的大小（长和宽都是 200px）
        container.setLayoutParams(new LayoutParams(200, 200));
        // inflate 方法的第 3 个参数必须为 false
        View view = inflater.inflate(R.layout.ui_fragment, container, false);
        return view;
    }
}
```

RuntimeCreateFragmentActivity 类使用的布局文件代码如下：

```xml
<LinearLayout xmlns:android="http://schemas.android.com/apk/res/android"
    android:layout_width="match_parent"
    android:layout_height="match_parent"
    android:orientation="vertical" >
    <Button
        android:layout_width="match_parent"
        android:layout_height="wrap_content"
        android:onClick="onClick_CreateUIFragment"
        android:text="动态创建带 UI 的 Fragment" />
    <!-- 会在 FrameLayout 中动态添加 UIFragment -->
    <FrameLayout
        android:id="@+id/fragment_container"
        android:layout_width="match_parent"
        android:layout_height="match_parent" >
    </FrameLayout>
</LinearLayout>
```

RuntimeCreateFragmentActivity 类的代码如下：

```java
public class RuntimeCreateFragmentActivity extends Activity
{
    @Override
    protected void onCreate(Bundle savedInstanceState)
    {
        super.onCreate(savedInstanceState);
        setContentView(R.layout.activity_runtime_create_fragment);
    }
    public void onClick_CreateUIFragment(View view)
    {
        // 获取 FragmentManager 对象
        FragmentManager fragmentManager = getFragmentManager();
        // 开始 Fragment 事务
        FragmentTransaction fragmentTransaction = fragmentManager
                .beginTransaction();
        // 创建 UIFragment 对象
        UIFragment fragment = new UIFragment();
        // 将 UIFragment 对象添加到 R.id.fragment_container 指定的视图容器中
        fragmentTransaction.add(R.id.fragment_container, fragment);
        // 提交 Fragment 事务
```

```
            fragmentTransaction.commit();
        }
}
```

现在运行程序，并单击"动态创建带 UI 的 Fragment"按钮，就会在按钮左下方显示如图 12-9 的区域，其中包括一个 EditText 控件。

图 12-9　运行时加载 Fragment

12.6　Fragment 与 Activity 之间的交互

工程目录：src/ch12/FragmentArgument

Fragment 与 Activity 之间可以通过 Fragment.setArguments 方法向 Fragment 传递参数值，并且可以通过 Fragment.getArguments 方法获取这些传递的参数值。这两个方法的原型如下：

```
public void setArguments(Bundle args)
final public Bundle getArguments()
```

其中 args 参数用于指定要传递的数据，形式为 key-value 对。现在让我们来看一下如何使用这两个方法。本例有一个 MyFragment 类，并在主窗口中使用下面的代码动态添加了 MyFragment，然后向 MyFragment 传递了数据。

```
//  "向 Fragment 传递数据"按钮的单击事件方法
public void onClick_SendData(View view)
{
    //  创建 MyFragment 对象
    MyFragment fragment = new MyFragment();
    //  创建用于传递数据的 Bundle 对象
    Bundle bundle = new Bundle();
    //  指定了一个 key-value 对
    bundle.putString("name", "Hello Fragment1");
    //  调用 setArguments 方法将数据传入 Fragment
        fragment.setArguments(bundle);
    //  获取 FragmentManager 对象
    FragmentManager fragmentManager = getFragmentManager();
    //  开始 Fragment 事务
    FragmentTransaction fragmentTransaction = fragmentManager.beginTransaction();
    //  将 Fragment 添加到事务中，并指定一个 Tag（fragment）
    fragmentTransaction.add(R.id.fragment_container1, fragment, "fragment");
    //  提交 Fragment 事务
        fragmentTransaction.commit();
        Toast.makeText(this,"数据已成功传递.", Toast.LENGTH_LONG).show();
}
```

在主窗口中可以使用下面的代码获取 Fragment 中的参数值。

```
//    "获取传递的数据"按钮单击事件方法
public void onClick_ShowArgument(View view)
{
    EditText editText = (EditText)findViewById(R.id.edittext);
    //    通过 findFragmentByTag 方法找到动态装载的 Fragment，在获取传递的数据
    String name = getFragmentManager()
                    .findFragmentByTag("fragment").getArguments().getString("name");
    //    输出传递的数据
    editText.setText(name);
}
```

在 MyFragment 类的内部也可以获取 name 参数的值，代码如下：

源代码文件：src/ch17/FragmentArgument/src/mobile/android/fragment/argument/MyFragment.java

```
//    销毁 MyFragment 中的 View 时调用
public void onDestroyView()
{
    Log.d("name", getArguments().getString("name"));
    super.onDestroyView();
}
```

现在运行程序，单击"向 Fragment 传递数据"按钮，就会看到在按钮下方出现一个 EditText 和按钮（在 MyFragment 的布局中声明）。然后单击"获取传递的数据"按钮，会在 EditText 控件中输出传递的数据，效果如图 12-10 所示。当退出程序后，系统会调用 onDestroyView 方法，同时会在 LogCat 视图中输出 name 参数值。

图 12-10　Fragment 与 Activity 之间的交互

在编写本例时应注意如下两点：

（1）setArguments 方法必须在 Fragment 与 Activity 绑定之前调用

setArguments 方法并不是在任何时候都能调用。只有在 Fragment.onAttach 方法调用之前才可以正常调用 setArguments 方法，也就是说 setArguments 方法必须在 Fragment 与 Activity 绑定之前调用，否则将抛出异常。所以使用 <fragment> 标签声明 Fragment，不能直接调用 setArguments 方法设置 Bundle 对象（setArguments 方法的参数类型是 Bundle），因为早在 Activity.onCreate 方法调用之前，Fragment 就已经与窗口绑定了，所以要在 Fragment.onInflate 方法中调用 setArguments 方法设置 Bundle 对象。

（2）Fragment 尽管可以像其他控件一样使用 <fragment> 标签声明，也有很多地方与 Activity 类似，但 Fragment 并不完全是控件或 Activity。如果 Fragment 中的某个控件通过 android:onClick 属性指定了单击事件方法，或通过 android:id 属性的值处理相应的事件（多个控件共用同一个事件方法），需要在包含 Fragment 的 Activity 中编写相应的事件方法，而不能在 Fragment 类中编写这样的方法。例如，本例中的 onClick_ShowArgument 方法是 MyFragment 中按钮的单击事件方法，该方法需要放在 FragmentArgumentActivity 类中，而不能放在 MyFragment 类中。

12.7 回退栈

工程目录:src/ch12/FragmentNavigation

Fragment 比较有趣的功能是可以很容易地实现向导界面,也就是通过"上一步""下一步"按钮切换不同的界面。不过对于手机和平板电脑来说,回退(Back)键起到了退回上一步的作用,所以通常按 Back 键退到上一页。当然,这个功能不使用 Fragment 也能办到,只是比较麻烦。而如果使用 Fragment,只要配合回退栈即可用很少的代码实现向导功能。

假设现在要在当前窗口上实现有 4 个页面的导航功能,每一个页面都有不同的控件。那么为了按 Back 键或调用 FragmentManager.popBackStack 方法可以返回上一个页面,必须将当前显示的页面压入回退栈。如果现在显示到最后一个页面,回退栈的状态如图 12-11 所示。我们可以看出,有 4 个 Fragment 对象压到了 Activity 上面,如果这时按 Back 键,当前窗口是不会关闭的,而是将 Fragment Page4 出栈,然后会显示 Fragment Page3 的页面,只有连续按 4 次 Back 键,所有的 Fragment 才会都弹出回退栈,这时才会显示窗口,当按第 5 次 Back 键时窗口关闭。

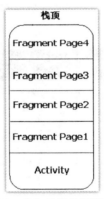

图 12-11 参与导航的回退栈状态

下面看看本节的例子要实现的导航功能。在这个例子中会通过单击"下一页"按钮不断创建 FragmentPage 类的实例,并将新创建的 FragmentPage 对象添加到回退栈中,这样向导界面可以显示接近无穷多个页面,并通过单击"上一页"按钮或 Back 键返回上一页。每一页的控件都是一个 EditText,但为了区别每一页,会在不同页的 EditText 控件中显示一个随机的 long 类型的数。但本例与前面的描述有一点小小的区别,就是未将第 1 页的 FragmentPage 对象加入到回退栈,这是因为通常当向导界面中显示第一页时,按 Back 键就将窗口关闭了,而不是先将第 1 页隐藏,然后再按 Back 键关闭窗口。所以当最后一个 FragmentPage 对象(第 2 页)从回退栈弹出后,窗口上仅仅剩下未压入到回退栈的第 1 页的 EditText 控件,这时再按一次 Back 键就会关闭窗口。本例的显示效果如图 12-12 所示。

第 12 章 Fragment

图 12-12　利用 Fragment 与回退栈实现的导航界面

本例由主窗口类（FragmentNavigationActivity）与 Fragment 类（FragmentPage）组成。在这里 FragmentPage 类的实现就比较简单了，只是负责在 onCreateView 方法中装载布局文件，并将一个 long 类型的随机数显示在 EditText 控件中。FragmentPage 类的代码如下：

```java
public class FragmentPage extends Fragment
{
    @Override
    public View onCreateView(LayoutInflater inflater, ViewGroup container,
            Bundle savedInstanceState)
    {
        View view = inflater.inflate(R.layout.fragment_page, container, false);
        EditText editText = (EditText)view.findViewById(R.id.edittext);
        //  在 EditText 控件中显示一个随机的 long 类型的数
        editText.setText(String.valueOf(Math.abs(new Random().nextLong())));
        return view;
    }
}
```

FragmentNavigationActivity 类的代码就复杂得多。在该类中实现了一个 nextFragment 方法，用于创建新的 FragmentPage 对象，并将该对象添加到回退栈中。为了在回退栈状态发生变化时（压栈和出栈）获取当前页面的序号，需要使用 OnBackStackChangedListener 监听器对回退栈的状态进行监视。FragmentNavigationActivity 类的代码如下：

```java
public class FragmentNavigationActivity extends Activity implements
        OnBackStackChangedListener
{
    //  创建新的 FragmentPage 对象，如果 backStackFlag 属性值为 true，会将该对象添加到回退栈中
    private void nextFragment(boolean backStackFlag)
    {
        try
        {
            FragmentManager fragmentManager = getFragmentManager();
            FragmentTransaction fragmentTransaction = fragmentManager.beginTransaction();
            //  创建 FragmentPage 对象
            FragmentPage fragment = new FragmentPage();
            //  将 FragmentPage 对象添加到 Fragment 容器中
            //  R.id.fragment_container 对应于一个<FrameLayout>标签
            fragmentTransaction.add(R.id.fragment_container, fragment);
            if (backStackFlag)
                //  将当前 Fragment 的状态添加到回退栈中
                fragmentTransaction.addToBackStack(null);
            fragmentTransaction.commit();
            //  指定回退栈监听器
            fragmentManager.addOnBackStackChangedListener(this);
        }
        catch (Exception e)
        {
        }
    }
    //  当回退栈的状态发生变化后（这里指 Fragment 状态的压栈和出栈）调用该方法
    @Override
```

349

```java
    public void onBackStackChanged()
    {
        // 在标题栏中显示当前页的序号，其中 getBackStackEntryCount 方法返回回退栈在当前窗口之上
        // 还有多少 FragmentPage 对象
        setTitle("当前第" + (getFragmentManager().getBackStackEntryCount() + 1) + "页");
    }
    @Override
    protected void onCreate(Bundle savedInstanceState)
    {
        super.onCreate(savedInstanceState);
        setContentView(R.layout.activity_fragment_navigation);
        // 显示第 1 页，不将该页的 FragmentPage 对象压入回退栈
        nextFragment(false);
        // 显示当前页的序号
        onBackStackChanged();
    }
    // "下一页" 按钮的单击事件方法
    public void onClick_NextPage(View view)
    {
        // 创建新的 FragmentPage 对象，并将该对象压入回退栈
        nextFragment(true);
    }
    // "上一页" 按钮的单击事件方法
    public void onClick_PrevPage(View view)
    {
        FragmentManager fragmentManager = getFragmentManager();
        // 将栈顶的 Fragment 状态弹出，重新显示上一页
        fragmentManager.popBackStack();
    }
}
```

现在运行程序，并单击 "下一页" 按钮多次，然后按 Back 键或单击 "上一页" 按钮，会发现 EditText 控件的数字会不断发生变化，说明向导页在不断切换。

12.8 小结

Fragment 并不是 Android SDK 中最复杂的技术，但却是很有用的技术，有了 Fragment，开发人员就可以使用简单且统一的方法对 UI 和逻辑进行封装，从而使 UI 和逻辑更加紧密地结合在一起，以达到重用的最佳效果。如果 Fragment 可以和下一章要介绍的 ActionBar 结合使用，将会达到更意想不到的完美效果。

13

ActionBar

本章将介绍另外一个 Android3.0 及后续版本新加的技术——ActionBar，也可称为"动作栏"。ActionBar 的位置就在 Android3.0 以前版本标题栏的位置。只是 ActionBar 除了可以显示标题和图标外，还可以显示动作按钮以及任意视图。因此也可以将 ActionBar 理解为扩展标题栏。

 本章内容

- ActionBar 简介
- 隐藏和显示 ActionBar
- Action 按钮
- 收藏和展开 Action View
- 导航标签
- 下拉导航列表

13.1 ActionBar 简介

ActionBar 主要为响应用户动作和导航提供一致性的接口。ActionBar API 与 Fragment API 一样，都是从 Android3.0（API Level = 11）开始支持的。ActionBar 的界面效果有些类似于 Windows 桌面程序的工具栏，上面可以放置图标、按钮、文本输入框以及下拉列表等控件。图 13-1 就是一个典型的 ActionBar 的应用案例，界面上面和右侧的菜单都属于 ActionBar。

ActionBar 的主要目标如下：

- 可以通过位于 ActionBar 左侧的应用程序图标（可取代标题栏的图标）来表示自己的应用程序。因此通常情况下，Android 应用程序都会有特定的图标。
- 可以将一致的导航和视图风格应用于不同的应用程序，这样不同程序的基本操作方法都相同，从而可减少用户学习的时间（这一点 iPhone 和 IPad 做的是最好的）。ActionBar 提供的标准导航风格主要包括可在不同 Fragment 之间切换的导航标签；下拉列表形式的导航模式；单独的视图切换模式。
- 可以将关键的动作放到醒目的位置。例如"搜索""创建""分享"等。这些动作都是访问频率最高的，有利于用户在第一时间找到自己想要的功能。

图 13-1 ActionBar 的典型案例

13.2 ActionBar 基础

> 工程目录：src/ch18/FirstActionBar

从这一节开始，将逐步学习 ActionBar API 的使用。其实 ActionBar 从本质上说就是取代了标题栏的地位。在前面的章节曾多次使用到标题栏，实际上从 Android 3.0 开始，将标题栏称为 ActionBar 会更准确一些。尽管标题栏和 ActionBar 在底层都是由一些控件组合而成，但 ActionBar 的功能更强大，不仅可以称为标题栏的替代品，而且将会做得更出色。本节会介绍一些 ActionBar 的基本操作和理论，在后面的部分将会介绍 ActionBar 的更多高级功能。

本节的所有代码都在 FirstActionBar 工程中，读者可利用该工程测试 ActionBar 的基本操作。

13.2.1 隐藏/显示 ActionBar

可能很多初学者刚开始接触 ActionBar 时会认为需要像菜单一样将 ActionBar 添加到窗口上才可以使用，但实际情况是 ActionBar 根本就不用添加。从 Android 3.0 开始，在创建 Android 工程时就会使用主题将标题栏变成了 ActionBar。

ActionBar 根据 Android 版本不同分为两种风格（用两个主题控制）。其中 Android 3.x 是一种风格，Android 4.x 是一种风格，而 Android 5.x 是另外一种风格（这种风格叫质感，后面的章节会介绍）。如果读者使用最新版的 ADT 创建 Android 工程，会发现在 res 目录中除了正常的 values 目录，又多了两个用于本地化的目录：values-v11 和 values-v14。这两个目录中各有一个 styles.xml 文件。在这两个 styles.xml 文件中分别定义了一个 Style 资源。资源名都是 AppTheme，只是这两个 Style 资源的父 Style 资源不同。

下面是这两个 Style 资源的定义代码。

values-v11/styles.xml 文件中的定义
```xml
<style name="AppBaseTheme" parent="android:Theme.Holo.Light">
    <!-- API 11 theme customizations can go here. -->
</style>
```

values-v14/styles.xml 文件中的定义
```xml
<style name="AppBaseTheme" parent="android:Theme.Holo.Light.DarkActionBar">
    <!-- API 14 theme customizations can go here. -->
</style>
```

从 values-v11 和 values-v14 目录的命名可以看出，values-v11/styles.xml 中的 Style 资源用于 Android 3.x（3.0、3.1 和 3.2），values-v14/styles.xml 中的 Style 资源用于 Android 4.x（4.0、4.1.2 和 4.2 或更高版本）。也就是说，Android 3.x 使用的控制 ActionBar 的主题是 android:Theme.Holo.Light（由于 AppBaseTheme 未覆盖任何属性的值，所以 AppBaseTheme 和父主题是一样的），而 Android 4.x 则使用 android:Theme.Holo.Light.DarkActionBar。

在默认情况下，所有的窗口都会使用 AppTheme 主题，所以<application>标签的 android:theme 属性值为@style/AppTheme，代码如下：

```xml
<application
    android:allowBackup="true"
    android:icon="@drawable/ic_launcher"
    android:label="@string/app_name"
    android:theme="@style/AppTheme" >
    …  …
</application>
```

可能很多读者会感到奇怪，明明是 AppBaseTheme，为什么会使用 AppTheme 呢？其实最新的 ADT 生成 Android 工程时，又在 values/styles.xml 文件中生成了一个 AppTheme 资源，代码如下：

```xml
<!-- AppTheme 的父主题是 AppBaseTheme -->
<style name="AppTheme" parent="AppBaseTheme">
    <!-- All customizations that are NOT specific to a particular API-level can go here. -->
</style>
```

如果想修改当前主题，而且不考虑 Android 版本，可以直接修改 AppTheme 主题，否则就需要修改相应本地化资源目录中的 AppBaseTheme 主题了。

在代码中可以直接使用 Activity.getActionBar 方法获取 ActionBar 对象，然后就可以对 ActionBar 做自己想做的了。例如，下面的代码是一个按钮的单击事件方法，通过单击该按钮，可以使当前窗口的 ActionBar 隐藏和显示，其实就相当于标题栏的隐藏和显示。

```java
public void onClick_HideShowActionBar(View view)
{
    if (getActionBar() == null)
        return;
    if (getActionBar().isShowing())
    {
        //  隐藏 ActionBar
        getActionBar().hide();
        //  hideShowActionBar 是按钮对象变量
        hideShowActionBar.setText("显示 ActionBar");
    }
    else
    {
        //  显示 ActionBar
        getActionBar().show();
        hideShowActionBar.setText("隐藏 ActionBar");
    }
}
```

现在可以运行程序，一开始的显示效果如图 13-2 所示。当单击"隐藏 ActionBar"按钮后，会执行上面的代码。然后 ActionBar 会隐藏，如图 13-3 所示。按钮的文本也会改为"显示 ActionBar"。从这两个截图可以看出，隐藏 ActionBar 实际上就是将标题栏隐藏了（标题栏和 ActionBar 是等效的）。

图 13-2　ActionBar 可见

图 13-3　ActionBar 不可见

如果某个窗口不想显示 ActionBar，可以单独使用 Theme.Holo.NoActionBar 主题，窗口声明代码如下：

```
<activity android:theme="@android:style/Theme.Holo.NoActionBar"
          android:name=".MyActivity"/>
```

其实 Theme.Holo.NoActionBar 就相当于将标题栏隐藏了，但要注意，如果声明窗口时使用了 Theme.Holo.NoActionBar 主题，将无法使用 Activity.getActionBar 方法获取 ActionBar 对象（该方法返回 null）。

查看 Theme.Holo.NoActionBar 主题的代码可知，该主题只是设置了 windowActionBar 和 windowNoTitle 属性，因此，可以直接修改 AppBaseTheme 主题或 AppTheme 主题，修改后的代码如下：

```
<style name="AppBaseTheme" parent="android:Theme.Holo.Light.DarkActionBar">
    <item name="android:windowActionBar">false</item>
    <item name="android:windowNoTitle">true</item>
</style>
```

由于 ActionBar 是在 Android 3.0 以上版本才支持，所以 AndroidManifest.xml 文件中<uses-sdk>标签的 andorid:minSdkVersion 属性值不能小于 11，代码如下：

```
<uses-sdk
    android:minSdkVersion="11"
    android:targetSdkVersion="16" />
```

13.2.2　Action 按钮

ActionBar 最酷的一点是可以尽可能利用原有的资源。例如，ActionBar 可以与菜单（Menu）充分地结合在一起。在 ActionBar 上添加 Action 按钮几乎是每一个使用 ActionBar 的应用程序必须做的工作，其主要目的是将一些常用的功能放到最显眼的地方，以提高工作效率。

向 ActionBar 上添加 Action 按钮并不需要新的概念，只需要在菜单资源文件中设置<item>标签的 android:showAsAction 属性即可。系统会根据该属性的值决定是否将菜单项（必须是选项菜单）放到 ActionBar 上。一旦菜单项被放到 ActionBar 上，就会以 Action 按钮样式呈现（可以只显示图标，也可以同时显示图标和文字），而菜单项就会从菜单列表中消失。在向 ActionBar 添加 Action 按钮之前，先看看 android:showAsAction 属性可以设置哪些值，如表 18-1 所示。

表 13-1　android:showAsAction 属性可设置的值

属性值	描述
ifRoom	只有在 ActionBar 有地方时才放置 Action 按钮
withText	除了在 Action 按钮上显示图标，还会显示菜单项文本。该属性值通常与其他属性值一起使用，例如 ifRoom|withText
never	从来不将当前菜单项作为 Action 按钮放到 ActionBar 上。是 android:showAsAction 属性的默认值
always	总会将当前菜单项作为 Action 按钮放到 ActionBar 上。如果 ActionBar 上没有足够的空间，系统会从 ActionBar 上移出非 always 选项的 Action 按钮，如果仍然没有足够的空间，Action 按钮会覆盖 ActionBar 左侧的标题文本，但不会将最左侧的程序图标挤掉。如果这样仍然无法挤出地方放置 Action 按钮，系统就不会再尝试在 ActionBar 上放置 Action 按钮了
collapseActionView	允许与 Action 按钮关联的 Action 视图（需要使用 android:actionLayout 或 android:actionViewClass 属性）可折叠。 最小 Android 版本要求：Android4.0（API Level = 14）

从表 13-1 的属性值列表可以看出，android:showAsAction 属性可以设置 5 个属性值。其中 withText 通常与其他属性值一起使用。而最后一个属性值 collapseActionView 是从 Android4.0 才开始支持的，该属性会在本章后面的部分介绍，本节只使用前面 4 个属性值。由于 never 是默认的属性值，所以未设置 android:showAsAction 属性的菜单项都不会被放在 ActionBar 上。还要注意的是，菜单项要么直接显示在菜单项列表中，要么以 Action 按钮形式显示在 ActionBar 上，不可同时显示在菜单项列表和 ActionBar 上。

下面先看一个 Action 按钮的例子，界面效果如图 13-4 所示。在屏幕的右上角有 3 个按钮，其中第 1 个 Action 按钮带了文本。

图 13-4　竖屏形式的 Action 按钮

实现图 13-4 所示的效果非常容易，首先需要一个菜单资源文件。可能有很多读者对使用新版的 ADT 建立的 Android 工程感到奇怪。为什么无缘无故生产一个选项菜单资源文件，而且在代码中还将该资源加载了呢？实际上这是 Google 为了更方便使用 ActionBar 才做这样的改动的。因为从 Android 3.0 开始，选项菜单并不单单是菜单了，每一个菜单项还有另外一个角色——Action 按钮。下面在菜单资源文件中添加 5 个菜单项，代码如下：

源代码文件：src/ch18/FirstActionBar/res/menu/activity_first_action_bar.xml

```xml
<?xml version="1.0" encoding="utf-8"?>
<menu xmlns:android="http://schemas.android.com/apk/res/android" >
    <!-- 显示图标和文本，只在有空余位置时才在 ActionBar 上显示 -->
    <item
        android:id="@+id/menu_save"
        android:icon="@drawable/save"
```

```xml
        android:showAsAction="ifRoom|withText"
        android:title="保存"/>
    <!-- 只显示图标，只在有空余位置时才在 ActionBar 上显示   -->
    <item
        android:id="@+id/menu_open"
        android:icon="@drawable/open"
        android:showAsAction="ifRoom"
        android:title="打开"/>
    <!-- 只显示图标，总在 ActionBar 上显示，除非是没位置了   -->
    <item
        android:id="@+id/menu_search"
        android:icon="@drawable/search"
        android:showAsAction="always"
        android:title="保存"/>
    <!-- 只显示图标，只在有空余位置时才在 ActionBar 上显示   -->
    <item
        android:id="@+id/menu1"
        android:icon="@drawable/ic_launcher"
        android:showAsAction="ifRoom"
        android:title="菜单项 1"/>
    <!-- 只显示图标，只在有空余位置时才在 ActionBar 上显示   -->
    <item
        android:id="@+id/menu2"
        android:icon="@drawable/ic_launcher"
        android:showAsAction="ifRoom"
        android:title="菜单项 2"/>
</menu>
```

然后在 FirstActionBarActivity 类中实现 onCreateOptionsMenu 和 onOptionsItemSelected 方法，代码如下：

```
//    加载选项菜单时调用
public boolean onCreateOptionsMenu(Menu menu)
{
    MenuInflater inflater = getMenuInflater();
    //   装载菜单资源文件
    inflater.inflate(R.menu.activity_first_action_bar, menu);
    return true;
}
//    单击菜单（Action 按钮）时调用该方法
public boolean onOptionsItemSelected(MenuItem item)
{
    //   显示当前单击的菜单项（Action 按钮）的文本
    Toast.makeText(this, item.getTitle(), Toast.LENGTH_LONG).show();
    return super.onOptionsItemSelected(item);
}
```

如果当前是竖屏状态，在 ActionBar 右侧会显示 3 个 Action 按钮，但按 Menu 键时会显示另外两个未在 ActionBar 上显示的菜单，如图 13-5 所示。从菜单资源文件的内容可以看出，只有第 3 个菜单项（Search）的 android:showAsAction 属性值是 always，其他的都包含 ifRoom。所以 Search 菜单项一定会显示在 ActionBar 上，而其他菜单项能在 ActionBar 上显示就显示，不能显示就会在选项菜单中显示。

图 13-5   在 ActionBar 上显示不下的菜单项仍然会在选项菜单中显示

如果屏幕变成横屏，ActionBar 有了足够的空间，所以这 5 个菜单项都会显示在 ActionBar 上，效果如图 13-6 所示。

图 13-6　横屏后 5 个菜单项都显示在了 ActionBar 上

如果将前 3 个菜单项的 android:showAsAction 属性值都设为 always|withText，而后两个菜单项的 android:showAsAction 属性值设为 always，那么这 5 个菜单项都会显示在 ActionBar 上，并且前 3 个菜单项还会显示文本。如果屏幕状态是竖屏的话，这 5 个 Action 按钮就会侵占标题文本的空间，所以标题文本就显示不全了，效果如图 13-7 所示。

图 13-7　Action 按钮侵占标题文本的效果

android:showAsAction 属性不仅可以在菜单资源文件中设置，还可以直接在 onCreateOptionsMenu 方法中使用如下代码设置：

```
public boolean onCreateOptionsMenu(Menu menu)
{
    this.menu = menu;
    MenuInflater inflater = getMenuInflater();
    inflater.inflate(R.menu.activity_first_action_bar, menu);
    // 设置第 3 个菜单项永远不会显示在 ActionBar 上
    menu.getItem(2).setShowAsAction(MenuItem.SHOW_AS_ACTION_NEVER);
    return true;
}
```

13.3　应用程序图标导航

工程目录：src/ch13/AppIconNavigation

ActionBar 左侧通常会显示程序图标和标题文本。在很多程序中，经常会使程序图标可以响应一些动作，例如，单击程序图标可以回到程序主界面或 Home 界面。本节将介绍如何响应程序图标的动作。

单击程序图标回到主窗口是最常见的应用场景。实际上，显示在 ActionBar 左侧的程序图标也是一个 Action 按钮，ID 为 android.R.id.home，因此只要在 onOptionsItemSelected 方法中处理此 ID 的响应，就可以为程序图标加上动作。但在 Android 4.0（API Level = 11）以上的版本中，要想让系统响应程序图标的请求，还需要执行如下的代码：

```
getActionBar().setHomeButtonEnabled(true);
```

然后就可以在 onOptionsItemSelected 方法中使用下面的代码响应程序图标的动作（回到主窗口）：

```
public boolean onOptionsItemSelected(MenuItem item)
```

```
        {
    switch (item.getItemId())
    {
        case android.R.id.home:
            //     AppIconNavigationActivity 是主窗口类
            Intent intent = new Intent(this, AppIconNavigationActivity.class);
            //  通常要加入 Intent.FLAG_ACTIVITY_CLEAR_TOP 标志，这样在显示主窗口之前会关闭
            //  主窗口前面的所有窗口。
            intent.addFlags(Intent.FLAG_ACTIVITY_CLEAR_TOP);
            startActivity(intent);
            return true;
        default:
            return super.onOptionsItemSelected(item);
    }
}
```

现在运行程序，单击 "显示 MyActivity" 按钮，会显示如图 13-8 所示的界面，单击左侧的图标即可回到主窗口。

图 13-8　单击左侧的图标回到主窗口

13.4　收缩和展开 Action View

工程目录：src/ch13/ActionView

ActionBar 的强大之处就是不仅可以将菜单项简单地作为 Action 按钮显示，还可以在 ActionBar 上添加任何 View（被称为 Action View）。例如，可以在 Action 上添加一个搜索框或文本输入框。

在 ActionBar 上添加 View 需要使用到<item>标签的如下两个属性。

- android:actionViewClass：指定要显示的 View 类。
- android:actionLayout：指定要显示的 View 对应的布局资源 ID。

如果同时指定上面两个属性，android:actionViewClass 属性的优先级会高于 android:actionLayout 属性。

尽管可以直接将 View 放在 ActionBar 上，但通常我们并不这样做，而是首先放置一个 Action 按钮，当单击该按钮后，会在整个 ActionBar 上显示与 Action 按钮对应的 View（被称为展开）。然后单击 ActionBar 左侧的图标或按 Back 键返回 Action 按钮（被称为收缩）。例如，只有单击搜索按钮后才会出现输入搜索文本的 View。要想实现这个功能，需要在 android:showAsAction 标签属性值中加入 collapseActionView。

下面的菜单资源有 4 个菜单项，这些菜单项都会显示在 ActionBar 上，并且都有与其对应的 View。后两个菜单项允许展开和收缩 View。

```
<menu xmlns:android="http://schemas.android.com/apk/res/android" >
    <!--   直接使用了 EditText 类   -->
    <item
        android:id="@+id/menu_item_edit"
        android:actionViewClass="android.widget.EditText"
        android:showAsAction="always"
        android:title="编辑"/>
```

```xml
<!-- 使用 action_view_clock.xml 布局文件作为显示在 ActionBar 上的 View -->
<item
    android:id="@+id/menu_item_clock"
    android:actionLayout="@layout/action_view_clock"
    android:icon="@drawable/time"
    android:showAsAction="always"
    android:title="时间"/>
<!-- 仍然使用了 action_view_clock.xml，但允许扩展和收缩 Clock -->
<item
    android:id="@+id/menu_item_clock"
    android:actionLayout="@layout/action_view_clock"
    android:icon="@drawable/time"
    android:showAsAction="always|collapseActionView"
    android:title="时间"/>
<!-- 使用了 SearchView 作为显示在 ActionBar 上的 View -->
<item
    android:id="@+id/menu_item_search"
    android:actionViewClass="android.widget.SearchView"
    android:icon="@drawable/search"
    android:showAsAction="always|collapseActionView"
    android:title="搜索"/>
</menu>
```

在上面的菜单资源中使用了一个 SearchView，该控件用于搜索，会在后面搜索部分详细介绍。中间两个菜单项使用了 action_view_clock.xml 布局文件作为显示在 ActionBar 上的 View，该布局文件的代码如下：

```xml
<DigitalClock xmlns:android="http://schemas.android.com/apk/res/android"
    android:layout_width="match_parent"
    android:layout_height="wrap_content"
    android:textSize="18sp" />
```

现在运行程序，在 ActionBar 的右侧会分别显示 4 个控件或 Action 按钮（EditText、DigitalClock、Action Clock Button、Action Search Button）。可以直接在 EditText 中输入文本，例如，输入"hello world"，显示效果如图 13-9 所示。

图 13-9　ActionBar 上显示 View 的效果

如果单击右侧的时钟图标，就会在 ActionBar 的左侧展开该图标对应的 View（一个 DigitalClock 控件），而且会出现一个向左的小箭头。同时隐藏了标题文本，将 DigitalClock 放在了标题文本的位置。时钟图标会从原来的位置消失，效果如图 13-10 所示。通过单击左侧的程序图标或按 Back 键，会返回图 13-9 所示的状态（这一切由系统自动完成，不需要编写一行 Java 代码）。

图 13-10　展开 Action Clock Button

单击 Search 按钮后，会在 ActionBar 的右侧显示搜索文本输入框，并允许输入要搜索的文本，效果如图 13-11 所示。与 Action Clock Button 不同的是，搜索框包含一个文本输入框，所以需要按两次 Back

键才能回到图 13-9 所示的状态（第一次是使文本输入框失去焦点）。但只需要单击一次左侧的程序图标即可回到图 13-9 所示的状态。

图 13-11　展开 Action Search Button

如果必要，我们还可以通过 MenuItem.expandActionView 和 MenuItem.collapseActionView 方法展开和收缩 Action View，代码如下：

```
private Menu menu;
@Override
public boolean onCreateOptionsMenu(Menu menu)
{
    getMenuInflater().inflate(R.menu.activity_action_view, menu);
    // 将 Menu 对象保存，以便以后使用
    this.menu = menu;
    return true;
}
// "展开 Search View" 按钮的单击事件方法
public void onClick_ExpandSearchView(View view)
{
    // 展开 Search View
    menu.findItem(R.id.menu_item_search).expandActionView();
}
// "收缩 Search View" 按钮的单击事件方法
public void onClick_CollapseSearchView(View view)
{
    // 收缩 Search View
    menu.findItem(R.id.menu_item_search).collapseActionView();
}
```

现在运行程序，分别单击"扩展 Search View"和"收缩 Search View"按钮，Search View 会展开和收缩，与直接单击与 Search View 对应的 Action 按钮的效果一样。

如果想在 Action View 扩展和收缩时执行一些动作，例如更新 Fragment 上的控件，可以使用 OnActionExpandListener 监听对象。该接口的有两个监听方法，可以分别监听 Action View 扩展和收缩时的动作。OnActionExpandListener 接口的代码如下：

```
public interface OnActionExpandListener
{
    // 监听 Action View 展开的动作，返回 true 表示 Action View 可以展开，返回 false 表示
    // Action View 不会展开
    public boolean onMenuItemActionExpand(MenuItem item);
    // 监听 Action View 收缩的动作，返回 true 表示 Action View 可以收缩，返回 false 表示
    // Action View 不会收缩
    public boolean onMenuItemActionCollapse(MenuItem item);
}
```

下面是本例使用 OnActionExpandListener 接口的代码，当展开和收缩相应的 Action View 后，会显示 Toast 信息提示框。

```
public class ActionViewActivity extends Activity implements
        OnActionExpandListener
{
    … …
    @Override
    public boolean onCreateOptionsMenu(Menu menu)
```

```
        {
            getMenuInflater().inflate(R.menu.activity_action_view, menu);
            for(int i = 0; i < menu.size(); i++)
            {
                // 为每一个菜单项设置 Action View 扩展和收缩监听器
                menu.getItem(i).setOnActionExpandListener(this);
            }
            return true;
        }
    // 监听 Action View 的展开动作
        @Override
        public boolean onMenuItemActionExpand(MenuItem item)
        {
            Toast.makeText(this, "<" + item.getTitle() + ">已经展开", Toast.LENGTH_LONG)
                    .show();
            // 必须返回 true,否则 Action View 无法展开
            return true;
        }
    // 监听 Action View 的收缩动作
        @Override
        public boolean onMenuItemActionCollapse(MenuItem item)
        {
            Toast.makeText(this, "<" + item.getTitle() + ">已经收缩", Toast.LENGTH_LONG)
                    .show();
            // 必须返回 true,否则 Action View 无法收缩
            return true;
        }
    }
```

13.5 导航标签

工程目录:src/ch13/AddNavigationTab

在窗口上添加导航标签时,通常的做法是使用 TabHost 控件。不过自从 Android3.0 加入 ActionBar 以来,TabHost 就显得 OUT 了。因为 ActionBar 比 TabHost 更灵活、更强大。例如,当屏幕处于横屏或竖屏状态时,屏幕宽度是不一样的。当屏幕处于横屏时,屏幕变宽,标题和图标会和 Tab 处于同一行,如图 13-12 所示。当屏幕处于竖屏时,屏幕宽度变窄,都处于同一行肯定地方不够,所以标题和图标会显示在 Tab 的上方,如图 13-13 所示。因此,ActionBar 常用于取代 TabHost,作为导航标签的最佳选择。

图 13-12 横屏下的导航标签

图 13-13 竖屏下的导航标签

ActionBar 通常会和 Fragment 一起应用到导航标签中。每一个标签对应的面板就是一个 Fragment。

使用 ActionBar 实现导航标签的具体步骤如下：

第 1 步：设置 ActionBar 为导航标签模式。

首先需要设置 ActionBar 的导航模式，通常会在 onCreate 方法中使用下面的代码将 ActionBar 设为导航标签模式：

```
final ActionBar actionBar = getActionBar();
actionBar.setNavigationMode(ActionBar.NAVIGATION_MODE_TABS);
```

第 2 步：实现 ActionBar.TabListener 接口。

通常当前使用 ActionBar 的窗口类会实现 ActionBar.TabListener 接口。该接口的代码如下：

```
public interface TabListener
{
    //  标签被选中时调用
    public void onTabSelected(Tab tab, FragmentTransaction ft);
    //  标签未被选中时调用
    public void onTabUnselected(Tab tab, FragmentTransaction ft);
    //  标签被重新选中时调用
    public void onTabReselected(Tab tab, FragmentTransaction ft);
}
```

当用户操作标签时，会根据不同状态调用 TabListener 接口中的相应方法。通常会在 onTabSelected 方法中将 Fragment 添加到 ActionBar 上，在 onTabUnselected 方法中将上回被选中标签的 Fragment 从 ActionBar 移除。

这 3 个方法的参数个数和类型完全相同，tab 表示当前的标签，ft 表示当前的 Fragment 事务。可以使用 ft 参数将 Fragment 添加（调用 add 方法）到 Fragment 事务中，或替换（调用 replace 方法）已经存在的 Fragment。但不要调用 commit 方法，否则系统会抛出异常。这是因为系统最后会统一调用 commit 方法提交 Fragment 事务。

第 3 步：创建标签对象。

标签对象就是 Tab 对象，使用 ActionBar.newTab 方法创建，该方法没有任何参数，返回一个新的 Tab 对象。每一个标签可以显示文本和图标，也可以显示其中一个。所以需要使用 Tab.setText 方法设置标签文本，使用 Tab.setIcon 方法设置标签图像。这两个方法可以只使用其中一个。如果这两个方法都没调用，标签上会什么也不显示。

第 4 步：添加标签。

可以使用 ActionBar.addTab 方法添加标签，该方法的原型如下：

```
public void addTab(Tab tab);
```

addTab 方法只有一个 tab 参数，表示要添加的 Tab。这个 Tab 就是第 3 步创建的标签对象。最后不要忘了使用 Tab.setTabListener 方法指定 ActionBar.TabListener 对象，通常为当前窗口对象（也就是 this）。

第 5 步：保存和恢复状态。

这一步不是必需的，但却很必要。这里的状态是指当前选中的标签。例如，当前横屏状态时选中了第 3 个标签，当切换到竖屏后，选中的仍然是第 3 个标签。如果不保存状态，当横竖屏切换后，都会从第 1 个标签开始选择，这样会大大降低用户体验。保存和恢复状态分别使用了 onSaveInstanceState 和 onRestoreInstanceState 方法。具体的实现代码会在后面的例子中给出。

下面看一个完整的导航标签的例子，在这个例子中共创建了 3 个标签，效果如图 13-12 和图 13-13 所示。

在最新版的 ADT 中已经提供了创建导航标签的工程模板，读者只要在创建 Android 工程向导的最后一页的"Navigation Type"下拉列表框中选择"Tabs"就可以使用这个模板①,如图 13-14 所示。可以直接使用这个模板来创建 Android 工程。

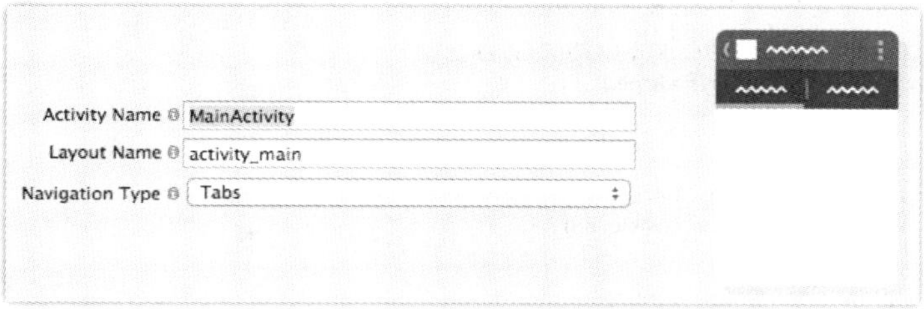

图 13-14　使用 Tabs 工程模板

本例的大多数代码都使用了这个模板的代码,只是略作改动。Tabs 模板的代码使用了 Support Library,而本例已将其改成直接使用最新的 Android SDK 的相应 API 的形式,如果读者仍然想使用 Support Library,可以使用 Tabs 模板再生成一个 Android 工程即可。下面就来分析一下 Tabs 模板,以便扩展原有的代码。

```
public class AddNavigationTabActivity extends Activity implements
            ActionBar.TabListener
{
    //  用于保存和恢复 ActionBar 状态的 Key
    private static final String STATE_SELECTED_NAVIGATION_ITEM =
                                                "selected_navigation_item";
    @Override
    protected void onCreate(Bundle savedInstanceState)
    {
        super.onCreate(savedInstanceState);
        setContentView(R.layout.activity_add_navigation_tab);
        //  获取 ActionBar 对象
        final ActionBar actionBar = getActionBar();
        //  第 1 步:设置 ActionBar 为导航标签模式
        actionBar.setNavigationMode(ActionBar.NAVIGATION_MODE_TABS);

        //  第 3、4 步:创建 Tab 对象,并添加标签到 ActionBar,同时调用了 setTabListener 方法指定
        //  了 ActionBar.TabListener 对象。在本例中只设置了标签的文本,并未设置标签的图标
        actionBar.addTab(actionBar.newTab().setText(R.string.title_section1)
                .setTabListener(this));
        actionBar.addTab(actionBar.newTab().setText(R.string.title_section2)
                .setTabListener(this));
        actionBar.addTab(actionBar.newTab().setText(R.string.title_section3)
                .setTabListener(this));
    }
    //  第 2 步:在 onTabSelected 方法中为当前选中的标签添加或替换 Fragment,本例使用的是替换的方法
    @Override
    public void onTabSelected(ActionBar.Tab tab,
            FragmentTransaction fragmentTransaction)
    {
        //  DummySectionFragment 是一个继承自 Fragment 的类
        Fragment fragment = new DummySectionFragment();
        Bundle args = new Bundle();
        //  设置 Fragment 的参数,也就是标签的索引加 1
        args.putInt(DummySectionFragment.ARG_SECTION_NUMBER,
                tab.getPosition() + 1);
        //  向 Fragment 传递参数
```

---

① 单独创建 Android Activity 时也可以创建 Tabs 类型的 Activity,方法与创建 Android 工程时一样,选择 Tabs 模板即可。

```java
                fragment.setArguments(args);
            //  获取新的 FragmentTransaction 对象,并替换原有的 Fragment,R.id.container
            //  是 Fragment 的 ID
            getFragmentManager().beginTransaction()
                    .replace(R.id.container, fragment).commit();
            /*
上面的代码也可以直接使用如下代码替换,但不能调用 commit 方法
fragmentTransaction.replace(R.id.container, fragment);
            */
        }
        @Override
        public void onTabUnselected(ActionBar.Tab tab,
                FragmentTransaction fragmentTransaction)
        {
        }
        @Override
        public void onTabReselected(ActionBar.Tab tab,
                FragmentTransaction fragmentTransaction)
        {
        }
    }
    //  第 5 步:恢复 ActionBar 的状态
        @Override
        public void onRestoreInstanceState(Bundle savedInstanceState)
        {
            //  恢复当前选择的标签
            if (savedInstanceState.containsKey(STATE_SELECTED_NAVIGATION_ITEM))
            {
                    getActionBar().setSelectedNavigationItem(
                            savedInstanceState.getInt(STATE_SELECTED_NAVIGATION_ITEM));
            }
        }
    //  第 5 步:保存 ActionBar 的状态
        @Override
        public void onSaveInstanceState(Bundle outState)
        {
            //  保存当前选择的标签的索引
            outState.putInt(STATE_SELECTED_NAVIGATION_ITEM, getActionBar()
                    .getSelectedNavigationIndex());
        }
        @Override
        public boolean onCreateOptionsMenu(Menu menu)
    {
            //  装载选项菜单
            getMenuInflater().inflate(R.menu.activity_add_navigation_tab, menu);
            return true;
        }
    //  每一个标签显示的都是 DummySectionFragment
        public static class DummySectionFragment extends Fragment
        {
            //  Fragment 参数的 key
            public static final String ARG_SECTION_NUMBER = "section_number";
            public DummySectionFragment()
            {
            }
            //  创建 Fragment 使用的 View,在本例中只有一个 TextView 控件
            @Override
            public View onCreateView(LayoutInflater inflater, ViewGroup container,
                    Bundle savedInstanceState)
            {
                TextView textView = new TextView(getActivity());
textView.setGravity(Gravity.CENTER);
    //  设置 TextView 控件的文本
                textView.setText("第" + Integer.toString(getArguments().getInt(
                        ARG_SECTION_NUMBER)) + "页");
```

```
            return textView;
    }
}
```

如果读者要扩展 Tabs 模板生成的代码，添加更多的标签页，通常只需要修改 onCreate 方法中的创建 Tab 对象、添加 Tab 对象的代码以及 onTabSelected 方法中的代码即可。onTabSelected 方法的主要工作就是为当前选中的标签提供 Fragment，这个 Fragment 可以是新创建的，也可以是事先创建好的。

在实现 ActionBar.TabListener 接口的 3 个方法时，如果使用替换的方式，可以只实现 onTabSelected 方法，其他两个方法空实现（不添加任何代码）。本例就是采用的这种方式。如果使用添加和移除 Fragment 的方法，可以使用下面的代码：

```
private Fragment mFragment;
public void onTabSelected(Tab tab, FragmentTransaction ft)
{
    // 检测 mFragment 是否被初始化
    if (mFragment == null)
    {
        // 如果未初始化，创建并编辑一个新的 Fragment
        mFragment = Fragment.instantiate(mActivity, mClass.getName());
        ft.add(android.R.id.content, mFragment, mTag);
    }
    else
    {
        // 如果 mFragment 已经存在，直接挂载到 ActionBar 的当前 Tab 上即可
        ft.attach(mFragment);
    }
}
public void onTabUnselected(Tab tab, FragmentTransaction ft) {
    if (mFragment != null)
    {
        // 当前 Tab 未被选中，将 mFragment 从当前 Tab 移除
        ft.detach(mFragment);
    }
}
```

本例还涉及到两个资源文件：布局资源和菜单资源，文件名都是 activity_add_navigation_tab.xml。代码如下：

```
<!-- 布局资源文件 -->
<FrameLayout xmlns:android="http://schemas.android.com/apk/res/android"
    android:id="@+id/container"
    android:layout_width="match_parent"
    android:layout_height="match_parent"/>
<!-- 菜单资源文件 -->
<menu xmlns:android="http://schemas.android.com/apk/res/android" >
    <item
        android:id="@+id/menu_settings"
        android:orderInCategory="100"
        android:showAsAction="never"
        android:title="@string/menu_settings"/>
</menu>
```

可能很多读者从菜单资源文件中看出了问题。已经将 android:showAsAction 属性值设为 never，也就意味着该菜单项只能作为选项菜单显示，而不能显示在 ActionBar 上。那么为什么图 13-12 和图 13-13 所示的界面都在右侧显示了菜单按钮呢？实际上，这两个界面是在 Nexus 7 上运行本例时截取的，由于 Nexus 7 根本就没有菜单按键，所以系统就不会管 android:showAsAction 的属性值是否为 never 了，都一股脑地将菜单以按钮的形式放到 ActionBar 上。如果读者在有菜单按键的 Android 设备上运行（如 Nexus

S、Android 模拟器等），右上角是没有这个菜单按钮的。

13.6　下拉导航列表

工程目录：src/ch18/AddDropdownNavigation

ActionBar 除了导航标签外，还支持下拉列表方式导航，也就是会在 ActionBar 的左侧显示一个 Section 按钮，单击后会显示一个如图 13-15 所示的下拉列表，每个列表项与一个导航标签一样，会切换到某一个 Fragment。

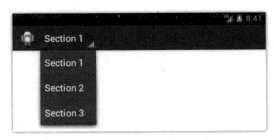

图 13-15　Section 下拉列表

下拉列表的实现步骤如下：

第 1 步：设置 ActionBar 的导航模式为下拉列表。

通常在 onCreate 方法中使用下面的代码将 ActionBar 的导航模式设置为下拉列表：

```
final ActionBar actionBar = getActionBar();
actionBar.setNavigationMode(ActionBar.NAVIGATION_MODE_LIST);
```

第 2 步：实现 ActionBar.OnNavigationListener 接口中的方法。

当用户单击下拉列表项时，会调用 ActionBar.OnNavigationListener 接口的相应方法，该接口的代码如下：

```
public interface OnNavigationListener
{
    //  当列表项被选择时调用该方法
    public boolean onNavigationItemSelected(int itemPosition, long itemId);
}
```

其中 itemPosition 参数表示当前被单击列表项的位置（从 0 开始），itemId 参数表示当前被单击列表项的 ID。

第 3 步：创建 Adapter 对象。

列表中的列表项是由 Adapter 对象提供的，通常使用 ArrayAdapter 对象即可。

第 4 步：将列表数据和监听对象与 ActionBar 关联。

调用 AactionBar.setListNavigationCallbacks 方法，将第 2 步创建的 ActionBar.OnNavigationListener 对象（通常是当前窗口类的实例，也就是 this）和第 3 步创建的 Adapter 对象与 ActionBar 绑定，这样才会在 ActionBar 上显示下拉列表。

第 5 步：保存和恢复状态。

这一步不是必需的，但却很必要。这里的状态是指当前选中的列表项。例如，当前横屏状态时选中了第 3 个列表项，当切换到竖屏后，选中的仍然是第 3 个列表项。如果不保存状态，当横竖屏切换后，都会从第 1 个列表项开始选择，这样会大大降低用户体验。保存和恢复状态分别使用了 onSaveInstanceState 和 onRestoreInstanceState 方法。具体的实现代码会在本节的例子中给出。

下拉列表不仅实现步骤与导航标签类似，而且 ADT 还提供了 Dropdown 模板，因此与导航标签一样，可以用模板建立下拉列表的初始代码，操作方法与上一节使用导航标签模板的方法类似，只是需要选择"Dropdown"模板。下面来分析一下"Dropdown"模板的初始代码。

```java
public class AddDropdownNavigationActivity extends Activity implements
        ActionBar.OnNavigationListener
{
    private static final String STATE_SELECTED_NAVIGATION_ITEM =
                                            "selected_navigation_item";
    @Override
    protected void onCreate(Bundle savedInstanceState)
    {
        super.onCreate(savedInstanceState);
        setContentView(R.layout.activity_add_dropdown_navigation);
        // 获取 ActionBar 对象
        final ActionBar actionBar = getActionBar();
        // 隐藏了标题
        actionBar.setDisplayShowTitleEnabled(false);
        // 第 1 步：设置 ActionBar 的导航模式为下拉列表形式
        actionBar.setNavigationMode(ActionBar.NAVIGATION_MODE_LIST);
        // 第 3、4 步：创建了 ArrayAdapter 对象，并在 ActionBar 上显示下拉列表
        actionBar.setListNavigationCallbacks(
        // Specify a SpinnerAdapter to populate the dropdown list.
                new ArrayAdapter<String>(actionBar.getThemedContext(),
                        android.R.layout.simple_list_item_1,
                        android.R.id.text1, new String[]
                                { getString(R.string.title_section1),
                                        getString(R.string.title_section2),
                                        getString(R.string.title_section3), }), this);
    }
    // 第 2 步：实现 onNavigationItemSelected 方法
    @Override
    public boolean onNavigationItemSelected(int position, long id)
    {
        android.app.Fragment fragment = new DummySectionFragment();
        Bundle args = new Bundle();
        // 设置向 Fragment 传递的参数
        args.putInt(DummySectionFragment.ARG_SECTION_NUMBER, position + 1);
        // 向 Fragment 传递参数
        fragment.setArguments(args);
        // 用新的 Fragment 替换当前的 Fragment
        getFragmentManager().beginTransaction().replace(R.id.container, fragment).commit();
        return true;
    }
    // 第 5 步：恢复状态
    @Override
    public void onRestoreInstanceState(Bundle savedInstanceState)
    {
        if (savedInstanceState.containsKey(STATE_SELECTED_NAVIGATION_ITEM))
        {
            getActionBar().setSelectedNavigationItem(
                    savedInstanceState.getInt(STATE_SELECTED_NAVIGATION_ITEM));
        }
    }
    // 第 5 步：保存状态
    @Override
    public void onSaveInstanceState(Bundle outState)
```

```
        {
            outState.putInt(STATE_SELECTED_NAVIGATION_ITEM, getActionBar()
                    .getSelectedNavigationIndex());
        }
        // 后面的代码与上一节的 AddNavigationTabActivity 类的对应代码完全相同，这里不再向读者展示
        ……
    }
```

要扩展 Dropdown 模板生成的代码，主要就是扩展第 2 步和第 3 步，也就是实现 onNavigationItem-Selected 方法和为下拉导航列表提供不同的数据源。

13.7 小结

从 Android3.0 开始，ActionBar 已经取代了原来的标题栏，在 Android 5.x 中 ActionBar 的功能又得到了进一步增强，样式也发生了一些改变。通常 ActionBar 和 Fragment 会结合在一起使用。因为每一个导航界面都需要一个 Fragment 作为最外层的面板，以便在其中显示其他的控件。

第 14 章 Android 5.x 新特性：质感主题

质感（Material）主题是采用质感设计最先遇到的技术。Android 5.x 为质感设计提供了几个主题，用于配合其他效果的实现。本章将主要介绍 Android 5.x 提供了哪些质感主题，以及如何使用这些质感主题。

本章内容

- 什么是质感主题
- 有哪些质感主题
- 使用不同的质感主题
- 修改质感主题的默认属性

14.1 使用不同的质感主题

Android 5.x 提供了多种用于质感设计的主题，如果读者决定采用 Material Design 设计 App，不妨从如下的主题开始：

- @android:style/Theme.Material ：黑色风格
- @android:style/Theme.Material.Light ：高亮风格
- @android:style/Theme.Material.Light.DarkActionBar：黑色动作条

为 App 设置这些主题有多种方法，不过这些主题只针对于 Android 5.x，所以在设置这些主题之前，应先打开 AndroidManifest.xml 文件，将 android:minSdkVersion 和 targetSdkVersion 都设置为 21。代码如下：

```
<uses-sdk
    android:minSdkVersion="21"
    android:targetSdkVersion="21" />
```

如果不这样设置，是不允许设置这些主题的，强行设置时，Android 工程将编译出错。

修改 App 的主题有多种方法，最直接的方法就是修改 AndroidManifest.xml 文件中<application>标签的 android:theme 属性。该属性的默认值是@style/AppTheme，代码如下：

```
<application
    android:allowBackup="true"
    android:icon="@drawable/ic_launcher"
    android:label="@string/app_name"
    android:theme="@style/AppTheme" >
    … …
</application>
```

当然，还有其他的方法可以设置 App 的主题。例如，修改 styles.xml 文件中<style>标签的内容。不过要注意，不要修改 res/values 目录下的 styles.xml 文件，因为这个 styles.xml 文件是默认的。由于 Android 5.0 的 API Level 等于 21，所以应该修改 res/values-v14 目录下的 styles.xml。该目录中的所有资源文件会在 API Level 等于 14 及以上版本的 Android 平台使用。如果该目录没有相应的资源文件，系统会依次往上搜索，如 res/values-v13、res/values-v12、res/values-v11。如果所有这样的目录都没有要搜索的资源文件，最后则从 res/values 目录中寻找。所以如果其他的类似 res/values-v11 这样的目录存在，并且该目录中存在指定的资源文件，就不能修改 res/values 目录中的相应资源，否则不会起作用。

在修改 App 主题之前，先来看看默认的主题效果，如图 14-1 所示。这里在 Activity 中放置了几个控件，以便观察修改主题后的效果。

现在将 AndroidManifest.xml 文件中<application>标签的 android:theme 属性值改为@android:style/Theme.Material。或将 res/values-v14/styles.xml 文件中<style>标签的内容改为如下的形式：

```
<style name="AppBaseTheme" parent="@android:style/Theme.Material">
    … …
</style>
```

现在运行程序，会看到如图 14-2 所示的效果。从表面上看，好像只有颜色发生了改变，但单击一下上面的菜单和下面的控件，就会发现真的和以前不同。

图 14-1　默认主题

图 14-2　Theme.Material 主题效果

最明显的特征是加入了单击动画，当单击 CheckBox 和右上角 Settings 菜单时，会显示单击动画，如图 14-3 和图 14-4 所示。

图 14-3　单击 CheckBox 控件产生的动画效果

图 14-4　单击 CheckBox 控件参数的动画效果

读者也可以用上述方法测试其他的质感主题。如图 14-5 所示是 Theme.Material.Light 主题的效果，该主题以亮色为主。单击效果和 Theme.Material 类似。

图 14-5　Theme.Material.Light 主题的效果

14.2　修改质感主题的默认属性值

我们不仅可以使用质感主题的默认风格，还可以修改质感主题的属性值，按我们自己的要求定制质感主题。

修改主题的方法很简单，只要在<style>标签中覆盖相应的属性即可。例如，下面的代码设置了状态栏、ActionBar 和部分控件的颜色。

```xml
<style name="AppBaseTheme" parent="@android:style/android:Theme.Material">
    <!--  Actionbar 的背景色（绿色）  -->
    <item name = "android:colorPrimary">#0F0</item>
    <!--  状态栏的背景色（蓝色）  -->
    <item  name="android:colorPrimaryDark">#00F</item>
    <!--  控件颜色（红色）  -->
    <item name = "android:colorAccent">#F00</item>
</style>
```

设置后的效果如图 14-6 所示。

图 14-6　定制质感主题后的效果

可能有的读者会提出这样的问题，我怎么知道要设置哪个属性呢？还有质感主题使用了哪些属性我怎么知道呢？实际上，我们可以从 Android SDK 中很容易地找到这些主题使用的属性以及属性值。

读者可以进入 Android SDK 目录，然后导航到子目录<Android SDK 根目录>/platforms/android-21/data/res/values，在 values 目录中找到 themes_material.xml 文件，所有和质感设计相关的主题及所设置的属性都在该文件中。读者可以根据自己的需要定制这些属性的值。

14.3　小结

质感主题的使用方法和普通的质感主题相同，不过要想将质感设计用于自己的 App，最好使用这些质感主题。因为他们提供的效果可以和其他的质感设计效果融为一体。

第 15 章　Android 5.x 新特性：阴影和视图裁剪

通过改变高度和 TranslationZ 属性，可以为 View 添加阴影效果，同时，还可以通过改变 TranslationZ 属性的值让阴影以动画方式显示。不仅如此，Android 5.0 还允许通过简单的方式将一个 View 裁剪成简单的形状，如缩小的矩形、圆角矩形、椭圆、圆形等。本章将详细介绍这些功能的实现方法。

本章内容

- 什么是阴影
- 高度和 Z 轴的位置
- 带阴影的拖动效果
- 视图裁剪

15.1　阴影

质感设计的理念之一就是让屏幕上的 UI 呈现立体感。在一个二维平面上呈现三维的效果，很显然，除了考虑 X 轴和 Y 轴外，还需要考虑 Z 轴。因此，本节将详细描述如何让一个视图呈现立体的效果，也就是带阴影效果（立体的东西一定是有阴影的）。

15.1.1　高度和 Z 轴的位置

阴影的效果是由如下两个因素组成的：
- Elevation：高度，静态属性。
- TranslationZ：Z 轴相对于高度的位置，用于实现动画的动态属性。

本节将利用这两个属性让 View 带有阴影效果。通过改变 TranslationZ，可以让两个在 Z 轴不同位置的 View（一个圆形，一个正方形）互相覆盖。图 15-1 是圆形覆盖正方形的效果（圆形的高度值比正方形高度值大），图 15-2 是正方形覆盖圆形的效果（正方形的 TranslationZ 比圆形的 TranslationZ 大）。从这一点可以看出，阴影的综合效果，也就是 Z 由下面两个属性之和决定。

$$Z = Elevation + TranslationZ$$

图 15-1　圆形覆盖正方形的效果

图 15-2　正方形覆盖圆形的效果

要实现图 15-1 和图 15-2 所示的效果，需要在布局文件 elevation_basic.xml 中放置两个 View，代码如下：

```xml
<FrameLayout xmlns:android="http://schemas.android.com/apk/res/android"
    xmlns:tools="http://schemas.android.com/tools"
    android:layout_width="match_parent"
    android:layout_height="match_parent">
    <!-- 圆形 Shape -->
    <View
        android:id="@+id/floating_shape"
        android:layout_width="160dp"
        android:layout_height="160dp"
        android:layout_marginRight="40dp"
        android:background="@drawable/shape"
        android:elevation="50dp"
        android:layout_gravity="center"/>
    <!-- 正方形区域 -->
    <View
        android:id="@+id/floating_shape_2"
        android:layout_width="160dp"
        android:layout_height="160dp"
        android:layout_marginLeft="25dp"
        android:background="@drawable/shape2"
        android:layout_gravity="center"/>
</FrameLayout>
```

我们看到两个<View>标签中的 android:background 属性值都使用了 drawable 资源。实际上这是两个 xml 类型的 drawable 资源，分别定义了圆形和正方形效果。这两个 drawable 资源的代码如下：

```xml
<!-- shape.xml（圆形效果） -->
<shape xmlns:android="http://schemas.android.com/apk/res/android"
    android:shape="oval">
    <solid android:color="@color/color_1" />
</shape>
```

```xml
<!-- shape2.xml（正方形效果） -->
<shape xmlns:android="http://schemas.android.com/apk/res/android"
    android:shape="rectangle">
    <solid android:color="@color/color_2" />
</shape>
```

在第一个<View>标签中使用 android:elevation 属性设置了第一个 View（圆形）的高度为 50，所以圆形会在正方形上面。

下面通过改变正方形的 TranslationZ 属性值让正方形覆盖圆形。这些工作在 ElevationBasicFragment.onCreateView 方法中完成，代码如下：

```java
public View onCreateView(
        LayoutInflater inflater, ViewGroup container, Bundle savedInstanceState)
{
    View rootView = inflater.inflate(R.layout.elevation_basic, container, false);
    // 装载正方形视图对象
    View shape2 = rootView.findViewById(R.id.floating_shape_2);
    // 设置监听正方形触摸事件的监听器
    shape2.setOnTouchListener(new View.OnTouchListener() {
        @Override
        public boolean onTouch(View view, MotionEvent motionEvent) {
            int action = motionEvent.getActionMasked();

            switch (action) {
                case MotionEvent.ACTION_DOWN:    // 手指按下动作
                    //view.setElevation(120);    // 设置 Elevation 属性也会达到同样的效果
                    // 将正方形 View 的 TranslationZ 属性值设为 120
                    view.setTranslationZ(120);
                    break;
                case MotionEvent.ACTION_UP:      // 手指抬起
                    // 将正方形 View 的 TranslationZ 属性值设为 0
```

```
                        view.setTranslationZ(0);
                        //view.setElevation(0);            // 设置Elevation属性也会达到同样的效果
                        break;
                    default:
                        return false;
                }
                return true;
            }
        });
        return rootView;
}
```

通过在正方形触摸事件中不断改变 TranslationZ 的值，就会产生圆形和正方形互相覆盖的效果。因为一开始圆形的高度是 50，但如果讲正方形的 TranslationZ 值设为 120，正方形 Z 的值仍然大于圆形 Z 的值，所以正方形会覆盖圆形。

15.1.2 带有阴影的拖动效果

通过改变视图的高度（Elevation）并拖动该视图，阴影也会随着视图拖动，效果如图 15-3 所示。

图 15-3　带阴影的视图拖动效果

要想实现这个阴影拖动特效，需要为视图设置背景图或轮廓（Outline），并且要改变视图的高度。当触摸圆形后，阴影会扩大（有一个动画效果），要实现这个功能，需要用 ViewPropertyAnimator.translationZ 方法通过改变 TranslationZ 属性的值来实现动画。这些功能都在 ElevationDragFragment.onCreateView 方法中实现，该方法的代码如下：

```
public View onCreateView(LayoutInflater inflater, ViewGroup container,
        Bundle savedInstanceState) {
    View rootView = inflater.inflate(R.layout.ztranslation, container, false);
    // 创建带拖动的视图（圆形）
    final View floatingShape = rootView.findViewById(R.id.circle);
    // 为视图指定轮廓（mOutlineProviderCircle = new CircleOutlineProvider();）
    floatingShape.setOutlineProvider(mOutlineProviderCircle);
    // 允许轮廓剪切视图（将其剪切成一个圆形）
    floatingShape.setClipToOutline(true);
```

```java
        // 获取圆形视图的父视图,该视图用于拖动,并带动其子视图(包括圆形视图)拖动
        DragFrameLayout dragLayout = ((DragFrameLayout)
                        rootView.findViewById(R.id.main_layout));
        // 设置视图拖放监听事件
        dragLayout.setDragFrameController(new DragFrameLayout.DragFrameLayoutController() {
            @Override
            public void onDragDrop(boolean captured) {
                // captured 为 true 表示开始拖动(手指按下),这时 TranslationZ 的值为 50(阴影增大)
                // 如果手指抬起,captured 为 false,TranslationZ 的值恢复 0
                floatingShape.animate()
                        .translationZ(captured ? 50 : 0)
                        .setDuration(100);    // 完成这个动画的时间是 100 毫秒
            }
        });
        dragLayout.addDragView(floatingShape);
        // Z+按钮的单机事件,用于增加 Elevation 属性值(mElevationStep 是增加的步长)
        rootView.findViewById(R.id.raise_bt).setOnClickListener(new View.OnClickListener() {
            @Override
            public void onClick(View v) {
                mElevation += mElevationStep;
                floatingShape.setElevation(mElevation);
            }
        });
        // Z-按钮的单击事件,用于减小 Elevation 属性值(mElevationStep 是减小的步长)
        // 如果 Elevation 小于 0,则不再减小。Elevation 的值为 0
        rootView.findViewById(R.id.lower_bt).setOnClickListener(new View.OnClickListener() {
            @Override
            public void onClick(View v) {
                mElevation -= mElevationStep;
                // Elevation 的值不能是负数
                if (mElevation < 0) {
                    mElevation = 0;
                }
                floatingShape.setElevation(mElevation);
            }
        });
        return rootView;
}
```

在 onCreateView 方法中使用了一个轮廓(CircleOutlineProvider)来裁剪 View。实际上,也可以使用背景图。不过不想为这点小事弄一个图像的话,可以为 View 指定一个轮廓,这样可以让视图呈现指定的形状。下面看一下 CircleOutlineProvider 类的代码:

```java
private class CircleOutlineProvider extends ViewOutlineProvider {
    @Override
    public void getOutline(View view, Outline outline) {
        // 指定轮廓的形状为圆(如果 width 和 height 不等,就是椭圆)
        outline.setOval(0, 0, view.getWidth(), view.getHeight());
    }
}
```

建议读者使用真机测试本节的例子,Android 模拟器效果可能不是很明显。

15.2 视图裁剪

Android 5.x 提供了轮廓(Outline)功能,允许对视图按着基本的形状进行裁剪(矩形、圆角矩形、圆形等),这在以前需要提供相应形状的背景图或 Drawable 资源才能实现。在 15.1.2 节已经使用了 CircleOutlineProvider 将 View 裁剪成一个圆形。本节将再给出一个例子,将 View 裁剪成一个圆角矩形,

效果如图 15-4 所示。当单击"允许裁剪"按钮后，按钮上方的 View 将被裁剪成圆角矩形的形状。然后再单击"禁止裁剪"按钮，View 将恢复到原来的样式。

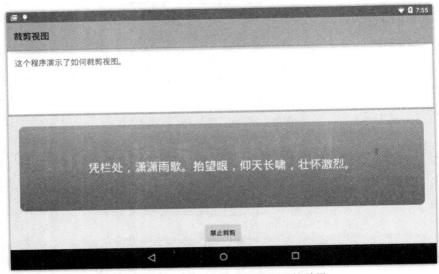

图 15-4　将视图裁剪成圆角矩形的效果

要实现这个功能，仍然需要建立一个轮廓提供者，并与视图绑定。这些功能主要在 ClippingBasicFragment.onViewCreated 方法中完成，该方法的代码如下：

```java
public void onViewCreated(final View view, Bundle savedInstanceState) {
    super.onViewCreated(view, savedInstanceState);
    // 获取显示文本的 TextView 对象
    mTextView = (TextView) view.findViewById(R.id.text_view);
    // 初始化文本
    changeText();
    // 获取要裁剪的 View
    final View clippedView = view.findViewById(R.id.frame);
    // 将轮廓提供者对象与待裁剪的 View 绑定
    clippedView.setOutlineProvider(mOutlineProvider);
    // 设置"允许裁剪"/"禁止裁剪"按钮的单击事件监听器
    view.findViewById(R.id.button).setOnClickListener(new View.OnClickListener() {
        @Override
        public void onClick(View bt) {
            // 判断 View 是否处于裁剪状态
            if (clippedView.getClipToOutline()) {
                // 如果当前视图处于裁剪状态，则禁止其裁剪状态，这样 View 就会恢复原貌
                clippedView.setClipToOutline(false);
                // 改变按钮的文本（变成"允许裁剪"按钮）
                ((Button) bt).setText(R.string.clip_button);
            } else {
                // 如果当前视图处于原始状态，则允许进行裁剪，这时 View 将变成圆角矩形
                clippedView.setClipToOutline(true);
                // 改变按钮的文本（变成"禁止裁剪"按钮）
                ((Button) bt).setText(R.string.unclip_button);
            }
        }
    });
    // 设置裁剪视图中 TextView 控件的单击事件监听器，当单击 TextView 控件时，将会改变 TextView
```

```java
        //  中显示的文本
        view.findViewById(R.id.text_view).setOnClickListener(new View.OnClickListener() {
            @Override
            public void onClick(View view) {
                mClickCount++;
                //  更新文本
                changeText();
            }
        });
    }
```

本例的关键就是实现 ClipOutlineProvider，该类的代码如下：

```java
private class ClipOutlineProvider extends ViewOutlineProvider {
    @Override
    public void getOutline(View view, Outline outline) {
        //  计算轮廓距离原始 View 边缘的距离
        final int margin = Math.min(view.getWidth(), view.getHeight()) / 10;
        //  设置轮廓为圆角矩形
        outline.setRoundRect(margin, margin, view.getWidth() - margin,
                view.getHeight() - margin, margin / 2);
    }
}
```

15.3 小结

尽管本章介绍的这些功能大多可以通过传统 API 来实现，不过 Android 5.0 提供这些 API 的目的是让这些功能实现起来更容易。我们为什么不接收 Android 5.x 对我们的馈赠呢？

16

Android 5.x 新特性：列表和卡片控件

Android 5.x 提供了一些新的控件，其中 RecyclerView（列表控件）和 CardView（卡片控件）是最受关注的两个新控件。前者是 ListView 的增强版，后者用于有立体质感的卡片效果。本章将通过大量的案例详细介绍这两个控件的使用方法。

 本章内容

- RecyclerView 控件
- CardView 控件

16.1 RecyclerView 控件简介

我们可以将 RecyclerView 控件看作 ListView 控件的升级版。该控件除了支持一些特效外，最引人注目的是不仅支持纵向显示列表，还支持横向现实列表。

RecyclerView 在使用方法和基本原理上与 ListView 类似。不过某些方法名称和 API 发生了一些变化。

由于 RecyclerView 支持水平、垂直方向的列表。所以，在使用 RecyclerView 控件时，要为该控件指定一个 LinearLayoutManager 对象，该对象用于管理线性布局。这里的布局就是指 RecyclerView 控件中所有 Item 之间的布局。如果 LinearLayoutManager 设置为垂直线性布局，那么 RecyclerView 就和 ListView 一样，是纵向的列表。如果 LinearLayoutManager 设置为水平线性布局，那么 RecyclerView 就变成横向的列表了。

当然，RecyclerView 的功能还远不止这些，除了支持 Item 的垂直和水平线性布局外，还支持如下两个更复杂的 Item 布局：

- GridLayoutManager：所有的 Item 呈网格形式的布局。
- StaggeredGridLayoutManager：所有的 Item 呈交错网格形式的布局。

除此之外，我们还可以更灵活地定制 RecyclerView 控件。例如，可以通过 RecyclerView.addItemDecoration

方法定制 Item 之间的分隔线（需要指定一个 Drawable 对象），如果不指定，就无分隔线。使用 RecyclerView.setItemAnimator 方法指定 Item 的动画效果，如果不指定，则无动画效果。

前面列举的功能都是为了实现 RecyclerView 的特效，但却忽略了 RecyclerView 控件最本质的功能，也就是装载数据。

RecyclerView 和 ListView 一样，也需要通过 Adapter 提供数据，并在 Adapter 中完成对数据的操作。不过 Adapter 的某些需要实现的方法与 ListView 的 Adapter 有所不同。不过不管 Adapter 如何实现，在创建完 Adapter 对象后，仍然必须使用 RecyclerView.setAdapter 方法为 RecyclerView 指定 Adapter 对象。

可能通过本节的只言片语还无法了解如何使用 RecyclerView 控件，不过不用着急，在接下来的两节中，将会通过完整的例子来演示如何使用 RecyclerView 控件的核心 API。

16.2 用 RecyclerView 控件实现垂直列表效果

本节的例子将使用 RecyclerView 控件实现一个垂直列表的效果，其中可以动态添加和删除列表项。在这个例子中，除了演示 RecyclerView 控件的用法外，还演示了其他质感设计特效的实现，例如，为按钮加阴影。本例的效果如图 16-1 所示。

图 16-1 垂直列表的效果

单击右下角的圆形按钮，将添加一个 Item。当列表向下拉时，会在列表上方出现"Delete"面板（实际上是一个 FrameLayout），单击该面板将删除已经显示出的列表项中的第一个列表项。

16.2.1 建立 Model

由于 RecyclerView 控件使用 MVC 方式管理数据，所以需要先为 Adapter 准备一些要现实的数据。本例提供的数据很简单，只是通过数据提供的若干个 SampleModel 对象。SampleModel 类的代码会在本节后面给出，这里先看一下 DemoApp 类，该类通过静态方法 getSampleData 返回了这些数据，该类的代码如下：

```java
package mobile.android.material.recyclerview;
import java.util.ArrayList;
public class DemoApp {
    // 获取要显示的数据（初始化数据）
    public static ArrayList<SampleModel> getSampleData (int size) {
        ArrayList<SampleModel> sampleData = new ArrayList<SampleModel>(size);
        for (int i = 0; i < size; i++) {
            // 每一项数据后面都有相应的序列号
            sampleData.add(new SampleModel("新的列表项<"+i + ">"));
        }
        return sampleData;
    }
}
```

在 getSampleData 方法中使用了一个 SampleModel 类，该类封装了每一个列表项的数据，代码如下：

```java
package mobile.android.material.recyclerview;
public class SampleModel
{
    private String sampleText;

    public SampleModel(String sampleText) {
        this.sampleText = sampleText;
    }

    public void setSampleText(String sampleText) {
        this.sampleText = sampleText;
    }

    public String getSampleText() {
        return sampleText;
    }
}
```

从 SampleModel 类的代码可以看出，该类只有一个 String 类型的字段，用于保存列表项的文本。读者可以根据实际需要添加其他的字段。

16.2.2 定制列表项的分隔条

使用 RecyclerView 控件通常需要指定列表项的分隔条。定制分隔条的基本原理是编写一个 RecyclerView.ItemDecoration 的子类，并实现 onDrawOver 方法。在该方法中，需要绘制所有列表项之间的分隔条。

定制分隔条的实现类是 SampleDivider，该类的代码如下：

```java
package mobile.android.material.recyclerview;

import android.content.Context;
import android.content.res.TypedArray;
import android.graphics.Canvas;
import android.graphics.drawable.Drawable;
import android.support.v7.widget.RecyclerView;
import android.view.View;


public class SampleDivider extends RecyclerView.ItemDecoration
{
    // 默认分隔条 Drawable 资源的 ID
    private static final int[] ATTRS = { android.R.attr.listDivider };
```

```java
        // 分隔条 Drawable 对象
        private Drawable mDivider;

        public SampleDivider(Context context) {
            TypedArray a = context.obtainStyledAttributes(ATTRS);
            // 获取分隔条的 Drawable 对象
            mDivider = a.getDrawable(0);
            // 回收 TypedArray 所占用的空间（已经获取了指定的资源，不再需要 TypedArray 了）
            a.recycle();
        }
        // 在该方法中绘制了所有列表项之间的分隔条
        @Override
        public void onDrawOver(Canvas c, RecyclerView parent) {
            // 获取列表项距离左边缘的距离
            int left = parent.getPaddingLeft();
            // 获取列表项距离右边缘的距离
            int right = parent.getWidth() - parent.getPaddingRight();
            // 获取列表项总数
            int childCount = parent.getChildCount();
            // 开始绘制这些列表项之间的分割线
            for (int i = 0; i < childCount; i++) {
                // 获得当前的列表项
                View child = parent.getChildAt(i);
                // 获取当前列表项的布局参数信息
                RecyclerView.LayoutParams params = (RecyclerView.LayoutParams) child
                        .getLayoutParams();
                // 计算分隔条左上角的纵坐标
                int top = child.getBottom() + params.bottomMargin;
                // 计算分隔条右下角的纵坐标
                int bottom = top + mDivider.getIntrinsicHeight();
                // 设置分隔条绘制的位置
                mDivider.setBounds(left, top, right, bottom);
                // 开始绘制当前列表项下方的分隔条
                mDivider.draw(c);
            }
        }
    }
```

16.2.3 实现 Adapter 类

Adapter 用于为 RecyclerView 控件提供数据，所以在开始使用 RecyclerView 控件之前，需要先实现一个 Adapter 类。

RecyclerView 提供了新的 Adapter 基类 RecyclerView.Adapter，该基类支持泛型，泛型用于指定列表项中的控件。本例实现的 Adapter 类是 SampleRecyclerAdapter，代码如下：

```java
package mobile.android.material.recyclerview;

import java.util.ArrayList;
import java.util.Random;
import android.support.v7.widget.RecyclerView;
import android.view.LayoutInflater;
import android.view.View;
import android.view.ViewGroup;
import android.widget.TextView;

public class SampleRecyclerAdapter extends
                RecyclerView.Adapter<SampleRecyclerAdapter.ViewHolder>
{
    // 保存列表项数据
    private final ArrayList<SampleModel> sampleData = DemoApp.getSampleData(20);
```

```java
        // 创建列表项中显示的控件的对象（需要使用 Adapter 指定的泛型）
        @Override
        public ViewHolder onCreateViewHolder(ViewGroup parentViewGroup, int i)
        {
                // 获取列表项控件（LinearLayer 对象）
                // list_basic_item.xml 布局文件中只包含一个<LinearLayer>标签，在该标签中
                // 包含一个<TextView>标签
                View rowView = LayoutInflater.from (parentViewGroup.getContext())
                        .inflate(R.layout.list_basic_item, parentViewGroup, false);

                return new ViewHolder (rowView);
        }
        // 在该方法中设置列表项控件中显示的值
        @Override
        public void onBindViewHolder(ViewHolder viewHolder, final int position) {

                final SampleModel rowData = sampleData.get(position);
                // 设置要显示的值
                viewHolder.textViewSample.setText(rowData.getSampleText());

                viewHolder.itemView.setTag(rowData);
        }

        // 获取列表项总数
        @Override
        public int getItemCount() {

                return sampleData.size();
        }
        // 删除指定位置的列表项数据
        public void removeData (int position) {

                sampleData.remove(position);
                // 通知 RecyclerView 控件某个列表项已经被删除了
                notifyItemRemoved(position);
        }

        // 在指定位置添加一个新的列表项
        public void addItem(int positionToAdd) {
                // 使用随机数区分新添加的列表项
                sampleData.add(positionToAdd, new SampleModel("新的列表项" + new Random().nextInt(10000)));
                // 通知 RecyclerView 控件，在指定位置已经添加了一个新的列表项
                notifyItemInserted(positionToAdd);
        }

        // 用于存储列表项中显示的控件（本例只有一个 TextView 控件）
        public static class ViewHolder extends RecyclerView.ViewHolder {

                private final TextView textViewSample;

                public ViewHolder(View itemView) {
                        super(itemView);

                        textViewSample = (TextView) itemView.findViewById(
                                R.id.textViewSample);
                }
        }
}
```

SampleRecyclerAdapter 类中所有使用@Override 的方法都是覆盖的父类的同名方法。这些方法与传统的 ListView 和对应的 Adapter 中使用的类似方法有一些不同。例如，在新的 Adapter 方法中不再有

getView 方法，而使用 onCreateViewHolder 和 onBindViewHolder 方法。前者用于获取列表项控件，后者用于指定在控件中显示的数据。还有就是通知 RecyclerView 控件数据发生改变的方法也发生了变化。以前只能使用 notifyDataSetChanged 方法通知数据是否发生变化，现在可以使用 notifyItemRemoved 方法通知列表项被删除，使用 notifyItemInserted 方法通知某一个新的列表项被添加。当然，新的 Adapter 的改进还有很多，大家可以在使用的过程中逐渐体会。

16.2.4 如何使用 RecyclerView 控件

从 RecyclerView 的官方文档可以看出，该类的全名是 android.support.v7.widget.RecyclerView。很明显，该类在 API Level = 7 的兼容包中。凡是使用过最新的 Android SDK 和 ADT 创建 Android 工程都会发现一个名为 android-support-v7-appcompat.jar 的 Library。其中的类兼容了 API Level = 7 及以上的 Android SDK。不过很疑惑，在这个 Library 中并没有找到 RecyclerView 类。那么这个类到底在哪里呢？

其实这个 Library 只是 Android Support Library 中的一个，如果读者在安装 Android SDK 时已经安装了 Android Support Library（如图 16-2 所示），那么所有的 Android Support Library 都会下载到本机。

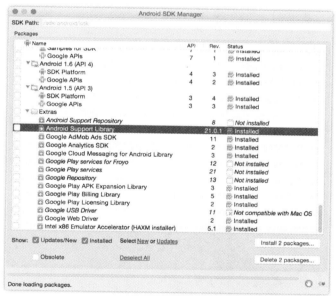

图 16-2　安装 Android Support Library

如果读者已经安装了 Android Support Library，那么进入 Android SDK 的根目录，并导航到 extra/android/support/v7 目录。会发现在该目录中包含了如下 6 个目录，如图 16-3 所示。其中 appcompat 目录就是 android-support-v7-appcompat.jar 的源代码和二进制文件（jar 文件）。其他 5 个目录都是 Android5.0 SDK 新支持的控件。其中 recyclerview 就是 RecyclerView 控件对应的 jar 文件所在的目录（RecyclerView 控件并没有带源代码）。当然，如果读者为了省事，可以将这些目录中的 jar 文件都复制到 Android 工程的 libs 目录（只能是这个目录），并引用这些 jar 文件即可。或者只复制需要的 jar 文件也可以。

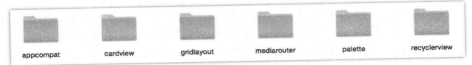

图 16-3　Android Support Library 目录

现在进入 recyclerview/libs 目录，会发现一个 android-support-v7-recyclerview.jar 文件。按照前面介绍的方法，引用该 jar 文件就可以使用 RecyclerView 控件了。

16.2.5　用 RecyclerView 控件实现增加和删除列表项的效果

现在一切准备工作都已经就绪，下面就来实现本例的主程序。创建 RecyclerView 控件，并利用前面编写的 Adapter、Model 等类对 RecyclerView 控件进行初始化，并显示列表数据。

本例的主类是 MainActivity，该类的代码如下：

```java
package mobile.android.material.recyclerview;

import android.app.Activity;
import android.graphics.Outline;
import android.os.Bundle;
import android.support.v7.widget.LinearLayoutManager;
import android.support.v7.widget.RecyclerView;
import android.view.View;
import android.view.ViewOutlineProvider;
import android.view.animation.AnimationUtils;
import android.widget.FrameLayout;

public class MainActivity extends Activity
{
    // 后下角的删除按钮
    private FrameLayout mDeleteBar;

    @Override
    protected void onCreate(Bundle savedInstanceState) {
        super.onCreate(savedInstanceState);
        setContentView(R.layout.activity_main);

        // 获取删除按钮对象
        mDeleteBar = (FrameLayout) findViewById(R.id.deleteBar);


        // 为按钮增加的阴影（轮廓）
        Outline fabOutline = new Outline();
        // 通过 ViewOutlineProvider 获取引用的位置和尺寸
        ViewOutlineProvider viewOutlineProvider = new ViewOutlineProvider() {
            @Override
            public void getOutline(View view, Outline outline) {
                // 获取阴影的尺寸
                int fabSize = getResources().getDimensionPixelSize(R.dimen.fab_size);
                // 设置阴影的绘制位置和尺寸
                outline.setOval(-4, -4, fabSize + 2, fabSize + 2);
            }
        };
        View fabView = findViewById(R.id.fab_add);
        fabView.setOutlineProvider(viewOutlineProvider);

        // 获取 RecyclerView 对象
        final RecyclerView recyclerView = (RecyclerView)
```

```java
        findViewById(R.id.recycler_view);

    //  创建 LinearLayoutManager 对象 (默认是垂直方向的)
    final LinearLayoutManager layoutManager = new LinearLayoutManager(this);
    //  为 RecyclerView 指定布局管理对象
    recyclerView.setLayoutManager(layoutManager);

    //  创建列表项分隔线对象
    final RecyclerView.ItemDecoration itemDecoration = new SampleDivider(this);
    //  为 RecyclerView 控件指定分隔线对象
    recyclerView.addItemDecoration(itemDecoration);

    //  创建 SampleRecyclerAdapter 对象
    final SampleRecyclerAdapter sampleRecyclerAdapter = new SampleRecyclerAdapter();
    //  为 RecyclerView 控件指定 Adapter
    recyclerView.setAdapter(sampleRecyclerAdapter);

    //  为右下角的添加按钮设置单击事件
    fabView.setOnClickListener(new View.OnClickListener() {
        @Override
        public void onClick(View view) {
            //  获取第一个可视的列表项的位置
            int positionToAdd =
                layoutManager.findFirstCompletelyVisibleItemPosition();
            //  在该位置的后面插入新的列表项
            sampleRecyclerAdapter.addItem(positionToAdd);
        }
    });
    //  为列表上方的删除面板设置单击事件
    mDeleteBar.setOnClickListener(new View.OnClickListener() {
        @Override
        public void onClick(View view) {
            //  获取第一个可视的列表项的位置
            int positionToRemove =
                layoutManager.findFirstCompletelyVisibleItemPosition();
            //  删除第一个可视的列表项
            sampleRecyclerAdapter.removeData(positionToRemove);
            //  删除完后会隐藏删除面板
            hideDeleteBar();
        }
    });
    //  为 RecyclerView 控件设置滚动事件
    recyclerView.setOnScrollListener(new RecyclerView.OnScrollListener() {
        //  滚动状态变化事件方法
        @Override
        public void onScrollStateChanged(RecyclerView recyclerView,
                int newState)
        {
            // TODO Auto-generated method stub
            super.onScrollStateChanged(recyclerView, newState);
        }
        //  滚动事件方法 (判断上下或左右滚动)
        @Override
        public void onScrolled(RecyclerView recyclerView, int dx, int dy)
        {
            // TODO Auto-generated method stub
            super.onScrolled(recyclerView, dx, dy);
            //  如果是垂直显示的列表。dy>0 表示向上滚动, 否则表示向下滚动
            //  如果是水平显示, dx > 0 表示向右滚动, 否则向左滚动
            if (dy > 0) {
                //  向上滚动时隐藏删除面板
                if (mDeleteBar.getVisibility() == View.VISIBLE)
```

```
                    hideDeleteBar();
            } else {
                //  向下滚动时显示面板
                if (mDeleteBar.getVisibility() == View.GONE)
                    showDeleteBar();
            }
        }
    });
}
//  以动画方式显示删除面板
private void showDeleteBar() {

    mDeleteBar.startAnimation(AnimationUtils.loadAnimation(this,
            R.anim.translate_up_on));

    mDeleteBar.setVisibility(View.VISIBLE);
}
//  以动画方式隐藏删除面板
private void hideDeleteBar() {

    mDeleteBar.startAnimation(AnimationUtils.loadAnimation(this,
            R.anim.translate_up_off));

    mDeleteBar.setVisibility(View.GONE);
}
}
```

下面看一下 MainActivity 使用的布局文件（activity_main.xml）的完成代码：

```xml
<RelativeLayout xmlns:android="http://schemas.android.com/apk/res/android"
    xmlns:tools="http://schemas.android.com/tools"
    android:layout_width="match_parent"
    android:layout_height="match_parent"
    tools:context=".MainActivity"
    >
    <!-- 删除面板 -->
    <FrameLayout
        android:id="@+id/deleteBar"
        android:visibility="gone"
        android:layout_width="match_parent"
        android:layout_height="?android:attr/actionBarSize"
        android:alpha="0.7"
        android:elevation="1dp"
        android:background="@drawable/ripple_deletebar"
        >
        <!-- 删除面板中显示的文本 -->
        <TextView
            android:layout_width="wrap_content"
            android:layout_height="wrap_content"
            android:layout_gravity="center"
            android:fontFamily="sans-serif-light"
            android:textSize="20sp"
            android:textColor="?android:colorForeground"
            android:text="Delete"
            />

    </FrameLayout>
    <!-- 使用 RecyclerView 控件 -->
    <android.support.v7.widget.RecyclerView
        android:id="@+id/recycler_view"
        android:layout_width="match_parent"
        android:layout_height="match_parent"
```

```xml
        android:scrollbars="vertical"
        tools:listitem="@layout/list_basic_item"
        />
    <!-- 右下角的删除按钮 -->
    <ImageButton
        android:id="@+id/fab_add"
        android:layout_alignParentRight="true"
        android:layout_alignParentBottom="true"
        android:layout_width="@dimen/fab_size"
        android:layout_height="@dimen/fab_size"
        android:layout_gravity="bottom|right"
        android:layout_marginRight="16dp"
        android:layout_marginBottom="16dp"
        android:background="@drawable/ripple"
        android:stateListAnimator="@anim/anim"
        android:src="@drawable/ic_action_add"
        android:elevation="1dp"
        />
</RelativeLayout>
```

16.3 用 RecyclerView 控件实现画廊的效果

RecyclerView 控件的强大之处就是不仅可以替代 ListView 控件，还可以替代 Gallery 控件，实现水平的滚动效果。本节将给出一个使用 RecyclerView 控件实现水平滚动画廊的效果。当单击某个 Item 时，在 RecyclerView 控件上方会显示当前 Item 的大图，效果如图 16-4 所示。

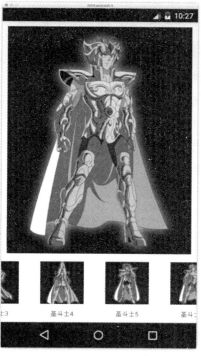

图 16-4 Gallery 效果

16.3.1 为画廊提供数据

使用 RecyclerView 控件必须要有一个 Adapter,以便为其提供数据。本例使用了 GalleryAdapter 来为 RecyclerView 提供数据,该类主要负责获取数据,并将图像和下方的文本设置到相应的 Item 上。GalleryAdapter 类的代码如下:

```java
package mobile.android.material_recyclerview_gallery;
import java.util.List;
import android.content.Context;
import android.support.v7.widget.RecyclerView;
import android.view.LayoutInflater;
import android.view.View;
import android.view.View.OnClickListener;
import android.view.ViewGroup;
import android.widget.ImageView;
import android.widget.TextView;
public class GalleryAdapter extends
        RecyclerView.Adapter<GalleryAdapter.ViewHolder>
{
    private LayoutInflater mInflater;
    // 存储 Item 图像资源的 ID
    private List<Integer> mDatas;
    // 监听 Item 的单击事件,应该在该方法中完成显示大图的功能
    public interface OnItemClickLitener
    {
        void onItemClick(View view, int position);
    }
    private OnItemClickLitener mOnItemClickLitener;
    // 设置 item 的单击事件监听器
    public void setOnItemClickLitener(OnItemClickLitener mOnItemClickLitener)
    {
        this.mOnItemClickLitener = mOnItemClickLitener;
    }
    // GalleryAdapter 类的构造方法,用于初始化
    public GalleryAdapter(Context context, List<Integer> datats)
    {
        mInflater = LayoutInflater.from(context);
        // 初始化 Item 图像资源的 ID
        mDatas = datats;
    }
    // 保存 Item 中的控件(ImageView 和 TextView)
    public static class ViewHolder extends RecyclerView.ViewHolder
    {
        public ViewHolder(View arg0)
        {
            super(arg0);
        }
        ImageView mImg;
        TextView mTxt;
    }
    @Override
    public int getItemCount()
    {
        return mDatas.size();
    }
    // 创建 ImageView 和 TextView 对象
    @Override
    public ViewHolder onCreateViewHolder(ViewGroup viewGroup, int i)
    {
        View view = mInflater.inflate(R.layout.activity_index_gallery_item,
                viewGroup, false);
```

```java
            ViewHolder viewHolder = new ViewHolder(view);
            viewHolder.mImg = (ImageView) view
                    .findViewById(R.id.id_index_gallery_item_image);
            viewHolder.mTxt = (TextView)view.findViewById(R.id.id_index_gallery_item_text);
            return viewHolder;
        }
        // 设置 Item 中显示的内容
        @Override
        public void onBindViewHolder(final ViewHolder viewHolder, final int i)
        {
            // 显示画廊的图像
            viewHolder.mImg.setImageResource(mDatas.get(i));
            // 显示画廊下方的文本
            viewHolder.mTxt.setText("圣斗士" + String.valueOf(i + 1));
            if (mOnItemClickLitener != null)
            {
                viewHolder.itemView.setOnClickListener(new OnClickListener()
                {
                    @Override
                    public void onClick(View v)
                    {
                        // 当单击 Item 时调用该事件方法
                        mOnItemClickLitener.onItemClick(viewHolder.itemView, i);
                    }
                });
            }
        }
    }
```

16.3.2 自定义 RecyclerView 控件

在这一节我们将编写一个自定义的 RecyclerView 控件，用来封装相应的功能。这个自定义的 RecyclerView 控件是 MyRecyclerView 类。该类主要处理 Item 滚动时，在 RecyclerView 控件上方显示第一个可视的 Item 对应的大图。MyRecyclerView 类的代码如下：

```java
package mobile.android.material_recyclerview_gallery;
import android.content.Context;
import android.support.v7.widget.RecyclerView;
import android.util.AttributeSet;
import android.view.View;
public class MyRecyclerView extends RecyclerView
{
    private View mCurrentView;
    private OnItemScrollChangeListener mItemScrollChangeListener;
    // 设置监听 Item 滚动的事件监听器
    public void setOnItemScrollChangeListener(
            OnItemScrollChangeListener mItemScrollChangeListener)
    {
        this.mItemScrollChangeListener = mItemScrollChangeListener;
    }
    // 用于监听 Item 滚动的事件监听器
    public interface OnItemScrollChangeListener
    {
        void onChange(View view, int position);
    }
    // 构造方法
    public MyRecyclerView(Context context, AttributeSet attrs)
    {
        super(context, attrs);
        // 设置监听 RecyclerView 滚动的监听器
        setOnScrollListener(new RecyclerView.OnScrollListener() {
            @Override
```

```java
            public void onScrolled(RecyclerView recyclerView, int dx, int dy)
            {
                super.onScrolled(recyclerView, dx, dy);
                View newView = getChildAt(0);
                if (mItemScrollChangeListener != null)
                {
                    if (newView != null && newView != mCurrentView)
                    {
                        mCurrentView = newView ;
                        //  触发 onChange 事件
                        mItemScrollChangeListener.onChange(mCurrentView,
                            getChildPosition(mCurrentView));
                    }
                }
            }
        });
    }
    //  当控件布局变化时调用改方法
    @Override
    protected void onLayout(boolean changed, int l, int t, int r, int b)
    {
        super.onLayout(changed, l, t, r, b);
        mCurrentView = getChildAt(0);
        if (mItemScrollChangeListener != null)
        {
            //  触发 onChange 事件
            mItemScrollChangeListener.onChange(mCurrentView,
                getChildPosition(mCurrentView));
        }
    }
}
```

从 MyRecyclerView 类的代码可以看出,当 Item 滚动和 RecyclerView 控件布局发生变化时(如横竖屏切换),都通过 onChange 事件方法进行处理。在该方法中会显示当前 Item 对应的大图。

16.3.3 让 RecyclerView 控件横屏显示

在这一节将实现本例的主要部分(MainActivity 类),在这一部分将创建 MyRecyclerView 对象,并设置前面创建的 Adapter 对象。MainActivity 类的代码如下:

```java
package mobile.android.material_recyclerview_gallery;

import java.util.ArrayList;
import java.util.Arrays;
import java.util.List;

import android.app.Activity;
import android.os.Bundle;
import android.support.v7.widget.LinearLayoutManager;
import android.view.View;
import android.view.Window;
import android.widget.ImageView;
public class MainActivity extends Activity
{
    private MyRecyclerView mRecyclerView;
    private GalleryAdapter mAdapter;
    private List<Integer> mDatas;
    private ImageView mImg;
    @Override
    protected void onCreate(Bundle savedInstanceState)
    {
        super.onCreate(savedInstanceState);
```

```java
requestWindowFeature(Window.FEATURE_NO_TITLE);
setContentView(R.layout.activity_main);
mImg = (ImageView) findViewById(R.id.id_content);
// 初始化 Item 图像对应的资源 ID
mDatas = new ArrayList<Integer>(Arrays.asList(R.drawable.a,
        R.drawable.b, R.drawable.c, R.drawable.d, R.drawable.e,
        R.drawable.f, R.drawable.g, R.drawable.h, R.drawable.i));
// 创建 MyRecyclerView 对象
mRecyclerView = (MyRecyclerView) findViewById(R.id.id_recyclerview_horizontal);
LinearLayoutManager linearLayoutManager = new LinearLayoutManager(this);
// 设置为水平布局
linearLayoutManager.setOrientation(LinearLayoutManager.HORIZONTAL);
mRecyclerView.setLayoutManager(linearLayoutManager);
// 创建 GalleryAdapter 对象, 并初始化图像列表资源 ID
mAdapter = new GalleryAdapter(this, mDatas);
// 设置 Adapter 对象
mRecyclerView.setAdapter(mAdapter);
// 设置 Item 滚动监听器
mRecyclerView
        .setOnItemScrollChangeListener(new OnItemScrollChangeListener()
        {
            @Override
            public void onChange(View view, int position)
            {
                // 显示大图
                mImg.setImageResource(mDatas.get(position));
            };
        });
// 设置 Item 的单击事件监听器
mAdapter.setOnItemClickLitener(new OnItemClickLitener()
{
    @Override
    public void onItemClick(View view, int position)
    {
        // 显示大图
        mImg.setImageResource(mDatas.get(position));
    }
});
}
```

16.4 CardView 控件

Android 5.x 还提供了一个 CardView 控件，该控件用于实现一个卡片。这里指的卡片和现实世界中的卡片类似，包含了圆角和阴影。所以 CardView 控件的主要功能就是模拟这样的效果。图 16-5 是本节例子演示的效果，上面是一个 CardView 控件，下面通过两个 SeekBar 控件的滑动来控制 CardView 的圆角和阴影尺度。

16.4.1 出现 R$styleable 没找到错误的原因

CardView 和 RecyclerView 的引用方法类似，只需要将 android-support-v7-cardview.jar 复制到 libs 目录中，然后直接引用即可。不过我们会发现，如果只是完成这些工作，在使用 CardView 控件时会抛出异常，大概意思是说 R$styleable 类没找到。这个 styleable 是 R 类中的一个内嵌类，用于定义 style 资源的 ID。

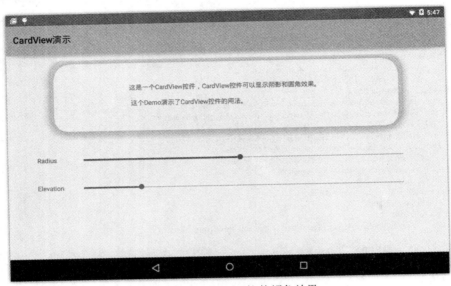

图 16-5　CardView 控件颜色效果

这里的 R 类是指 android.support.v7.cardview.R。查看一下 Android 工程，确实没有为 CardView 生成这个 R 类（工程里的 R 类是工程本身的）。那么这个 R 类到哪里去了呢？

实际上，这个 R 类并不在 android-support-v7-cardview.jar 文件中，而是自动生成的。要获得这个 R 类，需要按照如下的步骤操作：

（1）导入 Android SDK 中的 cardview 工程（该工程的目录是<Android SDK>/extras/android/support/v7/cardview）。在导入工程时应该选择"Existing Android Code Into Workspace"。

（2）选中 cardview 工程中的 libs/android-support-v7-cardview.jar 文件并右击，选择 Build Path→Add to Build Path 命令。

（3）右击 cardview 工程的 libs 目录，选择 Build Path→Configure Build Path 命令。

（4）打开 cardview 工程的属性对话框，切换到 Order and Export 标签页。选中刚才添加到 build path 的 jar 文件。

（5）还是在该标签页，取消 Android Dependencies 的选中状态。

（6）在 cardview 工程的属性设置窗口，在左侧切换到 Android 节点，在右侧界面的最后选择 is Library 复选框，如图 16-6 所示。

然后编译 cardview 工程，会发现自动生成了一个 R 类。这时使用 CardView 控件的 Android 工程可以直接引用 cardview 工程。如果要在 Android 工程属性窗口与图 16-6 所示同样的位置单击 Add 按钮，选择 cardview 工程即可，is Library 复选框不要选中。

如果读者不喜欢直接引用 cardview 工程，那么干脆将 android-support-v7-cardview.jar 文件复制到当前 Android 工程的 libs 目录下。然后在工程属性对话框中引用 android-support-v7-cardview.jar 文件，最后将 cardview 工程中的 R 类直接复制到 src 目录的相应包目录中即可。

Android 5.x 新特性：列表和卡片控件　第 16 章

图 16-6　设置当前工程为 library

16.4.2　在布局文件中使用 CardView

由于 CardView 是 FrameLayout 的子类，所以与 FrameLayout 的使用方法类似。在 activity_main.xml 文件中使用了<CardView>标签来定义 CardView 控件，并且下面放置了两个 SeekBar 控件和相应的 TextView 控件。activity_main.xml 文件的代码如下：

```xml
<?xml version="1.0" encoding="utf-8"?>
<ScrollView xmlns:android="http://schemas.android.com/apk/res/android"
    xmlns:card_view="http://schemas.android.com/apk/res-auto"
    android:layout_width="match_parent"
    android:layout_height="match_parent" >
    <LinearLayout
        android:layout_width="match_parent"
        android:layout_height="match_parent"
        android:orientation="vertical"
        android:paddingBottom="@dimen/activity_vertical_margin"
        android:paddingLeft="@dimen/activity_horizontal_margin"
        android:paddingRight="@dimen/activity_horizontal_margin"
        android:paddingTop="@dimen/activity_vertical_margin" >
        <!-- 定义 CardView 控件 -->
        <android.support.v7.widget.CardView
            android:id="@+id/cardview"
            android:layout_width="fill_parent"
            android:layout_height="160dp"
```

395

```
                android:layout_marginLeft="@dimen/margin_large"
                android:layout_marginRight="@dimen/margin_large"
                android:elevation="100dp"
                card_view:cardBackgroundColor="@color/cardview_initial_background"
                card_view:cardCornerRadius="8dp" >
                <TextView
                    android:layout_width="wrap_content"
                    android:layout_height="wrap_content"
                    android:layout_margin="@dimen/margin_medium"
                    android:text="@string/cardview_contents" android:layout_gravity="center"/>
            </android.support.v7.widget.CardView>
            <LinearLayout
                android:layout_width="fill_parent"
                android:layout_height="wrap_content"
                android:layout_marginTop="@dimen/margin_large"
                android:orientation="horizontal" >
                <TextView
                    android:layout_width="@dimen/seekbar_label_length"
                    android:layout_height="wrap_content"
                    android:layout_gravity="center_vertical"
                    android:text="@string/cardview_radius_seekbar_text" />
                <SeekBar
                    android:id="@+id/cardview_radius_seekbar"
                    android:layout_width="fill_parent"
                    android:layout_height="wrap_content"
                    android:layout_margin="@dimen/margin_medium" />
            </LinearLayout>
            <LinearLayout
                android:layout_width="fill_parent"
                android:layout_height="wrap_content"
                android:orientation="horizontal" >
                <TextView
                    android:layout_width="@dimen/seekbar_label_length"
                    android:layout_height="wrap_content"
                    android:layout_gravity="center_vertical"
                    android:text="@string/cardview_elevation_seekbar_text" />
                <SeekBar
                    android:id="@+id/cardview_elevation_seekbar"
                    android:layout_width="fill_parent"
                    android:layout_height="wrap_content"
                    android:layout_margin="@dimen/margin_medium" />
            </LinearLayout>
        </LinearLayout>
    </ScrollView>
```

<CardView>标签中使用了两个属性：cardBackgroundColor 和 cardCornerRadius，这两个属性分别表示 CardView 控件的背景色和 CardView 控件四个角的圆角半径。为了使用这两个属性，还需要在 styles.xml 文件中添加下面的代码：

```
    <declare-styleable name="CardView">
        <!-- Background color for CardView. -->
        <attr name="cardBackgroundColor" format="color" />
        <!-- Corner radius for CardView. -->
        <attr name="cardCornerRadius" format="dimension" />
    </declare-styleable>
```

16.4.3　用 Java 代码来控制 CardView 控件

CardViewActivity 类通过代码来创建 CardView 对象，并通过两个 SeekBar 控件来控制 CardView 控件的圆角半径和阴影的高度。CardViewActivity 类的代码如下：

```
    package mobile.android.material.cardview;
    import android.app.Activity;
```

```java
import android.os.Bundle;
import android.support.v7.widget.CardView;
import android.widget.SeekBar;
public class CardViewActivity extends Activity
{
    CardView mCardView;
    SeekBar mRadiusSeekBar;
    SeekBar mElevationSeekBar;
    @Override
    protected void onCreate(Bundle savedInstanceState)
    {
        super.onCreate(savedInstanceState);
        setContentView(R.layout.activity_main);
        // 创建 CardView 对象
        mCardView = (CardView) findViewById(R.id.cardview);
        mRadiusSeekBar = (SeekBar) findViewById(R.id.cardview_radius_seekbar);
        mRadiusSeekBar
                .setOnSeekBarChangeListener(new SeekBar.OnSeekBarChangeListener()
                {
                    @Override
                    public void onProgressChanged(SeekBar seekBar,
                            int progress, boolean fromUser)
                    {
                        // 改变 CardView 控件的圆角半径
                        mCardView.setRadius(progress);
                    }
                    @Override
                    public void onStartTrackingTouch(SeekBar seekBar)
                    {
                        // Do nothing
                    }
                    @Override
                    public void onStopTrackingTouch(SeekBar seekBar)
                    {
                        // Do nothing
                    }
                });
        mElevationSeekBar = (SeekBar) findViewById(R.id.cardview_elevation_seekbar);
        mElevationSeekBar
                .setOnSeekBarChangeListener(new SeekBar.OnSeekBarChangeListener()
                {
                    @Override
                    public void onProgressChanged(SeekBar seekBar,
                            int progress, boolean fromUser)
                    {
                        // 设置 CardView 阴影的高度
                        mCardView.setElevation(progress);
                    }
                    @Override
                    public void onStartTrackingTouch(SeekBar seekBar)
                    {
                        // Do nothing
                    }
                    @Override
                    public void onStopTrackingTouch(SeekBar seekBar)
                    {
                        // Do nothing
                    }
                });
    }
}
```

实际上，CardView 的功能完全可以用 FrameLayout 模拟出来，不过有了 CardView 会更方便。质感设计的主旨就是模拟现实事物中的效果，而 CardView 正好满足了这个要求。让卡片呈现立体化。所以如果要设计满足质感设计规范的 App，应该将各个功能卡片化、立体化，最好有一定的阴影。例如，可以将 CardView 控件用于 RecyclerView 控件的 Item View。这样就会出现多个卡片垂直、水平、网格排列的效果。

16.5 小结

尽管 RecyclerView 和 CardView 控件的效果完全可以使用以前的 API 模拟出来，不过 Android 5.0 提供了这两个新控件，就足以证明 Google 希望我们按照质感设计的规范，尽量使用它们来实现 APP，从而统一各种 APP 以及非移动程序的 UI。这也是质感设计的初衷。

17

Android 5.x 新特性：Drawable 资源

Android 5.x 对 Drawable 也有所增强，例如，可以对 ImageView 进行着色，支持 SVG 规范的矢量图以及矢量动画等。本章将对这部分内容进行详细的讲解。

本章内容

- 着色
- 矢量 Drawable 资源
- 矢量动画
- Ripple Drawable 资源

17.1 着色

为 ImageView 着色有两种方法，一种是在布局文件中使用 android:tint 设置颜色（红绿蓝和透明度），还可以使用 android:tintMode 属性设置着色模式，默认值是 src_in。

另外一种方法就是使用 setColorFilter 方法同时设置颜色和着色模式。图 17-1 是本节例子的着色效果，通过下方的 4 个 SeekBar 控件可以调整颜色和透明度。

在布局文件中，可以直接使用下面的代码进行着色：

```
<ImageView
    android:id="@+id/image"
    android:layout_width="200dp"
    android:layout_height="50dp"
    android:layout_gravity="center_horizontal"
    android:scaleType="fitXY"
    android:tint="#330000FF" />
```

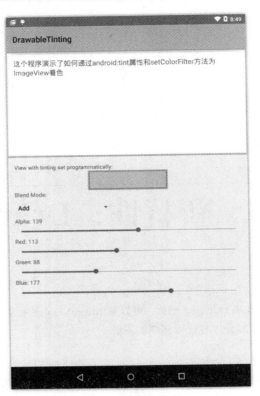

图 17-1　着色效果

如果通过 Java 代码进行着色，需要使用下面的代码。当 4 个 SeekBar 控件滑动时，都会调用 updateTint 方法更新着色的颜色。

```
public void updateTint(int color, PorterDuff.Mode mode) {
    // 设置当前的着色颜色
    mHintColor = color;
    // 设置当前的着色模式
    mMode = mode;
    // 设置 ImageView 的着色颜色和模式
    mImage.setColorFilter(mHintColor, mMode);
    // 下面的代码更新着色颜色和透明度值
    mAlphaText.setText(getString(R.string.value_alpha, Color.alpha(color)));
    mRedText.setText(getString(R.string.value_red, Color.red(color)));
    mGreenText.setText(getString(R.string.value_green, Color.green(color)));
    mBlueText.setText(getString(R.string.value_blue, Color.blue(color)));
}
```

其中 mMode 是 PorterDuff.Mode 类型的成员变量。PorterDuff.Mode 是枚举类型，列举了所有支持的模式。这些模式就是着色的算法不同，读者可以根据自己的需要选择合适的模式进行着色。

17.2　矢量 Drawable 资源

Vector Drawable 资源遵循 SVG 规范，这是 W3C 的一个绘制矢量图的规范。一个矢量图可以通过直线、贝塞尔曲线等组成。矢量图的好处是不会因为图像的放大和缩小而使图像失真。读者可以通过地址 http://www.w3.org/TR/SVG11/paths.html#PathData 来了解 SVG 规范的详细内容。

本节将给出一个例子来演示如何在 Android 中使用 SVG 矢量图，图 17-2 是本例的效果。其中上方是用矢量图绘制的一个心，右下方是一个小三角形。

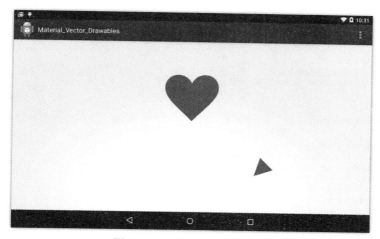

图 17-2　Vector Drawable 效果

要想使用 SVG 矢量图，首先需要在 drawable 中定义一个 Vector Drawable 资源，即一个 XML 文件。例如，绘制心的资源文件内容如下：

```xml
<!--  vector.xml  -->
<vector xmlns:android="http://schemas.android.com/apk/res/android"
    android:height="256dp"
    android:width="256dp"
    android:viewportWidth="32"
    android:viewportHeight="32">
  <path android:fillColor="#FF00"
      android:pathData="M20.5,9.5
                        c-1.955,0,-3.83,1.268,-4.5,3
                        c-0.67,-1.732,-2.547,-3,-4.5,-3
                        C8.957,9.5,7,11.432,7,14
                        c0,3.53,3.793,5.257,9,11.5
                        c5.207,-5.242,9,-7.97,9,-11.5
                        C25,11.432,23.043,9.5,20.5,9.5z" />
</vector>
```

Vector Drawable 资源使用<vector>标签作为根节点，其中 android:width 和 android:height 属性用于设置资源的尺寸。这里的关键就是 android:pathData 属性，其实际是制定了若干个命令。例如，M 代表将当前坐标点移动到某个坐标（这个坐标是相对于 vector drawable 资源的），C 代表使用绝对值的贝塞尔曲线，c 代表相对值的贝塞尔曲线。

其实读者也不用担心，这些数据都是使用工具生成的，所以只需要找到合适的工具，生成绘制数据（pathData），然后复制给 android:pathData 属性即可。

我们再看一下绘制三角形的 Vector Drawable 资源的代码。其中 L 表示绘制执行，z 表示停止绘制(Path 终止)。

```xml
<!-- vector1.xml -->
<vector xmlns:android="http://schemas.android.com/apk/res/android"
    android:height="500dp"
    android:width="500dp"
    android:viewportHeight="600"
    android:viewportWidth="600" >
    <group
        android:name="rotationGroup"
        android:pivotX="300.0"
        android:pivotY="300.0"
        android:rotation="45.0" >
        <path
            android:name="v"
            android:fillColor="#FF00"
            android:pathData="M 100 100 L 300 100 L 200 300 z" />
    </group>
</vector>
```

编写完 Vector Drawable 资源后，直接像普通的 Drawable 资源一样使用即可。

```xml
<ImageView
    android:id="@+id/imageView1"
    android:layout_width="wrap_content"
    android:layout_height="wrap_content"
    android:layout_alignParentTop="true"
    android:layout_centerHorizontal="true"
    android:src="@drawable/vector" />
```

17.3 矢量动画

我们还可以将矢量图与动画结合，实现矢量动画。本节将介绍两个矢量动画的例子，一个是指针会动的时钟，另一个是会做表情的表情帝。

17.3.1 指针会动的时钟

本例的效果如图 17-3 所示，时针和分钟会旋转。

图 17-3　指针会动的时钟

要实现这个效果，首先需要使用 Vector Drawable 绘制出这个时钟，代码如下：

```xml
<!-- clock.xml -->
<vector
```

```xml
    xmlns:android="http://schemas.android.com/apk/res/android"
    android:height="200dp"
    android:width="200dp"
    android:viewportHeight="100"
    android:viewportWidth="100" >
    <group
        android:name="minutes"
        android:pivotX="50"
        android:pivotY="50"
        android:rotation="0">
        <!-- 绘制分针 -->
        <path
            android:strokeColor="@android:color/holo_green_dark"
            android:strokeWidth="@integer/stroke_width"
            android:strokeLineCap="round"
            android:pathData="M 50,50 L 50,12"/>
    </group>
    <group
        android:name="hours"
        android:pivotX="50"
        android:pivotY="50"
        android:rotation="0">
        <!-- 绘制时针 -->
        <path
            android:strokeColor="@android:color/holo_blue_dark"
            android:strokeWidth="@integer/stroke_width"
            android:strokeLineCap="round"
            android:pathData="M 50,50 L 24,50"/>
    </group>
    <!-- 绘制圆 -->
    <path
        android:strokeColor="@android:color/holo_red_dark"
        android:strokeWidth="@integer/stroke_width"
        android:pathData="@string/path_circle"/>
</vector>
```

其中绘制圆的 Path 在 strings.xml 文件中，代码如下：

```xml
<string name="path_circle">
    M 50,50
    m -48,0
    a 48,48 0 1,0 96,0
    a 48,48 0 1,0 -96,0
</string>
```

接下来，需要编写一个动画矢量资源，该资源使用<animated-vector>标签作为根节点，代码如下：

```xml
<!-- nine_to_five.xml -->
<animated-vector
    xmlns:android="http://schemas.android.com/apk/res/android"
    android:drawable="@drawable/clock" >
    <target
        android:name="hours"
        android:animation="@anim/hours_rotation" />
    <target
        android:name="minutes"
        android:animation="@anim/minutes_rotation" />
</animated-vector>
```

从 nine_to_five.xml 文件的内容可以看出，该文件引用了 clock.xml，并引用了两个动画资源（hours_rotation.xml 和 minutes_rotation.xml），分别用来控制时针和分针的动画效果。这两个动画资源文件的代码如下：

```xml
<!-- hours_rotation.xml -->
<objectAnimator
    xmlns:android="http://schemas.android.com/apk/res/android"
    android:duration="8000"
```

```
        android:propertyName="rotation"
        android:valueFrom="0"
        android:valueTo="240"
        android:interpolator="@android:anim/linear_interpolator"/>

<!-- minutes_rotation.xml    -->
<objectAnimator
        xmlns:android="http://schemas.android.com/apk/res/android"
        android:duration="1000"
        android:propertyName="rotation"
        android:valueFrom="0"
        android:valueTo="360"
        android:repeatCount="7"
        android:interpolator="@android:anim/linear_interpolator"/>
```

从这两个动画资源文件可以看出，它们都使用了对象动画，控制 rotation 属性值的变化。

在一切准备工作完成之后，就可以在<ImageView>标签中使用 nine_to_five.xml 资源了，代码如下：

```
<ImageView
    xmlns:android="http://schemas.android.com/apk/res/android"
    xmlns:tools="http://schemas.android.com/tools"
    android:id="@+id/image"
    android:layout_width="wrap_content"
    android:layout_height="wrap_content"
    android:layout_gravity="center"
    android:src="@drawable/nine_to_five"
    tools:context=".ClockActivity"/>
```

最后，可以使用下面的代码装载该 ImageView 控件，并播放动画。

```
private void animate()
{
    //  imageView 控件装载了前面给出的 ImageView 控件
    Drawable drawable = imageView.getDrawable();
    if (drawable instanceof Animatable)
    {
        // 播放动画
        ((Animatable) drawable).start();
    }
}
```

17.3.2 笑脸表情

本节将实现另外一个有趣的矢量动画。一开始会在窗口上出现一个笑脸，如图 17-4 所示。当触摸这个笑脸后，会立刻变成生气的样子，如图 17-5 所示。然后生气的样子又会逐渐变成微笑的样子。

图 17-4　微笑效果

第 17 章 Android 5.x 新特性：Drawable 资源

图 17-5　生气效果

要实现这个效果，首先要使用 Vector Drawable 绘制一个笑脸，代码如下：

```
<!-- face.xml -->
<vector
    xmlns:android="http://schemas.android.com/apk/res/android"
    android:height="200dp"
    android:width="200dp"
    android:viewportHeight="100"
    android:viewportWidth="100" >
    <!-- 绘制圆 -->
    <path
        android:fillColor="@color/yellow"
        android:pathData="@string/path_circle"/>
    <!-- 绘制左眼 -->
    <path
        android:fillColor="@android:color/black"
        android:pathData="@string/path_face_left_eye"/>
    <!-- 绘制右眼 -->
    <path
        android:fillColor="@android:color/black"
        android:pathData="@string/path_face_right_eye"/>
    <!-- 绘制嘴（生气） -->
    <path
        android:name="mouth"
        android:strokeColor="@android:color/black"
        android:strokeWidth="@integer/stroke_width"
        android:strokeLineCap="round"
        android:pathData="@string/path_face_mouth_sad"/>
</vector>
```

绘制这些图形的 Path 的代码都在 strings.xml 文件中，代码如下：

```
<string name="path_circle">
    M 50,50
    m -48,0
    a 48,48 0 1,0 96,0
    a 48,48 0 1,0 -96,0
</string>
<string name="path_face_left_eye">
    M 35,40
    m -7,0
    a 7,7 0 1,0 14,0
    a 7,7 0 1,0 -14,0
</string>
<string name="path_face_right_eye">
    M 65,40
```

```
m -7,0
a 7,7 0 1,0 14,0
a 7,7 0 1,0 -14,0
</string>
<string name="path_face_mouth_sad">
  M 30,75
  Q 50,55 70,75
</string>
<string name="path_face_mouth_happy">
  M 30,65
  Q 50,85 70,65
</string>
```

接下来要实现一个矢量动画的文件，代码如下：

```
<!--  smiling_face.xml  -->
<?xml version="1.0" encoding="utf-8"?>
<animated-vector xmlns:android="http://schemas.android.com/apk/res/android"
                 android:drawable="@drawable/face" >
  <target
      android:name="mouth"
      android:animation="@anim/smile" />
</animated-vector>
```

其中在<animated-vector>标签中使用了 smile.xml 动画资源文件，该文件的内容如下：

```
<objectAnimator
    xmlns:android="http://schemas.android.com/apk/res/android"
    android:duration="3000"
    android:propertyName="pathData"
    android:valueFrom="@string/path_face_mouth_sad"
    android:valueTo="@string/path_face_mouth_happy"
    android:valueType="pathType"
    android:interpolator="@android:anim/accelerate_interpolator"/>
```

最后一步，就是使用 Java 来播放动画，播放方法与 5.2 节完全相同。

17.4　Ripple Drawable 资源

本节将使用 Ripple Drawable 资源改变单击按钮的动画特效。Ripple Drawable 特效会产生一个类似于涟漪的特效，效果如图 17-6 所示。当单击按钮后，绿色背景会逐渐充满整个按钮空间。

图 17-6　Ripple 效果

要想实现这个功能,需要编写一堆 XML 文件。首先要创建一个 circular_button_ripple_selector.xml 文件,该文件是一个 Ripple Drawable 资源文件。当单击按钮时,首先会使用该文件。实现代码如下:

```xml
<?xml version="1.0" encoding="utf-8"?>
<ripple xmlns:android="http://schemas.android.com/apk/res/android"
    android:color="?android:colorControlHighlight">
        <item android:id="@android:id/mask" android:drawable="@drawable/circular_button"/>
        <item android:drawable="@drawable/circular_button_selector"/>
</ripple>
```

其中 circular_button.xml 是按钮默认的状态(白底带边),circular_button_selector.xml 是选中后的状态。这两个文件的代码如下:

```xml
<!-- circular_button.xml -->
<?xml version="1.0" encoding="utf-8"?>
<shape xmlns:android="http://schemas.android.com/apk/res/android"
                    android:shape="oval">
    <solid android:color="@android:color/white"/>
    <stroke android:width="1dp" android:color="#AAA"/>
</shape>

<!-- circular_button_selector.xml -->
<?xml version="1.0" encoding="utf-8"?>
<selector xmlns:android="http://schemas.android.com/apk/res/android">
<item android:state_selected="true"
                    android:drawable="@drawable/circular_button_selected"/>
    <item android:drawable="@drawable/circular_button"/>
</selector>
```

在 circular_button_selector.xml 文件中还使用了另外两个 Drawable 资源:circular_button_selected.xml 和 circular_button.xml(在前面已经给出),分别表示被选中状态和 normal 状态。circular_button_selected.xml 文件的内容如下:

```xml
<!-- circular_button_selected.xml -->
<?xml version="1.0" encoding="utf-8"?>
<shape xmlns:android="http://schemas.android.com/apk/res/android"
android:shape="oval">
    <solid android:color="@color/theme_accent_color"/>
    <stroke android:width="1dp" android:color="#AAA"/>
</shape>
```

接下来要实现一个动画资源 button_elevation.xml。该文件用于实现单击动画的效果(通过改变 TranslationZ 属性值实现动画效果),代码如下:

```xml
<?xml version="1.0" encoding="utf-8"?>
<selector xmlns:android="http://schemas.android.com/apk/res/android">
    <item
        android:state_enabled="true"
        android:state_pressed="true">
        <objectAnimator
            android:duration="@android:integer/config_shortAnimTime"
            android:propertyName="translationZ"
            android:valueFrom="2dip"
            android:valueTo="4dip"
            android:valueType="floatType" />
    </item>
    <item>
        <objectAnimator
            android:duration="@android:integer/config_shortAnimTime"
            android:propertyName="translationZ"
            android:valueFrom="4dip"
            android:valueTo="2dip"
            android:valueType="floatType" />
    </item>
</selector>
```

最后需要实现一个布局文件（circular_button_layout.xml）。该布局文件是每一个按钮的布局，代码如下：

```xml
<?xml version="1.0" encoding="utf-8"?>
<FrameLayout xmlns:android="http://schemas.android.com/apk/res/android"
    xmlns:tools="http://schemas.android.com/tools"
    android:layout_width="@dimen/button_size"
    android:layout_height="@dimen/button_size"
    android:background="@drawable/circular_button"
    android:stateListAnimator="@anim/button_elevation"
    android:clickable="true"
    >
    <TextView
        android:layout_width="match_parent"
        android:layout_height="match_parent"
        android:background="@drawable/circular_button_ripple_selector"
        android:textAppearance="?android:textAppearanceLarge"
        android:textColor="@color/button_text_selector"
        android:duplicateParentState="true"
        android:gravity="center"
        tools:text="Text"
        tools:textColor="#000"
        />
</FrameLayout>
```

从 circular_button_layout.xml 文件的内容可以看出，按钮本质上是 FrameLayout，显示文本用里面的 TextView 控件。

现在实现按钮单击特效的所有准备工作都已经完成了，但还有一个热点需要指定。这个热点就是单击到按钮的哪一点，就从这一点开始用绿色填充整个按钮。实现这个功能需要在触摸事件方法中完成，该方法的代码如下：

```java
public boolean onTouch(View view, MotionEvent motionEvent) {
    switch (motionEvent.getAction()) {
        case MotionEvent.ACTION_DOWN:
            // 设置触摸点为热点
            ((ViewGroup) view).getChildAt(0).getBackground().setHotspot(motionEvent.getX(), motionEvent.getY());
            break;
        case MotionEvent.ACTION_UP:
            // 手指抬起后，开始播放动画
            selectButton((ViewGroup) view, true, (int) motionEvent.getX(), (int) motionEvent.getY());
            break;
    }
    return false;
}
```

selectButton 方法用于播放动画，该方法的代码如下：

```java
private void selectButton(ViewGroup buttonHost, boolean reveal, int startX, int startY) {
    if (buttonHost == activeButton) {
        return;
    }
    if (activeButton != null) {
        activeButton.setSelected(false);
        activeButton = null;
    }
    activeButton = buttonHost;
    activeButton.setSelected(true);
    View button = activeButton.getChildAt(0);
    if (reveal) {
        // 播放动画
        ViewAnimationUtils.createCircularReveal(button,
            startX,
            startY,
```

```
            0,
            button.getHeight()).start();
    }
}
```

17.5 小结

Android 5.x 对 Drawable 的增强对 App 的开发有很大帮助。尤其是 SVG 矢量图，可以使用 SVG 实现不失真的矢量图。不过 SVG 格式比较复杂，需要使用设计器来生产 SVG Path，现在推荐一款在线 SVG 图像设计器，会自动生成 SVG Path。

18
其他 Android 5.x 新特性

本章会介绍更多的 Android 5.x 新特性,这些新特性将会对 Android App 的开发和使用起到非常深远的影响。

 本章内容

- Immersive 模式
- 新的通知中心
- 续航与安全
- Android 5.x 更多的新功能

18.1 以 Immersive 模式隐藏及显示状态栏和导航条

本节主要介绍了如何通过 ImmersiveMode 方式隐藏和显示状态栏和导航条,当然,完成这项工作的方法不止这一个,但这种方式的效果显得更逼真、更酷。

18.1.1 什么是 Immersive 模式

侵入模式(Immersive Mode)实际上就是类似于使用什么东西将状态栏和导航条突然推上(下)去,当然,伴随着动画效果。通过这种模式,可以让 APP 处于全屏状态。例如,未隐藏时的效果如图 18-1 所示。

图 18-2 是隐藏后的效果。我们可以看到,上方的状态栏和下方的导航条都隐藏了。

图 18-1　未隐藏时的效果

图 18-2　隐藏后的效果

18.1.2　实现界面的布局

本节将实现图 18-1 所示的 UI 布局。这个布局比较简单，通过单击最下方的"显示/隐藏"按钮就会隐藏状态栏和导航条。布局的完整代码如下：

```
<LinearLayout
        xmlns:android="http://schemas.android.com/apk/res/android"
        android:orientation="vertical"
        android:layout_width="fill_parent"
        android:layout_height="fill_parent"
        android:id="@+id/sample_main_layout">
    <TextView android:id="@+id/sample_output"
            style="@style/Widget.SampleMessage"
            android:layout_weight="1"
            android:layout_width="match_parent"
            android:layout_height="match_parent"
            android:text="@string/intro_message"
            android:padding="16dp" />
    <Button
            android:layout_width="fill_parent"
            android:layout_height="wrap_content"
            android:onClick="onClick" android:text="显示/隐藏"/>
    <View
            android:layout_width="fill_parent"
            android:layout_height="1dp"
            android:background="@android:color/darker_gray"/>
</LinearLayout>
```

18.1.3　隐藏和显示

隐藏和显示功能需要考虑不同的 Android 版本，因为版本不同，可能设置的方法也不同。完成这个功能的代码都在 toggleHideyBar 方法中，该方法和 onClick 方法的代码如下：

```
public void onClick(View view)
{
```

```java
            toggleHideyBar();
}
public void toggleHideyBar()
{
    // 获取 UI 选项
    int uiOptions = getWindow().getDecorView().getSystemUiVisibility();
    int newUiOptions = uiOptions;
    // 设置相应的 immersive 选项
    boolean isImmersiveModeEnabled =
            ((uiOptions | View.SYSTEM_UI_FLAG_IMMERSIVE_STICKY) == uiOptions);
    // API Level >= 14 时处理
    if (Build.VERSION.SDK_INT >= 14) {
        newUiOptions ^= View.SYSTEM_UI_FLAG_HIDE_NAVIGATION;
    }
    // API Level >= 16 时处理
    if (Build.VERSION.SDK_INT >= 16) {
        newUiOptions ^= View.SYSTEM_UI_FLAG_FULLSCREEN;
    }
    // API Level >= 18 时处理
    if (Build.VERSION.SDK_INT >= 18) {
        newUiOptions ^= View.SYSTEM_UI_FLAG_IMMERSIVE_STICKY;
    }
    // 设置相应的选项，以便让状态栏及导航条隐藏和显示
    getWindow().getDecorView().setSystemUiVisibility(newUiOptions);
}
```

18.1.4 监听隐藏和显示状态

不仅可以隐藏及显示状态栏和导航条，还可以监听它们变化的状态，代码如下：

```java
protected void onCreate(Bundle savedInstanceState) {
    super.onCreate(savedInstanceState);
    setContentView(R.layout.activity_main);
    final View decorView = getWindow().getDecorView();
    // 设置状态变化监听器
    decorView.setOnSystemUiVisibilityChangeListener(
            new View.OnSystemUiVisibilityChangeListener() {
                @Override
                public void onSystemUiVisibilityChange(int i) {
                    // 获取屏幕的高度
                    int height = decorView.getHeight();
                    // 显示高度
                    Toast.makeText(MainActivity.this, String.valueOf(height), Toast.LENGTH_LONG).show();
                }
            });
}
```

18.2 新的通知中心

Android 5.x 通知中心融入更多的卡片式风格，即使是在锁屏状态下，也可以进行多种功能操作。同时，用户可以自定义通知的优先级别，使得用户不会错过任何重要的通知。还可以设置特定的通知权限，只有被允许的通知消息才会推送。同时还具有操作性，比如用户在游戏时有电话打入，不会以全屏显示，而是弹出可操作的通知卡片，用户可选择接听或拒接，不影响游戏继续进行。

图 18-3 是在锁屏状态下显示卡片式的通知。图 18-4 是在屏幕顶部显示卡片式的通知。

图 18-3　卡片式的通知

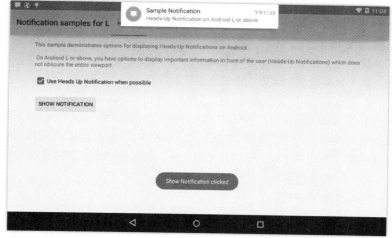

图 18-4　在屏幕顶部显示卡片式的通知

18.3　续航与安全性

Android 5.x 大大增强了系统的续航能力，使系统能够根据电池电量来减少处理器功耗、屏幕亮度等，能为用户带来额外 90 分钟的续航时间。

除此之外，新设备将会自动启动加密功能，以防止丢失或被盗设备上的数据被盗。同时 SELinux 将会强制对所有的应用进行安全漏洞和恶意软件的扫描。用户还可以用 Android Wear 设备对你的手机和平板电脑进行配对，使用 Android Wear 解锁手机或平板更加安全方便。

图 18-5　用 Android Wear 设备解锁平板

18.4　更多的新功能

Android 5.x 是迄今为止改动最大的 Android 版本，新特性远不止本书介绍的这些。为了让读者尽可能了解 Android 5.x，本节将简单介绍一些 Android 5.x 的新特性，从而让读者对 Android 5.x 的这些新特性有一个初步的认识。

假设你忘记带手机，可以在另一个运行 Android 5.x 的设备上访问你的个人信息。Android 5.x 还带来全新的访客模式，用户可以设置锁定设备中的特定信息，不让他人访问查看。

Android 5.x 可以提供高达 4 倍的性能提升，将迎来全新的 ART 底层架构，彻底告别 Java 虚拟机，在运行速度、流畅性上更出色。同时兼容 ARM、X86 和 MIPS 等架构，还将首次加入对 64 位处理器的支持，提供桌面级别的性能体验，同时提供 64 位的 Chrome 浏览器、Gmail、日历、谷歌播放音乐等。

除此之外，全面提升了系统的音频、视频、拍照功能。支持多声道，支持插入 USB 麦克风，无数音频设备都能接入你的 Android 设备。

Android 5.x 还支持如下的新功能：

- OpenGL ES3.1。
- 更强大、低功耗的蓝牙功能。
- 提高文字的对比度和色彩反转，改善阅读体验。
- 支持更多的语言（多达 68 种）。
- 更加简单安全的支付功能。
- 改善池、蓝牙、数据显示。
- 改善键盘配件支持。

18.5　小结

本节介绍了更多的 Android 5.x 新特性，这些新特性将为 Android 5.x 带来更稳定、更强大的性能。如果读者条件允许，应尽快升级到 Android 5.x。

19

2D 动画

本章主要介绍 Android SDK 提供的两种实现 2D 动画的方式：帧动画和补间动画。本章的每个知识点都提供了精彩的实例以向读者展示 2D 动画的具体实现方法。通过对本章的学习，读者可利用 2D 动画实现非常绚丽的界面效果。

 本章内容

- 帧动画的基本实现
- 用帧动画播放 GIF 动画
- 播放帧动画的子集
- 移动补间动画
- 缩放补间动画
- 旋转补间动画
- 振动效果
- 自定义动画渲染器
- ViewFlipper 控件

19.1 帧（Frame）动画

如果读者使用过 Flash，一定对帧动画非常熟悉。帧动画实际上就是由若干图像组成的动画，这些图像会以一定的时间间隔进行切换。电影的原理也有些类似于帧动画。一般电影是每秒 25 帧，也就是说，电影在每秒钟之内会以相等的时间间隔连续播放 25 幅电影静态画面。由于人的视觉暂留，在这样的播放频率下，看起来电影才是连续的。在 10.1 节曾介绍过在 onDraw 方法中使用 invalidate 方法不断刷新 View 的方式来实现旋转动画。实际上这也相当于帧动画，只是并不是利用若干静态图像的不断切换来制作帧动画，而是不断地画出帧动画中的每一帧图像。本节将介绍如何使用 AnimationDrawable 和静态图像来制作帧动画。

19.1.1 AnimationDrawable 与帧动画

Android 中的帧动画需要在一个动画文件中指定动画中的静态图像和每一张静态图像的停留时间（单位：毫秒）。一般可以将所有图像的停留时间设为同一个值。动画文件采用了 XML 格式，该文件需要放在 res\anim 目录中。下面建立一个简单的动画文件，首先在 res\anim 目录中建立一个 test.xml 文件，然后输入如下内容：

```xml
<animation-list xmlns:android="http://schemas.android.com/apk/res/android" android:oneshot="false">
    <item android:drawable="@drawable/anim1" android:duration="50" />
    <item android:drawable="@drawable/anim2" android:duration="50" />
    <item android:drawable="@drawable/anim3" android:duration="50" />
    <item android:drawable="@drawable/anim4" android:duration="50" />
    <item android:drawable="@drawable/anim5" android:duration="50" />
</animation-list>
```

从 anim.xml 文件的内容可以看出，一个标准的动画文件由一个<animation-list>标签和若干<item>标签组成。其中<animation-list>标签的一个关键属性是 android:oneshot，如果该属性值为 true，表示帧动画只运行一遍，也就是从第一个图像切换到最后一个图像后，动画就会停止。如果该属性值为 false，表示帧动画循环播放。android:oneshot 是可选属性，默认值是 false。

<item>标签的 android:drawable 属性指定了动画中的静态图像资源 ID。帧动画的播放顺序就是<item>标签的定义顺序。android:duration 属性指定了每个图像的停留时间。在 test.xml 文件中指定每个图像的停留时间为 50 毫秒。android:drawable 和 android:duration 都是必选属性，不能省略。

编写完动画文件后，就需要装载动画文件并创建 AnimationDrawable 对象。AnimationDrawable 是 Drawable 的子类，并在 Drawable 的基础上提供了控制动画的功能。读者可以使用如下代码，根据 test.xml 文件创建 AnimationDrawable 对象：

```java
AnimationDrawable animationDrawable =
    (AnimationDrawable)getResources().getDrawable(R.anim.test);
```

在创建完 AnimationDrawable 对象后，可以使用下面的代码将 AnimationDrawable 对象作为 ImageView 控件的背景：

```java
ImageView ivAnimView = (ImageView) findViewById(R.id.ivAnimView);
ivAnimView.setBackgroundDrawable(animationDrawable);
```

除了可以使用 getDrawable 方法装载 test.anim 文件外，还可以使用 setBackgroundResource 方法装载 test.xml 文件，并通过 getBackground 方法获得 AnimationDrawable 对象，代码如下：

```java
ImageView ivAnimView = (ImageView) findViewById(R.id.ivAnimView);
ivAnimView.setBackgroundResource(R.anim.test);
Object backgroundObject = ivAnimView.getBackground();
animationDrawable = (AnimationDrawable) backgroundObject;
```

有了 AnimationDrawable 对象，就可以通过 AnimationDrawable 类的方法来控制帧动画。AnimationDrawable 类中与帧动画相关的方法如下：

- start：开始播放帧动画。
- stop：停止播放帧动画。
- setOneShot：设置是否只播放一遍帧动画。该方法的参数值与动画文件中<animation-list>标签的 android:oneshot 属性值的含义相同。参数值为 true 表示只播放一遍帧动画，参数值为 false 表示循环播放帧动画。默认值为 false。

- addFrame：向 AnimationDrawable 对象中添加新的帧。该方法有两个参数，第 1 个参数是一个 Drawable 对象，表示添加的帧。该参数值可以是静态图像，也可以是另一个动画。第 2 个参数表示新添加帧的停留时间。如果新添加的帧是动画，那么这个停留时间就是新添加的动画可以播放的时间。如果到了停留时间，不管新添加的动画是否播放完，都会切换到下一个静态图像或动画。
- isOneShot：判断当前帧动画是否只播放一遍。该方法返回通过 setOneShot 方法或 android:oneshot 属性设置的值。
- isRunning：判断当前帧动画是否正在播放。如果返回 true，表示帧动画正在播放；返回 false 表示帧动画已停止播放。
- getNumberOfFrames：返回动画的帧数，也就是<animation-list>标签中的<item>标签数。
- getFrame：根据帧索引获得指定帧的 Drawable 对象。帧从 0 开始。
- getDuration：获得指定帧的停留时间。

如果想显示半透明的帧动画，可以通过 Drawable 类的 setAlpha 方法设置图像的透明度，该方法只有一个 int 类型的值，该值的范围是 0～255。如果参数值是 0，表示图像完全透明；如果参数值是 255，表示图像完全不透明。

19.1.2 通过帧动画方式播放 GIF 动画

工程目录：src\ch19\ch19_gifanim

Android SDK 中播放 GIF 动画的类库可能会因为 GIF 文件版本的问题，并不能播放所有的 GIF 动画文件，但可以采用帧动画的方式来播放 GIF 动画。

GIF 动画文件本身由多个静态的 GIF 图像组成，因此可以使用图像处理软件（如 FireWorks）将 GIF 动画文件分解成多个 GIF 静态图像，然后在 res\anim 目录的动画文件中定义这些 GIF 文件。本例将一个 GIF 动画文件分解成 12 个 GIF 文件（文件名从 anim1.gif 至 anim12.gif，这些 GIF 文件都在 res\drawable 目录中），并在 res\anim\frame_animation.xml 文件中定义了这些 GIF 文件。frame_animation.xml 文件的代码如下：

```xml
<animation-list xmlns:android="http://schemas.android.com/apk/res/android"
    android:oneshot="false" >
    <item android:drawable="@drawable/anim1" android:duration="50" />
    <item android:drawable="@drawable/anim2" android:duration="50" />
    <item android:drawable="@drawable/anim3" android:duration="50" />
    <item android:drawable="@drawable/anim4" android:duration="50" />
    <item android:drawable="@drawable/anim5" android:duration="50" />
    <item android:drawable="@drawable/anim6" android:duration="50" />
    <item android:drawable="@drawable/anim7" android:duration="50" />
    <item android:drawable="@drawable/anim8" android:duration="50" />
    <item android:drawable="@drawable/anim9" android:duration="50" />
    <item android:drawable="@drawable/anim10" android:duration="50" />
    <item android:drawable="@drawable/anim11" android:duration="50" />
    <item android:drawable="@drawable/anim12" android:duration="50" />
</animation-list>
```

为了演示在原有动画的基础上添加新的动画，本例引入了第 2 个 GIF 动画文件，并将这个 GIF 动画文件分解成 6 个 GIF 静态图像（文件名从 myanim1.gif 至 myanim6.gif）。定义这 6 个 GIF 文件的动画文件是 frame_animation1.xml。

本例的功能包含"开始动画""停止动画""运行一次动画"和"添加动画"，这 4 个功能分别对应于 4 个按钮。当单击"开始动画"按钮后，动画开始播放，如图 19-1 所示。单击"添加动画"按钮，播放完第 1 个动画后，又会继续播放第 2 个动画，如图 19-2 所示。在播放完第 2 个动画后，又会继续播放第 1 个动画。

图 19-1　播放第 1 个动画

图 19-2　播放第 2 个动画

本例的完整代码如下：

```java
package net.blogjava.mobile;

import android.app.Activity;
import android.graphics.drawable.AnimationDrawable;
import android.os.Bundle;
import android.view.View;
import android.view.View.OnClickListener;
import android.widget.Button;
import android.widget.ImageView;

public class Main extends Activity implements OnClickListener
{
    private ImageView ivAnimView;
    private AnimationDrawable animationDrawable;
    private AnimationDrawable animationDrawable1;
    private Button btnAddFrame;
    @Override
    public void onClick(View view)
    {
        switch (view.getId())
        {
            //  只播放一次动画
            case R.id.btnOneShot:
                animationDrawable.setOneShot(true);
                animationDrawable.start();
                break;
            //  循环播放动画
            case R.id.btnStartAnim:
```

```java
                animationDrawable.setOneShot(false);
                animationDrawable.stop();
                animationDrawable.start();
                break;
            //  停止播放动画
            case R.id.btnStopAnim:
                animationDrawable.stop();
                if (animationDrawable1 != null)
                {
                    //  停止新添加的动画
                    animationDrawable1.stop();
                }
                break;
            //  添加动画
            case R.id.btnAddFrame:
                if (btnAddFrame.isEnabled())
                {
                    //  获得新添加动画的 AnimationDrawable 对象
                    animationDrawable1 = (AnimationDrawable) getResources()
                            .getDrawable(R.anim.frame_animation1);
                    //  添加动画,动画停留(播放)时间是 2 秒
                    animationDrawable.addFrame(animationDrawable1, 2000);
                    btnAddFrame.setEnabled(false);
                }
                break;
        }
    }
    @Override
    public void onCreate(Bundle savedInstanceState)
    {
        super.onCreate(savedInstanceState);
        setContentView(R.layout.main);
        Button btnStartAnim = (Button) findViewById(R.id.btnStartAnim);
        Button btnStopAnim = (Button) findViewById(R.id.btnStopAnim);
        Button btnOneShot = (Button) findViewById(R.id.btnOneShot);
        btnAddFrame = (Button) findViewById(R.id.btnAddFrame);
        btnStartAnim.setOnClickListener(this);
        btnStopAnim.setOnClickListener(this);
        btnOneShot.setOnClickListener(this);
        btnAddFrame.setOnClickListener(this);
        ivAnimView = (ImageView) findViewById(R.id.ivAnimView);
        ivAnimView.setBackgroundResource(R.anim.frame_animation);
        Object backgroundObject = ivAnimView.getBackground();
        animationDrawable = (AnimationDrawable) backgroundObject;
    }
}
```

在编写上面代码时,应注意如下 5 点:

- setOneShot 方法既可以在动画开始前设置,也可以在动画开始后设置。
- 在开始动画之前,首先调用 stop 方法来停止动画。这是由于如果只播放一次动画,在播放完后,画面会停留在最后一个图像上。这时动画仍然是运行状态,也就是 isRunning 方法返回 true。因此,必须在播放动画之前使用 stop 方法停止动画,否则必须先单击"停止动画"按钮才可以。
- 如果使用 addFrame 方法添加一个新动画,在停止原来动画时,并不会停止新添加的动画。也就是说,新添加的动画被看作一个整体,除非获得了新添加动画的 AnimationDrawable 对象(在本例中新添加动画的 AnimationDrawable 对象变量是 animationDrawable1),并调用该 AnimationDrawable 对象的 stop 方法停止动画。
- 添加动画的播放时间受停留时间限制(addFrame 方法的第 2 个参数值),即使到了停留时间,

动画仍未播放完，也会切换到下一个动画或图像。
- 如果停止了最初的动画，新添加的动画仍然会继续播放。读者可以将上面代码中 switch 语句的 R.id.btnStopAnim 分支中代码的 if 语句注释掉，并添加动画。然后开始动画，停止动画，看看会有什么效果。

如果读者想播放半透明的动画，可以使用 setAlpha 方法，例如下面的代码将动画图像的透明度设为 80：

animationDrawable.setAlpha(80);

设置完透明度后的动画效果如图 19-3 所示。

图 19-3　半透明动画

19.1.3　播放帧动画的子集

工程目录：src\ch19\ch19_playsubframe

本例将播放帧动画中指定的部分图像，也就是帧动画的子集。虽然 AnimationDrawable 类提供的 getFrame 和 getDuration 方法可以获得指定帧的 Drawable 对象和停留时间，但并未提供获得帧动画当前播放位置的方法。在查看 AnimationDrawable 类的源代码后发现，在 AnimationDrawable 类中有一个 mCurFrame 变量，该变量是 int 类型，保存当前动画的播放位置。但 mCurFrame 是私有（private）变量，无法通过正常方式在其他类中访问该变量。

虽然通过正常方式无法访问该变量，但仍然可以通过 Java 反射技术来读写 private 变量，代码如下：

```
// 获得 mCurFrame 变量的 Field 对象
java.lang.reflect.Field field = AnimationDrawable.class.getDeclaredField("mCurFrame");
// 将 mCurFrame 变量设置成可访问状态
field.setAccessible(true);
// 获得 mCurFrame 变量当前的值
int curFrame = field.getInt(animationDrawable);
// 设置 mCurFrame 变量的值
field.setInt(animationDrawable, -1);
```

要注意的是，虽然可以使用 getDeclaredField 方法获得 mCurFrame 变量的 Field 对象，但由于

mCurFrame 是 private 变量，默认情况下无法直接通过 Field 对象获得和设置 mCurFrame 变量的值，因此需要通过 setAccessible 方法将 Field 对象设置成可访问状态。

由于 AnimationDrawable 类并未提供监听每帧动画播放状态的事件，因此，要编写一个 ImageView 的子类（MyImageView），并覆盖 onDraw 方法来监听每帧动画播放的状态。当每一帧动画刚开始播放时会刷新 ImageView，也就是会调用 onDraw 方法。MyImageView 类的代码如下：

```java
package net.blogjava.mobile;

import java.lang.reflect.Field;
import android.content.Context;
import android.graphics.Canvas;
import android.graphics.drawable.AnimationDrawable;
import android.util.AttributeSet;
import android.widget.ImageView;
import android.widget.Toast;

public class MyImageView extends ImageView
{
    public AnimationDrawable animationDrawable;
    public Field field;
    @Override
    protected void onDraw(Canvas canvas)
    {
        try
        {
            field = AnimationDrawable.class.getDeclaredField("mCurFrame");
            //  将 mCurFrame 变量设为可访问状态
            field.setAccessible(true);
            //  获得 mCurFrame 变量的值
            int curFrame = field.getInt(animationDrawable);
            //  当播放第 3 帧后，将从第 1 帧开始播放
            if (curFrame == 2)
            {
                //  将 mCurFrame 变量设置为-1（系统首先会将 mCurFrame 加 1，再获得图像），也就是从第 1 帧开始播放
                field.setInt(animationDrawable, -1);
                Toast.makeText(this.getContext(), "重新设为第一个图像.", Toast.LENGTH_SHORT).show();
            }
        }
        catch (Exception e)
        {
        }
        super.onDraw(canvas);
    }
    public MyImageView(Context context, AttributeSet attrs)
    {
        super(context, attrs);
    }
}
```

在设置 XML 布局文件时，应该使用 MyImageView 控件来显示动画，代码如下：

```xml
<net.blogjava.mobile.MyImageView android:id="@+id/ivAnimView" android:layout_width="320dp"
    android:layout_height="234dp" />
```

使用 MyImageView 对象之前，需要设置 MyImageView 类的 animationDrawable 对象，本例还使用了 getNumberOfFrames 方法将动画帧的总数显示在 Activity 的标题上，代码如下：

```java
MyImageView ivAnimView = (MyImageView) findViewById(R.id.ivAnimView);
ivAnimView.setBackgroundResource(R.anim.frame_animation);
ivAnimView.setOnClickListener(this);
Object backgroundObject = ivAnimView.getBackground();
animationDrawable = (AnimationDrawable) backgroundObject;
```

```
//  设置 animationDrawable 变量
ivAnimView.animationDrawable = animationDrawable;
setTitle(getTitle() + "<共" + animationDrawable.getNumberOfFrames()+ "帧>");
```

虽然动画有 6 帧，但本例通过对 mCurFrame 的控制只显示前 3 帧。运行本例后，单击图像会开始动画。每当显示到第 3 帧时，会显示一个 Toast 信息框，如图 19-4 所示。读者也可以利用本例介绍的技术实现将动画停在某一帧上的效果。

图 19-4　播放帧动画的子集

19.2　补间（Tween）动画

如果动画中的图像变换比较有规律时，可以采用自动生成中间图像的方式来生成动画，例如图像的移动、旋转、缩放等。当然，还有更复杂的情况，例如由正方形变成圆形、圆形变成椭圆形，这些变化过程中的图像都可以根据一定的数学算法自动生成，我们只需要指定动画的第一帧和最后一帧的图像即可。这种自动生成中间图像的动画称为补间（Tween）动画。

补间动画的优点是节省硬盘空间，这是因为这种动画只需要提供两帧图像（第一帧和最后一帧），其他的图像都由系统自动生成。当然，这种动画也有一定的缺点，就是动画很复杂时无法自动生成中间图像，例如由电影画面组成的动画，由于每幅画面过于复杂，系统无法预料下一幅画面是什么样子。因此，这种复杂的动画只能使用帧动画来完成。本节将介绍 Android SDK 提供的 4 种补间动画效果：移动、缩放、旋转和透明度。Android SDK 并未提供更复杂的补间动画，如果要实现更复杂的补间动画，需要开发人员自己编码来完成。

19.2.1　移动补间动画

移动是最常见的动画效果。可以通过配置动画文件（xml 文件）或 Java 代码来实现补间动画的移动效果。补间动画文件需要放在 res\anim 目录中，在动画文件中通过<translate>标签设置移动效果，假设在 res\anim 目录下有一个动画文件 test.xml，该文件的内容如下：

```
<translate xmlns:android="http://schemas.android.com/apk/res/android"
    android:interpolator="@android:anim/accelerate_interpolator"
    android:fromXDelta="0" android:toXDelta="320" android:fromYDelta="0"
    android:toYDelta="0" android:duration="2000" />
```

从上面的配置代码可以看出，<translate>标签中设置了 6 个属性，含义分别如下：

- android:interpolator：表示动画渲染器。通过 android:interpolator 属性可以设置 3 个动画渲染器，accelerate_interpolator（动画加速器）、decelerate_interpolator（动画减速器）和 accelerate_decelerate_interpolator（动画加速减速器）。动画加速器使动画在开始时速度最慢，然后逐渐加速。动画减速器使动画在开始时速度最快，然后逐渐减速。动画加速减速器使动画在开始和结束时速度最慢，但在前半部分时开始加速，在后半部分时开始减速。
- android:fromXDelta：动画起始位置的横坐标。
- android:toXDelta：动画结束位置的横坐标。
- android:fromYDelta：动画起始位置的纵坐标。
- android:toYDelta：动画结束位置的纵坐标。
- android:duration：动画的持续时间，单位是毫秒。也就是说，动画要在 android:duration 属性指定的时间内从起始点移动到结束点。

装载补间动画文件需要使用 android.view.animation.AnimationUtils. loadAnimation 方法，该方法的定义如下：

```
public static Animation loadAnimation(Context context, int id);
```

其中 id 表示动画文件的资源 ID。装载 test.xml 文件的代码如下：

```
Animation animation = AnimationUtils.loadAnimation(this, R.anim.test);
```

假设有一个 EditText 控件（editText），将 test.xml 文件中设置的补间动画应用到 EditText 控件上的方式有如下两种。

（1）使用 EditText 类的 startAnimation 方法，代码如下：

```
editText.startAnimation(animation);
```

（2）使用 Animation 类的 start 方法，代码如下：

```
//  绑定补间动画
editText.setAnimation(animation);
//  开始动画
animation.start();
```

使用上面两种方式开始补间动画都只显示一次。如果想循环显示动画，需要使用如下代码将动画设置成循环状态：

```
animation.setRepeatCount(Animation.INFINITE);
```

上面的代码在开始动画之前和之后执行都没有问题。

如果想通过 Java 代码实现移动补间动画，可以创建 android.view.animation.TranslateAnimation 对象。TranslateAnimation 类构造方法的定义如下：

```
public TranslateAnimation(float fromXDelta, float toXDelta, float fromYDelta, float toYDelta);
```

通过 TranslateAnimation 类的构造方法，可以设置动画起始位置和结束位置的坐标。在创建 TranslateAnimation 对象后，可以通过 TranslateAnimation 类的如下方法设置移动补间动画的其他属性：

- setInterpolator：设置动画渲染器。该方法的参数类型是 Interpolator，在 Android SDK 中提供了

一些动画渲染器，例如 LinearInterpolator、AccelerateInterpolator 等。
- setDuration：设置动画的持续时间。该方法相当于设置了<translate>标签的 android:duration 属性。

补间动画有 3 个状态：动画开始、动画结束、动画循环。要想监听这 3 个状态，需要实现 android.view.animation.Animation.AnimationListener 接口。该接口定义了 3 个方法：onAnimationStart、onAnimationEnd 和 onAnimationRepeat，这 3 个方法分别在动画开始、动画结束和动画循环时调用。关于 AnimationListener 接口的用法将在 19.2.2 节中详细介绍。

19.2.2　循环向右移动的 EditText 与上下弹跳的球

工程目录：src\ch19\ch19_translate

本例的动画效果：屏幕上方的 EditText 控件从左到右循环匀速水平移动。EditText 下方的小球上下移动，从上到下移动时加速，从下到上移动时减速。

本例涉及到 3 个动画渲染器：accelerate_interpolator、decelerate_interpolator 和 linear_interpolator。其中前两个动画渲染器可以直接作为 android:interpolator 属性的值，而 linear_interpolator 虽然在系统中已定义，但由于不是 public 的，因此需要自己定义 linear_interpolator.xml 文件。当然，也可以将系统的 linear_interpolator.xml 文件复制到 Eclipse 工程的 res\anim 目录下。读者可以在<Android SDK 安装目录>\platforms\android-1.5\data\res\anim 目录下找到 linear_interpolator.xml 文件，并将该文件复制到 res\anim 目录下。android:interpolator 属性的值应设为"@anim/linear_interpolator"。

在本例中定义了 3 个动画文件，其中 translate_right.xml 应用于 EditText 控件，translate_bottom.xml（从上到下移动、加速）和 translate_top.xml（从下到上移动、减速）应用于小球（ImageView 控件）。这 3 个动画文件的内容如下：

```
translate_right.xml
<translate xmlns:android="http://schemas.android.com/apk/res/android"
    android:interpolator="@anim/linear_interpolator"
    android:fromXDelta="-320" android:toXDelta="320" android:fromYDelta="0"
    android:toYDelta="0" android:duration="5000" />
translate_bottom.xml
<translate xmlns:android="http://schemas.android.com/apk/res/android"
    android:interpolator="@android:anim/accelerate_interpolator"
    android:fromXDelta="0" android:toXDelta="0" android:fromYDelta="0"
    android:toYDelta="260" android:duration="2000" />
translate_top.xml
<translate xmlns:android="http://schemas.android.com/apk/res/android"
    android:interpolator="@android:anim/decelerate_interpolator"
    android:fromXDelta="0" android:toXDelta="0" android:fromYDelta="260"
    android:toYDelta="0" android:duration="2000" />
```

EditText 控件的循环水平移动可以直接使用 setRepeatMode 和 setRepeatCount 方法进行设置，而小球的移动则需要应用两个动画文件。本例采用的方法是在一个动画播放完后，再将另一个动画文件应用到显示小球的 ImageView 控件中。这个操作需要在 AnimationListener 接口的 onAnimationEnd 方法中完成。

运行本例后，单击"开始动画"按钮，EditText 控件从屏幕的左侧出来，循环水平向右移动，当 EditText 控件完全移进屏幕右侧时，会再次从屏幕左侧出来，同时小球会上下移动。效果如图 19-5 所示。

图 19-5　移动补间动画

本例的完整代码如下：
```
package net.blogjava.mobile;

import android.app.Activity;
import android.os.Bundle;
import android.view.View;
import android.view.View.OnClickListener;
import android.view.animation.Animation;
import android.view.animation.AnimationUtils;
import android.view.animation.Animation.AnimationListener;
import android.widget.Button;
import android.widget.EditText;
import android.widget.ImageView;

public class Main extends Activity implements OnClickListener, AnimationListener
{
    private EditText editText;
    private ImageView imageView;
    private Animation animationRight;
    private Animation animationBottom;
    private Animation animationTop;

    //  animation 参数表示当前应用到控件上的 Animation 对象
    @Override
    public void onAnimationEnd(Animation animation)
    {
        //   根据当前显示的动画决定下次显示哪一个动画
        if (animation.hashCode() == animationBottom.hashCode())
            imageView.startAnimation(animationTop);
        else if (animation.hashCode() == animationTop.hashCode())
            imageView.startAnimation(animationBottom);
    }
    @Override
    public void onAnimationRepeat(Animation animation)
    {
    }
    @Override
```

```
    public void onAnimationStart(Animation animation)
    {
    }
    @Override
    public void onClick(View view)
    {
        //  开始 EditText 的动画
        editText.setAnimation(animationRight);
        animationRight.start();
        animationRight.setRepeatCount(Animation.INFINITE);
        editText.setVisibility(EditText.VISIBLE);
        //  开始小球的动画
        imageView.startAnimation(animationBottom);
    }
    @Override
    public void onCreate(Bundle savedInstanceState)
    {
        super.onCreate(savedInstanceState);
        setContentView(R.layout.main);
        editText = (EditText) findViewById(R.id.edittext);
        editText.setVisibility(EditText.INVISIBLE);
        Button button = (Button) findViewById(R.id.button);
        button.setOnClickListener(this);
        imageView = (ImageView) findViewById(R.id.imageview);
        animationRight = AnimationUtils.loadAnimation(this,R.anim.translate_right);
        animationBottom = AnimationUtils.loadAnimation(this,R.anim.translate_bottom);
        animationTop = AnimationUtils.loadAnimation(this, R.anim.translate_top);
        animationBottom.setAnimationListener(this);
        animationTop.setAnimationListener(this);
    }
}
```

19.2.3 缩放补间动画

通过<scale>标签可以定义缩放补间动画。下面的代码定义了一个标准的缩放补间动画：

```
<scale xmlns:android="http://schemas.android.com/apk/res/android"
    android:interpolator="@android:anim/decelerate_interpolator"
    android:fromXScale="0.2" android:toXScale="1.0" android:fromYScale="0.2"
    android:toYScale="1.0" android:pivotX="50%" android:pivotY="50%"
    android:duration="2000" />
```

<scale>标签和<translate>标签中有些属性是相同的，而有些属性是<scale>标签特有的，这些属性的含义如下：

- android:fromXScale：表示沿 X 轴缩放的起始比例。
- android:toXScale：表示沿 X 轴缩放的结束比例。
- android:fromYScale：表示沿 Y 轴缩放的起始比例。
- android:toYScale：表示沿 Y 轴缩放的结束比例。
- android:pivotX：表示沿 X 轴方向缩放的支点位置。如果该属性值为 50%，则支点在沿 X 轴的中心位置。
- android:pivotY：表示沿 Y 轴方向缩放的支点位置。如果该属性值为 50%，则支点在沿 Y 轴的中心位置。

其中前 4 个属性的取值规则如下：

- 0.0：表示收缩到没有。
- 1.0：表示正常不收缩。

- 大于 1.0：表示将控件放大到相应的比例。例如值为 1.5，表示放大到原控件的 1.5 倍。
- 小于 1.0：表示将控件缩小到相应的比例。例如值为 0.5，表示缩小到原控件的 50%。

如果想通过 Java 代码实现缩放补间动画，可以创建 android.view.animation.ScaleAnimation 对象。ScaleAnimation 类构造方法的定义如下：

```
public ScaleAnimation(float fromX, float toX, float fromY, float toY,float pivotX, float pivotY)
```

通过 ScaleAnimation 类的构造方法可以设置上述 6 个属性值。设置其他属性的方法与移动补间动画相同。

19.2.4 跳动的心

工程目录：src\ch19\ch19_heart

本例将实现一个可以跳动的心。跳动实际上就是将"心"图像不断地放大和缩小。因此，需要两个动画文件来控制图像的放大和缩小。这两个动画文件的内容如下：

to_small.xml（控制图像的缩小）

```
<scale xmlns:android="http://schemas.android.com/apk/res/android"
    android:interpolator="@android:anim/accelerate_interpolator"
    android:fromXScale="1.0" android:toXScale="0.2" android:fromYScale="1.0"
    android:toYScale="0.2" android:pivotX="50%" android:pivotY="50%"
    android:duration="500" />
```

to_large.xml（控制图像的放大）

```
<scale xmlns:android="http://schemas.android.com/apk/res/android"
    android:interpolator="@android:anim/decelerate_interpolator"
    android:fromXScale="0.2" android:toXScale="1.0" android:fromYScale="0.2"
    android:toYScale="1.0" android:pivotX="50%" android:pivotY="50%"
    android:duration="500" />
```

对 ImageView 控件不断应用上面两个动画文件后，就会显示如图 19-6 所示的动画效果。

图 19-6　跳动的心

本例的完整代码如下：

```
package net.blogjava.mobile;
```

```java
import android.app.Activity;
import android.os.Bundle;
import android.view.animation.Animation;
import android.view.animation.AnimationUtils;
import android.view.animation.ScaleAnimation;
import android.view.animation.Animation.AnimationListener;
import android.widget.ImageView;

public class Main extends Activity implements AnimationListener
{
    private Animation toLargeAnimation;
    private Animation toSmallAnimation;
    private ImageView imageView;
    @Override
    public void onAnimationEnd(Animation animation)
    {
        //  交替应用两个动画文件
        if(animation.hashCode() == toLargeAnimation.hashCode())
            imageView.startAnimation(toSmallAnimation);
        else
            imageView.startAnimation(toLargeAnimation);
    }
    @Override
    public void onAnimationRepeat(Animation animation)
    {
    }
    @Override
    public void onAnimationStart(Animation animation)
    {
    }
    @Override
    public void onCreate(Bundle savedInstanceState)
    {
        super.onCreate(savedInstanceState);
        setContentView(R.layout.main);
        imageView = (ImageView) findViewById(R.id.imageview);
        toLargeAnimation = AnimationUtils.loadAnimation(this, R.anim.to_large);
        toSmallAnimation = AnimationUtils.loadAnimation(this, R.anim.to_small);
        toLargeAnimation.setAnimationListener(this);
        toSmallAnimation.setAnimationListener(this);
        imageView.startAnimation(toSmallAnimation);
    }
}
```

19.2.5　旋转补间动画

通过<rotate>标签可以定义旋转补间动画。下面的代码定义了一个标准的旋转补间动画：

```xml
<rotate xmlns:android="http://schemas.android.com/apk/res/android"
    android:interpolator="@anim/linear_interpolator" android:fromDegrees="0"
    android:toDegrees="360" android:pivotX="50%" android:pivotY="50%"
    android:duration="10000" android:repeatMode="restart" android:repeatCount="infinite"/>
```

其中<rotate>标签有两个特殊的属性。它们的含义如下：

- android:fromDegrees：表示旋转的起始角度。
- android:toDegrees：表示旋转的结束角度。

在<rotate>标签中还可以使用如下两个属性设置旋转的次数和模式：

- android:repeatCount：设置旋转的次数。该属性需要设置一个整数值。如果该值为 0，表示不重复显示动画。也就是说，对于上面的旋转补间动画，只从 0 度旋转到 360 度，动画就会停止。

如果属性值大于 0，动画会再次显示该属性指定的次数。例如，如果 android:repeatCount 属性值为 1，动画除了正常显示一次外，还会再显示一次。也就是说，前面的旋转补间动画会顺时针旋转两周。如果想让补间动画永不停止，可以将 android:repeatCount 属性值设为 infinite 或-1。该属性的默认值是 0。

- android:repeatMode：设置重复的模式，默认值是 restart。该属性只有当 android:repeatCount 设置成大于 0 的数或 infinite 时才起作用。android:repeatMode 属性值除了可以是 restart 外，还可以设为 reverse，表示偶数次显示动画时会做与动画文件定义的方向相反的动作。例如，上面定义的旋转补间动画会在第 1,3,5,...,2n-1 圈顺时针旋转，而在 2,4,6,...,2n 圈逆时针旋转。如果想使用 Java 代码来设置该属性，可以使用 Animation 类的 setRepeatMode 方法，该方法只接收一个 int 类型参数。可取的值是 Animation.RESTART 和 Animation.REVERSE。

如果想通过 Java 代码实现旋转补间动画，可以创建 android.view.animation.RotateAnimation 对象。RotateAnimation 类构造方法的定义如下：

public RotateAnimation(float fromDegrees, float toDegrees, float pivotX, float pivotY);

通过 RotateAnimation 类的构造方法，可以设置旋转开始角度（fromDegrees）、旋转结束角度（toDegrees）、旋转支点横坐标（pivotX）和旋转支点纵坐标（pivotY）。

19.2.6 旋转的星系

工程目录：src\ch19\ch19_galaxy

本例实现了两颗行星绕着一颗恒星旋转的效果。其中恒星会顺时针和逆时针交替旋转（android:repeatMode 属性值为 reverse）。效果如图 19-7 所示。

图 19-7　旋转的星系

两颗行星和一颗恒星分别对应于一个动画文件。行星对应的两个动画文件的内容如下：

hesper.xml

```xml
<rotate xmlns:android="http://schemas.android.com/apk/res/android"
    android:interpolator="@anim/linear_interpolator" android:fromDegrees="0"
    android:toDegrees="360" android:pivotX="200%" android:pivotY="300%"
    android:duration="5000" android:repeatMode="restart" android:repeatCount="infinite"/>
```

earth.xml

```xml
<rotate xmlns:android="http://schemas.android.com/apk/res/android"
    android:interpolator="@anim/linear_interpolator" android:fromDegrees="0"
    android:toDegrees="360" android:pivotX="200%" android:pivotY="300%"
    android:duration="10000" android:repeatMode="restart" android:repeatCount="infinite"/>
```

恒星对应的动画文件的内容如下：

sun.xml

```xml
<rotate xmlns:android="http://schemas.android.com/apk/res/android"
    android:interpolator="@anim/linear_interpolator" android:fromDegrees="0"
    android:toDegrees="360" android:pivotX="50%" android:pivotY="50%"
    android:duration="20000" android:repeatMode="reverse" android:repeatCount="infinite"/>
```

本例的主程序相对简单，只需要装载这 3 个动画文件并开始动画即可，代码如下：

```java
package net.blogjava.mobile;

import android.app.Activity;
import android.os.Bundle;
import android.view.animation.Animation;
import android.view.animation.AnimationUtils;
import android.widget.ImageView;

public class Main extends Activity
{
    @Override
    public void onCreate(Bundle savedInstanceState)
    {
        super.onCreate(savedInstanceState);
        setContentView(R.layout.main);
        ImageView ivEarth = (ImageView) findViewById(R.id.ivEarth);
        ImageView ivHesper = (ImageView) findViewById(R.id.ivHesper);
        ImageView ivSun = (ImageView) findViewById(R.id.ivSun);
        Animation earthAnimation = AnimationUtils.loadAnimation(this,R.anim.earth);
        Animation hesperAnimation = AnimationUtils.loadAnimation(this,R.anim.hesper);
        Animation sunAnimation = AnimationUtils.loadAnimation(this, R.anim.sun);
        ivEarth.startAnimation(earthAnimation);
        ivHesper.startAnimation(hesperAnimation);
        ivSun.startAnimation(sunAnimation);
    }
}
```

19.2.7 透明度补间动画

通过<alpha>标签可以定义透明度补间动画。下面的代码定义了一个标准的透明度补间动画。

```xml
<alpha xmlns:android="http://schemas.android.com/apk/res/android"
    android:interpolator="@android:anim/accelerate_interpolator"
    android:fromAlpha="1.0" android:toAlpha="0.1" android:duration="2000" />
```

其中 android:fromAlpha 和 android:toAlpha 属性分别表示起始透明度和结束透明度，这两个属性的值都在 0.0～1.0 之间。属性值为 0.0 表示完全透明，属性值为 1.0 表示完全不透明。

如果想通过 Java 代码实现透明度补间动画，可以创建 android.view.animation.AlphaAnimation 对象。AlphaAnimation 类构造方法的定义如下：

```java
public AlphaAnimation(float fromAlpha, float toAlpha);
```

通过 AlphaAnimation 类的构造方法可以设置起始透明度（fromAlpha）和结束透明度（toAlpha）。

在 19.2.8 节中会将多种补间动画和帧动画相结合，实现投掷炸弹并爆炸的效果。

19.2.8 投掷炸弹

工程目录：src\ch19\ch19_pubbomb

本例将前面介绍的多种动画效果进行结合，实现投掷炸弹并爆炸的特效。在本例中采用的动画类型有帧动画、移动补间动画、缩放补间动画和透明度补间动画。

其中使用帧动画播放一个爆炸的 GIF 动画；使用移动补间动画实现炸弹被投下仍然会向前移动的偏移效果；缩放补间动画实现当炸弹被投下时逐渐缩小的效果；透明度补间动画实现炸弹被投下时逐渐模糊的效果。当运行本例后，会在屏幕下方正中间显示一个炸弹，如图 19-8 所示。然后触摸这个炸弹，炸弹开始投掷，逐渐变小和模糊，如图 19-9 所示。当炸弹变得很小、很模糊时，会播放 GIF 动画来显示爆炸效果，并播放爆炸的声音，如图 19-10 所示。

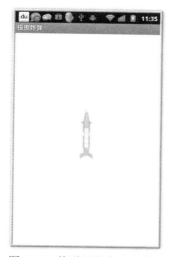

图 19-8　初始状态的炸弹　　　图 19-9　炸弹逐渐变小和模糊　　　图 19-10　炸弹爆炸的效果

除了爆炸效果外，其他的效果都必须同时进行，因此，需要将这些效果放在同一个动画文件中。在 res\anim 目录中建立一个 missile.xml 文件，并输入如下内容：

```xml
<set xmlns:android="http://schemas.android.com/apk/res/android">
    <alpha android:interpolator="@android:anim/accelerate_interpolator"
        android:fromAlpha="1.0" android:toAlpha="0.1" android:duration="2000" />
    <translate android:interpolator="@android:anim/accelerate_interpolator"
        android:fromXDelta="0" android:toXDelta="0" android:fromYDelta="0"
        android:toYDelta="-380" android:duration="2000" />
    <scale android:interpolator="@android:anim/accelerate_interpolator"
        android:fromXScale="1.0" android:toXScale="0.2" android:fromYScale="1.0"
        android:toYScale="0.2" android:pivotX="50%" android:pivotY="50%"
        android:duration="2000" />
</set>
```

上面的动画文件与前面介绍的动画文件的不同之处在于，这个动画文件使用了<set>标签作为 XML 根节点。所有在<set>标签中定义的动画会在同一时间开始，在混合动画效果的情况下，往往会使用<set>标签来组合动画效果。

本例还有一个帧动画文件（blast.xml），在该动画文件中定义了 15 个静态的 GIF 文件。blast.xml 文件的内容请读者参阅网站中的源代码。

由于在播放完爆炸 GIF 动画后，需要隐藏显示动画的 ImageView 控件，因此，在本例中仍然使用了实例 70 中介绍的 MyImageView 来作为显示 GIF 动画的控件，该类的代码如下：

```java
package net.blogjava.mobile;

import java.lang.reflect.Field;
import android.content.Context;
import android.graphics.Canvas;
import android.graphics.drawable.AnimationDrawable;
import android.util.AttributeSet;
import android.view.View;
import android.widget.ImageView;

public class MyImageView extends ImageView
{
    public AnimationDrawable animationDrawable;
    public ImageView ivMissile;
    public Field field;
    @Override
    protected void onDraw(Canvas canvas)
    {
        try
        {
            field = AnimationDrawable.class.getDeclaredField("mCurFrame");
            field.setAccessible(true);
            int curFrame = field.getInt(animationDrawable);
            // 当显示完最后一幅图像后，将 MyImageView 控件隐藏，并显示炸弹的原始图像
            if (curFrame == animationDrawable.getNumberOfFrames() - 1)
            {
                setVisibility(View.INVISIBLE);
                ivMissile.setVisibility(View.VISIBLE);
            }
        }
        catch (Exception e)
        {
        }
        super.onDraw(canvas);
    }
    public MyImageView(Context context, AttributeSet attrs)
    {
        super(context, attrs);
    }
}
```

本例主程序的完整代码如下：

```java
package net.blogjava.mobile;

import android.app.Activity;
import android.graphics.drawable.AnimationDrawable;
import android.media.MediaPlayer;
import android.os.Bundle;
import android.view.MotionEvent;
import android.view.View;
import android.view.View.OnTouchListener;
import android.view.animation.Animation;
import android.view.animation.AnimationUtils;
import android.view.animation.Animation.AnimationListener;
import android.widget.ImageView;

public class Main extends Activity implements OnTouchListener,AnimationListener
{
```

```java
    private ImageView ivMissile;
    private MyImageView ivBlast;
    private AnimationDrawable animationDrawable;
    private Animation missileAnimation;
    @Override
    public boolean onTouch(View view, MotionEvent event)
    {
        //  触摸炸弹后，开始播放动画
        ivMissile.startAnimation(missileAnimation);
        return false;
    }
    @Override
    public void onAnimationEnd(Animation animation)
    {
        //  在播放投掷炸弹动画结束后，显示 MyImageView 控件，并将显示炸弹的 ImageView 控件隐藏
        ivBlast.setVisibility(View.VISIBLE);
        ivMissile.setVisibility(View.INVISIBLE);
        try
        {
            //  开始播放爆炸的声音
            MediaPlayer mediaPlayer = MediaPlayer.create(this, R.raw.bomb);
            mediaPlayer.stop();
            mediaPlayer.prepare();
            mediaPlayer.start();
        }
        catch (Exception e)
        {
        }
        animationDrawable.stop();
        //  播放爆炸效果动画
        animationDrawable.start();
    }
    @Override
    public void onAnimationRepeat(Animation animation)
    {
    }
    @Override
    public void onAnimationStart(Animation animation)
    {
    }
    @Override
    public void onCreate(Bundle savedInstanceState)
    {
        super.onCreate(savedInstanceState);
        setContentView(R.layout.main);
        ivMissile = (ImageView) findViewById(R.id.ivMissile);
        ivMissile.setOnTouchListener(this);
        ivBlast = (MyImageView) findViewById(R.id.ivBlast);
        ivBlast.setBackgroundResource(R.anim.blast);
        Object backgroundObject = ivBlast.getBackground();
        animationDrawable = (AnimationDrawable) backgroundObject;
        ivBlast.animationDrawable = animationDrawable;
        missileAnimation = AnimationUtils.loadAnimation(this, R.anim.missile);
        missileAnimation.setAnimationListener(this);
        //  在程序启动后，将显示爆炸效果的 MyImageView 控件隐藏
        ivBlast.setVisibility(View.INVISIBLE);
        ivBlast.ivMissile = ivMissile;
    }
}
```

> 如果要想让 <set> 标签中的动画循环显示，需要将 <set> 标签中的每一个动画标签（<translate>、<scale>、<rotate> 和 <alpha>）的 android:repeatCount 属性值设为 infinite。当然，也可以将部分动画标签的 android:repeatCount 属性值设为 infinite。这样，那些未设置 android:repeatCount 属性的动画就不会循环显示。

19.2.9 振动效果

工程目录：src\ch19\ch19_shake

在前面曾介绍过 4 个动画渲染器（linear_interpolator、accelerate_interpolator、decelerate_interpolator 和 accelerate_decelerate_interpolator）。实际上，在 Android SDK 中还提供了另外一个动画渲染器 cycle_interpolator，称为振动动画渲染器。由于 cycle_interpolator 未在系统中定义，因此需要自己编写 cycle_interpolator.xml 文件，并将该文件放在 res\anim 目录中。cycle_interpolator.xml 文件的内容如下：

```
<cycleInterpolator xmlns:android="http://schemas.android.com/apk/res/android" android:cycles="18" />
```

其中 android:cycles 属性表示振动因子，该属性值越大（但需要在一定范围内），振动得越剧烈。

下面来建立一个动画文件 shake.xml，并输入如下内容：

```
<translate xmlns:android="http://schemas.android.com/apk/res/android"
    android:fromXDelta="0" android:toXDelta="10" android:duration="1000"
    android:interpolator="@anim/cycle_interpolator" />
```

本节的例子会使一个 EditText 发生剧烈的振动，开始振动效果的代码如下：

```
Animation animation = AnimationUtils.loadAnimation(this, R.anim.shake);
EditText editText = (EditText)findViewById(R.id.edittext);
editText.startAnimation(animation);
```

如果想在 Java 代码中实现振动效果，需要创建 CycleInterpolator 对象，CycleInterpolator 类构造方法的定义如下：

```
public CycleInterpolator(float cycles);
```

通过 CycleInterpolator 类的构造方法可以设置振动因子。

运行本节的例子，单击"振动"按钮后，上方的 EditText 控件会左右剧烈振动，如图 19-11 所示。

图 19-11　振动效果

19.2.10　自定义动画渲染器（Interceptor）

工程目录：src\ch19\ch19_Interceptor

前面介绍了 Android SDK 定义的 5 个动画渲染器。实际上，我们也可以实现自己的动画渲染器。要实现动画渲染器，需要实现 android.view.animation.Interpolator 接口。本节的例子中要实现一个可以来回弹跳的动画渲染器，其实现代码如下：

```
package net.blogjava.mobile;

import android.view.animation.Interpolator;

public class MyInterceptor implements Interpolator
```

```java
{
    @Override
    public float getInterpolation(float input)
    {
        //  动画前一半不断接近目标点（加速）
        if (input <= 0.5)
            return input * input;
        //  动画后一半不断远离目标点（减速）
        else
            return (1 - input) * (1 - input) ;
    }
}
```

在 Interpolator 接口中只有一个 getInterpolation 方法。该方法有一个 float 类型的参数，取值范围在 0.0～1.0 之间，表示动画的进度。如果参数值为 0.0，表示动画刚开始。如果参数值为 1.0，表示动画已结束。如果 getInterpolation 方法的返回值小于 1.0，表示动画对象还没有到达目标点，越接近 1.0，动画对象离目标点越近，当返回值为 1.0 时，正好到达目标点。如果 getInterpolation 方法的返回值大于 1.0，表示动画对象超过了目标点。例如在移动补间动画中，getInterpolation 方法的返回值是 2.0，表示动画对象超过了目标点，并且距目标点的距离等于目标点到起点的距离。

下面来编写动画文件（translate.xml），代码如下：

```xml
<translate xmlns:android="http://schemas.android.com/apk/res/android"
    android:fromXDelta="0" android:toXDelta="0" android:fromYDelta="0"
    android:toYDelta="1550" android:duration="5000" />
```

装载和开始动画的代码如下：

```java
ImageView imageView = (ImageView)findViewById(R.id.imageview);
Animation animation = AnimationUtils.loadAnimation(this, R.anim.translate);
//   设置自定义动画渲染器
animation.setInterpolator(new MyInterceptor());
animation.setRepeatCount(Animation.INFINITE);
imageView.startAnimation(animation);
```

运行本节的例子，会看到如图 19-12 所示的小球，小球到达屏幕底端后会向上弹起。

图 19-12　上下弹跳的小球

19.2.11 以动画方式切换 View 的控件 ViewFlipper

工程目录：src\ch19\ch19_viewflipper

android.widget.ViewFlipper 类可以实现不同 View 之间的切换。首先应建立一个只包含一个 <ViewFilpper> 标签的 XML 布局文件（main.xml），代码如下：

```xml
<?xml version="1.0" encoding="utf-8"?>
<ViewFlipper xmlns:android="http://schemas.android.com/apk/res/android"
    android:layout_width="fill_parent" android:layout_height="fill_parent">
</ViewFlipper>
```

在本节的例子中使用了 3 个 XML 布局文件（layout1.xml、layout2.xml 和 layout3.xml）来定义 3 个 View，每一个 View 中都包含一个 ImageView 控件用来显示图像。当触摸第 1 个 ImageView 时，会以水平向左移动的方式切换到第 2 个 ImageView。触摸第 2 个 ImageView 时，会以淡入淡出的方式切换到第 3 个 ImageView（通过透明度补间动画实现）。

在装载 main.xml 和其他 3 个布局文件后，使用 addView 方法将这 3 个布局文件对应的 View 对象添加到 ViewFlipper 对象中。

实现 View 切换的关键是通过 ViewFlipper 类的 setInAnimation 和 setOutAnimation 方法设置下一个 View 进入和上一个 View 出去的动画。因此，我们要为水平移动和淡入淡出效果分别编写两个动画文件。水平移动的动画文件内容如下：

translate_in.xml

```xml
<translate xmlns:android="http://schemas.android.com/apk/res/android"
    android:interpolator="@anim/linear_interpolator"
    android:fromXDelta="320" android:toXDelta="0" android:fromYDelta="0"
    android:toYDelta="0" android:duration="3000" />
```

translate_out.xml

```xml
<translate xmlns:android="http://schemas.android.com/apk/res/android"
    android:interpolator="@anim/linear_interpolator"
    android:fromXDelta="0" android:toXDelta="-320" android:fromYDelta="0"
    android:toYDelta="0" android:duration="3000" />
```

淡入淡出效果的动画文件内容如下：

alpha_in.xml

```xml
<alpha xmlns:android="http://schemas.android.com/apk/res/android"
    android:interpolator="@android:anim/accelerate_interpolator"
    android:fromAlpha="0" android:toAlpha="1" android:duration="2000" />
```

alpha_out.xml

```xml
<alpha xmlns:android="http://schemas.android.com/apk/res/android"
    android:interpolator="@android:anim/accelerate_interpolator"
    android:fromAlpha="1" android:toAlpha="0" android:duration="2000" />
```

下面是触摸事件方法的代码，在该方法中，通过判断显示了哪一个 ImageView 来决定采用哪种动画切换效果。

```java
public boolean onTouch(View view, MotionEvent event)
{
    switch (view.getId())
    {
        case R.id.imageview1:
            //  触摸第 1 个 ImageView 时设置了移动补间动画
            viewFlipper.setInAnimation(translateIn);
            viewFlipper.setOutAnimation(translateOut);
            break;
        case R.id.imageview2:
```

```
            // 触摸第 2 个 ImageView 时设置了透明度补间动画
            viewFlipper.setInAnimation(alphaIn);
            viewFlipper.setOutAnimation(alphaOut);
            break;
    }
    // 显示下一个 View
    viewFlipper.showNext();
    return false;
}
```

运行本节的例子，触摸当前显示的图像，会以水平移动的方式切换到第 2 幅图像，切换的过程如图 19-13 所示。再次触摸第 2 幅图像，会以淡入淡出的方式切换到第 3 幅图像，切换的过程如图 19-14 所示。

图 19-13　以水平移动的方式进行图像切换　　　　图 19-14　以淡入淡出的方式进行图像切换

19.3　小结

本章主要介绍了 Android SDK 中提供的两种实现 2D 动画的方式：帧动画和补间动画。帧动画使用 AnimationDrawable 来实现，在本质上是将多个图像以相同或不同的时间间隔进行切换来实现动画。补间动画只能实现简单的动画效果，例如移动、缩放、旋转、透明度的变化。补间动画的本质就是指定动画开始和结束的状态，然后由系统自动生成中间状态的图像。除此之外，本章还介绍了 Android SDK 提供的 5 种动画渲染器（linear_interpolator、accelerate_interpolator、decelerate_interpolator、accelerate_decelerate_interpolator 和 cycle_interpolator）和自定义动画渲染器的方法。在本章的最后，还介绍了用于以动画效果切换 View 的 ViewFlipper 控件。

20
OpenGL ES 编程

说起游戏，几乎所有人都不会陌生。从最初的单机 2D 游戏，到现在的网络 3D 游戏，无论从显示效果还是从娱乐性上，都有了显著的提高。这其中最重要的功臣就是扮演着重要角色的 3D 图形库。目前比较常用的有 Windows 中的 DirectX 和跨平台的 OpenGL。而手机 3D 游戏目前才刚刚兴起，除了微软的 Windows Mobile（现在改名为 Windows Phone）使用 DirectX 外，其他的手机操作系统基本都使用 OpenGL ES 或类似的技术作为 3D 图形库。了解并掌握 OpenGL ES 对从事手机游戏编程的开发人员尤其重要，而且现在正是 OpenGL ES 蓬勃发展的时期。

本章内容

- OpenGL 简介
- OpenGL ES 的开发框架
- 绘制 3D 图形的步骤
- 顶点的概念
- 绘制矩形的 3 种方法
- 基于 OpenGL ES 的动画原理
- 视图的概念和原理
- 填充颜色

20.1 OpenGL ES 简介

OpenGL（Open Graphics Library，开放式图形库）定义了一个跨编程语言、跨操作系统的性能卓越的三维图形标准。OpenGL 定义了一套编程接口，任何语言都可以实现这套编程接口。目前几乎所有的流行语言都有 OpenGL 的实现，例如 C/C++、Java、C#、Delphi、Python、Ruby、Perl 等。虽然 DirectX 是 Windows 上使用最广泛的三维图形库，但在专业领域以及非 Windows 的操作系统平台上，OpenGL

是不二的选择。

自从 1992 年 7 月 SGI 发布了 OpenGL 1.0 以来，OpenGL 经历了多次版本的升级。其中主要的版本包括 1995 年发布的 OpenGL 1.1、2003 年发布的 OpenGL 1.5、2004 年 8 月发布的 OpenGL 2.0、2008 年 8 月初发布的 OpenGL 3.0、2009 年 3 月发布的 OpenGL 3.1。在作者写作本书时，OpenGL 的最新版本是 OpenGL 3.2，该版本于 2009 年 8 月 3 日发布，这是 OpenGL 从最初 1.0 开始的第 10 个版本。在该版本中大大增强了图形显示的效果和图形加速处理，并且发布包更加轻量。

虽然 OpenGL 非常强大，但支持这些强大的功能也需要付出很高的代价，也就是说需要高性能的硬件（主要是 CPU 和 GPU）的支持。而移动设备（这里主要指智能手机）与同时代的 PC 的硬件配置还差很多，根本无法在移动设备上使用 OpenGL 的全部功能。因此，成立于 2000 年的 Khronos 集团推出了可以在移动设备上使用简化版本的 OpenGL，称为 OpenGL ES（OpenGL for Embedded Systems）。Khronos 是一个图形软硬件行业协会，该协会主要关注图形和多媒体方面的开放标准。

作者曾发现网上有很多人分不清 OpenGL 与 OpenGL ES 的关系，因此，本节对它们之间的关系做一个简单的介绍。OpenGL ES 是专为嵌入和移动设备设计的一个 2D/3D 轻量图形库，它是基于 OpenGL API 设计的，是 OpenGL 三维图形 API 的子集。OpenGL ES 是从 OpenGL 裁剪定制而来的，去除了很多 OpenGL 中的特性，例如 glBegin/glEnd、四边形（GL_QUADS）、多边形（GL_POLYGONS）等。经过多年的发展，OpenGL ES 目前主要有两个版本：OpenGL ES 1.x 和 OpenGL ES 2.x。其中 OpenGL ES 1.x 主要以 OpenGL ES 1.1 为主。OpenGL ES 1.1 在 OpenGL ES 1.0 的基础上改善了图形显示效果，并大大降低了内存的消耗。OpenGL ES 1.1 是参考 OpenGL 1.5 的 API 设计的，并且增强了 API 的硬件加速功能，但在提供的增强功能上与 OpenGL ES 1.0 完全兼容。OpenGL ES 2.x 主要指 OpenGL ES 2.0，该版本是参考了 OpenGL 2.0 的规范制定的，该版本更进一步加强了 3D 图形编程的能力。读者想进一步了解 OpenGL ES，可以通过如下地址访问 OpenGL ES 的官方主页：

http://www.khronos.org/opengles

目前新版的 Android SDK 已支持 OpenGL ES 2.0。但要想充分发挥 OpenGL ES 在游戏方面的表现，还需要强大的手机硬件支持，例如在手机上配置 GPU。尽管目前大多数基于 Android 的手机在图形渲染上还不尽人意，但仍然有一些优秀的 3D 游戏。图 20-1 和图 20-2 是一款 3D 赛车游戏 Speed Forge 3D 在真机上的运行效果截图。

图 20-1　Speed Forge 3D 界面效果 1

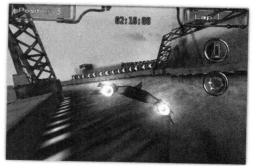
图 20-2　Speed Forge 3D 界面效果 2

20.2 在3D空间中绘图

在 OpenGL ES 支持的 3D 空间中绘制图形对于初学者来说会感到恐惧。因此其中涉及到了各种难理解的概念。理解这些概念是进入 OpenGL ES 3D 世界的一把钥匙。一但掌握了 OpenGL ES 的基本概念、技巧和方法，就会感叹 OpenGL ES 简直太酷了。从本节开始将带领读者进入 OpenGL ES 的 3D 世界，并帮助读者理解 OpenGL ES 中复杂的概念，掌握相关的技巧。本节会先利用 OpenGL ES 绘制一些简单的图形，并介绍一些关于 OpenGLES 的基本概念。

20.2.1 绘制 3D 图形的第一步

使用 OpenGL ES 绘制 3D 图形与在 Canvas 上绘制图形类似，都需要在一个绘制方法中完成主要的绘图工作。View 的 Canvas 中的绘图工作需要在 onDraw 方法中完成，而在 OpenGL ES 支持的绘图环境中，需要在 onDrawFrame 方法中完成绘图工作。onDrawFrame 是 android.opengl.GLSurfaceView.Renderer 接口中的方法，因此，核心的绘图类要实现 Renderer 接口。

使用 OpenGL ES 绘制图形并不像在 View 中绘图那么简单，在正式绘图之前，必须做如下几项工作：

- 设置绘图窗口的大小。
- 设置矩阵模式。
- 设置投影类型（正交投影或透视投影），该步需要将视图切换到投影模式。
- 将视图切换到模型（Model）和视图（View）模式。
- 清空屏幕。
- 打开相关的开关。

当然，在完成绘图后，还需要做一些收尾的工作，例如，关闭在绘图之前打开的开关。

下面分别看一下如何完成上面的一些准备工作。当然，第一步需要编写一个实现 Renderer 接口的类，代码如下：

```
public class RectangleRender implements Renderer
{
    @Override
    public void onDrawFrame(GL10 gl)
    {
    }
    @Override
    public void onSurfaceChanged(GL10 gl, int width, int height)
    {
    }
    @Override
    public void onSurfaceCreated(GL10 gl, EGLConfig config)
    {
    }
}
```

Renderer 接口有如下 3 个方法：

- onDrawFrame：用于绘制 3D 图形。
- onSurfaceChanged：当绘图窗口（也被称为视口，为了简便，以后都将称为视口）变化时调用。
- onSurfaceCreated：创建绘图窗口时调用。

一般情况下，设置视口大小、设置投影类型、矩阵模式、切换投影类型都会在 onSurfaceChanged 方法中完成。而对开关的操作、绘制 3D 图形、设置顶点坐标（将在 20.2.2 节介绍）等操作，会在 onDrawFrame 方法中完成。而一些初始化工作，如设置顶点坐标的值，一般会在 onSurfaceCreated 方法中完成。

下面看一下 onSurfaceChanged 方法的实现代码：

```
@Override
public void onSurfaceChanged(GL10 gl, int width, int height)
{
    //  计算出视口宽度和高度之比
    float ratio = (float) width / height;
    //  设置视口的大小，其中前两个参数（0,0）表示视口从左上角的位置开始，后两个参数（width 和 height）表示
    //  视口的宽度和高度与绘制 3D 图形的画布的宽度和高度相同
    gl.glViewport(0, 0, width, height);
    //  改变矩阵模式为投影矩阵
    gl.glMatrixMode(GL10.GL_PROJECTION);
    //  将当前矩阵设为单位矩阵
    gl.glLoadIdentity();
    //  设置当前的投影类型为透视投影
    gl.glFrustumf(-ratio, ratio, -1, 1, 1, 10);
    //  改变矩阵模式为模型视图矩阵
    gl.glMatrixMode(GL10.GL_MODELVIEW);
    //  将当前矩阵设为单位矩阵
}
```

对于上面的代码，应该了解如下几点：

- 所有的 OpenGL ES 标准方法都以小写的 gl 开头。有的方法在最后会跟一些小写的字母，表示该方法的参数类型。例如，glFrustumf 方法后面的 f 表示该方法的参数都是 float 类型。
- 视口的长宽比例必须和投影坐标 X、Y 轴的刻度比例相同，否则绘制的刻度比例将变形。因此，在设置投影坐标之前，要先计算视口的宽高比例。然后使用 glFrushtumf 方法设置投影坐标时，需要根据这个比例进行设置。在本例中 glFrustumf 方法的前两个参数值分别是-ratio 和 ratio。假设当前设备的 width 和 height 分别为 400 和 800，那么 ratio 的值为 0.5。因此，投影坐标的 X 轴和 Y 轴的刻度之比也为 0.5。
- 投影坐标的刻度并没有实际的单位。只是将视口的大小映射成相应的坐标刻度。如一个 width 和 height 分别为 400 和 800 像素的视口，将其 X 轴刻度范围设为-1 至 1，Y 轴刻度范围设为-2 至 2。那么在这个范围内的点都会被映射成实际的像素，如当前的坐标为（0,0），那么 OpenGL ES 引擎会将这个点映射到视口的（200,400）的位置（位于视口中心）。
- 由于投影坐标系是三维的，还需要定义一个 Z 轴的刻度范围。将手机屏幕朝上平放在桌面上，Z 轴的正方向指向天空，负方向指向地面。Z 轴的刻度范围需要指定一个 near 和一个 far（glFrustumf 方法的最后两个参数）。near 是离坐标系原点最近的位置，far 是离坐标系原点最远的位置。near 和 far 都必须是正整数，实际的坐标在 Z 轴的负方向上。例如，near=1，far=10，则 Z 轴的可视刻度范围是-1 至-10。所有在这之外的物体都无法显示在视口上。
- 在设置完投影坐标后，必须使用 glMatrixMode 方法将当前的矩阵模式改成模型视图矩阵，以便在 onDrawFrame 方法中可以使用相应的方法设置模型（被观察的物体）和视图（观察点的位置，默认在坐标原点）。

在设置完视口大小以及投影坐标系后，接下来可以在 onDrawFrame 方法中清除屏幕以及打开一些

开关。例如下面的代码允许使用顶点方式绘制图形：

```
@Override
public void onDrawFrame(GL10 gl)
{
    //  必须清除屏幕，否则上次绘制的图形不会自动消失
    gl.glClear(GL10.GL_COLOR_BUFFER_BIT | GL10.GL_DEPTH_BUFFER_BIT);
    //  允许使用顶点方式绘制图形
    gl.glEnableClientState(GL10.GL_VERTEX_ARRAY);
    //  将当前矩阵设为单位矩阵
    gl.glLoadIdentity();
    //  将当前位置向 Z 轴负方向移 6 个单位
    gl.glTranslatef(0.0f, 0.0f, -6.0f);
    //  旋转 90 度
    gl.glRotatef(90f, 0.0f, 1.0f, 0.0f);
    //  装载用于绘制图形的顶点坐标
    gl.glVertexPointer(3, GL10.GL_FIXED, 0, rectangleBuffer);
    //  绘制图形（矩形）
    gl.glDrawArrays(GL10.GL_TRIANGLE_STRIP, 0, 4);
    //  禁止使用顶点方式绘制图形
    gl.glDisableClientState(GL10.GL_VERTEX_ARRAY);
}
```

在绘制图形时，必须要了解以下几点：

- 一般在 onDrawFrame 方法的开始部分要清除屏幕中的图像，否则上回绘制的图像不会消失。
- 使用顶点坐标绘制图形时，必须使用 glEnableClientState 方法打开允许使用顶点坐标状态。
- 由于 OpenGL ES 所进行的图形运算都是通过矩阵运算完成的（主要是矩阵乘法），而且运算是迭加的。一开始有一个单位矩阵 A。当进行运算时（如使用 glTranslatef 方法进行移位操作），都会用另外一个矩阵 B 与 A 相乘，得到一个当前的矩阵 X。如果再进行移位（移位矩阵 C），是在上次移位的基础上来操作的，也就是说，当前矩阵 X = A * B * C。如果在第二次移位时想从坐标系原点开始，就需要将当前矩阵恢复到单位矩阵 A，这时就需要使用 glLoadIdentity 方法。在使用 onDrawFrame 方法进行坐标变化和绘制图形之前，先使用 glLoadIdentity 方法将当前矩阵设为单位矩阵，这是为了保证每次招待 onDrawFrame 方法时都会从系统默认的坐标位置开始变换和绘制图形。

20.2.2 定义顶点

顶点（Vertex）是 OpenGL ES 中的一个重要概念。在上一节中的 onDrawFrame 方法使用了 glVertexPointer 方法将矩形的 4 个顶点坐标（共 12 个值）装载到内存中，并使用 glDrawArrays 方法根据内存中的顶点坐标绘制矩形。

下面先看看如何定义矩形的 4 个坐标：

```
int one = 0x10000;
private int[] rectangleVertices = new int[]
            { -one, one, 0,
              -one, -one, 0,
              one , one, 0,
              one , -one, 0 };
```

在上面定义的坐标值中，Z 轴的坐标值都为 0，而 X 和 Y 坐标分别在 X-Y 坐标系的 4 个象限中。在使用 int 类型数据定义坐标值时要注意，OpenGL ES 只使用 int 类型值的高 16 位作为坐标值，因此，坐标值为 1 需要使用 0x10000。

由于 OpenGL ES 底层仍然使用 C 语言编写，为了与 C 语言的类型匹配，向 glVertexPointer 方法转

值时需要使用 IntBuffer 对象。因此，需要将 int 类型的值放到 IntBuffer 对象中。这些工作一般需要在 onSurfaceCreated 方法中完成，代码如下：

```java
private IntBuffer rectangleBuffer;
@Override
public void onSurfaceCreated(GL10 gl, EGLConfig config)
{
    //  为 ByteBuffer 对象分配内存空间
    ByteBuffer byteBuffer = ByteBuffer.allocateDirect(rectangleVertices.length * 4);
    //  按本地字节顺序使用字节数据
    byteBuffer.order(ByteOrder.nativeOrder());
    //  将 ByteBuffer 对象转换成 IntBuffer 对象（在这里会根据 order 方法指定的字节顺序将 4 个 byte 值转换成 1 个 int 值）
    rectangleBuffer = byteBuffer.asIntBuffer();
    //  将定义顶点坐标的 int 数组放到 IntBuffer 对象中
    rectangleBuffer.put(rectangleVertices);
    //  将 IntBuffer 对象的内部指针移动第 1 个字节的位置
    rectangleBuffer.position(0);
}
```

20.2.3 绘制三角形

工程目录：src\ch20\ch20_triangle

本节将使用 OpenGL ES 技术绘制我们的第一个图形——三角形。由于移动设备硬件的限制，OpenGL ES 基本将其他的绘图 API 都裁减掉了，只保留了绘制三角形的 API。不过不用担心，所有的图形（包括 2D 和 3D）都可以由三角形绘制出来，这一点在本章后面的部分将会逐渐体会到。

为了重用绘制三角形的代码，将这些代码封装在了 Triangle 类中，代码如下：

```java
package net.blogjava.mobile;

import java.nio.ByteBuffer;
import java.nio.ByteOrder;
import java.nio.IntBuffer;
import javax.microedition.khronos.opengles.GL10;

public class Triangle
{
    int one = 0x10000;
    private IntBuffer triangleBuffer;
    //  定义三角形的 3 个顶点坐标
    private int[] triangleVertices = new int[]
    { 0, one, 0,
    -one, -one, 0,
    one, -one, 0 };

    public Triangle()
    {
        //  下面的代码将 int 类型的坐标值放到 IntBuffer 对象中

        ByteBuffer byteBuffer = ByteBuffer.allocateDirect(triangleVertices.length * 4);
        byteBuffer.order(ByteOrder.nativeOrder());
        triangleBuffer = byteBuffer.asIntBuffer();
        triangleBuffer.put(triangleVertices);
        triangleBuffer.position(0);
    }
    public void drawSelf(GL10 gl)
    {
        //  将 3 个顶点坐标装载到内存中
        gl.glVertexPointer(3, GL10.GL_FIXED, 0, triangleBuffer);
        //  绘制三角形
        gl.glDrawArrays(GL10.GL_TRIANGLE_STRIP, 0, 3);
```

Triangle 类只会在当前的状态按着固定大小绘制三角形。设置三角形位置、旋转等动作需要在 onDrawFrame 方法中完成。

下面编写一个 TriangleSurfaceView 类，该类实现了 Renderer 类，代码如下：

```java
package net.blogjava.mobile;

import javax.microedition.khronos.egl.EGLConfig;
import javax.microedition.khronos.opengles.GL10;
import android.opengl.GLSurfaceView.Renderer;

public class TriangleSurfaceView implements Renderer
{
    // 定义绘制三角形的 Triangle 对象
    private Triangle triangle;
    @Override
    public void onSurfaceCreated(GL10 gl, EGLConfig config)
    {
        // 创建一个 Triangle 对象实例
        triangle = new Triangle();
    }
    @Override
    public void onSurfaceChanged(GL10 gl, int width, int height)
    {
        float ratio = (float) width / height;
        // 设置视口大小
        gl.glViewport(0, 0, width, height);
        // 设置当前矩阵模式为投影矩阵
        gl.glMatrixMode(GL10.GL_PROJECTION);
        // 设置当前矩阵为单位矩阵
        gl.glLoadIdentity();
        // 设置透视投影的刻度范围
        gl.glFrustumf(-ratio *2, ratio * 2, -2, 2, 1, 10);
        // 设置当前矩阵模式为模型视图矩阵
        gl.glMatrixMode(GL10.GL_MODELVIEW);
    }
    @Override
    public void onDrawFrame(GL10 gl)
    {
        gl.glClear(GL10.GL_COLOR_BUFFER_BIT | GL10.GL_DEPTH_BUFFER_BIT);
        gl.glEnableClientState(GL10.GL_VERTEX_ARRAY);
        gl.glLoadIdentity();
        // 将当前位置向 X 轴正方向移动 1 个单位，向 Z 轴负方向移动 2 个单位
        gl.glTranslatef(1.0f, 0.0f, -2.0f);
        // 绘制第一个三角形（右侧）
        triangle.drawSelf(gl);
        // 将当前矩阵设为单位矩阵
        gl.glLoadIdentity();
        // 将当前位置向 X 轴负方向移动 3 个单位，向 Y 轴正方向移动 2 个单位，向 Z 轴负方向移动 5 个单位
        gl.glTranslatef(-3.0f, 2.0f, -5.0f);
        // 绘制第二个三角形（左侧）
        triangle.drawSelf(gl);
        gl.glDisableClientState(GL10.GL_VERTEX_ARRAY);
    }
}
```

最后需要在 Activity.onCreate 方法中创建 TriangleSurfaceView 对象，并使用 GLSurfaceView.setRenderer 方法指定 TriangleSurfaceView 对象，代码如下：

```java
@Override
public void onCreate(Bundle savedInstanceState)
{
```

```
super.onCreate(savedInstanceState);
// 创建 GLSurfaceView 对象
GLSurfaceView glSurfaceView = new GLSurfaceView(this);
// 为 GLSurfaceView 指定 TriangleSurfaceView 对象
glSurfaceView.setRenderer(new TriangleSurfaceView());
// 设置当前显示的视图
setContentView(glSurfaceView);
}
```

Android SDK 使用 GLSurfaceView 来封装 OpenGL ES 的各种操作。因此，首先需要创建一个 GLSurfaceView 对象，并使用 GLSurfaceView.setRenderer 方法指定一个实现 Renderer 接口的 TriangleSurfaceView 对象。

现在运行程序，会看到如图 20-3 所示的效果。在 onDrawFrame 方法中绘制两个三角形之间，使用了 glLoadIdentity 方法将当前矩阵设置为单位矩阵，也就是第二次变化位置仍然是从坐标系原点开始的。如果将 onDrawFrame 方法中的第二个 glLoadIdentity 方法去掉，就意味着第二次改变位置是在第一次改变位置的基础上进行的，也就是说这两个三角形离得更近了，左侧的三角形也更小了。效果如图 20-4 所示。

图 20-3　以原点为基础移位

图 20-4　以当前位置为基础移位

20.2.4　三角形合并法绘制矩形

工程目录：src\ch20\ch20_rectangle

OpenGL ES 并没有提供绘制矩形的 API。不过矩形是由两个三角形组成的，因此，可以通过绘制两个三角形来绘制矩形。两个三角形的位置有些和岸上的山在水中的倒影类似。当然，有了 OpenGL ES，我们只需要考虑绘制一个角度的矩形即可。如果需要不同的角度，只需要使用 glRotatef 方法旋转矩形即可。本节将使用上一节绘制三角形的技术绘制 5 个矩形，效果如图 20-5 所示。

我们先考虑中间那个矩形。这个矩形由上下两个三角形组成，由于 Z 轴坐标为 0，因此在这里不考虑 Z 轴，只考虑 X 轴和 Y 轴。这个矩形可以被分解为如图 20-6 所示的上下两个三角形。

图 20-5　绘制矩形

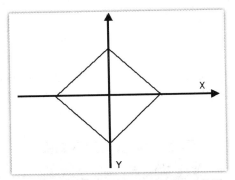

图 20-6　矩形被分解为上下两个三角形

实际上，我们只需要定义上面这个三角形的三个顶点的坐标，下面的三角形绕着 Z 轴旋转 180 度即可，而图 20-5 所示另外四个三角形自转 45 度即可。了解了上面的理论后，先来编写一个 Rectangle 类，用于绘制如图 20-6 所示的矩形。

```java
package net.blogjava.mobile;

import java.nio.ByteBuffer;
import java.nio.ByteOrder;
import java.nio.IntBuffer;
import javax.microedition.khronos.opengles.GL10;

public class Rectangle
{
    int one = 0x10000;
    private IntBuffer triangleBuffer;
    //  定义如图 20-6 所示上面的三角形的三个顶点坐标
    private int[] triangleVertices = new int[]
    { 0, one, 0,      //  上顶点的坐标
     -one, 0, 0,      //  左顶点的坐标
      one, 0, 0 };    //  右顶点的坐标

    public Rectangle()
    {
        ByteBuffer byteBuffer = ByteBuffer
                .allocateDirect(triangleVertices.length * 4);
        byteBuffer.order(ByteOrder.nativeOrder());
        triangleBuffer = byteBuffer.asIntBuffer();
        triangleBuffer.put(triangleVertices);
        triangleBuffer.position(0);
    }

    public void drawSelf(GL10 gl)
    {
        gl.glVertexPointer(3, GL10.GL_FIXED, 0, triangleBuffer);
```

```
        //  绘制上三角形
        gl.glDrawArrays(GL10.GL_TRIANGLE_STRIP, 0, 3);
        //  旋转 180 度
        gl.glRotatef(180,0.0f, 0.0f, 1.0f);
        //  绘制下三角形
        gl.glDrawArrays(GL10.GL_TRIANGLE_STRIP, 0, 3);
    }
}
```

接下来在 RectangleSurfaceView.onDrawFrame 方法中绘制图 20-5 所示的 5 个矩形。

```
public void onDrawFrame(GL10 gl)
{
    gl.glClear(GL10.GL_COLOR_BUFFER_BIT | GL10.GL_DEPTH_BUFFER_BIT);
    gl.glEnableClientState(GL10.GL_VERTEX_ARRAY);
    gl.glLoadIdentity();

    gl.glTranslatef(0.0f, 0.0f, -2.0f);
    //  绘制中心的矩形
    rectangle.drawSelf(gl);

    gl.glLoadIdentity();
    gl.glTranslatef(-3.0f, 0.0f, -4.0f);
    gl.glRotatef(45, 0.0f, 0.0f, 1.0f);
    //  绘制左侧的矩形
    rectangle.drawSelf(gl);

    gl.glLoadIdentity();
    gl.glTranslatef(3.0f, 0.0f, -4.0f);
    gl.glRotatef(45, 0.0f, 0.0f, 1.0f);
    //  绘制右侧的矩形
    rectangle.drawSelf(gl);

    gl.glLoadIdentity();
    gl.glTranslatef(0.0f, 3.0f, -4.0f);
    gl.glRotatef(45, 0.0f, 0.0f, 1.0f);
    //  绘制上方的矩形
    rectangle.drawSelf(gl);

    gl.glLoadIdentity();
    gl.glTranslatef(0.0f, -3.0f, -4.0f);
    gl.glRotatef(45, 0.0f, 0.0f, 1.0f);
    //  绘制下方的矩形
    rectangle.drawSelf(gl);
    gl.glDisableClientState(GL10.GL_VERTEX_ARRAY);
}
```

20.2.5 顶点法绘制矩形

工程目录：src\ch20\ch20_vertex_rectangle

上节的例子只需指定矩形上三角的 3 个顶点坐标，就可以用倒影的方法绘制出矩形。实际上，矩形也可以像绘制三角形一样，通过指定 4 个顶点来绘制。gl.glDrawArrays 方法的最后一个参数指定了顶点数。可以重新编写 Rectangle 类使其使用顶点方式绘制矩形，代码如下：

```
package net.blogjava.mobile;
import java.nio.ByteBuffer;
import java.nio.ByteOrder;
import java.nio.FloatBuffer;
import javax.microedition.khronos.opengles.GL10;
public class Rectangle
{
    //  使用 float 类型定义顶点坐标值
```

```
private FloatBuffer rectangleBuffer;
// 定义矩形 4 个顶点的坐标
private float[] rectangleVertices = new float[]
{ -1.5f, 1.5f, 0,      //   左上角的顶点坐标
   1.5f, 1.5f, 0,      //   右上角的顶点坐标
   1.5f, -1.5f, 0,     //   右下角的顶点坐标
  -1.5f, -1.5f, 0 };   //   左下角的顶点坐标
public Rectangle()
{
    ByteBuffer byteBuffer = ByteBuffer
            .allocateDirect(rectangleVertices.length * 4);
    byteBuffer.order(ByteOrder.nativeOrder());
    rectangleBuffer = byteBuffer.asFloatBuffer();
    rectangleBuffer.put(rectangleVertices);
    rectangleBuffer.position(0);
}
public void drawSelf(GL10 gl)
{
    gl.glVertexPointer(3, GL10.GL_FLOAT, 0, rectangleBuffer);
    //   绘制矩形
    gl.glDrawArrays(GL10.GL_TRIANGLE_FAN, 0, 4);
}
}
```

绘制矩形的效果如图 20-7 所示。

20.2.6　顶点的选取顺序

使用顶点法涉及到一个顶点的选取顺序。例如，上一节的例子中，如果将 GL10.GL_TRIANGLE_FAN 改成 GL10.GL_TRIANGLE_STRIP，将会得到如图 20-8 所示的五边形效果。

图 20-7　绘制矩形

图 20-8　绘制的五边形

也许很多读者看到如图 20-8 所示的效果会感到奇怪。明明画的是四边形，怎么画出个五边形。实际上，GL10.GL_TRIANGLE_STRIP 和 GL10.GL_TRIANGLE_FAN 都需要通过三角形绘制多边形，只是

它们绘制三角形时取顶点的规则不同。假设四边形的 4 个顶点的定义顺序是 P1、P2、P3、P4。通过 GL10.GL_TRIANGLE_STRIP 绘制多边形时是按（P1、P2、P3）、（P2、P3、P4）取的顶点，每一组顶点就是一个三角形的顶点。如果这 4 个顶点按如图 20-9 所示的顶点取值，那么按 GL10.GL_TRIANGLE_STRIP 的规则正好沿反斜杠"\"方向画两个三角形。而 GL10.GL_TRIANGLE_FAN 是按（P1、P2、P3）、（P1、P3、P4）取的三角形顶点。如果在这种情况下仍然按图 20-9 所示的取点规则，就会画出如图 20-10 所示的两个三角形，会造成左边缺一个三角形的效果。要想使用 GL10.GL_TRIANGLE_FAN 绘制多边形，必须采用图 20-11 所示的取点规则。由此可见，多边形的顶点不能按任意顺序定义，只能根据使用取三角形顶点的模式来定义多边形的顶点。

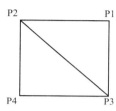
图 20-9　成功绘制四边形

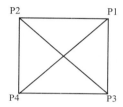
图 20-10　绘制四边形失败

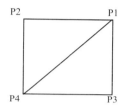
图 20-11　成功绘制四边形

20.2.7　索引法绘制矩形

工程目录：src\ch20\ch20_index_rectangle

使用 glDrawArrays 方法绘制矩形需要考虑到绘制顶点选取的顺序，不过这些顶点的选取顺序也可以由我们自己指定，但要使用 glDrawElements 方法绘制图形，这种方法称为索引法。

下面来修改上一节中实现的 Rectangle 方法。先定义一个索引数组，该数组中的值是顶点的序号。

```
private ByteBuffer indicesBuffer;
private byte[] indices = new byte[]
{ 0, 1, 2,    // 第一个三角形的三个顶点序号
  2, 3, 0};   // 第二个三角形的三个顶点序号
```

drawSelf 方法中需要使用 glDrawElements 方法绘制矩形，代码如下：

```
public void drawSelf(GL10 gl)
{
    gl.glVertexPointer(3, GL10.GL_FLOAT, 0, rectangleBuffer);
    gl.glDrawElements(GL10.GL_TRIANGLES, 6, GL10.GL_UNSIGNED_BYTE, indicesBuffer);
}
```

glDrawElements 的第 1 个参数值为 GL10.GL_TRIANGLES，表示从索引数组中依次取 3 个顶点作为三角形的顶点（第 1 个三角形的顶点顺序是 0, 1, 2，第 2 个三角形的顶点顺序为 2,3,0）。第 2 个参数值为 6，表示索引的个数（索引数组的长度），第 3 个参数一般为 GL10.GL_UNSIGNED_BYTE，最后一个参数需要指定封装索引数组的 ByteBuffer 对象。Rectangle 类的其他代码与上一节的实现完全相同。运行本例，会得到和图 20-7 相同的效果。如果想绘制空心的矩形，可以使用 4 条直线绘制，重新定义的索引数组如下：

```
private byte[] indices = new byte[]{ 0, 1, 1, 2, 2, 3, 3, 0};
```

由于矩形由 4 条线组成，每条线有两个顶点，因此，需要 8 个索引分别指定这 8 个顶点的选取顺序。然后修改 drawSelf 方法的代码。

```
public void drawSelf(GL10 gl)
```

```
        {
            gl.glVertexPointer(3, GL10.GL_FLOAT, 0, rectangleBuffer);
            // 第 1 个参数值需要设置为 GL10.GL_LINES
            gl.glDrawElements(GL10.GL_LINES, 8, GL10.GL_UNSIGNED_BYTE, indicesBuffer);
        }
```

运行修改后的程序，会得到如图 20-12 所示的效果。

图 20-12　绘制空心矩形

20.2.8　基于 OpenGL ES 的动画原理

在 View 上实现动画效果需要不断调用 View.invalidate 方法，从而使 View.onDraw 方法不断被调用。只要在 onDraw 方法中根据某些规则不断改变图形的状态，就可以产生动画效果。但在 OpenGL ES 中如果不实现动画效果，则不需要不断刷新 GLSurfaceView。onDrawFrame 方法总会以很快的频率在不断调用，只要直接将产生动画的代码放到 onDrawFrame 方法中即可。如果想产生不同频率的动画效果，可以控制影响动画频率的变量值。

在 OpenGL ES 中实现动画效果有很多 API，例如，通过 glTranslatef 方法可以实现图形移位的动画效果，通过 glRotatef 方法可以实现图形悬殊的动画效果。当然，也可以多种动画效果混合使用，从而实现更丰富的动画效果。

20.2.9　旋转的矩形

工程目录：src\ch20\ch20_rotate_rectangle

本节将给出一个例子演示如何让图 20-5 所示的 5 个矩形旋转。中心的矩形逆时针旋转，4 个小矩形绕着 Z 轴顺时针旋转。效果如图 20-13 和图 20-14 所示。

图 20-13　旋转的角度 1　　　　　　　　　图 20-14　旋转的角度 2

使绘制的图形旋转，需要在 onDrawFrame 方法中使用 glRotatef 方法不断改变旋转角度。逆时针角度不断增大，顺时针角度不断减小。本例只需要修改 RectangleSurfaceView.onDrawFrame 方法即可，除此之外，还需要在 RectangleSurfaceView 类中添加两个控制当前旋转角度的 int 类型变量。修改后的 onDrawFrame 方法的代码如下：

```java
private int angle1 = 0;        // 控制中心的矩形逆时针旋转的角度变量
private int angle2 = 0;        // 控制 4 个小矩形顺时针旋转的角度变量
@Override
public void onDrawFrame(GL10 gl)
{
    gl.glClear(GL10.GL_COLOR_BUFFER_BIT | GL10.GL_DEPTH_BUFFER_BIT);
    gl.glEnableClientState(GL10.GL_VERTEX_ARRAY);
    gl.glLoadIdentity();

    gl.glTranslatef(0.0f, 0.0f, -2.0f);
    // 使中心的矩形逆时针旋转
    gl.glRotatef(angle1++, 0, 0, 1);
    rectangle.drawSelf(gl);

    gl.glLoadIdentity();
    angle2 -= 2;        // 改变顺时针旋转的角度（角度步长为 2 度）
    // 顺时针旋转
    gl.glRotatef(angle2, 0, 0, 1);
    gl.glTranslatef(-3.0f, 0.0f, -4.0f);
    gl.glRotatef(45, 0.0f, 0.0f, 1.0f);
    rectangle.drawSelf(gl);

    gl.glLoadIdentity();
    // 顺时针旋转
    gl.glRotatef(angle2, 0, 0, 1);
    gl.glTranslatef(3.0f, 0.0f, -4.0f);
    gl.glRotatef(45, 0.0f, 0.0f, 1.0f);
    rectangle.drawSelf(gl);

    gl.glLoadIdentity();
    // 顺时针旋转
```

```
gl.glRotatef(angle2, 0, 0, 1);
gl.glTranslatef(0.0f, 3.0f, -4.0f);
gl.glRotatef(45, 0.0f, 0.0f, 1.0f);
rectangle.drawSelf(gl);

gl.glLoadIdentity();
//  顺时针旋转
gl.glRotatef(angle2, 0, 0, 1);
gl.glTranslatef(0.0f, -3.0f, -4.0f);
gl.glRotatef(45, 0.0f, 0.0f, 1.0f);
rectangle.drawSelf(gl);
gl.glDisableClientState(GL10.GL_VERTEX_ARRAY);
}
```

旋转 4 个小矩形的 glRotatef 方法必须放在 glTranslate 方法的前面，否则将会绕着自己的中心旋转，而不会绕着 Z 轴旋转。

20.3 视图

在上一节使用 OpenGL ES 技术绘制了一些图形，但这些图形并非立体的图形，而是平面的，原因是组成这些图形的点的 Z 坐标值都为 0。当然，就算绘制的是三维立体图形（某些点的 Z 坐标值不为 0），仍然需要将其映射到二维平面上，只是由于人眼的透视功能，才使得二维图形看起来像三维图形。

我们会发现在上一节的例子中经常会使用 glTranslatef、glRotatef 等方法移动、旋转被观察物体，从而达到动画的效果，这些变换被观察物体的操作称为模型变换。实际上，这些都是通过矩阵来完成的。只是使用 OpenGL ES API 一般并不需要考虑如何生成和计算这些矩阵。这些复杂的运算都由 OpenGL ES 代劳了，我们只需要关注如何绘制这些图形即可。

在使用 glFrustumf 设置透视投影坐标系时，需要设置 Z 轴上的观察范围 near 和 far。Z 轴上所有在 -near 到 -far 之外的点都被裁剪（不可视），而这里的 near 就是 Z 轴离观察点最近的距离。far 是 Z 轴离观察点最远的距离。在默认情况下，观察点位于坐标系的原点，也就是坐标为（0,0,0）的点。除了模型变换外，还可以通过变换视图来达到同样的效果。我们可以想象，当拍照时，如果被拍摄物离照相机（观察点）更近，那么拍到的物体就会更大。也可以使被拍摄物不动，而移动照相机的位置，将照相机移动到离被拍摄物更近的地方，这样拍出照片的效果与移动被拍摄物是一样的。这种移动照相机的方法称为视图变换。从前面的描述以及上一节的例子，可以总结出将一个三维物体映射到二维平面的步骤：

- 确定视口大小。
- 确定投影模式。也就是正交投影和透视投影。
- 完成各种变换操作。这些变换包括模型变换、视图变化以及投影变换。这些操作都是通过矩阵乘法完成的。有时需要综合使用这几种变换。
- 模型裁剪。通过定义视口的大小和观察点的位置，会形成一个视景体（一个立体的梯形），在映射的过程中，所有落在视景体外的点都将被裁剪。
- 视口变换。在前面几步定义了视口大小，并通过矩阵运算得到了最终的三维坐标。最后一步就是要确定这些三维坐标和视口的像素的对应关系。也就是要将每一个三维的点绘制在二维的视口中，当然，这些点有可能会被裁剪。

本节将对这些操作进行详细讨论，并结合案例来理解这些概念。

20.3.1 有趣的比喻：照相机拍照

OpenGL ES 所采用的视觉空间一直被初学者认为很难理解。不过如果读者使用过照相机拍照（估计地球人都使用过），就会很容易理解 3D 视觉空间的概念。

在设置透视投影时使用了一个 glFrustumf 方法。该方法通过 6 个参数定义了一个立体的可视区域，称为视景体。尽管在前面曾多次使用过这个方法，可能很多读者还是不太理解这个方法到底怎么使用。在讲解之前，先来看看这个方法到底定义了一个什么东西。图 20-15 显示了 glFrustumf 方法定义的一个平头锥体（销去尖的四棱锥）。

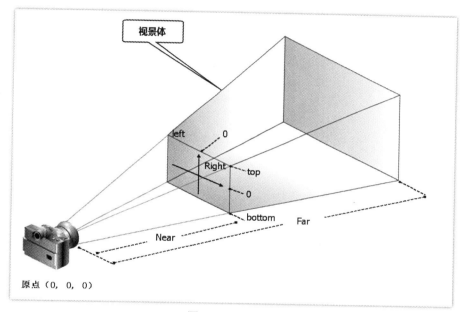

图 20-15　视景体

从图 20-15 所显示的示意图可以看出。在前面曾提到的观察点可以想象成一台照相机（默认位置在坐标系原点）。glFrustumf 方法的前 4 个参数（left、right、bottom 和 top）分别指定离照相机最近的平面左、右、下、上的位置。要注意的是，这 4 个值并不是坐标值，而是用这 4 个值与 XY 坐标系的可视区域对应。如 left = -1、right = 1、bottom=-1、top=1，可以认为将 XY 坐标系（平面坐标系）的可视区域映射到一个正方形的区域中。所以 X 和 Y 坐标值在这个区域里的点都有可能被看到。这里之所以用"有可能"，是因为三维坐标系还有一个坐标轴 Z。就算某个点的 X 和 Y 坐标值落在了这个正方形中，如果 Z 坐标值不在（-Near，-Far），这个点仍然不会落在图 20-15 所在的视景体中。

接下来看一看 glFrushtumf 方法的最后两个参数 near 和 far。这两个参数分别指定了视景体的小平面（离观察点最近的平面）和大平面（离观察点最远的平面）距观察点的距离（这两个平面都垂直 Z 轴）。如果观察点在原点，那么 near 和 far 就是小平面和大平面距原点的距离，而-near 和-far 就是这两个平面与 Z 轴交点的坐标。

可以将观察点（照相机）看成一个没有大小的点。从这个点开始连接小平面的 4 个顶点，会形成一个四棱锥。这四条线再继续延长，直到 Z 轴 far 的位置，这就形成了一个大平面。在小平面和大平面之间就形成了一个可视的立体区域（视景体）。我们也可以想象水平张开双臂，自己的身体相当于观察点，而双臂之间有一个夹角（记为 α）。同理，在垂直方向张开双臂（上下张开双臂），在双臂之间也有一个夹角（记为 β）。因此，通过指定 near 和 far，以及水平和垂直的夹角，也同样可以确定视景体的大小。在 OpenGL 中有一些更高级的实现，可以通过指定这两个夹角（而不是 left、right、bottom 和 top）以及 near 和 far 来确定视景体的大小。实际上这样更直观，但目前在 Android OpenGL ES 中只能通过指定 left、right、bottom、top、near 和 far 来确定这个视景体。当然，也可以自己编写代码来解决这个问题。图 20-16 描述了水平视角 α 与 left、right、near 的关系。通过三角函数很容易根据 left、right 和 near 算出水平视角 α。垂直视角 β 的计算方法与水平视角 α 的计算方法类似。

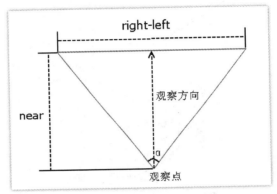

图 20-16　水平视角与 left、right、near 的关系

可以使用如下公式计算出 α 和 β：

α = 2arctan((right - left)/2near)

β = 2arctan((top - bottom)/2near)

虽然以照相机拍照来比喻 OpenGL ES 的 3D 空间，但这里的照相机和现实世界的照相机并不相同。实际上，在 OpenGL ES 世界里并不存在什么照相机，只是借用这个概念帮助初学者理解如何将一个三维的物体映射到二维空间中，某一部分是否会在视口中显示。所以 OpenGL ES 中的照相机并不支持拍摄无限远的物体，因此，三维物体的坐标点只有落在图 20-15 所示的视景体中才能被显示。

20.3.2　模型变换：立方体旋转

工程目录：src\ch20\ch20_rotate_cube

本节将利用 OpenGL ES 绘制一个立方体，并使这个立方体不断旋转。读者可以体会一下模型变换的效果。一个立方体由 6 个面组成，本例绘制的 6 个面并没有被填充成白色的，而是每个面只由 4 条直线构成。不同角度的旋转效果如图 20-17 和图 20-18 所示。

OpenGL ES 编程 第 20 章

图 20-17　立方体旋转效果 1

图 20-18　立方体旋转效果 2

绘制立方体需要分别绘制组成立方体的 6 个平面,每一个平面由 4 个点组成。如果要绘制成图 20-17 的效果,每一个平面需要绘制 4 条线,每条线由 2 个坐标组成。因此,一个立方体共需要定义 6 * 4 * 2 个顶点的坐标,每一个坐标由 3 个坐标值组成,因此,需要定义一个长度为 6 * 4 * 2 * 3 = 144 的 float 类型的数组来保存这些坐标值。下面看看绘制立方体的 Cube 类的代码。

```java
package net.blogjava.mobile;

import java.nio.ByteBuffer;
import java.nio.ByteOrder;
import java.nio.FloatBuffer;
import javax.microedition.khronos.opengles.GL10;

public class Cube
{
    private float v;
    //  保存 144 个坐标值
    private float[] cubeVertices;
    private FloatBuffer cubeVerticesBuffer;
    public Cube(float size)
    {
        //  size 表示立方体的边长,当前位置将位于立方体的中心
        //  因此,每一个顶点的坐标值的绝对值为 size / 2
        v = size / 2;
        //  初始化坐标值
        cubeVertices = new float[]{
        //  Z 轴正方向平面
        -v, v, v,
        v, v, v,
        v, v, v,
        v,-v, v,
        v,-v, v,
        -v, -v, v,
        -v, -v, v,
        -v, v, v,
        //  Z 轴负方向平面
        -v, v, -v,
        v, v, -v,
```

```
        v, v, -v,
        v,-v, -v,
        v,-v, -v,
        -v, -v, -v,
        -v, -v, -v,
        -v, v, -v,
    //  左侧平面
        -v, v, -v,
        -v, v, v,
        -v,-v, v,
        -v,-v, v,
        -v, -v, -v,
        -v, -v, -v,
        -v, v, -v,
    //  右侧平面
        v, v, -v,
        v, v, v,
        v, v, v,
        v,-v, v,
        v,-v, v,
        v, -v, -v,
        v, -v, -v,
        v, v, -v,

    //  顶面
        -v, v, v,
        v, v, v,
        v, v, v,
        v,v, -v,
        v,v, -v,
        -v, v, -v,
        -v, v, -v,
        -v, v, v,
    //  底面
        -v, -v, v,
        v, -v, v,
        v, -v, v,
        v,-v, -v,
        v,-v, -v,
        -v, -v, -v,
        -v, -v, -v,
        -v, -v, v,
    };

    ByteBuffer byteBuffer = ByteBuffer.allocateDirect(cubeVertices.length * 4);
    byteBuffer.order(ByteOrder.nativeOrder());
    cubeVerticesBuffer = byteBuffer.asFloatBuffer();
    cubeVerticesBuffer.put(cubeVertices);
    cubeVerticesBuffer.position(0);
}

public void drawSelf(GL10 gl)
{
    //  装载顶点坐标值
    gl.glVertexPointer(3, GL10.GL_FLOAT, 0, cubeVerticesBuffer);
    //  绘制 6 个平面
    for(int i = 0; i < 24; i++)
    {
        //  绘制组成平面的每一条直线
        gl.glDrawArrays(GL10.GL_LINES,i*2 , 2);
    }
}
```

在 CubeSurfaceView.onDrawFrame 方法中通过不断改变 X、Y、Z 轴的旋转角度来使立方体旋转。

```java
private int angle = 0;
@Override
public void onDrawFrame(GL10 gl)
{
    gl.glClear(GL10.GL_COLOR_BUFFER_BIT | GL10.GL_DEPTH_BUFFER_BIT);
    gl.glEnableClientState(GL10.GL_VERTEX_ARRAY);
    gl.glLoadIdentity();
    //  向 Z 轴负方向移动 5 个位置
    gl.glTranslatef(0.0f, 0.0f, -5.0f);
    //  绕着 X 轴旋转
    gl.glRotatef(angle++, 1, 0,0);
    //  绕着 Y 轴旋转
    gl.glRotatef(angle++, 0, 1,0);
    //  绕着 Z 轴旋转
    gl.glRotatef(angle++, 0, 0,1);
    //  绘制立方体
    cube.drawSelf(gl);
    gl.glDisableClientState(GL10.GL_VERTEX_ARRAY);
}
```

20.3.3 用 gluLookAt 方法变换视图

工程目录：src\ch20\ch20_view_rotate_cube

在上一节通过改变立方体的角度和位置，使其以一定的大小显示在视口中并不断旋转。在本节中将进行视图变换（改变观察点的位置），使立方体变大或缩小。观察点的默认值是在坐标系的原点，但我们可以改变默认的观察点位置。为了便于理解，请再次将观察点想象成照相机。

如果我们想让立方体变得更小，一种方法是继续使用 glTranslatef 方法将立方体向 Z 轴的负方向移动，另外一种方法是使照相机远离立方体。如果照相机向 Z 轴正方向移动，那么视景体也会随着照相机向 Z 轴正方向移动，但立方体不会移动。因此，向 Z 轴正方向移动照相机相当于向 Z 轴负方向移动立方体。结果立方体同样会变小。

改变照相机位置的方法是 gluLookAt。这个方法并不是 OpenGL ES 规范中定义的 API，而是为了方便编写程序而封装的另一套 API 中的方法。下面看一下 gluLookAt 方法的定义：

```java
public static void gluLookAt(GL10 gl, float eyeX, float eyeY, float eyeZ,
            float centerX, float centerY, float centerZ, float upX, float upY,
            float upZ)
```

gluLookAt 方法共有 10 个参数，后 9 个参数分别表示坐标系中 3 个点的坐标。其中（eyeX,eyeY,eyeZ）到原点向量垂直于照相机的镜头。也就是说，通过 eyeZ 可以使相机远离或靠近立方体。通过 eyeX 和 eyeY 可以使照相机左右、上下移动。(centerX、centerY、centerZ)到相机中心的向量垂直于（eyeX,eyeY,eyeZ）到原点的向量，即通过（centerX、centerY、centerZ）可以控制相机 360 度旋转。(upX、upY，upZ)到相机中心的向量垂直于前两个向量确定的平面。也就是说，通过（upX、upY、upZ）可以控制相机在当前位置上下移动镜头。下面来修改 CubeSurfaceView.onDrawFrame 方法的代码，使用 gluLookAt 将相机的位置向 Z 轴正方向以及 X 轴的正方向移动，并改变另外两个向量的方向。

```java
private int angle = 0;
@Override
public void onDrawFrame(GL10 gl)
{
    gl.glClear(GL10.GL_COLOR_BUFFER_BIT | GL10.GL_DEPTH_BUFFER_BIT);
    gl.glEnableClientState(GL10.GL_VERTEX_ARRAY);
```

```
gl.glLoadIdentity();
// 视图变换
GLU.gluLookAt(gl, 1,0,2,0.5f,-1,0,1.5f,2.5f,1);
gl.glTranslatef(0.0f, 0.0f, -5.0f);
gl.glRotatef(angle++, 1, 0,0);
gl.glRotatef(angle++, 0, 1,0);
gl.glRotatef(angle++, 0, 0,1);
cube.drawSelf(gl);
gl.glDisableClientState(GL10.GL_VERTEX_ARRAY);
}
```

视图变换后的效果如图 20-19 所示。

图 20-19　视图变换后的效果

20.4　颜色

工程目录：src\ch20\ch20_color_rotate_cube

如果不定义颜色，绘制的立方体 6 个平面都是白色。为了使各个面填充不同的颜色，需要像定义顶点坐标一样定义顶点颜色值。绘制彩色立方体的效果如图 20-20 和图 20-21 所示。

图 20-20　彩色旋转立方体效果 1　　　　图 20-21　彩色旋转立方体效果 2

下面看一下绘制彩色旋转立方体的完整代码:

```java
package net.blogjava.mobile;
import java.nio.ByteBuffer;
import java.nio.ByteOrder;
import java.nio.IntBuffer;
import javax.microedition.khronos.egl.EGLConfig;
import javax.microedition.khronos.opengles.GL10;
import android.opengl.GLSurfaceView.Renderer;
public class MyRender implements Renderer
{
    float rotateQuad;
    int one = 0x10000;
    private IntBuffer colorBuffer;
    // 定义立方体顶点颜色值,每一个顶点由(R、G、B)三个颜色值组成
    private int[] colors = new int[]
    {
        one / 2, one, 0, one, one / 2, one, 0, one, one / 2, one, 0, one, one / 2,
            one, 0, one,

            one, one / 2, 0, one, one, one / 2, 0, one, one, one / 2, 0, one,
            one, one / 2, 0, one, one, one, 0, one, one, one, 0, one, one, one,
            0, one, one, one, 0, one, one, one, 0, 0, one, one, 0, 0, one, 0,
            0, one, one, 0, 0, one,

            0, 0, one, one, 0, 0, one, one, 0, 0, one, one, 0, one, one,

            one, 0, one, one, one, 0, one, one, one, 0, one, one, one, 0, one,
            one, };

    private IntBuffer quaterBuffer;
    // 定义立方体顶点坐标
    private int[] quaterVertices = new int[]
    { one, one, -one, -one, one, -one, one, one, one, -one, one, one,

    one, -one, one, -one, -one, one, one, one, -one, -one, -one, -one,

    one, one, one, -one, one, one, one, -one, one, -one, -one, one,

    one, -one, -one, -one, -one, -one, one, -one, one, -one, -one, one,

    -one, one, one, -one, one, -one, -one, -one, -one, -one, -one, one,

    one, one, -one, one, one, one, one, -one, -one, one, -one, one, };

    @Override
    public void onDrawFrame(GL10 gl)
    {

        gl.glClear(GL10.GL_COLOR_BUFFER_BIT | GL10.GL_DEPTH_BUFFER_BIT);

        gl.glEnableClientState(GL10.GL_VERTEX_ARRAY);
        // 必须加上下面的代码,否则无法设置顶点颜色值
        gl.glEnableClientState(GL10.GL_COLOR_ARRAY);
        gl.glLoadIdentity();

        gl.glTranslatef(0.0f, 0.0f, -4.0f);
        // 开始旋转立方体
        gl.glRotatef(rotateQuad, 1.0f, 0.0f, 0.0f);
        gl.glRotatef(rotateQuad, 0.0f, 1.0f, 0.0f);
        gl.glRotatef(rotateQuad, 0.0f, 0.0f, 1.0f);

        gl.glColorPointer(4, GL10.GL_FIXED, 0, colorBuffer);
```

```java
            gl.glVertexPointer(3, GL10.GL_FIXED, 0, quaterBuffer);
            // 绘制立方体的 6 个平面
            for (int i = 0; i < 6; i++)
            {
                gl.glDrawArrays(GL10.GL_TRIANGLE_STRIP, i * 4, 4);
            }

            gl.glFinish();

            gl.glDisableClientState(GL10.GL_VERTEX_ARRAY);
            gl.glDisableClientState(GL10.GL_COLOR_ARRAY);

            rotateQuad -= 1.0f;
        }

        @Override
        public void onSurfaceChanged(GL10 gl, int width, int height)
        {
            float ratio = (float) width / height;
            gl.glViewport(0, 0, width, height);
            gl.glMatrixMode(GL10.GL_PROJECTION);
            gl.glLoadIdentity();
            gl.glFrustumf(-ratio, ratio, -1, 1, 1, 10);
            gl.glMatrixMode(GL10.GL_MODELVIEW);
        }

        @Override
        public void onSurfaceCreated(GL10 gl, EGLConfig config)
        {
            gl.glShadeModel(GL10.GL_SMOOTH);
            gl.glClearColor(0, 0, 0, 0);
            gl.glClearDepthf(1.0f);
            gl.glEnable(GL10.GL_DEPTH_TEST);
            gl.glDepthFunc(GL10.GL_LEQUAL);
            gl.glHint(GL10.GL_PERSPECTIVE_CORRECTION_HINT, GL10.GL_FASTEST);

            ByteBuffer byteBuffer = ByteBuffer.allocateDirect(colors.length * 4);
            byteBuffer.order(ByteOrder.nativeOrder());
            colorBuffer = byteBuffer.asIntBuffer();
            colorBuffer.put(colors);
            colorBuffer.position(0);

            byteBuffer = ByteBuffer.allocateDirect(quaterVertices.length * 4);
            byteBuffer.order(ByteOrder.nativeOrder());
            quaterBuffer = byteBuffer.asIntBuffer();
            quaterBuffer.put(quaterVertices);
            quaterBuffer.position(0);
        }
    }
```

20.5　小结

本章介绍了 OpenGL ES 的基本理论，并给出一些例子用于理解这些概念。学习 OpenGL ES 的第一步是理解 3D 空间的各种变换。核心变换是模型变换和视图变换。为了有助于理解这些概念，借用了照相机拍照的原理。改变被拍摄物体的位置既可以通过变换物体的位置实现，也可以通过变换照相机的位置来实现。这也就是本章主要介绍的模型变换和视图变换。

第21章 媒体特效 API

本章主要介绍了新版 Android SDK 提供的媒体特效 API，通过这些媒体特效 API，可以实现非常酷的特效。

 本章内容

- Brightness 特效
- Crossprocess 特效
- Documentary 特效
- Doutone 特效
- Fish Eye 特效
- 垂直翻转特效
- 灰度特效
- Lomoish 特效
- 底片特效
- 色调特效
- 如何让这些特效生效

21.1 实现主界面布局

本节将实现图 21-1 所示的主界面，在后面的内容中，将会通过媒体特效 API 渲染下方的图像。

图 21-1　主界面

首先来实现主布局文件（activity_main.xml），该布局文件实现了图 21-1 的 UI。

```xml
<LinearLayout
    xmlns:android="http://schemas.android.com/apk/res/android"
    android:orientation="vertical"
    android:layout_width="match_parent"
    android:layout_height="match_parent"
    android:id="@+id/sample_main_layout">
    <ViewAnimator
        android:id="@+id/sample_output"
        android:layout_width="match_parent"
        android:layout_height="0px"
        android:layout_weight="1">
        <ScrollView
            style="@style/Widget.SampleMessageTile"
            android:layout_width="match_parent"
            android:layout_height="match_parent">
            <TextView
                style="@style/Widget.SampleMessage"
                android:layout_width="match_parent"
                android:layout_height="wrap_content"
                android:paddingLeft="@dimen/horizontal_page_margin"
                android:paddingRight="@dimen/horizontal_page_margin"
                android:paddingTop="@dimen/vertical_page_margin"
                android:paddingBottom="@dimen/vertical_page_margin"
                android:text="@string/intro_message" />
        </ScrollView>
    </ViewAnimator>
    <View
        android:layout_width="match_parent"
        android:layout_height="1dp"
        android:background="@android:color/darker_gray" />
    <!-- 用于替换 Fragment -->
    <FrameLayout
        android:id="@+id/sample_content_fragment"
        android:layout_weight="2"
        android:layout_width="match_parent"
        android:layout_height="0px" />
```

```
</LinearLayout>
```

Fragment 中包含一个 GLSurfaceView 控件，用于渲染图像，Fragment 的布局文件（fragment_media_effects.xml）的代码如下：

```xml
<?xml version="1.0" encoding="utf-8"?>
<LinearLayout xmlns:android="http://schemas.android.com/apk/res/android"
              android:layout_width="fill_parent"
              android:layout_height="fill_parent"
              android:orientation="vertical">
    <android.opengl.GLSurfaceView
        android:id="@+id/effectsview"
        android:layout_width="fill_parent"
        android:layout_height="0dp"
        android:layout_weight="0.93"/>
</LinearLayout>
```

21.2 初始化主界面

本讲主要介绍了如何装载图 21-1 所示的主界面。首选需要在 onViewCreated 方法中创建 GLSurfaceView 对象，代码如下：

```java
public void onViewCreated(View view, @Nullable Bundle savedInstanceState) {
    // 创建 GLSurfaceView 对象
    mEffectView = (GLSurfaceView) view.findViewById(R.id.effectsview);
    mEffectView.setEGLContextClientVersion(2);
    mEffectView.setRenderer(this);
    // 设置 Render 模式
    mEffectView.setRenderMode(GLSurfaceView.RENDERMODE_WHEN_DIRTY);
    if (null != savedInstanceState &&
            savedInstanceState.containsKey(STATE_CURRENT_EFFECT)) {
        setCurrentEffect(savedInstanceState.getInt(STATE_CURRENT_EFFECT));
    } else {
        setCurrentEffect(R.id.none);
    }
}
```

在 onDrawFrame 方法中对 GLSurfaceView 进行初始化。

```java
public void onDrawFrame(GL10 gl) {
    if (!mInitialized) {
        // 下面的代码仅需要执行一次
        mEffectContext = EffectContext.createWithCurrentGlContext();
        mTexRenderer.init();
        // 装载 Texture
        loadTextures();
        mInitialized = true;
    }
    if (mCurrentEffect != R.id.none) {
        // 初始化效果
        initEffect();
        // 让效果生效
        applyEffect();
    }
    renderResult();
}
```

其中 loadTextures 方法主要用于装载图像，代码如下：

```java
private void loadTextures() {
    // 产生纹理
    GLES20.glGenTextures(2, mTextures, 0);
    // 装载图像
    Bitmap bitmap = BitmapFactory.decodeResource(getResources(), R.drawable.puppy);
```

```
    mImageWidth = bitmap.getWidth();
    mImageHeight = bitmap.getHeight();
    mTexRenderer.updateTextureSize(mImageWidth, mImageHeight);
    // 更新纹理
    GLES20.glBindTexture(GLES20.GL_TEXTURE_2D, mTextures[0]);
    GLUtils.texImage2D(GLES20.GL_TEXTURE_2D, 0, bitmap, 0);
    // 设置纹理参数
    GLToolbox.initTexParams();
}
```

其中 initEffect 方法用于处理各种特效，appleEffect 方法可以让效果生效。这两个方法在后面会介绍。

21.3 媒体特效 API 演示

本节将演示特征媒体特效 API 的效果，这些特效都在 initEffect 方法中实现。

21.3.1 Brightness 特效

此特效可以将彩色图像变得更亮，效果如图 21-2 所示。

图 21-2 Brightness 特效

实现该特效的代码如下：

```
mEffect = effectFactory.createEffect(EffectFactory.EFFECT_BRIGHTNESS);
mEffect.setParameter("brightness", 2.0f);
```

21.3.2 反差特效（Contrast）

Contrast 特效的效果如图 21-3 所示。

实现 Contrast 特效的代码如下：

```
mEffect = effectFactory.createEffect(EffectFactory.EFFECT_CONTRAST);
mEffect.setParameter("contrast", 1.4f);
```

21.3.3　Crossprocess 特效

该特效的效果如图 21-4 所示。

实现 Crossprocess 特效的代码如下：

mEffect = effectFactory.createEffect(EffectFactory.EFFECT_CROSSPROCESS);

图 21-3　Contrast 特效

图 21-4　Crossprocess 特效

21.3.4　纪录片（Documentary）特效

Documentary 特效的效果如图 21-5 所示。

实现 Documentary 特效的代码如下：

mEffect = effectFactory.createEffect(EffectFactory.EFFECT_DOCUMENTARY);

21.3.5　双色调（Duotone）特效

Duotone 特效的效果如图 21-6 所示。

实现 Duotone 特效的代码如下：

mEffect = effectFactory.createEffect(EffectFactory.EFFECT_DUOTONE);
// 设置黄色
mEffect.setParameter("first_color", Color.YELLOW);
// 设置灰色
mEffect.setParameter("second_color", Color.DKGRAY);

21.3.6　鱼眼（Fish Eye）特效

鱼眼特效的效果如图 21-7 所示。

实现 Fish Eye 特效的代码如下：

mEffect = effectFactory.createEffect(EffectFactory.EFFECT_FISHEYE);
mEffect.setParameter("scale", .5f);

图 21-5　Documentary 特效

图 21-6　Duotone 特效

21.3.7　垂直翻转特效

该特效的效果如图 21-8 所示。

实现该特效的代码如下：

```
mEffect = effectFactory.createEffect(EffectFactory.EFFECT_FLIP);
mEffect.setParameter("vertical", true);
```

将 vertical 改成 horizontal，就是水平翻转。

图 21-7　Fish Eye 特效

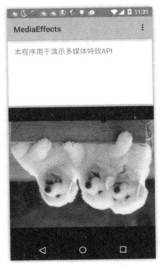

图 21-8　垂直翻转特效

21.3.8 灰度特效

该特效的效果如图 21-9 所示。

实现该特效的代码如下：
```
mEffect = effectFactory.createEffect(EffectFactory.EFFECT_GRAYSCALE);
```

21.3.9 Lomoish 特效

该特效的效果如图 21-10 所示。

图 21-9 灰度特效

图 21-10 Lomoish 特效

实现 Lomoish 特效的代码如下：
```
mEffect = effectFactory.createEffect(EffectFactory.EFFECT_LOMOISH);
```

21.3.10 底片特效

该特效的效果如图 21-11 所示。

实现底片特效的代码如下：
```
mEffect = effectFactory.createEffect(EffectFactory.EFFECT_NEGATIVE);
```

21.3.11 色调特效

色调特效的效果如图 21-12 所示。

实现色调特效的代码如下：
```
mEffect = effectFactory.createEffect(EffectFactory.EFFECT_TINT);
mEffect.setParameter("tint", Color.MAGENTA);
```

图 21-11　底片特效　　　　　图 21-12　色调特效

21.4　让特效生效

上一节实现了若干特效,但特效并没有生效,需要调用 appleEffect 方法让特效生效,该方法的代码如下:

```
private void applyEffect()
{
    mEffect.apply(mTextures[0], mImageWidth, mImageHeight, mTextures[1]);
}
```

21.5　小结

本章只是介绍了部分的媒体特效 API,当然,还可以制作更多的特效。实现方法与这些特效的实现方式类似,读者可以参考相应的官方文档。

22 资源、国际化与自适应

本章主要介绍 Android SDK 中的资源、国际化和资源自适应技术。通过国际化和资源自适应技术，应用程序可以根据不同的语言环境显示不同的界面、风格，也可以根据手机的特性作出相应的调整。除此之外，本章还着重介绍 Android SDK 中支持的多种资源。读者可以充分利用这些资源编写更有弹性的应用程序，可大大减少编码的工作量。

 本章内容

- Android 中资源的存储方式和种类
- 使用系统资源
- 字符串资源
- 数组、颜色、尺寸资源
- 类型和主题资源
- 绘画资源
- 动画资源
- 菜单资源
- 布局资源
- 属性资源
- XML 资源
- RAW 资源
- ASSETS 资源
- 资源国际化
- 常用的资源配置

22.1 Android 中的资源

资源是 Android 应用程序中的重要组成部分。在应用程序中经常会使用字符串、菜单、图像、声音、视频等内容，这些可以统称为资源。将这些资源放到 apk 文件中，与 Android 应用程序一同发布。如果资源文件很大，也可以将资源作为外部文件来使用。本节将详细介绍在 Android 应用程序中如何存储这些资源、资源的种类和资源文件的命名规则。

22.1.1 Android 怎么存储资源

在前面各章的例子中都或多或少地使用了资源，这些资源大多保存在 res 目录中。例如字符串、颜色值等资源作为 key-value 对保存在 res\values 目录中的任意 XML 文件中；布局资源以 XML 文件的形式保存在 res\layout 目录中；图像资源保存在 res\drawable 目录中；菜单资源保存在 res\menu 目录中。ADT 在生成 apk 文件时，这些目录中的资源都会被编译，然后放到 apk 文件中。如果想让资源在不编译的情况下加入到 apk 文件中，可以将资源文件放到 res\raw 目录中；放到 res\raw 目录中的资源文件会按原样放到 apk 文件中。在程序运行时，可以使用 InputStream 来读取 res\raw 目录中的资源。

虽然将资源文件放到 res 目录中方便了 Android 应用程序的发行，但当资源文件过大时，会使生成的 apk 文件变得很大，可能会造成系统装载资源文件缓慢，从而影响应用程序的性能。因此，在这种情况下会将资源文件作为外部文件单独发布。Android 应用程序会从手机内存或 SD 卡读写这些资源文件，还有一些资源在程序运行后也可以将其复制到手机内存或 SD 卡上再读写。这么做的主要原因是系统不能直接从 res 目录中装载资源，并进行读写操作。

22.1.2 资源的种类

在表 3-1 中曾列出 Android 支持的资源，实际上 Android 还可以支持更多的资源。如果从资源文件的类型划分，可以分成 XML、图像和其他。

以 XML 文件形式存储的资源可以放在 res 目录中的不同子目录里，用来表示不同种类的资源；而图像资源会放在 res\drawable 目录中。除了这两种资源外，还可以将任意的资源文件嵌入 Android 应用程序中，例如音频、视频等，一般将这些资源放在 res\raw 目录中。在表 22-1 中详细列出了 Android 支持的各种资源，这些资源的定义和使用将在 22.2 节详细介绍。

表 22-1　Android 支持的资源

目录	资源类型	描述
res\values	XML	保存字符串、颜色、尺寸、类型、主题等资源，可以是任意文件名。对于字符串、颜色、尺寸等信息，采用 key-value 形式表示；对于类型、主题等资源，采用其他形式表示，详细内容请读者参阅 22-2 节的相关内容
res\layout	XML	保存布局信息。一个资源文件表示一个 View 或 ViewGroup 的布局
res\menu	XML	保存菜单资源。一个资源文件表示一个菜单（包括子菜单）
res\anim	XML	保存与动画相关的信息。可以定义帧（frame）动画和补间（tween）动画

目录	资源类型	描述
res\xml	XML	该目录中的文件可以是任意类型的 XML 文件，这些 XML 文件可以在运行时被读取
res\raw	任意类型	该目录中的文件虽然也会被封装在 apk 文件中，但不会被编译。在该目录中可以放置任意类型的文件，例如，各种类型的文档、音频、视频文件等
res\drawable	图像	该目录中的文件可以是多种格式的图像文件，例如，bmp、png、gif、jpg 等。在该目录中的图像不需要分辨率非常高，aapt 工具会优化这个目录中的图像文件。如果想按字流读取该目录下的图像文件，需要将图像文件放在 res\raw 目录中
assets	任意类型	该目录中的资源与 res\raw 中的资源一样，也不会被编译。但不同的是该目录中的资源文件都不会生成资源 ID

除了 res\raw 和 assets 目录中的资源外，其他资源目录中的资源在生成 apk 文件时都会被编译。

22.1.3 资源文件的命名

每一个资源文件或资源文件中的 key-value 对都会在 ADT 自动生成的 R 类（在 R.java 文件中）中找到相对应的 ID。其中资源文件名或 key-value 对中的 key 就是 R 类中的 Java 变量名。因此，资源文件名和 key 的命名首先要符合 Java 变量的命名规则。例如不能以数字开头，不能包含 Java 变量名不支持的特殊字符（如&、%等）。要注意的是虽然 Java 变量名支持中文，但资源文件和 key 不能使用中文。

除了资源文件和 key 本身的命名要遵循相应的规则外，多个资源文件和 key 也要遵循唯一的原则。也就是说，同类型资源的文件名或 key 不能重复。例如，两个表示字符串资源的 key 不能重复，就算这两个 key 在不同的 XML 文件中也不行。

虽然操作系统会禁止同一个目录出现两个同名文件的情况发生，但由于 ADT 在生成 ID 时并不考虑资源文件的扩展名，因此，在 res\drawable、res\raw 等目录中不能存在文件名相同、扩展名不同的资源文件。例如，在 res\drawable 目录中不能同时放置 icon.jpg 和 icon.png 文件。

22.2 定义和使用资源

本节将详细介绍 Android SDK 支持的各种资源。在 Android SDK 中不仅提供了大量的系统资源，而且允许开发人员定制自己的资源。不管是系统资源还是自定义的资源，一般都会将这些资源放在 res 目录中，然后通过 R 类中的相应 ID 来引用这些资源。

22.2.1 使用系统资源

工程目录：src\ch22\ch22_system

在 Android SDK 中提供了大量的系统资源，这些资源都放在 res 目录中。读者可以在<Android SDK

安装目录>\platforms\android-1.5\data\res 目录中找到这些资源。引用这些资源的 R.class 文件可以在 <Android SDK 安装目录>\platforms\android-1.5 目录的 android.jar 文件中找到。使用解压工具打开 android.jar 文件，会在 android 目录中找到 R.class 以及 R 类的内嵌类生成的*.class 文件。

从 R.class 类所在的目录（android）可以看出，R 类属于 android 包。因此，在使用 R 类引用系统资源时应使用如下形式：

android.R.resourceType.resourceId

其中 resourceType 表示资源类型，例如 string、drawable、color 等。resourceId 表示资源 ID，也就是 R 类的内嵌类中定义的 int 类型的 ID 值。

下面的代码使用了系统定义的字符串和颜色资源：

TextView textView = (TextView) findViewById(R.id.textview);
// 将 TextView 的背景颜色设为白色
textView.setBackgroundResource(**android.R.color.white**);
// 将 TextView 的文字颜色设为黑色
textView.setTextColor(getResources().getColor(**android.R.color.black**));
String s = "";
// 从系统字符串资源中获取两个字符串值
s = getString(**android.R.string.selectAll**) + "   "+ getString(**android.R.string.copy**);
textView.setText(s);

如果想在 XML 布局文件中引用系统的资源，可以使用如下代码：

android:text="@android:string/selectAll"

运行本例，如果当前的模拟器环境是中文的话，会显示如图 22-1 所示的信息。如果当前的模拟器环境是英文，则会显示如图 22-2 所示的信息。这种根据当前语言环境显示不同语言的功能被称为国际化。关于国际化的详细信息将在 22.3 节介绍。

图 22-1　中文环境显示的信息

图 22-2　英文环境显示的信息

实际上，在 R 类中还定义了众多的资源，在代码编辑器中键入 android.R，会显示在 R 类中定义的所有资源类型，如图 22-3 所示。

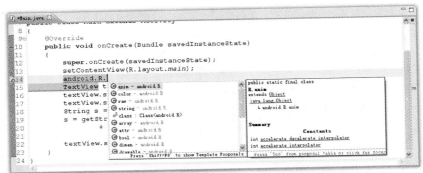

图 22-3　显示 android.R 类中所有的资源类型

22.2.2 字符串（String）资源

工程目录：src\ch22\ch22_string

所有的字符串资源都必须放在 res\values 目录的 XML 文件中，这些 XML 文件可以任意取名。字符串资源由<string name="...">... ...</string>定义。其中 name 属性表示字符串资源的 key，也就是 R.string 类中定义的 int 类型 ID 的变量名。<string>节点的值表示字符串资源的值。例如下面的代码定义了一个标准的字符串资源：

```
<string name="hello">你好</string>
```

通过 R.string.hello 可以引用这个字符串资源。

> 无论字符串资源放在 res\values 目录下哪个资源文件中，在生成 ID 时都会放在 R.string 类中。这就意味着，字符串资源的 key 的唯一性的作用域是 res\values 目录中所有的资源文件。

如果想在字符串资源中使用引号（单引号或双引号），必须使用另一种引号将其括起来，或使用转义符"\"，否则引号将被忽略。例如，下面的字符串资源使用了单引号和双引号。

```
<!-- 使用双引号将单引号括起来，这样可以输出单引号 -->
<string name="quoted_string">"quoted'string"</string>
<!-- 使用转义符输出双引号 -->
<string name="double_quoted_string">\"double quotes\"</string>
```

引用上面的字符串资源后，会分别获得"quote'string"和""double quotes""资源值。

如果在字符串资源中使用了一些特殊的信息，例如网址、E-mail、电话等，可以通过 TextView 控件的 autoLink 属性来识别这些特殊的信息。例如下面的字符串资源使用了一个网址：

```
<string name="url_string">http://nokiaguy.blogjava.net </string>
```

使用下面的<TextView>标签引用这个字符串资源，并将 autoLink 属性值设为 web，TextView 控件就会自动识别这个网址。运行程序后，在模拟器上单击该链接或在手机屏幕上触摸该链接，会自动调用 Android 内嵌的浏览器导航到该网址指向的网页。

```
<TextView android:layout_width="fill_parent"
    android:layout_height="wrap_content" android:text="@string/url_string"
    android:autoLink="web" android:textSize="25sp" />
```

> 在字符串资源中使用网址时不一定要加"http://"，直接使用后面的域名和路径也可以被识别。例如 nokiaguy.blogjava.net 和 nokiaguy.blogjava.net/index.html 都可以被成功识别成 Web 地址。

还可以使用占位符获得动态的字符串资源，如下面的字符串资源所示。

```
<string name="java_format_string">今天是 %1$s，当前的温度： %2$d℃.</string>
```

上面的格式化字符串有两个参数（占位符）：%1$s 和%2$d。其中%1 和%2 表示参数的位置索引（索引必须是从 1 开始的整数，例如 1%,2%,3%,...,%n），$s 表示该参数的值是字符串，$d 表示该参数的值是十进制整数。使用下面的 Java 代码可以获得该字符串资源，并指定这两个参数的值。

```
tvFormatted.setText(getString(R.string.java_format_string, "星期一", 20));
```

getString 方法的第 2 个参数类型是"Object..."，可以向该参数传递任意多个参数值。根据在格式化字符串中定义的参数个数和类型，向 getString 方法传递了两个参数值："星期一"和 20。getString 方法将返回如下字符串：

今天是 星期一，当前的温度： 20℃。

TextView 控件还支持部分 HTML 标签。通过这些 HTML 标签，可以单独设置 TextView 控件中某些文字的大小、颜色等内容。当然，可以将这些包含 HTML 标签的内容作为字符串资源来保存。在字符串资源中，不能直接使用像"<h1>...</h1>"的 HTML 标签。实际上，在资源文件中也不能直接使用"<"、"&"等特殊符号（但可以使用">"、"/"等符号）。如果直接使用"<"，很多 HTML 标签会被忽略掉。因此这些特殊符号要使用 HTML 命名实体来表示。例如，"<"的命名实体是"<"；"&"的命名实体是"&"。下面的字符串资源中包含<h1>和<font>标签。

```
<string name="tagged_string">
    &lt;h1&gt;&lt;font color='#0000FF'>测试&lt;/font>&lt;/h1>
</string>
```

上面的字符串资源必须使用 Html.fromHtml 方法进行转换才能被 TextView 控件识别，代码如下：

```
String tagged = getString(R.string.tagged_string);
tvTagged.setText(Html.fromHtml(tagged));
```

当然，也可以直接在字符串资源中使用"<"、"&"等特殊字符，但要将这些字符串资源放在<![CDATA[...]]>块中，代码如下：

```
<string name="tagged1_string">
    <![CDATA[<a href='http://nokiaguy.blogjava.net'>http://nokiaguy.blogjava.net</a><h1><font color='#FF0000'>Hello </font><i><font color='#0000FF'>every one</font></i></h1>]]>
</string>
```

引用 tagged1_string 的 Java 代码如下：

```
String tagged1 = getString(R.string.tagged1_string);
tvTagged1.setText(Html.fromHtml(tagged1));
```

经作者测试，仍然有一些标签可以直接在资源文件中使用，例如，<b>、<i>等，包含这些标签的字符串资源必须直接在<TextView>标签的 android:text 属性中引用，不能在 Java 代码中使用 Html.fromHtml 方法进行转换。下面是一个包含<b>和<i>标签的字符串资源：

```
<string name="styled_welcome_message">
    I am
    <b>
        <i>so</i>
    </b>
    glad to see you.
</string>
```

引用上面资源文件的代码如下：

```
<TextView android:layout_width="fill_parent"
    android:layout_height="wrap_content" android:text="@string/styled_welcome_message"
    android:textColor="#000" />
```

运行本例后，会显示如图 22-4 所示的信息。

22.2.3 数组（Array）资源

工程目录：src\ch22\ch22_array

不仅是字符串，数组也可以作为资源保存在 XML 文件中。数组资源包括字符串数组和整数数组资源。数组资源与字符串资源都保存在 res\values 目录的资源文件中。

字符串数组资源使用<string-array>标签定义，整数数组资源使用<integer-array>标签定义。下面的代码定义了一个字符串数组资源和一个整数数组资源。

图 22-4　输出各种字符串资源

array.xml 文件

```
<resources>
    <!--  定义字符串数组资源  -->
    <string-array name="provinces">
        <item>
            广西省
        </item>
        <item>
            辽宁省
        </item>
        <item>
            江苏省
        </item>
        <item>
            广东省
        </item>
        <item>
            湖北省
        </item>
    </string-array>
    <!--  定义整数数组资源  -->
    <integer-array name="values">
        <item>
            100
        </item>
        <item>
            200
        </item>
        <item>
            300
        </item>
        <item>
            400
        </item>
        <item>
            500
        </item>
```

```
        </integer-array>
</resources>
```

> 虽然 array.xml 是 XML 文件，但并不需要 XML 头（<?xml version="1.0" encoding="utf-8"?>），当然，加上这行代码也可以。

可以使用下面的代码来读取在 array.xml 文件中定义的数组资源：

```
//  读取字符串数组资源
String[] provinces = getResources().getStringArray(R.array.provinces);
for (String province : provinces)
{
    textView1.setText(textView1.getText() + "    " + province);
}
//  读取整数数组资源
int[] values = getResources().getIntArray(R.array.values);
for (int value : values)
{
    textView2.setText(textView2.getText() + "    " + String.valueOf(value));
}
```

> <string-array>和<integer-array>标签只能分别定义字符串数组和整数数组。如果使用<string-array>定义整数数组，通过 getIntArray 方法读取数组元素值时会返回 0；使用<integer-array>标签则只允许数组元素的值是整数。如果违反这个规则，ADT 会显示无法验证通过。

运行本节的例子，显示的效果如图 22-5 所示。

22.2.4　颜色（Color）资源

工程目录：src\ch22\ch22_color

Android 允许将颜色值作为资源保存在资源文件中。保存在资源文件中的颜色值用"#"符号开头，并支持如下 4 种表示方式：

图 22-5　读取数组资源

- #RGB
- #ARGB
- #RRGGBB
- #AARRGGBB

其中 R、G、B 表示三原色，也就是红、绿、蓝，A 表示透明度，也就是 Alpha 值。A、R、G、B 的取值范围都是 0～255。R、G、B 的取值越大，颜色越深。如果 R、G、B 都等于 0，表示的颜色是黑色；都为 255，表示的颜色是白色。R、G、B 三个值相等时，表示灰度值。R、G、B 总共可表示 16777216（2 的 24 次方）种颜色。A 取 0 时表示完全透明，取 255 时表示不透明。如果采用前两种颜色值表示法，A、R、G、B 的取值范围是 0～15，这并不意味着是颜色范围的 256 个值的前 15 个，而是将每一个值扩展成两位。例如，#F00 相当于#FF0000；#A567 相当于#AA556677。从这一点可以看出，#RGB 和#ARGB 可设置的颜色值并不多，它们的限制条件是颜色值和透明度的 8 位字节的高 4 位和低 4 位相同。其他的颜色值必须使用后两种形式设置。

颜色值也必须定义在 res\values 目录的资源文件中。下面的代码定义了 4 个颜色资源：

color.xml 文件

```
<resources>
```

```xml
        <color name="red_color">#F00</color>
        <color name="blue_color">#0000FF</color>
        <color name="green_color">#5000FF00</color>
        <color name="white_color">#5FFF</color>
</resources>
```

颜色资源文件可以使用@color/resourceId 的形式在 XML 布局文件中引用，代码如下：

```xml
<TextView android:layout_width="fill_parent"
    android:layout_height="wrap_content" android:text="红色字体蓝色背景"
    android:textSize="25sp" android:textColor="@color/red_color"
    android:background="@color/blue_color" />
<TextView android:layout_width="fill_parent"
    android:layout_height="120dp" android:text="蓝色字体半透明绿色背景"
    android:textSize="25sp" android:textColor="@color/blue_color"
    android:background="@color/green_color" />
<TextView android:layout_width="fill_parent"
    android:layout_height="wrap_content" android:text="蓝色字体红色背景"
    android:textSize="25sp" android:textColor="@color/blue_color"
    android:background="@color/red_color" />
```

读取颜色资源的 Java 代码如下：

```
textView.setTextColor(getResources().getColor(R.color.blue_color));
textView.setBackgroundResource(R.color.white_color);
```

在 color.xml 文件定义的 4 个颜色资源中，后两个设置了颜色的透明度。运行本节的例子，读者可以通过背景图和 TextView 背景颜色的对比，观察透明的效果，如图 22-6 所示。

图 22-6　读取颜色资源

22.2.5　尺寸（Dimension）资源

工程目录：src\ch22\ch22_dimension

尺寸资源就是一系列浮点数组成的资源，这些资源需要在 res\values 目录的资源文件中定义，<dimen>标签用来定义尺寸资源。下面的代码定义了 3 个尺寸资源：

dimension.xml 文件

```xml
<resources>
    <dimen name="size_px">50px</dimen>
    <dimen name="size_in">1.5in</dimen>
    <dimen name="size_sp">30sp</dimen>
</resources>
```

从上面的代码可以看出，在尺寸值后面是尺寸单位。Android 支持如下 6 种度量单位：

- px：表示屏幕实际的像素。例如，320*480 的屏幕在横向有 320 个像素，在纵向有 480 个像素。
- in：表示英寸，是屏幕的物理尺寸，每英寸等于 2.54 厘米。例如形容手机屏幕大小，经常说 3.2（英）寸、3.5（英）寸、4（英）寸就是指这个单位。这些尺寸是屏幕的对角线长度。如果手机的屏幕是 3.2 英寸，表示手机的屏幕（可视区域）对角线长度是 3.2*2.54 = 8.128 厘米。读者可以去量一量自己的手机屏幕，看和实际的尺寸是否一致。
- mm：表示毫米，是屏幕的物理尺寸。
- pt：表示一个点，是屏幕的物理尺寸，大小为 1 英寸的 1/72。
- dp：与密度无关的像素，这是一个基于屏幕物理密度的抽象单位。密度可以理解为每英寸包含的像素点个数（单位是 dpi），1dp 实际上相当于密度为 160dpi 的屏幕的一个点。也就是说，当屏幕的物理密度是 160dpi 时，dp 和 px 是等效的。现在用实际的手机屏幕说明一下。一块拥有 320*480 分辨率的手机屏幕，如果宽度是 2 英寸，高度是 3 英寸，这块屏幕的密度就是 160dpi。如果屏幕大小未变，而分辨率发生了变化，例如，分辨率由 320*480 变成了 480*800，这时屏幕的物理密度就变大了（大于 160dpi）。这就意味着屏幕每英寸可以显示更多的像素点，屏幕的显示效果就更细腻了。假设一个按钮的宽度使用 dp 作为单位，在 160dpi 时设为 160，而在更高的 dpi 下（如 320dpi），按钮宽度看上去和 160dpi 时的屏幕一样。这是由于系统在发现屏幕的密度不是 160dpi 时，会计算一个转换比例，然后用这个比例与实际设置的尺寸相乘就得出新的尺寸。计算比例的方法是目标屏幕的密度除以 160。如果目标屏幕的密度是 320dpi，那么这个比例就是 2。如果按钮的宽度是 160dp，那么在 320dpi 的屏幕上的宽度就是 320 个像素点（dp 是抽象单位，在实际的屏幕上应转换成像素点）。从这一点可以看出，dp 可以自适应屏幕的密度。不管屏幕密度怎样变化，只要屏幕的物理尺寸不变，实际显示的尺寸就不会变化。如果将按钮的宽度设成 160px，那么在 320dpi 的屏幕上仍然会是 160 个像素点，看上去按钮宽度只是 160dpi 屏幕的一半。Android 官方建议设置表示宽度、高度、位置等属性时应尽量使用 dp 作为尺寸单位。除了使用 dp，也可以使用 dip，它们是等效的。要注意的是，dpi 表示密度，而 dip=dp。在使用时不要弄混了。
- sp：与比例无关的像素。这个单位与 dp 类似。但除了自适应屏幕密度外，还会自适应用户设置的字体。因此，Android 官方推荐在设置字体大小时（textSize 属性），应尽量使用 sp 作为尺寸单位。

下面的代码引用了 dimension.xml 文件中定义的尺寸资源：

```xml
<TextView android:layout_width="200px" android:layout_height="wrap_content"
    android:background="#FFF" android:textColor="#000" android:text="宽度：200 像素" />
<TextView android:layout_width="@dimen/size_in" android:layout_height="wrap_content"
    android:background="#FFF" android:text="宽度：1.5 英寸"
    android:layout_marginTop="10dp" android:textColor="#000"/>
<TextView android:layout_width="20mm" android:layout_height="wrap_content"
    android:background="#FFF" android:text="宽度：20 毫米"
```

```
        android:layout_marginTop="10dp" android:textColor="#000"/>
<TextView android:layout_width="100pt" android:layout_height="wrap_content"
        android:background="#FFF" android:text="宽度：100 points"
        android:layout_marginTop="10dp" android:textColor="#000"/>
<TextView android:layout_width="200dp" android:layout_height="@dimen/size_px"
        android:background="#FFF" android:text="宽度：200 dp\n 高度：50 px"
        android:layout_marginTop="10dp" android:textColor="#000"/>
<TextView android:layout_width="200dp" android:layout_height="wrap_content"
        android:background="#FFF" android:textSize="@dimen/size_sp" android:text="字体尺寸：30sp"
        android:layout_marginTop="10dp" android:textColor="#000"/>
```

运行本节的例子，会显示如图 22-7 所示的效果。

图 22-7　设置尺寸资源

除了在 XML 布局文件中获得尺寸资源外，也可以使用如下 Java 代码获得尺寸资源：

```
float size_in = getResources().getDimension(R.dimen.size_in);
```

22.2.6　类型（Style）资源

工程目录：src\ch22\ch22_styles

虽然可以在 XML 布局文件中灵活地设置控件的属性，但如果有很多控件的属性都需要设置同一个值，那么设置每个控件的属性就显得有些麻烦。要解决这个问题，就要依赖本节要讲的类型资源。

类型资源实际上就是将需要设置相同值的属性提出来放在单独的地方，然后在每一个需要设置这些属性的控件中引用这些类型。这种效果有些类似于面向对象中的方法。将公共的部分提出来，然后在多个方法中调用执行公共代码的方法。

类型需要在 res\values 目录的资源文件中定义。每一个<style>标签表示一个类型，该标签有一个 name 属性，表示类型名，在类型中，每一个属性使用<item>表示。类型之间也可以继承，通过<style>标签的 parent 属性指定父类型的资源 ID。引用类型的语法是"@style/resourceId"。下面的代码定义了 3 个类型，并设置了相应的继承关系。

styles.xml 文件

```xml
<resources>
    <style name="style1">
        <item name="android:textSize">20sp</item>
        <item name="android:textColor">#FFFF00</item>
    </style>
    <style name="style2" parent="@style/style1">
        <item name="android:gravity">center_horizontal</item>
    </style>
    <style name="style3" parent="@style/style2">
        <item name="android:gravity">right</item>
        <item name="android:textColor">#FF0000</item>
    </style>
</resources>
```

在 style1 中设置了 android:textSize 和 android:textColor 属性，style2 则继承 style1，并设置 android:gravity 属性。style3 继承 style2，并覆盖 android:gravity 和 android:textColor 属性的值。在控件标签中需要使用 style 来引用这些类型，但要注意，style 前面不能加 android 命名空间。

```xml
<TextView android:layout_width="fill_parent"
    android:layout_height="wrap_content" android:text="类型 1（style1）"
    style="@style/style1" />
<TextView android:layout_width="fill_parent"
    android:layout_height="wrap_content" android:text="类型 2（style2）"
    style="@style/style2" />
<TextView android:layout_width="fill_parent"
    android:layout_height="wrap_content" android:text="类型 3（style3）"
    style="@style/style3" />
```

运行本节的例子，显示的效果如图 22-8 所示。

图 22-8　通过类型资源设置属性的效果

22.2.7　主题（Theme）资源

工程目录：src\ch22\ch22_themes

我们曾使用过 Theme.Dialog 主题来设置悬浮对话框。我们可以找到定义这个主题的代码，看看主题到底是什么。打开<Android SDK 安装目录>\platforms\android-10\data\res\values\ themes.xml 文件，找到名为 Theme.Dialog 的主题，代码如下：

```xml
<style name="Theme.Dialog">
    <item name="android:windowFrame">@null</item>
    <item name="android:windowTitleStyle">@android:style/DialogWindowTitle</item>
    <item name="android:windowBackground">@android:drawable/panel_background</item>
    <item name="android:windowIsFloating">true</item>
    <item name="android:windowContentOverlay">@null</item>
    <item name="android:windowAnimationStyle">@android:style/Animation.Dialog</item>
    <item name="android:windowSoftInputMode">stateUnspecified|adjustPan</item>
</style>
```

从上面的代码可以看出,主题实际上也是类型,只是这种类型只能用于<activity>和<application>标签。其中<activity>用于定义 Activity,该标签是<application>的子标签。如果在<application>标签中使用主题,那么所有在<application>中定义的<activity>都会继承这个主题。在<activity>中使用主题可以覆盖<applicaiton>的主题。

仔细观察 Theme.Dialog 主题,并在 themes.xml 文件中找到 Theme 主题。可以发现,Theme.Dialog 实际上是继承于 Theme 的,只是使用了类型的另外一种描述继承关系的方式。这种方式类似于对象的层次关系,通过"."来连接各个层次的主题。在 22.2.6 节中的 3 个类型的继承关系也可以使用下面的代码表示:

```xml
<resources>
    <style name="style1">
        <item name="android:textSize">20sp</item>
        <item name="android:textColor">#FFFF00</item>
    </style>
    <style name="style1.style2">
        <item name="android:gravity">center_horizontal</item>
    </style>
    <style name="style1.style2.style3">
        <item name="android:gravity">right</item>
        <item name="android:textColor">#FF0000</item>
    </style>
</resources>
```

从 name 属性值可以看出,"."后面的类型继承于前面的类型。在引用时需要引用 style1、style1.style2 和 style1.style2.style3。

现在在 ch22_themes 工程的 res\values 目录建立一个 themes.xml 文件,并在该文件中定义两个主题:MyTheme 和 MyTheme1。这两个主题可以设置 Activity 的背景图像以及标题栏的背景图像、标题文字的大小。

```xml
<resources>
    <style name="WindowTitleBackground">
        <item name="android:background">@drawable/bg</item>
    </style>
    <style name="MyTheme">
        <item name="android:windowBackground">@drawable/wp</item>
        <item name="android:windowTitleSize">30dp</item>
        <item name="android:textColor">#FF0000</item>
        <item name="android:textSize">20sp</item>
        <item name="android:windowTitleBackgroundStyle">@style/WindowTitleBackground</item>
    </style>
    <style name="MyTheme.MyTheme1">
        <item name="android:windowTitleSize">50dp</item>
        <item name="android:textSize">30sp</item>
    </style>
</resources>
```

在<application>标签中添加 android:theme 属性，并将 android:theme 属性的值设为@style/MyTheme.MyTheme1。然后运行本节的例子，显示的效果如图 22-9 所示。

图 22-9　自定义主题的效果

22.2.8　绘画（Drawable）资源

工程目录：src\ch22\ch22_drawable

在 Android 应用程序中经常会使用到很多图像，这些图像资源必须放在 res\drawable 目录中。Android 支持很多常用的图像格式，例如 jpg、png、bmp、gif（不包括动画 gif）。在 res\drawable 目录中放置图像文件，然后在程序中读取的过程可能读者已经再熟悉不过了。因为本书的所有例子至少会涉及到一个图像文件（icon.png），该图像文件是应用程序的默认图标。ADT 创建新的 Eclipse Android 工程时自动向新工程添加这个默认的图像文件，并在 AndroidManifest.xml 文件中将该图像文件设为默认的应用程序图标。

既可以在 XML 布局文件中引用 res\drawable 目录中的图像文件，也可以使用 Java 代码来读取它。在 XML 布局文件中引用图像文件的格式如下：

@drawable/resourceId

假设在 res\drawable 目录中有一个 avatar.jpg 文件，并想将该图像设为背景，可以使用下面的配置代码：

android:background="@drawable/avatar"

 在 res\drawable 目录中不能存在多个文件名相同、扩展名不同的图像文件，例如 avatar.jpg 和 avatar.png 不能同时存在，否则在 R 类中会生成重复的 ID。

读取图像资源的 Java 代码如下：

Drawable drawable = getResources().getDrawable(R.drawable.avatar);

虽然在 res\drawable 目录中经常放置图像文件,但使用 Java 代码读取图像资源文件后返回的却是 Drawable 对象。该对象不仅可用来描述图像,也可用来描述绘制的图形,因此,一般将 Drawable 资源称为绘画资源。本节的后面会介绍如何设置和读取颜色 Drawable 对象。

res\drawable 目录除了可以放置普通的图像文件名,还可以放置一种叫 Nine-Patch(stretchable)Images 的图像文件。这种文件必须以 9.png 结尾,是一种特殊的图像,主要用于边框图像的显示。如果用普通的图像,当图像放大或缩小时,在图像上绘制的边框也会随之变粗或变细。而使用 9-Patch 格式的图像,无论图像大小如何变化,边框粗细会总保持不变。

Android SDK 还支持一种绘制颜色的 Drawable 资源,这种资源需要在 res\values 目录中的资源文件中配置。配置文件与颜色资源类似,只是要使用<drawable>标签,代码如下:

```
<drawable name="solid_blue">#0000FF</drawable>
<drawable name="solid_yellow">#FFFF00</drawable>
```

上面的代码设置两种颜色的 Drawable 资源:蓝色和黄色。在 XML 布局文件中可以直接使用 @drawable/resourceID 来指定这些资源,代码如下:

```
<TextView android:layout_width="fill_parent"
    android:layout_height="wrap_content" android:text="drawable"
    android:textColor="@drawable/solid_yellow" android:background="@drawable/solid_blue" android:layout_marginTop="200dp"/>
```

绘制颜色的 Drawable 资源也需要使用 getDrawable 方法获得 Drawable 对象,代码如下:

```
Drawable drawable = getResources().getDrawable(R.drawable.solid_blue);
```

虽然在读取图像文件和绘制颜色的 Drawable 资源时都返回 Drawable 对象,但它们实际上指向不同的 Drawable 对象。普通的图像指向 BitmapDrawable 对象;9.patch 图像指向 NinePatchDrawable 对象;绘制颜色的 Drawable 资源指向 PaintDrawable 对象。

22.2.9 动画(Animation)资源

Android SDK 支持两种 2D 动画:帧(Frame)动画和补间(Tween)动画。这两种动画都由动画文件控制,这些动画文件必须放在 res\anim 目录中。其中涉及到的图像文件仍然要放在 res\drawable 目录中。动画文件及其相关的图像文件,统称为动画资源。

帧动画由若干幅图组成,通过设置每幅图的停留时间,可以控制播放的快慢。补间动画首先要设置目标(可以是图像、控件等元素)的开始状态和结束状态,以及动画效果等参数,然后由系统自动生成中间状态的目标形状和位置。关于帧动画和补间动画的详细介绍和使用方法,请读者参阅第 11 章的内容。

22.2.10 菜单(Menu)资源

工程目录:src\ch22\ch22_menu

菜单除了可以使用 Java 代码定义外,还可以使用 XML 文件来定义。这些定义菜单的 XML 文件称为菜单资源。菜单资源文件必须放在 res\menu 目录中。

菜单资源文件必须使用<menu>标签作为根节点。除了<menu>标签外,还有另外两个标签用于设置菜单项和分组,这两个标签是<item>和<group>。

<menu>标签没有任何属性,但可以嵌套在<item>标签中,表示一个子菜单。<item>标签中不能再嵌

入<item>标签，否则系统会忽略嵌入的<item>标签（并不会抛出异常）。<item>标签的属性含义如下：

- id：表示菜单项的资源 ID。
- menuCategory：表示菜单项的种类。该属性可取 4 个值：container、system、secondary 和 alternative。通过 menuCategroy 属性可以控制菜单项的位置。例如将属性值设为 system，表示该菜单项是系统菜单，应放在其他种类菜单项的后面。
- orderInCategory：同种类菜单的排列顺序。该属性需要设置一个整型值。例如 menuCategory 属性值都为 system 的 3 个菜单项（item1、item2 和 item3）。将这 3 个菜单项的 orderInCategory 属性值设为 3、2、1，那么 item3 会显示在最前面，而 item1 会显示在最后面。
- title：菜单项标题（菜单项显示的文本）。
- titleCondensed：菜单项的短标题。当菜单项标题太长时会显示该属性值。
- icon：菜单项图标的资源 ID。
- alphabeticShortcut：菜单项的字母快捷键。
- numericShortcut：菜单项的数字快捷键。
- checkable：表示菜单项是否带复选框。该属性可设置的值为 true 或 false。
- checked：如果菜单项带复选框（checkable 属性为 true），该属性表示复选框默认状态是否被选中。可设置的值为 true 或 false。
- visible：菜单项默认状态是否可视。
- enabled：菜单项默认状态是否被激活。

<group>标签的属性含义如下：

- id：表示菜单组的 ID。
- menuCategory：与<item>标签的同名属性含义相同。只是作用域为菜单组。
- orderInCategory：与<item>标签的同名属性含义相同。只是作用域为菜单组。
- checkableBehavior：设置该组所有菜单项上显示的选择控件（CheckBox 或 Radio Button）。如果将该属性值设为 all，显示 CheckBox 控件；如果设为 single，显示 Radio Button 控件；如果设为 none，显示正常的菜单项（不显示任何选择控件）。要注意的是，Android SDK 官方文档在解释该属性时有一个笔误，原文是：Whether the items are checkable. Valid values: none, **all (exclusive / radio buttons), single (non-exclusive / checkboxes)**，黑体字部分正好写反了，正确的解释应该是 all (non-exclusive / checkboxes), single (exclusive / radio buttons)。读者在阅读 Android SDK 官方文档时应注意这一点。
- visible：表示当前组中所有菜单项是否显示。该属性可设置的值是 true 或 false。
- enabled：表示当前组中所有菜单项是否被激活。该属性可设置的值是 true 或 false。

下面是一个菜单资源文件的例子。

options_menu.xml 文件

```
<menu xmlns:android="http://schemas.android.com/apk/res/android">
    <item android:id="@+id/mnuFestival" android:title="节日"
        android:icon="@drawable/festival" />
    <group android:id="@+id/mnuFunction">
        <item android:id="@+id/mnuEdit" android:title="编辑" android:icon="@drawable/edit" />
        <item android:id="@+id/mnuDelete" android:title="删除"
```

```xml
            android:icon="@drawable/delete" />
        <item android:id="@+id/mnuFinish" android:title="完成"
            android:icon="@drawable/finish" />
    </group>
    <item android:id="@+id/mnuOthers" android:title="其他功能">
        <!-- 定义子菜单 -->
        <menu>
            <!-- 所有的子菜单项都带 Radio Button -->
            <group android:checkableBehavior="single">
                <!-- 该菜单项的种类是 system（在最后显示），而且 RadioButton 处于选中状态 -->
                <item android:id="@+id/mnuDiary" android:title="日记"
                    android:menuCategory="system" android:checked="true" />
                <item android:id="@+id/mnuAudio" android:title="音频"
                    android:orderInCategory="2" />
                <item android:id="@+id/mnuVideo" android:title="视频"
                    android:orderInCategory="3" />
            </group>
        </menu>
    </item>
</menu>
```

在 options_menu.xml 资源文件中定义了一个选项菜单和一个子菜单。为了显示选项菜单，需要在 onCreateOptionsMenu 事件方法中装载这个菜单资源文件，代码如下：

```java
public boolean onCreateOptionsMenu(Menu menu)
{
    MenuInflater menuInflater = getMenuInflater();
    // 装载 options_menu.xml 文件
    menuInflater.inflate(R.menu.options_menu, menu);
    // 设置"编辑"菜单的单击事件
    menu.findItem(R.id.mnuEdit).setOnMenuItemClickListener(this);
    // 设置子菜单的头部图标
    menu.getItem(4).getSubMenu().setHeaderIcon(R.drawable.icon);
    return true;
}
```

在上面的代码中，通过两种方式获得了在菜单资源文件中定义的菜单项：findItem 和 getItem。这两个方法分别通过菜单项资源 ID 和实际显示的索引来获得菜单项（MenuItem 对象）。在实际使用时，建议使用 findItem 方法通过菜单项资源 ID 获得 MenuItem 对象。

除了选项菜单和子菜单，上下文菜单也可以使用菜单资源文件定义。下面是一个上下文菜单的资源文件。

context_menu.xml 文件

```xml
<menu xmlns:android="http://schemas.android.com/apk/res/android">
    <item android:id="@+id/mnuEdit" android:title="编辑" />
    <item android:id="@+id/mnuDelete" android:title="删除" />
    <item android:id="@+id/mnuFinish" android:title="完成" />
</menu>
```

为了显示上下文菜单，在屏幕上方设置一个 EditText 控件，并在 onCreateContextMenu 事件方法中显示上下文菜单。

```java
public void onCreateContextMenu(ContextMenu menu, View view, ContextMenuInfo menuInfo)
{
    MenuInflater menuInflater = getMenuInflater();
    // 装载 context_menu.xml 文件
    menuInflater.inflate(R.menu.context_menu, menu);
    super.onCreateContextMenu(menu, view, menuInfo);
}
```

最后需要在 onCreate 事件方法中将上下文菜单注册到 EditText 控件上，代码如下：

```java
EditText editText = (EditText)findViewById(R.id.edittext);
```

```
// 将上下文菜单注册到 EditText 控件上
registerForContextMenu(editText);
```

现在运行本节的例子，按模拟器上的 Menu 菜单，会显示如图 22-10 所示的选项菜单。单击"其他功能"菜单项，会显示如图 22-11 所示的子菜单。长按 Edit text 控件，会弹出如图 22-12 所示的上下文菜单。

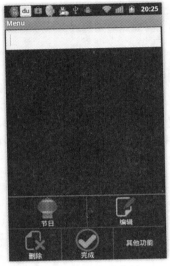

图 22-10　选项菜单　　　　　图 22-11　子菜单　　　　　图 22-12　上下文菜单

22.2.11　布局（Layout）资源

　　Android 应用程序有两种方式生成控件：XML 布局文件和 Java 代码。所有的 XML 布局文件必须保存在 res\layout 目录中。假设在 res\layout 目录中有一个名为 test.xml 的布局文件，可以使用 R.layout.test 来引用这个 XML 布局文件。

　　XML 布局文件的内容由 ViewGroup 或 View 对应的标签组成。顶层节点既可以是 ViewGroup，也可以是 View。如果是 ViewGroup，可以在 ViewGroup 中包含其他的 ViewGroup 和 View。如果顶层节点是 View，在整个 XML 布局文件中只能有这一个 View 控件。关于 XML 布局文件的例子在前面的各章节已经多次使用过了，读者可以参阅各章的例子来学习如何使用布局资源。

22.2.12　属性（Attribute）资源

　　在前面的章节曾实现了一个可以显示图标的 IconTextView 控件。在这个控件中有一个自定义的属性 iconSrc，通过该属性可以指定图标的资源 ID。同时还为这个属性指定了一个命名空间，用 mobile 表示。虽然 IconTextView 控件的使用上没有任何问题，但即使将 iconSrc 属性值设成非资源 ID（例如，20dp），或将 iconSrc 属性名写成其他的名字（例如 mobile:iconSrc1），ADT 在检查当前的 XML 布局文件时仍然不会报错（当 iconSrc 属性值指定的图像资源不存在时才会报错），只有在应用程序运行时才会抛出异常或出现意料之外的情况。

不过在使用 Android SDK 提供的控件时，在属性名写错或指定的属性值不符合要求时，ADT 都会显示 XML 布局文件有错误，这时是无法在 Eclipse 中运行出错的 Android 应用程序的。究其原因，最大的可能是在 Android SDK 的某处对这些属性进行了进一步验证，从而最大限度地保证了在设计期间所设置的属性值的正确性。

既然前面是猜想，那么现在就来证实这个猜想。首先我们需要寻找 Android SDK 中定义这些属性及其约束的相关配置文件。Android SDK 中类似的这种配置文件一般都在<Android SDK 安装目录>\platforms\android-1.5\data\res\values 目录中。进入这个目录，会看到一些 XML 文件，从文件名可以猜一下，配置属性的文件名称一般会起与属性（Attribute）相关的名字。从这个目录中很容易找到 attrs.xml 文件，现在打开这个文件，先来找一下读者感到熟悉的属性，例如 id、textColor 等，在查找这些属性时，应在查找对话框中输入 "name="id""、"name="textColor""。查找到的结果如下：

```
<attr name="id" format="reference" />
<attr name="textColor" format="reference|color" />
```

虽然继续查找还会找到很多类似的代码，但上面这两行代码是 id 属性和 textColor 属性的核心。如果读者仔细阅读前面的部分，会发现 id 属性只能使用资源 ID 的形式，例如@+id/textview。textColor 属性可以设置两类值：颜色资源 ID 或实际的颜色值。从上面两行代码的 format 属性可以看出，id 属性的 format 值为 reference，这个 reference 就表示该属性值必须是一个资源 ID 的形式。而 textColor 属性的 format 值是 reference|color，表示该属性值既可以是资源 ID，也可以是实际的颜色值。从这一点可以断定，Android SDK 就是采用了 attrs.xml 文件中的配置对这些属性值进行限定的。

reference 只限定了属性值必须是资源 ID，但并没限定是哪种资源 ID，因此 format 值为 reference 的属性可以设成任意资源的 ID，例如，可以将 textColor 属性的值设为 "@layout/main"。但这么做并没有实际的意义，还可能导致程序运行异常，因此读者在设置需要资源 ID 的属性时应注意所设置的资源 ID 种类。

既然 Android SDK 可以对自己提供的控件属性值进行限定，那么在足够开放的 Android 系统中也不会限制开发人员对自己开发控件的属性值进行限定。下面来看看如何编写我们自己的属性资源（可以将限定属性值的配置代码称为属性资源）。

属性资源需要定义在 res\values 目录中的 XML 资源文件中，文件名可以任意取（并不限定于 attrs.xml）。限定一个属性值的基本语法如下：

```
<attr name="属性名" format="属性值限定字符串" />
```

这个语法格式在 attrs.xml 文件中已经多次见到了。format 属性值必须是指定的限定字符串，例如 reference、string、float、color 等。

如果有很多控件都使用有同样限定的属性，可以单独使用<attr>标签定义这些属性，然后再对其引用。为了在自定义控件中读取属性值，需要将<attr>标签放到<declare-styleable>标签中，该标签只有一个 name 属性，用于引用定义的类型。例如，下面的代码定义了 id 属性及其属性值的限定，并在不同的控件中引用了 id 属性。

```
<resources>
    <attr name="iconSrc" format="reference" />
    <declare-styleable name="MyWidget">
        <attr name="id " />
    </declare-styleable>
</resources>
```

从上面代码可以看出，在<declare-styleable>标签中引用事先定义好的属性并不需要指定 format 值，这也有利于减少重复的配置代码。如果有多个控件使用 id 属性，只需要使用<attr name="id"/>就可以指定 id 属性及其限定。

使用属性资源对属性值进行限定，不仅仅是指定属性值的范围，还需要告诉 ADT 在哪里找属性资源对应的资源 ID，也就是 R.java 文件的位置。在前面各章节的例子程序中经常会看到一个 android 命名空间，该命名空间的值是"http://schemas.android.com/apk/res/android"。其中最后一个 android 前面的部分（http://schemas.android.com/apk/res/）是固定的，而最后一个 android 实际上是 Android SDK 中的 R.class（发行包就没有 R.java 了，只有编译好的 R.class）文件的位置，也是 R 类的包名。可以打开<Android SDK 安装目录>\platforms\android-10\android.jar 文件，看一下在 android 目录中是否有一个 R.class 文件（还有一些 R 类的内嵌类生成的.class 文件）。

现在要定义我们自己的命名空间，命名空间的名字可以随便起，但命名空间的值要按 android 命名空间的规则来取，也就是前面必须是 http://schemas.android.com/apk/res/，最后的部分要是 R 类的包名。也可以认为是 AndroidManifest.xml 文件中<manifest>标签的 package 属性的值。假设 package 属性的值为 net.blogjava.mobile，完整的命名空间的定义如下：

xmlns:app="http://schemas.android.com/apk/res/net.blogjava.mobile"

ADT 会根据 net.blogjava.mobile 找到 R 类，并读取其中的属性及其属性值的限定范围。

从前面的描述可以看出，属性资源的作用之一是为控件属性添加属性值的限定条件，从而使 ADT 可以在设计 XML 布局文件时验证属性值的正确性。除了这个作用，属性资源还可以为自定义控件添加属性。这一点将在下一节详细介绍。

22.2.13 改进可显示图标的 IconTextView 控件

工程目录：src\ch22\ch22_icontextview

在前面的章节曾实现了一个 IconTextView 控件，该控件可以在文本的前面显示一个图标。在这个控件中有一个自定义属性 iconSrc。但只在代码中对该属性的值进行验证，而在 XML 布局文件中可以任意设置该属性的值。本实例将在属性资源中定义 iconSrc 属性及其属性值约束，并且为 IconTextView 控件新添加一个属性 iconPosition。该属性只能设置两个值：left 和 right，分别表示在文本左侧和右侧显示图标，默认值是 left。

下面先看看本例的运行效果，如图 22-13 所示。

改进 IconTextView 控件的第 1 步就是在 res\values 目录中建立一个属性资源文件 attrs.xml，并输入如下内容：

```xml
<resources>
    <!-- 定义一个全局的属性及其属性值约束，然后只需引用该属性的属性名即可 -->
    <attr name="iconPosition">
        <!-- 定义了 iconPosition 属性的两个可取值 -->
        <enum name="left" value="0" />
        <enum name="right" value="1" />
    </attr>
    <declare-styleable name="IconTextView">
        <attr name="iconSrc" format="reference" />
        <attr name="iconPosition" />
    </declare-styleable>
</resources>
```

资源、国际化与自适应　第 22 章

图 22-13　IconTextView 控件的显示效果

在 attrs.xml 文件中定义了一个全局属性 iconPosition，在该属性中使用<enum>标签定义了该属性可设置的两个值：left 和 right。其中 name 属性表示可设置的属性值，value 表示在 Java 代码中读取该属性时返回的值。在<declare-styleable>标签中只需简单地使用<attr>标签引用 iconPosition 属性即可。

下面需要在 IconTextView 类的构造方法中读取 iconSrc 和 iconPosition 属性的值，代码如下：

```
public IconTextView(Context context, AttributeSet attrs)
{
    super(context, attrs);
    TypedArray typedArray = context.obtainStyledAttributes(attrs, R.styleable.IconTextView);
    resourceId = typedArray.getResourceId(R.styleable.IconTextView_iconSrc, 0);
    if (resourceId > 0)
        bitmap = BitmapFactory.decodeResource(getResources(), resourceId);
    iconPosition = typedArray.getInt(R.styleable.IconTextView_iconPosition, 0);
}
```

根据属性资源读取属性值，首先要获得表示属性数组的对象（TypedArray 对象），也就是<declare-styleable>标签对应的对象。获得 TypedArray 对象要使用<declare-styleable>标签的 name 属性值，也就是 IconTextView（要注意的是，name 属性值可以任意设置，但一般该属性值可设为与控件类相同的名字）。获得具体的属性值要使用 TypedArray 类的 getResourceId、getInt 等方法。该方法使用的资源 ID 名称是<declare-styleable>标签的 name 属性值与相应<attr>标签的 name 属性值的组合，中间用"_"分隔。getResourceId 和 getInt 方法的第 2 个参数是默认值，如果未设置该属性，则返回该值。

在使用 IconTextView 控件之前，需要先在 main.xml 文件中定义一个命名空间，代码如下：

```
<LinearLayout xmlns:android="http://schemas.android.com/apk/res/android"
    xmlns:app="http://schemas.android.com/apk/res/net.blogjava.mobile"
    android:orientation="vertical" android:layout_width="fill_parent"
    android:layout_height="fill_parent">
    ... ...
</LinearLayout>
```

其中 app 命名空间中的 net.blogjava.mobile 是 R 类的包名，这部分不能设为其他值。下面是使用 IconTextView 控件的代码：

```
<net.blogjava.mobile.widget.IconTextView
    android:layout_width="fill_parent" android:layout_height="wrap_content"
    android:text="第一个笑脸" app:iconSrc="@drawable/small" app:iconPosition="left" />
<net.blogjava.mobile.widget.IconTextView
```

```
    android:layout_width="fill_parent" android:layout_height="wrap_content"
    android:text="第二个笑脸" android:textSize="24sp" app:iconSrc="@drawable/small"
    app:iconPosition="right" />
```

读者可以试着将 app:iconSrc 改成 app:iconSrc1，或将 app:iconPosition 属性的值改成 abcd，看看 ADT 会不会显示错误信息。

22.2.14 XML 资源

工程目录：src\ch22\ch22_xml

XML 资源实际上就是 XML 格式的文本文件，这些文件必须放在 res\xml 目录中。可以通过 Resources.getXml 方法获得处理指定 XML 文件的 XmlResourceParser 对象。实际上，XmlResourceParser 对象处理 XML 文件的过程与前面介绍的 SAX 技术读取 XML 数据的过程类似。基本的读取过程是在遇到不同状态点（如开始分析文档、开始分析标签、分析标签完成等）时处理相应的代码。所不同的是 SAX 利用的是事件模型，而 XmlResourceParser 通过调用 next 方法不断更新当前的状态。

下面演示一下如何读取 res\xml 目录中的 XML 文件的内容。先在 res\xml 目录中建立一个 xml 文件。本节的例子将 AndroidManifest.xml 文件复制到 res\xml 目录中，并改名为 android.xml。读者也可以使用其他现成的 XML 文件或自己建立新的 XML 文件。

在准备完 XML 文件后，在 onCreate 方法中开始读取 XML 文件的内容，代码如下：

```java
public void onCreate(Bundle savedInstanceState)
{
    super.onCreate(savedInstanceState);
    setContentView(R.layout.main);
    TextView textView = (TextView) findViewById(R.id.textview);
    StringBuffer sb = new StringBuffer();
    //  获得处理 android.xml 文件的 XmlResourceParser 对象
    XmlResourceParser xml = getResources().getXml(R.xml.android);
    try
    {
        //  切换到下一个状态，并获得当前状态的类型
        int eventType = xml.next();
        while (true)
        {
            //  文档开始状态
            if (eventType == XmlPullParser.START_DOCUMENT)
            {
                Log.d("start_document", "start_document");
            }
            //  标签开始状态
            else if (eventType == XmlPullParser.START_TAG)
            {
                Log.d("start_tag", xml.getName());
                //  设置标签名称和当前标签的深度（根节点的 depth 是 1，第 2 层节点的 depth 是 2，依此类推）
                sb.append(xml.getName() + "（depth： " + xml.getDepth() + "    ");
                //  获得当前标签的属性个数
                int count = xml.getAttributeCount();
                //  将所有属性的名称和属性值添加到 StringBuffer 对象中
                for (int i = 0; i < count; i++)
                {
                    sb.append(xml.getAttributeName(i) + ":" + xml.getAttributeValue(i) + "    ");
                }
                sb.append("）\n");
            }
            //  标签结束状态
            else if (eventType == XmlPullParser.END_TAG)
```

```
                    {
                        Log.d("end_tag", xml.getName());
                    }
                    // 读取标签内容状态
                    else if (eventType == XmlPullParser.TEXT)
                    {
                        Log.d("text", "text");
                    }
                    // 文档结束状态
                    else if (eventType == XmlPullParser.END_DOCUMENT)
                    {
                        Log.d("end_document", "end_document");
                        //  文档分析结束后，退出 while 循环
                        break;
                    }
                    // 切换到下一个状态，并获得当前状态的类型
                    eventType = xml.next();
                }
                textView.setText(sb.toString());
            }
            catch (Exception e) { }
}
```

运行本例后，输出的信息如图 22-14 所示。

图 22-14　输出 android.xml 文件中的部分信息

22.2.15　RAW 资源

放在 res\raw 目录中的资源文件称为 RAW 资源。该目录中的任何文件都不会被编译。可以通过 Resources.openRawResource 方法获得读取指定文件的 InputStream 对象，代码如下：

```
InputStream is = getResources().openRawResource(R.raw.test);
```

在第 6 章的实例 40 中实现的英文词典就是将 res\raw 目录中的 dictionary.db 文件复制到 SD 卡的相应目录，然后再打开这个数据库文件，操作的基本方法就是使用 InputStream 和 OutputStream。从这一点可以看出，RAW 资源的一个重要作用是保持资源文件"原汁原味"地同 apk 文件一起发布。然后在使用时如果是只读操作，可以直接使用 InputStream 来读取该文件的内容。如果涉及到读写操作，可以通过 InputStream 和 OutputStream 将 res\raw 目录中指定的文件复制到手机内容或 SD 卡的相关目录，然

后再对该文件进行读写。

22.2.16 ASSETS 资源

> 工程目录：src\ch22\ch22_assets

ASSETS 资源与前面介绍的资源都不一样。该资源所在的目录并不在 res 目录中，而是与 res 平级的 assets 目录（ADT 在建立 Android 工程时会自动建立该目录）。这就意味着所有放在 assets 目录中的资源文件都不会生成资源 ID。因此，在读取这些资源文件时需要直接使用资源文件名。

假设在 asssets 目录中有一个 test.txt 文件，那么可以用如下代码来读取该文件的内容：

```java
try
{
    // 打开 test.txt 文件，并获得读取该文件内容的 InputStream 对象
    InputStream is =   getAssets().open("test.txt");
    byte[] buffer = new byte[1024];
    int count = is.read(buffer);
    String s = new String(buffer, 0 , count);
    textView.setText(s);
}
catch (Exception e)
{
}
```

要注意的是，open 方法的参数表示 ASSETS 资源文件名，路径是相对 assets 目录的。如果在 assets 目录中有一个 test 子目录，在 test 子目录中还有一个 test.txt 文件，要读取这个文件，需要使用如下代码：

```java
InputStream is =   getAssets().open("test/test.txt");
```

要注意的是，必须用斜杠（/）表示路径，否则无法找到 test.txt 文件。

22.3 国际化和资源自适应

由于分布在不同国家的用户的语言和习惯不同，在向全球发布软件时，必须考虑要满足不同国家和地区用户的需求。这种应用程序的界面语言和风格随着 Android 系统当前的语言环境变化而变化的技术称为国际化。除了国际化外，还需要考虑资源的自适应性。由于手机的分辨率、屏幕方向等环境不同，造成在环境 A 中的资源可能在环境 B 中无法正常工作，或出现界面混乱的情况。虽然可以采用相应的布局技术进行处理，但随着手机运行环境不断增多，情况变得越来越复杂。这就要单独为每一种环境设置资源，例如，对 320*480 分辨率和 480*854 分辨率的手机设置两种 XML 布局文件。本节将详细介绍 Android SDK 如何支持国际化技术，以及如何根据当前的运行环境自动选择相应的资源。

22.3.1 对资源进行国际化

> 工程目录：src\ch22\ch22_i18n

说起国际化，很多人首先会想到界面上的文字。如果当前语言环境是中文，那么具有国际化功能的软件在运行时，界面的文字都应变成中文；如果当前语言环境是英文，软件界面的文字应会变成英文。

通过 Android SDK 来实现这样的国际化功能几乎不需要什么成本，只需要将界面文字翻译成不同语言的文字，然后将相应的资源文件放到各种语言特定国际化资源目录即可。

现在先来了解一下 Android SDK 是如何处理国际化的。对于字符串国际化，实际就是为应用程序提

供不同语言的字符串。当程序在运行时会检测当前的语言环境,再根据语言环境决定读取哪种语言的字符串资源。检查语言环境的任务由 Android 系统负责完成,开发人员要做的是为保存各种语言的字符串资源建立国际化目录,然后将相应的资源文件放到这些目录中。国际化目录的规则如下:

资源目录+国际化配置选项

其中资源目录是指 res 目录中的子目录,例如 values、layout 等。国际化配置选项包含很多部分,中间用 "-" 分隔。例如要实现不同语言和地区的国际化,这些配置选项包括语言代号和地区代号。表示中文和中国的配置选项是 zh-rCN;表示英文和美国的配置选项是 en-rUS。其中 zh 和 en 表示中文和英文;CN 和 US 表示中国和美国;前面的 r 是必需的,为了区分地区部分。不能单独指定地区,但可以单独指定语言。

在 res 目录中建立两个文件夹:values-zh-rCN 和 values-en-rUS,并在这两个目录中各建立一个 strings.xml 文件,内容如下:

values-zh-rCN 目录中的 strings.xml 文件

```
<resources>
    <string name="ok">确定</string>
    <string name="cancel">取消</string>
    <string name="ignore">忽略</string>
</resources>
```

values-en-rUS 目录中的 strings.xml 文件

```
<resources>
    <string name="ok">OK</string>
    <string name="cancel">Cancel</string>
    <string name="ignore">Ignore</string>
</resources>
```

虽然目前有两个 strings.xml 文件,但并不冲突(实际上,在 values 目录中还有一个 strings.xml 文件,总共有三个 strings.xml 文件)。Android SDK 只能同时使用一个 strings.xml 文件。在做完以上的准备工作后,就可以在 XML 文件或 Java 代码中正常引用 strings.xml 文件中的字符串资源,代码如下:

```
<Button android:id="@+id/btnOK" android:layout_width="wrap_content"
    android:layout_height="wrap_content" android:text="@string/ok" />
<Button android:id="@+id/btnCancel" android:layout_width="wrap_content"
    android:layout_height="wrap_content" android:text="@string/cancel" />
<Button android:id="@+id/btnIgnore" android:layout_width="wrap_content"
    android:layout_height="wrap_content" android:text="@string/ignore" />
```

除了 values 目录中的资源名,其他的资源目录也可以采用同样的方式处理语言和地区的国际化,例如在 res 目录中建立两个目录:drawable-zh-rCN 和 drawable-en-rUS,并在这两个目录中分别放一个 flag.jpg 文件。然后可以正常引用这个图像资源,代码如下:

```
<ImageView android:id="@+id/imageview" android:layout_width="100dp"
    android:layout_height="80dp" android:src="@drawable/flag" />
```

运行本节的例子,如果模拟器当前的环境是中文,会显示如图 22-15 所示的界面,如果当前的环境是英文,将显示如图 22-16 所示的界面。读者可以在模拟器的"设置"→"区域和文本"选项中设置当前的语言环境。

图 22-15 中文界面

图 22-16 英文界面

也许有的读者会问，如果当前的语言环境未找到相应的资源，那该怎么办呢？例如，当前语言环境是德文，而并没有德文资源目录。在这种情况下，Android SDK 会在 values、layout 等原始的资源目录中寻找相应的资源。如果还没找到，会根据具体的资源做出相应的处理。例如，对于字符串资源，如果该资源不存在，会显示该资源在 R 类中生成的 ID 值（以十进制显示）。

Android SDK 还支持很多其他的配置选项，如果完全将这些配置选项加到资源目录后面，会有如下目录名。在后面的部分将介绍主要的配置选项。

drawable-en-rUS-large-long-port-mdpi-finger-keysexposed-qwerty-navexposed-dpad-480x320

读者可以从如下地址获得完整的语言和地区的配置选项：

获得语言配置选项的地址
http://www.loc.gov/standards/iso639-2/php/code_list.php

获得地区配置选项的地址
http://www.iso.org/iso/en/prods-services/iso3166ma/02iso-3166-code-lists/list-en1.html

22.3.2 Locale 与国际化

工程目录：src\ch22\ch22_i18n

除了可以使用资源目录处理国际化问题外，还可以使用 Locale 对象获得当前的语言环境，然后根据语言环境决定读取哪个资源文件中的资源。使用这种方式可以将资源文件放在 assets 目录中。本节的例子将在 assets 目录中放两个文件：text-zh-CN.txt 和 text-en-US.txt。要注意的是，这里的 CN 和 US 前面未加前缀 r。这是由于这两个资源文件的命名规则是由开发人员自己定的，所以不需要再加任何前缀。

下面是读取资源文件的代码：

```
//  根据获得的当前语言和地区代码组合成资源文件名
String filename = "text-" + Locale.getDefault().getLanguage() + "-" + Locale.getDefault().getCountry() + ".txt";
try
{
    InputStream is = getResources().getAssets().open(filename);
    byte[] buffer = new byte[20];
    int count = is.read(buffer);
    String title = new String(buffer, "utf-8");
    setTitle(title);
}
catch (Exception e)
{
}
```

运行本例后，看到标题会随着当前语言环境的变化而变化，如图 22-15 和图 22-16 所示。

22.3.3 常用的资源配置

Android SDK 除了支持语言和地区配置选项外，还支持很多其他的配置选项。例如，与分辨率相关的配置选项、Android SDK 版本的配置等。常用的资源配置如下。

1. 屏幕尺寸

该配置分成 3 个选项：normal、small、large。这 3 类屏幕的描述如下：

- **normal** 屏幕：该屏幕是基于传统的 Android HVGA 中等密度屏幕的。屏幕分辨率不是绝对的。如果屏幕的尺寸大小适中，就属于这种屏幕，例如 WQVGA 低密度屏幕、HVGA 中密度屏幕、WVGA 高密度屏幕等。
- **small** 屏幕：这种屏幕是基于 QVGA 低密度屏幕的可用空间的。相对于 HVGA 来说，宽度相同，但高度要比 HVGA 小。QVGA 宽高比是 3:4，而 HVGA 是 2:3。例如，QVGA 低密度和 VGA 高密度都属于这种屏幕。

- large 屏幕：这种屏幕是基于 VGA 中等密度屏幕的可用空间的。这种屏幕比 HVGA 在宽度和高度上有更多的可用空间，例如，VGA 和 WVGA 中等密度屏幕。

2. Wider/taller 屏幕

该配置分成 2 个选项：long 和 notlong。这个配置选项实际上表示当前的屏幕是否比传统的屏幕更高、更宽。系统纯粹是根据屏幕的直观比例决定手机屏幕属于哪个选项值。例如，QVGA、HVGA 和 VGA 的选项是 notlong，而 WQVGA、WVGA 和 FWVGA 是 long。要注意的是，long 可能意味着更宽或更高，这要依赖于屏幕的方向而定。

3. 屏幕方向

该配置分成 3 个选项：port、land 和 square。其中 square 目前没有被使用；port 表示纵横比大于 1 的方向；land 表示纵横比小于 1 的方向。纵横比就是手机高度与宽度之比。

4. 屏幕像素密度

该配置分为 4 个选项：ldpi、mdpi、hdpi 和 nodpi。其中 ldpi 表示低密度（120dpi）；mdpi 表示传统的 HVGA 屏幕的密度（中密度，160dpi）；hdpi 表示高密度（240dpi）。nodpi 密度用于位图资源，以防止它们为了匹配设备的屏幕密度而被拉伸。

5. 屏幕分辨率

该配置没有具体的选项，需要根据实际的屏幕分辨率来设置。例如，分辨率为 320×480 的屏幕要设为 480×320，480×640 的屏幕要设为 640×480。要注意的是，较大的值要在前面，因此，不能设为 480×640。而且中间要用"×"，而不能用"*"。官方并不建议使用这个配置，应使用屏幕尺寸配置来代替屏幕分辨率配置。

6. SDK 版本

Android SDK 1.0 的配置选项是 v1；Android SDK 1.1 的配置选项是 v2；Android SDK 1.5 的配置选项是 v3，依此类推。

使用配置选项时要注意，Android SDK 在处理配置选项之前，会先将其转换成小写，因此这些选项值是不区分大小写的，而在指定多个配置的选项时要按照上面列出的顺序。其中语言和地区的顺序要排在上面 6 个配置的前面。其他未列出的配置及其顺序请读者参阅官方的文档。例如下面的两个资源目录，第 1 个是正确的，第 2 个是错误的。

res\values-en-mdip-640x480-v3
res\values-en- v3-640x480-mdip

22.4 小结

本章主要介绍了 Android SDK 中的国际化以及资源自适应技术。国际化和资源自适应主要使用带不同配置选项的资源目录。例如，英文字符串资源所在的资源文件可以放在 values-en 目录中。而使用在 480*640 的屏幕上的图像文件可以放在 drawable-640x480 目录中。除此之外，还可以使用 Locale 对象获得的语言和地区编码进行国际化。

23

访问 Android 手机的硬件

现在手机已不仅仅是打电话的工具了,从早期的手机引入摄像头开始,各种类型的硬件逐渐在手机中出现。例如传感器、GPS、WIFI、蓝牙等设备在手机中屡见不鲜。而作为开发人员的我们,不仅要理解和使用这些硬件,还要学会用程序随心所欲地控制它们。如果你也和作者的想法一致,那么本章将会给你带来意想不到的惊喜。

 本章内容

- 在手机上测试、调试程序
- 录音
- 调用系统提供的拍照功能
- 实现自己的拍照功能
- 方向传感器和加速传感器
- 电子罗盘
- 计步器
- Google 地图
- GPS 定位
- WIFI

23.1 在手机上测试硬件

虽然 Android 模拟器可以测试大多数应用程序,但却无法测试那些和硬件相关的程序,例如录音、拍照(虽然拍照的部分功能能在模拟器上运行,但并不是真正使用摄像头进行拍摄)、重力感应、GPS、WIFI 等。如果这些功能无法在模拟器上测试,将给开发工作带来非常大的困难。在发布 Android SDK 的同时发布了一个 Android USB 驱动。将手机和计算机通过数据线相连后,并在计算机上安装这个 Android USB 驱动,就可以将手机变成一个测试程序的模拟器,也就是说,在 Eclipse 中运行程序后,会直接在手机上运行,而不是在计算机的模拟器中运行,这样就可以得到真实的运行效果。

23.1.1 安装 Android USB 驱动

Android USB 驱动只有 Windows 才需要安装。如果读者在 MAC OS X 或 Linux 上测试 Android 应用程序,可以访问如下地址查看 Android USB 驱动的配置过程。本节只介绍 Windows 下的 Android USB 驱动的安装过程。

http://developer.android.com/intl/zh-CN/guide/developing/device.html#setting-up

在作者写作本书时,Android USB 驱动的最新版本是 Revision 3。该版本支持 Windows XP 和 Windows Vista。如果读者下载并安装了最新版的 Android SDK(下载地址如下),会自动将 USB 驱动安装在计算机上。

http://developer.android.com/intl/zh-CN/sdk/index.html

在安装完 Android SDK 后,读者会在<Android SDK 安装目录>中看到一个 usb_driver 目录,该目录就是 USB 驱动的安装目录。目录结构如图 23-1 所示。

图 23-1　USB 驱动安装目录的结构

在安装完 Android USB 驱动后,还要根据手机的不同型号安装随机带的驱动程序。例如,笔者使用的手机型号是 HTC Hero(G3),可以在 HTC 的官方网站上下载相应的驱动程序(HTC Sync)。成功安装驱动程序后,读者会在设备管理的右侧中看到 Android USB Devices 项,如图 23-2 所示。

图 23-2　Android USB Devices

> **注意**：在安装 Android SDK 时如果安装失败，可以切换到 Settings 列表项，并选中右侧界面下方的第 1 个复选项，如图 23-3 所示。

在安装完 Android USB 驱动后，需要进入手机的"设置"→"应用程序"→"开发"设备界面，选中"USB 调试"复选框，如图 23-4 所示。

图 23-3　改成 http 下载

图 23-4　选中"USB 调试"
复选框（HTC Hero）

23.1.2　在手机上测试程序

按 23.1.1 节介绍的方法成功安装 Android USB 驱动后，就可以使用数据线连接手机和计算机了。如果手机中有 SD 卡，会在"我的电脑"中多一个"可移动磁盘"选项，不过这个可移动磁盘是否可访问，我们都不用管它。

现在可以用 Eclipse 运行程序了。如果这时未启动模拟器，程序会直接通过数据线传到手机上运行；如果已启动了模拟器，在运行程序之前，Eclipse 会弹出对话框要求开发人员选择在模拟器或在手机上运行程序，如图 23-5 所示。

在如图 23-5 所示的界面中，第 1 个设备是手机，第 2 个设备是模拟器。可以选择一个前面章节曾编写过的例子来做一个测试。例如选择第 11 章的实例 73（旋转的星系）进行测试，在手机上的运行效果如图 23-6 所示。

也许很多读者会注意到图 23-6 也是一个类似于模拟器的屏幕截图，只是这个截图来自真实的手机屏幕。从这一点可以看出，将手机变成可测试程序的模拟器后，可以和 PC 上的模拟器一样，对手机屏幕进行截屏。读者可以在 DDMS 透视图中通过 Devices 视图的 Screen Capture 按钮测试截取手机屏幕的功能。但要注意，一定要选择 Devices 视图中的手机设备。

使用手机测试 Android 应用程序需要注意如下两点：

- 在 Run Configurations 对话框中不要选择运行目标（Target）的任何一个 AVD 设备，而且要将运行模式设为 Automatic，这样在运行程序时才会弹出选择运行设备的对话框。选中任何一个 AVD 设备（在 AVD 设备列表中并未列出手机设备），Eclipse 都会直接在选中的设备中运行程序，而不会在手机上运行程序了。

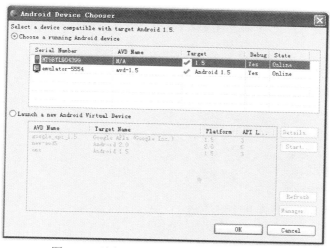

图 23-5　选择运行 Android 应用程序的设备

- 如果在手机上已经安装了未使用 USB 驱动方式安装的程序（直接采用在手机上运行 apk 文件的方式安装应用程序），而且 package 与要运行的程序 package 相同，应先在手机上卸载该应用程序，然后通过 USB 驱动在手机上安装并测试程序。

23.1.3　在手机上调试程序

在手机上也可以调试应用程序。首先应在代码的相应位置设置断点，然后以 Debug 模式启动应用程序。如果代码执行到断点处，会在手机屏幕上弹出一个对话框，如图 23-7 所示。读者并不需要关闭这个对话框，几秒后该对话框会自动关闭。这时就可以像在模拟器中运行程序一样按步跟踪代码了。

图 23-6　旋转的星系

图 23-7　在手机上调试应用程序

23.2 录音

工程目录：src\ch23\ch23_recorder

在模拟器中无法利用计算机的声卡录音，因此这个功能必须在真机上测试。录音功能需要使用 android.media.MediaRecorder 来完成。使用 MediaRecorder 录音需要通过如下 6 步完成：

（1）设置音频来源（一般为麦克风）。
（2）设置音频输出格式。
（3）设置音频编码方式。
（4）设置输出音频的文件名。
（5）调用 MediaRecorder 类的 prepare 方法。
（6）调用 MediaRecorder 类的 start 方法开始录音。

实现录音功能的完整代码如下：

```java
MediaRecorder mediaRecorder = new MediaRecorder();
// 第 1 步：设置音频来源（MIC 表示麦克风）
mediaRecorder.setAudioSource(MediaRecorder.AudioSource.MIC);
// 第 2 步：设置音频输出格式（默认的输出格式）
mediaRecorder.setOutputFormat(MediaRecorder.OutputFormat.DEFAULT);
// 第 3 步：设置音频编码方式（默认的编码方式）
mediaRecorder.setAudioEncoder(MediaRecorder.AudioEncoder.DEFAULT);
// 创建一个临时的音频输出文件
audioFile = File.createTempFile("record_", ".amr");
// 第 4 步：指定音频输出文件
mediaRecorder.setOutputFile(audioFile.getAbsolutePath());
// 第 5 步：调用 prepare 方法
mediaRecorder.prepare();
// 第 6 步：调用 start 方法开始录音
mediaRecorder.start();
```

上面的代码指定了一个临时的音频输出文件，这就意味着每次将生成不同的音频文件。文件名的格式是 record_N.amr，其中 N 是整数。在录完音后，读者在 SD 卡的根目录会看到很多这样的文件（由录音的次数多少决定 amr 文件的多少）。

停止录单可以使用 MediaRecorder 类的 stop 方法，代码如下：

```java
mediaRecorder.stop();
```

在生成 amr 文件后，可以使用 MediaPlayer 来播放 amr 文件。MediaPlayer 类的使用方法请读者参阅 10.2.1 节的内容。

23.3 控制手机摄像头（拍照）

现在几乎所有的手机都配有摄像头。而且随着摄像头的分辨率不断提高（有 200 万像素，有的可达到 500 万，甚至是 1000 万像素），用手机照相已成为很多用户最喜欢的方式。这主要是因为手机是唯一可以随时携带的电子设备。而数码相机虽然在拍照功能上比同档次的拍照手机更强大，但毕竟数码相机不能总是带在身边。除此之外，由于目前带摄像头的手机大多是智能手机，除了拥有简单的拍照功能外，还可以通过程序对拍照的过程和拍摄后的图像进行处理。这样的功能远比数码相机要强大得多。而随时随地写微博也逐渐成为围脖（微博的谐音）们的时尚首选，而配上实时的照片将会为自己的微博吸引更多的粉丝，那么实现这些功能非手机莫属。读到这里，也许很多读者迫不急待地想在自己的应用程序中添加拍照功能，这些读者一定会对本节内容非常感兴趣。

23.3.1 调用系统的拍照功能

工程目录：src\ch23\ch23_systemcamera

读者可以先试试自己手机上的拍照功能。可能由于手机型号不同，拍照的方式和过程也不同。在HTC Hero 手机上进行拍照会由系统自动对焦，在对焦的过程中，屏幕上会出现一个白色的对焦符号（类似于中括号）。如果对焦成功，这个对焦符号就会变成绿色，如图 23-8 所示。

当对焦成功后，按手机下方的"呼吸灯"按钮进行拍照。在拍照后，手机屏幕下方会出现两个按钮："完成"和"拍照"按钮。如果对照片满意，单击"完成"按钮结束拍照。如果对照片不满意，单击"拍照"按钮继续拍照，上一次拍的照片将丢失。由于这两个按钮无法通过 DDMS 透视图截获，因此只能截获所拍的照片，如图 23-9 所示。当完成拍照后，可以对照片做进一步处理，例如本节的例子将照片显示在 ImageView 中，如图 23-10 所示。

图 23-8　对焦成功　　　　图 23-9　拍照成功　　　　图 23-10　在 ImageVie 中显示照片

从上面的拍照过程可以猜到，用于显示拍照过程影像的界面实际上也是一个 Activity。因此要调用系统的拍照功能，就要用到 7.1.2 节介绍的调用其他应用程序的 Activity 的方式。与拍照功能对应的 Action 是 android.provider.MediaStore.ACTION_IMAGE_CAPTURE。用于拍照的 Activity 需要返回照片图像数据，因此，需要使用 startActivityForResult 方法启动这个 Activity，代码如下：

```
Intent intent = new Intent(MediaStore.ACTION_IMAGE_CAPTURE);
startActivityForResult(intent, 1);
```

截获 Activity 返回的图像数据的事件方法是 onActivityResult，代码如下：

```
protected void onActivityResult(int requestCode, int resultCode, Intent data)
{
    if (requestCode == 1)
```

```
        if (resultCode == Activity.RESULT_OK)
        {
            // 拍照 Activity 保存图像数据的 key 是 data,返回的数据类型是 Bitmap 对象
            Bitmap cameraBitmap = (Bitmap) data.getExtras().get("data");
            // 在 ImageView 组件中显示拍摄的照片
            imageView.setImageBitmap(cameraBitmap);
        }
        super.onActivityResult(requestCode, resultCode, data);
    }
```

在默认情况下,系统的拍照 Activity 将照片保存在 SD 卡的 DCIM\100MEDIA 目录中(不同型号的手机可能保存的目录不同)。在拍照的过程中按手机下方的 menu 按钮,会在屏幕的下方显示几个选项菜单。单击"分辨率"菜单项,会弹出一个只有一个分辨率选项的对话框(在 HTC Hero 手机上的分别率是 624×416,如图 23-11 所示。这个分辨率可能随着手机型号的不同而不同,但分辨率都很小)。这就意味着所拍摄的照片分辨率不能大于 624×416。如果将照片保存成大于这个分辨率,照片就会失真。而手机自带的拍照程序可以根据手机摄像头的最大分辨率设置多个照片分辨率,如图 23-12 所示。

图 23-11　拍照 Activity 时可设置的
照片分辨率

图 23-12　拍照程序可设置的
照片分辨率

虽然使用系统的拍照 Activity 无法拍摄更大分辨率的照片,但可以同时生成分辨率更小的照片。通过 insertImage 方法可以同时在/sdcard/DCIM/.thumbnails 和/sdcard/DCIM/Camera 目录中分别生成分辨率为 50×50 和 208×312 的图像(其他型号的手机也有可能是其他的分辨率)。调用 insertImage 方法的代码如下:

```
MediaStore.Images.Media.insertImage(getContentResolver(), cameraBitmap, null, null);
```

其中 cameraBitmap 是拍照 Activity 返回的 Bitmap 对象。

 不仅可以调用系统的拍照 Activity,而且可以调用系统的摄像 Activity。摄像 Activity 对应的 Action 是 MediaStore.ACTION_VIDEO_CAPTURE,调用方法与调用系统的拍照 Activity 相同。

23.3.2 实现自己的拍照 Activity

工程目录：src\ch23\ch23_camera

拍照的核心类是 android.hardware.Camera，通过 Camera 类的静态方法 open 可以获得 Camera 对象，通过 Camera 类的 startPreview 方法开始拍照，最后通过 Camera 类的 takePicture 方法结束拍照，并在相应的事件中处理照片数据。

上述过程只是拍照过程的简化。在拍照之前，还需要做如下的准备工作：

- 指定用于显示拍照过程影像的容器，通常是 SurfaceHolder 对象。由于影像需要在 SurfaceView 对象中显示，因此可以使用 SurfaceView 类的 getHolder 方法获得 SurfaceHolder 对象。
- 在拍照过程中涉及到一些状态的变化。这些状态包括开始拍照（对应 surfaceCreated 事件方法）；拍照状态变化（例如图像格式或方向，对应 surfaceChanged 事件方法）；结束拍照（对应 surfaceDestroyed 事件方法）。这 3 个事件方法都是在 SurfaceHolder.Callback 接口中定义的，因此，需要使用 SurfaceHolder 接口的 addCallback 方法指定 SurfaceHolder.Callback 对象，以便捕捉这 3 个事件。
- 拍完照后需要处理照片数据。处理这些数据的工作需要在 PictureCallback 接口的 onPictureTaken 方法中完成。当调用 Camera 类的 takePicture 方法后，onPictureTaken 事件方法被调用。
- 如果要自动对焦，需要调用 Camera 类的 autoFocus 方法。该方法需要一个 AutoFocusCallback 类型的参数值。AutoFocusCallback 是一个接口，在该接口中定义了一个 onAutoFocus 方法，当摄像头正在对焦或对焦成功后，都会调用该方法。

为了使拍照功能更容易使用，本节的例子将拍照功能封装在了 Preview 类中，代码如下：

```java
class Preview extends SurfaceView implements SurfaceHolder.Callback
{
    private SurfaceHolder holder;
    private Camera camera;
    // 创建一个 PictureCallback 对象，并实现其中的 onPictureTaken 方法
    private PictureCallback pictureCallback = new PictureCallback()
    {
        // 该方法用于处理拍摄后的照片数据
        @Override
        public void onPictureTaken(byte[] data, Camera camera)
        {
            // data 参数值就是照片数据，将这些数据以 key-value 形式保存，以便其他调用该 Activity 的程序可
            // 以获得照片数据
            getIntent().putExtra("bytes", data);
            setResult(20, getIntent());
            // 停止照片拍摄
            camera.stopPreview();
            camera = null;
            // 关闭当前的 Activity
            finish();
        }
    };
    // Preview 类的构造方法
    public Preview(Context context)
    {
        super(context);
        // 获得 SurfaceHolder 对象
        holder = getHolder();
        // 指定用于捕捉拍照事件的 SurfaceHolder.Callback 对象
```

```java
        holder.addCallback(this);
        // 设置 SurfaceHolder 对象的类型
        holder.setType(SurfaceHolder.SURFACE_TYPE_PUSH_BUFFERS);
}
// 开始拍照时调用该方法
public void surfaceCreated(SurfaceHolder holder)
{
    // 获得 Camera 对象
    camera = Camera.open();
    try
    {
        // 设置用于显示拍照影像的 SurfaceHolder 对象
        camera.setPreviewDisplay(holder);
    }
    catch (IOException exception)
    {
        // 释放手机摄像头
        camera.release();
        camera = null;
    }
}
// 停止拍照时调用该方法
public void surfaceDestroyed(SurfaceHolder holder)
{
    // 释放手机摄像头
    camera.release();
}
// 拍照状态变化时调用该方法
public void surfaceChanged(final SurfaceHolder holder, int format, int w, int h)
{
    try
    {
        Camera.Parameters parameters = camera.getParameters();
        // 设置照片格式
        parameters.setPictureFormat(PixelFormat.JPEG);
        // 根据屏幕方向设置预览尺寸
        if (getWindowManager().getDefaultDisplay().getOrientation() == 0)
            parameters.setPreviewSize(h, w);
        else
            parameters.setPreviewSize(w, h);
        // 设置拍摄照片的实际分辨率，本例中的分辨率是 1024×768
        parameters.setPictureSize(1024, 768);
        // 设置保存的图像大小
        camera.setParameters(parameters);
        // 开始拍照
        camera.startPreview();
        // 准备用于表示对焦状态的图像（类似图 23-8 所示的对焦符号）
        ivFocus.setImageResource(R.drawable.focus1);
        LayoutParams layoutParams = new LayoutParams(
                LayoutParams.FILL_PARENT, LayoutParams.FILL_PARENT);
        ivFocus.setScaleType(ScaleType.CENTER);
        addContentView(ivFocus, layoutParams);
        ivFocus.setVisibility(VISIBLE);
        // 自动对焦
        camera.autoFocus(new AutoFocusCallback()
        {
            @Override
            public void onAutoFocus(boolean success, Camera camera)
            {
                if (success)
                {
                    // success 为 true 表示对焦成功，改变对焦状态图像（一个绿色的 png 图像）
                    ivFocus.setImageResource(R.drawable.focus2);
```

```
                    }
                }
            });
        }
        catch (Exception e)
        {
        }
    }
    //  停止拍照，并将拍摄的照片传入 PictureCallback 接口的 onPictureTaken 方法
    public void takePicture()
    {
        if (camera != null)
        {
            camera.takePicture(null, null, pictureCallback);
        }
    }
}
```

在编写 Preview 类时应注意如下 7 点：

- 由于 Preview 是 CameraPreview 的内嵌类（CameraPreview 就是自定义的拍照 Activity）。因此，在 Preview 类中通过 putExtra 方法保存的数据会在调用 CameraPreview 的类中通过 onActivity-Result 事件方法获得。
- Camera 类的 takePicture 方法有 3 个参数，都是回调对象，但比较常用的是最后一个参数。当拍完照后，会调用该参数指定对象中的 onPictureTaken 方法，一般可以在该方法中对照片数据做进一步处理。例如，在本例中使用 putExtra 方法以 key-value 对保存了照片数据。
- 当手机摄像头的状态变化时，例如手机由纵向变成横向，或分辨率发生变化后，很多参数需要重新设置，这时系统就会调用 SurfaceHolder.Callback 接口的 surfaceChanged 方法。因此，可以在该方法中对摄像头的参数进行设置，包括调用 startPreview 方法进行拍照。
- 根据手机的拍摄方向（纵向或横向），需要设置预览尺寸。surfaceChanged 方法的最后两个参数表示摄像头预览时的实际尺寸。在使用 Camera.Parameters 类的 setPreviewSize 方法设置预览尺寸时，如果是纵向拍摄，setPreviewSize 方法的第 1 个参数值是 h，第 2 个参数值是 w，如果是横向拍摄，第 1 个参数值是 w，第 2 个参数值是 h。在设置时千万不要弄错了，否则当手机改变拍摄方向时无法正常拍照。读者可以改变 Preview 类中的预览尺寸，看看会产生什么效果。
- 如果想设置照片的实际分辨率,需要使用 Camera.Parameters 类的 setPictureSize 方法进行设置。
- 本例中通过在 CameraActivity 中添加 ImageView 的方式，在预览界面显示了一个表示对焦状态的图像。这个图像文件有两个：focus1.png 和 focus2.png。其中 focus1.png 是白色的透明图像，表示正在对焦；focus2.png 是绿色的透明图像，表示对焦成功。在开始拍照后，先显示 focus1.png，当对焦成功后，系统会调用 AutoFocusCallback 接口的 onAutoFocus 方法。在该方法中将 ImageView 中显示的图像变成 focus2.png，表示对焦成功，这时就可以结束拍照了。
- 在拍完照后需要调用 Camera 类的 release 方法释放手机摄像头，否则除非重启手机，其他的应用程序无法再使用摄像头进行拍照。

本例通过触摸拍照预览界面结束拍照。因此，需要使用 Activity 的 onTouchEvent 事件方法来处理屏幕触摸事件，代码如下：

```
public boolean onTouchEvent(MotionEvent event)
{
    if (event.getAction() == MotionEvent.ACTION_DOWN)
    //  结束拍照
```

```
        preview.takePicture();
        return super.onTouchEvent(event);
}
```

其中 preview 是 Preview 类的对象实例,在 CameraPreview 类的 onCreate 方法中创建了该对象。

在编写完 CameraPreview 类后,可以在其他的类中使用如下代码启动 CameraPreview,启动 CameraPreview 后会自动进行拍照:

```
Intent intent = new Intent(this, CameraPreview.class);
startActivityForResult(intent, 1);
```

在关闭 CameraPreview 后(可能是拍照成功,也可能是取消拍照),可以通过 onActivityResult 方法来获得成功拍照后的照片数据,代码如下:

```
protected void onActivityResult(int requestCode, int resultCode, Intent data)
{
    if (requestCode == 1)
    {
        //  拍照成功后,响应码是 20
        if (resultCode == 20)
        {
            Bitmap cameraBitmap;
            //  获得照片数据(byte 数组形式)
            byte[] bytes = data.getExtras().getByteArray("bytes");
            //  将 byte 数组转换成 Bitmap 对象
            cameraBitmap = BitmapFactory.decodeByteArray(bytes, 0,bytes.length);
            //  根据拍摄的方向旋转图像(纵向拍摄时需要将图像旋转 90 度)
            if (getWindowManager().getDefaultDisplay().getOrientation() == 0)
            {
                Matrix matrix = new Matrix();
                matrix.setRotate(90);
                cameraBitmap = Bitmap.createBitmap(cameraBitmap, 0, 0,
                        cameraBitmap.getWidth(), cameraBitmap.getHeight(),matrix, true);
            }
            //  将照片保存在 SD 卡的根目录(文件名是 camera.jpg)
            File myCaptureFile = new File("/sdcard/camera.jpg");
            try
            {
                BufferedOutputStream bos = new BufferedOutputStream(
                        new FileOutputStream(myCaptureFile));
                cameraBitmap.compress(Bitmap.CompressFormat.JPEG, 100, bos);
                bos.flush();
                bos.close();
                imageView.setImageBitmap(cameraBitmap);
            }
            catch (Exception e)
            {
            }
        }
    }
    super.onActivityResult(requestCode, resultCode, data);
}
```

在编写上面代码时,应注意如下两点:

- 由于纵向拍摄时生成的照片是横向的,因此需要在处理照片时将其顺时针旋转 90 度。在 23.3.1 节介绍的系统拍照 Activity 已经将照片处理完了,因此,不需要对照片进行旋转。
- 由于直接使用 Camera 类进行拍照时,系统不会自动保存照片,因此,就需要在处理照片时自行确定照片的存储位置,并保存照片。这种方法的优点是灵活,缺点是需要写更多的代码。至于是选择系统提供的拍照功能,还是选择自己实现拍照功能,可根据具体的情况而定。如果对照片保存的位置没什么要求,而且对照片的分辨率要求不高,则可以使用系统提供的拍照功能,否则就要自己来实现拍照功能了。

虽然到现在为止，拍照的功能已经完全实现了，但程序在手机或模拟器上仍然不能正常运行，原因是需要在 AndroidManifest.xml 文件中设置拍照的权限许可（在调用系统提供的拍照功能时并不需要设置拍照权限许可），代码如下：

```
<uses-permission android:name="android.permission.CAMERA" />
```

本例的运行效果与 23.3.1 节的例子的运行效果类似，只是在拍照时需要触摸屏幕才能结束拍照。

23.4 传感器在手机中的应用

自从苹果公司在 2007 年发布第一代 iPhone 以来，以前看似和手机挨不着边的传感器也逐渐成为手机硬件的重要组成部分。如果读者使用过 iPhone、HTC Dream、HTC Magic、HTC Hero 以及其他的 Android 手机，会发现通过将手机横向或纵向放置，屏幕会随着手机位置的不同而改变方向。这种功能就需要通过重力传感器来实现，除了重力传感器，还有很多其他类型的传感器被应用到手机中，例如磁阻传感器就是最重要的一种传感器。虽然手机可以通过 GPS 来判断方向，但在 GPS 信号不好或根本没有 GPS 信号的情况下，GPS 就形同虚设。这时通过磁阻传感器就可以很容易判断方向（东、南、西、北）。有了磁阻传感器，也使罗盘（俗称指向针）的电子化成为可能。

23.4.1 在应用程序中使用传感器

工程目录：src\ch23\ch23_sensor

在 Android 应用程序中使用传感器要依赖于 android.hardware.SensorEventListener 接口，通过该接口可以监听传感器的各种事件。SensorEventListener 接口的代码如下：

```
package android.hardware;
public interface SensorEventListener
{
    public void onSensorChanged(SensorEvent event);
    public void onAccuracyChanged(Sensor sensor, int accuracy);
}
```

在 SensorEventListener 接口中定义了两个方法：onSensorChanged 和 onAccuracyChanged。当传感器的值发生变化时（例如磁阻传感器的方向改变时）会调用 onSensorChanged 方法。当传感器的精度变化时会调用 onAccuracyChanged 方法。

onSensorChanged 方法只有一个 SensorEvent 类型的参数 event，其中 SensorEvent 类有一个 values 变量非常重要，该变量的类型是 float[]。但该变量最多只有 3 个元素，而且根据传感器的不同，values 变量中元素所代表的含义也不同。

在解释 values 变量中元素的含义之前，先来介绍一下 Android 的坐标系统是如何定义 X、Y、Z 轴的。

- X 轴的方向是沿着屏幕的水平方向从左向右。如果手机不是正方形的话，较短的边需要水平放置，较长的边需要垂直放置。
- Y 轴的方向是从屏幕的左下角开始沿着屏幕的垂直方向指向屏幕的顶端。
- 将手机平放在桌子上，Z 轴的方向是从手机里指向天空。

下面是 values 变量的元素在主要的传感器中所代表的含义。

1. 方向传感器

在方向传感器中 values 变量的 3 个值都表示度数，它们的含义如下：

- values[0]：该值表示方位，也就是手机绕着 Z 轴旋转的角度。0 表示北（North）；90 表示东（East）；180 表示南（South）；270 表示西（West）。如果 values[0]的值正好是这 4 个值，并且手机是水平放置，表示手机的正前方就是这 4 个方向。可以利用这个特性来实现电子罗盘，实例 76 将详细介绍电子罗盘的实现过程。
- values[1]：该值表示倾斜度，或手机翘起的程度。当手机绕着 X 轴倾斜时该值发生变化。values[1] 的取值范围是-180≤values[1] ≤180。假设将手机屏幕朝上水平放在桌子上，这时如果桌子是完全水平的，values[1]的值应该是 0（由于很少有桌子是绝对水平的，因此，该值很可能不为0，但一般都是-5 和 5 之间的某个值）。这时从手机顶部开始抬起，直到将手机沿 X 轴旋转 180度（屏幕向下水平放在桌面上）。在这个旋转过程中，values[1]会在 0 到-180 之间变化，也就是说，从手机顶部抬起时，values[1]的值会逐渐变小，直到等于-180。如果从手机底部开始抬起，直到将手机沿 X 轴旋转 180 度，这时 values[1]会在 0 到 180 之间变化。也就是 values[1]的值会逐渐增大，直到等于 180。可以利用 values[1]和下面要介绍的 values[2]来测量桌子等物体的倾斜度。
- values[2]：表示手机沿着 Y 轴的滚动角度。取值范围是-90≤values[2]≤90。假设将手机屏幕朝上水平放在桌面上，这时如果桌面是平的，values[2]的值应为 0。将手机左侧逐渐抬起时，values[2]的值逐渐变小，直到手机垂直于桌面放置，这时 values[2]的值是-90。将手机右侧逐渐抬起时，values[2]的值逐渐增大，直到手机垂直于桌面放置，这时 values[2]的值是 90。在垂直位置时继续向右或向左滚动，values[2]的值会继续在-90 至 90 之间变化。

2. 加速传感器

该传感器的 values 变量的 3 个元素值分别表示 X、Y、Z 轴的加速值。例如，水平放在桌面上的手机从左侧向右侧移动，values[0]为负值；从右向左移动，values[0]为正值。读者可以通过本节的例子来体会加速传感器中的值的变化。

要想使用相应的传感器，仅实现 SensorEventListener 接口是不够的，还需要使用下面的代码来注册相应的传感器：

```
// 获得传感器管理器
SensorManager sm = (SensorManager) getSystemService(SENSOR_SERVICE);
// 注册方向传感器
sm.registerListener(this, sm.getDefaultSensor(Sensor.TYPE_ORIENTATION),
        SensorManager.SENSOR_DELAY_FASTEST);
```

如果想注册其他的传感器，可以改变 getDefaultSensor 方法的第 1 个参数值，例如，注册加速传感器可以使用 Sensor.TYPE_ACCELEROMETER。在 Sensor 类中还定义了很多传感器常量，但要根据手机中实际的硬件配置来注册传感器。如果手机中没有相应的传感器硬件，就算注册了相应的传感器也不起任何作用。getDefaultSensor 方法的第 2 个参数表示获得传感器数据的速度。SensorManager.SENSOR_DELAY_FASTEST 表示尽可能快地获得传感器数据。除了该值以外，还可以设置 3 个获得传感器数据的速度值，这些值如下：

- SensorManager.SENSOR_DELAY_NORMAL：默认的获得传感器数据的速度。
- SensorManager.SENSOR_DELAY_GAME：如果利用传感器开发游戏，建议使用该值。

- SensorManager.SENSOR_DELAY_UI：如果使用传感器更新 UI 中的数据，建议使用该值。

23.4.2 电子罗盘

工程目录：src\ch23\ch23_compass

电子罗盘又叫电子指南针。在实现本例之前，先看一下如图 23-13 所示的运行效果。

图 23-13 电子罗盘运行效果

其中 N、S、W 和 E 分别表示北、南、西和东 4 个方向。

本例只使用了 onSensorChanged 事件方法及 values[0]。由于指南针图像上方是北，当手机前方是正北时（values[0]=0），图像不需要旋转。但如果不是正北，就需要将图像按一定角度旋转。假设当前 values[0] 的值是 60，说明方向在东北方向。也就是说，手机顶部由北向东旋转。这时如果图像不旋转，N 的方向正好和正北的夹角是 60 度，需要将图像逆时针（从东向北旋转）旋转 60 度，N 才会指向正北方。因此，可以使用在 11.2.5 节介绍的旋转补间动画来旋转指南针图像，代码如下：

```
public void onSensorChanged(SensorEvent event)
{
    if (event.sensor.getType() == Sensor.TYPE_ORIENTATION)
    {
        float degree = event.values[0];
        //  以指南针图像中心为轴逆时针旋转 degree 度
        RotateAnimation ra = new RotateAnimation(currentDegree, -degree,
                Animation.RELATIVE_TO_SELF, 0.5f,
                Animation.RELATIVE_TO_SELF, 0.5f);
        //  在 200 毫秒之内完成旋转动作
        ra.setDuration(200);
        //  开始旋转图像
        imageView.startAnimation(ra);
        //  保存旋转后的度数，currentDegree 是一个在类中定义的 float 类型变量
        currentDegree = -degree;
    }
}
```

 由于手机上带的一般都是二维磁阻传感器，因此应将手机放平才能使电子罗盘指向正确的方向。还要提一点的是，电子罗盘可能会受周围环境（例如磁场）的影响而指向不正确的方向，读者在测试电子罗盘时应注意这一点。

23.4.3 计步器

工程目录:src\ch23\ch23_stepcount

还可以利用方向传感器做出更有趣的应用,例如利用 values[1]或 values[2]的变化实现一个计步器。由于人在走路时会上下振动,因此,可以通过判断 values[1]或 values[2]中值的振荡变化进行计步。基本原理是在 onSensorChanged 方法中计算两次获得 values[1]值的差,并根据差值在一定范围之外开始计数,代码如下:

```java
public void onSensorChanged(SensorEvent event)
{
    if (flag)
    {
        lastPoint = event.values[1];
        flag = false;
    }
    //  当两个 values[1]值之差的绝对值大于 8 时认为走了一步
    if (Math.abs(event.values[1] - lastPoint) > 8)
    {
        //  保存最后一步时 values[1]的峰值
        lastPoint = event.values[1];
        //  将当前计数显示在 TextView 组件中
        textView.setText(String.valueOf(++count));
    }
}
```

本例设置 3 个按钮用于控制计步的状态,这 3 个按钮可以控制开始计步、重值(将计步数清 0)和停止计步。这 3 个按钮的单击事件代码如下:

```java
public void onClick(View view)
{
    String msg = "";
    switch (view.getId())
    {
        //  开始计步
        case R.id.btnStart:
            sm = (SensorManager) getSystemService(SENSOR_SERVICE);
            //  注册方向传感器
            sm.registerListener(this, sm
                    .getDefaultSensor(Sensor.TYPE_ORIENTATION),
                    SensorManager.SENSOR_DELAY_FASTEST);
            msg = "已经开始计步器.";
            break;
        //  重置计步器
        case R.id.btnReset:
            count = 0;
            msg = "已经重置计步器.";
            break;
        //  停止计步
        case R.id.btnStop:
            //  注销方向传感器
            sm.unregisterListener(this);
            count = 0;
            msg = "已经停止计步器.";
            break;
    }
    textView.setText(String.valueOf(count));
    Toast.makeText(this, msg, Toast.LENGTH_SHORT).show();
}
```

运行本例后,单击"开始"按钮,将手机放在兜里,再走两步看看,计步的效果如图 23-14 所示。

访问 Android 手机的硬件　第 23 章

图 23-14　计步器（HTC Hero）

　由于不同人走路的振动幅度不同，计步器并不会很准确地记录所走的步数。计步器只是一个有趣的应用而已，并不能用来准确计算所走的步数。如果想精确地统计所走的步数，最好的方法是在鞋底安装压力传感器，不过这就与本书的主题无关了。顺便提一下，方向和加速传感器经常用于实现游戏，例如，通过方向传感器可以控制游戏中飞机的飞行方向和速度。至于是否可以更精妙地运用各种传感器，就要靠读者的想象力了。

23.5　GPS 与地图定位

电子罗盘虽然可以指明方向，但却不能指向目前所在的具体位置，当然更不能指明行走路线。不过幸好现在的智能手机大多都提供了 GPS 模块，通过 GPS 模块可以接收 GPS 信号，并可精确地指定目前所在的位置（根据周围环境的不同，例如建筑物、天气、电磁干扰，GPS 的精确度会差很多，民用的 GPS 可能精度在 10 米至几百米之间，在空旷的地方使用 GPS 效果最好）。如果将 GPS 定位功能应用到地图上，还可以实现导航、搜索公交/驾车路线等有趣的功能。

23.5.1　Google 地图

工程目录：src\ch23\ch23_map

Google 是以搜索引擎闻名，但 Google 不仅仅有搜索引擎。Google 著名的代码托管服务（http://code.google.com）包含了大量官方及第三方的优秀应用，其中 Android 就是最受关注的应用之一，除此之外，Google Maps API 也被大量应用在各种类型的场合。通过 Google Maps API 可以从 Google 下载地图，并通过经纬度或地点描述来确定具体的位置。本节的例子就是通过 Google 地图和 Google Maps API 来显示"沈阳三好街"的具体位置，并在该位置显示图像和文字作为标记，如图 23-15 所示。在真机手机上的运行效果如图 23-16 所示。

　如果在手机上测试本节的例子，手机需要连接互联网。如果读者的手机已关闭互联网连接，请先打开互联网连接再运行程序。

图 23-15　地图定位

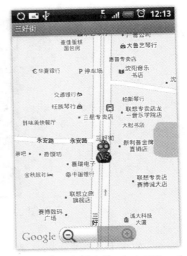
图 23-16　地图定位（HTC Hero）

下载和访问 Google 地图需要用到 com.google.android.maps.MapView 类，在开发基于 Google 地图的程序时需要使用支持 Google API 的 AVD 设备，在运行模拟器时也应启动支持 Google API 的模拟器。MapView 组件和其他组件的使用方法类似，只需要在 XML 布局文件中定义即可。但要想成功下载 Google 地图，还需要申请一个密钥。此密钥可以通过如下地址免费申请：

http://code.google.com/intl/zh-CN/android/maps-api-signup.html

在申请密钥之前，需要一个用于签名的密钥文件，一般以 .keystore 结尾。如果用于开发程序，可以使用 debug.keystore 文件。该文件的路径如下：

C:\Documents and Settings\Administrator\.android\debug.keystore

单击 Eclipse 的 Window→Preferences 菜单项，打开 Preferences 对话框，在左侧找到 Android 节点，单击 Build 子节点，在右侧 Build 设置页中的 Default debug keystore 文本框的值就是 debug.keystore 文件的路径。

在 Windows 控制台中进入 C:\Documents and Settings\Administrator\.android 目录，并输入如下命令：

keytool -list -keystore debug.keystore

当要求输入密码时，输入 android。按 Enter 键后会在控制台中显示 debug.keystore 文件的认证指纹，如图 23-17 所示白色框中的内容。

图 23-17　获得 debug.keystore 的认证指纹

获得认证指纹后，在申请密钥的页面下方选中同意协议复选框，并在 My certificate's MD5 fingerprint 文本框中输入认证指纹，单击 Generate API Key 按钮。如果输入的认证指纹是有效的，会产生一个新的页面，该页面中包含了申请的密钥。如图 23-18 所示黑色框中的内容。

图 23-18　成功获得密钥

在获得密钥后，需要在 XML 布局文件中定义 MapView 组件，并使用 android:apiKey 指定这个密钥，代码如下：

```
<com.google.android.maps.MapView
    android:id="@+id/mapview" android:layout_width="fill_parent"
    android:layout_height="fill_parent" android:apiKey="0H4t1kSw5lRhK_6D1GZMdfC_-KtCmEsVDB49Saw" />
```

在使用 MapView 组件时应注意如下 4 点：

- 由于 MapView 组件在 com.google.android.maps 包中，该包属于 Android SDK 附带的 jar 包（在 <Android SDK 安装目录>\add-ons 目录中可以找到相应 Android SDK 版本的 jar 文件），并不属于 Android SDK 的一部分，因此，在定义 MapView 组件时必须带上包名。
- 虽然安装 ADT 都会产生一个 debug.keystore 文件，但在作者机器上的 debug.keystore 和读者机器上的 debug.keystore 是不一样的。读者在运行本例之前，应先使用自己机器上的 debug.keystore 文件获得认证指纹，并申请密钥，再用所获得的密钥替换 android:apiKey 属性的值。
- 如果读者要发布基于 Google Map 的应用程序，需要使用自己生成的 keystore 文件重新获得密钥，android:apiKey 的值应为新获得的密钥。
- 由于 MapView 需要访问互联网，因此，在 AndroidManifest.xml 文件中需要使用 android.permission.INTERNET 打开互联网访问权限。

在地图中定位需要使用经度和纬度。本例通过 Geocoder 类的 getFromLocationName 方法获得了"沈阳三好街"的准确位置（经纬度），并根据获得的经纬度创建了 GeoPoint 对象，以便在地图上定位。如果想在地图上添加其他元素，例如添加一个图像，可以使用 Overlay 对象。通过覆盖 Overlay 类的 draw 方法可以在地图上绘制任意的图形（包括文字和图像）。

下面先看一下使用 MapView 在地图上定位的代码：

```
public void onCreate(Bundle savedInstanceState)
{
    super.onCreate(savedInstanceState);
```

```java
setContentView(R.layout.main);
// 从 XML 布局文件获得 MapView 对象
MapView mapView = (MapView) findViewById(R.id.mapview);
// 允许通过触摸拖动地图
mapView.setClickable(true);
// 当触摸地图时在地图下方会出现缩放按钮，几秒后就会消失
mapView.setBuiltInZoomControls(true);
// 获得 MapController 对象，mapController 是一个在类中定义的 MapController 类型变量
mapController = mapView.getController();
// 创建 Geocoder 对象，用于获得指定地点的地址
Geocoder gc = new Geocoder(this);
// 将地图设为 Traffic 模式
mapView.setTraffic(true);
try
{
    // 查询指定地点的地址
    List<Address> addresses = gc.getFromLocationName("沈阳三好街", 5);
    // 根据经纬度创建 GeoPoint 对象
    geoPoint = new GeoPoint(
            (int) (addresses.get(0).getLatitude() * 1E6),
            (int) (addresses.get(0).getLongitude() * 1E6));
    setTitle(addresses.get(0).getFeatureName());
}
catch (Exception e)
{
}
// 创建 MyOverlay 对象，用于在地图上绘制图形
MyOverlay myOverlay = new MyOverlay();
// 将 MyOverlay 对象添加到 MapView 组件中
mapView.getOverlays().add(myOverlay);
// 设置地图的初始大小，范围在 1 和 21 之间。1：最小尺寸，21：最大尺寸
mapController.setZoom(20);
// 以动画方式进行定位
mapController.animateTo(geoPoint);
}
// 用于在地图上绘制图形的 MyOverlay 对象
class MyOverlay extends Overlay
{
    @Override
    public boolean draw(Canvas canvas, MapView mapView, boolean shadow, long when)
    {
        Paint paint = new Paint();
        paint.setColor(Color.RED);
        Point screenPoint = new Point();
        // 将"沈阳三好街"在地图上的位置转换成屏幕的实际坐标
        mapView.getProjection().toPixels(geoPoint, screenPoint);
        Bitmap bmp = BitmapFactory.decodeResource(getResources(), R.drawable.flag);
        // 在地图上绘制图像
        canvas.drawBitmap(bmp, screenPoint.x, screenPoint.y, paint);
        // 在地图上绘制文字
        canvas.drawText("三好街", screenPoint.x, screenPoint.y, paint);
        return super.draw(canvas, mapView, shadow, when);
    }
}
```

在编写上面代码时，应注意如下 3 点：

- MapView 有 3 种地图模式：交通（Traffic）、卫星（Satellite）和街景（StreetView）。在上面的代码中使用 setTraffic 方法将地图设成交通地图模式，还可以通过 setSatellite 和 setStreetView 方法将地图设成卫星和街景视图。例如图 23-19 是"沈阳三好街"的卫星地图（地图并不是实时的，会与当前的卫星照片有一定的偏差）。

- Geocoder 类的 getFromLocationName 方法会返回所有满足地点描述的地址（List 对象）。该方法的第 1 个参数表示地点描述，第 2 个参数表示最多返回的地址。如果满足地点描述的地点多于第 2 个参数所指定的值，getFromLocationName 方法会只返回第 2 个参数指定的地址数。如果少于指定的返回地址数，则返回实际的地址数。
- 由于 GeoPoint 类的构造方法需要将经纬度扩大 100 万倍，因此，通过 getLongitude 和 getLatitude 方法获得的经纬度需要乘以 1000000 才可以被 GeoPoint 类使用，用科学计数法表示就是 1E6。

图 23-19　"沈阳三好街"的卫星地图

23.5.2　用 GPS 定位到当前位置

工程目录：src\ch23\ch23_gps

要想定位到当前的位置，需要利用手机中的 GPS 模块。使用 GPS 首先需要获得 LocationManager 服务，代码如下：

```
LocationManager locationManager = (LocationManager) getSystemService(Context.LOCATION_SERVICE);
```

通过 LocationManager 类的 getBestProvider 方法可以获得当前的位置，但需要通过 Criteria 对象指定一些参数，代码如下：

```
Criteria criteria = new Criteria();
// 获得最好的定位效果
criteria.setAccuracy(Criteria.ACCURACY_FINE);
criteria.setAltitudeRequired(false);
criteria.setBearingRequired(false);
criteria.setCostAllowed(false);
// 使用省电模式
criteria.setPowerRequirement(Criteria.POWER_LOW);
// 获得当前的位置提供者
String provider = locationManager.getBestProvider(criteria, true);
// 获得当前的位置
Location location = locationManager.getLastKnownLocation(provider);
// 获得当前位置的纬度
```

```
Double latitude = location.getLatitude() * 1E6;
//  获得当前位置的经度
Double longitude = location.getLongitude() * 1E6;
```

在获得当前位置的经纬度后，剩下的工作就和 23.5.1 节的例子一样了。只是在本例中还输出了与当前位置相关的信息，代码如下：

```
Geocoder gc = new Geocoder(this);
List<Address> addresses = gc.getFromLocation(location.getLatitude(), location.getLongitude(), 1);
if (addresses.size() > 0)
{
    msg += "AddressLine：" + addresses.get(0).getAddressLine(0)+ "\n";
    msg += "CountryName：" + addresses.get(0).getCountryName()+ "\n";
    msg += "Locality：" + addresses.get(0).getLocality() + "\n";
    msg += "FeatureName：" + addresses.get(0).getFeatureName();
}
textView.setText(msg);
```

本例需要使用如下代码在 AndroidManifest.xml 文件中打开相应的权限：

```
<uses-permission android:name="android.permission.INTERNET" />
<uses-permission android:name="android.permission.ACCESS_COARSE_LOCATION" />
<uses-permission android:name="android.permission.ACCESS_FIND_LOCATION" />
```

在手机上运行本节的例子，会显示如图 23-20 所示的效果。

图 23-20　定位到当前位置

23.6 WIFI

工程目录：src\ch23\ch23_wifi

WIFI（Wireless Fidelity）又称 IEEE 802.11b 标准，是一种高速的无线通信协议，传输速度可以达到 11Mb/s。实际上，对 WIFI 并不需要过多的控制（当成功连接 WIFI 后，就可以直接通过 IP 在 WIFI 设备之间进行通信了），一般只需要控制打开或关闭 WIFI 以及获得一些与 WIFI 相关的信息（例如，MAC 地址、IP 等）。如果读者的 Android 手机有 WIFI 功能，可以在手机上测试本节的例子。要注意的是，

第 23 章 访问 Android 手机的硬件

WIFI 功能不能在 Android 模拟器上测试，就算在有 WIFI 功能的真机上也需要先通过 WIFI 和计算机或其他 WIFI 设备连接后，才能获得与 WIFI 相关的信息。

本节的例子可以关闭和开始 WIFI，并获得各种与 WIFI 相关的信息。首先确认手机通过 WIFI 与其他 WIFI 设备成功连接，然后运行本节的例子，会看到如图 23-21 所示的输出信息。

图 23-21　WIFI（HTC Hero）

本例的完整实现代码如下：

```
package net.blogjava.mobile.wifi;

import java.net.Inet4Address;
import java.util.List;
import android.app.Activity;
import android.content.Context;
import android.net.wifi.WifiConfiguration;
import android.net.wifi.WifiInfo;
import android.net.wifi.WifiManager;
import android.os.Bundle;
import android.widget.CheckBox;
import android.widget.CompoundButton;
import android.widget.TextView;
import android.widget.CompoundButton.OnCheckedChangeListener;

public class Main extends Activity implements OnCheckedChangeListener
{
    private WifiManager wifiManager;
    private WifiInfo wifiInfo;
    private CheckBox chkOpenCloseWifiBox;
    private List<WifiConfiguration> wifiConfigurations;
    @Override
    public void onCreate(Bundle savedInstanceState)
    {
        super.onCreate(savedInstanceState);
        setContentView(R.layout.main);
        //  获得 WifiManager 对象
        wifiManager = (WifiManager) getSystemService(Context.WIFI_SERVICE);
        //  获得连接信息对象
        wifiInfo = wifiManager.getConnectionInfo();
        chkOpenCloseWifiBox = (CheckBox) findViewById(R.id.chkOpenCloseWifi);
        TextView tvWifiConfigurations = (TextView) findViewById(R.id.tvWifiConfigurations);
        TextView tvWifiInfo = (TextView) findViewById(R.id.tvWifiInfo);
        chkOpenCloseWifiBox.setOnCheckedChangeListener(this);
```

517

```java
        // 根据当前WIFI的状态（是否被打开）设置复选框的选中状态
        if (wifiManager.isWifiEnabled())
        {
            chkOpenCloseWifiBox.setText("Wifi 已开启");
            chkOpenCloseWifiBox.setChecked(true);
        }
        else
        {
            chkOpenCloseWifiBox.setText("Wifi 已关闭");
            chkOpenCloseWifiBox.setChecked(false);
        }

        // 获得WIFI信息
        StringBuffer sb = new StringBuffer();
        sb.append("Wifi 信息\n");
        sb.append("MAC 地址：" + wifiInfo.getMacAddress() + "\n");
        sb.append("接入点的 BSSID：" + wifiInfo.getBSSID() + "\n");
        sb.append("IP 地址（int）：" + wifiInfo.getIpAddress() + "\n");
        sb.append("IP 地址（Hex）：" + Integer.toHexString(wifiInfo.getIpAddress()) + "\n");
        sb.append("IP 地址：" + ipIntToString(wifiInfo.getIpAddress()) + "\n");
        sb.append("网络 ID：" + wifiInfo.getNetworkId() + "\n");
        tvWifiInfo.setText(sb.toString());

        // 得到配置好的网络
        wifiConfigurations = wifiManager.getConfiguredNetworks();
        tvWifiConfigurations.setText("已连接的无线网络\n");
        for (WifiConfiguration wifiConfiguration : wifiConfigurations)
        {
            tvWifiConfigurations.setText(tvWifiConfigurations.getText() + wifiConfiguration.SSID + "\n");
        }
    }
    // 将int类型的IP转换成字符串形式的IP
    private String ipIntToString(int ip)
    {
        try
        {
            byte[] bytes = new byte[4];
            bytes[0] = (byte) (0xff & ip);
            bytes[1] = (byte) ((0xff00 & ip) >> 8);
            bytes[2] = (byte) ((0xff0000 & ip) >> 16);
            bytes[3] = (byte) ((0xff000000 & ip) >> 24);
            return Inet4Address.getByAddress(bytes).getHostAddress();
        }
        catch (Exception e)
        {
            return "";
        }
    }
    @Override
    public void onCheckedChanged(CompoundButton buttonView, boolean isChecked)
    {
        // 当选中复选框时打开WIFI
        if (isChecked)
        {
            wifiManager.setWifiEnabled(true);
            chkOpenCloseWifiBox.setText("Wifi 已开启");
        }
        // 当取消复选框选中状态时关闭WIFI
        else
        {
            wifiManager.setWifiEnabled(false);
            chkOpenCloseWifiBox.setText("Wifi 已关闭");
```

        }
    }
}

在 AndroidManifest.xml 文件中要使用如下的代码打开相应的权限。

```
<uses-permission android:name="android.permission.ACCESS_WIFI_STATE"></uses-permission>
<uses-permission android:name="android.permission.WAKE_LOCK"></uses-permission>
<uses-permission android:name="android.permission.CHANGE_WIFI_STATE"></uses-permission>
```

23.7 小结

本章主要介绍了如何在手机上测试和调试需要使用手机硬件的应用程序。这些硬件包括麦克风、摄像头、传感器、GPS 和 WIFI，都是智能手机标准的配置，尤其是传感器近年来被大量用于手机中。除了本章介绍的方向传感器和加速传感器外，还有光学传感器、温度传感器、压力传感器在内的多种传感器被应用在以手机为主的移动设备中。在未来，传感器及其他先进的电子设备将成为智能手机的一部分，而手机拥有了这些设备，就不再只是手机了，而会成为无所不能的智能终端，真正实现 All In One 的时代已为时不远了。

24
NDK 技术

前面的章节一直在讲如何用 Java 来编写 Android 应用程序。从 Android SDK 1.5 开始，Google 就发布了 Android NDK。通过 NDK，开发人员可以使用 C/C++来开发 Android 应用程序的部分功能。本章将详细介绍 Android NDK 的下载、安装和配置，以及如何将 NDK 和 SDK 结合起来开发 Android 应用程序。

本章内容

- 下载和安装 Android NDK
- 下载和安装 Cygwin
- 配置 Android NDK
- 编译和运行 NDK 自带的例子
- Android NDK 接口设计
- 编写 Android NDK 程序的步骤
- 配置 Android.mk 文件
- Android NDK 定义的变量
- Android NDK 定义的函数
- 描述模块的变量
- 配置 Application.mk 文件

24.1 Android NDK 简介

Android NDK（Native Development Kit）是一套允许开发人员将本地代码嵌入 Android 应用程序的开发包。众所周知，Android 应用程序运行在 Dalvik 虚拟机上。而 NDK 允许开发人员将 Android 应用程序中的部分功能（由于 NDK 只开发了部分接口，因此，无法使用 NDK 编写完整的 Android 应用程序）用 C/C++语言来实现，并将这部分 C/C++代码编译成可直接运行在 Android 平台上的本地代码（也就是绕过 Dalvik 虚拟机，直接在 Android 平台上运行）。这些本地代码以动态链接库（lib...so）的形式存在。NDK 的这个特性既有利于代码的重用（动态链接库可以被多个 Android 应用程序使用），也可以在某种程度上提高程序的运行速度。

NDK 由如下几部分组成：
- 提供了一套工具集，这套工具集可以将 C/C++ 源代码生成本地代码。
- 用于定义 NDK 接口的 C 头文件（*.h）和实现这些接口的库文件。
- 一套编译系统。可以通过非常少的配置生成目标文件。

最新版的 Android NDK（Revision 3）在 2010 年 3 月发布，支持 ARMv5TE 机器指令，并且提供大量的 C 语言库，包括 libm（Math 库）、OpenGL ES 1.1 和 OpenGL ES 2.0、JNI 接口以及其他的库。

虽然在程序中使用 NDK 可以大大提高运行速度，但使用 NDK 也会带来很多副作用。例如，使用 NDK 并不是总会提高应用程序的性能，但却 100%会增加程序的复杂度。而且使用 NDK 必须要自己控制内存的分配和释放，这样将无法利用 Dalvik 虚拟机来管理内存，也会给应用程序带来很大的风险。因此，作者建议应根据具体的情况适度使用 NDK。例如，需要大幅度提高程序运行速度或需要保密（因为 Java 生成的目标文件很容易被反编译）的情况下，就可以使用 NDK 来生成相应的本地代码。

24.2 安装、配置和测试 NDK 开发环境

Android NDK 的安装相比 Android SDK 要稍微复杂一些。除了要安装 NDK 外，还需要安装 C/C++ 的运行环境，并进行相应的配置。本节将详细介绍配置 NDK 和 C/C++ 运行环境的过程，如何利用 NDK 自带的例子来演示如何使用 ADT 将动态链接库嵌入到 Eclipse Android 工程中，并在 Java 代码中调用动态链接库中的函数。

24.2.1 系统和软件要求

本节将介绍 Android NDK 支持的编译器和 Android SDK 的版本，以及兼容的操作系统平台。
Android SDK
- 在使用 Android NDK 之前必须安装 Android SDK。
- Android SDK 必须是 1.5 及以上版本。Android SDK 1.0 和 1.1 不支持 Android NDK。
- 要在 Android NDK 中使用 OpenGL ES 1.1，Android SDK 要求 1.6 及以上版本。如果使用 OpenGL ES 2.0，Android SDK 要求 2.0 及以上版本。

支持的操作系统
- Windows XP（32 位）
- Windows Vista（32 或 64 位）
- Mac OS X 10.4.8 及以上版本（仅支持 x86 Mac OS）
- Linux（32 或 64 位）

开发工具
- Make 工具要求 GNU Make 3.81 及以上版本。低版本的 Make 有可能也支持，但 Google 的 Android NDK 开发团队并未对低版本的 Make 进行测试。

- 如果在 Windows 下使用 Android NDK，需要使用 Cygwin 来模拟 Linux 开发环境。关于 Cygwin 的详细内容将在 24.2.2 节介绍。

24.2.2　下载和安装 Android NDK

Android NDK 需要一个 C/C++编译环境才能使用。因此不仅要安装 Android NDK，还需要安装相应的 C/C++环境。如果在 Linux 下使用 Android NDK，因为一般 Linux 安装包都自带了 C/C++编译环境，所以只需要在安装 Linux 时选中相应的开发工具即可。如果在 Windows 下使用 Android NDK，仍然需要使用 Linux 环境的 C/C++编译器来生成 lib...so 文件。这是 Linux/UNIX 下的动态链接库文件，相当于 Windows 中的 dll 文件。文件名必须以 lib 开头，文件扩展名必须是.so。例如，libLog.so、libImage.so 等。

读者可以从如下地址下载 Android NDK 的最新版本：

http://developer.android.com/intl/zh-CN/sdk/index.html

在作者写作本书时，Android NDK 的最高版本是 Revision 6b。读者可以根据自己使用的操作系统下载相应的 Android NDK。下载后，将 Android NDK 的压缩包解压缩即可。

24.2.3　下载和安装 Cygwin

如果读者在 Windows 下使用 Android NDK，则需要下载 Cygwin。当然，如果读者在其他操作系统下使用 Android NDK，则不需要进行这一步。

Cygwin 是一套在 Windows 下模拟 Linux 环境的工具集，包括如下两部分：

- 一个 cygwin1.dll 文件。该文件模拟了真实的 Linux API，是一个 API 模拟层。开发人员可以将在 Linux 下编写的 C/C++源代码在 Cygwin 中进行编译，在编译的过程中，如果 C/C++源代码中调用了 Linux 中的 API，Cygwin 就会利用 cygwin1.dll 来编译 C/C++源代码，从而可以在 Windows 中生成 Linux 下的 lib...so 文件。
- 模拟 Linux 环境的工具集。

读者可以从如下地址下载 Cygwin 的最新版本：

http://www.cygwin.com

在作者写作本书时，Cygwin 的最新版本是 1.7.1。

由于完整的 Cygwin 安装包很大，因此，Cygwin 只提供了一个在线安装程序进行下载。在安装的过程中需要稳定快速的互联网环境。安装文件只有一个 setup.exe，运行该程序，选中如图 24-1 所示的第 1 个单选项。然后进入下一个设置界面，默认情况下 Cygwin 的安装目录是 C:\cygwin，如图 24-2 所示。读者也可以将 Cygwin 安装在其他的目录中。

进入下一个设置界面后，需要指定一个 Cygwin 下载临时目录，如图 24-3 所示。该目录可以任意设置，在安装完 Cygwin 后，可以将该目录删除。然后设置网络连接方式，如图 24-4 所示。

进入下一个设置界面后，需要选择一个速度最快的下载地址，如图 24-5 所示。中国用户建议选择如下地址作为下载网址：

http://www.cygwin.cn

如果地址列表中没有上面的网址，可以在 User URL 文本框中输入 http://www.cygwin.cn/pub，并单击 Add 按钮将 URL 添加到列表中。选择下载网址后，单击"下一步"按钮开始下载和安装相关的文件，如图 24-6 所示。由于本章只使用 Cygwin 的编译环境，因此，只安装 Cygwin 的开发包即可。在出现如

图 24-7 所示的选择安装包界面后,选择 Devel 安装包,并单击后面的 Default 选项,使其变成 Install。在选择完安装包后,单击"下一步"按钮开始正式下载和安装。安装进度界面如图 24-8 所示。

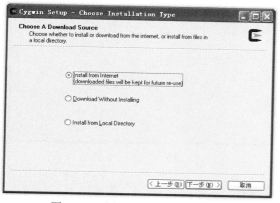

图 24-1　选择 Cygwin 的安装方式

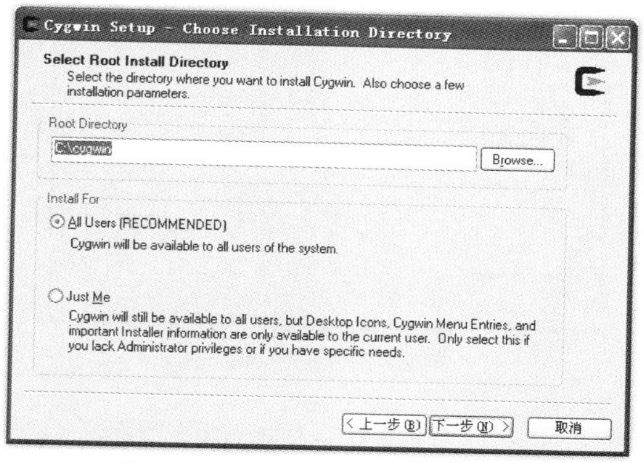

图 24-2　设置 Cygwin 的安装目录

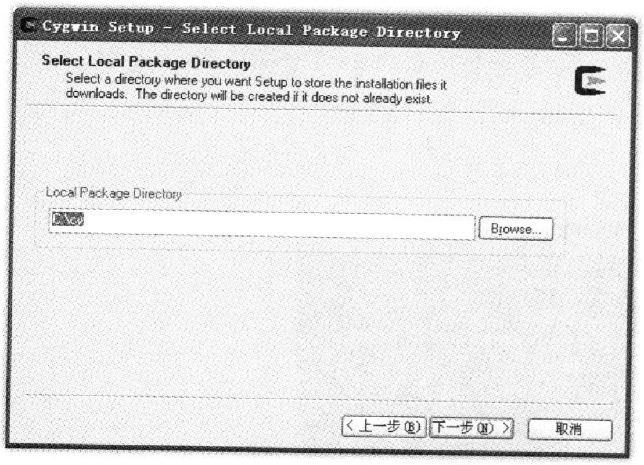

图 24-3　设置 Cygwin 的下载临时目录

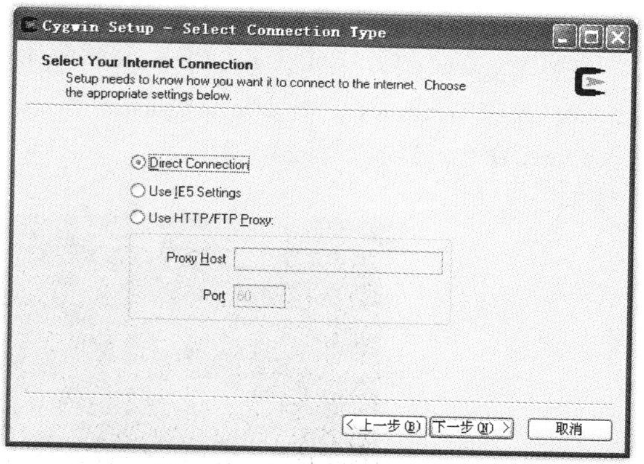

图 24-4　选择网络连接方式

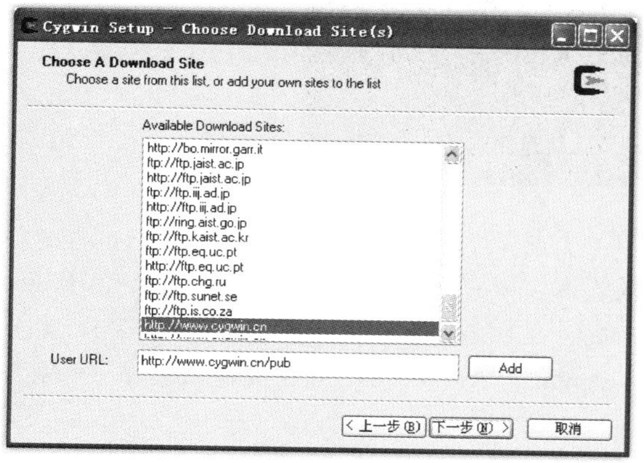

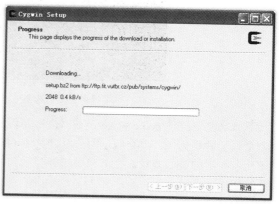

图 24-5　选择下载网址

图 24-6　开始下载和安装 Cygwin

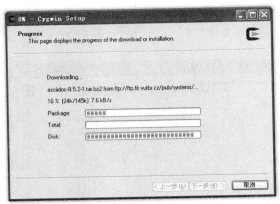

图 24-7　选择安装包　　　　　　　　　　　　　图 24-8　安装进度界面

如果完全安装 Devel 安装包，Cygwin 的大小约为 1.86GB。读者在安装 Cygwin 时应考虑安装 Cygwin 的分区剩余的硬盘空间。如果硬盘空间不足，可以只选择安装 C/C++ 开发环境，或将 Cygwin 安装在其他的分区。

安装 Cygwin 后，通过桌面上的 Cygwin 图标或 Cygwin 安装根目录中的 Cygwin.bat 文件可启动 Cygwin（仅限 Windows 操作系统）。Cygwin 是一个类似 Linux 的控制台程序，可以在 Cygwin 控制台中输入 Linux 命令，界面如图 24-9 所示。

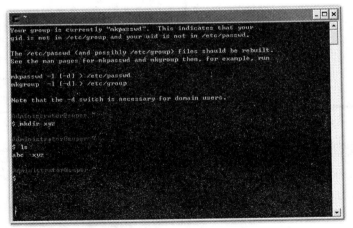

图 24-9　在 Cygwin 控制台中执行 Linux 命令

下面来验证一下 make 和 gcc（c 语言编译器）的版本。在 Cygwin 控制台中输入 make -v 和 gcc -v 命令，会输出如图 24-10 所示的信息。其中 GNU Make 的版本是 3.81，gcc 的版本是 4.3.4，完全满足开发环境的最低要求。在下一节将介绍如何将 Cygwin 和 Android NDK 连接起来组成一个完整的开发环境。

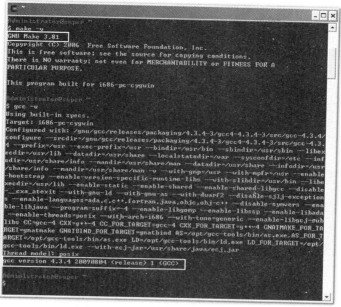

图 24-10　验证 make 和 gcc 的版本

24.2.4　配置 Android NDK 的开发环境

虽然在前两节安装了 Android NDK 和 Cygwin，但它们都是独立的环境。要想使用 Cygwin 来编译基于 Android NDK 的 C/C++程序，还需要将 Android NDK 和 Cygwin 进行整合。步骤如下：

1．设置 Android NDK 的路径

打开<Cygwin 安装目录>\home\Administrator\ .bash_profile 文件，并在该文件中添加如下内容：

```
ANDROID_NDK_ROOT=/cygdrive/e/sdk/android-ndk
export ANDROID_NDK_ROOT
```

其中第 1 行设置了 Android NDK 的本地路径。要注意的是，路径前面必须以"/cygdrive/"开头。假设 Android NDK 的安装目录是 E:\sdk\adnroid-ndk，在设置 Android NDK 的本地路径时应将路径改成"e/sdk/android-ndk"。

如果读者使用过 Linux 或 UNIX，应该对 export 很了解。这个 Shell 命令用于导出环境变量，也就是 ANDROID_NDK_ROOT，这一点也与 Windows 不同。在 Windows 中，环境变量只要设置了就可以直接使用。而在 Linux/UNIX 下，必须使用 export 命令导出环境变量才可以使用。

.bash_profile 文件所在的目录（<Cygwin 安装目录>\home\Administrator）也是 Cygwin 的根目录，也就是 Cygwin 控制台一开始进入的目录。在这个目录下建立目录、文件等写入操作，都会将相应的目录和文件保存在该目录中。

2．安装 Android NDK 开发环境

在完成第 1 步后，重启 Cygwin 控制台。然后在 Cygwin 控制台中执行下面的命令进入 Android NDK 中的根目录：

```
cd $ANDROID_NDK_ROOT
```
然后执行如下命令安装 Android NDK 开发环境：
```
./build/host-setup.sh
```
执行上面的命令后，输出如图 24-11 所示的信息，说明 Android NDK 开发环境已经安装成功。

图 24-11　安装 Android NDK 开发环境

24.2.5　编译和运行 NDK 自带的例子

工程目录：src\ch24\hello-jni

读者可以在 Eclipse 中直接导入源文件中的 hello-jni 工程，也可以按本节的步骤导入 Android NDK 自带的 hello-jni 工程。

在 NDK 发行包中带了一些例子工程。本节将详细介绍如何编译和运行其中的 hello-jni 工程。

NDK 的例子工程在<Android NDK 安装目录>\apps 目录中。该目录包含两个子目录：hello-jni 和 two-libs。进入 hello-jni 目录，在该目录中有一个 projects 目录和一个 Application.mk 文件（在 24.3.7 节会详细介绍该文件）。其中 projects 目录就是 Eclipse 工程目录，可以在 Eclipse 中导入，不过现在先不用忙着将该工程导入到 Eclipse 中。首先要做的是编译 C 源代码，并生成 lib*.so 文件。

启动 Cygwin 控制台，并输入如下命令进入 Android NDK 的根目录：
```
cd ANDROID_NDK_ROOT
```
然后输入如下命令来编译 C 源代码，并生成 lib*.so 文件。其中 hello-jni 就是 apps 目录中的 hello-jni 目录名。
```
make APP=hello-jni
```
要注意的是，APP 的 3 个字母必须都大写，例如，不能写成 make app=hello-jni。

如果成功编译 C 源代码，并生成了 lib*.so 文件，会输出如图 24-12 所示的信息。其中白色框中的是上面输入的两条命令。

从如图 24.12 所示的输出信息可以很容易地得知 C 源代码文件（hello-jni.c）和生成的 lib*.so 文件（libhello-jni.so）的位置。其中 hello-jni.c 文件在<Android NDK 安装目录>\sources\samples\hello-jni 目录中，生成的 libhello-jni.so 文件在<Android NDK 安装目录>\apps\hello-jni\prodjct\libs\armeabi 目录中。现在可以将 hello-jni 工程导入到 Eclipse 中了，选择 hello-jni\project 目录，如图 24-13 所示。单击 Finish 按钮导入 hello-jni 工程。导入后的 hello-jni 工程的目录结构如图 24-14 所示。

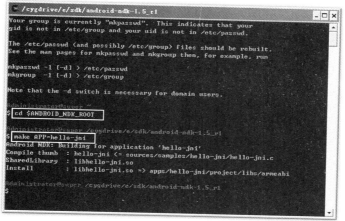

图 24-12　编译 C 源代码，并生成 lib*.so 文件

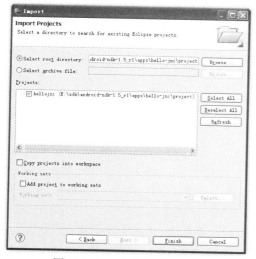

图 24-13　导入 hello-jni 工程

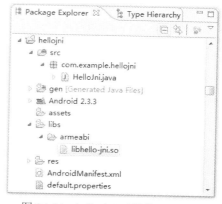

图 24-14　hello-jni 工程的目录结构

从图 24-14 所示的工程目录结构可以看出，libhello-jni.so 文件已经被加到相应的目录中。实际上，在 HelloJni 类中通过 JNI 技术调用了 libhello-jni.so 文件中的函数，关于调用的细节将在下一节详细介绍。

要注意的是，hello-jni 工程需要使用支持 Google APIs 的模拟器，只需要使用 AVD Manager 建立一个支持 Google APIs 的模拟器实例即可。在运行 hello-jni 工程时需要选择刚才建立的支持 Google APIs 的模拟器。如果成功运行，将在模拟器中输出如图 24-15 所示的信息。

图 24-15　成功运行 hello-jni

24.3 Android NDK 开发

虽然现在我们可以配置 Android NDK 开发环境，以及编译和运行 NDK 自带的例子，但却对如何使用 NDK 编写自己的动态库，并在 Java 代码中调用动态库中的函数一无所知。本节将为读者揭示 Android NDK 和 Android SDK 组合开发的完整过程，并详细介绍开发过程中涉及到的两个配置文件：Android.mk 和 Application.mk。

24.3.1 JNI 接口设计

Android NDK 应用程序的接口实际上就是在 JNI（Java Native Interface）规范中定义的接口。JNI 规范中定义了 Java 调用动态链接库（*.dll 或*.so 文件，由于 Android 是 Linux 内核的操作系统，因此只有*.so 文件）的约定。这里的接口就是指函数，包括函数名称、函数参数个数、函数参数类型及函数返回值的类型。我们可以先打开 hello-jni.c 文件，看一下该文件中的 C 语言函数，代码如下：

```
jstring Java_com_example_hellojni_HelloJni_stringFromJNI( JNIEnv* env, jobject thiz )
{
    return (*env)->NewStringUTF(env, "Hello from JNI !");
```

上面代码中的函数从表面看只是一个普通的 C 语言函数，但这个函数和普通的 C 语言函数有如下 3 点不同：

- 该函数的返回值类型和参数类型都是在 JNI 的头文件中定义的类型（如 jstring、jobject 等）。这些类型与 Java 中的数据类型对应，例如，jstring 对应 Java 中的 String；jobject 对应 Java 中的 Object。在定义被 Java 调用的 JNI 函数时必须使用这些类型，否则 Java 无法成功调用这些函数。
- 打开 hellojni 工程中的 HelloJni.java 文件，看到在 HelloJni 类中定义的 native 方法是 stringFromJNI，该方法调用了上面的 C 语言函数。但上面的 C 语言函数名却为 Java_com_example_hellojni_ HelloJni_stringFromJNI。从这个函数名可以看出，HelloJni 类中的 native 方法 stringFromJNI 是该函数名的结尾部分。前面有一个由"_"分隔而成的组合前缀。其中 Java 是固定的，而 com_example_hellojni_HelloJni 是 HelloJni 类的全名（包名+类名），只是将"."换成了"_"。从这一点可以看出，一个完整的 JNI 函数名由 3 部分组成：Java、定义 native 方法的类的全名、实际的函数名。这 3 部分用"_"进行连接。在实例 80 中将会通过一个完整的例子再次说明这一点。
- 上面的函数有两个参数：env 和 thiz。这两个参数必须包含在 JNI 函数中，而且必须是头两个参数。其中 env 表示 JNI 的调用环境，thiz 表示定义 native 方法的 Java 类的对象本身。

上面 3 个与普通 C 语言函数的区别也是编写 JNI 函数的关键。不过开发人员也不需要太关注这 3 点，因为一般在编写 JNI 函数之前，需要先编写一个调用 JNI 函数的 Java 类（定义 native 方法的 Java 类），然后使用 JDK 中的 javah.exe 命令自动生成定义 JNI 函数的 C 语言头文件（*.h 文件）。该文件中定义的函数会完全采用上面 3 个规则，开发人员只需要将这个函数复制到 C 语言源文件（*.c 文件）中，然后编写具体的实现即可。在实例 80 中会演示如何使用 javah.exe 命令生成 C 语言头文件。

24.3.2 编写 Android NDK 程序的步骤

Android NDK 程序（*.so 文件）一般是由 Java 程序调用的。本节将介绍编写调用*.so 文件的 Java 代码以及 JNI 函数的步骤。

（1）创建一个 Eclipse Android 工程。

（2）创建一个定义 native 方法的 Java 类，并在该类中定义 native 方法。方法名就是上一节介绍的 JNI 函数名的第 3 部分。

（3）使用 javah 命令根据这个 Java 类生成 C 语言头文件。

（4）根据 C 语言头文件中定义的 JNI 函数编写 C 语言源文件（*.c 文件）。函数的实现过程要根据具体的业务逻辑而定。

（5）在<Android NDK 安装目录>\sources\samples 目录中建立一个子目录（也就是保存 C 语言源文件的目录），然后将 C 语言源文件复制到该目录中。

（6）在上一步建立的目录中创建一个 Android.mk 文件，也可以将 hello-jni 目录中的 Android.mk 文件复制到该目录下。在实例 80 中会介绍如何设置 Android.mk 文件。

（7）在<Android NDK 安装目录>\apps 目录中建立一个与在第 1 步创建的 Eclipse Android 工程同名的目录，并在该目录中建立一个 Application.mk 文件，或将 hello-jni 目录中的 Application.mk 文件复制到该目录中。在 24-3.3 节中会介绍如何设置 Application.mk 文件。

（8）在上一步建立的目录中建立一个 project 目录。

（9）启动 Cygwin 控制台，输入 cd $ANDROID_NDK_ROOT 命令进入 Android NDK 的根目录，并使用 make 命令编译 C 语言源文件。如果编译成功，我们会在上一步建立的 project 目录中看到一个 libs 目录。进入该目录中的 armeabi 目录，会看到一个 lib*.so 文件。读者可以直接将 libs 目录复制到 Eclipse Android 工程的根目录（与 src 目录平级）。

上面的 9 步描述了编写和调用 NDK 程序的完整步骤，接下来就是使用 Java 来调用 native 方法了。为了使读者更充分地理解编写 Android NDK 程序的步骤和具体实现细节，在下一节将编写一个将指定文件中的小写字母转换成大写字母的程序。在该实例中，转换部分使用 JNI 函数编写。

24.3.3 将文件中的小写字母转换成大写字母（NDK 版本）

工程目录：src\ch24\ch24_lowertoupper

本实例将按 24.3.2 节介绍的步骤来编写，读者可以参照这些步骤来阅读本实例。

（1）创建一个 Eclipse Android 工程，工程名为 ch24_lowertoupper。

（2）创建一个 LowerToUpper 类。在该类中定义了 native 方法，代码如下：

```
package net.blogjava.mobile.jni;

public class LowerToUpper
{
    // filename1 表示原文件名，filename2 表示目标文件名
    // 该方法读取 filename1 指定的文件，并将该文件中的小写字母转换成大写字母
    // 将转换后的结果保存在 filename2 指定的文件中
    public native void convert(String filename1, String filename2);
    static
    {
```

```
            // 装载 lib*.so 文件
            System.loadLibrary("ch24_lowertoupper");
        }
    }
```

在编写上面代码时，应注意如下两点：
- native 方法为 convert。该方法的第 1 个参数表示待转换的文件名，第 2 个参数表示转换结果对应的文件名。
- 本例使用的 lib*.so 文件名是 libch24_lowertoupper.so。必须在 static 块中使用 System.loadLibrary 方法装载该文件，但指定的文件名是不包括 lib 和 .so 部分的。

（3）打开 Windows 控制台，进入 <ch24_lowertoupper 工程目录>\bin 目录，并输入如下命令生成 C 语言头文件：

```
javah -jni net.blogjava.mobile.jni.LowerToUpper
```

在执行完上面的命令后，会在当前目录生成一个 net_blogjava_mobile_jni_LowerToUpper.h 文件，内容如下：

```
/* DO NOT EDIT THIS FILE - it is machine generated */
#include <jni.h>
/* Header for class net_blogjava_mobile_jni_LowerToUpper */

#ifndef _Included_net_blogjava_mobile_jni_LowerToUpper
#define _Included_net_blogjava_mobile_jni_LowerToUpper
#ifdef __cplusplus
extern "C" {
#endif
/*
 * Class:     net_blogjava_mobile_jni_LowerToUpper
 * Method:    convert
 * Signature: (Ljava/lang/String;Ljava/lang/String;)V
 */
JNIEXPORT void JNICALL Java_net_blogjava_mobile_jni_LowerToUpper_convert
  (JNIEnv *, jobject, jstring, jstring);
#ifdef __cplusplus
}
#endif
#endif
```

虽然在 net_blogjava_mobile_jni_LowerToUpper.h 文件中有很多代码，不过读者不需要管那么多，只要关注黑体字部分即可，该部分就是 JNI 函数的定义。

（4）在当前目录建立一个 LowerToUpper.c 文件，并根据 JNI 函数的定义来编写 JNI 函数，代码如下：

```c
#include <stdio.h>
#include <jni.h>

/* 负责进行转换工作的 C 语言函数 */
void lowercase_to_uppercase(const char *filename1, const char * filename2)
{
    /* 以只读方式打开 filename1 指定的文件 */
    FILE *fp1 = fopen(filename1, "rt");
    /* 以只写方式打开 filename2 指定的文件 */
    FILE *fp2 = fopen(filename2, "wt");
    /* 读取 filename1 指定的文件中的第一个字母 */
    char ch=fgetc(fp1);
    /* 对 filename1 指定的文件内容进行扫描（读取每一个字符） */
    while(!feof(fp1))
    {
        /* 如果当前读取的字符是小写，将其转换成大写字母 */
        if(ch >= 97 && ch <= 122)
            ch -= 32;
```

```c
        /* 将转换后的字符写入 filename2 指定的文件中    */
        fputc(ch, fp2);
        /*  继续读取下一个字母    */
        ch = fgetc(fp1);
    }
    fclose(fp1);
    fclose(fp2);
}

JNIEXPORT void JNICALL Java_net_blogjava_mobile_jni_LowerToUpper_convert
  (JNIEnv *env, jobject obj, jstring filename1, jstring filename2)
{
    /*  将 filename1 转换成 C 语言使用的字符串（char *）    */
    const char *c_str1 = (*env)->GetStringUTFChars(env, filename1, NULL);
    /*  将 filename2 转换成 C 语言使用的字符串（char *）    */
    const char *c_str2 = (*env)->GetStringUTFChars(env, filename2, NULL);
    /*  调用 lowercase_to_uppercase 函数进行转换    */
    lowercase_to_uppercase(c_str1, c_str2);
    (*env)->ReleaseStringUTFChars(env, filename1, c_str1);
    (*env)->ReleaseStringUTFChars(env, filename2, c_str2);
    return;
}
```

上面的代码完全使用 C 语言来实现。为了方便调试和复用，将转换功能单独封装在 lowercase_to_uppercase 函数中。可以在其他的开发工具（如 Eclipse for C++、Visual Studio 等）中调试该函数，然后将调试通过后的 lowercase_to_uppercase 函数复制到 LowerToUpper.c 文件中。如果读者不了解 C 语言也没关系。本例的主要目的是介绍如何在 Java 中调用 JNI 函数，而不是介绍 C 语言。读者可以在 LowerToUpper.c 文件中输入上面给出的代码，也可以直接利用源代码中的 LowerToUpper.c 文件。该文件在 ch24_lowertoupper 工程的 LowerToUpper 目录中。

（5）在<Android NDK 安装目录>\sources\samples 目录中建立一个 LowerToUpper 目录，然后将 LowerToUpper.c 文件复制到该目录。

（6）在 LowerToUpper 目录中建立一个 Android.mk 文件，并输入如下内容：

```
LOCAL_PATH := $(call my-dir)
include $(CLEAR_VARS)

LOCAL_MODULE    := ch24_lowertoupper
LOCAL_SRC_FILES := LowerToUpper.c

include $(BUILD_SHARED_LIBRARY)
```

其中 LOCAL_MODULE 指定生成的 lib*.so 文件名（不包括 lib 和.so 部分），LOCAL_SRC_FILES 指定 C 语言文件名（LowerToUpper.c）。

（7）在<Android NDK 安装目录>\apps 目录中建立一个 ch24_lowertoupper 目录，并在该目录中建立一个 Application.mk 文件。该文件的内容如下：

```
APP_PROJECT_PATH := $(call my-dir)/project
APP_MODULES      := ch24_lowertoupper
```

（8）在 ch24_lowertoupper 目录中建立一个 project 目录。

（9）启动 Cygwin 控制台，输入 cd $ANDROID_NDK_ROOT 命令进入 Android NDK 的根目录，然后在 Cygwin 控制台中输入如下命令编译 LowerToUpper.c：

```
make APP=ch24_lowertoupper
```

如果编译成功，会在<Android NDK 安装目录>\apps\ch24_lowertoupper 目录中生成一个 libs 目录，在 libs\armeabi 目录中会看到一个 libch24_lowertoupper.so 文件。将 libs 目录复制到 ch24_lowertoupper

工程的根目录，然后使用下面的 Java 代码调用 native 方法：

```
new LowerToUpper().convert("/sdcard/abc.txt", "/sdcard/result.txt");
```

在运行本实例之前，SD 卡根目录需要有一个 abc.txt 文件。当运行本实例后，会在 SD 卡的根目录生成一个 result.txt 文件，读者可以从 DDMS 透视图中导出 result.txt 文件来查看转换的结果。

24.3.4 配置 Android.mk 文件

Android.mk 文件主要用来指定要编译的 C/C++源文件的位置。由于 Android 使用了 GNU 的 make，因此 Android.mk 的语法格式与 GNU Makefile 的语法格式相同。

Android.mk 文件中的核心部分是模块（modules），可以在模块中指定 C/C++源文件的位置。模块可以用来指定静态库或共享库，其中只有共享库会被安装或复制到 Android 应用程序包（apk 文件）中，而静态库可以用来生成共享库。

在上一节曾给出了一个 Android.mk 文件的例子。在该例子中，LowerToUpper.c 和 Android.mk 在同一个目录下。下面再来回顾一下这个例子。

```
LOCAL_PATH := $(call my-dir)
include $(CLEAR_VARS)

LOCAL_MODULE       := ch24_lowertoupper
LOCAL_SRC_FILES := LowerToUpper.c

include $(BUILD_SHARED_LIBRARY)
```

上面的代码涉及到一些变量和 make 命令。下面来解释这些内容：

- **LOCAL_PATH := $(call my-dir)**：Android.mk 文件的第 1 行必须是 LOCAL_PATH 变量，该变量用来指定参与编译的 C/C++源文件的位置。在上面的例子中，宏函数 my-dir 是由系统提供的，用来返回当前目录的路径，也就是包含 Android.mk 文件的目录的路径。

- **include $(CLEAR_VARS)**：CLEAR_VARS 变量是在系统中定义的，用来指定一个特殊的 GNU Make 文件，该文件用来清空很多以 LOCAL_ 开头的变量，例如，LOCAL_MODULE、LOCAL_SRC_FILES、LOCAL_STATIC_LIBRARIES 等。但这些变量不包括 LOCAL_PATH。之所以要清空这些变量，是因为它们都是全局变量。同时这些变量又要在不同的 GNU Make 文件中使用，为了多个 GNU Make 文件不相互影响，就需要在执行每一个 GNU Make 文件（Android.mk 文件）之前先清空这些变量。

- **LOCAL_MODULE := ch24_lowertoupper**：在每一个模块中必须定义 LOCAL_MODULE 变量，用来指定模块名。该变量的值必须是唯一的，而且不能包含任何空白分隔符（例如空格、Tab 等）。实际上，LOCAL_MODULE 变量的值就是生成共享库的文件名（不包括 lib 和.so），在编译时，系统会自动在文件名的前后添加 lib 和.so，例如，本例生成的共享库文件名是 libch24_lowertoupper.so。要注意的是，如果模块名加了前缀 lib，在生成共享库时，系统不会再自动添加前缀 lib。

- **LOCAL_SRC_FILES := LowerToUpper.c**：LOCAL_SRC_FILES 变量必须指定一个 C/C++源文件列表。用该变量指定的源文件将被编译进当前模块中。但要注意，该变量并不需要指定 C/C++的头文件列表（*.h），这是因为系统会自动计算当前 C/C++源文件 include 的头文件。而系统会直接将 LOCAL_SRC_FILES 变量指定的源文件传给编译器，这种处理方式会取得更好的效果。

C++源文件的默认扩展名是.cpp，但可以通过 LOCAL_DEFAULT_CPP_EXTENSION 变量改变 C++文件的默认扩展名，例如，将该变量值设成".cxx"。在设置该变量的值时不要忘了在扩展名前加"."。

- **include $(BUILD_SHARED_LIBRARY)**：BUILD_SHARED_LIBRARY 是在系统中定义的，用来指定一个 GNU Make 脚本文件。该脚本文件会根据以 LOCAL_开头的变量来生成共享库文件。如果想生成静态库文件，可以使用 BUILD_STATIC_LIBRARY 变量。

24.3.5 Android NDK 定义的变量

在系统分析 Android.mk 文件之前，会定义一些全局变量。在某些情况下，系统可以对 Android.mk 文件多次分析，而每次分析时，这些变量的值可能会不一样。下面介绍这些变量：

- **CLEAR_VARS**：指定一个用于清空几乎所有以"LOCAL_"开头的变量（除了 LOCAL_PATH 变量）的 GNU Make 脚本文件。在 Android.mk 文件的第 2 行（第 1 行设置 LOCAL_PATH 变量）必须执行这个脚本，例如，include $(CLEAR_VARS)。
- **BUILD_SHARED_LIBRARY**：指定一个建立共享库的 GNU Make 脚本文件。该脚本文件会根据以"LOCAL_"开头的变量决定如何生成共享库。其中 LOCAL_MODULE 和 LOCAL_SRC_FILES 是必须设置的两个变量。该变量的用法：include $(BUILD_SHARED_LIBRARY)。生成的共享库文件名是 lib$(LOCAL_MODULE).so。
- **BUILD_STATIC_LIBRARY**：指定一个建立静态库的 GNU Make 脚本文件。静态库不能被复制到 Android 应用程序包（apk 文件）中，但可以用于建立共享库。使用该变量的用法：include $(BUILD_STATIC_LIBRARY)。生成的静态库文件名是$(LOCAL_MODULE).a。
- **TARGET_ARCH**：编译 Android 的目标 CPU 架构的名称。例如，与 ARM 兼容的 CPU 架构名称为 arm。
- **TARGET_PLATFORM**：指定分析 Android.mk 文件的 Android 平台名称。
- **TARGET_ARCH_ABI**：用于分析 Android.mk 的目标 CPU+ABI 的名称。在这里 ABI 是指应用程序二进制接口（Application Binary Interface）。所有基于 ARM 的 ABI 都必须将 TARGET_ARCH 变量的值设为 arm，但可以设置不同的 TARGET_ARCH_ABI 变量值。
- **TARGET_ABI**：该变量用于连接目标平台和 ABI，也就是$(TARGET_PLATFORM)-$(TARGET_ARCH_ABI)，主要用来测试真实设备中特定的目标系统映像（Target System Image）。

24.3.6 Android NDK 定义的函数

在 Android NDK 中还定义了很多 GNU Make 函数宏。这些函数需要使用如下语法格式来调用，并返回文本信息：

$(call <function>)

详细介绍这些函数的功能及用法如下：

- **my-dir**：返回 Android.mk 文件所在目录的路径。该函数一般用于设置 LOCAL_PATH 变量。用法：LOCAL_PATH := $(call my-dir)。
- **all-subdir-makefiles**：返回 Android.mk 文件所在目录（my-dir 返回的路径）中所有包含 Android.mk

文件的子目录列表。例如，有如下的目录结构：

```
sources/foo/Android.mk
sources/foo/lib1/Android.mk
sources/foo/lib2/Android.mk
```

在 sources/foo 目录的 Android.mk 文件中使用了 include $(call all-subdir-makefiles)。这个 Android.mk 文件会自动包含 lib1 和 lib2 目录中的 Android.mk 文件。

要注意的是，这个函数可以进行深度嵌套搜索，但在默认情况下，NDK 只寻找/*/Android.mk 一级的文件，也就是只在当前 Android.mk 文件所在目录的直接子目录中寻找 Android.mk 文件。

- **this-makefile**：返回当前 GNU Makefile 的路径。
- **parent-makefile**：返回当前调用树中父一级的 Makefile 的路径。
- **grand-parent-makefile**：从这个函数的名字不难看出它的功能。返回 parent 的 parent makefile 的路径。

24.3.7 描述模块的变量

本节将详细介绍用于描述模块的变量。这些变量可以定义在 include $(CLEAR_VARS)和$(BUILD_XXXXX)之间。

- **LOCAL_PATH**：该变量用于指定当前 Android.mk 文件所在的路径。这个变量必须在 Android.mk 文件的第 1 行定义。用法：LOCAL_PATH := $(call my-dir)。
- **LOCAL_MODULE**：该变量指定了模块的名字。模块名必须在所有模块名中是唯一的，而且不能包含空白分隔符（例如，空格、Tab 等）。该变量必须在执行$(BUILD_XXXX)脚本之前定义。模块名决定了生成的库文件名。例如，模块名为 search，生成的动态库文件名为 libsearch.so。而在引用模块时（在 Android.mk 或 Application.mk 文件中引用）只能使用定义的模块名（如 search），而不能使用库文件名（如 libsearch.so）。
- **LOCAL_SRC_FILES**：该变量指定了参与模块编译的 C/C++源文件名。这些源文件会被传递给编译器，然后编译器会自动计算这些源文件之间的依赖关系。这些源文件的名称或路径都相对于 LOCAL_PATH，如果指定多个源文件，中间可以用空格分隔。路径需要使用 UNIX 风格的斜杠（/）。在 Windows 环境下也要使用斜杠表示路径。例如，LOCAL_SRC_FILES = fun.c product/fun1.c product/fun2.c。
- **LOCAL_CPP_EXTENSION**：该变量是可选的，用于设置 C++源文件的扩展名,默认值是".cpp"，但可以通过该变量改变默认的扩展名，例如，LOCAL_CPP_EXTENSION := .cxx。
- **LOCAL_C_INCLUDES**：该变量是可选的，用于设置 C/C++源文件的搜索路径列表。这些路径相对于 NDK 的根目录，例如，LOCAL_C_INCLUDES := sources/foo。也可以利用其他的变量设置该变量，例如，LOCAL_C_INCLUDES := $(LOCAL_PATH)/../foo。该变量需要在任何标志变量（如 LOCAL_CFLAGS、LOCAL_CPPFLAGS）前设置。
- **LOCAL_CFLAGS**：该变量是可选的，用于设置编译 C/C++源文件所需要的编译器标志。在 Android NDK Revision 1 中该变量仅仅被应用于 C 语言，要设置 C++编译器的标志可以使用 LOCAL_CPPFLAGS 变量。
- **LOCAL_CPPFLAGS**：该变量是可选的，用于设置 C++源文件的编译器标志。该变量设置的编译器标志将加在 LOCAL_CFLAGS 变量设置的编译器标志后面。在 Android NDK Revision 1 中，该变量设置的编译器标志可应用于 C 和 C++编译器中。

- **LOCAL_CXXFLAGS**：LOCAL_CPPFLAGS 变量的别名，官方并不建议使用该变量，因为在以后的 NDK 版本中该变量可能会被删除。
- **LOCAL_STATIC_LIBRARIES**：静态库模块列表。该变量用于在生成共享库时将静态库链接到共享库中。注意该变量只在共享库模块中起作用。
- **LOCAL_SHARED_LIBRARIES**：指定生成的静态库或共享库在运行时依赖的共享库模块列表。这些依赖信息被写入生成的静态库或共享库中。
- **LOCAL_LDLIBS**：指定附加的链接标志，这些标志被用来建立模块。这些标志需要使用前缀 -l。例如，"LOCAL_LDLIBS := -lsearch"表示当前的模块在运行时需要依赖于 libsearch.so。
- **LOCAL_ALLOW_UNDEFINED_SYMBOLS**：默认情况下，在建立共享库时如果遇到未定义的引用，系统会抛出 undefined symbol 错误。但如果出于某些原因需要关闭未定义检查，就需要将该变量的值设为 true。但要注意，如果将该变量设为 true，生成的动态库在运行时可能出错。
- **LOCAL_ARM_MODE**：在默认情况下，ARM 架构下的二进制文件都在 thumb 模式下产生，在这种模式下，每一个指令都是 16 位的。如果要强迫生成 32 位的指令，可以将该变量的值设成 arm。要注意的是，还可以通过在 LOCAL_SRC_FILES 变量加 arm 后缀的方式指定的 C/C++ 源文件生成 32 位的二进制文件。例如 LOCAL_SRC_FILES := foo.c bar.c.arm。

24.3.8 配置 Application.mk 文件

Application.mk 文件用于描述当前应用程序需要哪些模块。该文件必须放在<Android NDK 安装目录>\apps\<myapp>目录中，其中<myapp>是当前应用程序的目录。Application.mk 与 Android.mk 一样，也使用了 GNU Makefile 语法。系统也为该文件定义了一些变量，这些变量的含义如下：

- **APP_MODULES**：该变量指定了当前应用程序中需要的模块列表（这些模块在 Android.mk 文件中定义）。如果指定多个模块，中间需要使用空格分隔。
- **APP_PROJECT_PATH**：该变量指定了应用程序工程根目录的绝对路径。该路径也被用来复制/安装生成的共享库（lib*.so 文件）。在 24.3.3 节的第（9）步使用 make 命令编译共享库时，将 lib*.so 复制到 apps\LowerToUpper 目录中的相应子目录，就是利用该变量指定的路径。
- **APP_OPTIM**：该变量是可选的。可设置的值为 release 和 debug，分别用于表示发行模式和调试模式。通过设置这个变量可以改变编译器生成目标文件的优化层次。该变量的默认值是 release，在发行模式下生成的二进制文件会高度优化。而调试（debug）模式产生的优化二进制文件更适合于调试程序。要注意的是，在 release 和 debug 模式下都可以进行调试，只是在 release 模式下提供了较少的调试信息。例如，在调试会话中，某些变量由于被优化而不能被监视；经过重构的代码使按步（stepping）跟踪变得非常困难。
- **APP_CFLAGS**：C 编译器的标志。当编译任何模块的 C 语言源代码时可以使用该变量。通过该变量可以改变在 Android.mk 文件中设置的相应 C 编译器标志，以便满足当前应用程序的需要。

- **APP_CXXFLAGS**：与 APP_CFLAGS 变量类似，只是用于设置 C++编译器的标志。
- **APP_CPPFLAGS**：与 APP_CFLAGS 类似，只是用于设置 C/C++编译器的标志。

配置 Application.mk 文件的例子如下：

```
APP_PROJECT_PATH := $(call my-dir)/project
APP_MODULES      := ch24_lowertoupper
```

24.4 小结

本章主要介绍了 Android NDK 的安装和配置，以及如何使用 NDK 和 SDK 开发应用程序。由于 Android 是基于 Linux 内核的，因此 NDK 生成的共享库（lib*.so 文件）和静态库（lib*.a 文件）都必须是 Linux 下的共享库和静态库的二进制格式。在 Windows 下需要使用 Cygwin 模拟 Linux 的环境来生成 lib*.so 或 lib*.a 文件。在生成 lib*.so 或 lib*.a 文件的过程中需要两个配置文件：Android.mk 和 Application.mk，在这两个文件中都需要根据实际情况使用不同的变量和函数。本章也详细地介绍了这些变量和函数的功能和用法。

虽然 Android NDK 允许使用 C/C++编写程序，但其并不能取代 Java。原因有两个：①NDK 并没有开放所有的编程接口，也就是说，使用 NDK 不能编写所有类型的 Android 应用程序；②目前还没有更好的方法调试 NDK 程序，因此，即使 NDK 开放了所有的接口，完全使用 NDK 开发 Android 应用程序也是一件非常困难的事情。

25 蓝牙技术

本章介绍的蓝牙要求的最低版本是 Android 2.0。由于 Android 模拟器不支持蓝牙，因此需要在 Android 2.0 及以上版本的真机上测试本章的例子。

蓝牙是一种重要的短距离无线通信协议，广泛应用于各种设备（计算机、手机、汽车等）中。为了使读者更好地使用蓝牙技术，本章从实用的角度介绍蓝牙的基本原理和使用方法，并提供源代码以便读者可以在真机上进行测试。

本章内容

- 蓝牙的基本原理
- 蓝牙的打开和关闭
- 搜索蓝牙设备
- 蓝牙设备之间的通信（包括 Socet 和 OBEX）

25.1 蓝牙简介

蓝牙（Bluetooth）是一种短距离的无线通信技术标准。这个名字来源于 10 世纪丹麦国王 Harald Blatand，英文名是 Harold Bluetooth。在无线行业协会组织人员的讨论后，有人认为用 Blatand 国王的名字命名这种无线技术是再好不过了，这是因为 Blatand 国王将挪威、瑞典和丹麦统一起来，这就如同这项技术将统一无线通信领域一样。至此，蓝牙的名字也就这样定了下来。

蓝牙采用了分散式网络结构以及快跳频和短包技术，支持点对点及点对多点的通信，工作在全球通用的 2.4GHz ISM（即工业、科学、医学）频度。根据不同的蓝牙版本，传输速度会差很多，例如，最新的蓝牙 3.0 传输速度为 3Mb/s，而未来的蓝牙 4.0 技术从理论上可达到 60Mb/s。

蓝牙协议分为 4 层，即核心协议层、电缆替代协议层、电话控制协议层和采纳的其他协议层。这 4 种协议中最重要的是核心协议。蓝牙的核心协议包括基带、链路管理、逻辑链路控制和适应协议四部分。

其中链路管理（LMP）负责蓝牙组件间连接的建立。逻辑链路控制与适应协议（L2CAP）位于基带协议层上，属于数据链路层，是一个为高层传输和应用层协议屏蔽基带协议的适配协议。

蓝牙技术作为目前比较常用的无线通信技术，早已成为手机的标配之一，基于 Android 的手机也不例外。但遗憾的是，Android 1.5 对蓝牙的支持非常不完善，只支持像蓝牙耳机一样的设备，并不支持蓝牙数据传输等高级特性。不过，Android 2.0 终于加入了完善的蓝牙支持。

25.2　打开和关闭蓝牙设备

工程目录： src\ch25\ch25_control_bluetooth_device

与蓝牙相关的类和接口位于 android.bluetooth 包中。在使用蓝牙之前，需要在 AndroidManifest.xml 文件中打开相应的权限，代码如下：

```
<uses-permission android:name="android.permission.BLUETOOTH" />
<uses-permission android:name="android.permission.BLUETOOTH_ADMIN" />
```

BluetoothAdapter 是蓝牙中的核心类，下面的代码创建了 BluetoothAdapter 对象：

```
private BluetoothAdapter bluetoothAdapter = BluetoothAdapter.getDefaultAdapter();
```

使用下面的代码可以打开蓝牙。

```
Intent enableIntent = new Intent(BluetoothAdapter.ACTION_REQUEST_ENABLE);
startActivityForResult(enableIntent, 1);
```

在执行上面代码后，如果这时蓝牙未打开，会弹出如图 25-1 所示的对话框，询问是否打开蓝牙。如果单击"是"按钮，会显示图 25-2 所示的"正在打开蓝牙"状态信息框。大概 5 秒左右，在状态栏中会显示蓝牙标记，如图 25-3 白框中所示。

图 25-1　询问是否打开蓝牙

图 25-2　"正在打开蓝牙"状态信息框

图 25-3　蓝牙已打开

直接调用 BluetoothAdapter.enable 方法也可以打开蓝牙，代码如下：

```
bluetoothAdapter.enable();
```

要关闭蓝牙，可以使用下面的代码：

```
bluetoothAdapter.disable();
```

 使用 enable 方法和 BluetoothAdapter.ACTION_REQUEST_ENABLE 虽然都可以打开蓝牙，但 enable 方法并不会出现图 25-1 和图 25-2 所示的提示框和信息框，只会无声息地开启蓝牙设备。

25.3 搜索蓝牙设备

工程目录： src\ch25\ch25_search_bluetooth_device

与其他蓝牙设备通信之前，需要搜索周围的蓝牙设备。要想自己的手机被其他蓝牙设备搜索到，需要进入蓝牙设置界面（如图25-4所示），选中"可检测性"复选框。这样自己的手机就可以被其他蓝牙设备搜索到了。单击"扫描查找设备"列表项，系统就会搜索周围的蓝牙设备。

图 25-4 蓝牙设置界面

如果手机中已经和某些蓝牙设备绑定，可以使用 BluetoothAdapter.getBondedDevices 方法获得已绑定的蓝牙设备列表。搜索周围的蓝牙设备使用 BluetoothAdapter.startDiscovery 方法。搜索到的蓝牙设备通过广播返回，因此，需要注册广播接收器来获得已搜索到的蓝牙设备。获得已绑定的蓝牙设备信息以及搜索蓝牙设备的完整代码如下：

```
package net.blogjava.mobile.search.bluetooth.device;

import java.util.Set;
import android.app.Activity;
import android.bluetooth.BluetoothAdapter;
import android.bluetooth.BluetoothDevice;
import android.content.BroadcastReceiver;
import android.content.Context;
import android.content.Intent;
import android.content.IntentFilter;
import android.os.Bundle;
import android.view.View;
import android.view.Window;
import android.widget.TextView;

public class Main extends Activity
{
    private BluetoothAdapter bluetoothAdapter;
```

```java
private TextView tvDevices;
@Override
public void onCreate(Bundle savedInstanceState)
{
    super.onCreate(savedInstanceState);
    requestWindowFeature(Window.FEATURE_INDETERMINATE_PROGRESS);
    setContentView(R.layout.main);
    tvDevices = (TextView) findViewById(R.id.tvDevices);
    bluetoothAdapter = BluetoothAdapter.getDefaultAdapter();
    // 获得所有已绑定的蓝牙设备
    Set<BluetoothDevice> pairedDevices = bluetoothAdapter.getBondedDevices();

    if (pairedDevices.size() > 0)
    {
        for (BluetoothDevice device : pairedDevices)
        {
            // 将已绑定的蓝牙设备的名称和地址显示在 TextView 控件中
            tvDevices.append(device.getName() + "：" + device.getAddress() + "\n");
        }
    }
    // 注册用于接收已搜索到的蓝牙设备的 Receiver
    IntentFilter filter = new IntentFilter(BluetoothDevice.ACTION_FOUND);
    this.registerReceiver(receiver, filter);
    // 注册搜索完成时的 Receiver
    filter = new IntentFilter(BluetoothAdapter.ACTION_DISCOVERY_FINISHED);
    this.registerReceiver(receiver, filter);
}
public void onClick_Search(View view)
{
    setProgressBarIndeterminateVisibility(true);
    setTitle("正在扫描...");
    // 如果这时正好在搜索，先取消搜索
    if (bluetoothAdapter.isDiscovering())
    {
        bluetoothAdapter.cancelDiscovery();
    }
    // 开始搜索蓝牙设备
    bluetoothAdapter.startDiscovery();
}
private final BroadcastReceiver receiver = new BroadcastReceiver()
{
    @Override
    public void onReceive(Context context, Intent intent)
    {
        String action = intent.getAction();
        // 获得已搜索到的蓝牙设备
        if (BluetoothDevice.ACTION_FOUND.equals(action))
        {
            BluetoothDevice device = intent
                    .getParcelableExtra(BluetoothDevice.EXTRA_DEVICE);
            // 搜索到的设备不是已绑定的蓝牙设备
            if (device.getBondState() != BluetoothDevice.BOND_BONDED)
            {
                // 将搜索到的新蓝牙设备显示在 TextView 控件中
                tvDevices.append(device.getName() + "：" + device.getAddress() + "\n");
            }

        }
        // 搜索完成
        else if (BluetoothAdapter.ACTION_DISCOVERY_FINISHED.equals(action))
        {
            setProgressBarIndeterminateVisibility(false);
            setTitle("搜索蓝牙设备");
```

```
        }
    };
}
```

运行本例，单击"搜索蓝牙设备"按钮，系统开始搜索，如果搜索到蓝牙设备，会显示在按钮下方的 TextView 控件中，如图 25-5 所示。

图 25-5　搜索蓝牙设备

25.4　蓝牙数据传输

工程目录：src\ch25\ch25_bluetooth_socket

通过蓝牙传输数据的原理与 Socket 类似。在网络中使用 Socket 和 ServerSocket 控制客户端和服务端的数据读写，而蓝牙通信也由客户端和服务端 Socket 来完成。蓝牙客户端 Socket 是 BluetoothSocket，蓝牙服务端 Socket 是 BluetoothServerSocket。这两个类都在 android.bluetooth 包中。

无论是 BluetoothSocket 还是 BluetoothServerSocket，都需要一个 UUID（Universally Unique Identifier，全局唯一标识符），格式如下：

xxxxxxxx-xxxx-xxxx-xxxx-xxxxxxxxxxxx

UUID 的格式被分成 5 段，其中中间 3 段的字符数相同，都是 4，第 1 段是 8 个字符，最后一段是 12 个字符。所以 UUID 实际上是一个 8-4-4-4-12 的字符串。只是这个字符串要求永不重复。

获得 UUID 的方法非常多。例如，可以从下面的页面直接获得 UUID 字符串。每刷新一次页面，页面的左上角就会生成两个新的 UUID。

http://www.uuidgenerator.com

生成 UUID 的页面如图 25-6 所示。

图 25-6　生成 UUID 的页面

> 图 25-6 所示的页面产生了两组 UUID。其中第 1 组 UUID 的格式为 8-4-4-16，也就是 4 段的 UUID。第 2 组就是前面介绍的 8-4-4-4-12 格式的 UUID。我们应选择第 2 组 UUID，也就是黑框中的 UUID。如果选择第 1 组中的 UUID，蓝牙 Socket 会抛出异常。

JDK 本身也提供了生成 UUID 的 API，代码如下：

```
String uuid = java.util.UUID.randomUUID().toString();
```

本节的例子可以通过蓝牙传输字符串。首先需要编写一个接收蓝牙客户端请求的类，代码如下：

```
private class AcceptThread extends Thread
{
    private BluetoothServerSocket serverSocket;
    private BluetoothSocket socket;
    private InputStream is;
    private OutputStream os;
    public AcceptThread()
    {
        try
        {
            // 创建 BluetoothServerSocket 对象
            serverSocket = bluetoothAdapter.listenUsingRfcommWithServiceRecord(NAME, MY_UUID);
        }
        catch (IOException e)
        {
        }
    }
    public void run()
    {
        try
        {
            // 等待接收蓝牙客户端的请求
            socket = serverSocket.accept();
            is = socket.getInputStream();
            os = socket.getOutputStream();
            // 通过循环不断接收客户端发过来的数据。如果客户端暂时没发数据，则 read 方法处于阻塞状态
            while (true)
            {
                byte[] buffer = new byte[128];
                int count = is.read(buffer);
                Message msg = new Message();
                msg.obj = new String(buffer, 0, count, "utf-8");
                // 通过 Toast 信息框显示客户端发过来的信息
                handler.sendMessage(msg);
            }
        }
        catch (Exception e)
        {
        }
    }
}
```

在编写 AcceptThread 类时应了解如下几点：

- BluetoothAdapter.listenUsingRfcommWithServiceRecord 方法用于创建 BluetoothServerSocket 对象。listenUsingRfcommWithServiceRecord 方法的第 1 个参数表示蓝牙服务的名称，可以是任意字符串。第 2 个参数就是 UUID。本例生成了一个固定的 UUID，读者也可以使用其他 UUID。
- 通过 BluetoothServerSocket.accept 方法收到客户端的请求后，accept 方法会返回一个 BluetoothSocket 对象。可以通过该对象获得读写数据的 InputStream 和 OutputStream 对象。如

果想编写类似聊天的程序，可以在循环中不断读取客户端的数据。
- InputStream.read 方法在服务端未发送数据时处于阻塞状态，直到服务端发过来数据，才会执行后面的语句。

编写完 AcceptThread 类后，在 onCreate 方法中需要创建 AcceptThread 对象来监听客户端的请求，代码如下：

```
AcceptThread acceptThread = new AcceptThread();
acceptThread.start();
```

本例与 25.3 节的例子一样，也可以搜索蓝牙设备（请参考本例的源代码）。当搜索到蓝牙设备后，会显示在搜索按钮下方的 ListView 控件中。然后单击列表项，就会向已连接的蓝牙设备发送信息。服务端如果接收到客户端发送的信息后，会显示该信息。下面看一下单击列表项发送信息的代码：

```
public void onItemClick(AdapterView<?> parent, View view, int position, long id)
{
    String s = arrayAdapter.getItem(position);
    //  获得要连接的蓝牙设备的地址
    String address = s.substring(s.indexOf(":") + 1).trim();
    try
    {
        if (bluetoothAdapter.isDiscovering())
        {
            //  如果这时正在搜索蓝牙设备，取消搜索
            this.bluetoothAdapter.cancelDiscovery();
        }
        try
        {
            if (device == null)
            {
                //  获得蓝牙设备，相当于网络客户端 Socket 指定 IP 地址
                device = bluetoothAdapter.getRemoteDevice(address);
            }
            if (clientSocket == null)
            {
                //  通过 UUID 连接蓝牙设备，相当于网络客户端 Socket 指定端口号
                clientSocket = device.createRfcommSocketToServiceRecord(MY_UUID);
                //  开始连接蓝牙设备
                clientSocket.connect();
                //  获得向服务端发送数据的 OutputStream 对象
                os = clientSocket.getOutputStream();
            }
        }
        catch (IOException e)
        {
        }
        if (os != null)
        {
            //  向服务端发送一个字符串
            os.write("发送信息到其他蓝牙设备.".getBytes("utf-8"));
            Toast.makeText(this, "信息发送成功.", Toast.LENGTH_LONG).show();
        }
        else
        {
            Toast.makeText(this, "信息发送失败.", Toast.LENGTH_LONG).show();
        }
    }
    catch (Exception e)
    {
        Toast.makeText(this, e.getMessage(), Toast.LENGTH_LONG).show();
    }
}
```

本例同时拥有蓝牙服务端和客户端的功能。准备两部 Android 手机，并开启蓝牙功能。需要在蓝牙设置中进行配对，这样在程序启动后，会直接将其他的蓝牙设备显示在 ListView 控件中，如图 25-7 所示。

图 25-7　蓝牙通信

单击列表项后，会看到客户端和服务端弹出相应的 Toast 信息框。

如果在测试本例之前未通过系统的搜索来配对蓝牙程序，可以单击图 25-7 所示界面中的"搜索"按钮来搜索蓝牙设备。但要注意，Android 手机在默认情况下即使蓝牙已开启，也不能搜索到当前的设备。需要在蓝牙设备界面中选择"可检测性"复选框（如图 25-8 所示），才可以在指定时间（一般为 2 分钟）内搜索到当前的 Android 手机。

图 25-8　设置蓝牙手机的可检测性

25.5　蓝牙通信一定需要 UUID 吗

从上一节可知，两个蓝牙设备进行连接时需要使用同一个 UUID。但很多读者会发现，有很多型号的手机（可能是非 Android 系统的手机）之间使用了不同的程序也可以使用蓝牙进行通信。从表面上看，它们之间几乎不可能使用同一个 UUID。

实际上，UUID 和 TCP 的端口一样，也有一些默认的值。例如，将蓝牙模拟成串口的服务就使用了一个标准的 UUID：00001101-0000-1000-8000-00805F9B34FB。除此之外，还有很多标准的 UUID，下面就是两个标准的 UUID：

- 信息同步服务：00001104-0000-1000-8000-00805F9B34FB
- 文件传输服务：00001106-0000-1000-8000-00805F9B34FB

如果使用不同程序可以进行文件传输，那么它们可能使用了标准的 UUID，就像访问 HTTP 资源时，如果服务端使用了标准的 80 端口，客户端访问时是不需要加 80 端口的。

25.6 小结

从 Android 2.0 开始全面支持蓝牙技术。本章介绍了 Android 2.x 关于蓝牙的各种基本使用方法，其中包括打开和关闭蓝牙、搜索蓝牙设备、蓝牙 Socket 以及 OBEX。由于 Android 模拟器无法测试蓝牙程序，因此，读者需要在安装 Android 2.0 及以上版本的手机上运行本章的例子。

26 有趣的 Android 技术

本章将介绍一些有趣的 Android 技术。例如，可以通过手势进行输入、TTS 语音朗读以及从 Android 2.1 开始支持的动态壁纸技术。

 本章内容

- 创建手势文件
- 用手势输入文本
- 用手势调用应用程序
- 编写自己的手势创建器
- 用 TTS 朗读文本
- 动态壁纸

26.1 手势（Gesture）

看到"手势"这个词，千万不要以为是像哑语一样的动作手势。实际上，这里的手势就是指手写输入，只是叫"手势"更形象些。在手机中经常会使用手写输入，这就是所谓的"手势"。本节要介绍的手势与手写输入类似，但不同的是手写输入一次只能输入一个汉字或字母。而本节要介绍的每个手势可以对应一个字符串，也就是说，通过在手机屏幕上画一个手势，可以直接输入一个字符串。除此之外，还可以将某个手势与指定的应用程序相关联，例如，通过手势可以拨打电话。

26.1.1 创建手势文件

在使用手势之前，需要建立一个手势文件。在识别手势时，需要装载这个手势文件，并通过手势文件中的描述来识别手势。

从 Android 1.6 开始，发行包中都带了一个 GestureBuilder 工程，该工程可用来建立手势文件。读者可以在<Android SDK 安装目录>\platforms\android-1.6\samples 目录中找到该工程。如果读者使用的是其他 Android 版本，需要将 android-1.6 改成其他的名字，例如 android-2.0。

在模拟器上安装并运行该工程生成的 apk 文件，会显示如图 26-1 所示的界面。单击 Add gesture 按钮增加一个手势。在增加手势界面上方的文本框输入一个手势名（在识别手势后，系统会返回该名称），并在下方的空白处随意画一些手势轨迹，如图 26-2 所示。要注意的是，系统允许多个手势对应于同一个手势名。读者可以采用同样的方法多增加几个手势。在创建完手势后，读者会看到 SD 卡的根目录多了个 gestures 文件，该文件是二进制格式。在 26.1.2 节将看到如何使用刚创建的手势文件来识别手势。

图 26-1　手势创建器的主界面

图 26-2　增加一个手势

26.1.2　通过手势输入字符串

工程目录：src\ch26\ch26_gesture_text

手势的一个重要应用就是在屏幕上简单地画几笔就可以输入复杂的内容。本节会使用上一节介绍的 GestureBuilder 程序建立 3 个手势，如图 26-3 所示。运行本例后，在屏幕上画如图 26-4 所示的图形，系统会匹配如图 26-3 所示的 3 个手势中的第 1 个。松开鼠标后，会将识别后的信息以 Toast 信息提示框的形式显示，如图 26-5 所示。读者也可以将这些信息插入到 EditText 或其他的组件中。

图 26-3　建立的 3 个手势

图 26-4　画手势

图 26-5　显示匹配的信息

在匹配信息中有一个 score 字段，该字段表示匹配的程度。一般该字段的值大于 1，就认为可能与手势匹配。如果有多个手势匹配我们绘制的手势，可以提供一个选择列表，以便用户可以准确地选择匹配结果。这有些像手写输入，有很多时候都会出现一个可能匹配的列表，最终由用户决定哪个是最终的匹配结果。

在如图 26-4 所示的界面中绘制手势的组件是 android.gesture.GestureOverlayView。该组件不是标准的 Android 组件，因此，在 XML 布局文件中定义该组件时必须使用全名（包名+类名）。

```
<android.gesture.GestureOverlayView
    android:id="@+id/gestures" android:layout_width="fill_parent"
    android:layout_height="fill_parent" android:gestureStrokeType="multiple" />
```

其中 android:gestureStrokeType 属性表示 GestureOverlayView 组件是否可接受多个手势数。也就是说，一个完整的手势可能由多个不连续的图形组成，例如乘号由两个斜线组成。如果将该属性值设为 multiple，表示可以绘制由多个不连续图形组成的手势。如果将该属性值设为 single，绘制手势时就只能使用一笔画了（中间不能断），这有些像手写输入。对于大部分汉字来说，都是由不连续的笔画组成的（连笔字除外），这就需要由多个手势来绘制一个汉字。

下面来装载手势文件。本例将手势文件放在 res\raw 目录中，也可以放在 SD 卡或手机内存中。装载手势的代码如下：

```
// 指定手势资源文件的位置
gestureLibrary = GestureLibraries.fromRawResource(this, R.raw.gestures);
// 从 raw 资源中装载手势资源
if (gestureLibrary.load())
{
    setTitle("手势文件装载成功（输出文本）.");
    GestureOverlayView gestureOverlayView = (GestureOverlayView) findViewById(R.id.gestures);
    // 设置 OnGesturePerformedListener 事件，该事件方法在绘制完手势，并进行识别后调用
    gestureOverlayView.addOnGesturePerformedListener(this);
}
else
{
    setTitle("手势文件装载失败.");
}
```

其中 gestureLibrary 是在类中定义的 android.gesture.GestureLibrary 类型变量。在成功装载手势资源后，需要为 GestureOverlayView 组件指定 OnGesturePerformedListener 事件，该事件方法的代码如下：

```
public void onGesturePerformed(GestureOverlayView overlay, Gesture gesture)
{
    // 获得可能匹配的手势
    ArrayList<Prediction> predictions = gestureLibrary.recognize(gesture);
    // 有可能匹配的手势
    if (predictions.size() > 0)
    {
        StringBuilder sb = new StringBuilder();
        int n = 0;
        // 开始扫描所有可能匹配的手势
```

```
        for (int i = 0; i < predictions.size(); i++)
        {
            Prediction prediction = predictions.get(i);
            //   根据相似度，只列出 score 字段值大于 1 的匹配手势
            if (prediction.score > 1.0)
            {
                sb.append("score:" + prediction.score + "   name:"
                        + prediction.name + "\n");
                n++;
            }
        }
        sb.insert(0,n + "个相匹配的手势.\n");
        //   显示最终的匹配信息
        Toast.makeText(this, sb.toString(), Toast.LENGTH_SHORT).show();
    }
}
```

要注意的是，手势采用了相似度进行匹配。这就意味着预设的手势越多，手势的图形越相似，与同一个绘制的手势匹配的结果就可能越多。score 字段可以认为是相似度（指绘制的手势和手势库中手势的相似性），一般取相似度大于 1 的手势即可。当然，如果要求更精确，也可以提高相似度。

26.1.3 通过手势调用程序

工程目录：src\ch26\ch26_gesture_action

只要在 onGesturePerformed 方法中获得手势名，并按照一定规则就可以调用其他的应用程序。本例通过 3 个手势来拨打电话、显示通话记录和自动输入电话号，这 3 个手势如图 26-6 所示。

通过这 3 个手势返回的 action_call、action_call_button 和 action_dial 来决定调用哪个程序，代码如下：

图 26-6 调用程序的 3 个手势

```java
public void onGesturePerformed(GestureOverlayView overlay, Gesture gesture)
{
    ArrayList<Prediction> predictions = gestureLibrary.recognize(gesture);
    if (predictions.size() > 0)
    {
        int n = 0;
        for (int i = 0; i < predictions.size(); i++)
        {
            Prediction prediction = predictions.get(i);
            if (prediction.score > 1.0)
            {
                Intent intent = null;
                Toast.makeText(this, prediction.name, Toast.LENGTH_SHORT).show();
                if ("action_call".equals(prediction.name))
                {
                    //   拨打电话
                    intent = new Intent(Intent.ACTION_CALL, Uri.parse("tel:12345678"));
                }
                else if ("action_call_button".equals(prediction.name))
```

```java
                    //  显示通话记录
                    intent = new Intent(Intent.ACTION_CALL_BUTTON);
                }
                else if ("action_dial".equals(prediction.name))
                {
                    //  将电话传入拨号程序
                    intent = new Intent(Intent.ACTION_DIAL, Uri.parse("tel:12345678"));
                }
                if (intent != null)
                    startActivity(intent);
                n++;
                break;
        }
    }
    if (n == 0)
        Toast.makeText(this, "没有符合要求的手势.", Toast.LENGTH_SHORT).show();
}
```

26.1.4 编写自己的手势创建器

工程目录：src\ch26\ch26_gesture_builder

有时需要在自己的程序中加入创建手势的功能。本节就来学习一下建立手势文件的原理，感兴趣的读者也可以去分析 GestureBuilder 工程中的源代码，但本例更直接地描述了手势创建器的编写过程。

创建手势需要 GestureOverlayView 组件的另外一个事件：OnGestureListener。该事件需要指定一个对象。在开始绘制手势、绘制的过程、绘制结束以及取消绘制时，都会调用该事件对象中的方法。指定 OnGestureListener 事件的代码如下：

```java
GestureOverlayView overlay = (GestureOverlayView) findViewById(R.id.gestures_overlay);
overlay.addOnGestureListener(new GesturesProcessor());
```

其中 GesturesProcessor 是一个事件类，代码如下：

```java
private class GesturesProcessor implements GestureOverlayView.OnGestureListener
{
    public void onGestureStarted(GestureOverlayView overlay, MotionEvent event)
    {
    }
    public void onGesture(GestureOverlayView overlay, MotionEvent event)
    {
    }
    public void onGestureEnded(final GestureOverlayView overlay, MotionEvent event)
    {
        final Gesture gesture = overlay.getGesture();
        View gestureView = getLayoutInflater().inflate(R.layout.gesture, null);
        final TextView textView = (TextView) gestureView.findViewById(R.id.textview);
        ImageView imageView = (ImageView) gestureView.findViewById(R.id.imageview);
        //  获得绘制的手势的图像（128*128），0xFFFFFF00 表示图像中手势的颜色（黄色）
        Bitmap bitmap = gesture.toBitmap(128, 128, 8, 0xFFFFFF00);
        //  在 ImageView 组件中显示手势图形
        imageView.setImageBitmap(bitmap);
        textView.setText("手势名： " + editText.getText());
        new AlertDialog.Builder(Main.this).setView(gestureView)
            .setPositiveButton("保存", new OnClickListener()
            {
                @Override
                public void onClick(DialogInterface dialog, int which)
                {
                    GestureLibrary store = GestureLibraries.fromFile("/sdcard/mygestures");
                    store.addGesture(textView.getText().toString(), gesture);
```

```
            // 保存手势文件
            store.save();
        }
    }).setNegativeButton("取消", null).show();
}
public void onGestureCancelled(GestureOverlayView overlay, MotionEvent event)
{
}
}
```

在 GesturesProcessor 类中有 4 个事件方法，但只使用了 onGestureEnded 方法。当绘制完手势后，会调用该方法。创建手势文件的基本原理是通过 Gesture 类的 toBitmap 方法获得绘制手势的 Bitmap 对象，然后将其显示在 ImageView 中，并在 TextView 中显示手势名，将这两个组件显示在一个对话框中。在绘制完手势后会显示这个对话框，如图 26-7 所示。如果确定手势和手势名无误，单击"保存"按钮创建手势文件（如果存在则打开手势文件），并保存当前手势和手势名。读者可以在 SD 卡的根目录找到保存手势的 mygestures 文件。

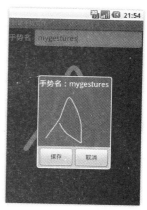

图 26-7 保存手势

从 Android 1.6 开始，在默认的情况下不允许向 SD 卡写数据。要想写入数据，需要使用<uses-permission>标签设置 android.permission.WRITE_EXTERNAL_STORAGE 权限。如果读者的程序中需要向 SD 卡写数据，并且以前是用 Android 1.5 开发的，而将来需要在 Android 的更高版本中运行，建议现在就使用<uses-permission>标签打开这个权限，否则程序将在 Android 1.6 以上的版本中无法成功向 SD 卡写数据。由于本例至少需要 Android 1.6 才能运行，因此，也需要设置该权限，否则无法在 SD 卡的根目录生成 mygestures 文件。

26.2 让手机说话（TTS）

工程目录：src\ch26\ch26_tts

方便输入信息还不够，如果让手机根据文本读出输入的内容那岂不是更人性化了。在 Android 1.6 中提供的 TTS（Text To Speech）技术可以完成这个工作。

TTS 技术的核心是 android.speech.tts.TextToSpeech 类。要想使用 TTS 技术朗读文本，需要做两个工作：初始化 TTS 和指定要朗读的文本。在第 1 项工作中主要指定 TTS 朗读的文本的语言，第 2 项工作主要使用 speak 方法指定要朗读的文本。

初始化 TTS 需要在 onInit 事件方法中完成。要使用该事件方法，需要实现 TextToSpeech.OnInitListener 接口，在本例中当前类（Main 类）实现了该接口。创建 TextToSpeech 对象的代码如下：

```
// tts 是 TextToSpeech 类型的对象，构造方法的第 1 个参数是 Context 类型的值，第 2 个参数需要
// 指定 TextToSpeech.OnInitListener 对象实例
tts = new TextToSpeech(this, this);
初始化 TTS 的代码如下：
public void onInit(int status)
{
    if (status == TextToSpeech.SUCCESS)
    {
        // 指定当前朗读的语言是英文
        int result = tts.setLanguage(Locale.US);
```

```
        if (result == TextToSpeech.LANG_MISSING_DATA
            || result == TextToSpeech.LANG_NOT_SUPPORTED)
        {
            Toast.makeText(this, "Language is not available.", Toast.LENGTH_SHORT).show();
        }
    }
}
```

下面的代码使用 speak 方法朗读了文本：

```
public void onClick(View view)
{
    tts.speak(textView.getText().toString(), TextToSpeech.QUEUE_FLUSH, null);
}
```

其中 speak 方法的第 1 个参数表示要朗读的文本。运行本例，单击"说话"按钮，会朗读按钮下方的文字，如图 26-8 所示。

图 26-8　朗读文本

 目前 TTS 只支持以英语为首的几种欧美语言，中文、日文等亚洲语言暂不支持。

26.3　动态壁纸

工程目录：src\ch26\ch26_livewallpapers

动态壁纸的最低版本要求是 Android 2.1。

在手机桌面放一张漂亮的图像是一件非常酷的事情，不过，这还不够酷。如果触摸桌面的空白处，就会随着触摸的位置不同而发生各种变化，那岂不是更棒。如果大家都是这么认为的，那么 Android 2.1 会成为目前 Android 中最"帅"的版本，因为 Android 2.1 提供了可以不断变化的动态壁纸，中文版的 Android 模拟器将其翻译成"当前壁纸"，不过叫"动态壁纸"会更贴切一些。

也许很多读者还不清楚什么是动态壁纸。那么先看一下本节实现的例子。触摸屏幕的任何空白位置，会显示一个彩色的实心圆（颜色是随机变化的），如图 26-9 所示。要使用动态壁纸，需要在 Android 桌面的选项菜单中单击"壁纸"菜单项,在弹出的子菜单中选择"当前壁纸"菜单项,会显示如图 26-10 所示的界面。在该界面可以预览动态壁纸的效果。当触摸界面的空白处时也会出现不同颜色的实心圆。单击"设置"按钮可以进入动态壁纸的设置页面,如图 26-11 所示。单击"配置圆的半径"配置项,会看到弹出如图 26-12 所示的配置项列表。读者可以选择各种大小的圆。

图 26-9　动态壁纸的效果

图 26-10　动态壁纸的预览界面

图 26-11　动态壁纸的设置界面

图 26-12　设置动态壁纸绘制的彩色实心圆的大小

　　动态壁纸的核心是一个服务类,该类必须是 android.service.wallpaper.WallpaperService 的子类。本例的服务类是 LiveWallpaperService,在该类中定义了一个 WallPaperEngine 类,这是 WallpaperService.Engine 的子类,用于处理动态壁纸的核心业务。LiveWallpaperService 类的代码如下:

```
package net.blogjava.mobile.livewallpapers;
```

```java
import android.content.SharedPreferences;
import android.service.wallpaper.WallpaperService;
import android.view.MotionEvent;
import android.view.SurfaceHolder;
public class LiveWallpaperService extends WallpaperService
{
    public static final String PREFERENCES = "net.blogjava.mobile.livewallpapers";
    public static final String PREFERENCE_RADIUS = "preference_radius";
    @Override
    public Engine onCreateEngine()
    {
        return new WallPaperEngine();                    // 创建动态壁纸引擎
    }
    // 定义动态壁纸引擎类
    public class WallPaperEngine extends Engine implements
            SharedPreferences.OnSharedPreferenceChangeListener
    {
        private LiveWallpaperPainting painting;
        private SharedPreferences prefs;
        // 在构造方法中需要读取配置文件中的信息,以确定绘制的彩色实心圆的半径
        public WallPaperEngine()
        {
            SurfaceHolder holder = getSurfaceHolder();
            prefs = LiveWallpaperService.this.getSharedPreferences(PREFERENCES, 0);
            prefs.registerOnSharedPreferenceChangeListener(this);
            painting = new LiveWallpaperPainting(holder,
                    getApplicationContext(), Integer.parseInt(prefs.getString(
                            PREFERENCE_RADIUS, "10")));
        }
        public void onSharedPreferenceChanged(SharedPreferences prefs, String key)
        {
            // 当设置变化时改变实心圆的半径
            painting.setRadius(Integer.parseInt(prefs.getString(PREFERENCE_RADIUS, "10")));
        }
        @Override
        public void onCreate(SurfaceHolder surfaceHolder)
        {
            super.onCreate(surfaceHolder);
            setTouchEventsEnabled(true);
        }
        @Override
        public void onDestroy()
        {
            super.onDestroy();
            painting.stopPainting();
        }
        @Override
        public void onVisibilityChanged(boolean visible)
        {
            if (visible)
            {
                painting.resumePainting();
            }
            else
            {
                painting.pausePainting();
            }
        }
        @Override
        public void onSurfaceChanged(SurfaceHolder holder, int format, int width, int height)
        {
```

```
            super.onSurfaceChanged(holder, format, width, height);
            painting.setSurfaceSize(width, height);
        }
        @Override
        public void onSurfaceCreated(SurfaceHolder holder)
        {
            super.onSurfaceCreated(holder);
            // 当surface（绘制动态壁纸的界面）创建后，开始绘制彩色实心圆
            painting.start();
        }
        // 当Surface 销毁时需要停止绘制壁纸
        @Override
        public void onSurfaceDestroyed(SurfaceHolder holder)
        {
            super.onSurfaceDestroyed(holder);
            boolean retry = true;
            painting.stopPainting();
            while (retry)
            {
                try
                {
                    painting.join();
                    retry = false;
                }
                catch (InterruptedException e)
                {
                }
            }
        }
        @Override
        public void onTouchEvent(MotionEvent event)
        {
            super.onTouchEvent(event);
            painting.doTouchEvent(event);
        }
    }
}
```

在上面的代码中涉及到一个 LiveWallpaperPainting 类，该类通过线程不断扫描用户在屏幕上触摸的点，然后根据触摸点绘制彩色实心圆，该类的代码如下：

```
package net.blogjava.mobile.livewallpapers;

import java.util.ArrayList;
import java.util.List;
import java.util.Random;
import android.content.Context;
import android.graphics.Canvas;
import android.graphics.Paint;
import android.graphics.drawable.BitmapDrawable;
import android.view.MotionEvent;
import android.view.SurfaceHolder;

public class LiveWallpaperPainting extends Thread
{
    private SurfaceHolder surfaceHolder;
    private Context context;
    private boolean wait;
    private boolean run;
    /* 尺寸和半径 */
    private int width;
    private int height;
    private int radius;
    /** 触摸点 */
```

```java
    private List<TouchPoint> points;
    /* 时间轨迹 */
    private long previousTime;
    public LiveWallpaperPainting(SurfaceHolder surfaceHolder, Context context, int radius)
    {
        this.surfaceHolder = surfaceHolder;
        this.context = context;
        //   直到 surface 被创建和显示时才开始动画
        thi s.wait = true;
        //   初始化触摸点
        this.points = new ArrayList<TouchPoint>();
        //   初始化半径
        this.radius = radius;
    }
    //  通过设置页面可以改变圆的半径
    public void setRadius(int radius)
    {
        this.radius = radius;
    }
    //  暂停动态壁纸的动画
    public void pausePainting()
    {
        this.wait = true;
        synchronized (this)
        {
            this.notify();
        }
    }
    //  恢复在动态壁纸上绘制彩色实心圆
    public void resumePainting()
    {
        this.wait = false;
        synchronized (this)
        {
            this.notify();
        }
    }
    //  停止在动态壁纸上绘制彩色实心圆
    public void stopPainting()
    {
        this.run = false;
        synchronized (this)
        {
            this.notify();
        }
    }
    @Override
    public void run()
    {
        this.run = true;
        Canvas canvas = null;
        while (run)
        {
            try
            {
                canvas = this.surfaceHolder.lockCanvas(null);
                synchronized (this.surfaceHolder)
                {
                    //   绘制彩色实心圆和背景图
                    doDraw(canvas);
                }
            } finally
            {
                if (canvas != null)
```

```java
                    {
                        this.surfaceHolder.unlockCanvasAndPost(canvas);
                    }
                }
                // 如果不需要动画则暂停动画
                synchronized (this)
                {
                    if (wait)
                    {
                        try
                        {
                            wait();
                        }
                        catch (Exception e)
                        {
                        }
                    }
                }
            }
        }
        public void setSurfaceSize(int width, int height)
        {
            this.width = width;
            this.height = height;
            synchronized (this)
            {
                this.notify();
            }
        }
        public void doTouchEvent(MotionEvent event)
        {
            synchronized (this.points)
            {
                int color = new Random().nextInt(Integer.MAX_VALUE);
                // 将用户触摸屏幕的点信息保存在 points 中，以便在 run 方法中扫描这些点，并绘制彩色实心圆
                points.add(new TouchPoint((int) event.getX(), (int) event.getY(),
                        color, Math.min(width, height) / this.radius));
            }
            this.wait = false;
            synchronized (this)
            {
                notify();
            }
        }
        private void doDraw(Canvas canvas)
        {
            long currentTime = System.currentTimeMillis();
            long elapsed = currentTime - previousTime;
            if (elapsed > 20)
            {
                BitmapDrawable bitmapDrawable =
                    (BitmapDrawable) context.getResources().getDrawable(R.drawable.background);
                // 绘制动态壁纸的背景图
                canvas.drawBitmap(bitmapDrawable.getBitmap(), 0, 0, new Paint());
                // 绘制触摸点
                Paint paint = new Paint();
                List<TouchPoint> pointsToRemove = new ArrayList<TouchPoint>();
                synchronized (this.points)
                {
                    for (TouchPoint point : points)
                    {
                        paint.setColor(point.color);
                        point.radius -= elapsed / 20;
                        if (point.radius <= 0)
```

```
                            {
                                pointsToRemove.add(point);
                            }
                            else
                            {
                                canvas.drawCircle(point.x, point.y, point.radius,paint);
                            }
                        }
                        points.removeAll(pointsToRemove);
                    }
                    previousTime = currentTime;
                    if (points.size() == 0)
                    {
                        wait = true;
                    }
                }
            }
            //  保存绘制的彩色实心圆的信息
            class TouchPoint
            {
                int x;
                int y;
                int color;
                int radius;
                public TouchPoint(int x, int y, int color, int radius)
                {
                    this.x = x;
                    this.y = y;
                    this.radius = radius;
                    this.color = color;
                }
            }
        }
```

下面来编写最后一个类（LiveWallpaperSettings），该类用于设置彩色实心圆的半径，代码如下：

```
package net.blogjava.mobile.livewallpapers;

import android.content.SharedPreferences;
import android.os.Bundle;
import android.preference.PreferenceActivity;

public class LiveWallpaperSettings extends PreferenceActivity implements
        SharedPreferences.OnSharedPreferenceChangeListener
{
    @Override
    protected void onCreate(Bundle icicle)
    {
        super.onCreate(icicle);
        getPreferenceManager().setSharedPreferencesName(LiveWallpaperService.PREFERENCES);
        addPreferencesFromResource(R.xml.settings);
        getPreferenceManager().getSharedPreferences().
                registerOnSharedPreferenceChangeListener(this);
    }
    @Override
    protected void onDestroy()
    {
        getPreferenceManager().getSharedPreferences()
                .unregisterOnSharedPreferenceChangeListener(this);
        super.onDestroy();
    }
    public void onSharedPreferenceChanged(SharedPreferences sharedPreferences, String key)
    {
    }
}
```

本例还涉及到几个配置文件。首先应在 AndroidManifest.xml 文件中配置 LiveWallpaperService 和 LiveWallpaperSettings，代码如下：

```xml
<service android:name="LiveWallpaperService" android:enabled="true"
    android:icon="@drawable/icon" android:label="@string/app_name"
    android:permission="android.permission.BIND_WALLPAPER">
    <intent-filter android:priority="1">
        <action android:name="android.service.wallpaper.WallpaperService" />
    </intent-filter>
    <meta-data android:name="android.service.wallpaper"
        android:resource="@xml/wallpaper" />
</service>
<activity android:label="@string/app_name" android:name=".LiveWallpaperSettings"
    android:theme="@android:style/Theme.Light.WallpaperSettings"
    android:exported="true" />
```

在 res\xml 目录中建立一个 settings.xml 文件，该文件用于设置 LiveWallpaperSettings 类的配置界面，settings.xml 文件中的内容如下：

```xml
<?xml version="1.0" encoding="utf-8"?>
<PreferenceScreen
    xmlns:android="http://schemas.android.com/apk/res/android"
    android:title="@string/settings_title">
    <ListPreference
        android:key="preference_radius"
        android:title="@string/preference_radius_title"
        android:summary="@string/preference_radius_summary"
        android:entries="@array/radius_names"
        android:entryValues="@array/radius_values" />
</PreferenceScreen>
```

最后还要在 res\xml 目录中建立一个 wallpaper.xml 文件，该文件需要在 AndroidManifest.xml 文件中的<meta-data>标签进行设置（就是 android:resource 属性的值）。wallpaper.xml 文件的内容如下：

```xml
<?xml version="1.0" encoding="UTF-8"?>
<wallpaper xmlns:android="http://schemas.android.com/apk/res/android"
    android:thumbnail="@drawable/icon" android:description="@string/description"
    android:settingsActivity="net.blogjava.mobile.livewallpapers.LiveWallpaperSettings" />
```

26.4　小结

本章主要介绍了 Android 中比较有趣的两个功能：手势识别和 TTS。通过手势识别可以实现在屏幕上绘制简单的图形来输入复杂文本的功能，也可以利用手势来调用其他的应用程序。TTS 可以朗读指定的文本，但遗憾的是，目前只支持英语等欧美语言。除此之外，还介绍了如何编写动态壁纸程序。

27
Android App 性能调优

其实做一款 Android App 并不复杂,不过做完之后,可能要被千百万人使用,在这种用户基数很大的情况下,什么情况都可能遇到。因此,就要对 Android App 的各种指标进行调整,性能就是其中最重要的一项指标。本章将主要介绍一些常用的性能调优方法。

 本章内容

- 刷新频率和丢帧
- 查看 GPU 负载
- GPU 渲染时间
- 过度重绘
- 内存抖动

27.1 刷新频率与丢帧

可能很多读者在开发或使用 Android App 时会发现有卡顿现象,出现这些现象很可能是因为 App 播放更多的动画,或需要渲染更多的图像。实际上这只是表象,在底层,为什么实现这些图形化的东西会发生卡顿现象呢?

要回答这个问题,就要了解 Android 渲染图像的机制。在 Android 底层,每隔 16ms(毫秒)会发出 VSYNC 信号,该信号触发对 UI 的渲染(图 27-1 所示)。如果每次渲染都成功,那么在 1 秒内就会渲染 60 次。这也是为什么很多游戏引擎都将默认刷新频率设为 60fps 的原因。不过要想达到这样的理想效果,App 中的大多数操作必须在 16ms 内完成。

不过当某个动作花费的实际是 24ms 时,系统发出的 VSYNC 信号在到达 16ms 时将无法正常渲染,这样就会造成丢帧现象。也就是说,32ms 和 16ms 时看到的是同一帧画面,这也是丢帧产生的原因。原理如图 27-2 所示。

Android App 性能调优 第 27 章

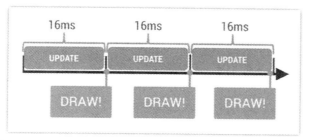

图 27-1　每 16ms 会发出 VSYNC 信号，该信号将导致 UI 渲染

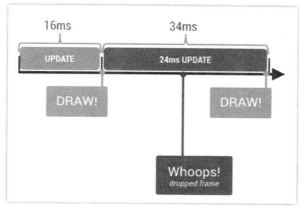

图 27-2　丢帧原理

造成丢帧的原因很多，可能是 ListView 由于数据来源于网络而造成卡顿，也可以是动画太多，或是因为操作过于复杂，或布局嵌套太深。总之，不管是什么原因，最终的原因只有一个，就是操作无法在 16ms 内完成，这样就会让用户觉得有卡顿现象。对于数据来源、操作过于复杂的情况，可以采用线程的方式解决。对于布局嵌套太深的情况，将会导致 GPU 或 CPU 负载过重，从而导致无法在 16ms 内完成渲染。对于这种情况，可以利用很多工具（如 HierarchyViewer）来查看 Activity 中的布局是否过于复杂，也可以通过手机中"开发者选项"的某些功能进行观察。当然，如果想观察 CPU 的执行情况，可以使用 TraceView。

27.2　开发者选项与查看 GPU 负载

工程目录：src/ch27/GPU_Overdraw

我们如何查看 App 中某个布局是否嵌套渲染太严重呢？方法很多，最直接的方法就是利用"开发者选项"中的相应功能。

如果读者使用的是中文环境，运行手机中的"设置"程序，进入"开发者选项"列表项，在"硬件加速渲染"项目组会看到"调试 GPU 过度绘制"列表项，单击后会弹出一个如图 27-3 所示的窗口。现在选择第 2 个（显示过度绘制区域）单选项。

如果使用的是英文环境，运行手机中的 Settings 程序，进入 Developer options 列表项。在 Hardware accelerated rendering 项目组会找到 Debug GPU overdraw 列表项。单击后会弹出如图 27-4 所示的窗口。现在选中第 2 个单选项（Show overdraw areas），将开启 GPU overdraw 功能。

图 27-3　开启"GPU 模式分析"功能

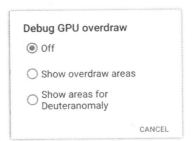

图 27-4　开启 GPU overdraw

如果开启上述功能，启动任何 App 后，将会用不同的颜色表示渲染的程度。颜色偏蓝表示渲染程度较低，颜色偏红表示渲染程度较高，也就是过度绘制，这部分是需要优化的。我们可以任意启动一个 App。图 27-5 是锁屏的效果。

本节提供了一个例子，用 4 种颜色表示了不同的渲染程度，效果如图 27-6 所示。

图 27-5　显示锁屏界面的渲染程度

图 27-6　渲染的不同层次

从图 27-6 所示的效果可以看出，从上到下颜色从蓝变到红色（在书中可能无法体现，需要直接运行程序），渲染程度也从低到高，分别是渲染 1 到 4 次。为了实现这个效果，我们将设置布局的背景颜色（设置背景图像也可以，这里为了简单地说明问题，设置了背景颜色）。为了不和图 27-6 的颜色重复，本例将布局的背景颜色设为黑色。完整的布局文件代码如下：

```
<LinearLayout xmlns:android="http://schemas.android.com/apk/res/android"
    xmlns:tools="http://schemas.android.com/tools"
```

```xml
    android:layout_width="match_parent"
    android:layout_height="match_parent"
    android:orientation="vertical">
<!-- 渲染 1 次 -->
<FrameLayout
    android:layout_width="match_parent"
    android:layout_height="match_parent"
    android:layout_weight="1"
    android:background="#000000">

</FrameLayout>
<!-- 渲染 2 次 -->
<FrameLayout
    android:layout_width="match_parent"
    android:layout_height="match_parent"
    android:layout_weight="1"
    android:background="#000000">

    <FrameLayout
        android:layout_width="match_parent"
        android:layout_height="match_parent"
        android:background="#000000">

    </FrameLayout>

</FrameLayout>
<!-- 渲染 3 次 -->
<FrameLayout
    android:layout_width="match_parent"
    android:layout_height="match_parent"
    android:layout_weight="1"
    android:background="#000000">

    <FrameLayout
        android:layout_width="match_parent"
        android:layout_height="match_parent"
        android:background="#000000">

        <FrameLayout
            android:layout_width="match_parent"
            android:layout_height="match_parent"
            android:background="#000000">
        </FrameLayout>
    </FrameLayout>

</FrameLayout>
<!-- 渲染 4 次 -->
<FrameLayout
    android:layout_width="match_parent"
    android:layout_height="match_parent"
    android:layout_weight="1"
    android:background="#000000">

    <FrameLayout
        android:layout_width="match_parent"
        android:layout_height="match_parent"
        android:background="#000000">

        <FrameLayout
            android:layout_width="match_parent"
            android:layout_height="match_parent"
            android:background="#000000">
```

```
            <FrameLayout
                android:layout_width="match_parent"
                android:layout_height="match_parent"
                android:background="#000000">

            </FrameLayout>
        </FrameLayout>
    </FrameLayout>
    </FrameLayout>
</LinearLayout>
```

从这个布局代码可以看出,所谓的渲染 n 次,就是在嵌套布局中多次设置布局背景颜色。例如,渲染 4 次时,嵌套了 4 层<FrameLayout>,每一层都设置了背景颜色,所以这一区域显示了红色。如果渲染超过 4 次,仍然显示红色。所以 Android 系统中 4 次是一个警戒线,到这里就该考虑优化了,应尽量减少重复渲染的次数。当然这也不绝对,如果这样的情况比较少,或由于某种原因必须这样处理,也可以超过 4 次渲染。

27.3 GPU 渲染时间与性能调优

性能问题是非常讨厌的,尤其是要尽可能保证执行的每一个任务的时间都小于 16ms。那么问题就来了,我们怎么知道任务的执行时间是否超过 16ms 了呢?幸好 Android 提供了相应的工具来观察任务的执行时间。

还是进入手机设置的"开发者选项",然后在"监控"项目组中找到"GPU 呈现模式分析"菜单项并单击,会显示如图 27-7 所示的窗口。

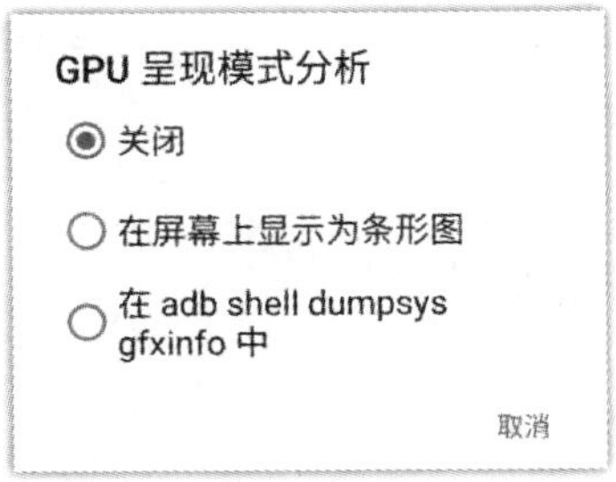

图 27-7 开启 GPU 渲染时间显示

现在选择第 1 个选项,该窗口会自动关闭。这时在屏幕上三个区域会显示三组柱状图,这三组柱状图分别表示屏幕顶部的状态栏、屏幕底部的导航栏和当前激活的 Activity 的每一帧 GPU 渲染时间。例如,图 27-8 是启动腾讯 QQ 时处于主界面的三组柱状图。

在图 27-8 所示界面的中下方有一条绿色的线,这就是 16ms 分界线,而绿线下方的柱状图就是当前激活的 Activity(腾讯 QQ 主窗口)的 GPU 渲染时间。如果柱状图超出了绿线,就说明当前帧渲染的时间太长(超过 16ms),出现了丢帧现象。由于 QQ 启动时需要访问网络,出现了一定的延迟,也就是丢帧现象,所以有一部分柱状图超出了绿线。当然,有个别的柱状图超出绿线也无所谓,但如果大部分柱状图都超出了绿线,那么这个 Activity 就需要做些优化了,否则用户会感觉持续不断的卡顿,当然,这也会大量消耗 GPU 资源，对手机电量也会消耗很大。

图 27-8　GPU 渲染时间柱状图

眼尖的读者可能会发现，每一条柱状图由三个颜色组成。其中蓝色表示测量绘制 DisplayList 的时间，红色表示 OpenGL 渲染 DisplayList 所需要的时间，黄色表示 CPU 等待 GPU 处理的时间。

27.4　Overdraw 与区域绘制

过度绘制是引起性能问题的一个重要原因，这种过度绘制称为 Overdraw。当然，对于多数这类情况，我们可以通过工具检测并修复标准 UI 控件的 Overdraw 问题。但对于更复杂的自定义 UI 控件，检测这些问题就有些费劲了。

对于标准的 UI 控件来说，如果 UI 控件不可视，而且这些不可视的 UI 控件仍然进行绘制，那么将导致 Overdraw。不过 Android 系统内容已经对这种情况做了检测，尽量避免绘制那些完全不可见的 UI 控件，这样会尽量减少 Overdraw。

但是不幸的是，对于那些过于复杂的自定义 View，即使重写了 onDraw 方法的自定义 View，Android 系统也无法检测具体在 onDraw 方法里面会执行什么操作，系统也无法监控并自动优化，也就无法避免 Overdraw 了。但是我们可以通过 Canvas.clipRect 方法来帮助系统识别那些可见的区域。这个方法可以指定一个矩形区域，只有在这个区域内才会被绘制，其他的区域会被忽视。这个 API 可以很好地帮助那些复制的自定义 View 来控制显示的区域。同时 clipRect 方法还可以帮助节约 CPU 与 GPU 资源，在 clipRect 区域之外的绘制指令都不会被执行，那些部分内容在矩形区域内的控件仍然会得到绘制。Canvas.clipRect 方法的示例代码如下：

```
protected void onDraw(Canvas canvas) {
    Paint paint=new Paint();
    canvas.clipRect(new Rect(100,100,300,300));
    canvas.drawColor(Color.BLUE);
```

```
canvas.drawRect(new Rect(0,0,100,100), paint);
canvas.drawCircle(150,150, 50, paint);
}
```

27.5 内存抖动与性能

尽管 Android 有自动管理内存的机制，但对内存的不恰当使用仍然容易引起严重的性能问题。在同一帧里面创建过多的对象是件需要特别引起注意的事情。

Android 系统里面有一个 Generational Heap Memory 模型（如图 27-9 所示），系统会根据内存中不同的内存数据类型分别执行不同的 GC（垃圾回收）操作。例如，最近刚分配的对象会放在 Young Generation 区域，这个区域的对象通常都是会快速被创建并且很快被销毁回收的，同时这个区域的 GC 操作速度也是比 Old Generation 区域的 GC 操作速度更快的。

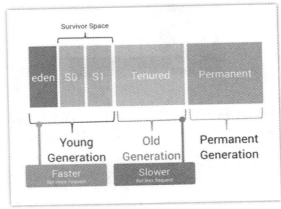

图 27-9　Generational Heap Memory 模型

这些区域除了速度差异之外，执行 GC 操作的时候，所有线程的操作都会暂停，等待 GC 操作完成之后，其他操作才能继续运行，如图 27-10 所示。

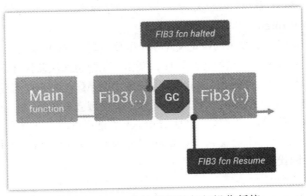

图 27-10　GC 会让线程的任何操作暂停

通常来说,单个的 GC 并不会占用太多时间,但是大量不停的 GC 操作则会显著占用帧间隔时间(16ms)。如果在帧间隔时间里做了过多的 GC 操作,那么其他操作(如图像渲染)的可用时间就变少了。

导致 GC 频繁执行主要有如下两个原因:
- 内存抖动(Memory Churn):内存抖动是由于大量的对象被创建又在短时间内被释放。
- 瞬间产生大量的对象会严重占用 Young Generation 内存区域,当达到阀值,剩余空间不够的时候,也会触发 GC。即使每次分配的对象占用了很少的内存,但是它们叠加在一起会增加 Heap 的压力,从而触发更多其他类型的 GC。这个操作有可能会影响到帧率,并使得用户感知到性能问题。

解决 GC 频繁执行的问题有非常简单直观的方法,我们可以使用 Memory Monitor 查看内存的使用情况。如果在 Memory Monitor 里面查看到短时间发生了多次内存的涨跌(如图 27-11 所示),这意味着很有可能发生了内存抖动。

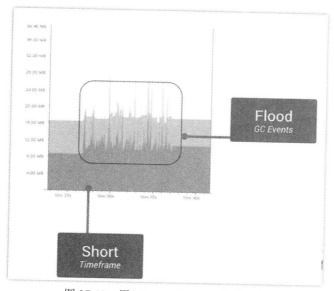

图 27-11　用 Memory Monitor 查看内存

同时我们还可以通过 Allocation Tracker 来查看短时间内同一个栈中不断进出的相同对象,这是内存抖动的典型信号之一。

当你大致定位问题之后,接下去的问题修复也就显得相对简单了。例如,你需要避免在 for 循环里分配对象占用内存,需要尝试把对象的创建移到循环体之外,自定义 View 中的 onDraw 方法也需要引起注意,每次屏幕发生绘制以及动画执行过程中,onDraw 方法都会被调用到,应该避免在 onDraw 方法里面执行复杂的操作,避免创建对象。对于那些无法避免需要创建对象的情况,我们可以考虑对象池模型,通过对象池来解决频繁创建与销毁的问题,但是这里需要注意结束使用之后,需要手动释放对象池中的对象。具体方法是将对象变量设为 null,并调用 System.gc 方法,通知 VM 可以释放内存了。VM 会在适当的时候(一般是 CPU 比较闲的时候)释放内存。

27.6 小结

尽管本章介绍的内容并不包括所有的性能调优方式，不过这些方式已经可以在某种程度上解决很多棘手的问题。尽管性能调优并不是开发 App 过程中必需的，但一个健壮的 App 经过这一步仍然是必不可少的。

28
内存泄露检测

内存泄露是一件非常令人头痛的事,不过幸好有各种方法对这种情况进行检查,本章将介绍几种可能引起内存泄露的情况,以及如何使用 MAT 对内存泄露进行检测。

 本章内容

- 可能引起内存泄露的情况
- MAT 的基本使用方法

28.1 造成内存泄露的原因

本节主要讲述了造成内存泄露的各种可能原因。

28.1.1 非静态内嵌类

我们可以先看看下面的代码:

```java
public class MainActivity extends Activity
{
    private static InnerClass mInstance;
    @Override
    protected void onCreate(Bundle savedInstanceState)
    {
        super.onCreate(savedInstanceState);
        setContentView(R.layout.activity_main);
        if(mInstance == null)
        {
            mInstance = new InnerClass();
        }
    }

    class InnerClass
    {
```

}
}

在这段代码中，InnerClass 是 MainActivity 的内嵌类，不过 InnerClass 并不是静态的。如果是这种情况，InnerClass 类的实例要想存在，必须要依赖于 MainActivity 的实例。如果由于某些原因，InnerClass 类的实例无法释放，这就意味着 MainActivity 的实例也不会被释放。也就是说，非静态内嵌类的实例将影响父类实例的释放。

如果 InnerClass 是静态成员类（如下面的代码所示）就不存在这一问题。尽管 InnerClass 是在 MainActivity 中定义的，不过 InnerClass 是独立存在的，即使 InnerClass 实例不释放，也不会影响到 MainActivity 对象的释放。所以，定义内嵌类时，要尽量使用静态内嵌类。当然，如果读者能保证内嵌类的实例在适当的时候一定能释放，那就另当别论了。

```java
public class MainActivity extends Activity
{
    private static InnerClass mInstance;
    @Override
    protected void onCreate(Bundle savedInstanceState)
    {
        super.onCreate(savedInstanceState);
        setContentView(R.layout.activity_main);
        if(mInstance == null)
        {
            mInstance = new InnerClass();
        }
    }
    static class InnerClass
    {

    }
}
```

28.1.2　Handler 要用静态变量或弱引用

Handler 和内嵌类一样，也尽量不要使用成员变量，应该使用静态变量或弱引用。现在看下面的代码：

```java
public class MyClass
{
    … …
    private Handler mHandler = new Handler()
    {
        @Override
        public void handleMessage(Message msg)
        {
            super.handleMessage(msg);
        }
    }
}
```

这段代码中的 mHandler 是一个成员变量。由于 Handler 是在所定义的线程（通常为主线程）中执行的，如果 handleMessage 中完成的任务需要很长时间处理，那么 mHandler 所在的类的实例就会一直存在，这一点和普通的内嵌类一样，如果 mHandler 是静态变量或弱引用，那么即使 handleMessage 方法处于阻塞状态，MyClass 对象仍然可以正常被 GC 回收。

下面是使用静态变量的代码：

```java
public class MyClass
{
    … …
```

```
        private static Handler mHandler = new Handler()
        {
            @Override
            public void handleMessage(Message msg)
            {
                super.handleMessage(msg);
            }
        }
```

下面是使用弱引用的代码。

```
public class MyClass
{
    … …
    private WeakReference<Handle> mHandler = new WeakReference<Handler>(new Handler()
    {
        @Override
        public void handleMessage(Message msg)
        {
            super.handleMessage(msg);
        }
    });
}
```

非静态成员变量之所以会影响所在类实例的释放，是因为这个成员变量本身没被释放。而影响成员变量释放的因素就是引用计数器，如果按照普通的方式定义变量（强引用），那么只要有一个指向该对象的变量，那么该对象就不会被释放。为了不影响对象的释放，将可能占用大量时间的变量声明成弱引用（WeakReference），弱引用的使用方法和强引用类似，只是并不影响对象的引用计数，如果 GC 要释放某个对象，只会考虑强引用的个数，并不会考虑弱引用的个数，也就是说，即使还有弱引用指向对象，该对象仍然会被释放。

28.1.3 线程引发的内存泄露

线程如果运用不好，也可以影响内存泄露。除了线程由于某些原因长久未结束外，线程本身也会影响其他的对象被 GC 释放。现在看下面的代码：

```
public class MyActivity extends Activity {
    @Override
    public void onCreate(Bundle savedInstanceState) {
        super.onCreate(savedInstanceState);
        setContentView(R.layout.main);
        new MyThread().start();
    }
    private class MyThread extends Thread{
        @Override
        public void run() {
            super.run();
            //  非常费时的操作
        }
    }
}
```

在这段代码中，如果 MyThund.run 方法长久未执行完，那么 MyThread 对象是不会被释放的。尽管在 MyActivity 类中并未显式声明任何成员变量，不过在 onCreate 方法中使用 new 创建了 MyThread 对象，而且并没有将该变量赋给局部变量，所以系统仍然将其看作 MyActivity 的成员变量。这样 run 方法不结束，MyActivity 对象是不会被释放的。所以应该将 MyThread 改成静态内嵌类，代码如下：

```
public class MyActivity extends Activity {
    @Override
```

```java
public void onCreate(Bundle savedInstanceState) {
    super.onCreate(savedInstanceState);
    setContentView(R.layout.main);
    new MyThread().start();
}
static private class MyThread extends Thread{
    @Override
    public void run() {
        super.run();
        //  非常费时的操作
    }
}
```

28.1.4　其他可能会造成内存泄露的情况

除了前面介绍的几种可能造成内存泄露的情况，还有很多情况可能会造成内存泄露。本节将介绍其他几种造成内存泄露的情况。

1．集合对象没有清理

将一些对象的引用加入到了集合中，当我们不需要该对象时，如果没有把它的引用从集合中清理掉，也会造成内存泄露，如果这个集合是静态的，那么情况会更糟。

解决方法是在不使用集合中对象时，将其设为 null，并从集合中删除。如果不使用集合，将集合设为 null。这个 GC 会自动回收集合以及其中对象占用的内存空间。

2．资源对象没有关闭

如 File、数据库资源未关闭，一定要在适当的时候（如 onDestory）关闭这些资源，否则也会造成内存泄露。

3．Bitmap 的不当使用

尽管系统可能会自动处理 Bitmap 的内存分配，但 Bitmap 占用的内存较多，很可能没有及时销毁而造成系统崩溃。因此，在使用完 Bitmap 后，调用 Bitmap.recycle 方法释放 Bitmap 占用的内存是一个好习惯。该方法并不会马上释放 Bitmap 所占用的内存，但会通知 GC 该 Bitmap 占用的内存可以释放了。一旦 GC 开始执行，就会释放这部分内存。

4．BaseAdapter.getView 方法没有使用 convertView

在使用 ListView、GridView 等控件时，需要使用 BaseAdapter 或其子类。这些控件的每一个 Item 是可以重用的，如果 getView 方法永远返回新的对象，那么可能会造成大量的内存泄露，因此，应该按下面的样式使用 getView 方法：

```java
public View getView(intposition, View convertView, ViewGroup parent)
{
    if(convertView == null)
    {
        convertView = …… //  为当前 item 创建新的 View 对象
    }
    ……
        //  完成设置控件值以及其他工作（通过 tag 保存子视图对象）
    return convertView;
}
```

28.1.5　弱引用（WeakReference）和软引用（SoftReference）

前面提到了弱引用，不过还有另外一种引用叫软引用。它们的共同点是虚拟机都会在适当的时候释放它们(不需要设置为 null),而区别是 WeakReference 的生命周期更短。如果虚拟机在执行 GC 操作时,遇到自己管辖区域内的 WeakReference 会立刻释放。不过当遇到 SoftReference 时,不一定立刻释放,只有在当前内存不足之前(抛出 OutOfMemory 错误之前)才会释放。

这两个引用通常用于 Cache。如果 Cache 中的对象只是临时使用,可以用 WeakReference;如果是希望对象使用的尽可能长久,就用 SoftReference。

28.2 内存泄露检测工具: Eclipse MAT

内存泄露是一个很讨厌的问题,但检测和发现内存泄露点就更讨厌了。因为在浩如烟海的代码中找到内存泄露点无异于大海捞针,尤其是那些隐藏得很深的内存泄露点,可能花数天或数月都未必能找到。不过读者也不用过分担心这一点,尽管现在没有任何一种方法或工具会直接告诉你内存泄露点的准确位置,但它们却可以告诉你大概的位置,这样很容易缩小搜索位置。

现在用于检测内存泄露的工具很多,其中 Eclipse MAT 就是比较常用、功能也比较强大的一款。MAT(Eclipse Memory Analyzer)以 Eclipse 插件形式运行,所以也可以称为 Eclipse MAT。

如果要在 Eclipse 中安装 MAT,可以使用链接 http://download.eclipse.org/birt/update-site/4.2 在线安装。

安装完后 MAT 后,可以使用前面内嵌类的程序测试一下检测内存泄露,现在使用非静态的内嵌类,然后运行程序。

接着切换到 DDMS 透视图,在 Devices 视图中选择当前运行程序的包,然后单击 Devices 视图上方的 Update Heap 按钮,如图 28-1 所示。这时可以旋转屏幕,让内存发生泄露。

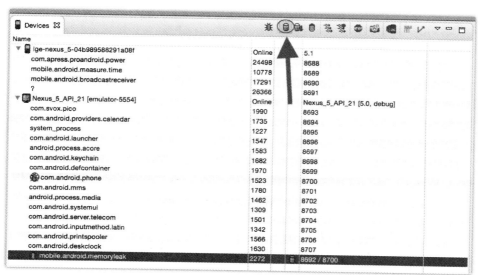

图 28-1 Update Heap 按钮

接下来切换到 Heap 视图,并单击 Cause GC 按钮,如图 28-2 所示。相当于让虚拟机进行一次 GC

操作。这时会显示当前 App 的相关内存数据。不过这些内存数据都是总的，根本无法看出和具体变量相关的内存信息。

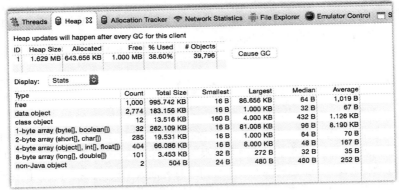

图 28-2　Heap 视图

现在单击 Devices 视图上方的 Dump HPROF file 按钮，如图 28-3 所示。稍等一会，就会显示 MAT 的相关视图，如图 28-4 所示。

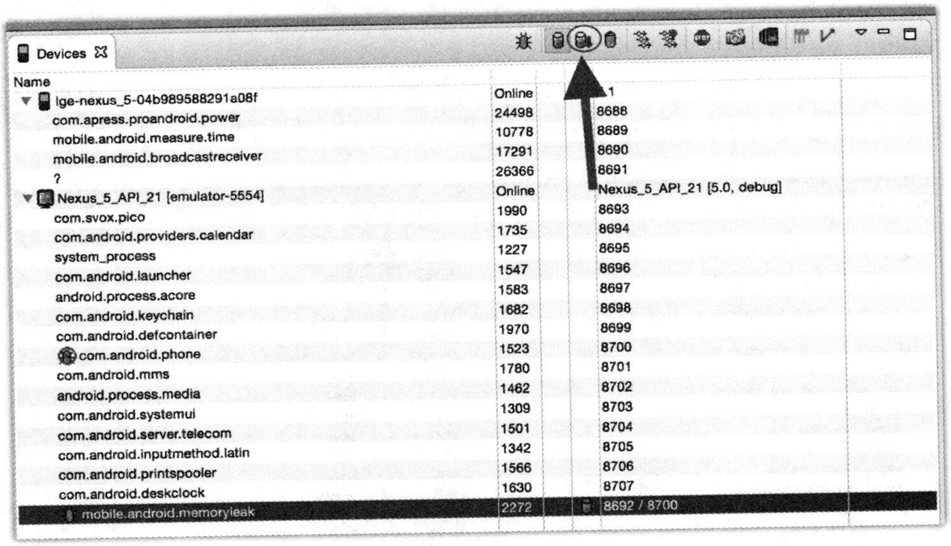

图 28-3　Dump HPROF file 按钮

现在单击 Histogram 链接。在列表中选择 byte[]（通常对象类型的成员变量都放在这里）并右击，选择 List objects→with incoming references 选项，并输入下面的 OQL（一种用于查询对象的语言，语法类似于 SQL），如图 28-5 所示。

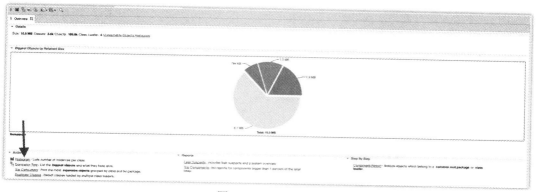

图 28-4　MAT 视图

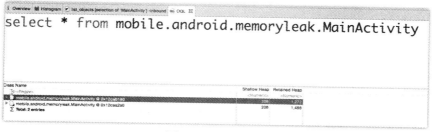

图 28-5　输入 OQL

单击右键，选择 Paths To GC Roots→exclude weak references 菜单项，显示如图 28-6 所示的信息。

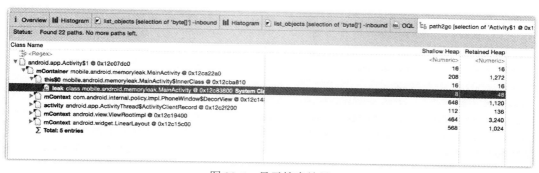

图 28-6　显示搜索结果

在 Histogram 视图最上方的 Regex 中输入 mobile.android，找到相关的东西。会看到 MainActivity 的 Objects 有两个，这个不太正常（因为 MainActivity 对象只可能是一个），所以也可以使用前面的方法查看 incoming references，同样可以找到 leak。

在前面的分析中涉及到两个概念：Shallow heap 和 Retained heap，它们的含义如下：

- Shallow heap：对象理论上使用的内存空间（对象引用、数据类型尺寸等）
- Retained heap：为对象分配的内存空间。

如果这两个值差距很大，就有可能会存在内存泄露，当然也不一定，因为 MAT 不会准确地告诉你是否有内存泄露发生。

当然，MAT 的功能还远不止这些，例如，可以单击图 28-4 所示页面的 Top Consumers 链接，查看 App 中占用内存最大的一些对象，效果如图 28-7 所示。

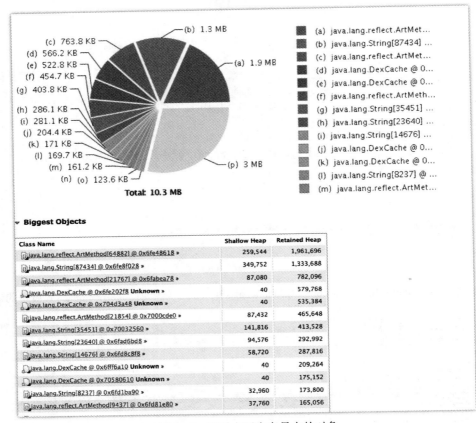

图 28-7　查看占用内存最大的对象

28.3　小结

本章介绍了 MAT 对内存泄露检测的基本方法，尽管 MAT 并不会准确地告诉你内存泄露的具体位置，但可以尽可能缩小搜索范围，不过要想快速检测出内存泄露点，还需要更多的经验积累。

29 项目实战：超级手电筒

本章将实现一个利用手机中的闪光灯照明的手电筒，其实手电筒的功能还不止这些，例如，警告灯、利用闪光灯发送莫尔斯密码等功能。

 本章内容

- 手电筒 App 简介
- 手电筒照明（控制闪光灯）
- 警告灯
- 发送莫尔斯密码
- 其他功能的实现原理

29.1 手电筒 APP 简介

这款手电筒 APP 涉及到 Android 的多种技术，主要的技术如下：
- 控制闪光灯
- Drawable 资源
- 并发控制
- 用闪光灯发送莫尔斯电码
- 调色板
- 其他技术（配置、feature、style 等）

在 APP 启动时，首先会显示如图 29-1 所示的手电筒照明界面。触摸手电筒，即可打开手机的闪光灯，再次触摸手电筒，就会关闭手机的闪光灯。在后面会详细介绍手电筒照明以及其他功能的详细实现过程。

图 29-1　手电筒照明界面

29.2　手电筒的架构

如果单击图 29-1 所示界面右上角的按钮，会显示如图 29-2 所示的界面，这是超级手电筒的功能列表。单击任意按钮，就会显示一个新窗口。

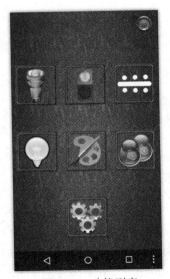

图 29-2　功能列表

不过这些显示的新窗口本质上并不是新的 Activity，而是多个 FrameLayout 隐藏/显示的结果。也就是说，整个 APP 只有一个窗口，并且将每一个功能涉及到的 UI 都放到一个 FrameLayout 中（每一个功能是单独的布局文件），默认都是隐藏的，并且主布局文件 activity_main.xml 中包含这些子布局文件。主布局文件的代码如下：

```xml
<FrameLayout xmlns:android="http://schemas.android.com/apk/res/android"
    android:layout_width="match_parent"
    android:layout_height="match_parent"
    android:background="@drawable/bg" >
    <include layout="@layout/flashlight" />
    <include layout="@layout/warning_light" />
    <include layout="@layout/morse" />
    <include layout="@layout/bulb" />
    <include layout="@layout/colorlight" />
    <include layout="@layout/policelight" />
    <include layout="@layout/settings" />
    <include layout="@layout/main_ui" />
    <ImageView
        android:id="@+id/imageview_controller"
        android:layout_width="48dp"
        android:layout_height="48dp"
        android:layout_gravity="top|right"
        android:layout_marginRight="10dp"
        android:layout_marginTop="10dp"
        android:onClick="onClick_Controller"
        android:src="@drawable/controller" />
</FrameLayout>
```

我们看到，这个布局文件中有很多<include>标签，每一个<include>标签引用了一个子布局文件。最后的<ImageView>标签就是右上角的图像按钮。

29.3 手电筒照明

本节将介绍如何利用手机的闪光灯进行照明，也就是控制闪光灯的打开和关闭。

29.3.1 手电筒的布局

手电筒的布局文件是 flashlight.xml，该文件的代码如下：

```xml
<FrameLayout xmlns:android="http://schemas.android.com/apk/res/android"
    android:id="@+id/framelayout_flashlight"
    android:layout_width="match_parent"
    android:layout_height="match_parent" >
    <ImageView
        android:id="@+id/imageview_flashlight"
        android:layout_width="match_parent"
        android:layout_height="match_parent"
        android:src="@drawable/flashlight" />
    <ImageView
        android:id="@+id/imageview_flashlight_controller"
        android:layout_width="wrap_content"
        android:layout_height="wrap_content"
        android:layout_gravity="bottom|center_horizontal"
        android:onClick="onClick_Flashlight" />
</FrameLayout>
```

手电筒的界面如图 29-1 所示。其中第一个<ImageView>标签显示了手电筒的图像。不过由于手电筒包含了发光的效果（实际上是两个 png 图来回切换），所以需要单独做一个热点，这就是第二个<ImageView>标签的作用。该标签保证只在触摸手电筒时触发单击事件。其中第一个<ImageView>标签使用的 flashlight 实际上是一个 xml 文件（flashlight.xml），代码如下：

```xml
<?xml version="1.0" encoding="utf-8"?>
<transition xmlns:android="http://schemas.android.com/apk/res/android">
    <item android:drawable="@drawable/off" />
    <item android:drawable="@drawable/on" />
</transition>
```

从该文件的内容可以看出，flashlight.xml 中定义了一个 transition 资源，通过该资源，很容易在两个图（off.png 和 on.png）之间进行切换。这两个图就是关闭和打开手电筒的图像。

29.3.2 通过代码调整控制区域位置

由于 flashlight.xml 中的第二个<ImageView>需要根据屏幕分辨率进行调整，所以需要直接从代码中获取屏幕的分辨率进行设置，代码如下：

```java
//  Flashlight.java
protected void onCreate(Bundle savedInstanceState) {
    super.onCreate(savedInstanceState);
    mImageViewFlashlight.setTag(false);
    Point point = new Point();
    getWindowManager().getDefaultDisplay().getSize(point);
    LayoutParams laParams = (LayoutParams) mImageViewFlashlightController
            .getLayoutParams();
    laParams.height = point.y * 3 / 4;
    laParams.width = point.x / 3;
    mImageViewFlashlightController.setLayoutParams(laParams);
}
```

29.3.3 打开和关闭闪光灯

单击第二个<ImageView>标签后，会调用单击事件方法，并根据当前的状态执行 openFlashlight 或 closeFlashlight 方法。前者用于打开闪光灯，后者用于关闭闪光灯。这两个方法的代码如下：

打开闪光灯

```java
//  Flashlight.java
protected void openFlashlight() {
    TransitionDrawable drawable = (TransitionDrawable) mImageViewFlashlight
            .getDrawable();
    drawable.startTransition(200);
    mImageViewFlashlight.setTag(true);
    try {
        // 打开摄像头，通过 Camera 控制闪光灯
        mCamera = Camera.open();
        int[] textures = new int[1];
        int texture_id = textures[0];
        // 设置预览 Texture
        mCamera.setPreviewTexture(new SurfaceTexture(textures[0]));
        // 开始预览，不过并不是进行拍摄，而是直接将预览效果与 Texture 关联
        mCamera.startPreview();
        mParameters = mCamera.getParameters();
        // 设置闪光灯开启模式
        mParameters.setFlashMode(mParameters.FLASH_MODE_TORCH);
        mCamera.setParameters(mParameters);
    } catch (Exception e) {
        // TODO: handle exception
    }
}
```

关闭闪光灯

```java
//  Flashlight.java
```

```
    protected void closeFlashlight() {
        TransitionDrawable drawable = (TransitionDrawable) mImageViewFlashlight
                .getDrawable();
        if (((Boolean) mImageViewFlashlight.getTag())) {
            drawable.reverseTransition(200);
            mImageViewFlashlight.setTag(false);

            if (mCamera != null) {
                mParameters = mCamera.getParameters();
                //  关闭闪光灯
                mParameters.setFlashMode(Parameters.FLASH_MODE_OFF);
                mCamera.setParameters(mParameters);
                mCamera.stopPreview();
                mCamera.release();
                mCamera = null;
            }
        }
    }
```

<ImageView>标签的单击事件方法的代码如下：

```
//  Flashlight.java
public void onClick_Flashlight(View view) {
    if (!getPackageManager().hasSystemFeature(
            PackageManager.FEATURE_CAMERA_FLASH)) {
        Toast.makeText(this, "当前设备没有闪光灯!", Toast.LENGTH_LONG).show();
        return;
    }
    mFinishCount = 0;
    TransitionDrawable drawable = (TransitionDrawable) mImageViewFlashlight
            .getDrawable();
    if (((Boolean) mImageViewFlashlight.getTag()) == false) {
        openFlashlight();                       //  打开闪光灯
    } else {
        closeFlashlight();                      //  关闭闪光灯
    }
}
```

29.4　警告灯

警告灯的效果如图 29-3 所示。

图 29-3　警告灯的效果

警告灯的效果就是上下两个灯交替闪烁。实现这个效果非常简单，首先需要使用下面的布局文件放置上下两个灯的图像。

```xml
<!-- warning_light.xml -->
<LinearLayout xmlns:android="http://schemas.android.com/apk/res/android"
    android:id="@+id/linearlayout_warning_light"
    android:layout_width="match_parent"
    android:layout_height="match_parent"
    android:layout_marginTop="30dp"
    android:orientation="vertical"
    android:visibility="gone" >

    <ImageView
        android:id="@+id/imageview_warning_light1"
        android:layout_width="match_parent"
        android:layout_height="match_parent"
        android:layout_marginTop="20dp"
        android:layout_weight="1"
        android:src="@drawable/warning_light_off" />

    <ImageView
        android:id="@+id/imageview_warning_light2"
        android:layout_width="match_parent"
        android:layout_height="match_parent"
        android:layout_marginBottom="20dp"
        android:layout_weight="1"
        android:src="@drawable/warning_light_on" />

</LinearLayout>
```

接下来就需要使用线程和 Handler 配合来交替更新这两个灯的状态，代码如下：

```java
// WarningLight.java

// 每一个功能对应的类都是按一定顺序继承，这样可以使用基类（BaseActivity）的资源
public class WarningLight extends Flashlight
{
    protected boolean mWarningLightFlicker;  // true：闪烁，false：停止闪烁
    protected boolean mWarningLightState;    // true: on-off false: off-on

    @Override
    protected void onCreate(Bundle savedInstanceState)
    {
        super.onCreate(savedInstanceState);
        mWarningLightFlicker = true;

    }
    class WarningLightThread extends Thread
    {
        public void run()
        {
            mWarningLightFlicker = true;
            while (mWarningLightFlicker)
            {
                try
                {
                    Thread.sleep(mCurrentWarningLightInterval);
                    // 开始在 Handler 中交替设置上下两个灯的样式（开和关）
                    mWarningHandler.sendEmptyMessage(0);
                }
                catch (Exception e)
                {
                    // TODO: handle exception
                }
            }
```

```java
        }
        private Handler mWarningHandler = new Handler()
        {
            @Override
            public void handleMessage(Message msg)
            {
                if (mWarningLightState)
                {
                    mImageViewWarningLight1
                            .setImageResource(R.drawable.warning_light_off);
                    mImageViewWarningLight2
                            .setImageResource(R.drawable.warning_light_on);
                    mWarningLightState = false;
                }
                else
                {
                    mImageViewWarningLight1
                            .setImageResource(R.drawable.warning_light_on);
                    mImageViewWarningLight2
                            .setImageResource(R.drawable.warning_light_off);
                    mWarningLightState = true;
                }
            }
        };
```

29.5 发送莫尔斯密码

莫尔斯密码是一个叫莫尔斯的人发明的。通过点（.）和线（-）表示英文、数字以及特殊符号的方式，以前经常被用于电报或发送绝密情报。点也称为"滴"，线也可称为"答"。例如，我们经常使用的SOS，就是用莫尔斯密码表示 S 和 O。S 的莫尔斯密码是"..."，O 的莫尔斯密码是"---"，所以 SOS 可以表示为"...---..."。这里的"."和"-"表示时间长度，对于手电来说，"."表示手电亮的时间短，"-"表示手电亮的时间长（相对而言）。因此，很容易利用手电通过莫尔斯密码发送简单信息。

要想发送莫尔斯密码，首先需要将莫尔斯密码能表达的字符对应的符号（"."或"-"）保存到 Map 中，以便随时取用。这些都在 onCreate 方法中完成，代码如下：

```java
protected void onCreate(Bundle savedInstanceState) {
    super.onCreate(savedInstanceState);
    mMorseCodeMap.put('a', ".-");
    mMorseCodeMap.put('b', "-...");
    mMorseCodeMap.put('c', "-.-.");
    mMorseCodeMap.put('d', "-..");
    mMorseCodeMap.put('e', ".");
    ……
    // 这里省略了其他字符对应的莫尔斯密码
}
```

然后可以将要发送的字符串分解，分成句子、单词和字符，最终都是以字符形式发送的。这些功能的实现代码如下：

```java
// 发送点
private void sendDot() {
    openFlashlight();
    sleep(DOT_TIME);
    closeFlashlight();
```

```java
}
// 发送线
private void sendLine() {
    openFlashlight();
    sleep(LINE_TIME);
    closeFlashlight();
}
// 发送字符
private void sendChar(char c) {
    String morseCode = mMorseCodeMap.get(c);
    if (morseCode != null) {
        char lastChar = ' ';
        for (int i = 0; i < morseCode.length(); i++) {
            char dotLine = morseCode.charAt(i);
            if (dotLine == '.') {
                sendDot();
            } else if (dotLine == '-') {
                sendLine();
            }
            if (i > 0) {
                if (lastChar != dotLine) {
                    sleep(DOT_LINE_TIME);
                }
            }
            lastChar = dotLine;
        }
    }
}
// 发送单词
private void sendWord(String s) {
    for (int i = 0; i < s.length(); i++) {
        char c = s.charAt(i);
        sendChar(c);
        if (i < s.length() - 1)
            sleep(CHAR_CHAR_TIME);
    }
}
// 发送句子
private void sendSentence(String s) {
    String[] words = s.split(" +");
    for (int i = 0; i < words.length; i++) {
        sendWord(words[i]);
        if (i < words.length - 1) {
            sleep(WORD_WORD_TIME);
        }
    }
    Toast.makeText(this, "莫尔斯电码已经发送完成！", Toast.LENGTH_LONG).show();
}
```

最后，单击中间的圆形按钮，就会根据输入的内容发送莫尔斯密码（当然是控制闪光灯打开的时间长度描述"."和"-"的）。

```java
public void onClick_SendMorseCode(View view) {
    if (!getPackageManager().hasSystemFeature(
            PackageManager.FEATURE_CAMERA_FLASH)) {
        Toast.makeText(this, "当前设备没有闪光灯，无法发送莫尔斯电码!", Toast.LENGTH_LONG)
                .show();
        return;
    }
    mFinishCount = 0;
    if (verifyMorseCode()) {
        sendSentence(mMorseCode);
    }
}
```

发送莫尔斯密码的界面如图29-4所示。

图29-4　发送莫尔斯密码

29.6　其他功能的实现

　　手电筒的其他功能实现就相对简单得多。例如，警灯（PoliceLight）和警告灯类似，也是通过Handler和线程的配合不断改变背景颜色（红和蓝）实现的。电灯泡（Bulb）是通过transition资源从一个图像渐变到另一个图像，从而产生电灯泡逐渐点亮和逐渐关闭的效果。这些功能的具体实现大家可以参考通过微信账号（geekculture）提供的源代码。

29.7　小结

　　本章介绍了超级手电筒的核心功能的实现原理，这款APP涉及到了一些技术，例如，控制闪光灯、莫尔斯密码原理等。本章的内容只是抛砖引玉，使读者从源代码中学到更多的知识。

30
项目实战：基于 XMPP 的 IM 客户端

本章将实现一个 IM 客户端（Aspark），这个程序是基于 XMPP 协议的，使用 Openfire 作为聊天服务器。这个 IM 客户端功能较为强大，例如，支持登录、注册用户、显示联系人、添加联系人、点对点聊天、显示表情、群聊等功能。

由于 Aspark 过于复杂，不可能给出全部的代码，所以感兴趣的读者可以到微信公众号（geekculture）下载最新的源代码，或通过 http://edu.51cto.com/course/course_id-1313.html 页面学习完整的开发过程。

本章内容

- XMPP 简介
- Openfire 安装和配置
- Spark 的安装和使用
- 用户登录
- 获得好友信息
- 添加好友
- 发送聊天信息
- 接收聊天信息
- 其他功能

30.1 XMPP 简介

XMPP（Extensible Messageing and Presence Protocol，可扩展消息与存在协议）是目前主流的四种 IM（Instant Messaging，即时消息）协议之一，其他三种分别为：即时信息和空间协议（IMPP）、空间和即时信息协议（PRIM）、针对即时通信和空间平衡扩充的进程开始协议 SIP（SIMPLE）。

XMPP 中定义了三个角色：客户端、服务器、网关。通信能够在这三者的任意两个之间双向发生。服务器同时承担了客户端信息记录，连接管理和信息的路由功能。网关承担着与异构即时通信系统的互联互通，异构系统可以包括 SMS（短信）、MSN、ICQ 等。基本的网络形式是单客户端通过 TCP/IP 连接到单服务器，然后在之上传输 XML。

XMPP 的工作原理如下：
- 所有从一个客户端到另一个客户端的信息，都必须通过服务器。
- 服务端可以利用本地目录系统对其进行认证。
- 客户端指定目标地址，让服务端告知客户端目标状态。
- 服务端对另一个客户端进行查找和相互认证。
- 相互认证结束后，两个客户端即可进行通讯。

XMPP 是开源的协议，因此，有很多现成的客户端、服务端以及 Library 可供使用。例如，常用的客户端有 Spark、PSI、JWChat；常用的服务端有 Openfire、iChat Server、jabberd2 等；常用的 Library 有 Smack（Java）、Asmack（Android）、gloox（C++）等。

本章的案例将使用 Openfire 作为服务端，并利用 Asmack 实现一个基于 XMPP 的 Android 客户端。

30.2 Openfire 安装与配置

由于本案例需要使用 Openfire 作为聊天服务端，所以首选需要了解 Openfire 的安装和配置。Openfire 是跨平台的，可以选择 Windows、Mac OS X 和 Linux。读者可以到 http://www.igniterealtime.org/downloads 下载相应平台的 Openfire。

进入上面的页面后，会看到如图 30-1 所示的页面。

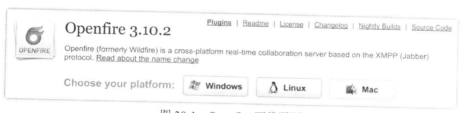

图 30-1 Openfire 下载页面

读者下载其中一个平台的版本即可。

如果下载的是 Windows 平台版本，则是一个 exe 文件，直接安装即可，如果下载的是 Mac 版本，则是一个 dmg 文件，单击安装即可。注意，Openfire 需要 JRE 环境，所以安装 Openfire 之前，请确保机器上已经安装了 JRE。建议下载 exe 版的 Windows 版，因为已经包含了 JRE 环境。

安装完后，运行 Openfire，如果运行成功，会看到如图 30-2 所示的 UI（Windows 版）。

然后单击界面中的链接（本例是 http://thor:9090），会进入 Openfire 的设置页面，欢迎页如图 30-3 所示。

读者需要选择 Openfire 使用的语言，通常选择最下方的"中文（简体）"即可。然后单击右下角的 Continue 按钮（由于页面过大，未显示该按钮），进入到服务器设置页面，如图 30-4 所示。

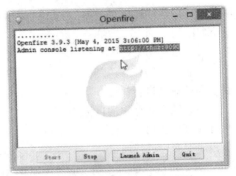

图 30-2 Openfire 启动界面

图 30-3 欢迎页

图 30-4 服务器设置页面

这一页面就保留默认值即可,单击"继续"按钮进入数据库设置页面,如图 30-5 所示。

如果只为了做实验,可以选择"嵌入的数据库"单选项,这样就不需要安装额外的数据库管理系统了(如 MySQL、SQL Server 等)。

接下来进入管理员账户页面，如图 30-6 所示。

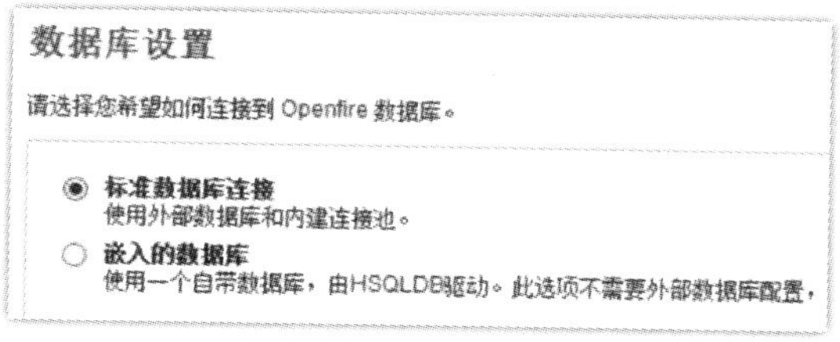

图 30-5　数据库设置页面 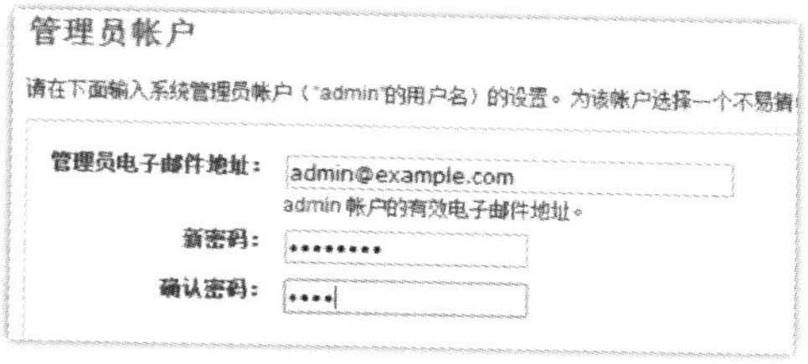　　　　　　　图 30-6　管理员账户页面

该页面只需要输入管理员密码即可，一定要记住这个密码，否则无法登录 Openfire。一切都设置完后，就会进入如图 30-7 所示的管理控制台页面。在该页面输入图 30-6 页面输入的密码即可登录 Openfire。

图 30-7　Openfire 管理控制台

如果成功登录 Openfire，就会进入如图 30-8 所示的 Openfire 后台管理页面。

图 30-8　Openfire 后台管理页面

如果要管理 Openfire 的用户，可以切换到"用户/组"选项卡，默认只有一个 admin 用户，读者可以创建更多的用户，以便客户端登录。

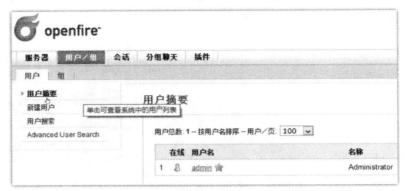

图 30-9 "用户/组"管理页面

30.3 Spark 的安装和使用

实现 IM 客户端需要使用另外一个已经做好的 IM 进行测试。因此，很自然就会想到安装一个现成的 IM 客户端，Spark 就是最好的选择，因为 Spark 是跨平台的，而且功能比较强大。Spark 同样到下载 Openfire 的页面下载。下载完后，直接运行即可（需要 JRE 环境）。

成功运行 Spark 后，会显示如图 30-10 所示的登录窗口。在相应的文本框中输入用户名、密码和 Openfire 所在机器的 IP 即可。

单击 Login 按钮，如果输入正确，就会登录 Spark。进入 Spark 后，会看到 30-11 所示的主界面。读者可以添加其他用户进行聊天。

图 30-10 Spark 登录窗口

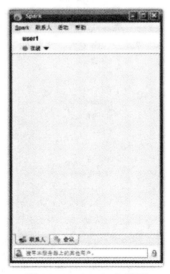

图 30-11 Spark 主界面

30.4 用户登录

从本节开始,将会介绍如何实现本章的 IM 客户端,这个程序需要使用 Asmack,所以 Android 工程需要先引用这个 Library。该 Library 可以通过微信公众号(geekculture)获得。

本节主要实现了用户登录功能,界面如图 30-12 所示。

关于这个界面的布局,读者可以参考 activity_aspark_login.xml 文件。输入完后,单击"登录"按钮登录到 Openfire 服务器。

要想使用 XMPP 登录,首先需要获取 XMPPConnection 对象,这些都在 XMPPUtil 类中实现,代码如下:

图 30-12　用户登录

```java
public class XMPPUtil
{
    public static XMPPConnection getXMPPConnection(String server, int port)
    {
        try
        {
            ConnectionConfiguration config = new ConnectionConfiguration(
                    server, port);
            config.setReconnectionAllowed(true);
            config.setSecurityMode(ConnectionConfiguration.SecurityMode.disabled);
            config.setSendPresence(true); //    状态设为离线,目的是读取离线消息
            SASLAuthentication.supportSASLMechanism("PLAIN", 0);
            XMPPConnection connection = new XMPPTCPConnection(config,
                    null);

            connection.connect();
            return connection;
        }
        catch (Exception e)
        {

        }
        return null;
    }
    public static XMPPConnection getXMPPConnection(String server)
    {
        return getXMPPConnection(server, 5222);
    }

}
```

接下来,我们可以使用下面的代码登录到 Openfire 服务器:

```java
//  LoginActivity.java
XMPPConnection connection = XMPPUtil.getXMPPConnection(mLoginData.loginServer);
if(connection == null)
{
    throw new Exception("连接服务器失败。");
}
connection.login(mLoginData.username,mLoginData.password);
```

30.5　获取好友信息

成功进入 IM 客户端后,会看到好用列表窗口(主窗口),默认没有任何好友。如果有好友,会显示如图 30-13 所示的列表，user3 就是添加的好友。

图 30-13　好友信息

获取好友列表也十分简单，使用下面的代码即可：

mXMPPConnection.getRoster().getEntries()

由于 getEntries 方法返回的类型是 Collection<RosterEntry>，所以还需将其转换为我们需要的类型，才能最终获取用户列表。这些工作是由 FriendListAdapter 类实现的，该类的代码如下：

```java
public class FriendListAdapter extends BaseAdapter
{
    private List<UserData> mUsers;
    private Map<String, String> mUserMap;
    private Context mContext;
    private LayoutInflater mLayoutInflater;
    // 需要将 Collection<RosterEntry>转换为 List<UserData>类型的数据。将必要的信息提取出来存储到 UserData 中
    public FriendListAdapter(Context context, Collection<RosterEntry> entries)
    {
        mContext = context;
        mLayoutInflater = (LayoutInflater) mContext.getSystemService(Context.LAYOUT_INFLATER_SERVICE);
        mUsers = new ArrayList<UserData>();
        mUserMap = new HashMap<>();
        if (entries != null)
        {
            Iterator<RosterEntry> iterator = entries.iterator();
            while (iterator.hasNext())
            {
                RosterEntry entry = iterator.next();
                if(entry.getUser().indexOf("@") == -1) {
                    UserData userData = new UserData(entry.getName(), entry.getUser());
                    //  提取用户 ID 和用户名，将其保存到 UserData 中
                    mUserMap.put(entry.getUser(), entry.getName());
                    mUsers.add(userData);
                }
            }
        }
    }

    @Override
    public int getCount()
    {
        return mUsers.size();
    }
    @Override
    public Object getItem(int position)
    {
        return mUsers.get(position);
    }

    public String getName(int position)
    {
        return mUsers.get(position).name;
    }

    public String getUser(int position)
```

```java
        return mUsers.get(position).user;
}
// 根据用户名获取昵称（Name）
public String findName(String user)
{
    String name =   mUserMap.get(user);
    if(name == null)
        name = user;
    return name;
}
public void addUserData(UserData userData)
{
    mUsers.add(userData);
    notifyDataSetChanged();
}
//  删除用户（好友）
public void removeUserData(int position)
{

    XMPPConnection conn = DataWarehouse.getXMPPConnection(mContext);
    //  先获得要删除的好友，然后再删除
    RosterEntry entry = conn.getRoster().getEntry(getUser(position));
    if(entry != null)
    {
        try
        {
            conn.getRoster().removeEntry(entry);
        }
        catch (Exception e)
        {
            Toast.makeText(mContext, "删除好友失败.", Toast.LENGTH_LONG).show();
        }
    }
    mUsers.remove(position);

    notifyDataSetChanged();
}
@Override
public long getItemId(int position)
{

    return 0;
}

@Override
public View getView(int position, View convertView, ViewGroup parent)
{
    if (convertView == null)
    {
        convertView = mLayoutInflater.inflate(R.layout.friend_list_item, null);
    }
    TextView user = (TextView) convertView.findViewById(R.id.textview_friend_list_item_user);
    //  将获得的用户 ID 或用户名显示在列表的 TextView 控件中
    if (getName(position) == null)
        user.setText(getUser(position));
    else
        user.setText(getName(position));

    return convertView;
}
}
```

30.6 添加好友

默认情况下没有添加任何好友，因此，需要我们自己去添加。在添加好友窗口（从主窗口选项菜单中进入）单击"添加"按钮，会执行下面的代码。好友信息是保存在服务端的。

```java
public void onClick_Add_Friend(View view)
{
    String account = mEditTextAccount.getText().toString().trim();
    String alias = mEditTextAlias.getText().toString().trim();
    if("".equals(account))
    {
        Toast.makeText(this, "账号不能为空.", Toast.LENGTH_LONG).show();
        return;
    }
    if("".equals(alias))
    {
        alias = account;
    }
    try
    {
        // 在服务端创建一个 Entry（好友）
        mXMPPConnection.getRoster().createEntry(account, alias, null);
        Intent intent = new Intent();
        // 设置账户名
        intent.putExtra("user", account);
        // 设置别名
        intent.putExtra("name", alias);
        setResult(1, intent);
        Toast.makeText(this, "成功添加好友.", Toast.LENGTH_LONG).show();
        finish();
    }
    catch (Exception e)
    {
        e.printStackTrace();
        Toast.makeText(this, "添加好友失败（" + e.getMessage() + ")", Toast.LENGTH_LONG).show();
    }
}
```

30.7 发送聊天信息

单击某个好友时会执行下面的代码，这段代码负责将聊天信息发给好友。

```java
// CharActivity.java
public void onClick_Send(View view)
{
    try
    {
        String text = mEditTextChatText.getText().toString().trim();
        if (!"".equals(text))
        {
            Message msg = new Message(mUser + "@" + mServiceName, Message.Type.chat);
            msg.setBody(text);
            DeliveryReceiptManager.addDeliveryReceiptRequest(msg);
            // 发送聊天信息
            mXMPPConnection.sendPacket(msg);
            mEditTextChatText.setText("");
            ChatData item = new ChatData();
            item.text = text;
```

```
                    item.name = mLoginData.username;
                    item.user = mLoginData.username;
                    item.isOwner = true;
                    mChatListAdapter.addItem(item);
                }
                else
                {
                    Toast.makeText(this, "请输入要发送的文本.", Toast.LENGTH_LONG).show();
                }
            }
            catch (Exception e)
            {
                e.printStackTrace();
                Toast.makeText(this, e.getMessage(), Toast.LENGTH_LONG).show();
            }
        }
```

发送聊天信息的窗口如图 30-14 所示。

图 30-14　发送聊天信息

30.8　接收聊天信息

除了发送聊天信息给对方外，还需要接收好友发过来的信息。接收聊天信息需要实现 PacketListener 接口，该接口中有一个 processPacket 方法，用于处理接收到的聊天信息。不过要想让系统调用该方法，首先应该注册 Listener，代码如下：

```
PacketFilter mFilter = new MessageTypeFilter(Message.Type.chat);
mXMPPConnection.addPacketListener(this, mFilter);
```

processPacket 的实现方法如下：

```
public void processPacket(Packet packet) throws SmackException.NotConnectedException
{
    android.os.Message msg = new android.os.Message();
    msg.obj = packet;
    mHandler.sendMessage(msg);
}
```

由于接收聊天信息是异步实现的，所以要想将聊天信息更新到列表中，需要使用 Handler，代码如下：

```
private Handler mHandler = new Handler()
{
    @Override
    public void handleMessage(android.os.Message msg)
    {
        super.handleMessage(msg);
        Message message = (Message) msg.obj;
        if(Util.extractUserFromChat(message.getFrom()).equals(mUser)) {
            // 获取接收到的聊天信息
            String body = message.getBody();
```

```
            ChatData item = new ChatData();
            item.text = body;
            item.user = mUser;
            item.name = mName;
            mChatListAdapter.addItem(item);
            mListViewChatList.setSelection(mListViewChatList.getAdapter().getCount() - 1);
        }
    };
```

接收和发送聊天信息的窗口如图 30-15 所示。

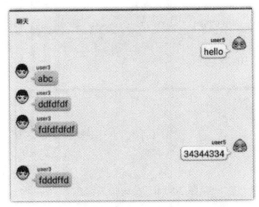

图 30-15　接收和发送聊天信息的窗口

30.9　其他功能

ASpark 的功能还不止如此，例如，可以发送表情、群聊（多人聊天）、注册新用户等。不过由于功能过于复杂，而且代码很多，因此，本章并未给出全部的实现代码。感兴趣的读者可以通过微信公众号（geekculture）获取最新的源代码来研究相应的功能。

30.10　小结

本章利用了 Asmack 和 Openfire 实现和搭建了一个完整的聊天环境。通过 IM 客户端（ASpark）可以和任何支持 XMPP 协议的 IM 客户端进行聊天。读者可以尝试使用本章介绍的 Spark 和 Aspark 进行聊天，也可以使用其他的 IM 客户端完成这一工作。Openfire 的功能远不止本章介绍的这些简单的聊天功能，它的功能十分强大，例如支持插件，这也就意味着可以给 Openfire 添加任何功能。读者可以根据本章介绍的知识进一步学习 Openfire 和 IM 聊天技术，从而完成更复杂的 IM 系统。